Garold D. Oberlender

PROJECT MANAGEMENT FOR ENGINEERING AND CONSTRUCTION

THIRD EDITION

건설관리학

김수용 · 양진국 옮김

McGraw Hill

도서출판 동화기술

Project Management for Engineering and Construction, 3rd Edition

1 2 3 4 5 6 7 8 9 10 DHT 20 19

Original: Project Management for Engineering and Construction, 3rd Edition © 2014
By Garold D. Oberlender
ISBN 978-0-07-182231-2

This authorized Korean translation edition is jointly published by McGraw-Hill Education Korea, Ltd. and Dong Hwa Technology Publishing Co. This edition is authorized for sale in the Republic of Korea.

This book is exclusively distributed by Dong Hwa Technology Publishing Co.

When ordering this title, please use ISBN 978-89-425-9197-8

Printed in Korea

차 례

Chapter 6 작업 계획 수립 139

Chapter 7 설계 제안 165

Chapter 8 프로젝트 일정계획 193

Chapter 9 추적 작업 247

Chapter 10 설계 조정 317

Chapter 11 시공 단계 339

Chapter 12 프로젝트 종료 377

저자 소개

Garold D. Oberlender는 오클라호마주립대학교의 토목공학과 명예교수이며, 건설 엔지니어링 및 프로젝트관리 대학원 프로그램의 코디네이터로 35년간 근무했다. 오클라호마주립대학교의 교수진에 합류하기 전에 그는 달라스 지역에서 9년간 생활하였으며, 엔지니어링 및 건설업계에서 근무했다. 그는 토목공학 학사 석사 박사학위를 소지하고 있다.

이 책을 저술한 것 외에도 Oberlender 박사는 Robert L. Peurifoy와 함께 **건설 비용 견적** 제6판 및 **콘크리트 구조물 양식** 제4판의 공동 저자이다. 그의 책은 전 세계의 대학에서 채택되었으며, 토목 엔지니어 실무교재로 널리 사용되고 있다.

Oberlender 박사는 미국토목학회(ASCE)의 fellow 회원이며, 국립건설아카데미(NAC)에 회원으로 등록되어 있다. 그는 또한 미국기술사회(NSPE)의 fellow 회원이기도 하다. 그는 미국공학교육학회(ASEE) 건설엔지니어링 부분 회장을 역임했으며 미국기술사 시험 출제위원을 맡고 있다.

Oberlender 박사는 미국 및 기타 국가의 산업 및 전문 기술 기관의 프로젝트 엔지니어링 및 관리 분야의 전문가로 자주 초청되어 활동했다. 그는 미국건설산업연구원(CII) 학술위원회에서 활동했으며, CII의 여러 연구팀의 수석 연구원이었다. 그는 초기 견적 개선에 대한 연구로 CII 우수 연구자상에 선정되었다.

그는 교수 및 연구 활동 이외에도 석유 화학, 전력 산업의 엔지니어링 및 건설 프로젝트에 대한 전문 컨설팅 실무 활동을 지속적으로 수행해 오고 있다. Oberlender 박사는 오클라호마와 텍사스에 등록된 기술사이며, Chi Epsilon, Tau Beta Pi, Sigma Xi 및 Phi Kappa Phi를 비롯한 수많은 명예로운 전문단체의 회원으로 활동하고 있다.

저자 머리말

이 책은 엔지니어링 및 건설 프로젝트를 초기 개념 단계에서부터 설계 및 시공, 완료에 이르기까지 전 과정을 관리하는 원칙과 기법을 제시한다. 프로젝트의 초기 단계에서 프로젝트의 품질, 비용 및 일정에 영향을 줄 수 있는 역량이 가장 잘 수행될 수 있기 때문에 프로젝트 개발 초기 단계에서의 프로젝트관리를 강조한다. 대부분의 책은 작업 범위가 완전히 정의되고 예산이 확정되고 준공 날짜가 확정된 후 즉, 시공 중의 프로젝트관리에 대해 논의한다. 그런 다음 프로젝트의 품질, 비용 또는 일정을 개선하기 위해 중요한 조정을 하는 것은 너무 늦다.

각 프로젝트는 고유하지만 작업을 시작하기 전인 프로젝트 시작 시점에서 식별하고 구성해야 하는 특정 정보가 있다. 제시된 수많은 표와 그래프는 프로젝트의 세 가지 기본 구성요소인 범위, 예산 및 일정 관리에 대한 지침을 제공하기 위해 이 책 전반에 걸쳐 제시된다. 이 책 전체에서 발주자를 만족시키는 프로젝트 품질 달성은 프로젝트관리의 필수 부분으로 강조된다.

이 제3판에는 위험관리를 다루는 새로운 장을 추가하였다. 이 주제는 발주자, 설계자 및 시공자가 모두 프로젝트 시작부터 완료까지 위험에 노출되어 있기 때문에 매우 중요하다. 위험평가, 분석 및 완화는 엔지니어링 및 건설 프로젝트의 프로젝트관리에서 핵심 요소이다.

이 제3판을 준비하면서 저자는 모든 장에서 예제 문제를 새롭게 하고 여러 장에서 예제를 추가했다. 프로젝트의 품질, 발주자 팀, 견적기술자의 중요성, 작업분류체계의 형식, 설계 작업 패키지, 계획의 장점 및 BOT(건설 - 운영 - 이전) 조달 방법 등 새로운 섹션이 추가되었다.

이 책의 대상 독자는 타당성 조사에서 발주자를 돕고, 설계 성과를 조정하고 현장에서 시공을 점검하는 산업계의 엔지니어이다. 또한 공학, 건축 및 건설 분야의 대학 프로그램 학생들을 대상으로 한다. 왜냐하면 이러한 프로그램의 졸업생은 일반적으로 경력이 향상됨에 따라 프로젝트관리에 관여하기 때문이다.

이 책은 엔지니어링 및 건설업계에서 수백 명의 프로젝트관리자와 함께 일한 저자의 경험을 토대로 작성되었다. 이 책의 많은 내용은 프로젝트관리 실무에 적극적으로 참여하는 프로젝트관리자와의 공식 및 비공식 토론을 기반으로 하였다. 저자는 두 명의 프로젝트관리자가 정확히 같은 작업을 수행하지 않는다는 것을 관찰했지만 모든 프로젝트 및 모든 프로젝트관리자에게 적용되는 공통 요소가 있었다. 저자는 실제로 성공적으로 적용된 효율적인 프로젝트관리의 공통 요소를 제시한다.

저자는 이번 3판의 새로운 위험관리 장을 개발하는데 있어 신중한 검토와 도움이 되는 논평, 조언을 해주신 Glenn Barin과 Rock Spencer에게 감사를 표한다. 저자는 또한 성공과 문제점을 공유하고 이 책의 전개 과정에서 저자의 생각에 영향을 준 많은 업계의 프로젝트관리자들에게 감사를 표한다.

마지막으로, 저자는 이 책의 3판 쓰기와 편집 단계에서 부인 Jana의 인내심과 포용력, 그리고 그녀의 지지와 격려에 깊은 감사를 표한다.

Garold D. Oberlender, Ph.D., P.E.

역자 머리말

건설프로젝트는 날로 복잡해지고 대형화되는 추세에 있다. 이에 따라 재료와 신공법의 개발 등 하드웨어적 부분을 중심으로 건설기술도 비약적으로 발전하여 왔지만 프로젝트의 생산성을 증대시키기 위해서는 하드웨어적 엔지니어링 기술에 관리적 기술이 접목되어야 한다. 건설관리(CM)와 프로젝트관리(PM)는 이상의 요구를 충족시킬 수 있는 최적의 방법론이다. 이를 반영하듯 건설관리방식은 기존 책임감리방식의 새로운 대안으로 국내 건설산업에 도입된 이후 빠른 속도로 정착되어가고 있다. 이는 건설관리 도입이 프로젝트의 생산성을 증대시켜 비용 절감 및 성능 향상을 구현하기 때문이다.

건설관리는 다른 공학분야에 비해 실무를 기반으로 하는 응용공학적 특성을 가지고 있다. 따라서 건설관리 도서는 이론적 바탕 위에 실무를 이해할 수 있는 체계로 구성하는 것이 요구된다. 이러한 측면에서 본 번역서는 프로젝트관리의 이론적 부분과 사례중심의 실무적 부분을 잘 조화시켜 체계적으로 작성되어 있다. 이에 건설관리 및 프로젝트관리를 처음 접하는 관련분야 학생 및 엔지니어들이 이해하는데 많은 도움을 줄 것으로 기대된다. 다시 한 번 역자로서 본 번역서가 국내 CM/PM 활성화에 기여하기를 희망한다.

1

Chapter

서 론

이 책의 목적

이 책에서는 발주자가 수행하는 프로젝트의 초기 개념 정립 단계부터 설계 및 시공을 거쳐 준공까지의 프로젝트의 전 과정을 관리하는 원칙과 기법을 제시한다. 또한 프로젝트 초기 단계 즉 발주자에 의한 연구 및 설계 단계의 프로젝트관리를 강조한다. 그 이유는 프로젝트 품질, 비용 및 일정에 영향을 줄 수 있는 것들이 대부분이 초기 단계에 결정되기 때문이다. 대부분의 책이나 논문들은 설계가 완료되어 프로젝트 범위가 완전히 정의된 시공 단계의 프로젝트관리에 대해 기술하고 있다. 즉 프로젝트의 업무 범위 및 예산이 확정되고 준공 날짜가 확정된 이후에 시공기간 동안 프로젝트관리에 대해 논의하였다. 그러나 이런 모든 것이 결정되고 난 이후에 프로젝트의 품질, 비용 또는 일정을 개선하고자 주요한 변경을 실시하는 것은 너무 늦다.

프로젝트관리 절차가 회사마다 다르며, 심지어 같은 회사 안에서도 개개인 마다 다르다. 각각의 관리자들이 각기 다른 자신만의 관리 스타일이 있고, 각각의 프로젝트가 고유하지만 모든 프로젝트관리자와 프로젝트에 적용되는 기본 원칙이 있다. 이 책은 프로젝트의 개념 단계부터 준공에 이르기까지 각각의 단계에서 프로젝트를 관리하기 위한 작업 계획 개발의 기본 단계 원칙과 이론들을 설명하고 있다.

프로젝트관리는 세 가지 그룹들 간의 팀워크를 요구한다: 발주자, 설계자, 그리고 시공자. 프로젝트에서 설계와 시공을 연계하려면 발주자를 위해 프로젝트를 완수하고자 하는 동일한 목표를 가진 인원들로 팀을 계획하고 조직해야 한다. 소규모 프로젝트라 할지라도 다른 조직에서 일하는 많은 수의 사람들이 참여한다. 성공적인 프로젝트를 위한 핵심은 그 프로젝트를 완성하기 위해 문제를 파악하고 해결할 수 있는 능력을 가진 사람들을 선택하고 연계시키는 것이다.

이 책 전체에서 관리 기술의 중요성은 사용자가 그 자신만의 스타일로 프로젝트관리를 발전시키도록 강조되었다. 주안점은 프로젝트관리가 처음 승인되면 시작시점에 프로젝트관리를 적용하는 것이다. 지속적으로 프로젝트를 관리하는 공식적인 조직은 시공 단계의 초기에 개발되지 않는다. 이 책은 발주자가 프로젝트를 성공적인 완수할 수 있도록 사용가능한 개발 및 엔지니어링 설계 단계에서의 결집하고 관리해야 하는 정보를 제공한다.

이 책의 대상 독자는 엔지니어링과 건설 분야의 학과에 재학 중인 대학생들이다. 또한 타당성 조사에서 발주자를 지원하고, 설계 조정에 노력하고, 현장에서 시공을 확인하는 설계 회사를 위한 것이다. 이 책은 또한 설계 및 시공 과정에 참여하는 발주자 조직의 사람들을 위한 것이다.

이 책의 구성

프로젝트관리에 대한 논의는 프로젝트를 다루는 많은 방법이 있기 때문에 어렵다. 프로젝트의 설계 또는 시공은 하나 이상의 관계자에 의해 수행 가능하다. 프로젝트를 운용하는데 적용하는 방법에 관계없이, 프로젝트관리는 일반적으로 다음 단계를 따른다.

단계 1 : 프로젝트 정의 (최종 수요자의 요구를 충족하기 위해)
건설완료 시 발주자가 의도한 사용목적
예정된 사용목적을 충족시키기 위한 개념적 구성과 구성요소
단계 2 : 프로젝트 범위 (프로젝트 정의에 부합하기 위해)
수행해야 하는 업무 정의
수행해야 하는 수량, 품질, 작업을 식별
단계 3 : 프로젝트 예산 계획 (프로젝트 정의와 범위에 부응하기 위해)
발주자가 허용 가능한 예산에 대한 정의
직접 및 간접 비용과 예비비에 대한 결정
단계 4 : 프로젝트 계획 (작업을 수행하기 위한 전략)
프로젝트 인력의 선정과 할당
업무를 수행하는 데 필요한 작업의 식별
단계 5 : 프로젝트 일정계획 (범위, 예산, 계획의 결과물)
논리적인 순서로 활동 배치 및 스케줄
스케줄 된 활동에 비용과 자원의 연계
단계 6 : 프로젝트 추적 (프로젝트가 계획대로 진행되고 있는지 확인)
투입된 작업, 시간 그리고 비용 측정
“실제” 그리고 “계획된” 작업, 시간, 비용에 대한 비교
단계 7 : 프로젝트 종료 (발주자의 만족을 보장할 수 있는 최종 완료)
최종 테스트 및 검사 실시, 문서 보관, 그리고 지불 확인
발주자에게 프로젝트 완성물 넘기기

이들 단계에서는 프로젝트관리를 가장 간단한 형태로 설명한다. 실제로 어떤 단계가 하나 이상의 다른 단계에 영향을 줄 수 있으므로 단계 간에 상당한 중복이 있다. 예를 들면, 예산 준비는 프로젝트 정의와 범위 개발과 중복된다. 마찬가지로 프로젝트 스케줄링은 프로젝트 범위와 프로젝트 추적 및 관리를 위한 예산 계획과 관련되어 있다.

이러한 단계에 대한 책임은 일반적으로 다양한 당사자들과 관련되어 있기 때문에 프로젝트관리 주제는 더욱 복잡해진다. 그러므로 위의 단계들은 프로젝트의 성공적 관리를 위해 함께 통합되어야 한다. 이 책의 후속 장에서는 이러한 각 단계에 대해 설명한다.

1장에서는 프로젝트관리와 관련된 일반적인 원칙을 정의한다. 이 기본 원칙은 나머지 장 모두에 적용되기 때문에 완전히 이해해야 한다. 프로젝트관리와 관련된 많은 문제들은 1장에 제시된 기본 관리 원칙을 적용하지 못해 발생한다.

2장은 프로젝트팀과 함께 일하는 것으로 프로젝트관리에서의 인간적 측면들을 보여준다. 프로젝트팀은 프로젝트를 완성시키는데 요구되는 작업을 수행할 수 있는 특별한 전문성을 갖춘 다양한 개개인으로 이루어진 그룹이다. 프로젝트팀의 리더로서 프로젝트관리자는 질문에 답하고 프로젝트팀이 기대하는 바를 이해하고 프로젝트의 원하는 결과를 이끌 수 있도록 코치 역할을 수행한다.

3장은 프로젝트 시작 단계에서 제시되는 자료들은 일반적으로 발주자에 의해 수행된다. 하지만 발주자는 프로젝트의 타당성 조사를 지원하기 위해 설계조직과 용역 계약을 할 수 있다. 프로젝트관리자는 범위를 설정하기 위해 프로젝트 개발 또는 마케팅 단계에 참여해야 한다. 이것은 제안된 프로젝트의 모든 측면을 대표할 수 있는 숙련된 기술자의 투입을 필요로 한다.

4장에서는 초기 견적으로 프로젝트의 초기 단계에서 견적을 준비하는 기술과 프로세스를 제시한다. 초기 견적의 준비는 프로젝트 예산을 배정하기 위한 전제 조건이다. 엔지니어링 및 건설 프로젝트의 경우 초기 비용 견적은 발주자가 프로젝트 승인을 위한 경제적 결정을 내리는데 사용된다. 초기 비용 견적은 설계 프로세스 중 비용 관리를 위한 중요한 프로젝트 파라미터이다.

5장 프로젝트 예산 배정은 프로젝트의 모든 관계자에게 적용된다: 발주자, 설계자 및 시공자. 예산은 수행해야 할 작업의 양, 품질 및 일정과 연계되어야 한다. 범위 또는 일정의 변경은 대체적으로 예산에 영향을 미치므로 프로젝트관리자는 프로젝트의 변경사항에 지속적으로 주의를 기울여야 하며 변경사항을 예산과 연계하여 생각해야 한다.

6장의 작업 계획 수립은 설계 성과에 대한 책임이 있는 프로젝트관리자에게 적용된다. 일반적으로 프로젝트관리자는 전문적인 설계조직에 의해 고용되어 있거나 설계 서비스를 수행하기 위한 발주자 대리인 또는 계약 하에 있다. 이 장에서 제시된 자료는 프로젝트의 전체성과를 가이드하기 위한 기본 프레임워크인 작업 계획을 수립하는 것이기 때문에 중요하다. 이 장의 정보는 이 책의 모든 프로젝트 관리 단계 및 모든 장과 연관된다.

7장의 설계 제안서는 설계 조직에서 발주자에게 제안서를 준비하는 과정을 설명한다. 발주자가 프로젝트의 목표와 목적, 사용 의도 및 기대하는 결과를 정의한 후에 제안 요청서(RFP)는 설계 조직으로부터 요청된다. 설계조직은 작업, 예산 및 일정의 엔지니어링 범위 안에서 프로젝트에 대한 발주자 기대치를 바꾸어야 한다.

8장 프로젝트 일정계획은 모든 활동성과를 측정하는 기준을 제공한다. 이것은 작업뿐만 아니라 예산과 일정을 수행해야 하는 사람들이 성취해야 하는 일과 연관된다. 프로젝트 스케줄링은 6장에서 설명한대로 잘 정의된 작업 계획이 없으면 수행할 수 없다. 그리고 프로젝트 스케줄링은 9장에서 설명한대로 프로젝트 추적의 기준을 제공한다.

9장 추적 작업은 6장에서 설명한대로 잘 정의된 작업 계획 없이는 수행할 수 없으며, 제8장에서 설명한대로 세부적 일정 없이는 수행할 수 없다. 이 장은 범위 확장, 비용 초과 또는 일정 지연에 대한 경향이 항상 존재하기 때문에 중요하다. 통제 시스템은 프로젝트의 세 가지 기본 구성요소를 동시에 모니터링 해야 한다: 작업 완료, 예산 및 일정. 이러한 세 가지 구성요소는 대체적으로 한 구성요소의 변경이 다른 두 구성요소에 영향을 미치기 때문에 개별 구성요소가 아닌 집합적으로 모니터링 해야 한다.

10장 설계 조정은 설계조직의 프로젝트관리자에게 적용된다. 프로젝트의 품질, 비용 및 일정은 설계 성과의 효율성에 크게 좌우된다. 설계 프로세스의 최종 결과는 발주자가 프로젝트에서 의도한 목적을 충족시키는 계획들과 시방서를 시기적절하게 만들어내는 것이다. 설계 결과물은 발주자의 승인된 예산 및 일정 이내에 가능해야 하며, 시공자가 시공 가능해야만 한다.

11장 시공 단계는 프로젝트 비용의 대부분이 투입되고 최종 프로젝트의 품질이 시공자에 의해 수행되는 작업의 품질에 크게 좌우되기 때문에 중요하다. 프로젝트관리에 대하여 집필된 대부분의 책들은 프로젝트의 시공 단계에 대하여 집중하고 있다. 이 책은 발주자에 의한 프로젝트 초기 개념 단계에서부터 시공 도면 및 시방서 등의 설계 및 개발을 조정하고 프로젝트가 종료될 때까지 시공 단계에 이르는 전체적인 프로젝트관리를 강조한다.

12장 프로젝트 종료에서는 프로젝트를 준공하고 발주자에게 인도하는 단계에 대해 설명한다. 이 단계는 발주자가 프로젝트 예산의 대부분을 투입하기 때문에 중요한 단계이지만, 프로젝트가 완료되고 사용 준비가 끝날 때까지 예산투입으로부터 어떠한 편익도 얻지 못한다. 또한 이 단계는 완료해야 하는 소규모의 작업항목들이 항상 많기 때문에 때때로 프로젝트를 종료하는 것이 어렵다.

13장 인적자원관리 기술은 프로젝트관리의 인간적 측면을 다룬다. 이 책의 주된 강조점은 프로젝트관리 기술에 관한 것이지만, 프로젝트의 성공적 완성을 보장하는 것은 업무수행자들과 함께 일하는 프로젝트관리자이다.

14장 위험관리(Risk Management)에서는 잠재적인 위험을 접근하는 프로세스와 엔지니어링 및 건설 프로젝트에서 위험을 분석하는 방법을 제시한다. 설계 및 시공은 발주자의 타당성 및 경제성 분석부터 시작하여 예비 설계 및 최종 설계, 자재 및 장비의 조달과 시공기간 중 많은 현장 작업과 같은 프로젝트의 모든 단계를 통해 위험관리에 노력해야 한다.

프로젝트 정의

프로젝트는 발주자가 기대하는 결과물을 생산하기 위해 수행되는 노력이다. 이 책의 경우 프로젝트는 설계만 대상일 수 있고, 시공만 대상일 수 있고, 또는 설계와 시공의 조합일 수도 있다. 프로젝트는 세 가지 구성요소로 구성 된다: 범위, 예산 및 일정. 프로젝트가 프로젝트관리자에게 처음 주어지면 이 세 가지 구성요소 모두를 명확하게 정의하는 것이 중요하다. 이 책 전체에서 **범위**라는 용어는 수행해야 할 작업, 즉 작업의 양과 질을 나타낸다. **예산**은 달러/노동시간으로 측정한 비용을 나타낸다. **일정**은 수행할 작업의 논리적인 순서와 타이밍을 나타낸다. 프로젝트의 품질은 발주자의 만족도를 충족시켜야 하며, 그림 1-1에 설명되어 있는 것과 같이 프로젝트관리의 필수 부분이다.

그림 1-1은 프로젝트관리의 중요한 원칙을 정삼각형 형태로 표현하고 있다: 범위, 예산 및 일정 간에 균형은 필수이다. 주어진 프로젝트에서는 수행해야 하는 일정량의 업무와 그 업무를 완성하기 위하여 관련되어 있는 비용과 일정이 있다. 작업 범위가 증가하면 그에 상응하여 예산 및 일정이 증가해야 한다. 반대로 작업 범위가 감소하면 예산 및 일정이 그에 따라 감소한다. 이 원칙은 프로젝트의 세 가지 구성요소 모두와 모든 구성요소 간에 적용된다. 예를 들어, 예산/일정을 조정하려면 해당 범위에서 조정해야 한다. 범위, 예산 및 일정 사이의 균형에 대한

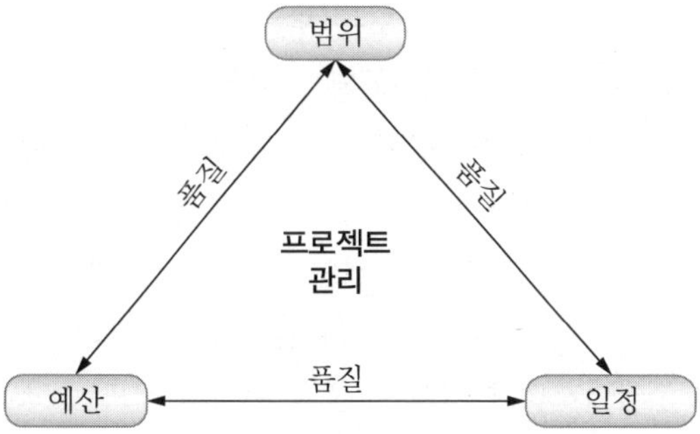

그림 1-1 **품질은 범위, 예산 및 일정의 필수적인 부분이다.**

간단한 개념은 초기 프로젝트 개발 단계뿐만 아니라 설계와 시공 동안에 완전히 인식되지 않는 경우가 때때로 있다.

프로젝트 관리에서 발생하는 문제의 원인은 프로젝트 범위를 제대로 정의하지 못했기 때문에 발생하는 경우가 많다. 너무 자주 초점이 예산이나 일정에 맞추어져 있다. 범위, 예산 및 일정을 잘 정의해야 할뿐만 아니라 개별적으로 그리고 전체적으로 하나의 영향이 다른 하나에 영향을 미칠 수 있기 때문에 각각은 서로 연계되어야 한다.

프로젝트 범위는 수행할 작업을 정의하므로 예산 또는 일정 개발 전에 그 작업이 완료되어야 한다. 경험이 많은 프로젝트관리자는 예산 및 일정이 범위로부터 온다는 것에 대하여 동의한다. 그러나 최고 경영진은 프로젝트 예산 또는 일정을 지정한 다음 프로젝트팀에게 예산과 일치하는 범위를 정의하도록 요청하는 경우가 종종 있다. 이것은 프로젝트 정의의 역순이며 좋은 프로젝트관리가 아니다. 프로젝트 범위, 예산 및 일정이 서로 연계되어 있는지 확인하는 것은 프로젝트관리자의 의무이다.

예산 배정은 발주자가 프로젝트를 달성하기 위해 지출할 자금과 설계 및 시공 조직이 업무 수행에 따라 지급받을 금액을 결정하기 때문에 중요하다. 각 이해관계자는 프로젝트 비용 초과가 수익성에 부정적인 영향을 미치고 당사자 간에 부정적인 관계를 형성할 수 있기 때문에 우려한다.

일정은 프로젝트 정의, 인력, 비용, 자원, 시기 및 프로젝트 수행을 위한 논리적인 순서 지정을 정의하는 작업 수행방법과 함께 제공하기 때문에 중요하다. 이 일정은 범위 정의, 예산 배정 및 계획의 최종 산출물이며 모든 활동을 측정하는 기준이 된다. 프로젝트 추적 및 관리는 좋은 계획 및 일정 없이는 수행할 수 없다.

품질은 프로젝트의 모든 부분에 통합되는 요소이다: 범위, 예산 및 일정. 이것은 단순히 오류가 최소화된 도면을 작성하거나 시방서를 충족하는 장비를 제공하거나 계약 요건을 충족하는 프로젝트를 시공하는 것으로 해석해서는 안 된다. 확실히 이러한 요소들은 품질의 한 부분이긴 하지만 품질은 더 많은 것을 포함한다. 품질은 프로젝트의 궁극적인 최종 사용자와 발주자의 요구와 만족을 충족시킨다.

품질은 각 주요 당사자의 관리자 및 작업자의 모든 레벨을 포함한 프로젝트의 모든 참여자의 책임이다. 품질 달성의 태도는 작업 환경 전반에 걸쳐 모든 사람에게 주입되어야 하며 지속되어야 한다. 태도는 "품질관리 또는 최종 검사를 통과하기 위해 우리가 할 수 있는 일은 무엇입니까?"가 아니라 대신, "우리는 업무를 개선하기 위해 무엇을 할 수 있을까? 그리고 발주자의 요구와 만족을 충족시키는 프로젝트 완성물을 제공할 수 있는 최선의 방법은 무엇일까?"가 되어야 한다.

프로젝트 품질 보증

품질 보증은 프로젝트의 모든 이해관계자들의 책임이다: 발주자, 설계자 및 시공자. 프로젝트에서 원하는 수준의 품질을 정의하고 이를 전달하는 것은 발주자의 의무이다. 설계자는 시공기간 동안에 발주자의 품질 수준을 보장하는 계약 문서를 작성해야 한다. 시공자는 설계도면 및 시방서에 따라 작업을 수행할 수 있도록 자재, 장비 및 인력, 기술을 제공해야 한다.

프로젝트 초기 단계, 계약 전 발주자 조직은 최종 목적물과 목적물의 품질 수준에 대해 논의하고 동의하는 회의를 실시한 이후 계약서에 서명하고 설계를 시작하여야 한다. 발주자 조직의 고위 경영진이 품질 수준의 최종 승인을 담당하지만 품질 수준 정의에 참여해야 하는 것은 발주자 조직의 최종 사용자이다. 최종 사용자는 프로젝트가 준공된 이후 프로젝트를 사용하고 유지관리 할 당사자이기 때문이다. 품질 정의에 관여해야 하는 발주자 조직의 구성원은 금융, 엔지니어링, 운영 및 유지관리 인력을 포함한다. 이 그룹은 준공된 프로젝트가 발주자의 의도대로 사용될 수 있도록 보증하기 위해서 "발주자의 본원적 욕구"와 "발주자의 드러나지 않는 구체적 욕구"를 구분해야 한다. 만약 발주자가 요구하는 품질을 확인할 수 있는 조직구성원이 없는 경우 설계 팀 또는 외부 컨설턴트와 협력하여 예산 및 일정의 제약 내에서 달성할 수 있는 품질 수준을 정의해야 한다. 프로젝트 전반에 걸쳐 발주자와의 지속적인 커뮤니케이션을 유지하는 것이 중요하므로 발주자는 프로젝트의 전체 품질에 영향을 미치는 비용 및 일정을 이해해야 한다.

설계조직은 품질에서 중요한 역할을 한다. 발주자의 품질 수준이 설계 팀에 정확하게 전달되어야 한다. 그래서 적절한 품질 수준이 설계도면 및 시방서에 잘 표현되어야 한다. 설계 팀의 프로젝트관리자는 설계자의 프로젝트 제안서에 품질 수준이 명확하게 정의되어 있는지 확인해야 한다. 설계자는 발주자가 이해할 수 있는 수준에서 "설계 품질"을 설명해야 한다. 설계자는 발주자가 기대하는 수준의 품질을 보증하는 계약 문서 세트를 가능한 한 오류 없이 완전하게 개발해야 한다. 프로젝트 참여자는 비용과 일정에 주의가 산만해져 품질이 프로젝트에 "필수적"이라는 것을 잊기 쉽기 때문에 설계 팀이 기대하는 품질 수준에 대해 순조롭게 진행되는지 확인하기 위한 정기적으로 회의를 개최해야 한다. 경험이 많은 현장 건설 인력이 설계의 시공성을 보장하기 위해 시공자에게 공개하기 전에 계획 및 시방서를 철저히 검토해야 한다. 설계 팀은 건설기간 동안에 프로젝트에 계속 참여해서 계획 및 시방서가 시공하는 동안에 프로젝트 품질로 확보되고 있는지 보증해야 한다.

시공자는 품질을 보증하기 위해 모든 이해관계자가 실행 가능하고 이해할 수 있는 품질관리 시스템을 갖추어야 한다. 모든 품질관리 시스템이 효율적으로 운영되기 위해서는 프로젝트에 참여하는 모든 이해관계자들의 활용을 필요로 한다. 품질관리는 프로젝트가 완료되고 발주자가 사용할 때 프로젝트의 성능에 미치는 영향이 적어도 품질이 중요하며, 작업을 검사할 때 많은 양의 노력을 기울이더라도 얻지 못하는 프로젝트의 부분에 집중해야 한다. 도급자, 하도급 업체 및 공급업체는 가장 저렴한 비용으로 품질업무 업체를 선정하기보다는 품질업무 기록을 토대로 신중하게 선정해야 한다. 업무 환경은 프로젝트의 모든 이해관계자들 사이에서 품질을 증진시키고 기술에 대한 자부심을 가지도록 조성되어야 한다. 그리고 품질의 중요성에 대한 진지한 관심을 가져야 하며, 프로젝트의 모든 측면에서 기대되어야 한다. 관리는 고품질의 작업에 대하여 인정과 보상이 있도록 작업에 참여하는 모든 사람에게 작업품질 성취의 태도를 불어넣어야 한다. 정기적으로 개최되는 회의에서는 품질을 조정할 수 있도록 계획을 세워야 하고, 회의와 마찬가지로 예산, 일정과 안전에 대해 검토하는 미팅을 개최하는 것이 요구된다. 품질은 고유해야 하며, 표준화보다는 각각의 특정 프로젝트들과 연계되어 있어야 한다.

이해관계자들의 책임

프로젝트 3가지 분야의 주요 이해관계자들 각각은 설계 개발과 시공의 다양한 단계에서 역할을 수행한다. 발주자, 설계자 및 시공자 간의 팀 접근 방식은 가장 효율적인 방식으로 프로젝트를 완료하기 위해 협력관계로 만들어야 한다. 너무 잦은 적대적 관계는 누구에게나 이익이 되지 않는다.

발주자는 준공된 프로젝트의 운영 기준 및 품질 수준을 설정해야 한다. 예를 들면, 빌딩의 사용률이나 하루 동안 정제할 원유의 양과 파이프라인에서 이송되어야 하는 시간당 수백만 입방피트의 가스 등이 있다. 프로젝트에 적용할 특별한 장비, 재료 또는 회사 표준도 정의해야 한다. 또한 발주자는 검토 절차, 요구되는 보고서 및 승인 수준과 같은 프로젝트 관련 수준을 식별하는 것이 요구된다. 발주자는 총 비용, 비용의 지불, 주요 마일스톤 및 프로젝트 완료 날짜에 대한 파라미터를 설정해야 할 책임이 있다.

발주자가 프로젝트의 운영 기준을 명확하게 정의하는 책임을 이행하지 못하면 많은 문제가 발생할 수 있다. 만약 운영기준이 명확하게 정의되지 않은 경우, 모든 이해관계자들에게 혼란을 야기할 수 있음으로 운영기준은 프로젝트가 설계, 시공 단계를 진행함에 따라 정의되어야 한다. 발주자는 프로젝트 참여자가 프로젝트의 운영기준을 명확하게 이해하지 못하기 때문에 불필요한 프로젝트에 대한 비용을 지불하게 할 수 있다. 발주자는 승인된 예산 및 예정 시간 내에 프로젝트를 받는 리스크가 있지만, 예산을 의도한대로 사용할 수 있게 된다. 설계자는 프로젝트를 과도하게 설계하거나 발주자가 원하는 것을 추측하여 필요 이상으로 많은 비용을 프로젝트에 투입하도록 만들 수 있다. 또는 설계자는 프로젝트에서 발주자가 기대하는 것을 인지하지 못하고 프로젝트를 미숙하게 설계할 수 있다. 이는 시공 중 추가적 비용발생으로 이어질 수 있다. 설계 중에 발주자가 운영기준을 변경하면 설계자가 재작업을 해야 하므로 설계 성과에 대한 비용이 증가하고 프로젝트의 예산 및 일정에 악영향을 미칠 수 있다.

시공기간 중 재작업 확률은 발주자가 프로젝트의 운영 기준을 적절하게 정의하지 않으면 크게 높아진다. 발주자가 프로젝트에서 원하는 것을 확신하지 못하기 때문에 시공자의 질문에 대하여 적기에 응답하는 충분한 기능을 못할 수 있다. 변경 주문 수는 증가할 수 있으므로 시공자가 비용 초과, 일정 지연으로 발주자를 상대로 클레임을 제기할 수 있다. 시공작업자의 생산성과 사기는 발주자의 시공기간 중 프로젝트를 조정하기 위한 지속적 변경과 운영상의 요구를 충족시키기 위한 것 때문에 약화될 수 있다.

설계자는 설계 대안, 내역, 도면 및 시방서와 같은 발주자의 요구를 충족하는 규격을 작성할 책임이 있다. 또한 현장 또는 정기 검사, 시공 상세도 검토, 경우에 따라 토지 사용 허가 취득과 같이 발주자가 설계자에게 위임한 다른 직무가 있을 수 있다. 또한 설계를 위한 예산이 준비되어야 하고 설계 일정은 발주자 일정과 일치하도록 준비해야 한다. 발주자가 필요로 하는 시기에 시공자가 프로젝트를 완료할 수 있어야 하기 때문에 설계 일정은 시공 일정과 직접적으로 관련된다.

설계자가 설계 대안으로 인해 건설기간 동안에 비용이나 일정에 미칠 수 있는 영향에 대하여 적절한 주의를 기울이지 않으면 많은 문제들이 발생할 수 있다. 때때로 설계 대안이 시공자가 시공 중에 사용가능한 시공방법에 제한을 초래하는 것이 선정됨으로써 작업에 악영향을 미칠 수 있다. 설계 대안의 선정은 시공 작업의 스케줄링에 영향을 줄 수 있고 프로젝트에 필요한 주요 장비 조달에도 영향을 미칠 수 있다. 또한 설계 도면의 세부사항에 대한 관심 부족으로 인해 작업 현장의 시공 문제들이 야기되어 작업 지연, 비용 증가 및 시공자의 클레임으로 이어질 수 있다. 설계 중 세부 사항에 대한 부적절한 주의는 현장 작업 지연 및 불필요한 재작업을 포함한 시공 중 혼란을 야기할 수 있다.

또한 설계자는 수행해야 할 작업 요구사항을 잘못 해석할 수 있는 시방서의 잘못된 표현을 제거하기 위해 특별한 노력을 기울일 필요가 있다. 이로 인해 작업 품질이 저하되거나 비용이 증가하는 변경 지시가 발생할 수 있다. 시방서에서 지나치게 제한적인 표현은 시공자의 작업, 공사 일정에 제약을 줄 수 있으며, 비용 및 일정에 영향을 미칠 수 있다. 제대로 완성되지 않은 설계는 기능공의 생산성과 작업 현장 근로자들의 사기 저하를 유발할 수 있으며, 시공자로부터 설계자 및 발주자에 대한 법적 클레임에 이르게 할 수 있다. 설계도서의 품질은 시공 품질과 프로젝트가 완료된 후 장기 유지보수 및 운영에 중요한 영향을 미친다.

일반적으로 표준형태의 계약에서는 설계자가 공사비에 대한 책임을 지지 않지만 설계자가 공사비에 대해 법적 책임을 지는 경우가 있다.

설계 책임의 일환으로 설계자는 일반적으로 설계에 대한 예상 공사비 견적을 준비한다. 프로젝트 진행과정에서 발주자의 주요 결정은 설계자의 비용 견적에서 만들어진다. 설계단계에서 프로젝트의 비용 및 운영 특성은 가장 많은 영향을 주며, 변경하기가 용이하다. 이 때문에 설계자는 프로젝트의 초기 단계에서 핵심적인 역할을 수행하며, 프로젝트를 정상적으로 진행하기 위해 발주자와 협력하여 발주자/시공자 관계가 최선의 형태로 유지되도록 해야 한다.

시공자는 설계자가 준비한 계약 문서에 따라 모든 작업을 수행한다. 여기에는 프로젝트를 구축하는데 소요되는 모든 인력, 장비, 재료 및 노하우를 제공하는 것이 포함된다. 시공 단계는 프로젝트 예산의 대부분이 시공기간 중에 소요되기 때문에 중요하다. 또한, 준공된 프로젝트의 운영 및 유지보수는 시공 중 수행되는 작업의 품질에 따라 크게 좌우된다. 시공자는 프로젝트의 정확한 견적을 준비하고, 현실적인 시공 일정을 수립하고, 비용, 일정 및 품질을 위한 효율적인 프로젝트관리 시스템을 수립해야 한다.

시공자가 계약 문서에 따라 업무를 수행하지 않을 경우 심각한 문제가 발생할 수 있다. 만약 시공자가 계약서에 명시되어 있는 대로 작업을 수행하지 않으면, 발주자는 계약이행 보증서라는 옵션을 가지고 있기 때문에 이 프로젝트를 완료하기 위해 새로운 시공자와 계약할 수 있다. 불이행 시공자의 작업을 제대로 재개하기 위해 다른 시공자가 현장에 배치되어야 하는 경우 프로젝트의 품질이 저하될 수 있다. 발주자가 채무 불이행 시공자의 계약이행 보증을 요구할 시 채무 불이행 시공자는 미래 계약을 수주할 수 있는 능력이 크게 약화된다. 시공자는 발주자의 향후 프로젝트에 대한 입찰에서 실격 처리될 수 있으며, 설계자는 불이행 시공자가 다른 수행 프로젝트의 시공입찰에 참여할 시 다른 발주자에게 참여 못하도록 할 수 있다. 또한, 채무 불이행 시공자의 채권 채무 상환능력은 채무 회사에 의해 축소되거나 완전히 제거될 수 있다. 나쁜 평판은 시공자의 명성을 훼손시킬 수 있으며, 이로 인해 시공자의 향후 업무 수주를 성공하는데 부정적인 영향을 미칠 수 있다.

프로젝트관리자는 누구를 위해 일하는가?

프로젝트관리자는 프로젝트를 위해 일하지만 발주자, 설계자 또는 시공자가 고용할 수도 있다. 따라서 모든 프로젝트에는 적어도 세 명의 프로젝트관리자가 있다. 이 세 개인이 다른 조직에서 근무하지만 좋은 업무관계를 유지할 수 있는 방법을 개발해야 한다. 프로젝트가 시작될 때 모든 프로젝트관리자는 함께 모여 각 이해관계자들의 권한과 책임을 정의하고 합의해야 한다. 그들은 문서 검토 및 승인 절차와 각 조직 이해관계자 간의 문서 배포 절차에 동의해야 한다. 정보를 공유하기 위한 의제 설정과 조직화된 방식으로 업무를 조율할 수 있는 정기적인 공동 프로젝트관리자 회의가 필요하다. 적시에 정보를 공유하는 것이 성공적인 프로젝트에 요구된다. 각 프로젝트관리자는 서로 도움을 줄 수 있는 팀을 이루어서 서로 협력할 수 있도록 특별한 노력을 기울여야 한다. 그들은 다른 사람들의 일에 비난하는 대신 해결책을 찾는 태도로 신뢰, 존경, 자신감을 보여줄 필요가 있다.

미국건설산업연구원(CII)은 프로젝트관리와 관련된 다양한 주제에 대한 연구조사를 수행하고 수많은 논문을 발표했다. CII 간행물인 "**프로젝트 성공을 위한 조직화**"에서는 발주자, 설계자 및 시공자를 위한 프로젝트관리자 간의 인터페이스에 대한 좋은 내용설명을 제공해 준다. 다음 단락은 이 간행물에서 논의된 프로젝트관리 팀을 요약한 내용이다.

발주자가 프로젝트에 투자하겠다는 약속을 한 후에, 투자 관리팀은 전체 프로젝트관리업무를 제공하기 위해 발주자 조직 내에 구성된다. 주요기능은 마케팅, 엔지니어링, 금융 및 제조와 같은 분야가 일반적으로 대표한다. 프로젝트 임원은 대개 팀을 이끌고 프로젝트를 진행하기로 결정한 사업부 책임자에게 보고한다. 이 팀의 구성원은 발주자의 프로젝트관리자이다.

발주자 프로젝트관리자는 발주자로부터 계약을 통해 지정된 각 설계 프로젝트관리자와 시공 프로젝트관리자로 구성된 프로젝트관리 팀을 이끈다. 그들의 임무는 엔지니어링, 구매조달 및 시공 단계를 조정하는 것을 포함하여 작업을 완수하는 것이다. 발주자 프로젝트관리자는 이 팀을 이끌며, 이는 프로젝트의 가장 중요한 관리 기능 중 하나이다. 발주자 프로젝트관리자는 직접 관리할 수 있는 제한된 자원을 가지고 있지만 업무가 다양한 조직들과 계약되어 있기 때문에 모든 업무수행에 책임이 있다.

각 설계 프로젝트관리자 및 시공 프로젝트관리자에게 보고하는 것은 그들 계약서의 요구사항을 이행하는 작업 관리자들이다. 각 설계 및 시공자 프로젝트관리자는 계약 문제에 대해서는 발주자 프로젝트관리자에게 보고하고 업무 문제에 대해서는 상위 조직 관리자들에게 보고한다.

작업 관리자는 실제로 작업을 수행하는 팀을 이끌어가는 설계자 리더 및 감독자이다. 그들은 프로젝트관리자가 그들에게 부여한 계약 부분을 직접적으로 책임진다. 또한 그들은 다른 조직의 작업 관리자와 소통하고 조정하는 일을 해야 한다. 일반적으로 이러한 의사소통은 지휘계통을 통해 수직적으로 나오지는 않지만 대신에 작업에 실질적으로 관련된 사람들 사이에서는 수평적으로 소통한다. 그들의 프로젝트관리자와 협력하고 정보를 유지하는 것은 그들의 책임이다. 이에 대해서는 2장과 11장에서 자세히 논의하도록 한다.

프로젝트관리의 목적

이 책의 목적에 따라 프로젝트관리는 다음과 같이 정의된다.

> 시간과 승인된 비용 내에서 지정된 프로젝트를 완료하기 위해 인력, 장비, 재료, 자금 및 일정을 조정하는 예술 및 과학이다. 프로젝트관리자의 주요업무는 문제를 식별하고 문제 해결안을 결정하기 위해 팀 구성원들을 조직하고 함께 일하는 것이다.

이외에도 프로젝트관리자는 팀을 조직화하고 문제 해결사로 팀 구성원들과 원활하게 작업해야만 한다. 그들은 아이디어를 창출할 수 있고, 문제를 식별하고 해결할 수 있으며, 의사소통하고, 업무를 완료할 수 있는 능력을 가진 사람이다. 이 때문에 사람들은 프로젝트관리자의 가장 중요한 자원이다. 따라서 프로젝트관리자는 자신의 능력을 최대한 활용하여 사람들과 원활한 업무관계를 맺고 발전시켜야 한다.

프로젝트관리자는 프로젝트를 성공적으로 완료하기 위해 프로젝트팀을 구성하고 공동의 방향으로 팀 구성원들의 노력을 조율하는 의무를 가지고 있다. 프로젝트관리 프로세스 전반에 걸쳐 해결해야 하는 5가지 질문이 있다.

1. 누가 그 작업을 할 것인가?
2. 어떤 업무가 수행되는가?
3. 언제까지 작업을 완료해야 하는가?
4. 업무에 소요되는 비용은 얼마인가?
5. 무엇이 잘못될 수 있는가?

업무는 종종 프로젝트관리자 조직 외부의 사람들을 포함하는 것이 요구된다. 이들은 개별적으로 프로젝트관리자에게 직접 보고하지는 않지만 효율적인 업무관계로 발전시켜 나가는 것이 요구된다.

관리자는 "할 수 있다"라는 태도를 가진 적극적인 자세가 있는 성취자이어야 한다. 프로젝트는 수행전반에 걸쳐 극복해야 할 수많은 장애물이 있다. 관리자는 결과 도출 방법을 예측할 수 있는 능력이 있어야 한다. 결과를 얻기 위한 노력은 항상 존재해야 한다. 이 태도는 프로젝트에 참여한 모든 사람들에게도 심어주어야 한다.

우수한 의사소통 기술은 관리자에게 필수적으로 요구된다. 프로젝트 관리는 사람과 정보의 공동작용이 요구된다. 공동작용은 효율적인 의사소통을 통해 이루어진다. 프로젝트관리와 관련된 대부분의 문제는 부족한 의사소통으로 인해 발생되는 것이다. 빈번하게 "다른 관련자"는 부정확 및 부적절하거나 너무 늦게 정보를 얻게 된다. 어떤 경우에는 정보가 단순하게 수신되지 않기도 한다. 우수한 커뮤니케이터가 되고 프로젝트에 참여하는 관련자들이 서로 의사소통하는 것을 보장하는 것은 프로젝트관리자의 책임이다.

관리의 유형

관리의 유형은 적어도 두 가지 유형으로 구분할 수 있다: 기능적 관리(때로는 전문분야 관리라고 함)와 프로젝트관리. 기능적 관리는 동일한 사람들에 의해 유사한 성격의 반복된 작업을 조정하는 것을 포함한다. 예를 들어, 설계 엔지니어링 부서, 측량, 견적 또는 구매관리 부서가 있다. 프로젝트관리는 이전에 한 번도 함께 일한 경험이 없는 사람들로 구성된 팀에 의한 일회성 업무의 조정을 포함한다. 예는 변전소, 쇼핑센터, 정유 공장 또는 수처리 설비의 설계, 건설관리이다. 관리의 기본 원칙이 두 가지 유형의 관리에 모두 적용되지만 두 가지 측면에서 뚜렷한 차이가 있다.

대부분 개인들은 프로젝트관리의 전문분야 환경에서 경력을 쌓아 간다. 대학 졸업 후에 일반적으로 정규 교육과 밀접한 관련이 있는 전문분야의 위치를 받아들인다. 대표적인 예로 설계 엔지니어, 견적사, 스케줄러 또는 측량사가 있다. 작업환경은 업무 수행 방법 및 수행자와 단일 전문분야에 기술적 전문성을 제공하는데 중점을 둔다. 직업 목표는 특정 기술분야의 전문가가 되기 위한 것이다.

프로젝트관리는 기술적 전문지식을 제공하기 위해 다른 전문가들에게 의존하므로 프로젝트의 전반적인 요구사항들을 조율하기 위해서는 여러 전문분야의 집중이 요구된다. 프로젝트관리자는 다른 전문가들에게 권한과 책임을 위임할 수 있어야 하며, 전과 다름없이 전문분야 간 연계 프로세스에 중점을 두어야 한다. 프로젝트관리자는 세부적인 작업에 지나치게 관여하거나 자신이 교육 받은 전문분야를 빼앗으면 안 되며, 프로젝트 목표에 초점을 맞추어야 한다.

프로젝트관리의 기본 원칙은 수행할 작업을 중심으로 프로젝트를 구성하는 것이다. 작업환경은 무엇을 해야 하는지, 언제 완료해야 하는지 그리고 비용이 얼마나 요구될지에 중점을 두어야 한다. 프로젝트관리자를 위한 경력개발은 광범위한 관리상의 관점을 가지고 다방면의 지식을 가진 사람을 양성하는 것을 목표로 나아가야 한다.

프로젝트의 성공적인 완료는 프로젝트관리자가 작업을 수행할 기술적 능력을 가진 전문가 팀의 업무를 조율하는 능력에 달려 있다. 표 1-1은 프로젝트관리와 전문분야 관리 간의 관계를 보여준다.

표 1-1 프로젝트관리와 전문분야 관리 사이의 구별기준

프로젝트관리는 다음의 내용들과 관련된다.	전문분야 관리는 다음의 내용들과 관련된다.
무엇을 완료해야 하는가	어떻게 완료해야 하는가
언제 완료해야 하는가	누가 할 것인가
얼마나 비용이 들 것인가	얼마나 잘 완료될 것인가
전반적인 요구사항들의 조정	구체적인 요구사항들의 조정
다중 훈련 중점	단일 훈련 중점
다른 전문가들에게 의존	기술적인 전문성 제공
프로젝트 품질	기술적인 품질
관리적인 관점	기술적인 관점
다방면의 지식을 가진 사람의 접근방식	전문가적 접근방식

관리의 기능들

관리는 흔히 5가지 기본 기능으로 요약된다: 기획, 조직화, 인력 배치, 지시 및 통제. 이러한 기본 관리 기능은 비즈니스 관리자가 개발하고 사용했지만 프로젝트 관리에 동등하게 적용된다.

기획은 프로젝트가 완료될 수 있도록 안내하는 일련의 과정을 수립하는 것이다. 이것은 업무의 범위와 같이 프로젝트의 개시 시점에서 시작하여 프로젝트의 생애주기 내내 지속된다. 마일스톤을 수립하고 가능한 제약 조건을 고려하는 것이 기획의 주요한 부분이다. 성공적인 프로젝트 기획은 프로젝트에 참여하는 모든 이해관계자들의 참여로 가장 잘 수행될 수 있다. 기획은 생애주기 전반에 걸쳐 전체 프로젝트를 안내하기 위한 의심의 여지없는 아주 뚜렷한 운영계획이 있어야 한다.

조직화는 프로젝트 계획에 맞게 체계적으로 자원을 배치하는 것이다. 프로젝트는 수행할 작업을 중심으로 구성해야 하며, 수행할 작업을 정의하고 측정할 수 있는 관리 가능한 단위로 분해해야 한다. 프로젝트의 작업분류 구조는 작업, 하위작업 및 작업 패키지와 같이 구성된 다중 레벨 시스템이다.

인력 배치는 업무를 수행할 전문지식을 가진 개인을 선발하는 것이다. 프로젝트팀에 배정된 사람은 프로젝트의 모든 부분에 영향을 미친다. 대부분의 관리자는 사람들이 프로젝트에서 가장 중요한 자원이라는 사실에 쉽게 동의할 것이다. 사람들은 프로젝트를 설계, 조정 및 구성하기 위한 지식을 제공한다. 프로젝트의 생애주기 전체에서 발생하는 수많은 문제들은 사람들에 의해 해결된다.

지시는 프로젝트를 완료하는 데 필요한 작업의 지침이다. 프로젝트 스태프 인원들은 다양한 기술 전문지식을 제공해야 하므로 효율적인 팀이 되도록 개발해야 한다. 각자 자신의 전문분야에서 업무서비스를 제공하지만, 각자 제공하는 업무는 공통된 노력과 방향으로 일괄적으로 지시되어야 한다.

통제는 프로젝트 범위, 예산 및 일정의 편차를 측정, 보고 및 예측하는 시스템을 구축하는 것이다. 프로젝트 통제의 목적은 프로젝트의 편차를 결정하고 예측하여 시정 조치를 취할 수 있도록 하는 것이다. 프로젝트 통제에서는 적시에 정보를 지속적으로 보고해야만 관리는 프로젝트가 완료되기 전 진행과정에서 대응할 수 있다. 통제는 종종 프로젝트관리에서 가장 어려운 기능이다.

프로젝트관리의 핵심 개념

각 프로젝트는 고유하지만 프로젝트관리자가 프로젝트를 조정하고 완료하는데 사용할 수 있는 핵심 개념이 있다. 핵심 개념 목록은 표 1-2에 나와 있다.

표 1-2에 표시된 핵심 개념은 이 책의 다음 장에서 자세히 설명될 것이다. 프로젝트 초기 단계부터 각 단계를 거쳐 완료될 때까지 이러한 각 개념을 해결하는 것이 프로젝트관리자의 책임이다.

표 1-2 프로젝트관리의 핵심 개념

1. 한 사람, 단 한 사람만 프로젝트 범위, 예산 및 일정에 대해 책임을 지도록 해야 한다.
2. 시작하라는 압력에도 불구하고, 계약서에 서명하지 않고는 일을 시작하지 말아야 한다.
3. 프로젝트의 승인된 범위, 예산 및 일정이 있는지 확인해야 한다.
4. 시작할 시점에 프로젝트의 범위를 확정하고, 또한 승인 없이 프로젝트의 범위 확대가 없도록 해야 한다.
5. 발주자를 포함한 모든 이해관계자가 범위를 이해하고 있는지 확인해야 한다.
6. 예산과 일정을 누가, 언제 작성했는지 알아야 한다.
7. 예산 및 일정이 범위와 연계되어 있는지 확인해야 한다.
8. 팀 구성원들을 바쁘게 활용하기 보다는 수행해야 할 업무를 중심으로 프로젝트를 조직해야 한다.
9. 전체 프로젝트를 안내할 명확한 운영 계획이 있는지 확인해야 한다.
10. 프로젝트를 정의 가능하고 측정 가능한 작업 단위로 분할할 수 있는 작업분류체계를 구축해야 한다.
11. 모든 팀 구성원에 대한 권한과 책임을 보여주는 프로젝트 조직도를 수립해야 한다.
12. 하나의 팀으로 함께 일할 수 있는 효율적인 팀의 프로젝트 지원조직을 구축해야 한다.
13. 품질이 중요하다는 사실을 강조해야 한다. 왜냐하면 비용이나 진행 속도와 상관없이 품질이 제대로 확보되지 않으면 가치가 없기 때문이다.
14. 모든 업무에 예산을 세워야 한다; 가치가 있는 일은 보상받아야 한다.
15. 작업을 완료하는데 요구되는 논리적 순서를 제공하는 프로젝트 일정을 개발해야 한다.
16. 적절한 시기에 편차를 예상하고 보고할 제어 시스템을 수립하여 시정 조치를 취할 수 있도록 해야 한다.
17. 관련된 모든 사람들과 같이 문제를 해결하여 그들이 문제를 직접 해결할 수 있도록 해야 한다.
18. 모든 일을 문서화해야 한다. 왜냐하면 어떤 시점에서는 무관한 것도 나중에는 중요할 수 있기 때문이다.
19. 프로젝트가 변경될 때마다 적합한 이해관계자와 공식 계약을 준비해야 한다.
20. 고객에게 정보를 제공해야 한다. 그들은 모든 것을 지불할 것이고 프로젝트가 완료되면 사용할 것이기 때문이다.

프로젝트관리자의 역할

프로젝트관리자의 역할은 프로젝트팀이 시간, 예산 및 범위의 제약 내에서 수준 높은 프로젝트 품질을 확보할 수 있도록 이끌어가는 것이다. 프로젝트는 단일의 비반복적인 사업이며, 각 프로젝트가 고유하기 때문에 결코 그 결과를 확신을 가지고 예측할 수 없다. 프로젝트관리자는 직면하게 되는 모든 위험과 문제점에도 불구하고 최종 결과를 달성해야 한다. 성공은 사용 가능한 자원을 최대한 활용하여 논리적인 순서로 요구되는 작업을 수행하는 것에 달려 있다. 프로젝트관리자는 5가지 관리 기본 기능을 수행해야 한다: 기획, 조직화, 인력 배치, 지시 및 통제.

프로젝트 기획은 훌륭한 프로젝트관리의 중심이다. 프로젝트관리자는 프로젝트 기획을 책임지고 프로젝트 초기에(업무를 시작하기 전에) 시작해야 한다는 것을 인식하는 것이 중요하다. 기획은 프로젝트가 끝날 때까지 계속되는 과정이며, 효과적이기 위해서는 프로젝트에 참여한 사람들의 의견을 수렴해야 한다. 기획의 기술들과 도구들은 잘 확립되어 있다. 표 1-3은 기획을 위한 지침을 제공해준다.

표 1-3 기획에서 프로젝트관리자의 역할

1. 수행할 업무에 중점을 맞춘 기획을 개발해야 한다.
2. 프로젝트 목표 및 성과 요구사항을 조기에 수립하여 관련된 모든 사람들이 요구되는 것을 알고 있도록 해야 한다.
3. 모든 전문분야 관리자와 핵심 직원을 기획 및 견적 과정에 참여시켜야 한다.
4. 프로젝트에서 명확하고 잘 정의된 마일스톤을 수립하여 관련자 모두가 무엇을 성취해야 하는지, 그리고 언제 완료해야 하는지 알 수 있도록 해야 한다.
5. 예측할 수 없는 미래의 문제에 대하여 일정상에서 예비적으로 제공하는 기획으로 예비비를 설정해야 한다.
6. 절대적으로 필요한 경우가 아니면 프로젝트를 다시 프로그래밍하거나 재구성하지 말아야 한다.
7. 프로젝트에 변경이 있을 때마다 적합한 이해관계자와 공식 계약을 준비하고 변경을 통제관리할 수 있는 방법을 수립해야 한다.
8. 개인 책임, 일정 및 예산을 명확하게 정의하기 위해 프로젝트 기획을 전달해야 한다.
9. 가장 잘 준비된 기획도 구현되지 않으면 쓸모가 없다는 것을 기억해야 한다.

프로젝트 조직도는 프로젝트마다 프로젝트관리자가 개발해야 한다. 차트는 프로젝트에 참여하는 사람들 사이의 적절한 의사소통 채널을 분명하게 보여주어야 한다. 프로젝트팀원은 잘못된 의사소통과 재작업을 줄이기 위해 다른 모든 팀 구성원의 권한을 알아야 한다. 조직화된 업무는 업무에 대한 성취와 작업 완성에 대한 자부심을 가질 수 있게 이끌어 준다. 조직화되지 않은 작업은 재작업으로 이어진다. 재작업은 오류, 낮은 생산성 및 팀 구성원들을 좌절하게 만든다. 표 1-4는 조직화를 위한 지침을 제공한다.

표 1-4 조직화에서 프로젝트관리자의 역할

1. 성취할 업무를 중심으로 프로젝트를 조직화해야 한다.
2. 프로젝트를 정의 가능하고 측정 가능한 작업 단위로 분할하는 작업분류체계를 개발해야 한다.
3. 각 프로젝트에 대한 프로젝트 차트를 작성하여 누가 무엇을 하는지 보여줘야 한다.
4. 모든 프로젝트팀원들에 대한 권한과 책임을 분명하게 정의해야 한다.

프로젝트 인력 배치는 사람들이 일을 수행하기 때문에 중요하다. 대부분의 개인들은 사람들이 프로젝트에서 가장 중요한 자원이라는 사실에 쉽게 동의할 것이다. 그들은 아이디어를 창출하고, 문제를 해결하고, 설계를 완성하고, 장비를 운영하며, 최종 제품을 완성하는 재료들을 설치한다. 각 프로젝트는 고유하기 때문에 프로젝트관리자는 각 분야에서 수행해야 할 작업을 이해해야 한다. 프로젝트관리자는 그 시점에 자신의 상사 및 적합한 전문분야 관리자와 협력하여 프로젝트 작업에 가장 적합한 인물을 파악해야 한다. 표 1-5는 프로젝트 인력 배치 지침을 제공한다.

표 1-5 인력 배치에서 프로젝트관리자의 역할

1. 수행할 작업을 명확하게 정의하고 팀원을 선정하는 데 적절한 부서 관리자와 협력해야 한다.
2. 프로젝트 시작시점에서 팀 구성원을 위한 효율적인 오리엔테이션(프로젝트 목표 및 목적)을 제공해야 한다.
3. 팀 구성원들에게 기대하는 바를 설명하고 그들의 업무가 전체 프로젝트에 어떻게 적용되는지 설명해야 한다.
4. 범위, 예산 및 일정을 명확하게 정의하고 동의를 위해 각 팀원들의 의견을 수렴해야 한다.

프로젝트관리자는 전체 프로젝트를 지휘감독하고 프로젝트의 모든 측면을 조정하는 효과적인 리더가 되어야 된다. 이를 위해서는 프로젝트관리자와 프로젝트 관리자 사이에 긴밀한 협력 관계와 효율적인 업무 팀을 구성하기 위한 프로젝트 인력 배치가 요구된다. 대부분의 프로젝트팀원은 전문분야(원래 업무) 부서의 프로젝트에 할당(파견)되기 때문에 프로젝트관리자는 자신의 원래 부서에서 충성도를 유지하면서 프로젝트에 대한 직원의 충성도를 기르는 방법을 개발해야 한다. 프로젝트관리자는 훌륭한 의사소통자이어야 하며, 모든 권한 수준에 있는 사람들과 일할 수 있는 능력이 있어야 한다. 프로젝트관리자는 다른 사람들에게 권한과 책임을 위임할 수 있어야 하며, 전문분야 사이의 연계 프로세스에 집중할 수 있어야 한다. 프로젝트관리자는 세부적인 업무에 지나치게 관여할 수 없지만 프로젝트 목표를 달성하기 위해 팀의 리더가 되어야 한다. 표 1-6은 프로젝트를 이끌어 가기 위한 지침을 제공한다.

표 1-6 지시에서 프로젝트관리자의 역할

1. 프로젝트의 모든 중요한 측면을 조정하는 효율적인 리더 역할을 해야 한다.
2. "할 수 있다"라는 태도로 프로젝트에 대한 관심과 열정을 보여주어야 한다.
3. 프로젝트 스태프가 문제를 알 수 있도록 해주고, 열린 상태에서 문제를 해결하며, 협력적인 방식으로 문제를 해결해야 한다.
4. 가능한 한 빨리 해결책을 찾을 수 있도록 문제를 조기에 분석하고 조사해야 한다.
5. 프로젝트팀이 프로젝트를 완료하기 위한 업무를 수행하는데 요구하는 자원을 확보해야 한다.
6. 팀원의 중요성을 인식하고, 훌륭한 업무성과를 위해 팀원들을 칭찬하고, 실수를 바로 잡도록 팀원들을 안내해 주고, 효율적인 팀을 구성해야 한다.

프로젝트 통제는 관리의 최우선 순위이며 전체 프로젝트팀이 협력하는 노력이 요구된다. 프로젝트관리자가 편차를 시기적절하게 예상하고 보고하는 통제 시스템을 구축하는 것이 중요하다. 그래야만 더 심각한 문제가 실제로 발생하기 전에 시정 조치가 시작될 수 있다. 많은 팀원들은 통제를 거부한다; 그래서 "**프로젝트 모니터링**"이라는 용어는 프로젝트의 편차를 예측하고 보고하는데 사용하기도 한다. 효율적인 프로젝트관리 시스템은 프로젝트의 모든 부분을 처리해야 한다: 품질, 작업 완료, 예산, 일정 및 범위 변경. 표 1-7은 프로젝트 통제에 대한 지침을 제공한다.

표 1-7 통제에서의 프로젝트관리자의 역할

1. 프로젝트 성과를 측정하기 위해 수행된 업무에 대한 계획 및 실제 작업 기록을 유지해야 한다.
2. 현재의 마일스톤 차트는 계획된 마일스톤과 성취된 마일스톤을 표시하기 위해 유지해야 한다.
3. 계획된 지출 및 실제 지출을 표시하는 월간 프로젝트 비용 차트를 유지해야 한다.
4. 회의, 전화 대화 및 계약 기록을 보관해야 한다.
5. 모든 사람에게 "놀라움"을 주지 않도록 정보를 제공하고 문제에 대한 해결책이나 제안된 해결책을 준비해야 한다.

전문적이고 기술적인 조직들

프로젝트의 비용 및 복잡성 증가로 인해 우수한 프로젝트관리 원칙을 개발하고 적용하는 것이 발주자, 설계자 및 시공자들에게 상당한 주목을 받게 되었다. 수많은 조직들이 연구를 수행하고, 워크샵 및 세미나를 후원하며, 기술적 논문을 출판함으로써 프로젝트관리와 관련하여 상당한 기여를 해왔다. 다음 단락에서는 이러한 조직 중 일부에 대해 설명할 것이다.

미국토목학회(ASCE) - 1852년 설립, 미국의 가장 오래된 국가적인 공학단체이다. 토목공학자로 이루어진 회원들은 정부, 교육, 조사, 건설, 민간 컨설팅에 종사한다. 미국토목학회의 건설부분은 **건설공학 및 관리의 학술지**에 기술논문을 출판하는 많은 자문위원회와 기술위원회를 가지고 있다.

미국기술사회(NSPE) - 1936년 설립, 모든 공학분야에서 등록된 전문적인 공학자들의 국가 공학단체이다. NSPE 회원은 다섯 가지 업무부서: 건설, 교육, 정부, 산업, 민간 업무로 조직된 공학자들을 포함한다. 건설업무 부서는 건설산업에서 공학자와 관련되어 입법과 계약에 기여를 한 많은 위원회를 가지고 있다.

미국프로젝트관리협회(PMI) - 1969년 설립, 모든 분야의 구성원들로 구성되며 프로젝트관리 전문분야에서 최첨단 기술을 발전시키는 데 전념하고 있다. PMI는 프로젝트관리 전문가를 위한 자격증 프로그램을 가지고 있고 PMBOK을 출판하였다.

AACE-I - 1956년 설립, 전 세계의 회원으로 조직되었다. 여기서는 비용 공학, 비용 측정, 계획&일정, 결정과 위기관리, 프로젝트 매니지먼트, 프로젝트 제어, 비용/일정 제어, 가치 관리, 클레임 등과 같은 분야에서 총 비용 관리를 수행한다. 1976년부터 AACE는 비용 컨설턴트 자격증, 비용 기술자 자격증, 견적 전문가 자격증, EV 전문가, 기획과 일정 전문가 등의 개인을 위한 자격증 프로그램을 관리해 오고 있다.

미국CM협회(CMAA) - 1981년 설립, 전문 서비스로서 건설관리(CM)의 성장과 발전을 촉진하기 위하여 기업, 공공기관 및 개인 회원으로 조직되어 있다. CMAA는 **표준 CM 서비스와 실무**를 비롯해 건설관리와 관련된 문서를 출판한다.

미국건설산업연구원(CII) - 1983년 설립, CII는 동등한 수의 발주자 및 시공자 회원사 및 미국 전역의 대학 연구소로 구성된 국가 연구기관이다. CII는 프로젝트관리와 관련된 다양한 주제에 대한 연구 및 출판물 작성을 위해 함께 일하는 발주자, 시공자 및 학술 회원으로 구성된 위원회, 협의회 및 연구팀으로 조직되어 있다.

다음 조직 목록은 프로젝트관리와 관련된 정보의 출처로 독자에게 제공하는 것이다.

American Institute of Architects(미국건축가협회)
American Society of Civil Engineers(미국토목학회)
American Society of Military Engineers(미국군사기술자협회)
Association for Advancement of Cost Engineering-International(국제원가엔지니어링진흥협회)
Construction Industry Institute(미국건설산업연구원)
Construction Management Association of America(미국CM협회)
Design Build Institute of America(미국디자인빌드협회)
National Society of Professional Engineers(미국기술사회)
Project Management Institute(미국프로젝트관리협회)
Society of American Value Engineers(미국VE협회)

References

1. Adams, J. R. and Campbell, B., *Roles and Responsibilities of the Project Manager*, Project Management Institute, Newtown Square, PA, 1982.
2. Adams, J. R., Bilbro, C. R., and Stockert, T. C., *An Organization Development Approach to Project Management*, Project Management Institute, Newtown Square, PA, 1986.
3. Knutson, K., Schexnayder, C. J., Flori, C. M., and Mayo, R., *Construction Management Fundamentals*, 2nd ed., McGraw-Hill, New York, NY, 2009.
4. Levy, Sidney M., *Project Management in Construction*, 6th ed., McGraw-Hill, New York, NY, 2012.
5. "Organizing for Project Success," Publication No. 12-2, Construction Industry Institute, Austin, TX, February, 1991.
6. Stuckenbruck, L. C., *The Implementation of Project Management: The Professional's Handbook*, Project Management Institute, Newtown Square, PA, 1981.

2

Chapter

프로젝트팀과의 작업

프로젝트팀

엔지니어링 및 건설 프로젝트를 완료하는 데 필요한 작업을 수행하기 위해 프로젝트팀을 구성해야 한다. 팀 구성원은 프로젝트 성공에 매우 중요하다. 프로젝트관리자는 프로젝트를 완료하는데 요구되는 모든 업무의 전문지식을 갖추지 못하기 때문에 팀에 의존하게 된다. 어떤 팀이든, 전반적인 성과를 이끌어갈 리더가 있어야 한다. 다양한 측면에서 프로젝트관리자는 질문에 답하고 팀이 프로젝트의 원하는 결과를 이해하는지 확인하고, 팀 구성원들이 자신에게 기대하는 내용과 정보 공유의 중요성을 알 수 있도록 코치로서의 역할을 수행한다. 프로젝트관리자는 팀 구성원들이 자신의 팀을 이해하고 프로젝트의 원하는 결과에 중점을 두도록 이끌어야 한다. 프로젝트관리자는 또한 분쟁 해결 및 팀 성과를 위한 프로젝트 의사소통의 촉진자 역할을 해야 한다.

프로젝트팀은 내부 인력과 외부 컨설턴트를 포함하여 프로젝트의 모든 참여자들로 구성된다. 팀 구성원들은 프로젝트관리자에게 파트타임, 풀타임 어느 쪽이든 상황을 보고해야 하고 프로젝트 활동의 일부 측면에 대하여 책임이 있다. 팀워크는 프로젝트의 범위, 예산 및 일정 제약을 완수하기 위한 공통의 목적을 달성하기 위해 효율적인 상호 작용으로 잘 조정되어야 한다. 프로젝트팀을 관리하는 것은 인적자원관리 분야에서 기본적인 기술이다. 미국프로젝트관리협회(PMI)는 범위, 비용, 시간, 품질 그리고 참여자 만족의 사전 계획된 프로젝트 목표를 달성하기 위하여 관리 및 행동 지식을 사용해 프로젝트 기간 동안 인적자원을 감독하고 조정하는 예술 및 과학으로서 인적자원관리를 정의하고 있다.

프로젝트 성공을 위해서는 프로젝트관리자가 효율적인 프로젝트팀을 구성하고 이끌어야 한다. 팀 빌딩은 각각 자신의 목표, 요구와 관점이 다양한 개인그룹에 영향을 미치는 과정이며, 프로젝트의 이익을 위해 효율적으로 함께 일할 수 있는 방법을 제시한다. 팀의 노력은 개인 노력의 합보다 더 많은 것을 달성해야 한다. 모든 팀마다 동기부여가 필요하다. 팀 동기부여는 프로젝트관리자가 팀 구성원이 업무를 수행하는데 요구되는 일을 하도록 영향을 미치는 프로세스이다. 핵심 문제는 "프로젝트관리자가 인적자원을 가져올 때 어떻게 팀 구성원들에게 동기를 부여해야 하는가?"이다. 일반적으로 프로젝트팀의 구성원은 다른 부서 프로젝트 관리자의 프로젝트에 할당된 개인이다. 이러한 개인은 다른 부서에서 동원되거나 외부 조직에서 고용되기 때문에 프로젝트관리자는 원 부서 및 조직에 충실함을 유지하면서 프로젝트에 전념할 수 있는 동기부여 방법을 고안해야 한다. 이것은 프로젝트관리자에게 진정한 도전 과제이다.

팀워크

팀워크는 새로운 개념이 아니며, 그것은 수세기 동안 사용되어 왔다. 본질적으로 **팀**이란 공동 목표를 달성하기 위해 함께 일하는 사람들의 그룹이다. 효과적인 팀은 혼자서 행동하는 한 사람보다 더 많은 성과를 성취할 수 있다. 프로젝트는 다양한 전문지식과 경험을 가진 사람들이 필요하다. 팀의 각 구성원은 프로젝트의 성공적인 완료에 기여하는 전문지식을 제공한다. 이러한 팀 구성원들은 네 가지 유형의 사람들이 있다:

- 일을 만드는 사람들
- 발생할 일을 지켜보는 사람들
- 무슨 일이 일어나고 있는지 모르는 사람들
- 무슨 일이 일어나고 있는지 알고 싶지 않은 사람들

모든 프로젝트관리자는 일을 만들어 가는 적극적인 사람들을 원한다. 그러나 수동적인 사람들이 있으며 이들은 정확한 지시가 주어지기 전까지 또는 업무실시가 안전하다고 느낄 때까지 행동을 취하지 않는 경향이 있다. 불행히도 일어나는 일이나 해야 할 일을 알지 못하거나 이해하지 못하는 사람들도 있다. 때때로 고위 경영진에 있는 사람들은 프로젝트에서 무슨 일이 일어나고 있는지 알고 싶어 하지 않는 경우도 있으며, 대신 프로젝트팀이 주어진 임무를 수행하고 문제를 해결하기를 원한다. 종종 프로젝트관리자는 프로젝트팀의 모든 구성원을 선택할 기회가 없으며 팀 구성원의 할당은 상위 관리자가 담당한다. 따라서 프로젝트관리자는 모든 유형의 사람들과 협력해야 한다.

사업의 재구성, 축소 및 병합은 팀워크에 새로운 주안점을 만들어낸다. 많은 기업들이 프로젝트를 완료하기 위해 작업을 아웃소싱 한다. 누구나 팀워크가 중요하다는데 동의한다; 진정한 과제는 성공적인 프로젝트를 성취하기 위해 성공적인 팀을 구성하는 것이다.

팀워크는 목표, 목적, 요구 및 우선순위를 정의하는 프로젝트 스폰서와 같이 시작한다. 성공적인 프로젝트의 경우, 팀워크는 프로젝트 초기에 팀의 구성으로 시작하여 프로젝트가 진행되는 동안 지속된다. 잘 조직된 팀은 분쟁을 해결하고 문제를 해결하며 효과적으로 의사소통한다. 효율적인 팀워크는 결함을 발견하고 고발을 방지하고 단합을 촉진하며, 동일한 프로젝트 목표 및 우선순위를 설정하여 이에 집중한다. 모든 사람들이 성공적인 팀에서 중요한 역할을 담당하고 있지만, 모든 팀은 리더를 보유해야 한다. 프로젝트관리자는 팀의 리더이다.

소규모 프로젝트를 위한 팀

팀은 공동의 목표를 달성하기 위해 함께 노력하는 두 명 이상의 사람들이다. 여러 소규모 프로젝트를 관리할 때 프로젝트관리자는 일반적으로 팀 구성원을 다른 프로젝트관리자와 공유해야 한다. 프로젝트 기간은 프로젝트관리자와 팀 구성원 사이의 최소한의 접촉만 이루어지므로 일반적으로 짧은 편이다. 때때로 팀원들은 특정 작업이나 기능을 수행하기 위해 외부 공급자로부터 계약에 의해 고용된 전문가들이다.

한 프로젝트의 프로젝트관리자는 일반적으로 동시에 여러 프로젝트를 관리해야 하기 때문에 각 프로젝트에 요구되는 주의력을 기울여 복잡한 일정 및 자원을 통제하는 것이 어렵다. 소규모 프로젝트에서는 최소한의 인원만 투입할 수 있다. 이것은 할당된 소수의 개인이 여러 기능에 대한 책임을 져야 함을 의미한다. 이러한 유형의 작업 환경에서는 프로젝트관리자가 자신의 조직 내 여러 부서를 통해 프로젝트에 대한 작업을 수행하도록 하는 기술이 제시간에 그리고 예산 범위 내에서 프로젝트를 완료하는 데 중요하다. 포괄적으로 앞일을 생각하는 계획과 현재 문제가 없는 기능에 대한 관심은 적다. 프로젝트 기한을 준수하는 능력은 다른 프로젝트 이해관계자들의 일정에 크게 좌우된다.

엔지니어링 작업의 경우 각 프로젝트에 핵심 훈련 팀을 할당하는 것이 어렵다. 결과적으로 팀원들이 정보를 기다리는 동안 시간이 낭비된다. 소규모 프로젝트는 짧은 기간을 가지고 있기 때문에 세부 계획 수립과 문제의 공정을 조정하는데 시간이 충분하지 않을 수 있다. 인력의 학습 곡선은 프로젝트가 끝난 시점에서도 여전히 진행 중일 것이다.

다수의 소규모 프로젝트를 관리하는 것이 하나의 대형 프로젝트를 관리하는 형식이 아닐 수도 있지만, 협력 및 팀워크의 정신으로 사람들과 협력하는 원칙이 여전히 적용된다. 일반적으로 프로젝트관리자는 정식 대면 팀 회의 대신 빈번한 전화 또는 전자 메일을 사용한다.

여러 팀과의 작업

프로젝트가 설계단계를 지나 시공단계로 진행함에 따라 발주자, 설계자 및 시공자 팀의 업무가 집단적 노력으로 통합되어야 한다. 각 팀마다 고유한 목표가 있지만, 각각의 전문성은 그림 2-1과 같이 중첩되는 환경으로 집중되어야 한다.

그림 2-1의 각각의 삼각형은 팀을 나타낸다. 각 팀은 다른 기능을 수행하지만 각 팀은 프로젝트에서 공동 소유권을 가진다는 태도로 발전시켜야 한다. 각 조직의 프로젝트관리자는 팀원이 문제 해결과 업무 수행에 도움이 되는 환경을 조성하고 육성해야 한다. 프로젝트가 시작될 때 시작된 팀 빌딩과 팀워크는 시공 단계에서도 지속되어야 한다.

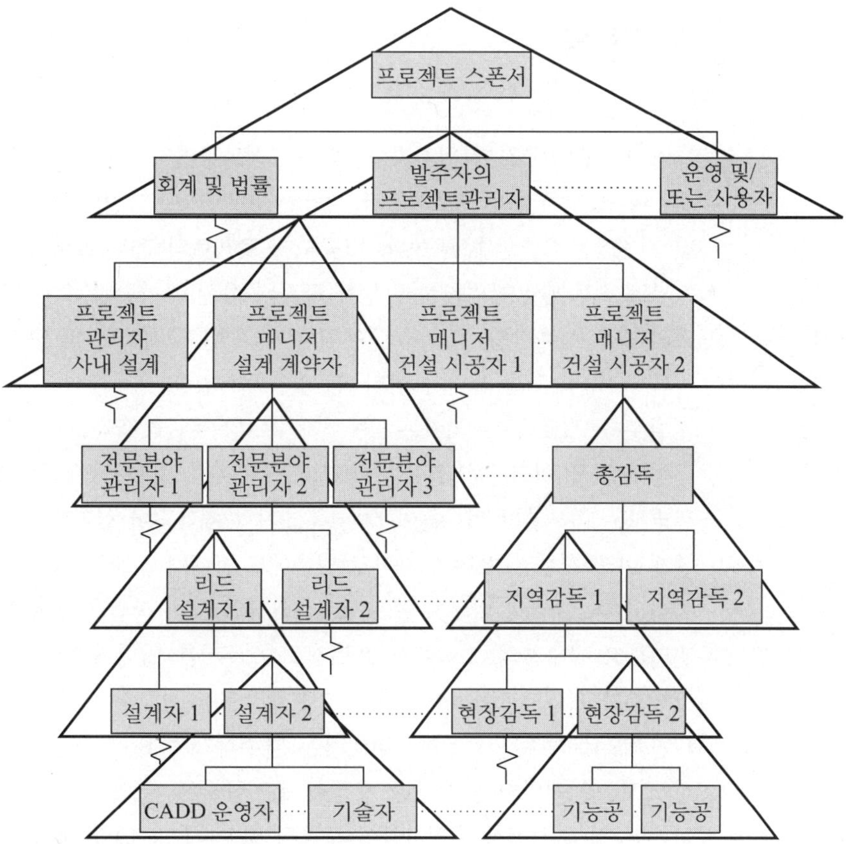

그림 2-1 여러 팀의 중첩 환경

팀의 규모와 수에 관계없이 최종 결정을 내리고 프로젝트에 집중하기 위해 하나의 총괄 프로젝트관리자가 있어야 한다. 발주자의 프로젝트관리자는 전체 프로젝트에 대한 전반적인 책임과 최종 권한을 가진다. 발주자의 프로젝트관리 팀에서 근무하는 것은 프로젝트의 엔지니어링 설계 및 시공을 담당하는 팀의 하위 수준을 이끄는 책임이 있는 프로젝트관리자이다. 그림 2-1에서 볼 수 있듯이 자체 설계를 위한 프로젝트관리자, 각 설계 시공자를 위한 프로젝트관리자 및 각 건설 시공자를 위한 프로젝트관리자가 있다. 각 프로젝트관리자는 자신의 조직을 위해 팀을 이끌어가고 있다. 이러한 관리자 아래에는 업무 관리자가 이끄는 팀의 하위 계층이 있다. 그림 2-1에서 볼 수 있듯이 하위 팀의 관리자는 상위 팀의 구성원이다. 각 팀의 책임자는 한 명이어야 한다.

발주자 팀

그림 2-1에서와 같이 발주자 팀의 프로젝트관리자는 프로젝트팀에서 가장 높은 수준이다. 발주자의 프로젝트관리자는 일반적으로 그들 자신 회사의 직원으로부터 지원받는 것이 제한적이다. 소규모 프로젝트의 경우 발주자의 프로젝트관리자는 프로젝트에서 작업하는 발주자 조직의 유일한 사람일 수 있다. 대규모 프로젝트의 경우 사무직원, 프로젝트 엔지니어, 계약, 구매조달 및 안전 요원과 같은 발주자 조직의 지원 직원이 여러 명 있을 수 있다.

발주자 프로젝트관리자는 각 설계 프로젝트관리자와 시공 프로젝트관리자로 구성된 팀을 이끄는 역할을 수행한다. 발주자와 계약을 체결한 발주자 프로젝트관리자는 대부분의 업무들이 다양한 조직과 계약되어 있기 때문에 자신의 직접적 통제 아래 제한된 자원을 가지고 있음에도 불구하고 모든 작업의 성취에 대한 책임이 있다. 그래서 발주자 프로젝트관리자의 많은 작업은 설계 및 건설 시공자를 관리하고 발주자의 조직에서 프로젝트 스폰서를 업데이트하는 것이다.

발주자 프로젝트관리자의 역할은 프로젝트를 성공적으로 완수하는데 중요하다. 일반적으로 발주자 프로젝트관리자는 발주자가 필요로 하는 프로젝트 유형에 대한 기획 및 시방서를 개발한 경험이 풍부한 유능한 설계자를 원한다. 발주자 특히, 발주자 조직에서 운영자들이 준공된 시설물을 운영할 때 이해할 수 있는 측면에서 설계 및 시공 요구사항을 연계시킬 수 있는 설계자를 보유하는 것이 중요하다. 발주자 프로젝트관리자는 또한 고품질의 작업을 수행하고 비용이 합리적이며 프로젝트 발주자가 요구하는 시간 내에 프로젝트를 완료할 수 있는 숙련된 건설업체를 요구한다. 프로젝트의 모든 이해관계자들 사이의 우호적 업무관계는 업무의 상태와 진행에 관한 훌륭한 의사소통을 요구한다.

설계 팀

설계 팀의 구성원들은 특수한 프로젝트에 요구되는 특정 전문지식을 토대로 선택된다. 팀은 설계 분야(건축, 토목, 기계, 전기, 구조, 컴퓨터 지원 설계 및 제도(CADD) 등), 프로젝트 통제관리 특정 전문가(비용 통제, 견적, 품질관리, 안전 등), 비기술적인 분야 구성원들(구매, 법, 재정, 허가, 규제 등)과 스폰서 대리인이 있다.

설계 팀의 업무는 많이 알려지지 않은 업무를 수행할 시점인 프로젝트 초기에 발생한다. 종종 작업 범위가 명확하지 않거나 완전히 정의되지 않은 경우가 있다. 때로는 예산은 단순히 발주자가 사용 가능한 금액이며, 작업 범위에 대한 원가예산이 연계되어 있지 않다. 때로는 일정에 대해 알려진 유일한 정보는 프로젝트의 완료 날짜이다. 이러한 모든 문제는 프로젝트의 엔지니어링 설계를 담당하는 프로젝트관리자에게 도전과 어려움을 야기한다. 표 2-1은 엔지니어링 프로젝트관리자의 공통된 문제를 나타낸다.

모든 설계 팀은 발주자의 프로젝트관리자이거나 발주자 프로젝트관리자가 지정한 스폰서 대리인이 있어야 한다. 이 대리인은 스폰서 조직의 기업 정책 및 자금 한도를 프로젝트팀에 알려야 한다. 대리인은 스폰서 조직을 대신하여 행동할 책임과 권한을 가져야 한다.

표 2-1 설계 프로젝트관리자들이 만나는 공통된 문제들

1. 프로젝트 범위가 잘 정의되어 있지 않은 문제
2. 프로젝트의 시작부터 완료까지 너무 많이 확장되는 문제
3. 프로젝트 예산이 범위에 연계되지 않는 문제
4. 작업부하의 비일관성, 너무 바쁘거나 할 일 없는 문제
5. 동시에 너무 많은 프로젝트를 처리하기 위해 시도하는 문제
6. 한 프로젝트에서 다른 프로젝트로 우선순위가 이동하는 문제
7. 부족한 의사소통, 오해, 너무 많은 재작업 문제
8. 기업이 프로젝트를 처리하도록 조직화되어 있지 않은 문제
9. 프로젝트를 처리할 수 있는 시스템 부재의 문제
10. 전체적으로 이해할 수 있는 작업 계획 부재의 문제

스폰서 대리인은 스폰서가 사용할 프로젝트가 완료된 후 스폰서 조직에 영향을 줄 수 있는 프로젝트 요구사항 및 비용과 관련된 문제를 해결하는데 핵심적인 역할을 한다. 그는 변경되는 범위, 예산 및 일정을 검토하고 승인한다. 팀원으로서 스폰서 대리인은 업무 위임이 이루어지기 전에 범위, 예산 및 일정의 모든 변경사항을 승인한다. 이 스폰서 대리인은 설계 팀에 적극적으로 참여하고, 질문에 답하고, 팀이 작업을 수행하는데 필요한 정보를 제공해야 한다. 불행히도 스폰서 조직의 대리인은 프로젝트가 곤경에 처할 때까지 때때로 관여하지 않는다. 스폰서 대리인의 조기 참여는 미래의 문제를 예방할 수 있다. 설계 프로젝트관리자는 이 스폰서 대리인이 자신 프로젝트팀의 일원임을 공감하도록 해야 한다.

설계 팀원을 선택하는 것은 팀 구성 프로세스를 시작하는 것이기 때문에 프로젝트관리의 중요한 단계이다. 팀 구성원 선택방식은 설계 프로젝트관리자 조직의 정책과 프로젝트관리자가 프로젝트에서 원하는 구성원을 얻을 수 있는 설득력이 있느냐에 따라 달라진다. 6장은 설계회사를 위한 다양한 조직 구조를 제시한다. 설계회사가 고려해야 하는 설계 팀 구성원의 선정을 예시적으로 설명하기 위해, 그림 6-5에 조직도를 보여주고 있다. 프로젝트관리자와 그의 상급 매니저는 프로젝트의 요구사항을 검토하여 요구되는 분야의 전문성과 요구되는 인력을 확인한다. 그런 다음, 회의는 팀 구성원을 요청하기 위해 적합한 전문분야 관리자의 관리담당자와 마련된다. 프로젝트에 배정될 사람들은 각 전문분야의 엔지니어 부서 관리자가 선택한다.

프로젝트관리자는 항상 자신의 프로젝트에 배정되는 작업자가 가장 우수하며 가장 자격 있는 사람이기를 원하는 것은 분명하다. 그러나 팀원 배정은 배정된 시간에 누구를 이용할 수 있는지에 따라 결정된다. 프로젝트관리자가 팀에 배정된 사람에게 요구되는 기술을 보유하고 있지 않다고 판단되면 프로젝트관리자는 팀원을 돕기 위해 코치 역할을 수행해야 하며, 업무를 완료할 수 있도록 추가 교육을 준비해야 한다.

시공 팀

건설 프로젝트의 작업 환경과 문화는 대부분의 근로조건에 비해 독특하다. 전형적인 건설 프로젝트는 일반적으로 여러 조직의 사람들로 구성되며, 이들은 고용되어 시설을 시공하기 위한 프로젝트에 배정된다. 건설 프로젝트는 상대적으로 짧은 수명주기를 가지고 있는 관계로 이 사람들은 건설 프로젝트를 단기간의 업무를 수행하는 것으로 볼 수 있다. 하지만 시공 팀의 프로젝트관리자는 단기간의 업무를 수행하려고 시도하는 것보다는 장기간의 관계를 구축하는 것이 캐리어 향상에 더욱 중요하다는 것을 팀에 알려주어야 한다.

소규모 건설 프로젝트에서도 많은 사람들이 참여한다. 그들 모두가 같은 조직에서 일하는 경우에도 그들의 업무활동을 조직하는 것은 복잡하다. 사람들이 프로젝트에 참여하고 부여된 업무를 수행하고 이동함에 따라 정보, 위치, 타이밍 및 문제의 복잡성이 변화된다.

건설 프로젝트에서 관련된 모든 다양성으로 인해, 사람들이 목표를 달성하기 위해 효율적으로 함께 작업할 수 있도록 관리해야 한다. 이것은 더 큰 목표를 달성할 수 있는 장기적인 만족을 위하여 단기적인 만족을 기꺼이 희생할 수 있는 숙련된 사람들을 요구한다. 상식과 유연성은 시공 팀과 협력하는 데 필수적이다. 성공적인 건설 프로젝트의 핵심은 숙련된 건설관리자이다. 이 숙련된 건설관리자는 프로젝트 실행의 어느 시점에서든 불확실성의 정도를 인식할 수 있어야 한다. 그리고 건설관리자는 최종 목적물을 성공적으로 완성할 수 있는 명확하게 정의된 목표를 달성하기 위해 다른 사람의 작업 활동을 관리할 수 있는 능력이 있다.

건설 프로젝트의 조직도는 작업분류와 작업자의 공식적인 권한 관계를 보여주는 선과 상자로 구성된다. 차트의 상자는 수행할 작업을 나타내고 선은 요구되는 조정을 나타낸다.

프로젝트의 시공 팀 수는 발주자에 의해 승인된 계약 수에 따라 달라진다. 발주자가 발행한 계약 문서에 따라 작업을 수행하는 시공 팀은 각각의 건설 시공자와 하청업체의 아래 계층업체로 구성된다.

팀 관리

성공적인 팀 관리를 위해서는 팀이 조직의 통합 단위가 되어야 한다. 팀은 공통의 목표, 목적 및 전략을 가진 잘 정의된 임무를 갖추어야 한다. 각 팀 구성원의 역할을 명확하게 정의해야 한다. 프로젝트관리자는 팀 구성원의 요구사항을 학습하고 팀 참여를 장려해야 한다. 팀원은 프로젝트관리자가 자신과 자신의 업무에 관심이 있다는 것을 인지할 때 작업 수행에 더 많은 노력을 기울일 것이다. 이는 프로젝트 전체에서 효과적인 의사소통과 피드백을 통해서만 이루어질 수 있다. 이해와 팀워크 환경을 조성하여 팀 구성원과 프로젝트관리자간에 신뢰감을 심어주어야 한다. 서로를 위해 진실성과 지지를 심어주기 위해서는 개방적이고 정직한 의사소통이 요구된다.

개인이 별개의 작업에 대한 일차적인 책임을 맡도록 하는 것은 프로젝트관리자의 책임이다. 대부분의 작업자는 명확한 지시사항과 이해가 있는 경우에 한하여 예정된 업무를 수행하기를 원한다. 이를 위해서는 프로젝트관리자와 팀 구성원 사이에 상호 합의하는 공동 문화가 요구된다. 모든 개인은 자신이 하고자 하는 일, 누가 그것을 할 것인지, 언제 수행할 것인지에 대한 명확한 지식을 가지고 업무를 계획하고 실행하는 팀을 만들고자 하는 공통의 목표를 가져야 한다. 때로는 그것이 완료될지 또는 어떻게 완료될지를 아는 것이 요구된다. 예를 들어, 어떤 경우에는 설계에서 어떤 분석 방법을 사용할지를 알아야 할 수도 있다.

팀과 프로젝트관리자들의 책임

팀원과 함께 일할 때, 프로젝트관리자는 프로젝트팀을 응집력 있는 그룹으로 발전시키기 위해 조직구조의 여러 경계를 넘어서야 한다. 이것은 팀원들에 의해 부과된 제약임에도 불구하고 빠르게 이루어져야 한다. 프로젝트관리자는 팀원들과 효율적으로 작업하기 위해 행정적 지식과 행동적 지식을 결합해야 한다. 대인관계 기술은 팀 구성원의 효율적인 관리를 위해서 필수적이다. 프로젝트관리자는 팀원들이 함께 일할 수 있도록 진심어린 환경을 만들어야 한다. 이를 통해 팀원들은 자신이 최고의 성과를 낼 수 있는 동기를 부여받을 수 있다.

프로젝트관리자의 특징은 아래와 같다.

- 생각과 행동을 체계화한다.
- 문제를 식별하고 해결책을 찾는다.
- 압박감 아래서 잘 작업한다.
- 책임을 진다.
- "할 수 있다"라는 태도로 사람들에게 동기를 부여한다.
- 미래의 사건을 예상하고 예측한다.
- 회사 내외부의 다른 사람들과 잘 작업한다.
- 정직하고 공평하며 타인을 존중한다.
- 글쓰기, 말하기 및 듣기 등 의사소통을 잘한다.

- 팀을 이끌고 격려한다.
- 앞으로 이끌어가고 역방향 보고를 하지 않는다.

프로젝트관리자는 프로젝트 구성, 조정 및 지시 이외에 팀원 간 갈등 해결에 대한 책임이 있다. 프로젝트관리자는 프로젝트 요구사항 개발을 담당하는 팀 리더이다. 이는 효과적인 의사소통을 통해 이루어진다.

팀과 협력할 때 프로젝트관리자는 자원 확보, 팀원 선출, 스폰서 요구사항 개발, 범위 및 품질 정의, 예산 정의 및 일정 결정의 리더 역할을 담당할 수 있다. 프로젝트관리자는 예상되는 요구사항에 따라 프로젝트를 완료하기 위한 통제 시스템을 구축해야 한다. 프로젝트관리자는 정의된 범위, 예산 및 일정 내에서 프로젝트 활동을 통제해야 한다. 설계상의 차이점을 해결해야 하는 상황이 발생한다. 협정은 예산과 일정을 준수하기 위해 이루어져야 한다.

프로젝트관리자의 중요한 책임은 의사결정이다. 팀 회의 중에 수많은 결정을 내려야 한다. 결정을 내리는데 사용되는 프로세스는 팀 성과에 직접적인 영향을 줄 수 있다. 경우에 따라 프로젝트관리자만이 결정을 내릴 수 있으며, 팀 구성원의 의견이 있을 수도 있다. 하지만 의사결정이 전체 팀을 포함해야 하는 다른 상황이 있다. 프로젝트관리자는 결정을 내릴 의사결정 프로세스를 수립해야 한다. 예를 들어, 이 결정은 설계를 수행하거나 설계도면을 생성하는 가장 좋은 방법을 해결하는 것이고, 또 다른 방법은 아이디어를 생성하고 하나의 해답으로 문제를 해결하거나, 복수의 해답으로 사안을 결정하는 것을 포함할 수 있다. 프로젝트관리자는 의사결정을 위해 프로젝트팀에서 존경 받고, 수용되어지는 리더십 스타일을 개발해야 한다.

각 팀 구성원에게 배정된 특정한 업무에 대한 일차적인 책임을 할당하는 것은 프로젝트관리자의 책임이다. 프로젝트관리자는 프로젝트에 수많은 작업항목이 있다는 것을 인지하여 프로젝트팀의 작업에 중복이나 차이가 발생하지 않도록 하는 방법을 만들어내야 한다. 각 팀원은 프로젝트에 대해 수행이 예상되는 업무를 명확하게 정의해야 한다. 팀 구성원은 또한 다른 이해관계자들이 수행할 수 있는 업무의 잠재적 격차 또는 중복을 식별해야 한다. 예를 들어, 앵커 볼트는 상부구조를 설계할 구조 엔지니어나 하부구조를 설계할 기초 엔지니어가 설계해야 하는가? 앵커 볼트는 두 엔지니어 모두 또는 어느 쪽도 아닌 엔지니어에 의해 설계될 리스크가 있다. 모든 팀 구성원이 검토한 후 프로젝트관리자는 모든 팀 구성원의 업무를 통합하는 전반적인 작업 계획을 수립해야 한다. 그런 다음 정기적으로 예정된 회의를 개최하여 팀 작업에서 중복되는 부분이 없도록 해야 한다.

때로는 새로운 팀을 구성할 때, 프로젝트관리자는 팀원 중 한 명은 작업을 수행하는데 요구되는 기술이 부족하다고 느낄 수 있다. 이 문제를 해결하기 위해 프로젝트관리자는 팀 구성원과 만나 프로젝트에 관련된 그들 자신의 업무 경험을 확인해야 한다. 이 회의는 팀원이 자신의 업무 수행 능력에 대한 확신 수준을 확인하는 것이다. 팀원을 돕기 위해 사용할 수 있는 내부 교육이나 멘토링을 확인해 보아야 한다. 팀원들은 업무수행에 도움을 줄 수 있는 세미나를 조사하도록 요청할 수도 있다. 프로젝트관리자는 팀원이 경력 및 전문성 개발을 지원할 수 있도록 지지해야 한다. 예상대로 업무가 진행될 수 있도록 팀원과의 정기적인 점검이 요구된다.

설계 팀은 토목, 기계, 전기, 구조 등 다양한 배경을 가진 분야를 대표하는 전문가들로 구성한다. 프로젝트관리자는 팀 구성원 간의 상호 존중을 확보할 수 있도록 하고, 팀 구성원 모두가 중요한 핵심요원이라는 이해를 강화시키는 방법을 만들도록 해야 한다. 프로젝트관리자는 팀 회의 중에 각 분야가 적절하게 인정받을 수 있도록 해야 한다. 회의는 설계 전문분야 통합의 중요성을 보여주는 방식으로 수행되어야 한다. 프로젝트관리자는 설계분야의 다양성에 진정한 관심과 감사를 표해야 한다. 팀 환경은 설계 분야에 대한 상호 존중을 촉진하도록 조성해야 한다. 프로젝트관리자는 모든 구성원들이 성공적인 프로젝트의 주요 기여자라는 팀 문화를 조성해야 한다. 이러한 문화는 각 팀원의 업무가 팀 구성원의 업무에 미친 영향과 다른 구성원이 팀 구성원에게 미치는 영향을 프로젝트관리자가 파악하는 데 도움이 된다.

팀 리더십의 핵심 요인들

각 팀 구성원은 자신이 팀의 일원이며, 팀이 자신을 원한다고 생각하는 문화를 만드는 것은 성공적인 팀에 필수적이다. 팀의 중요한 부분이라고 생각하는 구성원들은 자부심을 가지게 된다. 왜냐하면 그들은 팀의 일원이기 때문에 전체 팀의 성공적인 수행을 위하여 다른 구성원들을 지원하는 열정과 동기를 가지게 될 것이기 때문이다.

효율적인 리더가 되기 위해서, 프로젝트관리자는 하드 스킬과 소프트 스킬을 소유해야 한다. 하드 스킬에는 프로젝트팀이 수행할 업무에 대한 기술적 전문성과 지식이 포함된다. 이러한 기술은 일반적으로 정규적인 교육에 의해 얻어지는 것이며 현장 경험에 의해 더욱 강화된다. 소프트 스킬은 일반적으로 정규적인 교육에서는 얻어지지 않지만 사람들과 같이 업무하는 경험으로 얻게 된다. 프로젝트관리자가 단계별로 올라감에 따라 소프트 스킬은 효율적인 리더십을 하기 위해 더욱 중요해진다. 대부분의 사람들은 자신의 하드 스킬로 고용되었지만 그들의 소프트 스킬은 향상되어진다.

프로젝트관리자는 일반적으로 하드 스킬이 중요한 기술적 영역에서 경력을 쌓아 간다. 그들은 기술적인 능력 수행에 근거하여 승진되며, 특히 우수한 문제 해결자인 경우에는 도움을 요청하는 경우가 거의 없다. 그들은 지나치게 독립적으로 될 수 있으며, 미래에 그들에게 유용하게 될 수 있는 사람들과의 관계를 길러내지 못할 수도 있다. 그들은 사람들에게 영향을 미치는 방법을 학습하기보다는 기술적 능력에 의존하게 된다. 프로젝트관리자의 많은 업무는 다양한 배경과 전문지식을 가진 사람들과 협력하여 문제를 해결하고 작업을 완료하는 것이다.

프로젝트관리자의 행동방식과 리더십 스타일은 팀에 중요한 영향을 미친다. 프로젝트관리자는 팀 구성원뿐만 아니라 팀 구성원이 아닌 다른 사람들을 상대하는 동안 높은 윤리의식과 공정성, 정직함을 가져야 한다. 많은 측면에서 프로젝트관리자는 팀의 역할 모델이다. 그들의 리더에 대한 존경심이 없을 때 팀 구성원들이 동기부여와 생산성을 높이는 것은 어렵다. 프로젝트관리자는 프로젝트의 원하는 목적, 목표, 가치 및 성과를 전달해야 한다. 그런 다음 팀은 이러한 핵심쟁점을 고품질의 업무 완성으로 이끌어낼 수 있다. 프로젝트관리자는 또한 프로젝트의 상태를 팀 구성원들에게 알려야 한다.

각 프로젝트관리자는 자신의 캐리어에 따라 리더십 스타일을 개발한다. 하지만 프로젝트관리자가 공통적으로 수행해야 하는 최종결과는 개별 팀 구성원의 성과와 팀 단위의 성과를 극대화하는 팀을 이끌어내는 것이다. 모든 프로젝트관리자에게 표 2-2에 나와 있는 핵심 요소는 성공적인 팀 리더십에 중요하다.

팀 의사소통은 높은 동기가 부여되어 있고 헌신적인 작업자들이 정보를 원하고 필요로 하기 때문에 성공적인 팀에게 매우 중요하다. 정기적으로 계획된 팀 회의가 필수적이다. 주요 팀 구성원 간에 세부정보를 교환하기 위해 수많은 회의가 있을 수 있지만 정기적인 주간 팀 회의를 통해 상황 공유, 의사결정 및 정보 문서화가 이루어져야 한다. 팀원은 서로 다른 위치에 있는 경우가 흔하기 때문에 팀 단결심을 유지하기 위해 정기적인 면담이 요구된다.

팀을 위한 잘 정의된 업무 범위는 작업 진행상황을 안내해주고 의사결정을 위한 지침으로 사용할 수 있는 명확한 목표를 제공해준다. 프로젝트관리자는 업무가 시작되기 전에 각 팀 구성원들이 범위를 정의하고 이해하는지 확인해야 한다. 명확하게 이해되는 확고한 범위는 팀 구성원들에게 권한 분산을 제공해준다. 또한 개별 팀 구성원의 독립성과 자율성을 강화할 수 있다. 또한 할당된 업무와 원하는 결과를 인지하기 때문에 개별 팀 구성원들이 보다 효율적이고 신속하게 작업을 수행할 수 있도록 독립성과 자율성을 확보할 수 있다. 자신의 책임과 업무 결과를 알고 있는 사람들은 혁신적이고 창조적이어서 자유롭게 성과를 낼 수 있다. 결과는 성공적인 프로젝트이다.

표 2-2 팀 리더십의 핵심 요인들

1. 프로젝트와 프로젝트팀에 관심과 열정을 보여야 한다.
2. 질문에 답변할 수 있어야 하고 팀 구성원의 업무를 도와줄 수 있어야 한다.
3. 팀 구성원이 작업을 수행하는데 필요한 자원을 제공하여야 한다.
4. 업무 수행 능력에 대한 신뢰와 확신을 보여줘야 한다.
5. 팀원 모두가 자신이 기대하는 바를 알고 있는지 확인해야 한다.
6. 탁월한 업무 수행 시 팀 구성원에게 공로를 인정해 주어야 한다.
7. 각 팀 구성원의 업무에 대한 지속적으로 책임을 인식하도록 해야 한다.
8. 열린 의사소통을 유지하기 위해 정기적으로 계획된 팀 회의를 실시해야 한다.
9. 팀 구성원들에게 민감할 수 있는 주제를 다룰 때는 주의해야 한다.
10. 팀원들과 상대할 때 윤리적이어야 한다.
11. 고품질 업무를 하는데 관심과 기대를 보여야 한다.
12. 팀원과의 모든 관계에서 정직과 성실을 보여줘야 한다.

팀 만들기

성공적인 팀워크는 성공적인 프로젝트에서 핵심 요소이다. 팀워크는 프로세스 초기에 시작되어야 하며 프로젝트가 끝날 때까지 지속되어야 한다. 숙련된 엔지니어와 프로젝트관리자는 모두 팀워크가 필요하다는데 동의하지만 실제 질문은 "성공적인 팀 구성 방법은 무엇입니까?"이다.

효율적인 의사소통은 팀 구축에 필수적이다. 간단히 말하면, 효율적인 의사소통이란 다른 사람이 자신에게 주어진 정보를 수신하고 이해했음을 의미한다. 정보를 전달하는 사람은 효과적인 의사소통을 위해 수신자로부터 피드백을 얻어야 한다. 프로젝트팀은 의사소통에 문제가 있을 때 그 기능을 할 수 없다. 잘못된 정보나 불완전한 정보는 팀 빌딩에 있어 주요 방해 요소이다. 효율적인 의사소통을 통해 누구든지 예상되는 것과 예상되는 시기를 알 수 있다.

팀의 모든 참여자는 공통의 고객, 완성된 프로젝트의 스폰서 또는 사용자를 가지게 된다. 팀 구성은 프로젝트 착수를 공식화하는 헌장 및 사명 선언과 함께 스폰서 조직에서 시작된다. 프로젝트 스폰서는 수립된 목표에 대한 정보를 제공해야 하며, 프로젝트 참여자들은 그들의 의무를 분명히 해야 한다. 프로젝트 스폰서는 설계자, 시공자 및 기타 제3자 참여자 선정을 위한 우수한 사전자격심사 절차가 있어야 한다. 또한 스폰서는 프로젝트의 목적과 목표를 알고 이를 전달해야 하며, 비용, 일정, 안전 및 예상되는 품질수준과 관련된 우선순위를 설정해야 한다. 프로젝트에 참여하는 모든 참여자들은 프로젝트 스폰서가 모든 비용을 지불하므로 모든 이해관계자들의 공통된 고객이라는 것을 인식해야 한다.

설계자는 프로젝트 설계 및 시공 프로세스에 지식이 풍부한 교육을 받은 스폰서를 원하지만 때로는 그렇지 않다. 때때로 프로젝트관리자는 일정계획의 중요성과 프로젝트 설계 및 시공 시 결정의 영향을 이해하도록 프로젝트 스폰서를 도와야 한다.

프로젝트 첫 시작일부터 프로젝트팀에서는 연속성이 있어야 한다. 팀 구성원의 많은 이동은 새로운 사람들을 교육하는 데 낭비되는 시간을 만들고 프로젝트의 이전 개발에 대한 지식을 잃어버리게 한다. 시공자는 가능한 한 빠른 시간에 프로젝트에 참여시켜야 한다. 시공자는 프로젝트의 설계단계에서 많은 도움이 되는 시공 기술 및 비용에 대한 탁월한 지식을 갖추고 있다. 시공 경험이 있는 사람들은 프로젝트의 시공성에 가치 있는 정보를 제공할 수 있다.

많은 민간 부문 프로젝트는 대출기관의 자금을 공급받는다. 이러한 유형의 프로젝트의 경우 대출기관이 팀에 적극적으로 참여하지 않기 때문에 모든 사람이 프로젝트에 어려움을 겪는다. 불행하게도, 대출기관은 프로젝트에서 너무 멀리 떨어져 있어 문제가 발생할 때까지 개입하지 않는다. 다른 이해관계자들 중 프로젝트가 시작될 때 팀에 참여하지 못하는 경우도 있다. 예를 들어, 구매 대리인은 많은 양의 자재 또는 주요 장비를 조달해야 하는 팀의 중요한 참여자이다. 구매 주문서 발행, 벤더 배송 날짜 및 배달 날짜 추적, 조달된 자재 및 장비 수령과 관련된 사람의 조기참여는 프로젝트의 설치 마감일 준수에 중요한 영향을 미친다.

팀 구성의 핵심은 권한, 책임, 정직, 친절, 존중 및 의사소통이다. 엔지니어링 및 건설 프로젝트는 일반적으로 가능한 가장 정확한 날짜에 작업을 완료시키기 위해 프로젝트팀에 압박을 가할 수 있는 거의 빈틈없는 일정이 요구된다. 이를 위해서는 책임을 지고 가장 신속하게 업무를 수행해야 하는 팀 구성원들 사이의 협력이 요구된다. 기본 원칙은 "모두가 성공적인 팀의 기여자이며 승자이다." 팀은 1%의 잘못된 점에 대하여 근심하지 말고 99%에 집중해야 한다. 프로젝트팀은 열린 의사소통이 되어야 하며 실수를 숨기고 비난하는 것을 피해야 한다. 성공적인 팀은 성공적인 프로젝트를 달성하고 업무를 즐겁게 할 수 있을 것이다.

팀 빌딩은 함께 일한 적이 없는 사람들로 구성된 팀에게 매우 중요하다. 예를 들어, 구매, 품질 및 비용 관리 담당자와 결합된 여러 엔지니어링 분야로 구성된 팀이 있다. 팀 구성을 용이하게 하기 위해 프로젝트관리자는 격식 없이 모든 팀 구성원과 사전 미팅을 가질 수 있어야 한다. 프로젝트관리자는 각 팀 구성원의 중요성과 프로젝트의 중요한 부분을 강조해야 한다. 팀 업무 통합의 중요성을 강조하기 위해 팀 회의동안에 적절한 시간이 허용되어야 한다. 프로젝트관리자는 프로젝트팀의 각 구성원에게 신용과 인정을 주고 협력을 촉진함으로써 상호 존중의 업무환경을 조성해야 한다.

일부 회사는 가족 구성원을 포함하여 팀 구성원을 위한 주말 수련회를 개최하여 팀 구성 과정을 시작하였다. 수련회는 대개 자신의 개인적인 관심과 관련된 팀 구성원들의 상호 작용을 할 수 있게 리조트 환경에서 개최하였다. 이것은 팀 구성원들이 비슷한 포부와 공통 관심사를 가지고 있음을 모든 사람들이 인식하게 하였다. 예를 들어, 팀의 다른 구성원들이 특별한 재능을 가진 자녀를 가지고 있거나 연로하신 부모님을 돌봐야 한다는 사실을 이해하는 것은 유대감과 상호 존중감을 제공할 수 있다. 이는 효과적인 팀 구성의 첫 번째 단계이다.

팀에게 동기부여하기

오랫동안 관리자 및 감독자들은 근로자들에게 동기부여를 하기 위한 방법을 연구해 왔다. 일찍이 1950년도에 A.H. Maslow는 "**욕구의 계층구조**"라는 이름의 동기부여 이론을 개발했다. Maslow의 이론은 관리자들뿐만 아니라 교육자들에게도 사용되고 있으며, 사람들의 행동 방식, 동기부여 방법 그리고 그들의 헌신적 협력을 얻는 방법을 이해하기 위하여 시도되었다.

Maslow는 인간은 원하는 동물이며, 그들이 원하는 것은 욕구가 된다고 제안하였다. 사람들을 움직이거나 동기를 부여하는 것은 그들의 욕구를 충족시키는 것이다. 욕구는 인간의 마음속에 인식되고 물질적인 것으로 만족되는 기본적인 신체적, 심리적 요구사항들을 포함한다. Maslow는 인간의 요구사항이 식량, 의복 및 피난처와 같은 기본적인 생존과 편안함으로 시작되는 계층구조를 따른다고 제안했다. 이 첫 번째 욕구가 충족되면 인간은 다음 높은 차원의 욕구를 충족시키기 위해 노력한다: 안전과 보안. 이러한 욕구를 충족한 후 개인은 소유물, 자아 및 최종적으로 자아실현이라는 점차적으로 높은 수준의 욕구를 찾는다. 자아실현은 욕구의 가장 높은 수준이며, 재능을 확립하는 것과 같이 영향력을 증가시키거나 세상에 되돌려줄 열망을 포함할 수 있다. 그림 2-2는 인간의 욕구에 대한 Maslow 계층구조의 5가지 수준을 표현한 것이다.

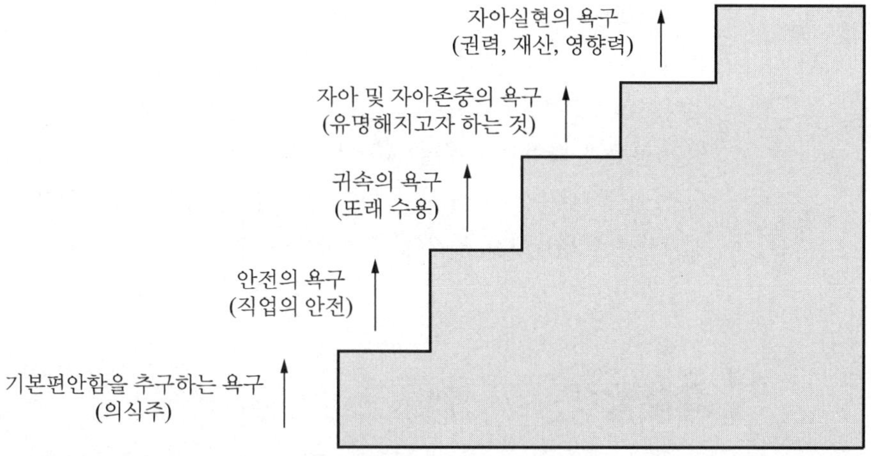

그림 2-2 **Maslow의 욕구의 계층구조**

낮은 수준의 욕구가 충족되면, Maslow의 욕구 계층구조에서 한 단계 높은 수준을 달성하려는 동기부여가 되는 것은 자연스러운 일이다. 프로젝트관리자는 능력을 최대한 발휘할 수 있는 팀 구성원의 특정한 욕구를 결정하기 위해 자신의 능력을 사용해야 한다.

사람들의 욕구를 결정하는 것은 일상적인 업무 환경에서 성취하기가 쉽지 않다. 때로는 이것은 관계를 구축하는데 격식 없는 환경에서 팀 구성원에게 중요한 것이 무엇인지 이해할 수 있도록 시간을 할애해야 할 수도 있다. 예를 들어, 팀 구성원은 자녀의 학교 행사에 참석하거나 아픈 가족을 돌보는데 적당한 시간을 가지는 것에 대해 관심을 가질 수 있다. 이 상황에 있는 팀원은 밤이나 주말에 시간을 조정할 수 있다는 점을 고려하여 유연한 근무시간을 허용함으로써 동기를 부여받을 수 있다.

프로젝트관리자가 효율적인 방법을 사용하여 팀 구성원의 욕구를 파악한 후 팀에 동기부여가 되는 욕구에 반응할 수 있도록 해야 한다. 보다 잘 알기 위해서는 공식적인 업무환경 밖에서 각 팀 구성원과 대화할 필요가 있을 수 있다. 프로젝트관리자는 팀 구성원들에게 특별한 관심을 보여주기 위해 개인적, 비간섭적 방식으로 팀 구성원을 알 필요가 있다. 이것은 팀 구성원에 자신감을 강화시키고 프로젝트관리자가 자신의 업무에 도움을 주고 싶어 한다는 것을 알릴 수 있는 것으로 중요하다. 팀 구성원이 자신의 업무와 관련하여 중요한 것이 무엇인지 판단하는 것이 바람직하다. 때로는 팀 구성원에게 자신의 업무 이외에 중요한 것을 개별적으로 묻는 것이 도움이 될 수 있다. 사람들과 함께 일할 때 각 팀원에게 이해심이 있어야 하고 그들의 업무지원에 진정한 관심을 보이는 것이 요구된다.

프로젝트관리자는 또한 사람들의 욕구가 바뀔 수 있음을 깨달아야 한다. 예를 들어 가족 내의 개인 재정이나 문제로 인해 팀 구성원의 욕구를 빠르게 바꿀 수 있다. 각 프로젝트관리자는 팀 구성원의 욕구를 확인하는 방법을 만들어야 한다. 일단 욕구가 확인되면 적절한 동기부여 방법을 결정할 수 있다. 진정성이나 진실성 없이 동기부여를 시도하면 팀이 분열되거나 붕괴될 수 있다. 따라서 프로젝트관리자는 팀원들에게 동기를 부여하기 위해 우수한 대인기술을 사용해야 한다.

갈등 관리

프로젝트 환경의 역동적인 특성으로 인해 팀 구성원 사이에 충돌이 발생할 수밖에 없다. 갈등은 자원 배분, 정보에 대한 접근, 의사결정에 대한 의견 불일치, 또는 자신이 존중받지 못하고 팀의 일원이 아니라는 개인의 인식으로 발생할 수 있다. 갈등은 대인관계 적대감, 성과 감소 및 팀 분쟁을 조성함으로써 부정적인 영향을 미칠 수 있다.

팀 구성원 중 일부는 서로 다른 회사에서 근무할 수 있기 때문에 팀 구성원 간에 서로 다른 의제로 인해 충돌이 발생할 수 있다. 예를 들어, 발주자의 프로젝트관리 팀에는 하나 이상의 설계회사 구성원과 하나 이상의 건설회사가 있다. 마찬가지로, 설계 팀의 프로젝트관리자는 사내에 있는 팀 구성원뿐만 아니라 설계의 특수 부분을 수행하기로 계약한 설계 컨설턴트를 보유할 수도 있다. 시공자의 프로젝트관리자는 대개 사내 및 하청업체의 다양한 인력을 보유하고 있다.

갈등은 종종 도면의 수정, 팀 구성원의 재할당 또는 다른 팀 구성원에게 전달되지 않은 회의 날짜의 변경과 같은 변경의 결과임을 인식해야 한다. 프로젝트관리자와 팀은 향후 프로젝트 업무의 이익을 위해 긍정적인 측면과 부정적인 측면 모두에서 얻은 교훈을 포착하기 위해 각 갈등 해결방법을 평가해야 한다. 우수한 프로젝트관리자는 갈등을 관리할 수 있다.

표 2-3 설계기간 동안의 갈등과 갈등 해결의 예시

잠재적 갈등	갈등을 해결하기 위한 전략
부분 설계 완료 후 설계 파라미터의 변경	일상적인 팀 회의를 개최하여 변경사항이 프로젝트팀의 다른 구성원에게 미치는 영향을 논의함
설계 팀 회의의 날짜 또는 시간 변경	설계 팀 회의의 일관된 시간과 의제 유지
설계 중 도면 또는 시방서 개정에 관한 혼란	도면 및 시방서 개정판의 마스터 디렉터리 구축 및 유지관리
팀원 한명에 의한 것으로 다른 설계자에게 악영향을 미치는 변경사항	승인되기 전에 변경사항을 논의하기 위한 절차를 개발함
프로젝트 설계와 관련된 변경사항에 대한 반복적인 불만사항	설계변경을 제출하기 전에 검토할 잠재적인 변경사항에 대한 일지를 작성함

표 2-3은 프로젝트를 설계하는 동안 발생할 수 있는 잠재적 갈등의 예와 갈등을 해결하거나 방지하기 위한 전략을 제공한다.

팀 구성원 사이에서 불가피하게 발생하는 갈등을 관리하기 위해 프로젝트관리자는 기술적으로나 인간적으로 의견이 다른 것을 다루는 기법을 이용해야 한다. 프로젝트관리자와 팀 구성원은 갈등이 나쁜 것이며, 없어야 하며, 문제를 일으키는 사람이 원인이거나, 피해야 한다고 인식할 수 있다. 하지만 모든 프로젝트 참여자가 갈등이 불가피하다는 것을 인식하고 실제적으로 적합한 방법으로 해결하면 도움이 될 수 있다. 갈등 해결은 혁신과 업무 효율성을 향상시키는 방법에 대한 아이디어로 이어질 수 있다.

철회 또는 포기는 갈등을 관리하기에 좋지 않은 방법이다. 이것은 갈등을 해결하기 위한 미봉책이며 문제를 해결하지 못한다. 철수는 문제를 해결하기 위한 수동적 접근이며, 피할 수 없는 미래의 문제의 재발을 일시적으로 지연시킨다. 또 다른 방법인 완화는 충돌을 관리하는 데 보다 적극적인 기술이다. 그러나 완화하는 것은 갈등에 관련된 이해관계자 중 하나 이상을 진정시키는 것으로 갈등을 일시적으로 회피한다. 완화는 오래 지속되는 해결책을 제공하지 않는다.

타협은 갈등을 해결하는 또 다른 접근법이다. 이 접근법은 수용 가능한 합의에 도달하기 위해 갈등 당사자 간의 협상을 포함한다. 분쟁 당사자들은 종종 이상적인 해결책에 미치지 못하는 절충안을 만든다. 너무 자주, 타협이 결정적인 결과를 초래하지 않으며 갈등 재발의 기회를 제공한다. 그러나 상황에 따라 충돌을 해결하는 가장 좋은 방법은 타협이 될 수 있다.

직면한 문제해결은 갈등에 관련된 모든 이해관계자들의 참여가 요구되는데 이것이 갈등을 해결하는 방법이다. 근본적 문제를 확인하기 위한 열린 대화와 문제의 해결 기술을 사용하여 객관적으로 갈등을 해결하기 위한 공동 노력이 요구된다. 프로젝트관리자와 팀이 이 방법을 사용할 때 최종적으로 상호 수용 가능한 해결책을 찾을 가능성이 높다.

어떤 상황에서는 프로젝트관리자가 갈등을 해결하기 위한 권한을 행사해야 할 수도 있다. 해결책을 강요하는 것은 프로젝트관리자가 권한이 있는 경우에만 사용할 수 있으며, 감정을 상하게 하지 않고 갈등을 해결하고자 자신의 힘을 기꺼이 사용하고자 할 때만 가능하다. 프로젝트관리자는 해결책을 강요할 시 팀의 미래 성과에 영향을 줄 수 있는 불만이나 부정적인 반응을 야기할 수 있음을 이해해야 한다.

합의에 이름

때때로 문제에 대한 여러 해결책이 존재하며, 각각의 해결책은 동일한 결과를 가져올 수 있다. 팀 구성원들은 특정 해결책에 동의하지 않을 수 있다. 일부 구성원은 특정 해결책에 대해 무관심하거나 다른 구성원은 해결책에 대하여 격한 감정을 가질 수 있다. 프로젝트관리자는 팀과 협력하여 최상의 해결책 선정에 대한 합의를 도출해야 한다. 이러한 상황에서 프로젝트관리자는 팀 구성원이 문제 해결에 집중할 수 있도록 도와야 한다.

투표, 협상 또는 평균은 합의에 도달하는 데 도움이 될 수 있다. 프로젝트관리자는 딜레마와 우유부단을 피해 사실을 찾기 위해 팀을 이끌어야 한다. 토의 중에 발생하는 갈등은 문제해결에 도움을 주는 것으로 받아들여야 하며 위협, 공격적인 발언 또는 방어적인 행동을 막기 위해 모든 노력을 기울여야 한다. 팀 구성원들은 다른 팀원들의 견해와 입장을 배제하는 개인적인 관심과 행동을 피해야 한다. 대신, 그들은 프로젝트 전반에 가장 적합한 것에 중점을 두고 서로에 대한 상호 존중에 특별히 노력을 기울여야 한다.

팀 행동

팀은 간단하게 둘 이상의 사람들이 협력하여 업무를 수행하는 것으로 혼자 하는 것보다 더 많은 것을 수행하는 것으로 정의된다. 프로젝트는 일반적으로 여러 개의 설계 및 시공 패키지로 구성되며 각 프로젝트에는 구체적인 과제와 책임이 있다. 성공적인 팀을 위해서는 구체적인 규칙이 요구된다.

특수한 팀을 위한 목적은 각 특정 그룹의 프로젝트 요구사항들을 명시적으로 지시하는 것이다. 예를 들어, 안전 팀은 건강 및 사고 사건을 수치화된 수준으로 유지해야 한다는 것을 알아야 한다. 또는 스케줄링 팀은 CPM 일정을 개발하는데 허용되는 일수를 알아야 한다. 팀은 업무를 수행하는데 요구되는 시간과 업무의 원하는 결과를 알아야 한다.

팀은 목표를 아는 것 외에도 운영 방법을 알고 있어야 한다. 설계 팀과 시공 팀은 처음부터 행동의 권력과 권한의 범위를 알아야 한다. 예를 들어, 일부 팀은 문제를 해결하기만 하면 되는 반면 다른 팀은 단지 정기적 검토만 요구되고 다른 팀은 결정을 내리기 위해 존재할 수도 있다.

모든 프로젝트는 규칙을 따라야 한다. 규칙이 없으면 혼란과 좌절이 발생할 것이다. 대신, 훌륭한 일련의 규칙은 팀 구성원이 기대하는 바를 알고 있기 때문에 팀 구성원이 작업을 수행할 수 있는 자유를 제공한다. 일반적으로 규칙이 불분명하거나 없으면 팀이 자신의 잠재력을 최대한 발휘하지 못하도록 제한한다.

업무 관계를 명확하게 정의하고 이해해야 한다. 효율적이기 위해서는, 각 팀이 다른 운영 팀의 전반적인 방안이 적합한지를 알아야 한다. 각 팀의 리더는 내부 팀 관계에 관한 질문에 답해야 한다. 팀원들은 다른 팀 구성원들에 대한 신뢰와 존경심을 보여 주어야 하지만, 가까운 친한 관계가 반드시 필요한 것은 아니다. 엔지니어링 및 건설 프로젝트에서 팀은 종종 전문가적 관계를 기반으로 기능한다. 팀 간 상호 관계는 상급 관리자의 책임이다.

개별 팀 구성원의 개인적인 가치는 종종 팀에서 중요한 역할을 한다. 각 팀 구성원은 팀에 자신의 원칙과 가치를 제공한다. 그들이 지니고 있는 가치의 정도와 경향은 팀이 얼마나 효과적으로 협력할 수 있는지에 영향을 미친다. 팀 구성원은 그들 개인 가치와 원칙을 타협해서는 안 된다. 팀 리더는 팀 구성원을 존중하고 개방성과 유연성을 높이기 위해 최선을 다해야 한다. 문제를 해결하기 위해 타협이 필요한 상황이 발생할 것이다.

References

1. Culp, G, and Smith, R. Anne, *Managing People (Including Yourself) for Project Success*, Van Nostrand Reinhold, New York, NY, 1992.
2. Hensey, Mel, "Making Teamwork Work," *Civil Engineering*, American Society of Civil Engineers, Reston, VA, February 1992.
3. Maslow, Abraham, *Motivation and Personality*, Harper & Row, New York, NY, 1954.
4. Lewis, Chat T., Garcia, Joseph E., and Jobs, Sarah M., *Managerial Skills in Organizations*, Allyn and Bacon, Boston, MA, 1990.
5. Ruskin, Arnold M. and Estes, W. Eugene, "Organizational Factors in Project Management," *Journal of Management in Engineering*, American Society of Civil Engineers, Reston, VA, January 1986.
6. Sanvido, Victor E. and Riggs, Leland S., "Managing Successful Retrofit Projects," *Cost Engineering*, Association for Advancement of Cost Engineering-International, Morgantown, WV, December 1993.
7. Tatum, Clyde B., "Designing Project Organizations: An Expanded Process," *Journal of Construction Engineering and Management*, American Society of Civil Engineers, Reston, VA, June 1986.
8. Whetton, David A. and Cameron, Kim S., *Developing Management Skills*, 2nd ed., Harper-Collins, New York, NY, 1991.

3
Chapter

프로젝트 개시

설계와 시공의 프로세스

프로젝트 초기에 발주자는 설계와 시공에 대한 프로세스를 선택해야만 한다. 프로세스에는 많은 선택 사항이 있으며, 각각은 장점과 단점이 있다. 선택된 프로세스가 자금 조달에 영향을 미친다; 팀 구성원 선정, 그리고 프로젝트 비용, 품질 및 일정. 선택한 프로세스가 중요하지만 양질의 사람을 선발하는 것이 더욱 중요하다. 성공적인 프로젝트는 명확한 책임을 가지고 함께 일하는 사람들에 의해 성취된다.

설계 및 건설 프로젝트는 세단계로 진행된다; 프로젝트 정의, 설계와 시공. 전체 프로젝트의 경우 설계에 앞서 비즈니스 기획 단계가 있고 시공 후에 운영 및 유지보수 단계가 있음을 언급해야 한다. 이 책은 프로젝트의 설계 및 시공에 중점을 두고 있다. 프로젝트 정의는 설계 업무의 단계를 설정하고 설계 업무는 시공 업무의 단계를 설정한다. 프로젝트 정의 단계는 프로젝트 요구사항과 제약조건을 식별하고 분석하기 위한 단계라 할 수 있다. 초기 초점은 발주자의 요구사항과 제약조건이지만, 발주자의 요구사항과 제약 조건이 설계자와 시공자 모두에게 계속 이어진다는 점을 인식해야 한다. 발주자의 요구사항과 제약조건을 통합하면 프로젝트에 대한 설명서가 제공되고 프로젝트를 달성하는데 소요되는 시간과 비용을 파악하는데 도움이 된다.

프로젝트는 일반적으로 세 분야로 분류할 수 있다; 건축, 사회기반시설 및 공정. 건축 부문 프로젝트의 예로는 상업용 건물, 학교, 사무실 건물 및 병원이 있다. 건축가가 주 설계자인 건축분야 프로젝트의 경우 세 단계를 거친다; 기본계획, 설계 개발 및 계약 문서. 기본계획은 프로젝트의 기본 외관, 건물 높이 배치, 바닥 배치, 건물 내의 룸 배치 및 프로젝트의 전반적인 기능을 제공한다. 기본설계가 끝나면 발주자는 설계 개발 진행에 대한 승인을 해주기 전에 설계 구성과 예상 비용을 검토할 수 있다. 설계 개발은 계약 문서, 프로젝트 계획 수립 및 프로젝트 시공을 위한 시방서를 작성하기 위해서 프로젝트의 기능적 면과 프로젝트에 포함되는 시스템을 정의한다.

사회기반시설 부문 프로젝트에는 도시 시내 도로, 군 도로, 주 및 연방 고속도로, 공항 또는 항해 수로와 같은 교통 시스템이 포함된다. 사회기반시설 분야는 또한 상수도 및 하수도 시스템, 가스 분배 라인, 전기 송전 및 배전, 전화 및 케이블 라인과 같은 유틸리티 프로젝트도 포함된다. 이러한 유형의 프로젝트의 경우 발주자는 민간회사 또는 정부기관일 수 있다. 주요 설계자는 건설 계약을 체결하기 전에 일반적으로 완벽한 설계를 준비하는 엔지니어이다.

공정 분야 프로젝트에는 화학 플랜트, 정유, 제약, 펄프 및 제지, 발전 등이 포함된다. 엔지니어는 공정 분야 프로젝트의 주요 설계자이다. 설계 단계에는 예비 엔지니어링, 상세 엔지니어링 및 계약 문서 개발이 포함된다. 예를 들어, 예비 엔지니어링은 화학 공정 플랜트를 위한 공정 흐름 시트와 기계 흐름 시트를 설계하는 것을 포함할 수 있다. 예비 엔지니어링은 프로젝트에 필요한 주요 프로세스와 주요 장비의 도면을 작성한다. 상세 엔지니어링은 배관 및 기계 도면과 같은 시설을 운영하기 위한 설비 및 제어 시스템에 연결할 파이프의 실제 크기 조정을 포함한다. 계약 문서는 프로젝트를 구성하기 위한 최종 도면 및 시방서이다.

프로젝트 조달 방법에 따라 구매조달 단계가 설계 단계에서 시작될 수 있다. 예를 들어, 주요 장비에 대한 시방서가 완료되는 즉시 장비를 조달하기 위해 프로젝트를 지연시키지 않고 설치가 가능하도록 공사에 앞서 주문해야 하는 긴 리드타임 품목인 경우 구매 주문서가 발급되어 장비를 조달할 수 있다. 구매조달은 장비에만 국한되지 않는다. 구매조달은 벌크자재의 긴 리드타임 취득 또는 시공자 구매조달에도 적용될 수 있다.

경쟁 입찰 프로젝트의 현재 관행에서 시공자는 계약 문서가 완료된 후 프로젝트에 입찰한다. 입찰을 승낙 받은 후 시공자는 프로젝트를 작성하기 위해 시공도면을 작성해야 한다. 시공도면은 시공자가 준비하고 승인을 위해 설계자에게 제출된다. 시공도면에는 시공기간 중에 사용되는 자세한 제작 및 설치 과정이 표시되어 있다. 따라서 시공자는 또한 설계에 관여하고 있는 것이다. 시공도면의 제작은 시공현장에 설치될 제조 품목의 제작 품질에 영향을 미친다. 현장 시공은 프로젝트를 물리적으로 시공하기 위해 노동, 재료 및 건설 장비가 포함되어 있다.

비경쟁 입찰 프로젝트의 경우, 발주자는 회사와 엔지니어링, 시공 서비스를 제공하는 협상으로 계약한다. 일반적으로 프로젝트 비용은 실비정산 기준에 따라 몇몇 유형으로 협상한다. 계약은 또한 엔지니어링 설계가 시공 프로세스와 어떻게 통합될지도 명기한다.

엔지니어링과 시공 프로세스의 발전

건설 산업은 충분히 발달해 왔고 시공되어진 시설물의 설계, 제작, 시공 및 운영에 있어 업무활동 통합을 지속적으로 강화해 왔다. 컴퓨터 하드웨어 및 소프트웨어의 주요 발전으로 인해 2차원(2D) 및 3차원(3D) 컴퓨터 지원 설계(CAD) 시스템이 생산되었다. CAD 기술은 설계, 엔지니어링 및 시공 단계 전반에 걸쳐 사용할 수 있는 다양한 모델링 시스템으로 발전하여 현장 시공 중 간섭을 감지하고 방지하는 기능을 크게 향상시켰다. 그 결과보다 효율적인 시공 운영이 가능해졌고 재작업이 줄어들었다.

CAD를 사용한 가장 큰 개선은 기존의 분산된 설계/시공 프로세스 내에서 개별 활동을 자동화하는 대신 통합된 프로세스 내에서 업무활동을 보다 잘 조정하는 것이다. 설계 의도는 도면 및 기타 출력 문서를 사용하여 전통적인 정보 흐름을 이용한 현장에서는 완전히 실현되지 않을 수 있다. 전통적인 종이 기반 건설 문서는 현장 요원이 3D 모델과 상호 작용하여 요구에 맞는 정보를 추출하는 것이 허용되지 않는다. 설계 의도와 다른 보완 정보의 개선된 표현과 결합된 3차원 모델링을 이용한 의사소통은 재료 유용성, 작업 패키징, 시공 순서 그리고 현장 변경과 관련된 많은 전형적인 시공문제들을 완화하는데 도움이 될 수 있다.

민간 대 공공 프로젝트

프로젝트는 민간 부문 또는 공공 부문 프로젝트로 분류될 수 있다. 민간 부문 프로젝트의 발주자는 일반적으로 이익을 위해 재화와 서비스를 제공하는 비즈니스 부분이다. 예로는 상업용 소매 시설, 생산 시설, 산업 공정 플랜트 및 오락 시설이 포함된다. 발주자는 민간 기업이기 때문에 비즈니스 관리자는 특정 요구에 맞는 엔지니어링 및 시공 서비스를 선택할 수 있는 융통성을 가지고 있다. 예를 들어 프로젝트를 경쟁적으로 입찰하거나 단독 공급자 회사를 선정하여 엔지니어링 및 시공 서비스를 제공 받을 수 있다. 그들은 작업에 대한 최저 입찰가를 낙찰자로 정하는 것에 국한되지 않고 서비스에 대한 다른 지불 방식을 선택할 수 있다.

공공 부문 프로젝트의 발주자는 일반적으로 시, 군, 주 또는 연방 정부기관이다. 예로는 지역 교육청, 주정부 고속도로 부서 또는 연방 또는 에너지, 국방부가 있다. 공공 부문 프로젝트의 경우 발주자는 일반적으로 엔지니어링 및 시공 서비스를 확보하기 위해 최저 입찰가격에 따른 경쟁 입찰 방식을 사용한다. 하지만 최근에는 엔지니어링 및 시공 서비스를 보장하기 위한 자격 기반 선정(QBS)이 증가해 왔다. 발주자는 QBS 프로세스를 사용하여 가격만이 아니라 특정 자격 및 다른 요인을 기반으로 엔지니어링 및 시공 서비스를 선정한다.

계약상의 협정

프로젝트관리를 위해서는 세 가지 주요 계약 당사자 간의 팀워크가 요구된다. 발주자 팀의 구성원은 프로젝트의 요구사항, 예상되는 품질 수준, 허용 가능한 예산 및 필요한 일정을 제공해야 한다. 또한 프로젝트의 전반적인 방향을 제공해야 한다. 설계자 팀은 발주자의 요구, 예산, 요구되는 품질 수준 및 일정을 충족시키는 일련의 계약 문서를 개발해야 한다. 또한 계약서에 명시된 작업은 시공자가 시공할 수 있어야 한다. 시공자 팀은 계약 문서에 따라 프로젝트를 시공하는데 필요한 실제 작업을 효율적으로 관리해야 한다.

프로젝트를 처리하기 위한 다양한 계약 협정의 조합이 있다. 그림 3-1은 가장 간단한 형태의 기본적인 협정을 보여준다. 이러한 각 협정은 다음 단락에서 간략하게 설명된다.

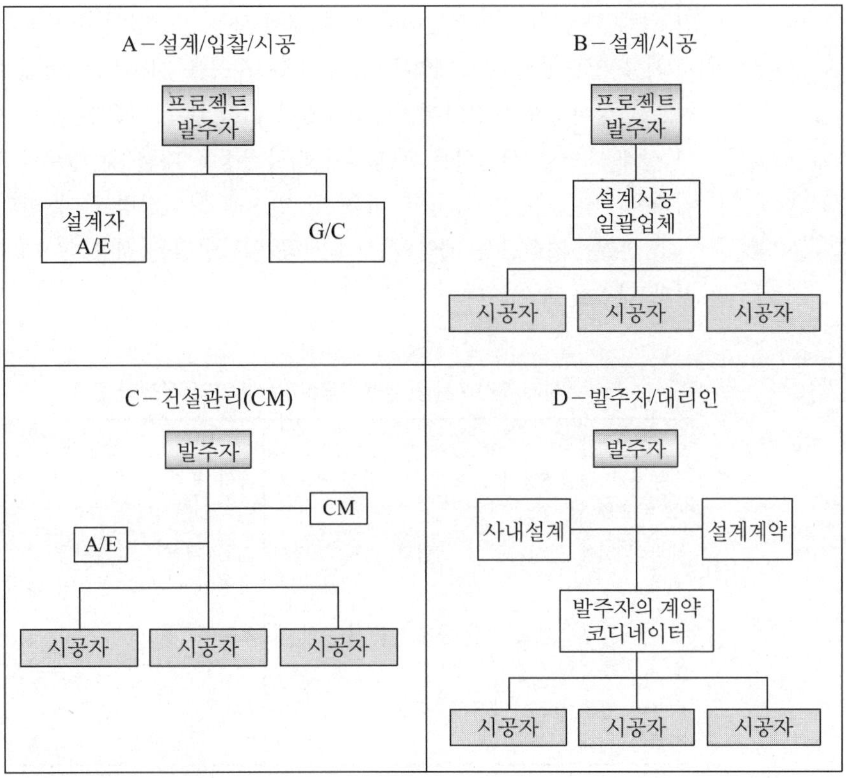

그림 3-1 계약 방식

일반적으로 설계/입찰/시공 계약은 특이한 특징과 잘 정의된 범위가 없는 프로젝트에 사용된다. 이것은 발주자, 설계자 및 시공자가 참여하는 3자 협정이다. 이 방법은 세 가지 단계로 이루어진다: 완전한 설계를 준비한다, 시공자로부터 입찰 경쟁을 유도한다. 그리고 프로젝트를 시공하기 위해 시공자와 계약을 체결한다. 두 개의 개별 계약이 실시되며, 하나는 설계자와 하나는 시공자와 체결한다. 완벽한 설계는 시공이 완료되기 전에 준비되므로 공사가 시작되기 전에 발주자는 프로젝트의 구성과 대략적인 비용을 알 수 있다. 다음 단계를 시작하기 전에 각 단계를 완료해야 하기 때문에 상당한 시간이 필요할 수 있다. 또한 공사 중 변경은 건설계약의 체결이 일반적으로 시공기간보다는 시공 전 총액 및 고정가격 입찰에 의거하므로 비용이 많이 투입될 수 있다.

표 3-1은 건설계약 업무의 설계/입찰/시공 방식을 사용하는데 따른 몇 가지 장점과 단점을 보여주고 있다.

설계/시공 일괄계약은 종종 프로젝트를 완료하는데 요구되는 시간을 단축하거나 시공기간 동안에 프로젝트를 변경할 수 있는 발주자를 위한 유연성을 제공하기 위해 사용된다. 그것은 발주자와 설계/시공 일괄업체 사이의 2자 협정이다. 설계/시공 일괄업체와의 계약은 설계 또는 시공을 시작하기 전에 체결되므로 일반적으로 실비정산 협정이 총액, 고정가격 협정 대신 사용된다. 이 방법을 사용하려면 설계 대안을 선택하는 과정에서 의사결정을 내릴 때 발주자가 광범위하게 개입해야 하며 시공기간 동안 비용 및 일정을 모니터링 해야 한다.

표 3-2는 건설공사 계약의 설계/시공 일괄방법을 사용하는데 따른 몇 가지 장점과 단점을 보여준다.

표 3-1 설계/입찰/시공(설계시공분리) 계약의 장점과 단점

장 점	단 점
발주자가 건설계약서에 계약하기 전에 프로젝트 비용을 알 수 있다.	계약 체결 후 발주자에 의한 변경은 비용이 많이 들고 지연을 초래할 수 있다.
계약 문서에 당사자들의 책임과 위험이 명시된다.	최초 계약서 입찰서류 외의 주요 변경사항은 반영이 어렵고 비용이 많이 소요된다.
발주자는 설계 개발 기간 중에 높은 수준의 개입과 통제력을 가지고 있다.	프로젝트를 설계, 입찰 및 시공하는데 요구되는 전체시간이 길게 소요될 수 있다.
비용이 최우선이고 일정이 두 번째일 때 프로젝트를 위해 선택된다.	시공하는 동안 발주자는 프로젝트를 거의 통제하지 못한다.

표 3-2 설계/시공 일괄입찰의 장점과 단점

장 점	단 점
시공이 설계와 병행할 수 있기 때문에 프로젝트를 완료하는 데 소요되는 시간이 단축된다.	프로젝트 총비용과 관련된 설계/시공 업체 평가가 어렵다.
설계 및 시공 직원 사이의 적대관계가 감소한다.	프로젝트의 총 비용은 설계가 진행되지 않기 때문에 프로젝트 초기에 알려지지 않는다.
발주자가 설계 및 시공 중에 변경할 수 있는 유연성을 제공한다.	검사 처리는 설계자가 시공자이기 때문에 해결해야 하는 문제이다.
하나의 계약회사를 가지는 것은 발주자의 관리 책임을 줄인다.	발주자가 중요한 결정을 내리고 비용을 모니터링 하는데 상당한 시간이 필요할 수 있다.

건설관리(CM) 계약은 발주자를 위하여 프로젝트를 조정할 수 있는 CM 회사를 지정할 수 있는 것이다. CM 계약은 발주자, 설계자, CM 회사 및 시공자가 참여하는 4자 계약이다. 지난 20년 동안 CM 프로세스와 CM 회사가 부담하는 책임 한계에 관해 상당한 논쟁이 있었다. 기본적인 CM 개념은 발주자가 프로젝트에서 의도하고 있는 용도를 충족하기 위해 프로젝트의 모든 측면을 잘 관리하고 조정할 수 있는 회사에 계약을 지정하는 것이다. CM 계약의 방법은 11장에서 더 논의된다.

발주자/대리인 협정은 때때로 프로젝트 처리에 사용된다. 일부 발주자는 사내 인력으로 설계의 일부를 수행하고 하나 이상의 외부 설계 컨설턴트와 계약에 의해서 설계 균형을 맞춘다. 건설계약은 한 시공자 또는 여러 시공자에게 체결될 수 있다. 드물긴 하지만, 발주자는 사내인원으로 모든 설계 및 시공 활동을 할 수도 있다. 이 방식으로 프로젝트를 처리할 때 이를 강제 계정(force-account) 방법이라고도 한다.

두 가지 일반적인 유형의 발주자가 있다: 단일 사업 발주자, 다중 사업 발주자. 단일 사업 발주자는 프로젝트를 반복적으로 수행할 필요가 없고 일반적으로 프로젝트 직원이 제한되어 있으며 모든 설계 및 시공 활동을 외부 조직에 위탁하는 조직이다. 그들은 일반적으로 설계/입찰/시공 또는 건설관리 계약으로 프로젝트를 처리한다.

다중 사업 발주자는 일반적으로 프로젝트를 지속적으로 필요로 하는 대형 조직이며, 일반적으로 프로젝트 업무에 할당된 직원을 보유하고 있다. 그들은 일반적으로 설계/입찰/시공을 통해 소규모, 단기간 프로젝트를 처리한다. 그들이 장기간 참여를 원하는 프로젝트의 경우, 설계/시공, 건설관리 또는 발주자/대리인 계약이 종종 사용된다.

발주자는 프로젝트를 처리하는 다양한 방법을 선정할 수 있다. 계약 협정은 발주자가 사용할 수 있는 자원, 발주자가 유지하고자 하는 프로젝트관리 금액, 발주자가 원하는 개입의 정도, 발주자와 시공자 사이의 공유되는 위험의 양 그리고 비용과 일정의 중요도에 따라 다르게 선정된다.

프로젝트 단계

프로젝트는 시작부터 진행됨에 따라, 발주자의 요구에 따라 설계 개발과 최종적인 시공과정을 통해 지속적으로 변화하는 상태에 있다. 그림 3-2는 프로젝트의 생애주기 동안의 다양한 단계를 보여준다. 프로젝트가 한 단계에서 다른 단계로 옮겨감에 따라 추가적 당사자가 참여하게 되고 범위, 예산 및 일정을 보다 잘 파악하기 위해 더 많은 정보가 수집된다. 관리 승인을 얻은 후 다음 단계로 진행하기 전에 단계적으로 이전 시점으로 돌아가는 경우가 있다. 각 단계에서 승인된 범위, 예산 및 일정 내에 모든 업무를 유지하는 것은 프로젝트관리자의 책임이다.

설계 개발의 초기 단계에서 수행할 작업을 정확하게 파악할 수 있는 범위를 정확하게 정의하는데 요구되는 정보가 충분하지 않을 수 있다. 대부분의 프로젝트 관리자의 특성은 "나는 이것을 할 수 있다."이다. 이 특성은 종종 업무가 완전히 정의되거나 공식적으로 승인되기 전에 프로젝트관리자에게 작업할당으로 이루어진다. 이는 발주자, 설계자 또는 시공자 조직의 프로젝트관리자에게 적용된다. 프로젝트관리자 주위 사람들은 고객, 부하직원, 프로젝트팀 구성원, 상급 관리자 그리고 프로젝트관리자인 동료를 포함한다. 프로젝트관리자는 자신의 시간을 효율적으로 활용할 수 없거나 정의가 잘되어 있지 않은 업무에 대한 특별 요청이 이루어질 때 효과적으로 관리할 수 없다. 만약 이러한 조건이 존재한다면, 적절한 범위, 예산 및 일정을 결정할 수 있을 때까지 업무를 실제 작업시간 및 재료기준으로 수행해야 한다. 또 다른 옵션은 예산과 일정이 일치하는 범위를 정의하는 것이다. 그런 다음 정의된 범위에서 벗어나는 경우 프로젝트관리자는 범위 변경으로 인하여 조정한 예산 및 일정을 발주자에게 알리고 업무를 진행하기 전에 발주자의 승인을 얻어야 한다.

개념적 구성과 대안을 개발하는 동안 프로젝트의 품질과 총비용을 고려해야 한다. 이는 준공 후 시설을 운영하고 유지하는데 소요되는 비용이 프로젝트 설계의 주요 요소이기 때문에 궁극적으로 프로젝트를 사용할 발주자의 광범위한 의견을 통해서만 달성할 수 있다. 때로는 예산은 통제하는 요인이므로 발주자들의 심사

숙고된 범위가 축소되거나 확장된다. 만약 이 조건이 존재하는 경우, 프로젝트가 발주자의 최소 요구를 충족시키고 발주자가 기대하는 품질 수준을 명확하게 이해하도록 주의를 기울여야 한다. 프로젝트 개발이 발주자의 기대를 충족시키는지 확인하는 것은 프로젝트관리자의 의무이다.

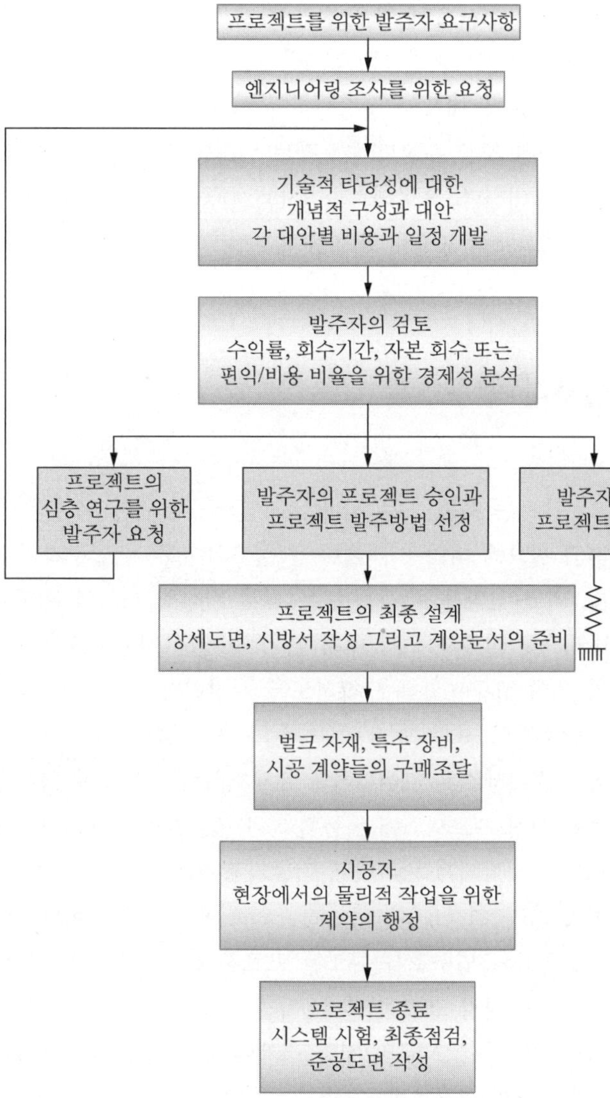

그림 3-2 프로젝트 단계

최종 설계 진행에 대한 발주자의 권한은 설계자에게 가능한 한 빨리 계약 문서를 완성하도록 압박을 가하는 것이다. 하지만 입찰 문서의 품질과 완전성은 프로젝트 비용에 큰 영향을 미친다. 건설 가능한 프로젝트 설계를 생산하기 위해 설계자에게 충분한 시간을 할당해야 하며, 발주자를 위해 유지보수 및 운영 비용들이 가장 적게 소요되도록 수행해야 한다.

대형 프로젝트의 경우 벌크 자재 및 특수 장비 조달이 공사 일정에 큰 영향을 준다. 프로젝트관리자는 긴 리드타임 구매 품목을 조달해야 한다. 이는 프로젝트팀의 발주자 대표와 조정되어야 한다.

선택된 계약 유형과 프로젝트 입찰에서 선정된 시공자는 비용, 일정 및 품질에 영향을 미친다. 프로젝트관리자는 시공자 자격, 입찰 평가, 건설계약 체결 권고의 프로세스에서 중요한 역할을 한다.

발주자 연구조사

프로젝트는 제품 또는 서비스를 생산하기 위한 시설의 설계 및 시공에 대한 발주자의 필요에 따라 시작된다. 시설물의 요구는 발주자의 운영 부서, 기업 기획 그룹, 최고 경영자, 이사회 또는 외부 컨설팅 회사의 운영부서에 의해 인지된다. 일반적으로 발주자 조직 내의 한 명 이상의 사람이 프로젝트 추진의 장점을 조사하기 위한 요구평가를 수행하도록 지정된다.

발주자의 첫 번째 요구사항은 목표의 설정이다. 이는 범위 정의에 중점을 두고 설계 프로세스를 가이드하며 프로젝트팀의 동기에 영향을 주기 때문에 중요하다. 목표 설정 프로세스에는 품질, 비용 및 일정 최적화가 포함된다. 발주자의 목표는 모든 당사자에게 명확하게 전달되고 이해되어야 하며 프로젝트가 진행되는 동안 여러 가지 결정을 내리는 기준으로 제공되어야 한다.

발주자의 연구조사 규모는 프로젝트의 복잡성과 발주자 관점에서의 프로젝트 중요도에 따라 크게 다르다. 이것은 개발되어지는 목표, 목적, 개념, 아이디어, 예산 및 일정이 설계 및 시공 단계에 큰 영향을 줄 수 있으므로 중요한 조사이다.

발주자의 연구조사 중 일부는 제안된 프로젝트의 요구사항을 정의하는 것이다. 그러나 일부 발주자는 엔지니어링 및 건설 전문용어로 그들 회사의 운영 요구사항을 효과적으로 정의하기 위한 연구조사를 수행한 경험이나 전문지식이 없다. 발주자는 제조 업무를 성공적으로 수행할 수 있지만 엔지니어링 및 건설 프로젝트의 범위, 예산 및 일정을 정의하는데 익숙하지 않을 수 있다. 따라서 설계 팀의 프로젝트관리자는 제안된 프로젝트의 요구사항을 정의하기 위해 발주자에게 중요한 발주자 연구조사를 지원해야 할 수 있다. 표 3-3은 발주자가 프로젝트 요구사항을 정의하는데 도움이 되는 방법을 제공한다.

표 3-3 발주자가 프로젝트 요구사항을 정의할 때 도움을 주는 방법

발주자 소속 직원, 특히 프로젝트가 완료될 때 프로젝트 결과물을 사용할 운영 및 유지보수 담당자와 만난다.
운영 및 유지보수 담당자와 함께 적절한 시간을 보냄으로써 그들이 하는 일, 수행 방법 및 달성하려는 목적을 알 수 있다.
"원하는 것"으로부터 "요구하는 것"으로 분리하고 제안된 프로젝트에 설계 및 시공해야 하는 요구사항과 관련시켜야 할 일련의 회의를 진행한다.
프로젝트의 예비 범위, 예산 및 일정 요구사항을 개발하고 해당 요구사항을 발주자들의 운영 그룹 및 관리자가 이해하고 동의할 수 있는 용어로 변환한다.
발주자들의 업무그룹 요구를 충족시키기 위해 수행해야 하는 프로젝트 요구사항을 그들이 이해하는지 확인하기 위해 발주자들의 직원으로부터 의견을 얻는다.
회의, 토론, 대안 및 결정 결과를 문서화하고 결과가 설계 그룹에 배포되도록 한다.

발주자들의 연구조사는 잘 정의된 프로젝트 목표 및 요구사항, 최소 요구사항의 품질 및 성능, 승인된 최대 예산 및 요구되는 프로젝트 완료 날짜로 결론을 내려야 한다. 위의 항목 중 하나를 제공하지 않으면 잘못된 방향으로 프로젝트가 시작되고 미래에 문제가 발생한다. 때로는 발주자가 외부 컨설팅 회사에 연구조사의 일부를 계약하는 경우도 있다. 외부 회사가 활용된다면, 발주자는 자신의 요구를 보여주기 위해 계속 참여해야 한다.

발주자 연구조사의 철저함과 완전함은 전체 프로젝트 비용에 중요한 영향을 미친다. 프로젝트 범위가 부적절하게 정의되면 설계, 시공 중에 변경된다. 불완전한 범위는 비용이 많이 소요되는 변경 지시로 이어지고, 종종 클레임 및 분쟁으로 이어지며 이로 인해 심각한 비용 초과, 지연 및 기타 문제가 발생한다. 경험이 많은 관리자는 성취되는 시간을 절감하고 변경을 줄이는 것이 시공 초기 단계가 아니라 프로젝트 초기 생애주기 단계라는데 동의한다. 이 개념은 그림 3-3에 나와 있다.

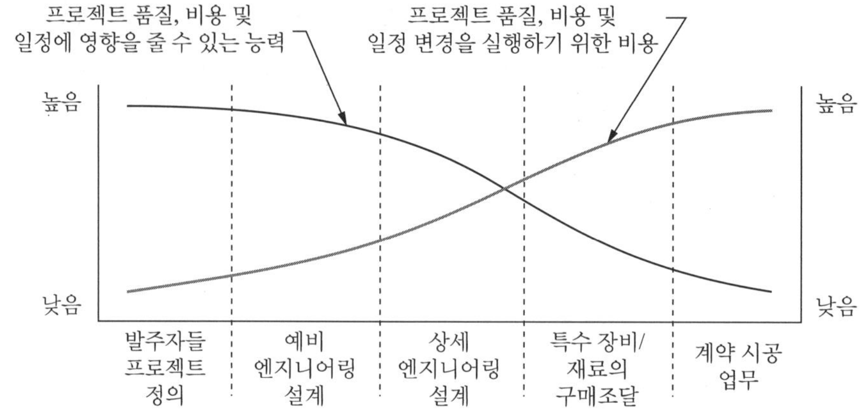

그림 3-3 프로젝트 초기 단계에서 명확한 프로젝트 정의의 중요성

발주자들의 요구와 프로젝트 목표

발주자는 생산적인 프로젝트 작업을 시작하기 전에 자신의 요구와 목표를 알아야 한다. 만약 발주자가 프로젝트에 요구하는 것을 모르는 경우 아무도 무엇을 해야 할지를 모른다. 발주자 요구를 정의하는 것은 범위 정의로 이어지는 다양하고 폭넓은 사전 프로젝트 활동의 첫 번째 단계이다. 프로젝트관리자는 명확한 범위 정의 없이 프로젝트를 실행하기 위한 프로젝트팀을 구성할 수 없다.

발주자 요구사항과 목표를 식별하는 프로세스는 발주자 조직 내의 광범위하게 유효한 관련자들의 참여가 요구된다. 여기에는 최고 관리자와 투자자, 재무 인력, 특히 프로젝트가 건설된 후에 프로젝트를 사용하거나 운영하는 사람들이 포함된다. 발주자의 요구와 목표를 확인하는 과정은 일반적으로 수많은 활동과 토론을 포함한다. "무엇을 원하는가"로부터 분리된 "무엇을 요구하는가"가 중요하다. 비용과 일정에 제약이 없으면 초점은 요구하는 것에서 원하는 것으로 쉽게 전환된다. 이것은 프로젝트를 힘들게 하고 실현 불가능하게 만든다. 항상 비용과 일정에 제약이 있으므로 발주자는 요구에 따라 프로젝트 정의를 개발해야 한다. 이 프로세스에는 수량, 품질, 비용 및 일정 최적화가 포함된다.

발주자 조직의 구성원은 프로젝트를 프로젝트관리자에게 지정하기 전에 프로젝트 요구사항 및 목표와 관련된 모든 문제를 해결하는 것이 자신의 책임이라는 것을 인식해야 한다. 발주자 요구사항을 정의하는 것은 프로젝트관리자나 프로젝트팀의 의무가 아니다. 모호한 발주자의 요구사항은 프로젝트 변경, 범위 확대, 비용 초과, 재작업 및 팀 구성원 간의 오해로 이어질 수 있다. 요구사항을 결정하는 가장 좋은 방법과 요구사항에 관련된 정보는 프로젝트가 건설된 후 시설물을 사용할 사람들과 대화하는 것이다.

발주자는 프로젝트의 목적, 취지, 계획, 목표, 의도 또는 프로젝트가 설계되고 건설되는 이유를 설정한다. 프로젝트 담당 프로젝트관리자는 프로젝트 범위를 정의한다. 프로젝트 범위는 발주자의 프로젝트 목표를 달성하기 위해 수행해야 하는 업무이다. 프로젝트 목표를 설정하고 프로젝트 범위를 설정하려면 발주자와 설계자 간 사이에 정보를 서로 교환하는 상호적인 역할이 요구된다. 표 3-4는 두 당사자 사이에 잘 정의된 합의를 확실히 하는 과정에서 발주자와 설계자의 상호 작용하는 역할을 보여준다.

표 3-4 발주자들의 프로젝트 목표와 설계자들의 프로젝트 범위

프로젝트 목적
발주자는 프로젝트 목표 설정에 대한 일차적인 책임이 있다.
프로젝트 목표는 프로젝트가 충족해야 하는 발주자의 요구를 정의한다.
프로젝트 목표의 상세한 정의는 프로젝트 범위를 정의하기 위한 전제 조건이다.
"무엇을 원한다"로부터 "무엇을 요구하고 있는가" 사이에는 분리가 필요하다.
관련된 사람들에는 운영, 재무 및 고위 경영진을 포함해야 한다.
프로젝트 범위
설계자는 프로젝트의 범위를 정의하는 일차적인 책임이 있다.
프로젝트 범위는 프로젝트 달성에 요구되는 "인도할 수 있는" 업무항목을 식별한다.
범위의 각 업무항목은 업무를 시작하기 전에 예산을 책정하고 계획해야 한다.
"해야 할 일"과 "하지 말아야 할 일" 사이에는 분리가 있어야 한다.
관련된 사람들에는 설계자, 수석 설계자 및 고위 경영진을 포함해야 한다.
발주자와 설계자의 상호 작용하는 역할
목적과 범위를 명확히 하기 위해 발주자와 설계자의 공동 회의가 요구된다.
발주자는 설계자가 이해할 수 있는 측면에서 목표를 연관시켜야 한다.
설계자는 발주자가 이해할 수 있는 측면에서 범위를 연관시켜야 한다.
발주자와 설계자는 목적과 범위가 공존할 수 있다는 것에 동의해야 한다.
예비 프로젝트 예산 및 일정은 범위가 정의된 후에 개발될 수 있다.

다음 단락에서는 발주자의 요구사항 개발에 대한 가상의 예를 제시한다. 운영자는 운영 효율성을 간소화하기 위해 운영 집중화라는 회사 목표를 정의할 수 있다. 이러한 목표를 달성하기 위해 회사 경영진은 5개 운영지구 각각의 서비스 시설을 단일 위치로 통합하는 것을 목표로 삼을 수 있다. 따라서 5개 운영지구를 지원할 서비스 시설을 설계하고 건설할 필요가 있다. 각 지구의 핵심인력은 각 운영

지구가 의도하는 용도를 충족시키는 시설에서 요구되는 것에 대하여 합의해야만 한다. 사람들 사이의 협상은 기업의 목표인 운영 효율성을 달성하기 위해 회사 전체에 가장 좋은 것이 무엇인지에 중점을 두어야 한다. 타협은 종종 “무엇을 원하는가”로부터 “무엇을 요구하는가”를 분리하는 것이 필요하다. 최종 결과는 5개 지구 모두의 요구를 충족시키는 시설이어야 하며, 5개의 분리된 서비스 시설보다 효율적으로 운영될 수 있어야 한다. 예를 들어, 발주자가 3개의 건물로 구성된 시설을 필요로 한다는 합의에 도달할 수 있다: 직원 사무실 건물, 창고 및 유지보수 센터. 또한, 외부 중장비 및 벌크 재료 저장 공간이 요구될 수 있다. 시설물의 이러한 최소 요구사항이 정해진 그 이후에 프로젝트 정의 및 범위 프로세스를 시작한다.

발주자들의 요구 및 목표에 대한 연구조사의 일부분은 전체 프로젝트 예산을 평가하는 것이다. 왜냐하면 예상되는 총 비용을 알지 못하는 경우 일반적으로 경영진이 프로젝트 설계를 시작하지 않을 것이기 때문이다. 이 개발 단계의 프로젝트 예산은 건물의 제곱피트당 비용 또는 부지 개발의 에이커당 비용과 같은 파라미터 비용을 기반으로 한다. 예상 프로젝트 비용이 경영진이 승인하고자 하는 금액을 초과하는 경우 작업 범위를 줄여야 한다. 예를 들어, 직원의 사무실 건물 및 유지보수 센터가 프로젝트에서 유지될 수 있으며 창고가 제거될 수 있다. 이 결정은 창고가 세 건물 중 가장 낮은 우선순위인 경우에 수행된다. 작업장, 직원의 사무실 건물 및 유지보수 센터에 대한 완료 후 자금을 사용할 수 있는 미래의 날짜에 창고를 추가 시공하는 것에 대한 심사숙고가 이루어질 것이다. 이 유형의 프로젝트에 대한 프로젝트관리는 6장, 8장, 9장 및 부록에서 더 자세히 논의될 것이다.

프로젝트 범위 정의

프로젝트 범위는 발주자의 요구를 충족시키는 데 필요한 항목과 활동을 식별한다. 예를 들어, 프로젝트에는 직원의 사무실 건물, 창고 및 유지보수 센터로 구성된 3개의 건물이 요구될 수 있다. 또한, 이 프로젝트는 중장비와 벌크 자재를 저장하기 위해 부순 골재 영역이 필요할 수 있다. 위의 각 항목은 각 건물의 직원 수, 창고에 필요한 보관 유형 및 양, 필요한 유지보수 유형 및 설비의 크기, 무게와 같이 더 자세히 정의해야 한다. 이러한 유형의 정보는 프로젝트관리자와 팀이 발주자의 요구와 목적을 충족시키는데 필요한 업무를 정의하는데 요구된다.

표 3-5 석유화학 프로젝트의 범위 정의에 대한 약식 체크리스트

1. 일반
   - 1.1 플랜트 용량의 크기
   - 1.2 포함될 공정 유닛
   - 1.3 플랜트 공급 원료의 형태
   - 1.4 제조할 제품, 초기 및 미래
   - 1.5 최소 투자를 위한 플랜트 설계 실시
   - 1.6 장비의 수평 배치 대 스택 배치
   - 1.7 미래 확장을 위한 배치 및 준비
   - 1.8 기타 특별한 관계 (예: 다른 회사의 개입)
2. 사이트 정보
   - 2.1 교통수단 이용: 공중, 수로, 고속도로, 철도
   - 2.2 유틸리티 사용: 물, 하수도, 전기, 화재 방지
   - 2.3 기후 조건: 습기, 온도, 바람
   - 2.4 토양조건: 지표면, 지하, 지지력
   - 2.5 지형: 인접한 재산에 대한 특별한 예방 조치
   - 2.6 토지의 취득: 매입, 임대, 확장 잠재력
   - 2.7 건설 가능한 공간
3. 건물
   - 3.1 각각의 수, 유형, 크기
   - 3.2 점유: 인원, 사무실, 실험실의 수
   - 3.3 사용목적: 사무실, 회의, 저장, 장비
   - 3.4 특수 냉난방 요구사항
   - 3.5 마무리 작업 및 가구의 품질
   - 3.6 조경 요구사항
   - 3.7 주차 요구사항
4. 규정 요구사항
   - 4.1 허가: 건설, 운영, 환경, 지방도시
   - 4.2 규정 및 코드: 지역, 주·연방 정부
   - 4.3 안전성: 탐지 시스템, 화재, 비상전원
   - 4.4 환경: 공기, 액체, 고체, 습지
   - 4.5 보존 제한

프로젝트 범위 정의의 목적은 수행할 작업을 식별할 수 있는 충분한 정보를 제공하여 설계가 프로젝트 예산 및 일정에 악영향을 미치지 않고 진행될 수 있도록 하는 것이다. 프로젝트가 세 개의 건물로 구성되어 있고 외부 저장소 영역은 설계 단계를 시작하는데 요구되는 정보가 충분하지 않다는 것을 설명하기만 하면 된다. 이러한 노력의 발주자를 돕기 위해 포괄적인 항목 체크리스트를 준비해야 한다. 표 3-5는 석유 화학 프로젝트의 프로젝트 범위 정의에 대한 약식 체크리스트이다. 이 표는 설명의 목적으로만 제공되며 고려해야 할 모든 항목을 포함하지는 않는다. 다른 유형의 프로젝트에도 비슷한 체크리스트를 준비해야 한다. 경험이 많은

설계 및 시공 직원은 프로젝트 범위에 대한 체크리스트를 개발하는데 도움이 되는 중요한 의견을 제공할 수 있다.

설계가 시작되기 전에 범위는 성과물, 즉 제공될 내용을 적절히 정의해야 한다. 성과물의 예로는 설계도면, 시방서, 입찰기간 중 지원, 시공 검사, 기록 도면 및 실비정산 비용이 있다. 이 모든 정보는 프로젝트 예산 및 일정에 영향을 주기 때문에 설계를 시작하기 전에 알려야 한다. 이를 달성하기 위해서는 설계자 조직의 프로젝트관리자가 프로젝트 초기에 참여해야 한다; 그들은 제안된 프로젝트의 모든 측면을 대표하는 경험이 많은 기술 인력의 의견을 요구할 것이다.

잘 정의된 업무 범위가 없으면 현실적인 예산 및 일정을 결정할 수 없다. 따라서 프로젝트 범위를 먼저 개발한 다음 범위와 일치하는 프로젝트 예산 및 일정을 개발해야 한다. 승인된 범위 내에서 모든 작업을 유지하고 승인된 한도 내에서 모든 비용과 일정을 유지하는 것은 모든 프로젝트관리자의 책임이다.

발주자가 프로젝트의 장점에 대해 기대하고 가능한 한 빨리 작업을 시작하려 할 때가 있다. 이것은 일반적으로 신제품이 개발되거나 정부 공무원이 시설물을 특정 시간이나 위치에 건설되어야 한다고 결정할 때 발생한다. 프로젝트관리자는 프로젝트 범위를 철저히 검토하고 프로젝트 업무를 시작하기 전에 프로젝트 범위가 충분히 정의되어 있는지 확인해야 한다. 이것이 수행되지 않으면 업무가 수행되는 동안 프로젝트팀이 범위를 정의해야 하므로 혼란과 적대적 관계가 발생할 수 있다. 이 문제에 대한 간단한 해결책은 업무를 시작하기 전 프로젝트 초기에 모든 당사자가 요구하는 작업의 전체 범위를 알 수 있도록 범위를 고정시키는 것이다.

프로젝트 전략

프로젝트 개발의 초기 단계에서 발주자는 적시에 작업을 수행할 계획인 프로젝트 전략을 개발해야 한다. 프로젝트 전략은 프로젝트를 처리하기 위한 프레임 워크를 형성한다. 여기에는 계약 전략, 프로젝트팀의 역할 및 책임, 설계, 구매조달 및 시공 일정이 포함된다.

계약 전략은 전반적인 조직 구조와 계약 당사자 간의 위험 할당을 식별한다. 프로젝트 개발의 초기 단계에서 발주자는 사내 직원이 수행할 수 있는 업무와 외부 조직과 계약해야 하는 업무를 결정해야 한다. 발주자는 전체 프로젝트를 처리할 수 있는 대규모의 엔지니어링 직원을 보유하고 있을 수 있다: 설계, 구매조달 그리고 시공. 다른 경우, 발주자는 프로젝트에 필요한 직원이 제한적일 수 있으며 요구되는 작업을 수행할 수 있는 능력을 갖춘 외부 조직에 계약을 체결해야 한다.

대기업은 사내 역량을 보유하고 있을지라도 사전 약속으로 인해 필요할 때 업무 일정을 잡을 수 없다. 발주자 조직은 사내에서 수행할 수 있는 업무와 외부 회사의 업무 수행 능력을 실질적으로 평가한 다음 외부 서비스 구매비용과 일정을 평가해야 한다.

선택된 계약 유형은 각 당사자의 책임 및 위험 할당을 정의하고 프로젝트 일정에 영향을 미친다. 빠른 투자 일정이 프로젝트 투자에 대한 조기 수익을 얻기 위해 중요하다면 실비정산 계약 전략이 바람직할 수 있다. 긴급사태의 정부 프로젝트는 때때로 이러한 방식으로 처리된다. 전체 설계를 완료하는 데 충분한 시간이 있으면 총액계약을 사용하는 전통적인 설계/입찰/시공 방식이 바람직할 수 있다. 발주자는 모든 가능성을 평가하고, 장점과 단점을 파악해야 한다. 그리고 자신의 요구, 목표, 예산 제약 및 일정 요구사항을 가장 잘 충족시키는 것을 고려해야 한다.

프로젝트 전략에는 설계, 구매조달 및 시공 작업시기에 대한 일정이 포함된다. 발주자의 일정은 전반적인 프로젝트 활동을 식별하고 인터페이스 하는데 그 목적이 있다: 설계, 구매조달 그리고 시공. 프로젝트와 관련된 모든 당사자의 활동을 통합하는 실행 가능한 일정을 개발해야 한다. 프로젝트 일정의 변경은 모든 당사자가 승인해야 한다.

설계자와 시공자의 선정

설계자와 시공자의 선정은 프로젝트의 유형, 크기 및 복잡성을 포함한 여러 요인에 따라 달라진다; 엔지니어링 및 건설 프로젝트를 처리하는데 대한 발주자의 지식, 그리고 발주자가 프로젝트를 얼마나 빨리 완료하기를 원하는가. 선정 방법은 발주자의 프로젝트 전략과 발주자가 선정한 계약 협정에 따라 달라진다.

발주자가 시공자를 선정하기 전에 모든 설계를 완료할 계획이라면 설계자 선정을 위한 절차를 시작해야 한다. 일반적으로 발주자는 이전에 계약했던 설계자와 만족스러운 경험을 가진 설계자를 선정한다. 민간 부문 프로젝트의 경우 발주자는 단순히 자신이 선호하는 설계자를 선정하거나 과거에 계약했던 여러 설계조직으로부터 제안서를 받기를 원할 수 있다. 제안 요청서(RFP)는 잠재적인 설계자들에게 배포되며, 각 설계자는 7장에서 논의된 대로 설계 제안서를 준비한다. 설계조직이 제안서를 제출한 후 발주자는 제안서를 검토하고 평가할 수 있으며, 설계계약에 대한 결정을 내릴 수 있다. 공공 부문 프로젝트의 경우, 설계자의 선정은 발주자 조직의 정책 및 규정에 달려 있다. 일반적으로 설계자는 사전 인증된 업체목록에서 선정된다. 5장에서는 전문적인 설계서비스에 대한 보상의 방법을 제시한다.

만약 발주자가 설계자와 이전에 같이 일한 경험이 없다면 설계자를 선정하는 절차가 수립되어야 한다. 발주자가 제안된 프로젝트와 설계 서비스에 대한 필요성을 연구조사 한 후에, 예비 설계조직의 목록이 식별된다. 종종 목록은 다른 발주자의 추천이나 설계해야 하는 전문기술을 보유한 것으로 알려진 설계 회사, 친분이 있는 사람들의 추천을 기반으로 작성된다. 일반적으로 목록은 특정 프로젝트에 가장 적합하다고 생각되는 최소한 3개의 설계 회사로 구성된다. 각 설계 회사는 제안된 프로젝트를 간략히 설명하고 프로젝트에 대한 관심을 묻는 서한을 보낸다. 설계 회사가 프로젝트에 관심이 있다는 확인을 받으면 발주자는 각 설계회사에 대해 별도의 인터뷰를 실시한다. 인터뷰에서 발주자는 회사의 자격 및 기록을 검토하여 할당된 시간 내에 업무를 완료할 수 있는지와 프로젝트에 배정된 특정 핵심인력을 검토한다.

일반적으로 모든 인터뷰가 실시된 이후, 발주자는 설계자들의 위치, 명성, 규모, 경험, 재정적 안정성, 가용 인력, 품질 참조사항, 작업 부하, 제안된 프로젝트와 관련된 다른 요소들을 고려하여 설계 회사를 발주자에게 바람직한 순서대로 나열한다. 평가에 기초하여 최종 설계안에 대한 결정이 내려지기 전에 1순위 설계 회사에 대하여 하나 이상의 추가 인터뷰가 수행될 수 있다.

설계가 100% 완료되면 발주자는 시공자에게 입찰 요청(RFB)을 배포할 수 있다. 대부분의 민간 부문 프로젝트의 경우 계약서에 일반적으로 최저 입찰가 및 최고 입찰가를 기반으로 하는 시공자 선정이 명시되어 있다.

일반적으로 공공 부문 프로젝트의 경우 계약 문서에 시공자 선정은 최저 자격을 갖춘 입찰자를 기반으로 한다. 하지만 가장 낮은 입찰가는 일반적으로 설계가 100% 완료되었을 때 시공자를 선발하기 위한 기준이다.

때때로 설계자는 설계가 완료되기 전에 시공을 시작하고자 할 수 있다. 예를 들어, 시공자는 70%의 설계 완료 이후에 선정될 수 있으며, 또는 시공자는 프로젝트 시공에 대한 지식을 활용할 수 있도록 설계자를 선정하는 동시에 선택될 수 있다. 설계가 완료되기 전에 발주자가 시공을 시작하기를 원할 경우 설계도서가 완성되지 않았기 때문에 시공자를 가격만으로는 선택할 수 없다. 설계가 완료되기 전에 시공자가 선정되면, 설계자 선정을 위한 이전 단락에 제시된 절차와 유사한 유망한 시공자를 검토하고 평가하는 절차가 수립된다. 시공을 위한 프로젝트 조달방법에 대한 더 자세한 논의는 11장에 제시되어 있다.

파트너링

경쟁 환경과 계약의 엄격한 요구사항은 때로는 건설업계에서 적대적 관계를 야기해왔다. 전통적으로 계약자 및 공급업체는 도면 및 시방서에 지정된 요구사항을 충족시키기 위해 정식 계약 하에 건설 서비스를 제공하기 위해 경쟁 입찰 방식으로 선정되었다. 프로젝트가 진행되는 동안 단기간의 결속이 이루어진다. 따라서 계약자와 공급업체는 스스로 일을 처리하게 된다.

파트너링이라는 상대적으로 새로운 개념은 모든 당사자가 상호 목표를 가지고 장기간의 결속을 만들어 상호 성공을 달성하는데 초점을 맞추는 접근방식이다. 미국건설산업연구원(CII)은 건설업계에서 이 사업 방법의 타당성을 평가하기 위해 파트너십에 관한 태스크 포스를 수립했다. CII 간행물 번호 17-1은 **파트너링 우수성의 연구**라는 제목을 붙인 것으로, 파트너링 실무에 대한 연구 결과를 논의하는 보고서이다. 다음 단락은 보고서에서 발췌한 것이다.

파트너링은 관련된 당사자에게 많은 장점을 제공하는 비즈니스 전략이다; 하지만 그 성공은 당사자들의 행동과 과거와 다른 사업수행과 관련된 장벽을 극복할 수 있는 능력에 달려 있다. 회사는 신뢰와 비전 공유로 장기간 업무에서 자원을 공유하는데 동의하며, 현저하게 높은 수준으로 협력하여 앞으로 보완적인 목표를 달성하기로 동의한다. 파트너링은 관련된 공동 책임을 가지는 법률상의 "파트너십"으로 해석되어서는 안 된다.

건설업계에서 처음으로 알려진 파트너링 관계는 석유 회사와 계약자 사이에서 있었다. 발주자는 시공자에게 접근하여 기존 엔지니어링의 포괄적 업무 중 일부를 새로이 설정한 관계와 책임을 사용하여 수행할 것을 제안했다. 따라서 두 사람은 서로 다른 위치에서 여러 프로젝트를 수행하기 위해 "파트너링 관계"를 체결하기로 동의했다. 계약자가 제공한 서비스에는 프로젝트 실행 관련 서비스가 포함되어 있었으며, 발주자는 기술보증을 제공하고 계약자가 개발한 기본 자금조달 문서 및 범위지정 문서만 승인했다. 25가지 다른 프로젝트는 이 관계로 수행되었다.

계약적 관점에서 볼 때, 이 최초의 파트너링 관계는 관료적인 절차가 제거되고 모든 쟁점이 협상을 위해 공개되었기 때문에 기존 계약과는 다르다. 이 관계에서 발주자는 파트너링 관계기간 동안 발생할 수 있는 위험에 대한 재정적 부담을 이행하기로 동의했다. 당사자들은 프로젝트에 중요한 주요 영역에 대한 성과평가 기준을 설정하기로 합의했다. 성과기준에 근거한 인센티브 시스템이 활용되었는데, 이는 훌륭히 업무를 할 수 있도록 시공자에게 발주자가 부여한 금전상의 상금을 포함한다. 직원에 대한 시공자 인센티브에는 금전적, 비금전적 인센티브가 모두 포함되었다.

파트너링 관계에서 모든 당사자는 문화적 변화를 요구한다. 성공적인 파트너링 관계의 세 가지 핵심 요소는 신뢰, 장기적 결속 및 비전 공유이다. 이 세 가지 요소가 개발됨에 따라 다른 하위 요소가 성취되고 모든 당사자에게 이익이 최대화된다. 고객과 공급업체 모두 간접비 감소 및 작업 부하 안정성으로 이익을 얻을 수 있다. 경쟁우위는 비용, 품질 및 일정 개선을 통해 강화된다. 성장과 균형은 파트너십 계약의 지속적인 개선에 중요하다. 예를 들어, 장기적 결속을 개발할 때 파트너링 계약은 단일 프로젝트에서 여러 프로젝트로 확대될 수 있다. 마찬가지로 신뢰는 경쟁 입찰에서 완전한 공개를 통해 진화할 수 있다. 마찬가지로, 신뢰는 프로젝트 비용의 완전한 공개를 통한 경쟁 입찰에서 원가 가산 방식으로 진화할 수 있다. 공유 비전은 비즈니스 목표의 공개 공유 및 상호 개발로 확대될 수 있다.

CII 출판물은 중소기업과 프로젝트와의 파트너링 적용, 파트너 선정에 대한 지침 및 파트너링 관계 구현을 위한 지침에 대하여 논의한다.

References

1. Barrie, D. S. and Paulson, B. C., *Professional Construction Management*, 3rd ed., McGraw-Hill, Inc., New York, NY, 1992.
2. Barrie, D. S., *Directions in Managing Construction*, Wiley, New York, NY, 1981.
3. Haltenhoff, C. E., *Construction Management: A State-of-the-Art Update*, Proceedings of the Construction Division, American Society of Civil Engineers, Reston, VA, 1986.
4. Hinze, Jimmie, *Construction Contracts*, 3rd ed., McGraw-Hill, New York, NY, 2010.

5. Haltenhoff, C. E., *The CM Contracting System-Fundamentals and Practices*, Prentice Hall, Upper Saddle River, NJ, 1999.
6. Hancher, D. E., *In Search of Partnering Excellence*, Publication No. 17-1, Construction Industry Institute, Austin, TX, July 1991.
7. Laufer, A., *Owner's Project Planning: The Process Approach*, Source Document No. 45, Construction Industry Institute, Austin, TX, March 1989.
8. *Organizing for Project Success*, Publication No. 12-2, Construction Industry Institute, Austin, TX, February 1991.
9. Rowings, J. E., *Project Objective Setting*, Publication 12-1, Source Document No. 31, Construction Industry Institute, Austin, TX, April 1989.
10. *Scope Definition and Control*, Publication No. 6-2, Construction Industry Institute, Austin, TX, July 1986.
11. *Standard CM Services and Practice*, Construction Management Association of America, Washington, D.C., 1988.

Chapter 4 초기 견적

초기 견적의 중요성

엔지니어링과 건설 프로젝트의 경우 정확한 초기 비용의 견적은 발주자와 엔지니어링 팀 모두에게 매우 중요하다. 발주자를 위한 초기 비용 견적은 향후 프로젝트 개발을 위한 자산개발전략, 잠재적인 프로젝트의 심사, 그리고 위임하는 자원을 포함한 사업 단위의 의사결정을 위한 기초가 된다. 부정확한 초기 견적은 기회상실과 헛된 개발 노력으로 이어지고 기대수익률 또한 낮추어 버린다.

초기 비용 견적은 프로젝트를 해결하는 중요한 파라미터 중 하나이기 때문에 프로젝트팀에게 중요하다. 이것은 실행 전략수립을 도와주고 엔지니어링 및 건설을 계획할 수 있는 기반을 제공해준다. 초기 견적은 대개 설계부터 시공까지 프로젝트 진행과정에서 변경을 확인하는 기준으로 작용한다. 추가적으로, 프로젝트팀의 실적과 전체 프로젝트의 성공여부는 대개 최종 비용과 초기 비용의 견적 비교를 통해 평가된다.

견적기술자의 중요성

견적기술자의 기술, 지식, 그리고 경험은 프로젝트에 대한 정확한 견적을 준비하는데 매우 중요하다. 견적 도구는 견적 프로세스를 지원할 수는 있지만 유능한 견적기술자의 판단과 경험을 대체할 수는 없다. 기술은 수업에서 배울 수 있지만 지식은 경험에 의해 얻어지는 것이다.

훌륭한 견적산정을 촉진하는 최고의 노력은 비용정보의 개발, 수량산출, 시간/크기/위치에 대한 비용의 조정과 견적 도구 개발에 집중하는 것이다. 종종, 견적을 준비하는데 많은 계산 작업이 요구되기 때문에 견적 프로세스를 자동화하는데 중점을 둔다. 스프레드시트와 상용 소프트웨어는 견적을 준비하는데 많은 도움을 줄 수 있지만 대체할 수 없는 재료에 대한 지식, 건설 방법, 일반적 상식 및 적절한 판단과 같이 동등하게 중요한 다른 요인들이 있다.

자동화된 견적절차로 경험을 대체할 수는 없다. 유능한 견적기술자는 스프레드시트와 컴퓨터소프트웨어를 실행하는 능력을 가졌을 뿐만 아니라, 견적을 정기적으로 수행할 때 “이 수치가 올바르게 산정되었는지” 견적을 확인할 수 있다. 견적기술자는 자신의 경험을 사용하여 전체 견적의 흐름을 볼 수 있고, 무엇이 중요한지 알 수 있으며, 판단을 적용하고 견적 수치를 실제적으로 확인할 수 있다.

초기 견적의 분류

프로젝트 개발단계를 중심으로 프로젝트에 대한 많은 견적과 재견적이 있다. 견적은 그림 4-1과 같이 다양한 설계와 시공의 단계를 통한 첫 번째 견적부터 프로젝트의 전체 수명주기 동안 수행된다. 초기 비용 견적치는 미래의 모든 견적과 비교되는 기준이 된다. 미래의 견적은 종종 초기 견적과 일치할 것으로 예상된다(즉, 같거나 그보다 작음). 그러나 최종 프로젝트 비용이 초기 견적을 초과하는 경우도 자주 발생한다.

다양한 명칭의 견적 방법들이 여러 기관들에 의해 개발되어 사용되었다. 하지만 견적을 정의하기 위해 설정된 업계 표준은 없다. 일반적으로 초기 견적은 스폰서가 연구조사 후에 준비되지만 상세 설계가 완료되기 전에 작성된 견적으로 정의된다.

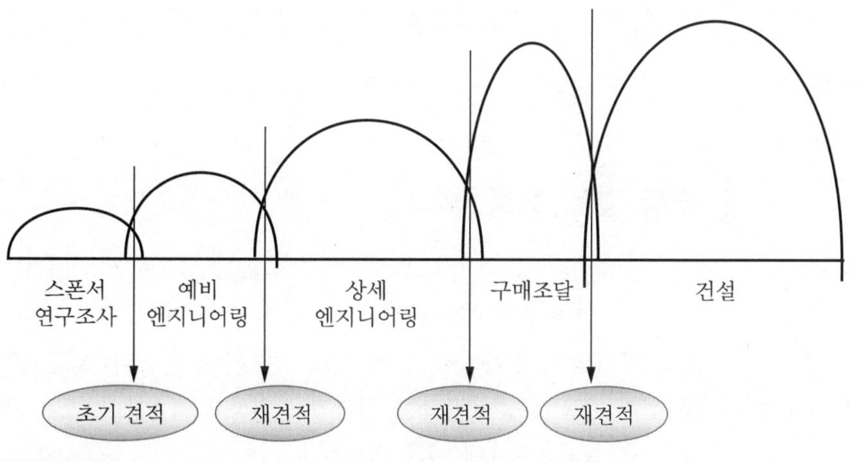

그림 4-1 프로젝트 개발 단계를 통한 견적 및 재견적

개별 기업들은 그들이 사용하는 견적 방법의 명칭과 그 정확도를 정의하였다. 다양한 조직에서 비용 견적의 방법을 분류하였다. 두 가지 예는 그림 4-2에 나와 있는 국제 원가엔지니어링진흥협회(AACE International)와 그림 4-3에 표시된 건설산업연구원(CII)의 비용 견적 분류 방법이다.

일반적으로 초기 견적은 상세 엔지니어링이 완료되기 전에 준비된 견적으로 정의된다. 이 정의는 AACE International의 클래스 5, 클래스 4 및 초기 클래스 3 견적에 적용된다. 이 정의는 또한 CII 발간물에 설명된 규모의 비교 및 요인 견적에도 적용된다.

견적 분류	프로젝트 정의 수준	최종사용 (견적의 전형적인 목적)	기대되는 정확한 범위
클래스 5	0% ~ 2%	개념 스크리닝	−50% ~ 100%
클래스 4	1% ~ 5%	연구 또는 타당성	−30% ~ +50%
클래스 3	10% ~ 40%	예산, 승인 또는 통제	−20% ~ +30%
클래스 2	30% ~ 70%	통제 또는 입찰/입찰 제출	−15% ~ +20%
클래스 1	50% ~ 100%	견적 확인 또는 입찰/입찰 제출	−10% ~ +15%

그림 4-2 AACE 국제 비용 견적 분류 (18R-97)

견적 분류	퍼센트 범위	설명/방법론
규모의 비교	+/−30 ~ 50%	타당성 연구 - 비용/용량 곡선
요인 견적	+/−25 ~ 30%	주요 설비 - 비용을 위한 요인 적용
통제 견적	+/−10 ~ 15%	기계적, 전기적, 토목 도면으로부터의 수량
상세한 또는 가장 확실한	+/− <10%	상세도면 기반 적용

그림 4-3 미국건설산업연구원 비용 견적 정의 (CII SD-6)

견적 업무 프로세스

견적은 최종적인 견적치를 얻는 일련의 노력 과정이라 할 수 있다. 정보는 체계적으로 구성되고, 평가되고, 문서화되고 관리되어야 한다. 효율적인 업무 프로세스를 위해 주요 정보를 중요한 시기에 정의하고 축적해야 한다. 견적 준비를 위한 주요 요인은 표 4-1에 나와 있다.

표 4-1 견적 준비에 있어 주요한 요인들

1. 비용 견적 준비 프로세스의 표준화
2. 고객과 팀 사이의 목표의 조정
3. 원하는 수준의 정확도에 상응하는 견적 방법 선택
4. 프로젝트 데이터 수집 및 과거 비용 정보 확인
5. 견적을 원하는 형식으로 구성
6. 견적 근거, 정확도 등의 문서화 및 의사소통
7. 견적 검토 및 확인
8. 프로젝트 구현으로부터의 피드백

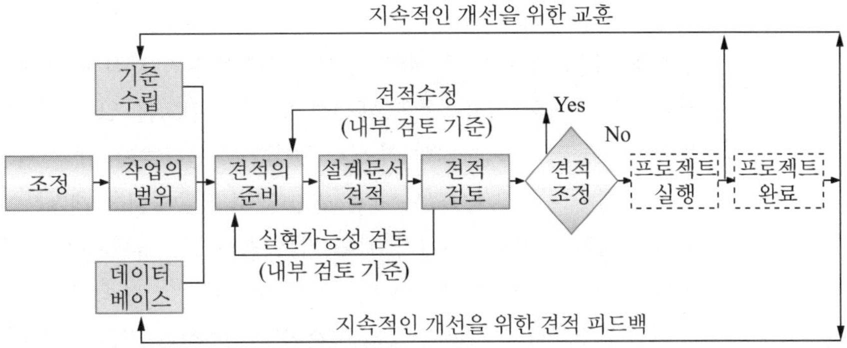

그림 4-4 견적 업무 프로세스

이러한 개념은 그림 4-4의 견적 업무 프로세스에서 설명된다. 견적 업무 프로세스의 첫 번째 단계는 조정(alignment)이다. 견적을 시작하기 전에 고객과 견적 팀 사이의 조정이 이루어져야 한다. 다음 페이지에서 논의되는 것과 같이, 조정은 고객의 기대치를 명확하게 이해하고 그러한 기대에 부응하는 견적 팀의 능력을 보장하기 위해 조기 의사소통을 통해 수행된다. 상세한 조정은 오해와 잘못된 의사소통으로 인해 발생할 수 있는 견적 부정확성을 완화하는 데 도움을 준다. 또한 견적 작업 계획 및 인력 배치 요구사항을 수립할 수 있다. 견적 킥오프 미팅은 조정 확립을 위한 훌륭한 포럼을 제공한다.

성공적인 프로세스는 수행될 작업과 생산될 성과에 대한 명확한 이해를 제공한다. 초기 견적의 범위 정의 수준은 이후 견적에 비교하면 낮다. 범위 정의 수준과 관련하여 사업부서와 견적기술자 간에 상호 이해가 있어야 한다. 견적기술자는 범위 정의 수준에 따라 예상 정확도 범위를 사업부서와 의사소통해야 한다.

견적을 시작하기 전에 견적을 준비하기 위한 작업 계획을 수립해야 한다. 작업 계획은 조정 및 범위 정의 후에 수립할 수 있다. 견적 작업 계획은 누가 그것을 할 것인지, 언제 할 것인지, 견적 준비를 위한 예산을 포함하여 견적을 준비에 요구되는 작업을 포함하여야 한다. 이 계획에는 범위 정의 수준 및 기대하는 견적의 정확도에 적합한 도구와 기법도 포함되어 있다. 견적 팀의 리더는 다음 페이지에서 논의되는 견적 작업 계획을 수립할 책임이 있다.

견적을 준비하는 동안 견적 팀과 견적을 요청한 당사자 사이에 쌍방향의 의사소통이 이루어져야 한다. 견적 팀은 수행중인 작업에 대해 요청 당사자에게 계속 알려야 하며 요청 당사자는 견적 팀에서 발생할 수 있는 질문에 응답해야 한다. 견적 과정은 프로젝트에 대한 확실한 정보 대신 가정을 해야 하므로 요청 당사자가 불확실성의 영역과 요구되는 추가 정보를 식별하는데 도움을 줄 수 있다.

견적이 완료되면 견적의 기준을 정의하는 문서를 준비해야 한다. 견적 문서는 견적의 제출, 검토 및 장래의 사용에 필수적이다. 견적에 대한 문서는 프로젝트 참여자들 사이의 의사소통을 개선하고, 견적 검토를 위한 메커니즘을 수립하며, 조기 프로젝트 비용 관리의 기초를 형성한다. 견적 팀은 내부 사업 및 엔지니어링 관리가 쉽게 이해할 수 있는 표준 원가 견적 제출형식을 개발해야 한다. 예비비는 위험과 불확실성을 책임지기 위해 기본 견적에 추가되어야 하는 금액이다. 예비비는 견적의 실제적이고 필요한 구성요소이다.

위험을 평가하고 기본 견적에 **예비비**를 지정하는 것은 초기 견적을 준비하는데 있어 가장 중요한 작업 중 하나이다. 일반적으로 위험분석은 예비비 할당에 필수적이다. 수용 가능한 위험과 기대되는 신뢰 수준에 기초하여, 주어진 견적에 대한 예비비가 설정된다. 프로젝트를 위해 책임 견적엔지니어는 각 프로젝트의 고유성을 평가하고 가장 적절하다고 판단되는 위험분석 기법을 선택해야 한다.

그림 4-4에서 보여준 연속적인 피드백 순환 고리 없이는 견적 프로세스가 완료되지 않는다. 초기 견적을 개선하기 위해서는 견적 과정이 연속주기이어야 한다. 완료된 프로젝트의 실제 원가정보는 향후 견적을 준비할 때 사용할 수 있도록 비용 데이터베이스에 통합할 수 있는 피드백 시스템에 축적되어야 한다. 프로젝트 실행 중에 얻은 교훈도 문서화해야 하며, 견적 표준 및 절차에 통합해야 한다. 건설기간 중에 학습한 교훈은 향후 프로젝트 견적을 준비하는데 있어 더 나은 기준을 수립할 수 있도록 평가 팀에게 전달되어야 한다.

초기 견적 준비에서 팀 조정의 중요성

팀과 고객 간의 초기 의사소통은 견적, 특히 **초기 견적**의 성공에 필수적이다. 이러한 초기 의사소통은 고객의 기대 사항을 명확하게 이해하고 팀이 이러한 기대치를 충족시킬 수 있도록 하기 위해 필요하다. 표 4-2는 팀 조정 혜택의 목록이다.

조정 작업을 수행하려면 팀 작업에 영향을 줄 수 있는 모든 문제와 견적 내용에 대한 고객의 이해를 해결하기 위해 특별한 노력을 기울여야 한다. 이는 견적 프로세스를 시작하기 전에 쌍방향 개방형 의사소통을 통해 수행할 수 있다.

표 4-2 팀 조정의 장점

1. 고객과 팀 사이에 프로젝트 파라미터에 대한 명확한 이해를 확립한다.
2. 견적 팀이 견적을 인도하는데 요구되는 성과 수준 결정에 도움을 준다.
3. 견적 팀이 고객의 기대를 충족시키는데 요구되는 결과물을 제공하기 위한 작업 프로세스 및 인력 계획을 수립할 수 있다.
4. 견적 개발 시 고려되지 않았을 수 있는 문제점을 강조하여 표시한다.
5. 범위 정의의 수준과 프로젝트에 대해 알려진 정보를 개선하고 문서화한다.
6. 견적에 포함된 내용과 견적에 포함되지 않은 내용에 대한 고객의 이해를 돕는다.
7. 모든 프로젝트 팀원과 고객이 견적을 준비할 책임을 진다.
8. 프로젝트 팀과 고객 사이에 긴밀한 관계를 유지하는 역할을 한다.

프로젝트의 범위 정의 수준은 견적의 정확성이 범위 정의에 의존하기 때문에 조기에 해결해야 하는 주요 문제 중 하나이다. 고객은 견적에서 예상되는 정확도와 세부사항의 수준을 제공해야 한다. 견적 팀은 견적에서 제공될 내용을 명확하게 고객에게 알려야 한다. 고객은 또한 요구되는 팀의 성과물을 정의하고 고객은 견적을 토대로 결정의 유형을 만들어야 한다. 초기에 다루어져야 하는 중요한 질문은 표 4-3에 나와 있다.

견적 킥오프 회의는 표 4-4에 나와 있는 문제를 해결하여 조정을 달성하는 효과적인 방법이다. 고객과 팀 간의 킥오프 회의는 고객의 기대치와 그 기대치를 충족시키는 팀의 능력에 관한 정보 교환을 제공한다. 킥오프 미팅 이후 정기적으로 예정된 진행 회의는 견적과정 전반에 걸쳐 지속적인 조정을 보장해준다.

프로젝트관리는 고객과 팀 사이의 열린 의사소통을 시작하여야 하고 해결해야 할 문제를 식별하고 문서화하는 데 도움을 주어야 한다. 고객의 초기 참여는 팀에게 분쟁의 지침과 방향을 제공해 그것이 일어날 가능성을 줄여준다. 조정을 위해서는 팀과 고객 간의 협조가 필요하다. 초기 견적의 조정에 있어 공통적인 위험은 표 4-5에 나와 있다.

표 4-3 초기 견적을 준비하기 위한 중요한 질문

1. 프로젝트의 범위 정의는 얼마나 철저한가?
2. 고객이 기대하는 정확도와 세부 수준은 어느 정도인가?
3. 이 작업에서 어떤 성과물이 요구되는가?
4. 이 견적을 토대로 어떤 결정이 내려질 것인가?

표 4-4 견적 킥오프 회의를 위한 문제 체크리스트

1. 고객의 추진 원칙과 기대는 무엇인가?
2. 프로젝트의 범위 정의 수준은 무엇인가?
3. 고객이 기대하는 정확도와 세부 수준은 어느 정도인가?
4. 이 작업에서 어떤 성과물이 요구되는가?
5. 이 견적을 토대로 어떤 결정이 내려질 것인가?
6. 프로젝트에 독특하거나 특이한 특징이 있는가?
7. 견적 만기일과 예상되는 프로젝트 시작/완료 날짜는 언제인가?
8. 팀에게 요구되는 기밀 유지 수준은 어떠한가?
9. 고객의 접촉은 팀에서 누가 하는가?
10. 다른 조직이 팀과 상호 작용할 필요가 있는 것은 무엇인가?
11. 견적 팀을 도울 수 있는 다른 정보 출처가 있는가?
12. 견적을 개발하기 위한 예산은 얼마이며, 누가 그것을 지불하는가?
13. 유사한 프로젝트/견적을 이전에 개발했는가?
14. 고객이 제공한 품목은 견적에서 제외되어야 하는가?
15. 고객이 제공한 비용은 견적에서 포함되어야 하는가?
16. 견적을 준비할 때 사용할 구체적인 지침이 있는가?
17. 비용과 일정에 영향을 줄 수 있는 특수한 허가 요건이 있는가?
18. 최종 총 설치비용에 영향을 줄 수 있는 특수한 자금 요구사항이 있는가?
19. 프로젝트의 비용이나 일정에 영향을 줄 수 있는 다른 문제가 있는가?
20. 요구하는 정확도를 충족시키기 위해 어느 정도의 성과 수준이 요구되는가?

표 4-5 초기 견적을 준비하기 위한 팀 조정의 일반적인 위험

1. 견적 팀 밖에서 개인이 개발한 미리 생각되는 수치의 영향을 크게 받는 초기 견적
2. 비즈니스 의사결정권자를 견적 프로세스 초기에 포함시키지 못함
3. 문제를 조기에 해결하지 못함
4. 견적을 준비하기에 부적절한 시간이나 비용 데이터의 부족과 같은 견적 팀에 대한 과도한 제약
5. 예상 킥오프 회의 개최 실패
6. 견적을 준비하기 위해 견적 팀이 요구하는 정보를 확인하지 못함
7. 정보의 수준, 견적 방법론 또는 견적에 영향을 미치는 기타 요인에 따른 견적 정확도에 대한 부적절한 이해
8. 견적에 발견되는 비용과 범위를 식별하지 못함
9. 견적에 포함되지 않는 범위를 식별하지 못함
10. 견적을 준비할 때 사용되는 견적 방법론에 대해 소통하지 못함

범위 정의 및 초기 견적

훌륭한 범위 정의는 견적을 준비하는 데 매우 중요하다. 하지만 초기 견적은 대체적으로 제안된 프로젝트의 매우 제한된 범위 정의와 특정 요구사항에 대한 부족한 정보를 기준으로 준비된다.

모든 견적의 정확도는 견적을 준비할 때 프로젝트에 대해 알려진 정보의 양에 달려 있음을 알고 있다. 모든 비용 견적에는 일반적으로 정확도 범위(+/− 비율)가 지정된다. 이러한 범위는 정보의 양과 질이 프로젝트의 수명주기를 통해 증가함에 따라 좁아진다. 이것은 견적 정확도가 엔지니어링 및 건설에서 일반적으로 받아들여지는 가용 정보(범위 정의)의 기능이라고 추측한다.

지난 30년 동안 범위 정의의 중요성을 강조하는 많은 논문이 발표되었다. 범위 정의의 부족은 비용 초과, 늦은 완료 날짜, 과도한 재작업, 불필요한 분쟁, 부족한 팀 조정 및 엔지니어링 및 건설 프로젝트와 관련된 다른 문제가 근본 원인으로 확인되었다.

범위 정의 수준을 결정하는 것은 점진적인 활동이라는 점을 인식해야 한다. 이것은 프로젝트 초기에 시작되며, 프로젝트가 생산할 성과물에 대한 프로젝트 스폰서의 아이디어일 뿐이다. 엔지니어링이 진행됨에 따라 범위 정의 수준이 높아진다. 결과적으로 초기 견적은 종종 높은 가변성에 영향을 받는다.

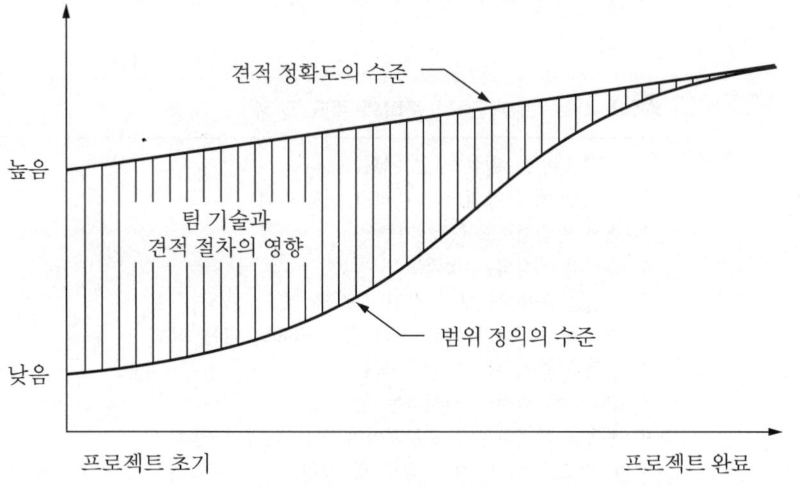

그림 4-5 팀 기술과 견적 절차가 정확도에 미치는 상대적 영향도

견적을 준비할 때 훌륭한 범위 정의가 중요하지만 프로젝트팀의 기술과 경험 및 견적 절차 또한 중요한 역할을 한다. 그림 4-5는 범위 정의 수준이 낮을 때 팀이 프로젝트 초기에 참여하는 것이 중요하다는 것을 보여준다. 사업부서는 팀의 경험과 기술에 의존해야 정확한 초기 견적을 산출할 수 있다. 프로젝트 초기에는 범위 정의 수준이 낮아 종종 부실하게 정의된다. 견적기술자는 제한된 범위 정의를 다루어야 하고 견적을 준비하는데 사용된 범위 정의 수준을 고객에게 명확하게 전달해야 한다.

초기 견적 준비

견적을 준비할 때 논의되고, 정의되고, 문서화되어야 하는 문제는 표 4-6에 나와 있다. 견적이 준비되는 동안 개발한 비용이 적절한지를 확인하기 위해 정기적인 "현실성 점검"을 수행하는 것이 중요하다. 견적기술자의 경험과 프로젝트에 대한 친숙성에 따라

- 합리성에 대한 간단한 "직관력 있는" 점검
- 유사한 프로젝트와의 비교
- 산업 데이터와의 비교 ($/평방피트, 비용/메가와트, 간접비/직접비 등)
- 조명비용/조명기구, 방화, 방화비용/스프링클러 등과 같은 비율을 확인해야 한다.

표 4-6 초기 견적 준비의 주요 쟁점

1. 견적 준비를 위한 작업 계획
2. 이 견적에 포함되거나 제외될 비용/범위
3. 견적 방법론, 도구 및 기법
4. 견적의 예상되는 정확도
5. 견적을 준비하는데 허용된 시간의 영향
6. 견적을 준비하기 위해 견적 팀이 필요로 하는 정보
7. 견적을 준비하는 역할과 책임
8. 고객에게 견적을 제시하는 형식
9. 견적을 준비하는데 포함되어야 하는 다음의 일정
   a. 킥오프 미팅, 견적 검토 및 승인
   b. 정보 및 성과물 전달을 위한 마일스톤

견적이 완료되면 백업 자료, 가정, 단가 및 생산성을 포함하여 전체 견적 패키지에 대한 상세한 검토가 이루어져야 한다. 견적은 프로젝트 일정 요구사항과 비교하여 가동 중단 시간 동안 예상되는 초과 근무 요율 및 가격 에스컬레이션과 같이 양립할 수 있는지 확인해야 한다.

견적을 준비하기 위한 조직화

책임 프로젝트 견적기술자는 견적을 준비하는 계획을 수립하기 위한 노력을 주도하고 결과물을 이끌어 낼 책임이 있다. 거의 모든 경우에 엔지니어링 또는 기술적 배경을 가진 전문 비용 견적기술자를 통해 보다 높은 품질의 견적을 산출할 수 있다. 기술 전문분야와 마찬가지로 견적을 위해서는 특정 기술, 교육 및 경험이 요구된다. 프로젝트 초기에 견적 팀을 참여시키는 것은 사업 개발 프로세스에서 필수적이다.

엔지니어링 및 건설 프로젝트의 비용 견적은 다수의 다른 직책, 책임 및 기능을 가진 개인에 의해 준비된다. 각 회사의 규모와 필요에 따라 비용 산정을 준비하는 사람들은 혼자 또는 그룹의 일원으로 일할 수도 있다. 한 위치 또는 여러 위치에서 집중화된 관리를 할 수 있다. 어떤 경우에는 서로 다른 조직과 통합되거나 하나의 동종 그룹에서 일할 수도 있다.

견적 직원을 집중화하거나 분산시키는 데에는 장단점이 있다. 견적을 준비하는 장소는 견적을 준비하는 사람과 견적을 준비하는데 사용되는 프로세스만큼 중요하지 않다. 견적 과정을 효율적으로 통제하고 유지하는 것이 중요하다. 다음과 같은 절차가 마련되어 있어야 한다.

- 견적 직원 간의 지식 보급 및 전문성 공유
- 효율성을 높이기 위해 견적기술자들 사이에 작업부하 할당 및 공유
- 품질관리 업무를 위한 검토, 점검 및 승인

적시의 정보 교환은 현재의 가격 데이터, 데이터베이스 및 피드백을 확실하게 하는데 중요하다. 견적을 준비하려면 여러 분야의 전문지식이 요구된다. 효율적인 조직에는 주요 분야의 전문가, 견적엔지니어 및 견적에 지식이 있는 관리 인원이 포함된다. 효율적인 팀은 작업을 준비, 검토, 확인 및 승인하기 위해 조직화되어야 한다. 이 같은 팀은 견적 프로세스를 개선하고 효율성을 높이기 위해 습득한 교훈을 획득하여야 한다.

견적 작업 계획 수립

견적을 효율적으로 관리하려면 계획, 일정 관리 및 통제가 요구된다. 견적 팀의 리더는 프로젝트의 예상 작업 계획을 수립할 책임이 있다. 견적 작업 계획은 팀이 정확한 견적을 준비하고 견적 프로세스를 개선하도록 안내하는 문서이다. 견적을 준비하기 위해 수행해야 하는 작업을 식별한다: 누가 이를 수행할 것인지, 언제 수행할 것인지 그리고 견적을 준비하기 위한 예산.

견적 작업 계획은 특정 프로젝트 파라미터 및 요구사항에 따라 각 프로젝트마다 고유하다. 그림 4-6은 견적 작업 계획에 포함되어야 하는 정보 유형을 보여준다. 작업 계획에는 예상 팀의 모든 구성원이 기대되는 바를 이해할 수 있도록 충분한 세부사항이 포함되어야 한다. 작업 계획이 확정된 후에는 견적 작업을 조정하고, 프로세스를 통제하고 유지하기 위한 기초 자료로 사용된다.

초기 견적을 준비하는 과정에서 견적기술자의 기술 수준과 견적되는 시설 유형에 대한 자신의 경험은 매우 중요하다. 견적의 품질은 다음과 같은 주요 고려사항에 의해 결정된다.

- 견적을 준비할 때 사용할 수 있는 정보의 양과 질
- 견적을 준비하기 위해 할당된 시간
- 견적기술자와 견적 팀의 숙련도
- 견적 작성 시 사용된 도구 및 기법

전형적으로 기술 정의 및 견적 완료 날짜는 견적 팀 외부의 다른 사람이 결정한다. 따라서 이 두 요소는 견적기술자의 통제를 벗어날 수 있다. 하지만 견적기술자는 견적을 준비하는데 사용할 도구 및 방법의 선택을 통제할 수 있다. 견적 방법을 선택하는 접근법은 발주자 기대 수준의 정확도와 시간 제약에 비례해야 한다.

견적 팀은 엔지니어링 설계, 엔지니어링 장비, 벌크 자재, 건설 직접비 및 간접비, 발주자 비용, 에스컬레이션, 세금 및 예비비의 세부 수준 및 요약 수준을 포함하는 표준 원가 견적 형식을 개발해야 한다. 스프레드시트 또는 견적 프로그램을 포함한 컴퓨터 방법은 견적을 준비하고 제시하기 위한 일관된 형식을 제공한다. 같은 형태의 형식은 다음과 같은 이점을 제공한다.

- 견적 작성 시 실수를 줄인다.
- 유사한 프로젝트의 견적을 비교하는 능력을 향상시킨다.
- 견적 내용에 대한 이해를 증진시킨다.

■ 미래 비용 데이터를 수집하기 위한 체계적인 시스템을 제공한다.

견적의 발표는 중요하다. 견적 팀은 외부 고객뿐만 아니라 사업 관리자와 엔지니어링 관리자가 쉽게 이해할 수 있는 형식을 개발해야 한다. 발표에 표준 형식을 사용하면 프로젝트의 모든 참여자와의 의사소통을 향상시키고 견적에 포함된

견적 업무 계획

프로젝트 이름 : ______________________
프로젝트 번호 : ______________________
고객의 이름 : ______________________

요구되는 견적 유형:
- 요구되는 정확도 수준
- 요구되는 성과의 수준
- 견적의 성과물

제공될 견적 서비스
- 사내 자원에 의한 견적 산출물
- 외부 자원에 의한 견적 산출물

견적을 준비하기 위한 예산
- 견적 직원을 위한 예상 근무시간
- 비급여 산정을 위한 달러 예산

견적 준비를 위해 요구되는 인력
- 견적 원리 (견적 팀의 리더)
- 사내 및 외부 자원
- 인력채용을 위한 인사의 가용성

견적 준비 일정
- 예상 시작 날짜
- 검토일의 요구사항
- 고객 납기일

견적 방법론
- 도구
- 기술
- 방법
- 절차

견적 관리
- 범위 정의 수준
- 점검표
- 프로세스 검토

발표
- 견적 발표를 위한 양식
- 청중

그림 4-6 견적 작업 계획에서 다루어야 할 전형적인 정보

내용을 보다 잘 이해할 수 있다. 이러한 이해는 견적을 토대로 합리적 결정을 내릴 수 있으므로 필요하다.

방법과 기법

초기 견적을 준비하는 방법의 선정은 범위 정의의 수준, 견적을 준비할 수 있는 시간, 원하는 정확도 수준 및 견적의 사용 의도에 달려 있다. 공정 산업 프로젝트의 경우 일반적으로 다음과 같은 방법이 사용된다.

- 비용 생산능력 곡선
- 지수로 상승시키는 생산능력 비율
- 생산단위당 플랜트 비용
- 설비 요인 견적
- 컴퓨터 생성 견적

비용 – 생산능력 곡선

비용 - 생산능력 곡선은 세로축에 비용을, 가로축에 생산능력을 나타내는 그래프이다. 이 커브는 다양한 개별 프로세스 장치, 시스템 및 서비스용으로 개발되었다. 비용 - 생산능력 곡선을 사용하여 견적을 작성하는데 필요한 최소 정보는 플랜트 종류와 생산능력의 유형이다. 예를 들어, 단위 유형은 중질유 분해 플랜트 또는 수소 플랜트일 수 있으며, 생산능력은 1일 배럴 또는 시간당 입방피트일 수 있다. 견적의 품질을 향상시킬 수 있는 추가 정보의 예에는 설계 압력, 프로젝트 위치 및 프로젝트 일정에 대한 조정이 포함될 수 있다.

비용 - 생산능력 곡선은 일반적으로 개념 견적에 의해 사용된다. 전문가가 정기적으로 비용 - 생산능력 곡선을 개발, 유지 및 업데이트한다. 이 곡선은 완료된 작업의 비용 데이터를 사용하여 개발되고 업데이트된다. 이 정보는 미국 걸프만(Gulf Coast)과 같은 위치와 특정연도의 12월과 같이 기준선으로 표현된 특정기간에 대하여 정규화 된다.

예상 비용은 가로 x축에서 생산능력을 찾은 다음 곡선과의 교차점까지 직선을 따라 결정된다. 그런 다음 견적된 비용은 y축에서 x축이 곡선과 교차하는 지점까지 직선으로 수직 y축에서 읽는다. 곡선에서 추출된 총 설치비용은 현재 또는 향후 어느 지점까지 단계적으로 조정될 수 있으며 다른 지리적 위치를 반영하도록 추가 조정될 수 있다.

예제 4-1

그림은 화학 플랜트의 공정 단가에 대한 비용 – 생산능력 곡선을 보여준다. 하루에 3,000 배럴의 공정 단가 C를 가진 프로젝트의 예상 비용은 얼마인가?

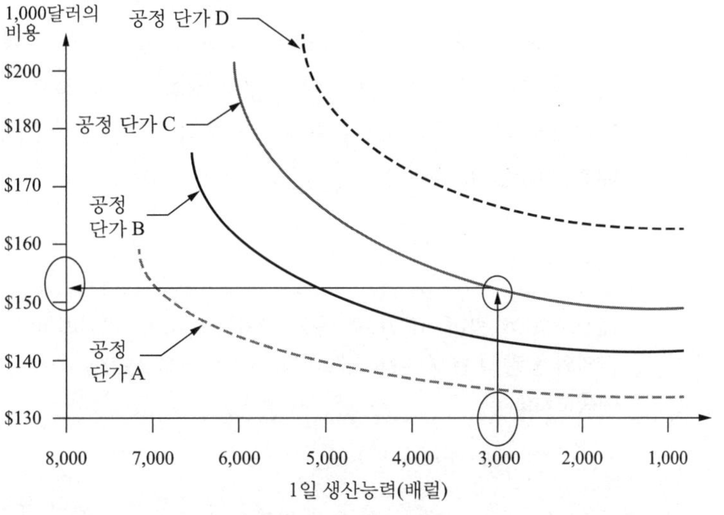

횡좌표를 따라 1일 용량 3,000배럴의 위치를 정한 후 프로세스 C 비용 곡선과 교차할 때까지 수직선을 위로 당긴다. 그런 다음 왼쪽에 수평선을 그어 예상 비용을 153,000 달러로 읽는다.

지수로 상승시키는 생산능력 비율

지수로 상승시키는 생산능력 비율은 비용 견적을 위한 또 다른 예측 기법이다. 이 접근법은 전체 설치비용에 대한 규모의 경제 효과를 고려한다. 예를 들어, 용량 B를 갖는 공정 장치 B의 원가를 알고 있다면, 공정 장치 B의 원가에 지수(X)로 상승된 공정 장치 용량의 비율을 곱하여 프로세스 장치 A의 예상 원가를 계산한다. 다음 방정식에 나와 있다.

$$\text{공정 장치 A의 원가} = (\text{공정 장치 B의 원가}) \times \left(\frac{\text{공정 장치 A의 용량}}{\text{공정 장치 B의 용량}}\right)^X$$

본질적으로, 이 방법은 그래픽 기술이었던 이 섹션의 앞부분에서 설명한 비용-생산능력 곡선에 대한 수학적 해결책이다. X가 나타내는 지수는 완성된 프로젝트의 과거 기록으로부터 수학적으로 추출된다. 규모의 경제를 토대로 비용과 규모 사이의 비선형 관계를 나타낸다.

과거 경험적 데이터는 완료된 프로젝트에서 획득할 수 있으며, 데이터의 최소 적합성 또는 곡선 맞춤 방법을 사용하여 유사한 유형의 프로젝트에 대해 X의 적절한 값을 결정할 수 있다. 따라서, 지수는 하나의 공정 단가 곡선을 다른 것과 구별한다. 일반적으로 지수 X의 범위는 공정 단가의 유형에 따라 0.55와 0.88 사이이다. 이 방정식을 이용하여 원가 산정을 할 때, 특정 공정 단가에 대한 지수가 알려지지 않은 경우 0.6의 지수가 사용되며, 이는 공정 플랜트의 표준 지수 또는 대표 지수를 나타낸다.

예제 4-2

시간당 410입방피트(ft^3/h)의 공정 단가는 6,750,000달러이다. 과거 원가 기록에서 공정 단위의 용량 비율 지수는 0.720이다. 575 ft^3/h의 용량을 가진 유사한 공정 장치의 비용을 예측하시오.

$$\begin{aligned}
&\text{공정 장치 A의 원가} \\
&\quad = (\text{공정 장치 B의 원가}) \times \left(\frac{\text{공정 장치 A의 용량}}{\text{공정 장치 B의 용량}}\right)^X \\
&\quad = \$6{,}750{,}000 \times \left(\frac{575\ \text{ft}^3/\text{h}}{410\ \text{ft}^3/\text{h}}\right)^{0.72} \\
&\quad = \$6{,}750{,}000 \times 1.27523252 \\
&\quad = \$8{,}611{,}132
\end{aligned}$$

생산 단가당 플랜트 비용

이 개념적 견적 기법은 이전에 완료한 프로젝트의 생산 단가당 평균 플랜트 비용을 기반으로 총 플랜트 비용을 견적하는데 사용된다. 이것은 이용 가능한 유일한 정보가 제품 설명과 플랜트 용량인 매우 간단하고 광범위한 평가 방법이다. 예를 들어, 비용 기록에 따르면 열병합 발전 설비의 단위당 평균 비용은 킬로와트당 1,000달러(1,000달러/kW)로 볼 수 있다. 따라서 향후 300메가와트(MW)의 열병합 발전 설비의 경우, 추정 비용은 \$1,000/kW에 300 MW의 전력을 곱하면 총 예상 비용은 \$300,000,000이다.

이 견적 기법은 플랜트 비용과 생산능력은 선형이며, 따라서 매우 좁은 범위 내에서 최적으로 적용된다. 이상적으로는 생산능력 단위당 평균 설비비용이 다양한 용량 범위에서 가장 잘 개발되므로 견적기술자가 자신의 견적에 적용할 수 있는 관계를 선택할 수 있다.

초기 견적을 작성하는 이 방법은 건물 부문 프로젝트에 사용되는 평방피트 견적 방법과 유사하다. 특정 건물 프로젝트의 총 예상 비용은 이전 프로젝트의 평방피트당 평균 비용에 제안된 건물의 총 평방피트를 곱하여 결정한다.

설비 요인 견적

공정 산업의 경우, 설비에 의한 견적은 설비비용 견적에 다양한 요인 기술을 적용하여 산정한다. 사용된 요인은 완료된 프로젝트의 반환된 비용 데이터를 사용하여 개발되고 업데이트된다. 이 정보는 미국 걸프만(Gulf Coast)과 같은 특정 위치와 특정 연도(12월과 같은 특정 기간)에 대해 정규화 된다. 정규화된 설비의 예상 설치 총 비용은 다음 비용을 포함하도록 정의된다.

- 직접 설비비용
- 직접 벌크자재 비용
- 하도급 비용
- 건설 인건비
- 건설 간접비
- 본사 서비스 비용

팩토링 기법의 한 예는 "설비비용" 대 "총 설치비용"(TIC) 요인이다. 이 요인 기술은 설비비용이 견적된 프로젝트에서 비교적 간단하다. 이름에서 알 수 있듯이 TIC 요인은 특정 프로세스 단위의 설비비용을 해당 단위의 총 설치비용으로 나눔으로써 개발된다. 프로젝트의 예상 비용은 장비 비용에 TIC 팩터 또는 배율을 곱하여 결정된다. 공정 설비의 요인은 일반적으로 공정 단가의 특성에 따라 2.5에서 6.0 사이의 범위이다. TIC 요인에서 장비에 영향을 미치는 조건은 다음과 같다.

- 설비 크기
- 압력
- 금속
- 사전 제작 정도

- 현장 조건
- 장비 비용
- 특수 조건 (대형 구조물, 구덩이, 건물 등)
- 엔지니어링 비용 포함사항에 대한 설명

다른 장비 요인 견적 기술은 시각적으로 또는 상업적으로 이용 가능한 컴퓨터 소프트웨어 시스템을 이용하여 장비 비용을 산정하는 것이다. 벌크 재료비는 동일하거나 유사한 유형의 단가에 대한 과거 비용 데이터를 사용하여 예상 설비비용에서 계산된다. 현장 노동시간은 개별 설비 품목으로 견적되며, 벌크 재료 설치 작업시간은 각 재료 카테고리에 대한 벌크 재료비의 백분율로 견적된다. 결과로 나온 현장 노동시간은 예상 노동시간에 현지 노동력을 적용하여 생산성 및 노동비용을 조정한다. 건설 간접비용은 직접 노동비용의 백분율로 주요 카테고리에 대해 개발된다. 본사 비용은 총 설치비용의 백분율로 계산된다. 설명된 설비 요인 견적 기술은 다음과 같은 기술적 정의가 충분할 때 활용될 수 있다.

- 공정 흐름도
- 설비 목록
- 설비 시방서
- 프로젝트 위치
- 일반적인 현장 조건 (지정되지 않은 경우)
- 건설 노동 정보
- 프로젝트 일정

컴퓨터에 의한 견적

공정 산업, 빌딩 건설 산업 및 중공업/고속도로 인프라 산업을 포함하여 다양한 유형의 산업에 대한 자본 비용을 산정하기 위한 상업적으로 이용 가능한 수많은 컴퓨터 소프트웨어 시스템이 있다. 이러한 시스템은 단순하거나 매우 정교할 수 있다. 대부분의 소프트웨어 패키지는 개인용 컴퓨터에서 작동할 수 있으며 매년 업데이트되는 비용 데이터베이스가 제공된다. 보다 융통성 있는 시스템은 데이터베이스를 사용 목적에 맞게 구매자가 설정을 변경할 수 있다.

정교한 소프트웨어 패키지를 사용하여 설비 및 자재비용, 건설 작업시간 및 비용, 현장 간접비 및 엔지니어링 작업시간 및 비용은 물론 상세한 재료 수량을 산출하는 데 도움이 된다. 상세한 수량 및 비용 산출물로 초기 프로젝트를 관리할 수 있다. 이는 상세 엔지니어링이 시작되기 전에 프로젝트의 예비 단계에서 필수적이다. 일부 시스템에서는 공급업체 비용, 출발 수량, 프로젝트 시방서, 현장 조건 등을 프로그램에 도입할 수 있으므로 견적 정확도가 향상될 수 있다. 이러한 소프트웨어 프로그램의 이점을 최대화하려면 시스템 기본 값 사용을 최소화하고 다음 정의로 대체해야 한다.

- 시방서, 표준, 기본 관행 및 구매조달 철학
- 엔지니어링 정책
- 예비 배치도(사용 가능한 경우) 및 파이프랙(배관지지 구조물), 구조물, 건물, 자동화 및 제어 철학 등에 관한 정보
- 적절한 범위 정의
- 현장 및 토질 조건
- 비용, 생산성 및 간접비용과 관련된 현지 노동 조건
- 하도급 철학

컴퓨터 소프트웨어 프로그램의 사용에 익숙해지기 위해서는 지속적 사용이 요구되며 사용자는 컴퓨터 생성 결과를 다른 견적 기술과 비교하여 프로그램의 한계와 단점을 파악해야 한다. 단점이 알려지면 단점을 없애거나 최소화하기 위한 시정조치를 취할 수 있다. 소프트웨어 시스템 사용의 이점을 극대화하기 위하여 다음 사항을 고려해야 한다.

- 컴퓨터 소프트웨어 데이터베이스의 단위 비용 및 설치 작업시간을 색인 또는 벤치마킹하여 회사의 비용 데이터베이스와 일치시킨다.
- 회사의 엔지니어링 및 설계 표준에 부합하는 시스템 기본값을 설정한다.
- 소프트웨어 프로그램의 출력을 회사의 계정 코드 및 형식으로 변환할 수 있는 프로그램을 만들어야 한다.

위의 권장사항을 채택함으로써 소프트웨어 시스템 견적에 대한 신뢰도가 향상된다. 이로 인해 컴퓨터 생성 견적의 일관성과 신뢰성이 향상된다.

초기 견적을 준비하는데 사용되는 다른 비상업적인 컴퓨터 소프트웨어 시스템, 특히 스프레드시트 프로그램이 있다. 이러한 시스템 중 일부는 상업적으로 이용 가능하지는 않지만 발주자/운영 업체 및 시공자가 개발하였다.

견적 체크리스트

체크리스트는 비용 항목을 간과할 가능성을 줄이는 유용한 도구이다. 체크리스트는 다음과 같은 방법으로 견적기술자에게 상기시키는 역할을 한다.

- 초기 견적을 준비하는데 필요한 정보 목록
- 견적에 요구될 수 있는 갖가지의 기타 비용 목록
- 견적을 위해 제공된 정의에서 요구되지만 식별할 수 없는 프로젝트 범위 목록

공정 산업에서 견적을 준비하는데 요구되는 정보 목록에는 단위 유형, 공급 용량 및 프로젝트 위치가 포함될 수 있다. 컴퓨터 생성 견적의 경우 요구되는 정보에는 토양 및 부지 데이터, 건물 요구사항, 배치 계획 차원 및 기타 특정 엔지니어링 요구사항이 포함된다. 건물 부문의 프로젝트의 경우 예상 유형을 준비하는 정보 목록에는 건물 유형, 건물의 기능적 사용, 거주자 수 및 프로젝트 위치가 포함될 수 있다.

공정 산업에서 프로젝트를 위한 기타 비용 항목의 전형적인 예에는 예비 부품, 촉매 및 화학 물질, 허가 및 교육이 포함될 수 있다. 견적을 위해 제공된 정의에서 필요하지는 않지만 식별될 수 있는 일반적인 범위 항목에는 특정 유틸리티 및 보조 시스템이 포함될 수 있다. 특수 증기 시스템, 냉동, 윤활유 및 밀봉유 시스템 및 플레어 시스템이 그 예이다.

표 4-7 공정 산업의 초기 견적을 위한 체크리스트

1. 플랜트 종류 (중질유 분해 플랜트, 수소 플랜트 등)
2. 프로세스 라이센서
3. 급식 용량
4. 생산 능력
5. 제품 생산량
6. 공정 단위 위치에서의 유틸리티 수준
7. 공급 원료 시방서
8. 여러 단위의 통합
9. 프로세스 압력 및 온도 작동 수준
10. 향후 용량 확장에 대한 규정
11. 다수의 공급 원료 또는 다른 공급 원료 처리 규정
12. 단일 트레인 vs. 다중 트레인 개념
13. 프로젝트 위치
14. 갖가지 비용 (예비 부품, 훈련, 화학 약품 등)
15. 비정상적으로 높거나 낮은 재순환 속도와 같은 기타 항목

체크리스트는 논의를 위한 의제 항목으로 사용되는 초기 클라이언트/고객 회의 중에 유용하다. 체크리스트는 견적 수행을 위한 평가에서 강조해야 할 중요한 사항을 식별함으로써 **견적 작업 계획**을 준비하는데 있어서 견적 담당자를 지원한다. 표 4-7은 공정 산업의 프로젝트에 대한 초기 견적 체크리스트의 예이다.

견적 문서

견적 과정에서 효율적인 의사소통이 요구된다. 견적의 제출, 검토 및 장래의 사용을 위해 지원 문서를 개발하여 사용할 수 있어야 한다. 견적에 대한 철저한 문서화는 프로젝트 제어를 위한 기준선을 형성한다. 이는 프로젝트 실행 중 의사결정을 통해 예산을 보다 잘 인식할 수 있기 때문에 프로젝트의 전반적인 결과가 개선된다.

부정확한 비용 견적은 종종 견적 누락, 프로젝트 정보의 잘못된 전달 또는 정렬되지 않은 가정의 결과이다. 견적을 문서화하면 이러한 부정확성을 최소화 할 수 있다.

- 모든 프로젝트 참여자 간의 의사소통 개선
- 견적 검토를 위한 메커니즘 구축
- 프로젝트관리를 위한 탄탄한 기반 조성

견적이 개발됨에 따라 문서 준비의 행위는 관련 당사자 간의 의사소통을 용이하게 한다: 견적기술자, 범위 개발자, 프로젝트관리자 및 고객. 견적 문서를 통해 견적의 결과를 향상시킨다.

- 정보 공유
- 설명이 필요한 항목 식별
- 견적엔지니어가 견적에 필요한 정보를 얻고 구성하는 것을 도와줌
- 견적에 무엇이 포함대상이고 아닌가에 대한 혼란 방지
- 향후 견적에 유용한 정보 제공
- 견적의 약한 부분에 강조 표시
- 견적의 신뢰성 증가

문서 일부는 견적기술자 이외의 다른 자료에 의해 개발될 수 있다. 예를 들어, 문서화된 범위는 프로젝트를 정의하는 담당자들이 개발하고, 가격은 구매조달 담

당자에게 얻을 수 있으며, 현장 직원이 노동 정보를 얻을 수 있다. 하지만 견적기술자는 이 정보를 수집하고 조직하는 전반적인 책임이 있다. 고안자와 정보를 검토하고 명확하게 하면 예상 정확도가 향상된다.

원가 견적을 위한 문서를 구성하고 준비하기 위해 표준 기본 형식 또는 개요를 개발해야 한다. 다른 유형의 견적을 위해 다른 표준을 개발할 수 있다. 향후 사용을 위해 문서를 개발, 활용 및 저장하는 프로세스는 원가 산정 프로세스에 포함되어야 한다. 문서화되어야 하는 항목은 표 4-8에 나와 있다.

표 4-8 초기 견적에 권장되는 문서

1. 비용 카테고리 (코드) 표시를 위한 표준 형식 - 요약 및 백업 수준
2. 견적의 기초 - 견적을 구성하는 것에 대한 명확한 이해
3. 정확도의 수준 - 견적에 대한 기대치
4. 예비비를 위한 근거 - 해당하는 경우 위험분석
5. 견적의 경계 - 견적의 한계
6. 업무 범위 - 견적을 준비할 때 사용된 범위 정의의 수준
7. 노동 비율 - 노동 비율의 세부내역 및 기준
8. 가정된 수량 - 개념화 된 것 등
9. 적용된 에스컬레이션 - 날짜 및 에스컬레이션 기준
10. 작업일정 - 근무시간, 초과 근무시간 등이 마일스톤과 일치하도록 (모순이 아닌)
11. 기타 백업 정보 - 가격, 지원 데이터, 가정들
12. 사용된 점검 목록 - 완료된 점검 목록
13. 비용 카테고리 설명 - 견적 작성 시 사용된 코드
14. 제외된 비용 - 비용 견적에서 제외된 품목 목록

견적 검토

견적 검토를 잘 수행하면 견적의 신뢰성과 정확성을 향상시킬 수 있다. 또한 팀 및 프로젝트관리자가 범위 정의 수준 및 견적 기준을 파악하는데 도움이 된다. 견적 검토는 고객이 견적의 내용과 수준을 이해하고 고객이 더 나은 사업 의사결정을 내릴 수 있도록 도와주기 때문에 견적 프로세스의 중요한 부분이다.

견적 검토 횟수는 프로젝트의 규모, 견적 유형, 견적을 준비하는데 허용되는 기간 및 기타 요인에 따라 달라질 수 있다. 모든 견적에는 최소한 두 번의 검토가 수행되어야 한다: 견적을 개발하는 동안 내부 검토 및 견적 완료시 또는 그 부근 시점에서의 최종 검토.

견적의 중간 정도 시점에서는 "현실성 확인"이 계획되어야 한다. 중간 시점 검사의 목적은 비현실적이거나 더 이상 유효하지 않은 가정에 기초한 견적을 추구하여 불필요한 시간과 돈을 낭비하지 않게 하는 것이다.

내부 중간 시점 견적 검토는 간단하다. 일반적으로 책임 견적기술자, 해당분야 엔지니어 및 프로젝트관리자가 참여한다. 고객을 포함시키는 것이 유리할 때가 있다. 이 검토는 견적을 진행할지 여부를 평가하기 위해 개발 중인 데이터의 실제 점검을 위한 것이다. 이것은 검토 결과가 견적기술자를 안내할 수 있는 "계속 - 중단" 지점이며, 팀을 다음 두 단계 중 하나로 이동하도록 한다:

1. 비용 또는 범위가 프로젝트 목표로 설정된 경계를 벗어났기 때문에 작업 범위 정의 이전 시점으로 되돌아가도록 한다.
2. 견적을 완료하기 위해 남은 견적과정을 진행하도록 한다.

최종 견적 검토는 보다 구조화된 프로세스이다. 검토의 깊이는 준비 중인 견적 유형 또는 종류에 따라 다르다. 이 회의는 시공 순서, 주요 공급업체 선정 및 발주자 비용과 같은 견적 준비에 사용된 가정을 검증하기 위한 것이다. 엔지니어링 및 고객은 견적에 표시된 범위의 소유권을 수락하여야 한다.

최종 견적 검토는 매우 긴 회의일 수 있다. 최종 견적 검토를 위한 참석자는 책임 견적기술자, 프로세스 엔지니어, 분야별 엔지니어, 운영/유지보수 대표, 엔지니어링 관리자 및 시공성 책임자를 포함해야 한다. 효과를 발휘하려면 최종 견적 검토 회의는 문서상의 안건으로 수행되어야 한다. 회의는 모든 참석자에게 배포되도록 문서로 작성되어야 한다. 견적기술자는 비교를 위해 다음의 정보로 준비된 검토 회의에 참석해야 한다.

- 견적 작성에 사용된 기록 데이터
- 유사한 프로젝트의 총 설치비용(TIC)
- 주요 비용 계정에 대한 TIC 비율

위의 정보와 견적의 비교는 견적 검토를 위한 유용한 지표를 제공한다. 견적기술자는 견적 검토 회의에 포함되어야 하는 적절한 검사기준을 결정하기 위해 각 견적을 평가해야 한다.

일부 상황에서는 견적 검토를 위해 외부 지원을 이용하는 것이 바람직할 수 있다. 예를 들어, 가정, 주요 견적 계정, 시공 순서, 잠재적 누락 등을 검증하기 위해 숙련된 동료 그룹에 의한 견적 검토를 얻는 것이 도움이 될 수 있다. 다른 상황에서는 독립적 검토를 수행하기 위해 제3자를 참여시키는 것이 유리할 수 있다. 이

렇게 하면 다른 팀의 관점에서 견적을 과거의 유사한 견적과 비교할 수 있다.

견적 검토는 큰 그림에 초점을 맞추고 사소한 것에서 중요한 몇 개를 분리하는 파레토의 법칙을 따른다. 일반적으로 견적은 상향식으로 작성되는 반면, 검토는 하향식으로 수행된다. 표 4-9는 공정 산업에서 프로젝트에 대한 초기 견적을 검토하기 위한 발표 항목의 예시적인 사례이다.

표 4-9 공정 산업에 있는 초기 견적의 검토를 위한 발표 항목들

1. 제품 구성, 볼륨 및 품질 요구사항들
2. 시설 위치
3. 업무 범위
4. 단순화된 플로우 시트
5. 주요 가정 사항
6. 주요 결정되지 않은 대안들
7. 사용된 기록 데이터
8. 제외 견적
9. 견적기술자의 경험과 실적
10. 견적을 준비하는데 사용된 체크리스트

위험평가

위험을 평가하고 기본 견적에 예비비를 지정하는 것은 초기 견적을 준비하는데 있어 가장 중요한 업무 중 하나이다. 위험평가는 견적기술자의 단독 책임이 아니다. 프로젝트관리 팀의 핵심 구성원은 위험을 평가할 때 견적기술자가 처리해야 하는 중요한 문제에 대한 정보를 제공해야 한다.

사업 단위는 전체 프로젝트 자금 지원 및 견적의 목적 및 용도를 정의하는 책임이 있다. 엔지니어링 설계는 프로젝트 비용에 영향을 줄 수 있는 변경 가능성이 있는 설계 기준 및 요인에 대한 정보를 제공해야 한다. 견적기술자는 사업 단위 및 엔지니어링 정보의 위험을 평가하고 예비비를 할당하기 위한 적절한 절차로 변환할 책임이 있다. 견적기술자는 최종 견적에 대해 예측할 수 있는 위험, 예비비 및 정확도 수준을 소통해야 한다.

위험분석

일반적으로 위험분석은 예비비를 할당하기 위한 전제 조건이다. 수용 가능한 위험과 기대되는 신뢰 수준에 기초하여, 주어진 견적에 대한 예비비가 설정된다. 위험분석과 예비비의 결과 총액을 통해 사업부서는 프로젝트 추진과 관련된 경제적 위험 수준을 결정할 수 있다. 위험분석의 목적은 견적의 정확성을 향상시키고 견적에 대한 경영진의 신뢰를 심어주는 것이다.

발주자의 조직은 전반적인 프로젝트 자금 조달 책임이 있으므로 시공자와 발주자의 위험을 모두 고려해야 한다. 발주자의 예비비는 시공자에 의해 이미 부담되어진 위험을 조정한 후에 전체 프로젝트 위험을 부담해야 한다.

수많은 출판물들은 위험분석 기술을 정의하기 위해 작성되었다. 일반적으로 공식적인 위험분석은 몬테카를로 시뮬레이션 또는 통계적 범위 분석을 포함한다. 또한 위험분석을 위한 수많은 소프트웨어 패키지가 있다. 프로젝트의 책임 견적 기술자는 각 프로젝트의 고유성을 평가하고 가장 적절하다고 판단되는 위험분석 기법을 선택해야 한다. 너무 이른 프로젝트 초기 견적의 경우 범위 정의 수준 및 견적 결과에 대한 자료의 양이 의미 있는 비용 시뮬레이션을 수행하기에 부적절할 수도 있다.

예비비

예비비는 견적의 실질적이고 필요한 구성요소이다. 엔지니어링 및 건설은 특히 프로젝트 개발의 초기 단계에서 많은 불확실성이 있는 위험 시도이다. 예비비는 불확실성에 따라 할당되며, 가격, 물가 상승, 일정, 생략 및 오류와 같은 많은 불확실성에 할당될 수 있다. 가능한 범위 확대를 위하여 예비비를 포함시키는 관행은 태도와 문화에 크게 의존하며, 특히 변화를 향한 사업부서 태도와 문화에 크게 의존한다.

간단히 말하면, 예비비는 프로젝트의 총 설치비용을 예측하기 위해 기본 견적에 추가되어야 하는 금액이다. 예비비는 기본 견적을 준비할 때 식별하기가 어렵거나 불가능한 작업을 설명하기 위해 기본 견적에 추가해야 하는 금액으로 해석될 수 있다. 일부 발주자 또는 시공자 조직에서, 예비비는 알려지지 않은 미지를 다루기 위한 것이다. 즉, 견적은 추가 비용이 있음을 알고 있지만 정확한 금액은 알 수 없다. 하지만, 때로는 알려진 미지수에 대해서는 허용치가 할당되고 알려지지 않은 미지수에 대해서는 예비비가 할당된다.

CII 문서 41은 예비비를 "예측되지만 예측하기 어렵거나 불가능한 비용을 충당하기 위한 비용의 합계"라고 제안했다. AACE International 문서 18R-97은 예비비를 "(*a*) 특정 신뢰 수준을 달성하거나 (*b*) 경험 사업에 요구될 수 있는 변경을 허용하기 위해 기본 견적에 추가된 금액 또는 시간(또는 기타 자원)으로 정의한다."

예비비 할당의 전통적인 방법

위험분석을 수행하고 예비비를 할당하는 가장 효과적이고 의미 있는 방법은 프로젝트관리 팀을 참여시키는 것이다. 견적기술자는 통찰력을 가지며 적합한 예비비를 유도하기 위해 견적의 불완전성을 평가할 수 있다. 하지만 프로젝트관리 팀의 상호 작용 및 그룹 역동성은 전체 프로젝트 위험을 평가할 수 있는 훌륭한 수단을 제공한다. 통합 프로젝트관리 팀의 지식과 견적을 할당하는 견적기술자의 능력은 경영진에게 최종 견적에 대한 이해와 확신을 제공한다. 최종 결과는 견적기술자의 관점뿐만 아니라 프로젝트관리 팀의 결정을 보여주는 것이다.

그림 4-7은 위험평가 프로세스를 보여준다. 견적기술자는 프로젝트관리팀이 제공한 정보와 사업부서의 견적 사용 용도에 따라 각 프로젝트에 가장 적합한 것으로 간주되는 방법을 선택해야 한다. 견적기술자는 선정된 방법, 위험, 정확도 그리고 견적을 위한 예비비를 소통하여 전달해야 한다.

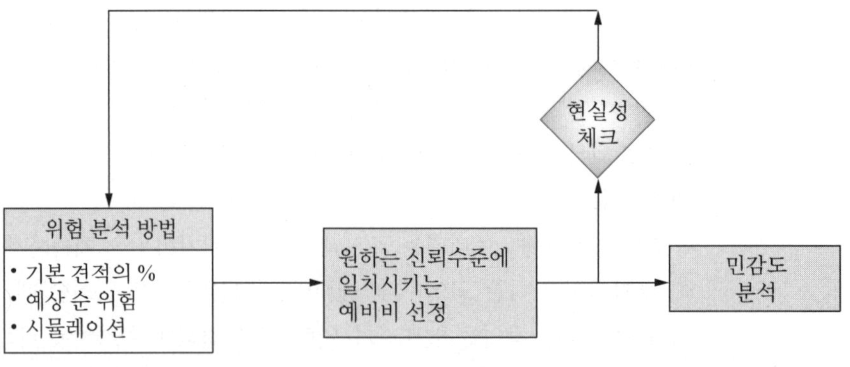

그림 4-7 위험평가 프로세스

기본 견적의 백분율

상황에 따라 예비비는 개인적인 과거 경험을 바탕으로 할당할 수 있다. 백분율은 총 예비비를 도출하기 위해 기본 견적에 적용한다. 이것은 간단한 방법임에도 불구하고 그 성공은 유사한 프로젝트 견적기술자의 광범위한 경험과 과거 비용정보에 달려 있다. 이것은 다른 구조화된 방법보다 덜 정확하다.

일부 조직에서는 견적 등급에 따라 예비비에 표준 비율을 사용한다. 이 방법은 수치 해석이 아닌 회사 정책에 의해 관리된다. 전형적으로 사용되는 비율은 범위 정의 수준 또는 프로젝트 개발 단계를 기반으로 한다.

상황에 따라 예비비는 전체 기본 견적의 비율이 아닌 주요 비용 항목의 비율로 결정된다. 이 방법은 일반적으로 개인적인 경험과 견적기술자의 판단에 의존하지만 이 비율은 기록 데이터를 기반으로 확정된 표준 비율에서 나올 수도 있다. 이 방법은 예비비가 총 기본 견적의 백분율에 근거할 때 사용되는 것보다 낮은 수준에서 위험과 불확실성을 고려하는 이점이 있다.

견적기술자와 엔지니어의 개인적인 경험과 판단은 예비비를 결정하는 과정에서 간과해서는 안 된다. 가장 진보된 컴퓨터조차도 인간의 지식과 경험을 대신할 수는 없다. 특정 유형의 시설에 대한 수년간의 경험이 있는 견적기술자는 종종 매우 정확할 수 있다. 특정 유형의 시설에 대한 수년간의 경험이 있는 견적기술자는 프로젝트와 관련된 불확실성 및 위험의 수준에 대한 "직감"을 토대로 예비비를 할당할 때 종종 정확할 수 있다. 비용 데이터는 견적을 준비하고 기본 견적을 준비하는 노력의 철저히 하는데 사용된다.

예상 순 위험

견적기술자는 예상되는 최대 위험 및 가능성에 따라 예비비를 결정할 수 있다. 각 평가 요소의 정상적인 예비비를 평가한 후에 개별 요소는 발생할 수 있는 특정 알려지지 않은 것 또는 잠재적 문제에 대해 평가할 수 있다. 첫 번째 단계는 모든 요소에 대해 모든 위험이 발생할 가능성이 거의 없다는 것을 인식하고 각 요소에 대해 가능한 최대 위험을 결정하는 것이다.

다음 단계는 이 위험이 발생할 확률을 평가하는 것이다. 예상 순 위험은 최대 위험과 확률의 곱이 된다. 모든 예상 순 위험의 합계는 요구되는 최대 위험 예비비를 제공한다. 표 4-10은 예상된 순 위험분석을 보여준다.

표 4-10 예상 순 위험분석

견적 항목	기본 견적	최대 비용	최대 위험	확률 비율	예상 순 위험
1	$40,000	$50,000	$10,000	20%	$2,000
2	$8,000	$12,000	$4,000	40%	$1,600
3	$100,000	$150,000	$50,000	30%	$15,000
4	$250,000	$320,000	$70,000	50%	$35,000
5	$72,000	$95,000	$23,000	70%	$16,100
6	$237,000	$320,000	$83,000	60%	$49,800
7	$12,000	$28,000	$16,000	10%	$1,600
8	$94,000	$135,000	$41,000	30%	$12,300
9	$730,000	$870,000	$140,000	40%	$56,000
10	$43,000	$72,000	$29,000	80%	$23,200
11	$572,000	$640,000	$68,000	50%	$34,000
12	$85,000	$97,000	$12,000	20%	$2,400
	$2,243,000	$2,789,000	$546,000		$249,000

표 4-10의 위험분석 데이터는 최대 예상 비용 2,789,000달러, 차이는 546,000달러인 2,243,000달러의 기본 견적을 보여준다. 하지만 견적의 모든 항목에 대해 모든 위험이 발생할 가능성은 없다. 따라서 각 항목의 예상 순 위험은 최대 위험과 각 항목의 확률 비율을 곱하여 계산된다. 프로젝트의 총 순 위험은 249,000달러로 견적의 각 항목에 대한 순 위험액의 합으로 계산된다. 249,000달러는 기본 견적 2,243,000달러에서 11.1%의 예비비 인상을 나타내며 [($249,000/$2,243,000) = 11.1%]로 계산된다. 이 프로젝트의 경우 최종 견적은 기본 견적에 총 예상 순 위험액을 플러스한 $2,243,000 + $249,000 = $2,492,000로 계산된다.

시뮬레이션

예비비를 결정하기 위한 공식적인 위험분석은 대개 시뮬레이션을 기반으로 한다. 주요한 위험 요소의 확률적 평가에 대한 시뮬레이션을 수행하여 원하는 신뢰 수준을 일치시킬 수 있다. 몬테카를로 시뮬레이션 소프트웨어 패키지는 시뮬레이션을 수행하는 데 유용한 도구이다. 하지만 이러한 도구를 올바르게 사용하려면 통계적 모델링 및 확률 이론에 대한 지식이 요구된다.

범위 견적은 예비비를 확립하기 위해 몬테카를로 시뮬레이션을 포용하는 강력한 도구이다. 주요한 요소들은 기본 견적에 의미 있는 영향을 식별한다. 많은 견적에는 20가지 이하의 중요한 요소가 있다. 각 중요 요소의 범위가 정의되고 확률분석은 시뮬레이션의 기초를 형성하는데 사용된다. 이 방법을 사용하여 중요하지 않은 요소를 하나 또는 몇 가지 의미 있는 요소로 결합할 수 있다.

범위 견적은 아마도 공식적 위험분석의 가장 널리 사용되고 채택되는 방법일 것이다. 범위 견적에서 첫 번째 단계는 견적에서 중요한 항목을 식별하는 것이다. 중요 항목은 전체 비용 견적에 설정된 비율(예: +/−4%)만큼 영향을 줄 수 있는 비용 항목이다. 따라서 불확실성이 매우 높은 상대적으로 작은 항목은 중요할 수 있지만 확고한 공급업체 견적서를 얻은 주요 장비 품목은 중요하지 않은 것으로 간주된다. 전형적으로 20가지 이상의 중요한 항목이 분석에 사용된다. 20가지 이상의 중요한 항목이 식별되면 중요한 항목의 수를 줄이기 위해 설정된 비율을 늘릴 수 있다.

중요 항목이 식별되면 범위와 대상이 각 항목에 적용된다. 예를 들어 범위에는 최소값이 포함될 수 있으므로 항목 비용이 최소값 이하로 떨어질 확률은 1%에 불과하다. 마찬가지로 상위 값이 설정되어 해당 값을 1% 초과할 수 있다. 목표 값은 해당 항목의 예상 비용을 나타낸다. 목표 값은 최소값과 최대값의 평균일 필요는 없다. 일반적으로 목표 값은 평균보다 약간 높다.

임계 항목이 식별되고 범위가 지정되면 몬테카를로 시뮬레이션이 수행된다. 몬테카를로 분석은 중요 품목에 주어진 범위와 중요하지 않은 품목의 예상 값을 기준으로 1,000～10,000개의 많은 시간 동안 프로젝트 건설을 시뮬레이션 한다. 시뮬레이션의 결과는 순위가 매겨진 다음 일반적으로 S곡선이라고 하는 누적 확률 그래프로 표시된다. 누적 확률 그래프는 일반적으로 수평 x축에서 미달사용 확률을 나타내고 수직 y축에서 총 프로젝트 비용 또는 예비비 금액을 나타낸다. 그런 다음 의사결정자는 위험금액을 토대로 추가할 예비비의 금액을 결정할 수 있다.

범위 견적을 사용할 때 프로젝트 비용을 크게 과소평가하는 것이 가능하기 때문에 주의를 기울여야 한다. 분석에서 중요한 항목들 간의 통계적 상호 의존성으로 인해 프로젝트의 실제 위험을 과소평가할 위험이 있다. 두 개 이상의 비용 항목이 양의 상관관계가 있을 때마다 함께 증가하거나 감소한다는 의미에서 몬테카를로 시뮬레이션은 하나가 높고 다른 하나가 낮아지면서 서로 상쇄되도록 한다. 따라서 실제 위험은 과소평가된다. 또한 중요한 항목의 범위를 과소평가하면 결과에 큰 영향을 미칠 수 있으며, 프로젝트의 설계 및 시공에 내재된 진정한 위험을 과소평가할 수 있다.

Monte Carlo 시뮬레이션 범위 추정을 사용하여 공식적 위험분석을 올바르게 사용하면 매우 유용한 도구가 될 수 있다. 견적의 구성요소에 대한 상세한 분석, 실수와 부족한 가정을 식별할 수 있는 프로세스가 요구된다. 하지만 예방 조치는 초기 견적을 위해 시뮬레이션 방법을 활용할 때 사용하여야만 한다. 많은 초기 견적에는 상세한 정보나 유효한 시뮬레이션을 위한 적절한 비용 항목의 수가 충분하지 않다.

견적 민감도 평가

견적에 추가된 예비비는 모든 위험 요소의 결합된 영향이 포함된다. 견적의 정확도는 고비용 영향 요인을 평가하고 범위 정의 수준을 높이거나 이 두 가지를 조합하여 향상시킬 수 있다. 민감도 분석을 수행하여 특정 위험 요소가 총 견적에 어떤 영향을 미칠 수 있는지를 설명할 수 있다.

민감도 분석은 한 번에 한가지만의 위험 요소의 영향을 평가한다. 그것은 자주 경제성 분석과 함께 사용된다. 예비비를 결정하는 과정에서 총 설치비용에 최대 영향을 미치는 위험 요소가 민감도 분석의 주요 후보가 된다. 그림 4-8과 그림 4-9는 3,000M 기본 견적에 대한 샘플 민감도 분석을 보여준다.

설비 비용	$1,200M	
재료 비용	$600M	
노동 비용	$1,000M	← (= $50/WH × 20M WH)
하도급 업체 비용	$200M	
총 기준 견적	$3,000M	

그림 4-8 기준 견적 요약 (M=1백만, WH=근무시간)

리스크 구성요소	견적으로부터의 % 변경	새로운 기준 견적 ($M)
노동 비율 ($50/WH)	0	$3,000
노동 비율	+10	3,100
노동 비율	−5	2,950
총 노동시간 (20M WH)	0	$3,000
총 노동시간	+15	3,150
총 노동시간	−7	2,930
설비 ($1,200M)	0	$3,000
설비	+5	3,060
설비	−5	2,940

그림 4-9 민감도 분석 (M=1백만, WH=근무시간)

견적의 경우 기본 견적에 예비비를 추가할 필요가 있다. 예비비 할당에 사용되는 방법은 위험분석 및 프로젝트 비용에 영향을 줄 수 있는 다른 요인에 따라 달라질 수 있다. 이 절에서는 예비비 할당에 사용되는 전통적인 방법을 제시했다.

지속적인 개선을 위한 견적 피드백

유감스럽지만 많은 사람들은 견적이 끝나면 견적기술자의 프로젝트 참여가 끝났다고 생각한다. 실제로, 견적은 프로젝트관리 및 고객의 최대 관심사이므로 견적기술자는 프로젝트 실행 중에 프로젝트에 연결되어 있는 것이 유리하다.

견적기술자는 프로젝트의 실행 단계에서 프로젝트관리에 중요한 자산이 될 수 있다. 프로젝트가 실행되는 동안 견적기술자의 참여는 프로젝트와 연락을 유지하고 잠재적인 비용 초과에 대한 조기 경보를 제공할 수 있게 해준다. 월별 프로젝트 보고서의 배포 목록에 견적을 포함하면 프로젝트관리 팀 구성원에게 비용과 관련된 올바른 결정을 내릴 수 있는 데이터를 제공할 수 있다.

프로젝트 실행 중에도 견적기술자는 작업 견적 비용을 작업/입찰 패키지로 재작성하고 재견적하여야 하며 이는 실제 입찰을 분석하는데 유용한 리소스가 될 수 있다. 견적기술자는 변경사항이 비용에 미치는 영향을 평가함으로써 프로젝트 실행 중 변경 관리를 지원할 수도 있다.

그림 4-4에서 보여준 연속적인 피드백 순환고리 없이는 견적 프로세스가 완료되었다고 할 수 없다. 프로젝트 실행의 피드백은 견적 팀이 견적 표준 및 관행을 수정할 수 있도록 견적기술자에게 교훈을 제공한다. 프로젝트 완료의 피드백을 통해 견적 팀은 향후 견적의 정확도를 향상시키기 위한 데이터베이스를 업데이트할 수 있다. 견적이 끝났을 때 견적기술자의 개입을 중단하면 견적 프로세스가 지속적으로 개선되지 않는다.

의미 있는 피드백을 제공하기 위해 견적기술자는 프로젝트 실행 중에 비용을 추적하는 방법을 탐색해야 한다. 견적은 미래 비용 추적을 용이하게 하는 형식으로 비용 내역을 준비해야 한다. 표준 계정 코드를 사용하면 조직에서 견적 프로세스를 단순화하고 데이터베이스를 업데이트하며 비용 관리를 용이하게 할 수 있다. 이것은 견적 팀과 프로젝트관리 팀 모두에게 이익이 된다.

최종 프로젝트 원가 보고서는 원가 추정과 비교할 실제 피드백을 제공하기 때문에 견적을 개선하는데 매우 중요한 문서이다. 향후 견적에 대한 위험을 없애거나 최소화할 수 있다. 최초의 견적과 최종 프로젝트 원가 보고서는 중앙 위치에서 관리해야 한다. 프로젝트 위치, 유형, 크기 등으로 정렬된 보고서를 사용한 비용 참조를 사용하여 향후 예상 비용 데이터베이스를 업데이트할 수 있다.

견적 도구 및 기법을 개발하고 향상시키는 견적 도구에 대한 최상의 데이터 소스는 자체 조직이다. 완료된 프로젝트와 최종 견적에서 얻을 수 있는 풍부한 프로젝트 데이터가 있다. 성공의 열쇠는 비용 범주별 TIC 고장 비율, TIC 대 장비 비용 비율 및 직접 노동 비용 비율에 대한 건설 간접비용과 같은 통계적 관계를 개발하는데 유용한 형식으로 이 정보를 수집하고 검색하는 메커니즘을 확립하는 것이다. 프로젝트가 완료되면 실제 TIC를 데이터베이스에 추가할 수 있다. 피드백을 견적하는 것은 견적 프로세스의 필수적인 부분이다. 이것은 부가 기능이 아니다. 초기 견적의 정확도를 높이려면 피드백 순환고리를 제공하는 프로세스가 요구된다.

References

1. Alroomi, A., Jeong, H. S., and Oberlender, G. D., "Cost Estimating Competencies Using Criticality Matrix and Factor Analysis," *Journal of Construction Engineering and Management*, American Society of Civil Engineers, Reston, VA, 2013.
2. *Cost Estimate Classification System As Applied in Engineering, Procurement, and Construction for the Process Industry*, Recommended Practice No. 18R-7, AACE International, Morgantown, WV, 1997.
3. Diekmann, J. E., Sewester, E. E., and Taher, K., *Risk Management in Capital Projects*, Source Document 41, Construction Industry Institute, Austin, TX, October 1988.
4. Gibson, G. E., Jr. and Dumont, P. R., *Project Definition Rating Index*, Research Report 113-1, Construction Industry Institute, Austin, TX, April 1998.
5. O'Connor, J. T. and Vickroy, C. G., *Control of Construction Project Scope*, Source Document 6, Construction Industry Institute, Austin, TX, March 1986.
6. Peurifoy, R. L. and Oberlender, G. D., *Estimating Construction Costs*, 6th ed., McGraw-ill Book Company, New York, NY, 2014.
7. *Richardson General Construction Estimating Standards*, Richardson Engineering Services, Inc., Mesa, AZ, published annually.

5
Chapter

프로젝트 예산 배정

프로젝트 예산

이번 장에서의 예산 배정 논의는 초기 견적을 준비하는 4장의 연장이며 7장의 설계 제안서와 밀접한 관련이 있으며, 이는 프로젝트를 위한 엔지니어링 설계용역의 비용을 결정하는 프로세스를 제시한다. 시공단계 업무의 비용은 모든 프로젝트의 총 비용 중 주요한 부분이다. 많은 프로젝트에서 대부분의 시공은 원도급자와 계약을 맺은 하도급 업체에서 수행된다. 이 장에서는 공사비의 개요를 설명한다. 공사비 견적에 대한 보다 자세한 내용은 McGraw-Hill, Inc.에 의해 출판된 **건설비용 견적**, 제6판에 나와 있다.

프로젝트 예산은 발주자가 프로젝트 설계 및 시공에 지불할 수 있는 경제적으로 충분히 근거가 있는 자금의 최대치이다. 견적은 프로젝트 예산책정을 위한 전제 조건이다. 4장에서는 프로젝트의 초기 견적을 준비하는 과정을 소개했다. 이 장에서 제시된 바와 같이 기본 견적이 완료된 후에는 위험평가가 수행되어야 한다. 위험평가의 목적은 프로젝트의 최종 비용을 합리적으로 예측하기 위해 기본 견적치에 추가되어야 하는 적절한 예비비를 결정하는 것이다. 따라서 예산은 기본 견적과 예비비로 고려될 수 있다.

예산 배정을 위한 프로젝트 견적

예산 배정을 위한 견적 준비, 위험평가, 예비비 할당은 프로젝트 착수 전에 완료되어야 하기 때문에 프로젝트관리에서 가장 어려운 업무 중 하나이다. 이것은 발주자의 타당성 조사부터 시작하여 설계 개발 및 시공에 이르는 일련의 점진적 접근을 포함하는 프로세스이다.

예산 배정을 위한 비용 견적의 준비는 프로젝트 각 단계에서 진행 결정이 이전 단계에서 결정되어 견적된 비용을 기반으로 하기 때문에 각 당사자들에게 중요하다. 발주자 조직은 설계와 공사비를 포함한 전체 프로젝트의 실질적인 최대 및 최소 비용을 결정해야 한다. 설계자의 조직은 설계 작업 수행과 계약 문서 작성을 위한 비용을 결정해야 한다. 또한 설계 프로세스의 일부로서 공사비를 결정해야 한다. 건설 시공자의 조직은 작업 현장에서 프로젝트를 시공하기 위한 모든 재료, 노동력 및 장비 비용을 결정해야 한다.

프로젝트에 참여하는 시공자는 프로젝트에 수행할 작업에 대한 기초 견적치를 개발하고 위험을 고려해야 하며, 예비비를 할당해야 한다. 발주자의 조직은 전반적인 프로젝트 자금 조달 책임이 있으므로, 발주자의 경영진은 프로젝트의 전체 예산을 결정하기 위해 시공자와 발주자의 위험을 모두 고려해야 한다.

프로젝트 견적 및 예산 배정은 요구사항, 우선순위 및 범위를 연구하는 동안 발주자와 함께 시작한다. 3장에서 논의된 바와 같이, 프로젝트 예산은 범위 정의로부터 얻어진다: 그래서 특별한 노력은 가능한 한 상세하고 정확하게 범위를 정의하기 위한 프로젝트 개발 초기에 기울여야 한다. 발주자가 건설비용에 대한 지식을 지닌 숙련된 설계 및 시공 전문가의 초기 조언과 전문지식을 획득하면 프로젝트 범위 증가 및 비용 초과 관리수준을 크게 향상시킬 수 있다. 모든 당사자는 견적 비용이 언제든지, 견적이 준비되었을 때 프로젝트에 대해 알려진 정보의 양을 기반으로 한다는 것을 인식해야만 한다. 너무 빈번히 이 개념은 완전히 인식되지 않는다. 프로젝트관리자는 프로젝트를 개발하는 초기 단계에서 견적에 적용해야 하는 차이를 테스트하고, 면밀히 조사하고, 확인함으로써 중재자로서 중요한 역할을 수행할 수 있다.

발주자의 조직은 설계 및 시공에 대해 승인된 비용을 포함한 전체 프로젝트 예산을 결정하기 위해 견적을 준비해야 한다. 범위가 잘 정의되지 않았거나 발주자 조직에 이러한 견적을 수행할 전문지식이 없는 경우 발주자는 실비정산기준으로 이러한 서비스를 수행할 설계자를 입회시킬 수 있다. 이 예산은 상세 설계 작업에 앞서 준비되기 때문에 설계 개발 중 의사결정 과정에서 일정한 유연성을 확보할 수 있도록 합리적인 금액의 예비비를 포함해야 한다.

설계자의 조직은 설계 서비스를 제공하기 위해 예상되는 비용을 기반으로 견적을 준비해야 한다. 또한, 설계자는 설계 프로세스에서 프로젝트에 대한 발주자 요구사항을 충족하는지 평가하는 다양한 설계 대안의 공사비 견적을 준비해야 한다. 이것은 계약서를 작성하기 전에 요구된다. 발주자에 의해 전체적으로 승인된 프로젝트 예산 내에서 설계비용과 견적된 공사비를 유지하는 것은 설계자의 책임이다. 이것은 발주자의 승인된 예산을 충족시키기 위해 범위를 재조정해야 하거나 발주자의 요구를 충족시키기 위해 예산을 재조정해야 하기 때문에 발주자와의 광범위한 협력과 참여가 요구된다. 이 결정은 발주자의 조직에서 해야 한다.

시공자의 조직은 계약 문서에 따라 프로젝트를 시공하기 위해 견적된 비용을 기준으로 발주자에게 제출되는 입찰서류를 준비해야 한다. 경쟁 입찰 프로젝트의 경우, 시공자는 이 정보를 알 수 없기 때문에 발주자의 승인된 예산 내에서 비용을 준수할 의무가 없다. 협상된 실비정산 프로젝트의 경우 시공자 조직은 발주자와 긴밀히 협력하여 발주자의 전체 승인 예산 내에 있는 비용으로 시공 대안을 결정한다.

정확도의 수준

정확도의 범위, 보통 플러스 또는 마이너스 비율은 프로젝트의 실제 비용에 대한 최상의 평가에 기초하여 견적기술자가 모든 견적에 할당하여야 한다. 견적에 적용해야 하는 플러스 또는 마이너스 백분율의 양과 관련하여 합의된 업계 표준은 없다. 이 문제를 논의하기 위해 프로젝트를 두 가지 일반적인 범주로 나누는 것이 도움이 된다: 건축 프로젝트와 산업 프로젝트.

건축 프로젝트는 일반적으로 두 가지 유형의 견적이 있다: 대략적인 견적(예비, 개념 또는 예산 견적이라고도 함) 및 상세 견적(최종의, 결정적인 또는 시공자 견적이라고도 함). 대형 발주자 조직의 경우, 프로젝트의 필요성, 우선순위 및 범위 정의에 대한 타당성 조사 중에 대략적인 견적이 발주자에 의해 준비된다. 소규모 발주자 조직의 경우 대개 발주자와 계약을 맺어 프로젝트를 설계하고 계약 문서를 준비하는 설계조직과 협력하여 준비한다. 대략적인 견적의 정확도는 프로젝트에 대해 알려진 정보의 양에 따라 크게 다를 수 있다. 설계 작업이 없으면 +50%~−30% 범위일 수 있다. 예비 설계 작업 후에는 +30%~−20% 범위일 수 있다. 상세 설계 작업 완료시 +15%~−10%의 범위를 가질 수 있다.

빌딩 프로젝트의 경우 상세 견적은 입찰가 또는 공식 제안서를 발주자에게 제출하기 전 계약 서류의 완전한 세트에서 건설 시공자가 준비한다. 상세 견적은 입찰 가격, 발주자가 프로젝트 완료를 위해 지불해야 하는 금액 및 시공자가 프로젝트를 준공할 때 받게 될 금액을 나타내기 때문에 발주자와 시공자 모두에게 중요하다. 명확하게 정의된 계약 문서가 있고 특이한 특징이 없는 평범한 건물 프로젝트의 경우 수많은 시공자의 경쟁 입찰을 통해 종종 최저 입찰가가 1% 미만의 변동을 가져온다.

석유 화학 및 공정 산업의 경우, 제품을 프로세스에서 요구되는 플랜트 설비로 건설하기 위한 배관, 측정 장치, 장비 및 기타 구성요소의 수와 크기가 다양하기 때문에 견적이 어렵다. 견적은 프로젝트의 복잡성으로 인해 설계가 진행되고 프로젝트에 대한 정보가 더 많이 알려지면서 단계적으로 수행된다.

산업별로 일치된 견적은 없지만 석유 화학 및 공정 산업은 일반적으로 프로젝트 예산 견적을 단계적으로 개발한다. 예를 들어, 타당성 견적은 첫 번째 견적이며 타당성 계획의 일부로 발주자 조직 내에서 일반적으로 수행된다. 이 단계의 견적은 일반적으로 **규모의 비교** 비용 견적이라고 한다. 견적은 마력당 비용, 처리량의 배럴당 비용 또는 완제품 파운드당 비용과 같은 이전에 완료된 유사한 프로젝트, 시공자 견적 또는 발주자 비용 기록의 비율로 준비된다. 정확도는 보통 ±50%이다.

주요 설비가 정해지고 공정 흐름도가 개발된 후, **설비 요인** 견적을 준비할 수 있다. 이 견적은 비용 견적을 완료하는데 필요한 배관, 측정 장치, 전기 및 기타 공사비를 보상하기 위해 조직 내에서 가격이 책정된 주요설비에 요인을 적용하는 것을 기반으로 한다. 이 단계의 정확도는 보통 ±35%이다.

배관 및 계장 도면을 완성한 후 초기 **관리용 견적치**를 개발할 수 있다. 이 견적에 대한 문서 및 데이터에는 대개 장비 크기 및 레이아웃, 공정 흐름 시트, 배관 및 계측 도면, 건물 크기 및 중요 일정이 포함된다. 정확도는 보통 ±15%이다.

최종 견적은 대부분의 비용이 식별되고 확정 견적이라고 불리는 엔지니어링 설계가 끝날 무렵에 수행되며 일반적으로 승인된 비용견적치 : Approved for Expenditure estimate(AFE)라고 한다. 프로세스 플로우 시트, 기계 플로우 시트, 장비 레이아웃, 아이소 매트릭스 및 건물 계획을 기반으로 한다. 이러한 AFE 확정 견적 방법의 정확도는 보통 ±10%이다.

예산 배정을 위한 발주자 견적

모든 프로젝트는 발주자의 경영진이 승인하기 전에 경제적으로 타당성이 있어야 한다. 경제적 타당성은 민간 부문 프로젝트에 대한 경제성 분석이나 공공 부문 프로젝트에 대한 편익/비용 비율에 의해 결정된다. 경제성 분석은 발주자의 견적이 준비되면 수행할 수 있다.

설계 수행 이전인 발주자가 프로젝트를 시작하는 시점에 비용을 견적하는 것은 단지 제한된 세부 정보만 프로젝트에 관하여 알려지기 때문에 어렵다. 하지만 이 비용 견적은 설계 및 시공에 대해 승인될 최대 프로젝트 예산을 설정하는데 사용되기 때문에 중요하다. 프로젝트 개발의 이 단계에서 유일하게 알려지는 정보는 건물 면적의 평방피트 수, 주차 공간의 자동차 수, 345킬로볼트(kV) 전송 라인의 마일 수와 하루에 처리되는 원유의 배럴 수 같은 프로젝트의 단위 또는 규모의 수이다. 어떤 시점에서 견적은 동결되고 프로젝트 예산으로 전환해야 한다.

구성요소	사무실 건물			모텔		
	낮은 $/SF	중간 $/SF	높은 $/SF	낮은 $/SF	중간 $/SF	높은 $/SF
기초	3.95	4.00	4.80	0.90	1.40	1.60
평면상의 층수	3.10	3.15	3.90	3.95	5.00	5.40
상부구조	14.90	16.90	20.25	10.95	13.30	21.70
지붕	0.20	0.25	0.30	2.40	3.40	3.45
외벽	4.90	9.75	13.00	2.80	4.45	5.55
파티션	4.35	5.30	7.05	2.60	3.62	5.25
벽 마감	2.35	3.75	5.00	0.75	2.60	2.75
바닥 마감	2.05	3.90	5.15	2.40	3.55	4.55
천장 마감	1.55	2.80	3.75	2.05	4.60	4.90
컨베이어 시스템	5.55	6.70	8.25	1.15	1.80	2.35
특수 장비	0.65	0.80	2.65	1.10	1.35	4.00
고정된 설비	1.05	2.80	3.75	1.15	1.65	1.95
열/환기/공기 냉난방장치	8.85	9.50	12.20	3.10	5.55	6.25
배관설비	3.50	3.80	4.85	4.45	5.40	6.15
전기	4.60	4.75	6.25	4.20	7.45	8.20
총 $/SF	$61.55	$78.10	$101.15	$43.95	$65.15	$84.05

구성요소	중학교			병원		
	낮은 $/SF	중간 $/SF	높은 $/SF	낮은 $/SF	중간 $/SF	높은 $/SF
기초	1.35	1.85	2.70	4.35	4.80	6.65
평면상의 층수	3.65	4.40	6.00	0.30	0.40	0.60
상부구조	10.95	12.30	17.25	17.05	18.55	25.50
지붕	1.70	2.05	2.45	3.25	3.70	5.20
외벽	3.75	5.55	8.00	16.00	18.55	25.10
파티션	5.90	6.55	8.50	7.20	11.00	24.70
벽 마감	3.05	3.40	5.15	6.75	7.95	11.10
바닥 마감	3.10	3.95	5.25	2.60	2.75	4.00
천장 마감	3.20	3.65	4.65	2.15	2.20	3.55
컨베이어 시스템	0.00	0.00	0.00	12.95	13.00	19.55
특수 장비	1.70	1.90	2.60	3.10	3.25	4.60
고정된 설비	2.85	3.35	6.00	5.20	5.25	7.65
열/환기/공기 냉난방장치	9.05	10.45	14.45	21.65	25.50	36.05
배관설비	5.05	6.00	9.20	9.10	10.65	16.45
전기	10.25	12.00	16.50	13.45	17.50	24.40
총 $/SF	$69.55	$77.40	$108.70	$125.10	$145.05	$215.10

그림 5-1 가격 매뉴얼에서 얻을 수 있는 평방피트당 비용 정보의 예시

발주자 견적을 준비하려면 프로젝트 완료에 필요한 업무의 지식과 경험이 요구된다. 설계 및 시공에 대한 지식이 있는 전문가의 비용 정보는 필수적이다. 발주자 예산 준비를 위한 비용 정보는 일반적으로 두 가지 자료 중 하나에서 추출된다; 유사한 유형 및 크기의 이전 프로젝트 원가 기록 또는 여러 조직에서 매년 발행하는 가격 책정 설명서.

건축공사, 토목공사 및 대형 건설 프로젝트의 경우 **평균원가지침**(Means Cost Guide)이 일반적으로 사용된다. 리처드슨(Richardson)의 매뉴얼은 석유 화학 및 공정 프로젝트에 대한 건설 견적에 유용하다. 이러한 가격 책정 매뉴얼은 사무실, 창고 및 유지보수 건물의 건축 면적 평방피트당 비용과 같은 다양한 유형의 프로젝트에 대한 단위당 비용을 제공한다. 비용은 다수의 지리적 위치에서 완료된 이전 프로젝트로부터 추출된다. 품질 수준에 따라 평방피트당 최저, 평균 그리고 최고 비용을 보여준다. 제안된 프로젝트의 예산은 평방피트당 비용과 프로젝트의 총 평방피트를 곱하여 계산할 수 있다. 토지, 허가 및 설계대가의 비용은 산정된 건설비용에 추가되어야 한다. 발주자의 예산 수립 과정에서 해당 프로젝트에 대한 설계가 준비되지 않았기 때문에 예비비에도 적절한 배율을 적용해야 한다. 시간과 장소에 따른 가격 조정은 다음 단락에서 논의되는 대로 이루어져야 한다.

그림 5-1의 비용에는 현장 정리 작업 비용과 건물 외부 유틸리티 비용은 포함되어 있지 않다.

가중치 적용 단위 비용 견적

비용 정보의 다른 출처는 이전 프로젝트의 회사 기록이다. 이전에 완료된 프로젝트의 총 비용은 프로젝트마다 다를 수 있지만 미래 프로젝트 비용을 예측하기 위해 단위 비용을 계산할 수 있다. **가중치**는 일반적으로 미래의 프로젝트 비용 예측을 위한 단위 비용 결정에 과거 비용 데이터를 분석하는 절차에 참고하기 위해 사용된다. 단위 비용은 평균값을 중요시하면서 극한의 최대값과 최소값을 고려하여 개발해야 한다. 공식 (5-1)은 이전 프로젝트의 비용 데이터의 가중치를 적용할 때 사용할 수 있다.

$$\mathrm{UC} = \frac{A + 4B + C}{6} \tag{5-1}$$

여기서 UC = 예측 단위 비용

A = 이전 프로젝트의 최소 단위 비용

B = 이전 프로젝트의 평균 단위 비용

C = 이전 프로젝트의 최대 단위 비용

예제 5-1은 가중치 적용 절차를 보여준다. 이 절차는 다른 유형의 프로젝트 및 해당 파라미터에 적용될 수 있다. 예를 들면, 아파트 단위, 모텔 객실, 전기 송전 선로의 마일, 일일 가공 원유 배럴, 포장도로의 평방야드 등이 있다.

예제 5-1

이전에 완성된 8개 주차장 프로젝트의 비용 정보가 다음 표에 나와 있다.

프로젝트	총 비용	주차 대수	단위당 비용	
1	$1,387,500	150	$ 9,250	
2	896,000	80	11,200	
3	1,797,000	120	14,975	← 최대 단위 비용
4	1,107,000	90	14,975	
5	590,400	60	12,300	
6	1,903,000	220	8,650	← 최소 단위 비용
7	889,000	70	12,700	
8	1,615,500	180	8,975	
		총 합 =	$79,034	
		단위 비용 =	$ 9,879	← 평균 단위 비용

공식 (5-1)로부터 예측 단위 비용은

$$\text{UC} = \frac{\$8,650 + 4(\$9,879) + \$14,975}{6} = \$10,524$$

135대가 있는 프로젝트의 경우 예상 비용은 135대×\$10,524=\$1,420,673로 계산할 수 있다.

시간, 규모 및 위치에 따른 보정

시간, 규모 및 위치의 차이에 대해서는 이전에 완료한 프로젝트의 비용 정보로부터 조정하는 것이 요구된다. 앞의 예는 규모와 관련된 조정을 보여준다. 시간 보정은 인플레이션, 디플레이션, 이자율 등으로 인한 비용 변동을 나타낸다. 위치 보정은 자재, 장비 및 노동 비용의 지리적인 차이로 인해 위치 간의 비용 변동을 나타낸다.

지수는 발주자의 견적을 준비하는데 사용하기 위한 이전의 비용 정보를 조정하는데 사용할 수 있다. 다양한 조직이 경제 동향을 보여주는 지표를 발표한다. ENR(Engineering News Record)은 시간과 장소에 대한 건설비용 지수를 매년 발표한다. 예제 5-2는 규모, 시간 및 위치에 대한 비용 견적 조정의 조합을 보여준다. McGraw-Hill, Inc.에 의해 출판된 **건설비용 견적**, 제6판은 프로젝트 비용 견적에 대한 포괄적인 논의를 제시한다.

예제 5-2

아래의 시간 및 위치 지수를 사용하여 52,000평방피트의 바닥 면적을 가진 건물의 예상 비용을 계산한다. 이 건물은 현재부터 3년 후에 B 도시에 건설될 예정이다. 41,000평방피트의 바닥 면적을 가진 유사한 유형의 건물이 4,510,000달러의 비용으로 2년 전에 D 도시에서 완공되었다.

시간	지수
4년 전	3780
3년 전	3821
2년 전	3915
1년 전	4150
당해 연도	4287

위치	지수
도시 A	1251
도시 B	1372
도시 C	1452
도시 D	1589
도시 E	1426

미래의 비용 에스컬레이션을 절대적인 확실성을 가지고 예측할 수 있는 방법은 없다. 이 예에서 복리이자는 지난 4년간 비용지수의 경향을 기반으로 계산된다. 방정식인 복리 계산식 $F/P = (1+i)^n$을 사용하면 이자율은 다음과 같이 계산할 수 있다.

$$\frac{4287}{3780} = (1+i)^4 \;\rightarrow\; i = 3.2\%$$

시간, 위치 및 규모에 대한 비용 조정을 종합하면 다음과 같이 계산할 수 있다.

견적 비용	이전 비용	시간 조정	위치 조정	규모 조정
”	= $4,510,000	× $(1+0.032)^5$	× (1372/1589)	× (52,000/41,000)
”	= $4,510,000	× 1.17057	× 0.86344	× 1.26829
”	= $5,781,289			

파라메트릭 견적

파라메트릭 견적은 일반적으로 예비 설계가 완료된 후 프로젝트 개발의 초기 단계에서 건축 프로젝트의 개념적 비용 견적을 준비하는데 사용된다. 파라메트릭 견적은 프로젝트의 총 비용을 몇 가지 물리적 측정법 또는 "파라미터"와 관련시킨다. 예를 들어 건물의 총 평방면적은 빌딩 프로젝트에서 전형적으로 전체에 걸친 파라미터이다. 때로는 파라메트릭 견적은 **평방피트** 견적 또는 **단위 비용** 견적이라고도 한다.

파라메트릭 견적을 위한 단위 비용은 과거의 유사한 프로젝트에 대한 회사 내부 기록 또는 ENR(Engineering News Record) 및 RS Means과 같은 여러 출처에서 제공되는 국가별 가격 책정 설명서를 참조하면 된다. 파라메트릭 견적에 사용된 비용 데이터는 시기와 관련하여 최신이어야 하며, 비용 데이터는 견적되는 프로젝트와 유형 및 규모가 유사한 프로젝트에서 가져와야 한다. 단위 비용을 조정해야 할 수도 있다. 이 장의 후속 절에서 설명하는 대로 시간과 규모에 따라 단위 비용을 조정해야 할 수도 있다.

그림 5-2는 10,000평방피트(SF)의 바닥 공간, 2층 및 8피트 벽이 있는 사무실 건물을 기반으로 한 건물의 파라메트릭 견적을 위한 데이터를 보여준다. 파라미터 **단가**의 일부는 전기 작업과 같은 바닥 면적의 총 평방피트로 표현되는 반면, 일부 단가는 빌딩 구성요소의 평방피트(예: 지붕의 평방피트)로 표시되며, 일부 단위 비용은 파티션 벽의 선형피트(LF)와 같은 개별 구성요소의 측정 단위로 표현된다.

파라메트릭 견적에서 모든 구성요소의 단가는 건물의 평방피트당 동등한 비용으로 변환된다. 예를 들어 그림 5-2는 빌딩의 바닥 면적 6평방피트당 파티션 벽 1피트를 기준으로 벽의 선형피트당 $11.25로 파티션 벽의 단위 비용을 보여준다. 이 칸막이 벽 구성요소의 단가는 [10,000 SF / 6 LF/SF] × [$11.25/LF / 10,000 SF] = $1.88/SF와 같이 건물의 평방피트로 변환된다. 따라서 파티션 벽의 $11.25/LF는 건물 바닥 면적의 $1.88/SF와 같다.

또 다른 예로 실내 도어가 있는데, 이 도어는 단가가 260달러인 "각각"으로 측정된다. 그림 5-2는 건물 75평방피트당 1개의 문을 보여준다. 내부 도어의 단가는 각각 260달러로 건물의 평방피트당 비용으로 변환된다. [10,000 SF / 75 SF/door] × [$260/door / 10,000 SF] = $3.46/SF. 다른 계산은 [$260/door / 75 doors/SF] = $3.46/SF이다. 따라서, $260/door의 단가는 건물 바닥 면적의 $3.46/SF와 같다.

사무실 건물, 10,000 SF, 2층, 8피트 벽					
시스템/구성요소	사양	단위	단위 비용	SF당 비용	총 비율 (%)
기초					
교각 및 기초	기초 콘크리트 타설	SF ground	4.36	2.18	
지면 슬래브	콘크리트, 땅고르기, 채우기	SF slab	6.95	3.48	7.3
굴착	굴착 및 메우기	SF ground	2.75	1.38	
외부 마감					
외벽	치장용 벽토와 콘크리트 블록	SF wall	12.27	8.59	
엘리베이터 층	콘크리트, 프리캐스트 더블티	SF floor	9.96	4.98	
지붕	콘크리트, 프리캐스트 더블티	SF roof	14.55	7.28	25.7
외부 문	목재/유리(1,250 SF 지상/문)	each	2,145.00	0.86	
외부 창	알루미늄/유리(300 SF flr/window)	each	724.00	2.41	
내부 마감					
파티션 벽	장식 못, 석고보드(6 SF flr/LF 파티션)	LF wall	11.25	1.88	
인테리어 문	중공 코어(75 SF 플로어/도어)	each	260.00	3.46	
벽 마감	페인트 2회칠	SF wall	1.25	3.33	16.4
바닥 마감	카펫	SF floor	37.98	4.11	
천장 마감	매달린 음향 실링	SF ceiling	2.58	2.58	
기계					
배관	설비/피드(160 SF flr/fixture)	each	1,450,00	9.06	
난방/냉방	HVAC 시스템	SF floor	14.15	14.15	26.8
화재 예방	스프링클러 시스템	SF floor	1.98	1.98	
전기					
서비스/배분	400 amp, 패널 보드, 리드	SF floor	5.47	5.47	
조명 및 배선	정착물, 피드, 스위치, 배선	SF floor	15.82	15.82	23.6
특수 전기	알람 시스템	SF floor	0.83	0.83	
시스템 / 구성요소의 부분합:				$93.83	100.0
예비비를 위한 15% 추가:				$18.77	
총 건축 비용 = $107.90/SF					

그림 5-2 건물의 파라메트릭 견적을 위한 단가 비용

내부 벽 마감은 8피트 높이의 내부 칸막이벽 선형피트의 2면을 페인팅 한 것이다. 이 빌딩 구성요소의 단가는 다음과 같이 계산된다. [벽 1 LF / 건물 6 SF] × [8 ft × 2번 × $1.25/SF] = $3.33/SF. 따라서 벽 페인팅 $1.25/SF는 건물 바닥 면적의 $3.33/SF와 같다.

파라메트릭 견적은 제안된 건물의 평방피트에 각 구성요소의 평방피트당 비용을 곱하여 준비한다. 모든 구성요소의 합계는 견적된 비용이다. 이 견적방법은 설계 단계에서 설계 대안의 비용을 평가하기 위해 건축가 및 엔지니어가 사용하며, 프로젝트의 경제적 타당성 단계에서 예산을 배정하기 위하여 발주자에 의해 공통적으로 사용된다.

비교 가능한 구조물에 대한 과거의 기록적 원가를 잘 기록하면 파라메트릭 추정 방법은 개념적 비용 견적에 대한 합리적인 정확도를 제공할 수 있다. 잘 문서화된 기록에 접근할 수 있는 경험이 풍부한 견적기술자는 이 방법을 사용하여 프로젝트의 초기 단계에서 의사결정에 도움이 되는 견적과 예산을 신속하게 준비할 수 있다.

경제적 타당성 조사

규모나 유형에 관계없이 프로젝트는 경제적으로 타당성이 있어야 한다. 발주자가 민간 부문이든 정부 부문이든 경제적 타당성을 판단하는 방법은 적어도 두 가지가 있다. 민간 프로젝트의 경우 경제적 타당성은 프로젝트를 건설하기 위한 투자에 대한 금전적 수익의 경제적 분석에 의해 결정될 수 있다. 공공 정부 프로젝트의 경우 경제적 타당성은 대개 편익/비용 비율에 의해 결정된다.

투자에 대한 금전적 수익을 평가하기 위해 민간 부문에서 일반적으로 사용하는 세 가지 방법이 있다: 자본회수, 회수 기간 및 수익률. 각 방법은 돈의 시간적 가치의 기본 공식을 사용한다. 경제성 분석을 위한 이 공식의 개발과 사용을 설명하는 수많은 책이 출판되어 있다. 아래는 공식에 대한 간단한 소개이다.

시간이 지남에 따라 돈을 투자하면 가치를 얻을 수 있다. 예를 들어, 7%의 이자로 오늘 100달러를 투자하면 1년 후 107달러가 될 것이다. 따라서 화폐의 시간가치는 서로 다른 시점의 동일한 달러 금액이 동일한 가치를 갖지 않는다는 것을 의미한다. 예를 들어, 현재 100달러의 가치가 7%인 경우 현재 1년 후 107달러와 같다. 경제성 공학 분석은 대안을 평가하는 과정이다. 경제적 타당성을 위한 시간가치 분석에 사용되는 기본 변수는 다음과 같다.

P = 현재가치 금액 (오늘의 화폐가치)
F = 복리금액 (i이자율에 n시간 이후의 미래의 화폐가치)
i = 이자 기간 이자율 (일반적으로 1년)
n = 기간 수 (보통 년 단위)

1회 지불

주어진 i와 n에 대해 P와 F 사이의 관계를 설명하기 위해 다음과 같이 계산식이 제공된다.

연도말	연중이자	연말에 복리금액 (F=미래의 화폐가치)	
0			$=P$
1	Pi	$P+Pi$	$=P(1+i)$
2	$P(1+i)i$	$P(1+i)+P(1+i)i$	$=P(1+i)^2$
3	$P(1+i)^2i$	$P(1+i)^2+P(1+i)^2i$	$=P(1+i)^3$
n	$P(1+i)^3i$	$P(1+i)^3+P(1+i)^3i$	$=P(1+i)^n$

그래서 $F=P(1+i)^n$. F는 i와 n에만 의존하는 요소로 P와 관련된다는 점에 유의해야 한다. 이 계수, $(1+i)^n$을 1회 지불 연속복리계수라고 부르며, 이는 F를 P와 등가로 만든다. 항을 재정렬하면, $P=F/(1+i)^n$이다. 계수 $1/(1+i)^n$은 현재가치 복리금액 계수로 알려져 있으며, P를 F와 등가로 만든다. 이 두 공식은 현재와 미래에 동일한 단가를 제공한다. P, F, i 그리고 n의 네 가지 파라미터가 있다. 세 개의 파라미터가 주어지면 네 번째 파라미터를 쉽게 계산할 수 있다.

등가지불 복리계수

이전에 설명된 바와 같이 현재 P와 미래 F의 1회 지불하는 대신 매년 동일액을 지불하는 경우가 발생할 수 있다. 등가지불 금액의 합계는 1회 지불 복리금액 계수를 사용하여 계산할 수 있다. 만약 A가 n 등가지불 금액을 나타내는 경우, n년 후의 지불액의 합계는 다음 공식과 같이 계산할 수 있다.

$$F = A(1)+A(1+i)+\cdots+A(1+i)^{n-2}+A(1+i)^{n-1}$$

공식의 양변에 $(1+i)$를 곱하면 다음 등식이 나온다.

$$F(1+i) = A(1+i)+A(1+i)^2+\cdots+A(1+i)^{n-1}+A(1+i)^n$$

두 번째 식에서 첫 번째 식을 뺀 것은 다음과 같이 등가지불 복리계수를 제공한다.

$$F(1+i)-F=-A+A(1+i)^n$$

$$F=A\left[\frac{(1+i)^n-1}{i}\right]$$

F는 i와 n에만 의존하는 계수에 의해 A와 관련된다는 점에 유의해야 한다. 이 계수, $[(1+i)^n-1]/i$는 등가지불 복리계수라고 부르며, 이것은 F에 등가인 A 지불을 만든다. 항을 재정렬하면, $A=F\{[i/(1+i)^n]-1\}$. 계수 $[i/(1+i)^n]-1$은 등가지불 감채기금계수로 알려져 있다. 미래 금액 F와 균등하게 하는 등가지불 복리계수로 투자해야 하는 금액 A를 나타낸다.

$P(1+i)^n$을 등가지불 감채기금계수 공식에 대입하면 다음 공식을 얻을 수 있다.

$$A=\frac{P(1+i)^n i}{(1+i)^n-1}$$
$$=P\left[\frac{i(1+i)^n}{(1+i)^n-1}\right]$$

방정식 $A=P\{[i(1+i)^n]/[(1+i)^n-1]\}$은 현재가치 P와 균등한 등가지불 복리계수 A를 준다. 다시, A는 i와 n에만 의존하는 계수에 의해 P와 관련된다는 것을 주목해야 한다. 이 계수 $[i(1+i)^n]/[(1+i)^n-1]$은 등가지불 자본회수 계수라고 부른다. 항을 재정리하면, $P=A\{[(1+i)^n-1]/[i(1+i)^n]\}$. 이것은 등가지불 A의 현재가치 P를 나타낸다. 계수, $[(1+i)^n-1]/[i(1+i)^n]$은 등가지불 현재가치계수라고 불린다.

편의상 경제성 분석을 위한 여섯 가지 기본 방정식은 각각 식 (5-2)~(5-7)과 같다.

돈의 시간적 가치의 기본 공식

P = 현재가치
F = 미래 합계
A = 등가지불 금액
i = 연간 이자율
n = 연구기간 (년)

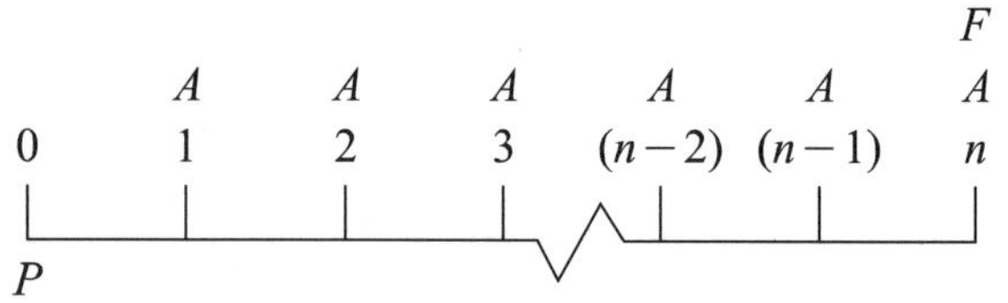

1회 지불:

$$\text{복리계수 } F = P[(1+i)^n] = P^{(F/Pi-n)} \tag{5-2}$$

$$\text{현재가치 } P = F\left[\frac{1}{(1+i)^n}\right] = F^{(P/Fi-n)} \tag{5-3}$$

등가지불:

$$\text{복리금액 } F = A\left[\frac{(1+i)^n - 1}{i}\right] = A^{(F/Ai-n)} \tag{5-4}$$

$$\text{감채기금 } A = F\left[\frac{i}{(1+i)^n - 1}\right] = F^{(A/Fi-n)} \tag{5-5}$$

$$\text{현재가치 } P = A\left[\frac{(1+i)^n - 1}{i(1+i)^n}\right] = A^{(P/Ai-n)} \tag{5-6}$$

$$\text{자본회수 } A = P\left[\frac{i(1+i)^n}{(1+i)^n - 1}\right] = P^{(A/Pi-n)} \tag{5-7}$$

선행 이자 공식의 오른쪽에 있는 계수 지정은 다음에 표시된 공식의 약식을 나타낸다.

$^{(F/Pi-n)}$은 n의 연구기간 동안 알려진 현재가치 P 및 이자율 i에서 미래가치 합계 F를 구하는 것을 의미한다.

일반적으로 경제성 분석은 변수 중 하나를 해결하는 과정을 포함한다. 예를 들어, 자본회수는 A를 해결하고, n에 대한 회수기간을 정하고, i에 대한 수익률을 계산한다. 검토기간 동안 여러 금액의 돈이 분배되거나 세금 혜택이 포함되는 경우 기본 6개 공식 중 하나 이상을 사용하는 것보다 복잡한 분석이 요구된다.

자본회수 방법은 원래의 자본 투자 P에 대한 회복을 얻기 위해 프로젝트의 연구기간 n 동안 획득해야 하는 연금 금액 A를 평가한다. 간단한 예가 예제 5-3에 나와 있다. 세제 혜택, 불균일한 수익 창출 및 유용한 생활 후 시설의 처분과 같이 평가해야 할 다른 고려사항이 있을 수 있다. 회수기간 방법은 연간 발생 수익 A가 있는 주어진 투자 P에 대한 이자율 i를 얻기 위해 프로젝트를 운영해야 하는 연도 n을 계산한다. 이 방법은 예제 5-4에 설명되어 있다. 수익률 분석은 초기 투자 P를 연간 순 현금 흐름과 동일하게 하는 이자율 i를 다음과 같은 값으로 구한다. 예제 5-5에 설명되어 있다. 연간 지불이 일정하지 않기 때문에 이 예제에서는 시행착오법을 사용한다. 이 모든 예는 프로젝트의 경제적 타당성을 결정하는 데 사용할 수 있는 방법의 간단한 예이다.

예제 5-3

이 예제는 경제적 타당성을 결정하기 위한 자본회수 방법을 설명한다. 프로젝트의 타당성 견적이 $7.0M이고 예상 가동 수명이 12년이라고 가정한다. 연간 유지관리 및 운영비용은 연간 $560K로 예측된다. 10% 금리를 사용하면 프로젝트의 자본 투자를 회수하기 위해 얼마의 순 연간 수익을 얻어야 하는가?

$$
\begin{aligned}
A &= P\left[\frac{i(1+i)^n}{(1+i)^n-1}\right] + \$0.56\text{M} \\
&= \$7.0\text{M}\left[\frac{0.10(1+0.10)^{12}}{(1+0.10)^{12}-1}\right] + \$0.56\text{M} \\
&= \$1.588\text{M/yr}
\end{aligned}
$$

만약 프로젝트를 $7.0M에 건설할 수 있고 연간 $560K로 운영하고 연간 $1.5876M을 벌면 이 프로젝트는 경제적으로 실현 가능하며, 세금 혜택은 무시한다. 프로젝트가 $7.0M 미만으로 건설될 수 있거나 연간 $560K보다 효율적으로 운영될 수 있다면 더 경제적으로 매력적인 것이다.

예제 5-4

이 예제는 프로젝트의 경제적 타당성을 결정하기 위한 회수기간 방법을 설명한다. 프로젝트의 초기 투자액은 $18.0M이다. $3.5M의 연간 순이익이 예상된다. 투자에 대한 기대 수익률을 15%로 사용하면 프로젝트의 회수기간은 얼마인가?

$$
\begin{aligned}
P &= A\left[\frac{(1+i)^n-1}{i(1+i)^n}\right] \\
\$18.0\text{M} &= \$3.5\text{M}\left[\frac{(1+0.15)^n-1}{0.15(1+0.15)^n}\right] \\
n &= 10.5\text{년}
\end{aligned}
$$

예제 5-5

이 예제는 프로젝트의 경제적 타당성을 결정하기 위한 수익률 방법을 보여준다. 5년간의 검토기간 동안 초기 프로젝트 투자가 $1.05M로 배정되었다. 이 프로젝트는 5년 후 $560K에 판매될 것으로 예상된다. 아래에 표시된 예상 순이익과 함께 수익률을 결정하시오.

연도 말	순이익 ($1,000)
0	0
1	−350
2	−120
3	+420
4	+735
5	+680

등가 현재가치에서 각 연도로부터 비용을 변형한 공식 (5-2)를 이용하면:
$i=15\%$를 대입하면

$$P=[-\$350\overset{P/F\,15-1}{(0.8695)}-\$120\overset{P/F\,15-2}{(0.7562)}+\$420\overset{P/F\,15-3}{(0.6575)}+\$735\overset{P/F\,15-4}{(0.5718)}$$
$$+\$680\overset{P/F\,15-5}{(0.4972)}+\$560\overset{P/F\,15-5}{(0.4972)}]\times 1{,}000$$

\$1.05M > \$0.92M; 따라서 더 낮은 수익률을 시도한다.
$i=10\%$를 대입하면

$$P=[-\$350\overset{P/F\,10-1}{(0.9090)}-\$120\overset{P/F\,10-2}{(0.8264)}+\$420\overset{P/F\,10-3}{(0.7513)}+\$735\overset{P/F\,10-4}{(0.6830)}$$
$$+\$680\overset{P/F\,10-5}{(0.6209)}+\$560\overset{P/F\,10-5}{(0.6209)}]\times 1{,}000$$

\$1.05M < \$1.17M; 따라서 더 높은 수익률을 시도한다.
$i=12\%$를 대입하면

$$P=[-\$350\overset{P/F\,12-1}{(0.8929)}-\$120\overset{P/F\,12-2}{(0.7972)}+\$420\overset{P/F\,12-3}{(0.7118)}+\$735\overset{P/F\,12-4}{(0.6355)}$$
$$+\$680\overset{P/F\,12-5}{(0.5674)}+\$560\overset{P/F\,12-5}{(0.5674)}]\times 1{,}000$$

\$1.05M ≈ \$1.06M; 따라서 수익률은 12%를 약간 상회한다.

프로젝트관리자와 팀은 발주자의 경제적인 연구가 예제에서 설명한 것과 유사하게 발주자가 자본투자인 P의 프로젝트 예산을 승인하기 위해 사용한다는 사실을 인식하는 것이 중요하다. 프로젝트가 그 예산을 초과하였을 때, 프로젝트를 진행하기 위해 발주자가 사용한 경제적 정당성이 약화된다.

공공사업의 경제적 정당성을 결정하는 가장 보편적인 방법은 편익/비용 비율을 계산하는 것이다. 이 비율은 공공에 대한 혜택을 정부 비용으로 나눈 비율이다. 만약 비율이 1이면, 동등한 편익과 동등한 비용으로 같은 것이다. 이것은 공공기관의 지출에 대한 최소한의 정당화를 나타낸다. 일반적으로 첫 번째 단계는 프로젝트에서 얻을 수 있는 이점을 파악하는 것이다. 이는 민간 기업의 장점을 평가하는 첫 번째 단계로 수익성을 고려한 것과는 대조적이다. 공공사업 평가의 두 번째 단계는 정부기관에 대한 비용 분석이다. 공공사업을 고려할 때 문제는 다음과 같다. 이 프로젝트는 일반 공공의 요구를 충족시키는 경제적, 사회적, 환경적 또는 기타 요인적 측면에서 일반 복지를 최대한 향상시킬 것인가? 편익의 측정은 때때로 어렵다, 왜냐하면 항상 돈으로 표현할 수 없기 때문이다.

많은 정부기관들은 승인 대기 중이지만 아직 자금을 사용할 수 없는 프로젝트 목록이 있다. 승인할 프로젝트에 대한 결정은 경제적 타당성보다는 회계 연도에 할당된 금액을 기준으로 할 수 있다.

설계 예산

설계자는 설계 및 시공 단계가 시작되기 전에 설계비용, 공사비를 산출하는 어려운 작업을 수행한다. 많은 프로젝트에서 설계자가 요구하는 작업의 규모를 완전하게 예상할 수는 없다. 그 이유는 설계가 수많은 대안을 평가하는 창의적인 프로세스이기 때문이다. 설계 대안 평가는 프로젝트에 대한 발주자의 요구를 충족시키는 최상의 설계를 선택하는데 요구되는 설계 프로세스의 일부이다.

설계 서비스에 대한 보상은 대개 다음의 방법 중 하나를 사용하여 책정된다: 총액, 급여비용 시간 승수, 실비정산 또는 건설 비율. 사용되는 방법은 설계조직에 제공되는 범위 정의의 정확도에 따라 다르다.

예외적인 기능이 없고 잘 정의된 업무범위가 있으며, 이전에 설계자가 수행한 프로젝트와 유사한 프로젝트의 경우 일반적으로 총액 설계계약이 사용된다. 설계 예산 준비는 작업분류체계에서 작업을 정의하고 작업을 그룹화 하여 개발할 수 있다. 프로젝트 작업분류체계 및 설계 작업 패키지의 개발은 6장에서 논의된다. 그림 6-7에 표시된 설계 작업 패키지는 각 작업을 위하여 준비될 수 있다. 유사한 프로젝트를 수행한 설계자의 과거 경험을 바탕으로 설계 예산추정을 위한 노동시간, 도면 수, 도면당 노동시간, 교통 및 기타 비용을 각 작업에 대해 견적할 수 있다. 모든 설계 작업 패키지의 비용을 추가하여 전체 설계 원가를 산정할 수 있다. 최종 설계예산은 일반적으로 생산될 도면 수에 따라 노동시간을 기준으로 분류된다. 그림 5-3은 설계 엔지니어링 예산의 요약을 보여준다. 그림 5-4는 설계 예산

추정을 위한 시간 분배의 예제와 프로젝트의 도면 및 시방서 개발을 보여준다. 7장에서는 설계 제안 및 설계 예산을 개발하는 프로세스를 설명한다. 그림 5-3과 5-4에 제시된 예산 양식을 준비하는데 필요한 정보를 수집하는 것은 그림 7-5와 7-6을 참조하면 된다.

설계자가 프로젝트를 위해 보유하고 있는 시간에 정확하게 작업 범위를 정의하는 것이 어려울 때 프로젝트에 대하여 급여비용 시간 승수 방법을 사용한다. 이러한 유형의 프로젝트의 경우 최종 설계에 필요한 정보를 설정하려면 프로세스 연구, 대체 레이아웃 계획 개발 또는 기타 서비스와 같은 예비 서비스가 요구된다. 설계자는 모든 직원을 분류하고 급여비용을 목록화하여 발주자에게 대가지급 일정과 프로젝트에 직접 청구될 수 있는 기타 모든 지출비용에 대한 일정을 제공한다. 그런 다음 설계 작업에 소요된 실제 시간을 기준으로 작업이 수행된다. 일반적으로 2.0에서 3.0 범위의 승수가 설계 조직에 대한 간접비와 예비비 및 이익에 대한 합당한 수익을 보상하는 직접 급여비용에 적용된다. 특수한 전문 기술이 필요한 비정상적인 프로젝트나 짧은 기간 또는 작은 규모의 프로젝트에 더 큰 승수를 사용할 수 있다. 교통, 생활, 물품 및 기타 직접 비급여비용은 일반적으로 실제 비용과 10%에서 15%의 서비스료로 상환된다.

실비정산 정액보수 방법은 건물이나 다른 시설의 수, 규모 및 특성과 유틸리티의 범위와 같은 계획된 작업 범위에 대한 일반적인 기술이나 계산서가 있는 프로젝트에 사용된다. 설계조직은 모든 급여, 서비스 및 소모품의 실제 비용과 설계자와 발주자간에 합의된 정액보수를 상환한다. 정액보수는 대규모 프로젝트의 경우 보통 10%에서 지속기간이 짧은 소규모 프로젝트의 경우 25%까지 다양하다.

설계 업무는 프로젝트 건설비용의 일정 비율에 따라 보수를 지급할 수도 있다. 하지만 이 방법은 과거처럼 오늘날 일반적이지 않다. 일반적으로 비율은 건설비용이 증가함에 따라 감소하는 슬라이딩 스케일이다. 비율은 디자인만 준비, 디자인과 도면의 준비 또는 설계, 도면 준비와 시공 중 검측이 포함된 전체 디자인 서비스와 같이 제공되는 디자인 서비스의 수준에 따라 다르다. 비율은 일반적으로 예상되는 건설비용의 5%에서 12%에 이른다.

위의 단락에서 주어진 비율 데이터는 고정되어 있지 않으며, 범위는 절대 최대치 또는 최소치로 간주되지 않아야 한다. 대신 프로젝트 설계에 발생할 수 있는 개략적인 비용을 설정하는 지침으로 제시된다.

프로젝트 이름		프로젝트 예산 양식						날짜: ____/____/____	
부서 번호	부서	시간							달러
		ADMIN	MTGS	SHED	SPECS	CALCS	DWGS	합계	
0100	프로젝트관리							12,000	$840,000
		3,000	2,400	900				6,300	
		1,500	1,200	3,000				5,700	
0200	건축		350	100	350	250	800	1,850	$111,000
0300	기계		350		480	360	1,760	2,950	$177,000
0400	전기		350		2,100	3,200	7,450	13,100	$786,000
0500	구조							26,360	$1,581,600
	프로젝트 엔지니어	2,500	750					3,250	
	CADDS Coord		160				2,800	2,960	
	부서		550		1,300	6,700	11,600	20,150	
0600	환경	400						400	$28,000
0700	토목							7,140	$428,400
	Turb./Gen. Spec				340			340	
	부서		190	100	1,310	2,000	3,200	6,800	
0800	CADDS		100	100			1,000	1,200	$60,000
0900	사무	7,000	400		600			8,000	$200,000
1000	문서관리	1,000			200		800	2,000	$50,000
1100	재생산				200		800	1,000	$26,000
1200	프로젝트 통제관리	1,000	200	500				1,700	$102,000
1300	관리	400						400	$36,000
1400	하도급 업체 A	100	100		86	114	200	600	$60,000
1500	하도급 업체 B	50	100		50		200	400	$40,000
1600	도면 기록					1,000	2,000	3,000	$150,000
1700	지원 건물		100		400	500	1,500	2,500	$150,000
	총 작업시간	16,950	7,300	4,700	7,416	14,124	34,110	84,600	$4,826,000
작업#	기술								
1800	예비비								$500,000
1900	일반 경비								$24,000
2000	교통								$100,000
2100	사무실 예산								$50,000
	비용 총계								$674,000
	합 계								$5,500,000

그림 5-3 설계 엔지니어링 예산 예시

도면

	50% 도면 작성	20% 도면 검토	20% 도면 제출	10% 최종 기록	총계
건축	400	160	160	80	800
기계	880	352	352	176	1,760
전기	3,725	1,490	1,490	745	7,450
구조	5,800	2,320	2,320	1,160	11,600
토목	1,600	640	640	320	3,200
	12,405	4,962	4,962	2,481	24,810

계산서

	70% 도면 작성	20% 도면 검토	20% 도면 제출	총계
건축	175	50	25	250
기계	252	72	36	360
전기	2,240	640	320	3,200
구조	4,690	1,340	670	6,700
토목	1,400	400	200	2,000
	8,757	2,502	1,251	12,510

도면

	25% 도면 작성	25% 도면 검토	25% 도면 제출	25% 최종 기록	총계
재생산	200	200	200	200	800
Doc. 통제관리	200	200	200	200	800
	400	400	400	400	400

시방서

	80% 시방서 작성	20% 검토	총계
건축	280	70	350
기계	384	96	480
전기	1,680	420	2,100
구조	1,040	260	1,300
토목	1,048	262	1,310
터빈/일반	272	68	340
컨설턴트	108	28	136
사무	480	120	600
	5,292	1,324	6,616

시방서

	50% 시방서 작성	50% 검토	총계
재생산	100	100	200
Doc. 통제관리	100	100	200
	200	200	400

그림 5-4 설계 견적, 도면 및 시방서를 위한 시간 배분의 예

시공자의 입찰

프로젝트 비용의 대부분은 시공자가 장비를 운영하고 자재를 조달하며 물리적으로 프로젝트를 건설하는 대규모 작업 인력을 관리해야 하는 시공 단계에서 소비된다. 건설비용은 시공 프로세스를 시작하기 전에 발주자가 승인한 시공자의 입찰가에 의해 결정된다. 설계의 완성도와 발주자 및 시공자가 공유하는 위험의 정도에 따라 시공자에게 보상하기 위해 개발된 많은 방법이 있다.

시공 서비스를 제공하기 위한 가격 책정 형식은 두 가지 일반적인 범주로 나눌 수 있다: 고정 가격과 실비정산. 고정 가격 계약은 일반적으로 총액, 단가 또는 총액과 단가의 조합으로 분류된다. 실비정산 계약은 실비정산 정액보수 가산 또는 실비정산 비율보수 가산으로 분류할 수 있다. 인센티브는 종종 프로젝트의 총 비용을 관리하기 위해 실비정산 계약에 도입된다. 인센티브의 예는 "목표 가격"과 "최대상한액"이다.

시공 전에 계획과 시방서의 완전한 세트를 갖춘 프로젝트의 경우, 시공자는 프로젝트 입찰에 총액을 제출할 목적으로 상세 견적을 준비할 수 있다. 하나의 총비용 수치만이 발주자에게 평가되며, 이 수치는 계획 또는 시방서에 수정이 없는 경우 완료된 프로젝트에 대하여 발주자가 시공자에게 지불하는 금액을 나타낸다. 시공자의 입찰은 자재, 인력, 설비 및 장비, 하도급 작업, 간접비, 이익을 제공하는데 드는 비용의 상세한 견적으로부터 준비된다.

총액 상세 비용 견적의 준비는 일반적으로 시공자에 의해 고유한 시공 운영을 위해 개발한 체계화된 절차를 따른다. 빌딩 건설업자는 대개 업무를 주요 부서로 구분하는 CSI(Construction Specifications Institute) 넘버링 시스템을 따라 그 형식으로 견적을 작성한다. 각 주요 사업부는 소규모 사업으로 세분화된다. 넘버링 시스템은 각 프로젝트마다 고유한 건축가의 시방서를 위해 개발되었다. 하지만 시공자는 일반적으로 CSI 넘버링 시스템을 체크리스트로 사용하여 최종 총액 입찰을 위한 수량 견적, 가격 범위 및 비용 요약을 안내한다.

오랫동안 시공자는 CSI 16 부문 넘버링 시스템을 사용했으며, 이제는 50개 부문 넘버 시스템으로 확장되었다. 입찰 프로세스에 도움이 되는 정보가 포함되어 있고 쉽게 찾을 수 있는 한 어떤 넘버링 시스템이 사용되는지는 중요하지 않다.

빌딩 건설 프로젝트에 대한 비용 요약의 예시는 그림 5-5에 나와 있으며, CSI 16 부문 넘버링 시스템을 따른다. 이 그림은 전체 비용이 181,389달러인 제2조 현장 작업에 대한 자재, 인력 및 하도급의 요약 원가를 보여준다. 그림 5-6은 정리,

항목	구분	재료	인력	하도급	합계
1	일반 요구사항	$ 16,435	$ 36,355	$ 4,882	$ 57,672
2	현장 업무	15,070	20,123	146,196	181,389
3	콘크리트	97,176	51,524	0	148,700
4	석공일	0	0	212,724	212,724
5	금속	212,724	59,321	0	272,045
6	나무와 플라스틱	38,753	10,496	4,908	54,157
7	열 및 습기	0	0	138,072	138,072
8	문과 창문	36,821	32,115	0	68,936
9	마감	172,587	187,922	0	360,509
10	특수장비	15,748	11,104	9,525	36,377
11	설비	0	0	45,729	45,729
12	가구	0	0	0	0
13	특수 건설	0	0	0	0
14	컨베이어 시스템	0	0	0	0
15	기계	0	0	641,673	641,673
16	전기	0	0	354,661	354,661
	총 직접비	$605,314	$408,960	$1,558,370	$2,572,644
	재료 세금(5%)	30,266			2,602,910
	인력 세금(18%)		30,266		2,676,523
	예비비(2%)			53,530	2,730,053
	채권/보험			34,091	2,764,144
	이익(10%)			276,414	3,040,558
				입찰 가격	= $3,040,558

그림 5-5 CSI 업무조직을 이용한 빌딩 건설 프로젝트 입찰 요약의 예시

비용 코드	설명	수량	재료	인력	하도급	합계
2110	정리	L.S.	$ 0	$ 0	$ 3,694	$ 3,694
2220	굴착	8,800 yd^3	0	11,880	9,416	21,296
2250	다짐	950 yd^3	0	2,223	722	2,945
2294	수작업	500 yd^2	0	1,750	0	1,750
2281	유해물 통제	L.S.	0	0	3,475	3,475
2372	천공된 교각	1,632 lin ft	14,580	2,800	14,534	31,914
2411	기초 배수	14 ea.	490	1,470	0	1,960
2480	조경	L.S.	0	0	8,722	8,722
2515	포장	4,850 yd^2	0	0	105,633	105,633
			$15,070	$20,123	$146,196	$181,389

그림 5-6 현장 업무를 위한 부문 2 견적

굴착, 다짐, 수작업, 유해물 통제, 천공된 교각, 기초 배수, 조경 및 포장을 포함하는 181,389달러의 현장 작업 비용의 내역을 보여준다. 견적의 작성은 그림 5-6에 있는 항목들의 추가 분류를 포함한 것이다. 예를 들어 굴착 작업 비용은 굴착 작업을 수행하는 인력의 인건비와 장비 비용으로 나누어진다.

중공업 건설 프로젝트는 일반적으로 건설될 프로젝트에 고유한 작업분류체계(WBS)로 구성된다. WBS는 비용을 주요 업무 부문으로 구성한다. 각 부문은 하위 부문으로 구분되며 각 하위 부문은 보다 자세한 구성요소로 구성된다.

발전소 건설 프로젝트를 위한 WBS의 예가 그림 5-7부터 5-9까지에 나와 있다. 그림 5-7은 WBS의 최상위 부문으로 각 주요 시설의 비용 요약을 보여준다. 예를 들어 no. 2100은 송전선 A의 주요 시설이다. 송전선 A의 비용 세분화는 그림 5-8에 나와 있다. 그림 5-8의 비용 항목 2370은 타워 기초 비용의 요약을 보여준다. 타워 기초 비용에 대한 자세한 분석은 그림 5-9에 나와 있다.

단가 입찰은 시공자가 콘크리트 입방야드당 비용과 같은 작업 단위당 비용을 제출한다는 것을 제외하고는 총액 입찰과 유사하다. 계약 문서는 발주자가 시공자에게 지불할 단위를 정의한다. 최종 비용은 단위당 입찰 비용에 시공자가 설치한 실제 작업량을 곱하여 결정된다. 따라서 시공자에게 지불할 발주자의 가격은 프로젝트가 완료될 때까지 결정되지 않으며, 완료될 때 실제 수량을 알 수 있다.

그룹 수준 보고서					
번호	그룹	재료	인력 및 설비	하도급	합계
1100	개폐소	$1,257,295	$ 323,521	$3,548,343	$ 5,129,159
2100	송전선로 A	3,381,625	1,259,837	0	4,641,462
2300	송전선로 B	1,744,395	0	614,740	2,359,135
3100	Spring creek에 변전소	572,874	116,403	1,860,355	2,549,632
4200	배전선로 A	403,297	54,273	215,040	672,610
4400	배전선로 B	227,599	8,675	102,387	338,661
4500	배전선로 C	398,463	21,498	113,547	533,508
		$7,985,548	$1,784,207	$6,454,412	$16,224,167

† 대규모 프로젝트의 경우 비용은 때때로 가장 가까운 $100 또는 $1,000로 반올림 된다. 그림 5-7에서 5-9까지는 견적의 구성요소, 부문 및 그룹 수준의 사이에서 비용들의 이동을 설명하기 위해 전체 달러로 표시한다.

그림 5-7 작업의 WBS 조직을 이용한 발전소 건설 입찰 요약의 예†

송전선로 부문 – 수준 보고서					
비용 항목	설명	재료	인력	설비	합계
2100	송전선로 A				
2210	철탑 제조	$ 692,775	$ 0	$ 0	$ 692,775
2370	철탑 기초	83,262	62,126	71,210	216,598
2570	철탑 건설	0	144,141	382,998	527,139
2620	절연기와 피뢰침	2,605,588	183,163	274,744	3,063,495
2650	실드 와이어 설치	0	78,164	63,291	141,455
2100에 대한 총계		$3,381,625	$467,594	$792,243	$4,641,462

그림 5-8 작업의 WBS 구성을 이용한 발전소 건설 견적의 예

철탑 기초를 위한 구성요소 – 수준 보고서						
비용 항목	설명	수량	재료	인력	설비	합계
2370	철탑 기초					
2372	기초 천공	4,196 lin ft	$ 0	$25,428	$44,897	$ 70,325
2374	철근	37.5 tons	28,951	22,050	15,376	66,377
2376	기초 콘크리트	870 yd^3	53,306	13,831	10,143	77,280
2378	스터브 앵글	3,142 lb	1,005	817	794	2,616
2370에 대한 총계			$83,262	$62,126	$71,210	$216,598

그림 5-9 작업의 WBS 구성을 이용한 발전소 건설 견적의 예

실비정산 계약 방식은 다음 몇 가지 이유로 사용될 수 있다; 가능한 가장 빠른 날짜에 시공을 시작하여 발주자가 계약의 실질적인 수정 없이 작업 범위를 변경할 수 있게 하거나 또는 프로젝트가 실제 건설비용을 합리적으로 추정하지 못하게 하는 고유한 특징 때문이다. 프로젝트의 이러한 유형의 대한 견적은 일반적으로 시공자가 대략적인 견적으로 준비한다. 발주자와 시공자는 시공자가 프로젝트에 부과할 수 있는 모든 인력, 장비 및 기타 서비스의 비용 요율에 합의한다. 시공자는 프로젝트의 시공 단계에서 발생한 모든 비용과 비율보수 또는 정액보수를 가산한다.

프로젝트의 총 비용을 어느 정도 관리하려면 실비정산 계약에 인센티브를 부여해야 한다. 예를 들어, 계약은 GMP 계약이라고 불리는 보증된 최대 가격인 비용을 기준으로 체결될 수 있다. GMP 계약의 경우 발주자와 시공자는 공사 시작 전에 보증된 최대 가격에 동의한다. 발주자와 시공자는 또한 최종 비용이 보증된 최대 가격보다 높거나 낮으면 각각의 비용이 분배되는 것에 합의한다. 그런 다음 공사 도중 시공자는 실제 비용에 정액보수 또는 실제 비용의 비율보수를 가산하여

상환한다. 만약 실제 최종 비용이 보증된 최대 가격보다 높거나 낮으면 비용 차이에 대하여 미리 결정된 분배가 발주자와 시공자 사이에 이루어진다. 예를 들어, 비용이 보증된 최대 가격을 초과하는 경우 시공자는 비용의 70%를 지불할 수 있으며 발주자는 비용의 30%를 지불한다. 만약 비용이 보증된 최대 가격보다 낮으면 시공자는 비용 절감의 60%를 받고 발주자는 40%를 받는다.

References

1. Ahuja, H. N. and Campbell, W. J., *Estimating: From Concept to Completion*, Prentice- Hall, Englewood Cliffs, NJ, 1987.
2. *Building Estimator's Reference Book*, The Frank R. Walker Company, Chicago, IL.
3. *Consulting Engineering: A Guide for the Engagement of Engineering Services*, Manual No. 45, American Society of Civil Engineers, Reston, VA, 1988.
4. *Current Practice in Cost Estimating and Cost Control*, Conference Proceedings, American Society of Civil Engineers, Reston, VA, 1983.
5. *Engineering News Record*, a publication of the McGraw-Hill Companies, published weekly, New York, NY.
6. *Means Cost Guide*, Robert Snow Means Company, Duxbury, MA, published annually.
7. Neil, J. M., *Construction Cost Estimating for Project Control*, Prentice-Hall, Englewood Cliffs, NJ, 1982.
8. Palmer, W. J., Coombs, W. E., and Smith, M. A., *Construction Accounting and Financial Management*, 5th ed., McGraw-Hill, Inc., New York, NY, 1995.
9. Parker, A. D., Barrie, D. S., and Snyder, R. N., *Planning and Estimating Heavy Construction*, McGraw-Hill, Inc., New York, NY, 1984.
10. Peurifoy, R. L. and Oberlender, G. D., *Estimating Construction Costs*, 6th ed., McGraw-Hill, Inc., New York, NY, 2014.
11. "The Richardson Rapid System," *Process Plant Construction Estimating Standards*, Richardson's Engineering Services, Inc., Mesa, AZ, published annually.
12. White, J. A, Agee, M. H., and Case, K. E., *Principles of Engineering Economic Analysis*, Wiley, New York, NY, 1989.

Chapter 6

작업 계획 수립

프로젝트관리자에 의한 초기 검토

이 장의 프로젝트 작업 계획 수립에 대한 논의는 설계 이전 개발 초기단계에서 프로젝트를 처리하는데 기반을 둔다. 프로젝트의 전반적인 품질, 비용 및 일정에 영향을 줄 수 있는 능력이 설계 중에 가장 잘 달성될 수 있기 때문에 이러한 관점에서 제시하는 것이다. 대부분의 책과 논문은 설계가 완료된 후인 시공 단계에서 프로젝트관리를 다루고 있다. 현재의 프로젝트 기간 동안 작업범위는 완전히 정의되어 있고 예산은 고정되어 있으며, 완료 날짜는 확정되어 있다. 이런 다음 프로젝트에 상당한 조정업무를 실시하여 발주자에게 이익을 주기 위한 품질, 비용 또는 일정을 개선하기에는 너무 늦다.

프로젝트관리자가 프로젝트에 배정되면, 스폰서 조직에 의해 준비된 모든 배경자료를 수집해야 한다. 여기에는 발주자에 의한 조사연구 및 프로젝트관리자 조직에서 서명한 계약서가 포함된다. 이러한 문서는 잘 정의된 범위, 승인된 예산

표 6-1 프로젝트관리자의 초기 프로젝트 검토 지침

범위
1. 무엇이 누락 되었는가?
2. 합리적으로 보이는가?
3. 이 작업을 수행하는 가장 좋은 방법은 무엇인가?
4. 어떠한 추가 정보가 요구되는가?
5. 어떠한 전문지식이 요구되는가?
6. 시공을 처리하는 가장 좋은 방법은 무엇인가?
7. 발주자가 기대하는 품질 수준은 무엇인가?
8. 적용할 수 있는 코드 및 규정은 무엇인가?

예산
1. 예산이 합리적으로 보이는가?
2. 예산은 어떻게 결정 되었는가?
3. 누가 예산을 준비 했는가?
4. 예산은 언제 준비 되었는가?
5. 예산의 일정 부분을 다시 점검해야 하는가?
6. 시간과 위치에 대한 예산이 조정 되었는가?

일정
1. 일정이 합리적으로 보이는가?
2. 일정은 어떻게 결정 되었는가?
3. 일정은 언제 준비 되었는가?
4. 누가 스케줄을 준비 했는가?
5. 완료 날짜는 얼마나 확고한가?
6. 벌금이나 보너스가 있는가?

및 프로젝트의 주요 마일스톤을 보여주는 일정이 있는지 확인하기 위해 철저히 검토해야 한다.

이 초기 검토 과정의 목적은 발주자의 목표, 전반적인 프로젝트 요구사항을 숙지하고 프로젝트관리를 위한 작업 계획을 개발하는 과정을 시작하는데 요구되는 추가 정보를 파악하는 것이다. 검토 과정을 구성하려면 질문을 프로젝트를 정의하는 세 가지 범주로 나누는 것이 가장 최선이다: 범위, 예산 및 일정. 이 초기 검토를 안내하기 위해 프로젝트관리자는 표 6-1에 표시된 내용과 같은 질문들을 지속적으로 제기해야 한다.

발주자 오리엔테이션

프로젝트관리자는 초기 프로젝트 검토를 수행한 후 프로젝트에 익숙해지면 발주자의 권한을 위임받은 대리인으로 인정받아야 하며 발주자와 같이 요구되는 조정 계약을 위한 회의 일정을 수립하여야 한다. 발주자 대리인은 프로젝트에서 두 가지 역할을 수행한다: 참여자로서 정보를 제공하고 프로젝트 요구사항을 명확히 하며, 검토자로서 모든 팀 결정을 검토하고 승인하는데 참여한다. 발주자는 프로젝트가 시작될 때부터 시작하여 완료될 때까지 모든 단계를 거쳐 프로젝트팀의 없어서는 안 될 부분으로 고려되어야 한다.

이 초기 회의 중 발주자의 권한을 위임받은 대리인이 프로젝트의 우선순위를 설정해야 한다. 프로젝트를 위해 고려되어야 하는 4가지 구성요소가 있다: 품질, 범위, 시간 그리고 비용. 품질은 만족되어야만 하는 요소라는 것을 이해해야 한다. 발주자는 프로젝트에서 달성해야 하는 수준의 품질을 설정해야 한다. 프로젝트관리자와 발주자 대리인 간에 품질에 대한 상호 이해가 있어야 한다. 범위는 수행할 고정된 작업량이다. 일반적으로 비용에 따라 프로젝트가 진행됨에 따라 발주자가 확장하거나 축소할 수 있다. 시간 또는 비용의 우선순위는 발주자가 설정한다. 종종 시간은 비용보다 우선순위로 설정된다. 하지만 제품 시장이 변경되거나 다른 조건이 발생하면 시간이 지남에 따라 비용이 우선적으로 적용될 수 있다. 만약 우선순위가 설정되지 않은 경우 프로젝트관리자는 시간과 비용을 최적화해야 한다.

발주자 대리인의 프로젝트 개입 수준은 초기에 결정되어야 한다. 발주자 대리인이 모든 것에 서명하고 싶다면, 프로젝트관리자는 프로젝트 스케줄에 발주자 참여를 위한 시간과 비용을 예산에 포함해야만 한다. 양방향 의사소통은 절대적인 요구사항이다. 또한 프로젝트관리자는 프로젝트의 각 부분을 대표하도록 조정하는 프로젝트팀을 어떻게 구성할 것인지 발주자 대표에게 알려야 한다.

이 초기 회의는 또한 발주자 대리인과 프로젝트관리자에게 서로 만날 기회를 제공한다. 이 회의에서 프로젝트에 관심이 있는 발주자 조직의 다른 사람들을 방문하는 것이 바람직할 수 있다. 토론할 문제에는 목표 및 요구사항의 명확성, 원하는 수준의 품질, 프로젝트의 특이성, 자금 조달, 규제 기관 및 승인 프로세스가 포함될 수 있다.

경우에 따라 이 회의는 프로젝트관리자가 발주자 대표에게 처음 소개하는 것일 수 있다. 많은 발주자는 프로젝트관리자가 모든 것을 알고 있다고 생각하기 때문에 몇 가지 사전대응책을 취할 필요가 있다. 프로젝트팀이 아직 구성되지 않았기 때문에 모든 토론은 완료된 작업보다는 수행할 작업에 초점을 맞추어야 한다. 이상적으로는 프로젝트관리자는 프로젝트 진행을 위해 발주자에 의해 승인된 제안서를 준비하는 작업을 했다. 이를 통해 프로젝트관리자는 프로젝트의 히스토리와 발주자 대리인과의 이전 접촉내용을 보다 잘 이해할 수 있다.

조직 구조

각 프로젝트관리자는 자신이 일하는 환경의 영향을 받는다. 회사의 조직은 프로젝트를 관리하는 능력에 큰 영향을 줄 수 있다. 그림 6-1부터 그림 6-5까지에 기업의 다양한 조직 구조가 나타나 있다. 프로젝트관리자는 이 그림과 같이 조직된 회사에서 일하거나 회사 조직이 이러한 조직 구조 중 하나와 유사한 고객을 위해 프로젝트를 관리를 할 수 있다.

만약 회사가 제품 지향적인 경우, 제품에 대한 의사결정의 우선순위를 두고 제품의 제조 및 마케팅을 중심으로 조직이 될 것이다. 서비스 지향적인 회사는 고객 서비스 제공을 중심으로 조직될 것이다. 프로젝트의 설계 및 시공은 회사가 제품 또는 서비스를 제공하는 것을 종료하기 위한 수단이며, 해당 회사의 주요 기능을 대표하지는 않는다. 이 프로젝트에 대한 부차적인 강조점은 프로젝트관리자의 작업을 방해할 수 있다.

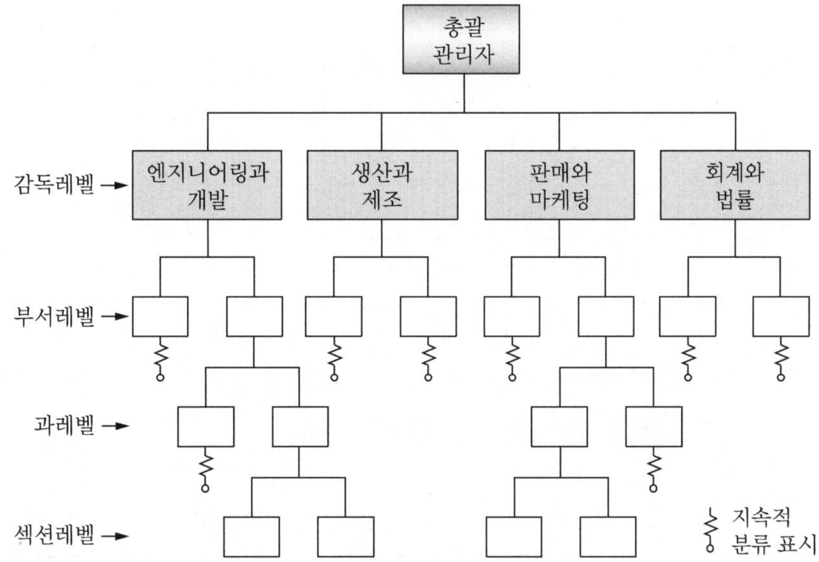

그림 6-1 **전통적인 관리 조직 (생산 라인 / 사업 중심)**

그림 6-1에 표시된 조직 구조는 제품의 제조 및 마케팅에 중점을 둔 사업의 예이다. 회사의 엔지니어링 부분은 제조 작업을 지원하기 위해 존재한다. 마케팅 그룹이 판매할 제품을 생산하려면 제조가 필요하다. 이 회사의 프로젝트 엔지니어링/건설과 관련된 질문은 일반적으로 엔지니어링 부서로 전달된다. 하지만 이러한 질문에 대한 대답은 제조 부서에서 나오는 경우가 많으며, 마케팅 부서에서 의견을 구해야 할 수도 있다. 이를 위해서는 정보의 오역과 답변 획득 지연을 초래할 수 있는 다양한 당사자 간의 통신 채널이 필요하다. 그림 6-1과 같이 조직된 회사에서 일하는 프로젝트관리자는 발주자 조치의 지연에 대하여 프로젝트 일정에 예비비를 포함해야 하며, 업무 범위 확장 가능성에 대해 주의해야 한다.

기능 조직의 예는 그림 6-2에 표시된 전력 회사에 의해 설명된다. 회사는 전력 서비스의 생산, 송전 및 배전에 중점을 둔다. 공공사업과 정부기관은 대개 기능 부서로 구성된다. 이러한 유형의 조직은 송전선로 또는 변전소의 설계 및 시공과 같은 단일 기능을 포함하는 프로젝트의 설계 및 시공에 효율적이다. 하지만 만약 프로젝트에 발전소 유닛과 2개의 송전선로 및 변전소의 설계 및 시공이 포함되는 경우 조직 내에서 프로젝트를 확인하는 것이 어려울 수 있다. 한 프로젝트관리자에게 전체 책임이 부여되지 않은 경우 프로젝트가 한 부서에서 다른 부서로 이관되는 경향이 있다. 이로 인해 정보가 손실되고 일정이 지연될 수 있다. 단일 프로젝트관리자가 배정된 경우에도 부서 간 조정은 어려울 수 있다.

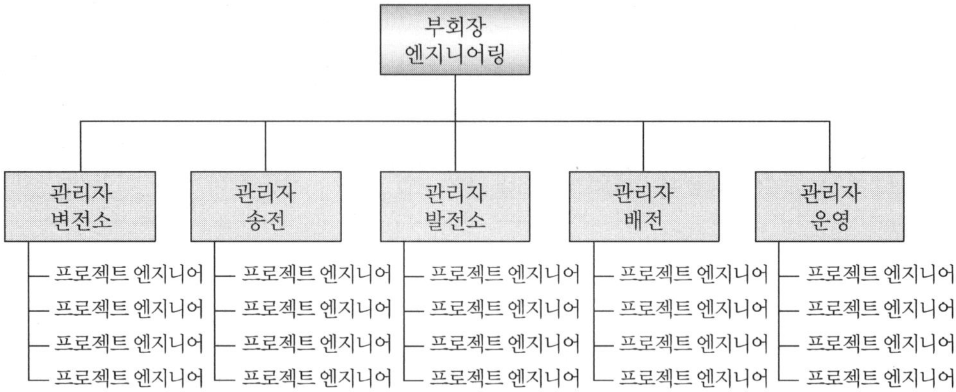

그림 6-2 기능적 조직 (전력 회사)

그림 6-3은 프로젝트에 대한 설계 서비스를 제공하는 컨설팅 엔지니어링 회사의 일반적인 작업 환경을 보여준다. 회사의 중점은 지식과 기술 전문지식을 공유하는 전문가 그룹과 관련된 전문분야 지향이다. 개별 분야를 과도하게 강조하면 전체 조직을 희생시키면서 경쟁과 갈등을 조장할 수 있으므로 외부 관계 및 프로젝트 작업보다는 내부 부서 운영에 중점을 두어야 한다. 내부 부서에 중점을 두면 의사결정 및 의사소통 채널은 수평이 아닌 수직이 되는 경향이 있으며, 비용, 일정 및 조정에 주의를 집중시키지 않게 된다.

많은 컨설팅 엔지니어링 회사는 그림 6-3과 같이 구성된다. 기간이 짧은 소규모 프로젝트의 경우 이러한 유형의 조직이 효율적이다. 하지만 엔지니어 중 일부는 설계자와 프로젝트관리자로서 이중역할을 수행하기 때문에 프로젝트관리업무가 방해 받을 수 있다. 전문분야의 수가 증가함에 따라 복잡한 프로젝트의 조정으로 인해 더욱 어려워진다. 예를 들어 복잡한 프로젝트에는 건축, 토목, 구조, 기계 및 전기 엔지니어링 작업이 포함될 수 있다. 이 작업은 건축 레이아웃부터 시작하여 다양한 엔지니어링 설계로 시작할 수 있다. 업무가 분야에서 분야로 옮겨감에 따라 프로젝트 정체성이 상실될 수 있으며 프로젝트의 위치 또는 상태를 파악하기가 어려워진다. 프로젝트가 마지막 분야에 도달하면 작업을 완료하기에 충분한 예산이 남아 있지 않을 수 있다. 분야 조직은 변화에 대한 강한 저항을 야기한다.

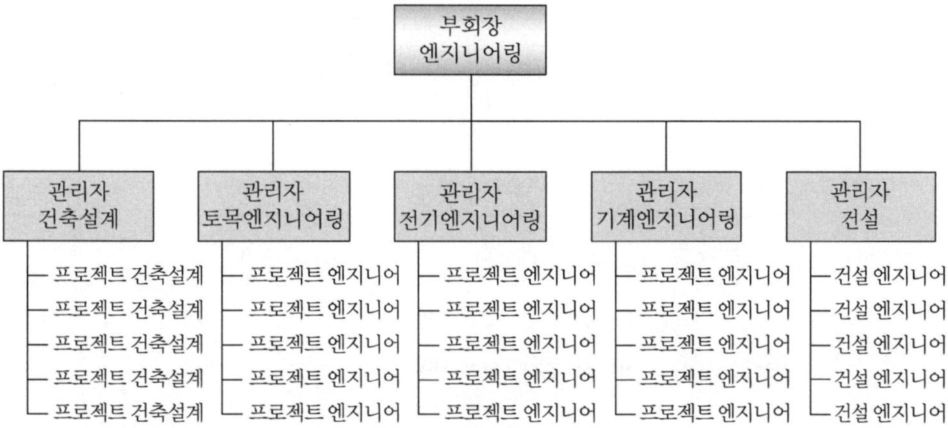

그림 6-3 전문분야 조직 (설계 회사)

컨설팅 엔지니어링 회사의 또 다른 유형의 조직 구조가 그림 6-4에 나와 있다. 이 회사는 다음과 같은 기능 부서로 조직되어 있다: 빌딩, 중공업/토목, 공정 및 교통. 이 분야는 기능부서 간에 분산되어 있으며, 프로젝트를 위해 설계 팀에서 일하기 위하여 해당부서에 할당된다. 리드 설계자는 팀장으로 임명되어 설계 작업을 관리한다. 각 설계자는 자신의 기능 부서에서 프로젝트에 대한 전문 기술을 제공한다. 하지만 만약 1개 이상의 부서에서 프로젝트 수가 감소하는 경우 1명 이상의 설계자가 다른 기능 부서로 옮겨갈 수도 있으며 이는 프로젝트관리에 지장을 줄 수 있다.

프로젝트 비용, 일정 및 일반적인 조정에 중점을 두기 위해 그림 6-5와 같은 매트릭스 조직이 자주 사용된다. 목표는 원 부서의 설계 분야를 유지하여 기술 전문지식을 보전하고 전반적인 프로젝트 조정을 담당하는 프로젝트 그룹을 만드는 것이다. 이를 달성하기 위해 설계자는 기술적 감독자와 프로젝트관리자의 두 가지 의사소통 채널을 사용한다. 기술 전문지식과 관련된 문제는 수직적으로 다루어지며, 프로젝트와 관련된 문제는 수평적으로 다루어진다.

매트릭스 조직은 프로젝트에 중점을 둔 작업 환경을 제공한다. 각 프로젝트는 매트릭스의 수평선으로 정의된다. 프로젝트관리자는 전반적인 프로젝트 조정, 전문분야와의 인터페이스, 고객 관계 및 전반적인 프로젝트 비용 및 일정 모니터링을 담당한다. 다양한 설계 분야는 프로젝트의 특정 부분에 대한 기술적 전문성, 우수한 성능 및 비용 및 일정을 제공할 책임이 있다. 아무도 프로젝트팀에서 다른 사람을 위해 일하지 않는다; 대신 모든 사람들이 프로젝트를 위하여 일한다. 프로젝트관리자는 팀의 리더이며, 책임져야 할 대상을 통합하는데 중요한 역할을 한다.

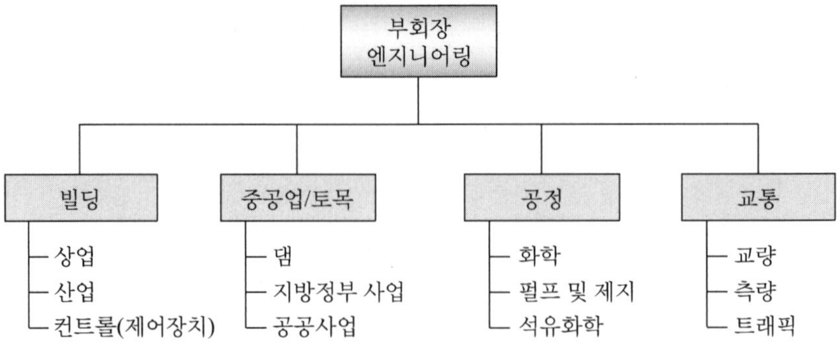

그림 6-4 **기능적 조직 (설계 팀)**

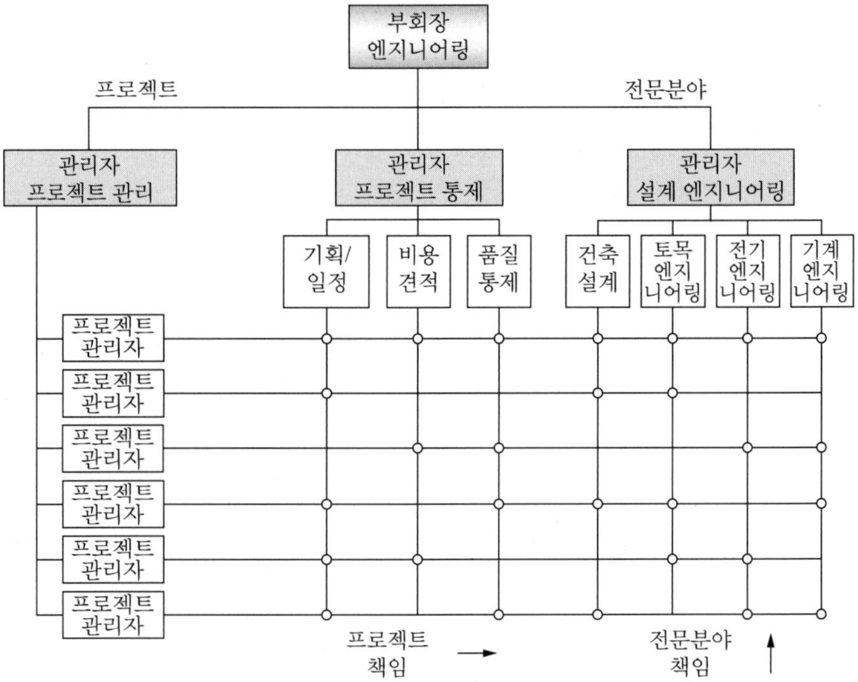

그림 6-5 **매트릭스 조직 (설계 팀)**

매트릭스는 의사소통 라인을 정의하지만 갈등 해결을 위한 권한을 나타내지는 않는다. 매트릭스는 "강력한 매트릭스"로 정의될 수 있으며, 프로젝트관리자는 전체 프로젝트에 무엇이 좋은지 결정할 권한을 가진다. 스펙트럼의 반대쪽에는 전문분야 관리자가 의사결정권을 가진 "약한 매트릭스"가 있다. 전문분야 관리자는 전체 프로젝트보다 자신의 전문분야에 더 관심을 가질 수 있다. 설계자는 때때로 프로젝트 비용 또는 일정을 희생하고 다른 부서에 영향을 주지 않으며, 가능한 최상의 설계를 만드는 데 관심이 있다.

매트릭스 조직의 프로젝트관리 성공 여부는 회사의 철학과 직원의 태도에 달려 있다. 전문분야에 너무 많은 강조는 시간과 비용 문제로 이어질 수 있다. 마찬가지로 프로젝트를 너무 많이 강조하면 기술부서의 통제력을 상실하고 기술부서와의 접촉으로 인해 비효율성과 품질문제가 발생할 수 있다. 따라서 프로젝트관리와 기술적 전문성 사이에는 균형이 이루어져야 한다. 분야 간의 상호 존중은 필수적이다. 프로젝트관리자는 각 팀 구성원의 전문지식에 의지하며 모든 사람이 성공적인 프로젝트팀의 핵심 담당자임을 인식하여야 한다. 발주자의 요구를 충족시키는 효율적인 방식으로 양질의 프로젝트를 완료할 수 있는 "할 수 있다"라는 태도가 있어야 한다. 이 프로젝트에 좋은 점은 전체 회사에도 유익한 것이다. 팀 구성원 간의 효과적인 의사소통이 필수적이다.

프로젝트가 설계 단계에서 시공 단계로 이동함에 따라 현장에서 수행해야 하는 작업을 중심으로 작업 구조를 개발해야 한다. 시공될 프로젝트와 일치하는 프로젝트 조직이 개발되어야 한다. 프로젝트관리는 실제 작업이 수행되는 현장에서 수행하는 것이 가장 좋다.

작업분류체계

규모가 큰 프로젝트나 작은 프로젝트나 프로젝트를 관리할 수 있는 식별 가능한 부분으로 분할하는 잘 정의된 작업분류체계(WBS)를 개발해야 한다. WBS의 개념은 간단하다: 전체 프로젝트를 관리하려면 각 부분을 관리하고 제어해야 한다. WBS는 프로젝트 작업 계획의 초석이다. 수행할 작업을 정의하고 필요한 전문지식을 확인하며 프로젝트팀을 선택하는데 도움을 주고 프로젝트 일정과 통제를 위한 기반을 마련해 준다. 8장과 9장은 프로젝트 스케줄링과 추적에 WBS가 사용되는 방법을 보여준다.

WBS는 다단계 시스템에서 작업의 분할을 보여주는 프로젝트의 그래픽 표현이다. 그림 6-6은 세 가지 주요 기능을 가진 프로젝트의 WBS를 보여주는 간단한 예이다: 현장 작업, 유틸리티 및 건물. 각 주요 시설은 더 작은 구성요소로 세분화된다. 예를 들어, 건물의 주요 시설은 세 건물로 세분화 된다: 사무실, 유지보수 및 창고. 프로젝트가 더 세분화되어 각 레벨의 구성요소가 다음 상위 레벨의 하위 세트가 된다. WBS의 레벨 수는 프로젝트의 규모와 복잡성에 따라 다르다.

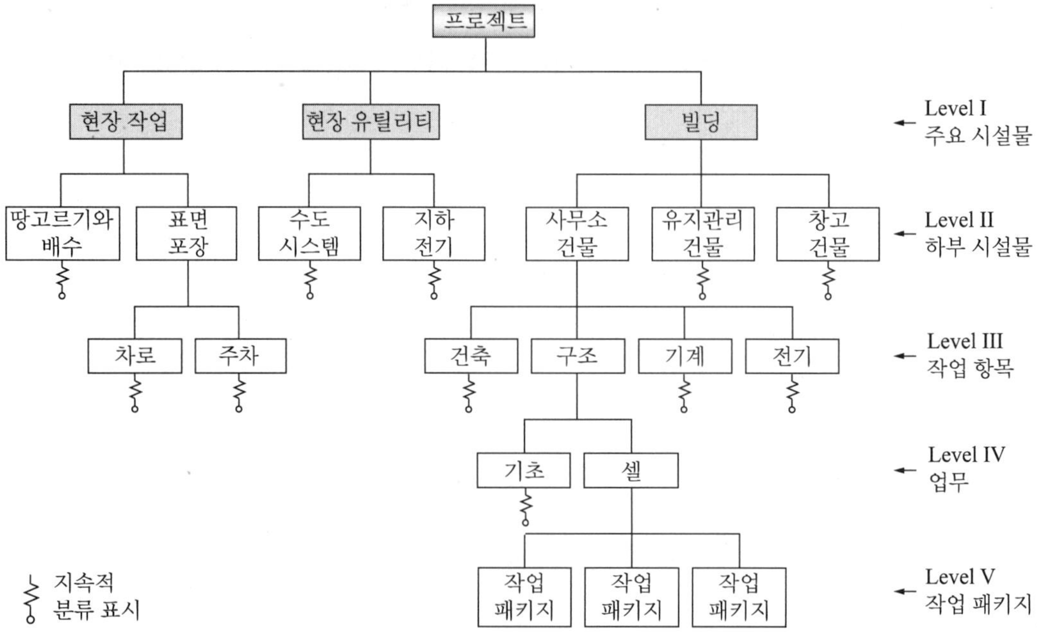

그림 6-6 WBS(Work Breakdown Structure)의 예

WBS에서 가장 작은 단위는 작업 패키지이다. 작업 패키지는 작업을 측정, 예산 책정, 일정 그리고 통제할 수 있도록 충분히 상세하게 정의해야 한다. 작업 패키지 개발은 이 장의 뒷부분에서 설명한다.

WBS의 개발은 프로젝트가 프로젝트관리자에게 처음 배정되고 모든 작업 패키지가 정의될 때까지 계속되는 연속 프로세스이다. 프로젝트관리자는 프로젝트의 주요 영역을 식별하여 WBS 개발 프로세스를 시작한다. 프로젝트팀원은 수행할 작업을 보다 상세하게 정의하므로 WBS는 이에 따라 조정된다. 따라서 WBS는 계획 및 통제를 위해 프로젝트의 처음부터 끝까지 사용된다. 전체 프로젝트를 부분별로 정의하고 프로젝트관리에 필요한 정보교환을 위한 효율적인 의사소통 채널을 제공하는 효과적인 수단이다.

WBS는 프로젝트관리 시스템의 기초이다. 코드 번호는 WBS를 사람을 관리하기 위한 조직분류체계(OBS)와 연관시키는데 사용할 수 있다. 코드 번호는 또한 비용 관리를 위해 WBS와 CBS(Cost Breakdown Structure)를 연결시키는데 사용될 수 있다. 마찬가지로 코드 번호는 WBS를 주공정관리기법(CPM) 일정과 연계시켜 시간을 관리할 수 있다. 따라서 WBS는 작업 식별, 예산 편성 및 통합 일정 개발을 위한 체계적인 접근 방식을 제공한다. WBS는 프로젝트팀이 공동으로 개발한 것이므로 실제로 작업을 수행할 사람을 모든 작업에 포함시키며, 작업이 중복되지 않도록 작업 활동을 연계시키는 효과적인 도구이다. 가장 중요한 것은 성능 측정의 기준을 제공한다는 것이다.

작업분류체계의 형식

WBS는 그래픽 형식 또는 개요 형식으로 개발할 수 있다. 그림 6-7은 프로젝트의 그래픽 형식 WBS의 예이며 그림 6-8은 동일한 프로젝트의 개요 형식 WBS이다. 이 그림의 WBS는 유지보수 시설의 엔지니어링/구매조달/시공(EPC)을 나타낸다. 이 EPC 프로젝트의 WBS에는 세 가지 주요부서가 있다: 엔지니어링, 구매조달 및 시공. 엔지니어링 부서는 계약 설계와 사내 설계로 세분화 된다. 구매조달은 주요 장비 구매 및 시공자 입찰 확보로 세분화 된다. 건축은 현장 작업과 2개의 건물로 세분화 된다. 이 유형의 프로젝트에 대한 프로젝트관리는 8장과 9장 그리고 부록에서 더 자세히 논의된다.

WBS의 그래픽 형식은 읽기 쉽고 전체 프로젝트의 전반적인 도식화된 그림을 제공한다. 하지만 대부분의 프로젝트에는 WBS에 많은 항목이 있어 WBS의 모든 항목을 한 페이지에 표시하는 것이 어렵거나 불가능하게 된다. 상위 관리자나 고객에게 프레젠테이션을 실시하기 위해서는 대용량 도면에 WBS를 표시하는 것이 일반적이다. 또 다른 옵션은 WBS의 그래픽 형식을 세 개의 작은 크기의 도면으로 개발하는 것이다. 예를 들어, EPC 프로젝트의 경우 모든 엔지니어링이 한 페이지에 표시되고 두 번째 페이지에 구매조달이 표시된다. 그리고 세 번째 페이지에 시공이 표시된다.

대부분의 프로젝트팀은 개요 형식으로 WBS를 개발한다. 대형 도면을 처리하는 것보다 용지 크기 시트에서 WBS를 전달하는 것이 더 용이하다. 개요 형식은 손쉽게 수정할 수 있으며, 프로젝트팀의 작업을 안내하는 작업 문서가 된다. 그림 6-8에 나와 있는 넘버링 시스템은 WBS에서 분할과 재분할을 보여주는 우수한 시스템을 제공한다. 일부 프로젝트의 경우 상위 관리를 위한 그래픽 형식과 프로젝트팀의 개요 형식을 개발하는 것이 바람직할 수 있다.

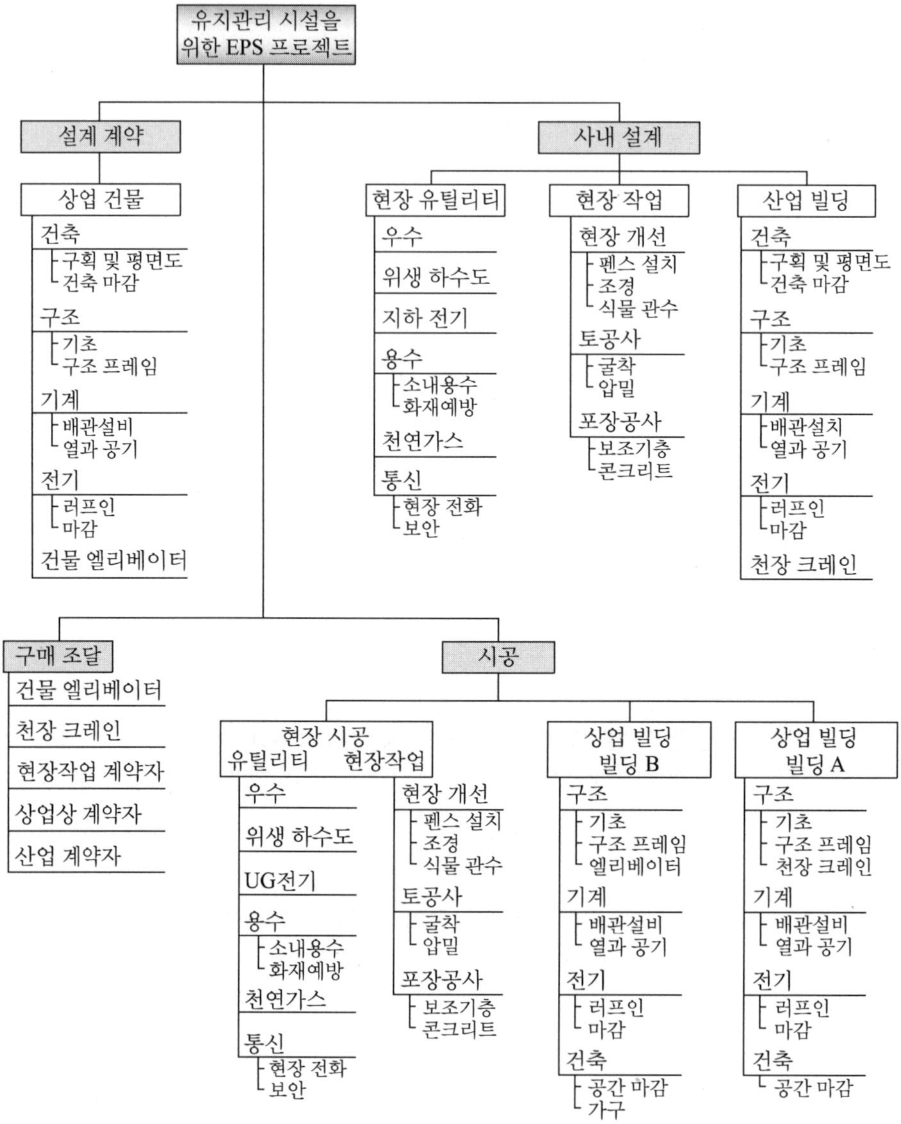

그림 6-7 유지보수 시설의 EPC를 위한 WBS (그래픽 형식)

유지관리 시설의 엔지니어링 – 구매조달 – 시공(EPC)을 위한 작업분류체계(WBS)

1.0 엔지니어링 설계
- 1.1 계약 설계
  - 1.1.1 빌딩 B에 대한 건축엔지니어링
    - 1.1.1.1 구획 및 평면도
    - 1.1.1.2 건축 마감
  - 1.1.2 구조
    - 1.1.2.1 기초
    - 1.1.2.2 구조 프레임
  - 1.1.3 기계
    - 1.1.3.1 배관설비
    - 1.1.3.2 난방 및 공조
  - 1.1.4 전기
    - 1.1.4.1 개략 작업
    - 1.1.4.2 마감
  - 1.1.5 빌딩 엘리베이터
- 1.2 사내 설계
  - 1.2.1 현장 유틸리티
    - 1.2.1.1 우수
    - 1.2.1.2 위생 하수도
    - 1.2.1.3 지하 전기
    - 1.2.1.4 용수
      - 1.2.1.4.1 소내 용수
      - 1.2.1.4.2 화재 예방
    - 1.2.1.5 천연가스
    - 1.2.1.6 통신
      - 1.2.1.6.1 현장 전화
      - 1.2.1.6.2 보안
  - 1.2.2 현장 작업
    - 1.2.2.1 현장 개선
      - 1.2.2.1.1 펜스 설치
      - 1.2.2.1.2 조경
      - 1.2.2.1.3 식물 관수
    - 1.2.2.2 토공사
      - 1.2.2.2.1 굴착
      - 1.2.2.2.2 다짐
    - 1.2.2.3 포장공사
      - 1.2.2.3.1 보조기층
      - 1.2.2.3.2 콘크리트
  - 1.2.3 건축 빌딩 A
    - 1.2.3.1 건축
      - 1.2.3.1.1 구획 및 평면도
      - 1.2.3.1.2 건축 마감
    - 1.2.3.2 구조
      - 1.2.3.2.1 기초
      - 1.2.3.2.2 구조 프레임
    - 1.2.3.3 기계
      - 1.2.3.3.1 배관설비
      - 1.2.3.3.2 난방 및 공조
    - 1.2.3.4 전기
      - 1.2.3.4.1 개략 작업
      - 1.2.3.4.2 마감
    - 1.2.3.5 천장 크레인

2.0 구매조달
- 2.1 건물 엘리베이터

2.2 천장 크레인
2.3 현장 시공자
2.4 상업용 건물 시공자
2.5 공장 건물 시공자

3.0 시공
3.1 현장 시공
  3.1.1 유틸리티
    3.1.1.1 우수
    3.1.1.2 하수도
    3.1.1.3 지하 전기
    3.1.1.4 용수
      3.1.1.4.1 생활용수
      3.1.1.4.2 소방용수
    3.1.1.5 천연가스
    3.1.1.6 통신
      3.1.1.6.1 전화
      3.1.1.6.2 보안
  3.1.2 현장 작업
    3.1.2.1 현장 개선
      3.1.2.1.1 펜스 설치
      3.1.2.1.2 조경
      3.1.2.1.3 식물 관수
    3.1.2.2 토공사
      3.1.2.2.1 굴착
      3.1.2.2.2 다짐
    3.1.2.3 포장공사
      3.1.2.3.1 보조기층
      3.1.2.3.2 콘크리트
3.2 상업 빌딩 B
  3.2.1 구조
    3.2.1.1 기초
    3.2.1.2 구조 프레임
    3.2.1.3 엘리베이터
  3.2.2 기계
    3.2.2.1 배관설비
    3.2.2.2 난방 및 공조
  3.2.3 전기
    3.2.3.1 개략 작업
    3.2.3.2 마감
  3.2.4 건축
    3.2.4.1 실내 마감
    3.2.4.2 가구
3.3 산업 빌딩 A
  3.3.1 구조
    3.3.1.1 기초
    3.3.1.2 구조 프레임
    3.3.1.3 천장 크레인
  3.3.2 기계
    3.3.2.1 배관설비
    3.3.2.2 난방 및 공조
  3.3.3 전기
    3.3.3.1 개략 작업
    3.3.3.2 마감
  3.3.4 건축
    3.3.4.1 실내 마감

그림 6-8 유지보수 시설의 EPC를 위한 WBS (개요 형식)

프로젝트팀 구성

프로젝트관리의 핵심 개념은 수행할 작업을 중심으로 프로젝트를 구성하는 것이다. 발주자의 조사연구에서 나온 모든 백업 자료와 프로젝트에 대해 알려진 기타 모든 정보를 검토한 후 프로젝트관리자는 수행해야 할 주요 작업을 식별하는 예비 WBS를 개발해야 한다. 작업의 세부 목록은 작업 시퀀스 및 작업의 상호 의존성을 보여줄 수 있는 단계로 준비되고 그룹화 되어야 한다. 이는 프로젝트팀에 필요한 자원 및 기술 전문지식을 선택하는데 도움이 되는 프로젝트의 정체성을 제공해 준다. 각 작업에 시간 일정을 첨부해야 한다. 이 모든 준비 작업은 수행할 작업이 알려질 때까지 프로젝트관리자가 효율적으로 프로젝트팀을 구성할 수 없기 때문에 요구된다. 본질적으로 프로젝트관리자는 자신의 상사가 검토해야 하는 사전 프로젝트 작업 계획을 개발해야 한다. 이 계획은 프로젝트팀이 구성된 후 최종 프로젝트 작업 계획으로 확대되는 것이다.

준비 작업이 완료되면 프로젝트관리자는 프로젝트팀을 조직하여 프로젝트 목표를 달성할 책임이 있다. 프로젝트관리자와 적절한 전문분야 관리자는 공동으로 팀 구성원을 선택해야 한다. 모든 프로젝트관리자가 자신의 팀에서 최고의 인재를 원하기 때문에 때로는 어려울 수 있다. 각 프로젝트마다 특정 요구사항 목록이 있지만 회사 모든 구성원들의 전반적인 활용도를 고려해야 한다. 핵심 인력을 프로젝트에서 프로젝트로 옮기는 것은 현실적이지 않다; 그러므로 팀원들의 배정하는 데는 타협이 요구된다. 프로젝트에 적절한 직원을 배정하는데 요구되는 특수한 기술적 전문성과 직원을 전사적 차원에서 이용할 수 있도록 고려해야 한다.

프로젝트팀은 다양한 분야의 부서(건축, 토목, 구조, 기계, 전기 등), 프로젝트 통제관리(견적, 기획 및 일정관리, 품질관리 등)의 구성원과 발주자 대표로 구성된다. 팀 구성원의 수는 프로젝트의 규모와 복잡성에 따라 다르다. 프로젝트관리자는 팀의 리더 역할을 한다. 모든 팀원은 각 분야의 전문분야를 대표하며 프로젝트 목표, 비용 또는 일정에 불리한 영향을 미칠 수 있는 잠재적인 문제를 조기에 발견할 책임이 있다. 문제가 발생하면 각 팀 구성원은 직속 상사 및 프로젝트관리자에게 통보해야 한다.

각 팀 구성원이 프로젝트 목표를 명확하게 이해하고 프로젝트의 전반적인 성공에 기여하는 것이 중요하다는 것을 인식하는 것이 중요하다. 모든 팀원들 간에 협력적인 업무 관계가 요구된다. 프로젝트관리자는 프로젝트에 참여한 모든 전문분야 부서의 일반적인 연락 담당자이지만 팀의 리드 멤버에게 연락책임을 위임할 수 있다. 프로젝트 목표, 비용 및 일정을 충족시키기 위한 새로운 중요계획과 책임은 프로젝트관리자에게 있음으로 충분한 조언과 정보를 제공해야 한다.

프로젝트관리자는 작업이 질서정연한 방식으로 완료되도록 팀 구성원의 진행상황을 구성, 조정 및 모니터링 해야 한다. 프로젝트관리자는 또한 발주자의 대표와 빈번한 연락관계를 유지해야 한다.

착수회의(킥오프 미팅)

프로젝트팀 구성 후 프로젝트관리자는 일반적으로 착수회의라고 하는 첫 번째 팀회의를 소집한다. 그것은 프로젝트관리에서 가장 중요한 회의 중 하나이며, 어떤 작업을 시작하기 전에 개최된다. 킥오프 미팅의 목적은 팀원들이 함께 프로젝트를 진행하는 사람을 확인하고 프로젝트에 대한 지식 기반을 제공하여 팀의 일원으로 소속감을 느끼게 하는 것이다. 프로젝트관리자는 프로젝트 목표, 요구사항, 예산 및 일정을 완전히 이해하고 프로젝트 초기에 팀 구성원에게 이 정보를 전달하는 것이 중요하다. 특히 작업 범위를 면밀히 검토해야 한다.

킥오프 미팅을 통해 팀은 우선순위를 설정하고, 문제 영역을 식별하고, 구성원의 책임을 명확히 하고, 팀이 공통적인 목표를 가진 단위로 행동할 수 있도록 일반적인 방향을 제공할 수 있다. 회의에서 프로젝트관리자는 프로젝트 요구사항과 초기 작업 계획을 제시하고, 작업 절차를 논의하고, 의사소통 링크와 협력 관계를 수립해야 한다. 범위, 예산 및 일정과 관련된 모호한 점이나 오해를 제거하기 위해 모든 노력을 기울여야 한다. 이 세 가지 요소는 프로젝트관리자와 발주자 대표의 승인 없이는 변경할 수 없다.

회의가 시작되기 전에 프로젝트관리자는 프로젝트 이름(모든 문서 및 서신에 사용됨), 프로젝트 위치, 구좌 번호 및 프로젝트팀이 필요로 하는 기타 정보를 포함하여 일반 프로젝트 정보 데이터를 준비해야 한다. 표준, CADD 요구사항, 정책, 절차 및 기타 요구사항도 제시해야 한다. 이 정보를 프로젝트의 핵심 인물에게 제공하여 프로젝트가 작업의 승인을 받도록 하고 팀의 일원이라고 생각할 수 있도록 하는 것이 중요하다. 프로젝트관리자는 회의 이전에 핵심 팀 구성원과 함께 특정 문제를 확인 및 해결하고 불확실성을 명확히 해야 한다.

일반적으로 회의 기간은 짧지만 수행해야 할 일, 누가 그것을 할 것인지, 해야 하는지, 비용은 무엇인지 이해하는 첫 단계이다. 이것은 설계 회의가 아니라 오리

엔테이션 회의이다. 프로젝트관리자는 회의를 계속 전개시켜야 하며 세부 사항에 지나치게 관여하지 않아야 한다. 회의록을 기록하여 팀원들에게 배포해야 한다. 특히 배포되는 정보의 문서화, 팀원 간의 협의, 프로젝트관리자나 팀 구성원의 향후 조치가 필요한 팀의 우려사항이나 질문에 대한 확인이 있어야 한다.

착수 회의에는 세 가지 중요한 목적이 있다: 프로젝트관리자의 전반적인 프로젝트 계획을 배포하고 각 팀 구성원에게 자신의 전문분야에서 요구되는 작업을 위한 작업 패키지를 준비할 책임을 부여하는 것. 작업 패키지는 준비가 끝나고 회의 시작 후 2주 이내에 프로젝트관리자에게 반환되어야 한다. 회의의 질서 있는 수행을 지원하고 중요한 항목이 확실히 다루어지도록 하기 위해서 프로젝트관리자는 표 6-2에 나와 있는 킥오프 미팅을 위한 체크리스트를 사용해야 한다.

표 6-2 킥오프 미팅 체크리스트

1. 회의의 의제와 목적을 검토해야 한다.
2. 프로젝트팀이 필요로 하는 프로젝트 제목, 구좌 번호 및 일반 정보를 배포한다.
3. 팀원을 소개하고 전문분야와 책임분야를 확인한다.
4. 프로젝트 목표, 요구, 요구사항 및 범위 검토 (지침, 제한 사항, 문제점 포함)
5. 프로젝트팀에 대한 발주자 및 승인된 예산의 프로젝트 타당성 견적 검토
6. 프로젝트 예비 일정 및 마일스톤 검토
7. 초기 프로젝트 작업 계획 검토:
   설계 처리 방법
   구매조달 처리 방법
   시공 처리 방법
8. 팀 구성원들에게 과제를 설명한다.
   팀의 각 구성원에게 질문하려면 → (누구?)
   해당 지역에서 필요한 작업 범위를 검토하려면 → (무엇?)
   자신의 업무를 위한 예비 일정을 수립하려면 → (언제?)
   자신의 작업에 대한 예비 견적을 개발하려면 → (얼마나?)
9. 각 팀 구성원에게 책임 있는 작업을 위한 설계작업 패키지를 준비하고 2주 이내에 이 정보를 프로젝트관리자에게 보고하도록 요청한다.
10. 다음 팀 회의를 열고, 킥오프 회의록을 작성하고, 각 팀원과 경영진에게 배포한다.

작업 패키지

프로젝트관리자는 프로젝트의 작업 계획을 수립할 책임이 있다. 하지만 각 팀 구성원의 대규모 투입 없이 프로젝트 계획을 마무리할 수는 없다. 킥오프 회의는 팀

구성원들이 프로젝트 요구사항과 예산 및 일정 제한을 학습하는 효과적인 방향을 제공해야 한다. 이 회의에서 프로젝트관리자는 각 팀 구성원에게 자신의 전문 기술에 필요한 작업 범위를 검토하고 문제를 확인하며 범위를 충족하는데 요구되는 예산 및 일정을 수립하도록 한다. 이는 제공할 작업을 설명하는 설계 작업 패키지를 준비함으로써 수행할 수 있다.

각 팀 구성원은 자신이 수행해야 할 작업에 대한 하나 이상의 작업 패키지를 개발해야 한다. 작업 패키지는 프로젝트 요구사항을 충족시키고 프로젝트관리자의 초기 작업 계획과 일치하는데 요구되는 작업에 대한 자세한 설명을 제공한다. 작업 패키지는 각 팀원이 구성하고 킥오프 회의가 있은 후 2주 이내에 프로젝트관리자에게 제공해야 한다.

작업 패키지는 범위, 예산 및 일정의 세 가지 범주로 나뉜다. 그림 6-9는 작업 패키지의 내용을 보여준다. 업무범위는 제공되어야 하는 필수 작업과 서비스를 설명한다. 관련 작업을 실시하여 제공하는 다른 팀 구성원이 자신의 작업을 적절하게 인터페이스 할 수 있도록 자세하게 기술해야 한다. 이것이 중요하며, 그 이유는 프로젝트관리의 공통적인 문제는 관련 작업을 조정하는 것이기 때문이다. 두 사람이 동일한 작업을 수행하거나 두 작업이 전혀 수행되지 않을 위험이 있다. 두 사람이 각각 다른 사람이 작업을 수행하여 제공한다고 생각하기 때문이다. 팀 구성원은 프로젝트의 작업 패키지를 준비하는 과정에서 스스로 의견을 교환해야 한다.

작업 패키지는 WBS에서 가장 낮은 수준이며 프로젝트 일정계획, 추적 및 비용관리를 위한 기준선을 설정한다. 작업 패키지는 수행해야 할 작업을 시간, 비용 및 담당자들과 관련시키기 때문에 프로젝트관리에 매우 중요하다. 그림 6-9의 예산 섹션에서 볼 수 있듯이, 코드 계정번호는 CBS와 관련된 작업이다. 마찬가지로 일정 섹션에는 작업을 OBS와 관련시키는 코드 번호가 있다. CBS는 프로젝트 비용관리에 사용되며, 9장에서 더 자세히 논의된다. OBS 코드 번호는 작업을 식별하여 담당자들과 연결시킨다. WBS, OBS 및 CBS에 대한 작업 패키지의 관계를 논의하는 많은 논문이 발표되었다. 설계 작업 패키지의 예가 7장의 그림 7-7에 나와 있다.

작업 패키지의 예산 부분을 준비하려면 작업을 수행하는데 요구되는 모든 자원을 주의 깊게 평가해야 한다. 인력, 컴퓨터 서비스, 재생산 비용, 출장비, 소모품 및 부수적인 비용을 포함하여 모든 업무 및 항목을 예산으로 책정해야 한다.

작업 패키지

타 이 틀: ______________

WBS 코드: ______________

1. 범위

작업의 필요 범위: ______________________________________

____

____

제공되어야 하는 서비스: ______________________________________

____

____

이 작업 패키지에는 포함되어 있지 않지만, 다른 작업 패키지에는 포함되어 있는 서비스:

____

이 작업 패키지에는 포함되어 있지 않지만, 수행되어야 할 서비스: ______________

____

2. 예산

할당된 작업	작업 시간	$-비용	CBS 코드 번호	컴퓨터 서비스 유형	컴퓨터 서비스 근무시간	컴퓨터 서비스 $-비용
______________	______	______	______	______	______	______
______________	______	______	______	______	______	______
______________	______	______	______	______	______	______

총 근무시간 = ______ 인건비 = $ ______________

컴퓨터시간 = ______ 컴퓨터 비용 = $ ______________

출장비		재생산 비용		기타 비용		
______	+	______	+	______	= $	______

총 예산 = $-노동+$-컴퓨터+$-기타 = $ ______

3. 일정

OBS 코드	업무과제	책임자	시작일	종료일
______	______________	______________	______	______
______	______________	______________	______	______
______	______________	______________	______	______

작업 패키지: 시작일: ________ 종료일: ________

추가 코멘트: ______________________________________

____

준비 담당자: ______________ 날짜: ________

승인 담당자: ______________ 날짜: ________

그림 6-9 팀 구성원의 설계 작업 패키지

팀 구성원은 작업 패키지의 일정 부분을 준비할 때 전체 작업 부하를 고려해야 한다. 팀 구성원은 일반적으로 하나 이상의 프로젝트에 배정되므로 새로운 프로젝트에 대한 작업 패키지를 준비할 때 다른 프로젝트에 할당된 다른 의무와 향후 책임을 고려해야 한다. 팀 구성원이 할당된 모든 프로젝트의 일정을 신중하게 통합하지 못하면 프로젝트가 늦게 완료되는 공통된 원인이 된다. 팀 구성원들은 잠정적인 중단 및 예기치 않은 업무지연을 허용하지 않으면 너무 자주 자신의 시간을 지나치게 쓰게 된다. 모든 작업은 식별되고 일정수립이 되어야 한다.

후속작업

킥오프 미팅에서 정보를 교환하고 각 팀원이 요구한 작업을 검토한 후에 초기 프로젝트 계획의 작업분류체계를 재조정해야 할 수도 있다. 팀원은 작업을 수행할 수 있지만 다른 프로젝트에 대한 사전 위임된 업무 때문에 작업의 규모가 일정을 초과할 수 있다고 판단 가능하다. 따라서 프로젝트의 일부 또는 전체가 외부계약(아웃소싱) 업무 배정을 요구할 수 있다. 또 다른 옵션은 프로젝트관리자 조직의 전체 리소스를 기반으로 프로젝트를 다시 수행하는 것이다. 이러한 상황은 킥오프 미팅이 있은 후 2주 이내에 해결되어야 한다.

모든 팀 작업 패키지의 예산 누적은 전체 프로젝트의 견적비용을 제공한다. 만약 견적비용이 승인된 예산을 초과하면 프로젝트관리자는 킥오프 회의가 시작된 후 2주 이내에 프로젝트 초기에 이러한 상황을 인지하게 된다. 팀 전체는 승인된 예산 내에서 견적비용을 유지하기 위해 프로젝트를 처리하는 다른 방법을 결정하기 위해 함께 협력해야 한다. 팀 내에서 해결할 수 없는 경우 프로젝트관리자는 감독자와 협력하여 실행 가능한 솔루션을 결정해야 한다. 해결책을 찾을 수 없는 경우 발주자에게 승인을 받아 승인된 예산과 일치하는 업무 범위에 대한 만족할 만한 해결책을 결정할 수 있도록 해야 한다. 너무 늦은 시기가 아니라 대안의 선택이 이루어질 수 있는 프로젝트 초기에 이러한 성격의 문제를 해결하는 것이 중요하다.

모든 작업 패키지를 인수한 후에 프로젝트관리자는 전체 프로젝트 일정을 수립하기 위해 모든 팀 구성원의 일정을 통합해야 한다. 만약 프로젝트 일정이 필요한 완료 날짜를 초과하는 경우 팀 전체가 협력하여 작업 일정을 대체하는 방법을 결정해야 한다. 계획된 일정과 요구되는 일정 사이의 불일치가 팀 내에서 해결될 수 없는 경우 프로젝트관리자는 문제를 감독자와 해결해야 한다. 만약 요구되는 일정을 달성할 수 없는 경우, 허용 가능한 합의에 도달할 수 있도록 발주자에게 통보해야 한다.

프로젝트 범위, 예산 및 일정과 관련된 문제는 조기에 해결되어야 한다. 팀원 간의 효율적인 의사소통 및 협력이 요구된다. 팀 과제 및 작업 패키지 정의의 결과를 통해 프로젝트관리자는 프로젝트 작업 계획의 기초를 이루는 작업분류체계를 마무리할 수 있다. 모든 정보를 받은 후에 프로젝트관리자는 전체 계획을 완료하여 프로젝트를 관리할 수 있다.

프로젝트 작업 계획

프로젝트관리자는 각 프로젝트에 대해 수행해야 할 작업, 수행할 작업, 수행할 시기, 비용을 식별하는 문서화된 작업 계획을 개발해야 한다. 세부 수준은 모든 프로젝트 참가자가 프로젝트의 각 단계 및 기간에 예상되는 것을 이해할 수 있도록 충분해야 한다: 그렇지 않으면 통제를 위한 기준이 없게 된다. 참여 방식을 사용하고 팀 구성원이 프로젝트 요구사항을 이해하고 충돌을 공동으로 해결하며 관련 작업의 중복이나 틈을 없애는 것이 중요하다. 우선순위, 일정 및 예산에 대한 합의가 있어야 한다.

모든 팀 구성원의 작업 패키지를 받으면 프로젝트관리자는 최종 프로젝트 작업 계획을 수립할 수 있다. 표 6-3은 작업 계획의 기본 구성요소인 디렉터리, 작업, 일정, 예산, 위험관리 및 작업 측정을 제공한다. 프로젝트 디렉터리에는 프로젝트 제목, 번호, 목표 및 범위와 같은 모든 관련 정보가 포함되어 있다. 프로젝트 조직도에는 발주자 대표를 포함하여 모든 참가자가 표시된다. 상세한 작업 목록 및 작업 그룹은 작업 분류 체계에서 추출된다. 팀 구성원이 제공하는 작업 패키지의 일정을 통합하여 작업의 순서와 일정을 얻을 수 있다. 마찬가지로 예산은 모든 작업 패키지의 비용 요약에서 얻을 수 있다.

표 6-3 프로젝트 작업 계획의 구성요소

디렉터리 ← 누가?
프로젝트 제목 및 번호
프로젝트 목표 및 범위
프로젝트 조직도
작업 ← 할 일은 무엇인가?
작업의 상세한 목록
작업 그룹화
작업 패키지
스케줄 ← 언제?
작업 순서 지정 및 상호 의존성
각 작업의 예상되는 시간
작업의 시작 일정 및 종료 날짜
예산 ← 얼마나?
각 업무에 대한 인력의 노동시간 및 비용
각 업무에 대해 예상되는 기타 경비
월별 결제 방법 및 예상 수익
위험평가 ← 무엇이 잘못될 수 있습니까?
위험도 및 발생 확률 목록
각 위험이 품질, 비용 및 일정에 미치는 영향
각 위험을 방지하고 완화하기 위한 전략
측정 ← 무엇이 성취되었는가?
작업 완수
작업 패키지 완성
생산된 도면 수

위험평가는 작업 계획의 중요한 부분이며, 프로젝트관리자와 팀 구성원이 간과하는 경우가 많다. 위험평가 및 분석은 "무엇이 잘못될 수 있는가?"라는 질문에 답하는 것이다. 프로젝트를 시작하기 전에 프로젝트와 관련된 위험에 대한 철저한 평가가 요구된다. 각 위험을 식별할 필요가 있으며 각 위험이 발생할 확률에 대한 평가가 이루어져야 한다. 또한 위험을 예방하기 위한 계획과 위험이 발생할 때 이를 완화하기 위한 전략이 요구된다.

작업 계획이 완료되면 모든 작업을 조정하고 프로젝트의 전반적인 성과를 관리하기 위한 지침으로 사용된다. 모든 작업을 통제하기 위한 기준이 된다. 부록은 프로젝트에 대한 작업 계획의 구성요소인 작업분류체계, 프로젝트 조직도, 샘플 작업 패키지 및 프로젝트 일정을 설명한다. 통합된 작업 계획을 형성하기 위해 하나의 구성요소에서 다른 구성요소로 정보를 전달하는 것에 주목해야 한다.

프로젝트를 조직하는 첫 번째 단계는 WBS 개발이다. WBS는 수행할 작업을 정의하지만 작업을 수행할 책임자를 정의하지는 않는다. 성공적인 프로젝트는 일을 성사시키는 사람들에 달려 있다. 하지만 우수한 사람을 선발하는 것만으로는 충분하지 않다. 프로젝트관리의 핵심 기능은 수행할 작업을 중심으로 프로젝트를 구성한 다음 승인된 예산 및 일정 내에서 작업을 수행할 적합한 사람을 선택하는 것이다.

WBS가 완료되면 다음 단계는 회사의 OBS를 WBS에 정의된 필수 작업에 연결하는 것이다. 그림 6-10은 WBS의 각 부분을 담당하는 다양한 분야를 확인하기 위해 WBS와 OBS의 연결을 보여준다. 전문분야 관리자의 도움을 받아 프로젝트 관리자는 프로젝트팀을 구성할 다양한 전문부서의 구성원을 선발하는 프로세스를 시작할 수 있다.

WBS와 OBS의 연결은 프로젝트관리를 위한 프로젝트 프레임워크를 구축하는 것이다. 프로젝트 프레임워크가 정의된 후, 활동 및 인터페이스 관련 작업의 타이밍을 가이드하는 프로젝트 일정을 개발할 수 있다. 각 활동을 수행하는데 필요한 시간과 비용은 작업 패키지에서 얻을 수 있다. CPM 기술은 엔지니어링 및 건설 업계에서 사용되는 가장 일반적인 네트워크 스케줄링 시스템이다. 프로젝트 스케줄링을 위한 기법은 8장에서 논의된다. 프로젝트 프레임워크가 완료되면 종종 WBS의 각 구성요소를 식별하기 위해 비용분류체계(Cost Breakdown System)이라고 하는 코딩 시스템을 개발할 수 있다. 코딩 시스템은 WBS, 즉 수행할 작업과 직접 관련되기 때문에 프로젝트의 모든 참여자가 사용하는 공통 코드를 제공한다. 코딩 시스템은 8장과 9장에서 논의된다.

WBS, OBS 및 CPM의 통합은 프로젝트 추적 및 통제의 기초가 되는 프로젝트 계획을 형성한다. 요구되는 작업(WBS에 정의된 것)과 프로젝트를 완료하기 위한 일정(CPM에 표시된 것)에 따라 작업을 수행하는 사람들(OBS에 표시된 사람들)과 관련된 계정 코드를 개발할 수 있다. 따라서 WBS, OBS 및 CPM은 모두 포괄적인 프로젝트 계획을 형성하기 위해 서로 연결되어야 한다.

효율적이기 위해서는 프로젝트관리 시스템이 프로젝트의 모든 측면을 통합해야 한다; 수행해야 할 작업, 누가 그것을 할 것인지, 언제 할 것인지, 비용은 어떻게 할 것인가가 될 것이다. 그런 다음 실제 작업을 계획 작업과 비교하여 프로젝트 진행 상황을 평가하고 완료 비용 및 일정을 예측하는 추세를 개발할 수 있다.

그림 6-11은 프로젝트 작업 계획의 개발 단계를 보여준다. 프로젝트 정의와 관련된 주제는 3장과 5장에서 논의되었다. 프로젝트 프레임워크는 이 장에서 소개된다. 프로젝트 일정과 추적은 각각 8장과 9장에 나와 있다.

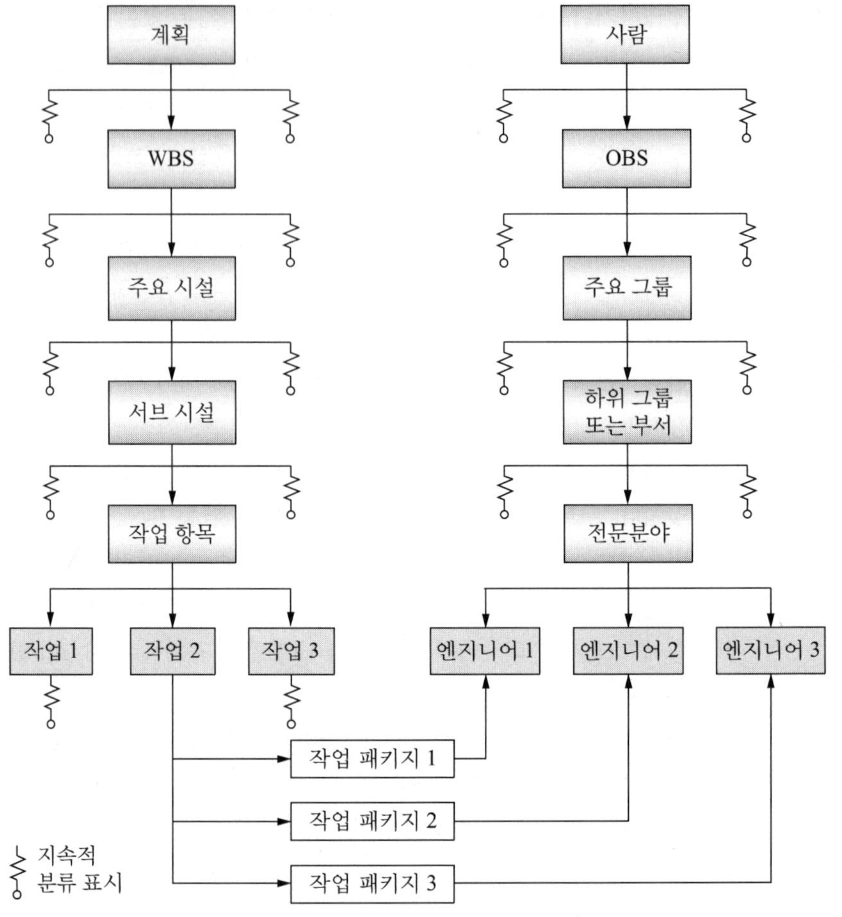

그림 6-10 WBS와 OBS 연결

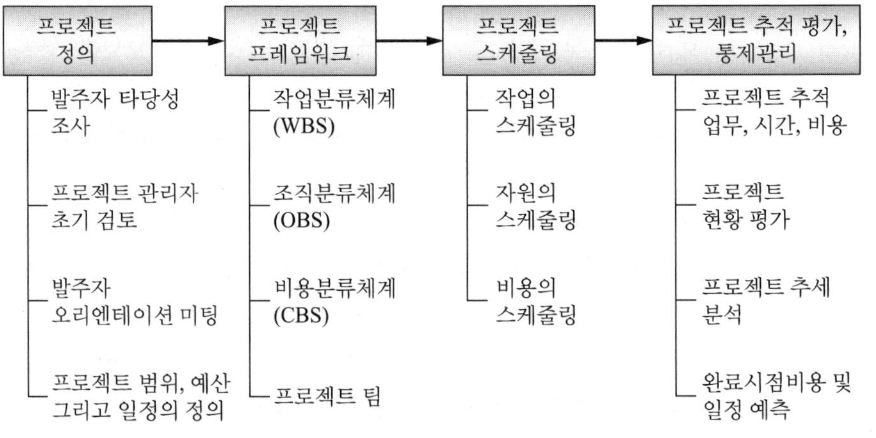

그림 6-11 작업 계획 개발 단계

References

1. Cable, D. and Adams, J. R., *Organizing for Project Management*, Project Management Institute, Newtown Square, PA, 1982.
2. Eldin, N. N., "Management of Engineering/Design Phase," *Journal of Construction Engineering and Management*, ASCE, Reston, VA, Vol. 117, No. 1, March 1991.
3. Emling, R. E., "A Code-of-Accounts from an Owner's Point of View," *Transactions of the American Association of Cost Engineers*, Morgantown, WV, 1970.
4. *Handbook for Preparation of Work Breakdown Structures*, NHB 5610, National Aeronautics Space Agency, Washington, DC, 1975.
5. Johnston, D. C., "Planning Engineering and Construction Projects," *Engineering Management Division Symposium*, ASCE, Reston, VA, 1986.
6. Neil, J. N., *Manual for Special Project Management*, Construction Industry Institute, Austin, TX, July 1991.
7. *Quality in the Constructed Project: A Guide for Owners, Designers, and Contractors*, Volume 1, Manual No. 73, ASCE, Reston, VA, 1990.

7
Chapter

설계 제안

프로젝트의 전개

이 장은 설계 작업을 관리하는 프로젝트관리자의 관점에서 작성되었다. 따라서 이 장의 프로젝트관리자라는 용어는 설계 프로젝트관리자를 언급하는 것이다. 이 장에서 제시되고 논의되는 엔지니어링 설계에 관한 자료는 6장에서 제시된 프로젝트관리의 원칙과 기술을 적용하는 것에 대한 실제적인 예이다. 예를 들어 **범위**는 설계 성과에 요구되는 작업 범위를 의미하고, **예산**은 설계 서비스를 제공하기 위한 비용을 의미하며, **일정**은 설계 작업을 수행하기 위한 일정을 의미한다.

프로젝트는 개념에서 완성까지의 개발과정에서 연속적인 변화 상태에 있다. 프로젝트는 끊임없는 변경이 있기 때문에, 설계 프로젝트관리자는 프로젝트 초기에 참여해야 하며, 최종 준공될 때까지 프로젝트에 관심을 가져야 한다. 설계 프로젝트관리자의 연속성은 성공적인 프로젝트를 위해 중요하다. 모든 경우에 있어 프로젝트관리자는 프로젝트 스폰서와의 주요 접촉자이다. 프로젝트의 변경사항은 설계 팀의 주요 문제이다. 변경사항은 프로젝트가 다음 단계로 진행될 때 발생한다.

- 스폰서에 의한 개발 단계
- 프로젝트팀 구성 단계
- 엔지니어링 단계
- 구매조달 단계
- 시공 단계
- 시스템 테스트 및 시운전 단계
- 프로젝트 완료 및 계약 종료 단계

스폰서에 의한 개발 단계는 대체적으로 프로젝트 개발을 위한 제안요청서(RFP: Request for Proposal)로 종료된다. 현재 프로젝트 개발 단계에서 제안 요청 및 스폰서의 목표를 분명히 이해해야 한다. 발주자, 사업 단위, 운영 그룹, 클라이언트, 고객 및 최종 사용자를 포함한 다양한 명칭으로 불리기도 한다. 본질적으로 스폰서는 작업을 요청한 조직으로 작업이 완료되면 목적물을 사용하게 된다. 설계 팀은 프로젝트의 원하는 결과와 스폰서가 프로젝트를 착수하는 이유를 명확하게 이해하는 것이 중요하다.

프로젝트 실행 계획

설계 제안을 개발하는 첫 번째 단계는 설계 프로세스를 관리하기 위한 프로젝트 실행 계획을 개발하는 것이다. 계획에는 RFP에서 다루는 업무 범위가 포함되어야 하며, 사내 및 계약 당사자 직원을 포함하여 프로젝트에 참여할 다른 사람들과의 인터페이스가 있어야 한다. RFP는 작업 범위를 막연하게 정의하여 나중에 예상치 못하는 추가 작업을 유발할 수 있어 예산 및 일정에 악영향을 미치는 일이 빈번하게 발생한다.

실행 계획에는 주요 마감일을 포함하여 주요 단계 및 작업 내용을 보여주는 주요한 기한이 포함되어야 한다. 프로젝트를 진행할 때 예상하지 못한 사건이 발생할 것을 대비하여 예비비를 계산하여야 한다.

프로젝트 정의

프로젝트 정의는 주로 스폰서 조직의 책임이지만 설계 조직은 종종 프로젝트 정의를 지원하는데 참여한다. 설계 팀의 초기 질문은 다음과 같다: 우리는 프로젝트에 대해 무엇을 알고 있는가? 우리는 무엇을 시도하려고 하는가? 우리가 해야 할 일은 무엇인가? 이 질문에 대한 대답은 프로젝트의 좋은 정의에 달려 있다. 프로젝트의 좋은 정의 없이 설계 작업의 범위를 정의하는 것은 불가능하다. 프로젝트 정의는 엔지니어링 설계의 전제 조건이다.

잘못된 프로젝트 범위 정의는 프로젝트 변경, 재작업, 일정 지연 및 비용 초과의 원인이다. 미국건설산업연구원(CII)의 사전 계획 기획 연구팀은 프로젝트의 정의 수준을 측정하는 도구로서 PDRI(Project Definition Rating Index)를 개발했다. 프로젝트팀은 상세한 설계 또는 시공에 대한 승인 이전에 프로젝트의 범위 개발 수준을 정량화하고 평가하고 판단할 수 있다. 연구팀 성과의 핵심 전제는 팀이 사전 계획을 계획하는 동안 팀이 올바른 방식으로 프로젝트를 협업(제휴)하고 올바른 작업(범위 정의)을 수행해야 한다.

그림 7-1은 주로 플랜트 건설 업무에 적용되는 플랜트 프로젝트용 PDRI이다. 건축 프로젝트를 위한 PDRI와 기반시설 프로젝트를 위한 PDRI도 있다.

1. 프로젝트 결정의 기본원리
A. 제조 목적 기준
A1. 신뢰할 수 있는 철학
A2. 유지관리 철학
A3. 경영 철학
B. 사업적인 목적
B1. 제품
B2. 시장 전략
B3. 프로젝트 전략
B4. 가격의 적절함/타당성
B5. 수용력
B6. 미래 확장 고려사항
B7. 예상되는 프로젝트 수명주기
B8. 사회적인 문제들
C. 연구와 개발의 기초 자료
C1. 기술
C2. 프로세스
D. 프로젝트 범위
D1. 프로젝트 목표 진술
D2. 프로젝트 설계 기준
D3. 사용가능한 사이트 특징 vs 요구사항
D4. 해체 및 철거 요구사항
D5. 리드/작업의 전문분야 범위
D6. 프로젝트 일정
E. 가치공학
E1. 프로세스 단순화
E2. 설계와 재료 대안 고려사항/거부
E3. 시공성 분석을 위한 설계

2. 프런트 엔드 방식 정의
F. 사이트 정보
F1. 사이트 위치
F2. 설문조사와 토양 테스트
F3. 환경 평가
F4. 요구사항들의 허가
F5. 공급조건과 유틸리티 자원
F6. 화재 예방과 안전 고려사항
G. 프로세스/기계
G1. 프로세스 흐름도
G2. 열과 재료의 균형
G3. 배관과 기계 다이어그램(P&IDs)
G4. 프로세스 안전관리(PSM)
G5. 유틸리티 흐름도
G6. 시방서
G7. 배관 시스템 요구사항
G8. 평면도
G9. 기계 장비 목록
G10. 라인 목록
G11. 조건부 구입 목록
G12. 배관 특수 항목 목록
H. 설비 범위
H1. 설비 등급
H2. 장비 위치도
H3. 설비 유틸리티 요구사항
I. 토목, 구조 그리고 건축
I1. 토목/구조 요구사항
I2. 건축 요구사항
J. 사회기반시설
J1. 수처리 요구사항
J2. 상차/하차/저장시설 요구사항
J3. 교통 요구사항
K. 기계와 전자
K1. 통제관리 철학
K2. 논리 다이어그램
K3. 전기 영역 분류
K4. 변전소 요구사항/발전 자원 확인
K5. 전기 신호라인 다이어그램
K6. 계측 및 전기 시방서

3. 실행 접근법
L. 구매조달 전략
L1. 구매조달 전략 설비와 재료
L2. 구매조달 절차와 계획
L3. 구매 책임 매트릭스
M. 성과물
M1. CADD/모델 요구사항
M2. 성과물 정의
M3. 분배 매트릭스
N. 프로젝트 통제관리
N1. 프로젝트 통제관리 요구사항
N2. 프로젝트 회계 요구사항
N3. 리스크 분석
P. 프로젝트 실행 계획
P1. 발주자/승인 요구사항
P2. 엔지니어링/시공 계획 및 접근법
P3. 조업중단/턴어라운드 요구사항
P4. 사전 시운전 교체 순서 요구사항
P5. 시운전 요구사항
P6. 트레이닝 요구사항

그림 7-1 플랜트 프로젝트용 PDRI (출처: 미국건설산업연구원)

산업 프로젝트를 위한 PDRI는 70개 요소로 구성되어 있으며, 15개 범주로 분류되며, 세 범주로 나눠져 있다(그림 7-1 참조). PDRI를 결정하기 위해 각 요소는 1에서 5까지의 등급으로 등급이 매겨진다. 1을 나타내는 요소 등급은 완전한 정의를 나타내지만 등급 5는 요소의 불완전하거나 불완전한 정의를 나타낸다. 요소 가중치의 합계는 프로젝트의 복합 가중치로 최대 1,000포인트의 범위를 가질 수 있다. 복합 가중치는 낮은 점수는 더 높은 점수로 높은 점수는 더 낮은 점수로 만들 수 있다. 연구팀은 40개 프로젝트를 분석한 결과 1,000개 포인트 중 200개 미만의 프로젝트가 200개 이상인 프로젝트보다 훨씬 성공적이라는 것을 발견했다.

프로젝트 정의의 문제점

프로젝트의 요구사항을 정의하는데 시간이 충분하지 않은 경우가 종종 있다. 프로젝트 정의는 일반적으로 엔지니어링 및 건설 외부의 사람들이 수행한다. 이 개인들은 일반적으로 재정에 관련된 직무 책임이나 스폰서 조직에서 사업 단위를 관리하는 직무 책임을 가지고 있다. 업무 책임과 전문성은 엔지니어링 설계 및 시공으로 전환될 수 있다는 측면에서 프로젝트 요구사항을 정의하는 것과 관련이 없는 경우가 많다.

때로는 프로젝트에 관해 유일하게 알려진 정보는 발주자가 지출해야 하는 자금이며, 발주자가 자금 지출로부터 원하는 것과 모호한 아이디어이다. 발주자는 자신이 원했던 것의 희망 목록을 가지고 있을 수 있지만 기업의 정보는 사용 가능한 총 금액이다. 이러한 유형의 상황에서 설계자는 발주자와 긴밀히 협력하여 프로젝트의 바람직한 운영상의 기준을 식별해야 한다: 프로젝트가 완료되면 발주자가 프로젝트를 통해 수행하고자 하는 작업. 설계자는 발주자가 원하는 것을 요구하는 것으로부터 분리하도록 도와주어야 한다. 설계자는 발주자의 요구사항을 엔지니어링 작업 범위 및 최종 프로젝트를 완성하는데 소요되는 건설비용으로 변환해야 한다. 프로젝트가 발주자의 가용 자금을 초과하지 않도록 프로젝트의 각 요소에 대한 비용을 결정해야 한다.

사람들의 높은 이직률은 목표를 정의하는데 있어 또 다른 문제점이다. 많은 발주자 조직은 종종 직원을 승진시키고 재배치한다. 사람들의 이직은 우선순위의 변화로 이어질 수 있다. 프로젝트가 승인 단계에 도달하면 초기 프로젝트 정의를 수립한 사람들은 더 이상 관여하지 않을 수 있다. 프로젝트가 완료될 때 프로젝트를 사용할 현재 운영 그룹의 구성원은 확립된 프로젝트 정의가 목표와 목적을 충족하는지 확인하는 작업에 참여해야 한다. 목표와 목적은 적절히 정량화되고 문서화되어야 한다. 이를 위해서는 스폰서 조직과 프로젝트팀 간의 조정이 필요하다.

팀 구성원은 프로젝트를 잘 정의된 작업으로 계획하기 위한 전제 조건으로 계획하기 전에 프로젝트가 무엇인지 알아야 한다. 빈번하게 프로젝트 정의에 대한 충분한 이해와 합의가 있기 전에 구현 단계로 급진하게 된다. 정의에 대한 초기 팀 합의를 얻는 것은 프로젝트 범위가 통제 불능에서 벗어나는 것을 방지해준다.

설계 제안서

제안요청서(RFP)를 받으면 설계 프로젝트관리자는 환경 및 지역 사회 관계, 유해 폐기물, 입찰 전략, 필요한 허가 및 규제, 고객의 기대 및 목표와 관련된 글로벌 쟁점에 대해 잘 파악하기 위하여 신중하게 검토해야 한다. 이러한 문제는 나중에 자세히 다루겠지만 프로젝트관리자는 프로젝트의 모든 측면을 알고 있어야 한다.

제안요청서의 목적은 설계를 준비하기 위한 예산과 일정을 수립하고 범위를 확인하는 것이다. 프로젝트 제안서는 새로운 스폰서 자격에 대한 요청처럼 공식적일 수도 있고 기존 작업의 확장 범위에 대한 간단한 개요처럼 비공식적일 수도 있다.

프로젝트 개발 초기 단계에서 설계 엔지니어는 스폰서의 프로젝트 정의를 엔지니어링 작업 범위로 변환해야 한다. 하지만 설계 엔지니어는 스폰서의 정의가 부적절하거나 정보의 누락을 느낄 수 있다. 설계 엔지니어는 명확한 이해를 위해 스폰서에게 연락해야만 한다. 하지만 때로는 스폰서가 불일치를 바로잡기 위해 이를 완전히 명확히 하거나 대응할 수 없는 경우도 있다. 이러한 상황에서 설계 엔지니어는 엔지니어링 작업의 범위를 자신의 능력을 최대한 발휘할 수 있도록 정의한 다음 설계자가 가정한 작업 범위에 따라 예산 및 일정을 수립해야 한다. 따라서 전제 조건과 전체 프로젝트에 미치는 영향을 문서화하고 스폰서에게 전달해야 한다. 이것은 본질적으로 프로젝트의 현재 작업 범위를 고정시킨다. 그런 다음 추후에 추가 정보가 알려지면 해당 부분의 예상 범위, 예산 및 일정을 적절하게 조정할 수 있다.

프로젝트 제안 형태

☐ 기존 작업의 지속성 ☐ 새로운 일

프로젝트 자료

고객 이름: ____________________

작업의 설명: ____________________

작업의 위치: ____________________

담당자: ____________________ 날짜: __________

전문분야

☐ 건축	$ ______	☐ 기계	$ ______
☐ 토목	$ ______	☐ 구조	$ ______
☐ 전기	$ ______	☐ 다른 분야	______

견적

대가: $ __________ 근무시간: __________

시작 날짜: __________ 완료 날짜: __________

제안 요구사항: ☐ 없음 ☐ 있음, 만기일: __________

의견사항

____

승인

☐ 추가 조치 필요 없음 ☐ 추가 토론 요구 ☐ 진행

날짜: __________

배포

회장: ____________________

책임 관리자: ____________________

프로젝트관리자: ____________________

마케터: ____________________

문서 관리자: ____________________

그림 7-2 설계를 위한 프로젝트 제안서 양식

그림 7-2는 프로젝트 제안서 양식의 예시이다. 프로젝트 데이터에는 작업에 대한 간략한 설명이 포함되어야 한다. 만약 필요한 경우 “의견” 아래의 공간은 제안

서에서 중요한 정보를 전달하는 데 사용될 수 있다. 건축, 토목, 전기, 기계 및 구조 또는 기타 특수 전문지식을 포함하여 프로젝트에 참여할 모든 분야를 식별해야 한다. 예산 또는 설계 예상 비용을 알 수 없는 경우 프로젝트 규모 또는 예상 공사비를 기재해야 한다. 양식의 상단 부분이 완료되면 검토 및 승인을 위해 경영진에게 제출된다. 완료된 프로젝트 제안서 양식을 분석하면 경영진은 기본 프로젝트 정보를 기반으로 의사결정을 내릴 수 있다.

설계 프로젝트관리자는 제안서 작업의 전반적인 조정을 관리한다. 구체적인 임무는 다음과 같다.

- 프로젝트의 작업 범위 정의
- 제안 성과를 위한 예산 및 일정을 포함한 작업 계획 수립
- 팀원 간의 효율적인 의사소통을 보장하기 위한 작업 계획 모니터링
- 전문분야 관리자와 의사소통
- 제안서 작성 지원
- 스폰서 인터뷰 참석
- 요금제 수립에 참여
- 프로젝트 산출물 목록의 일치화

이러한 의무를 수행하기 위해 설계 프로젝트관리자와 팀은 다음 질문과 하위 주제를 다루어야 한다.

왜?	왜 우리는 이 프로젝트 수행하고 있는가? - 프로젝트 목표? ■ 프로젝트에 대한 기대 - 확인 및 문서화 ■ 운영 파라미터 - 생산될 제품 또는 제공될 서비스 ■ 비즈니스 요구사항 - 비용/일정 제한 및 기능적 요구사항
무엇?	프로젝트의 최종 목표를 달성하기 위해 필요한 것은 무엇인가? ■ 요구되는 주요 시스템의 설명 - 평면계획, 플로우 시트 등 ■ 해당되는 환경 및 안전 규정의 확인 - 연방, 주, 지방 ■ 사용되는 표준 확인 - 회사 표준 및 스폰서 표준
얼마나?	프로젝트를 완료하는 데 필요한 비용은 얼마인가? ■ 비용 확인 - 달러, 근무시간 또는 둘 다 ■ 원가 견적 방법 설명 - 과거 기록, 공급업체 견적 ■ 견적 구성 - 전문분야별로 견적 계산 워크시트 개발

언제?	프로젝트를 완료하는데 얼마나 많은 시간이 요구되는가? ■ 주요 마일스톤 날짜 설명 - 설계, 구매조달, 시공 및 종료 ■ 요구되는 고급 구매품목 확인 - 주요 장비 및 특수 재료 ■ 잠재적인 일정 위험 식별 - 예비비 옵션 제공
누구?	누가 그 일을 할 것인가? ■ 요구되는 전문성 확인 - 기술 및 비기술적 ■ 인력의 가용성 결정 - 내부 인원 및 외부 인원 ■ 의무 및 역할 할당 - 정의된 권한 및 책임
무엇이 잘못 되었는가?	프로젝트에서 잠재적 위험은 무엇인가? ■ 위험평가 - 비용, 일정, 품질 및 범위에 대한 위험을 식별 ■ 위험분석 - 각 위험의 발생확률 및 영향도 ■ 실행 계획 개발 - 위험 예방, 완화를 위한

전문분야 관리자는 제안서에 대한 기술 지원을 제공할 책임이 있다. 이 지원에는 인력 배치, 예비 설계 수립, 스폰서 정보 검토 및 제안서 문서의 품질관리 검토 수행이 포함된다. 전문분야 관리자는 프로젝트 일정을 충족시키는데 필요한 경우 적절한 기술 전문지식을 확보할 수 있도록 프로젝트에 소요되는 총 작업시간을 설정해야 할 책임이 있다.

그림 7-3은 프로젝트 제안 체크리스트를 보여준다. 프로젝트 데이터는 프로젝트 제안서에 나열된 것과 동일할 수 있다. 스폰서와의 인터뷰에 앞서 프로젝트관리자는 제안된 참석자, 일정 목록, 발표에 사용될 자료 목록(게시판, 사진, 슬라이드 또는 파워포인트와 같은 전자 미디어 프레젠테이션)을 작성해야 한다.

최소한, 프로젝트에 대한 일반적인 작업범위는 제공되는 공간규모에 포함된다. 도면 목록, 장비 목록, 시방서 목록 또는 특별한 스폰서 요구사항과 같은 추가 정보를 양식에 첨부할 수 있다. 작성된 양식과 첨부 파일은 제안서를 작성하기 전에 경영진에게 제출된다.

프로젝트 제안서 체크리스트

프로젝트관리자: ____________ 마케팅 담당자: ____________

프로젝트 자료

고객 이름: ____________

작업의 설명: ____________

작업위치: ____________

제안을 준비하는 견적 비용: $____________

견적된 근무시간: ____________

제안서 지원 문서

- [ ] 조직도
- [ ] 특수 그래픽 목록
- [ ] 요금표
- [ ] 출장 경비의 목록
- [ ] 프로젝트 포함된 목록
- [ ] 제안 시트
- [ ] 직원 이력서의 목록
- [ ] 다른 것: ____________

고객 인터뷰

인터뷰 날짜: ____________ 리허설 날짜: ____________

- [ ] 참석자 목록
- [ ] 의제
- [ ] 프레젠테이션 자료 목록
- [ ] 다른 것: ____________

작업의 일반적인 범위

____

____

____

____

____

____

____

____

- [ ] 도면 목록
- [ ] 시방서 목록
- [ ] 특수 요구사항 목록
- [ ] 다른 것: ____________

승인

____________ 날짜: ____________ ____________ 날짜: ____________

회장 책임자

그림 7-3 **설계 제안서 체크리스트**

엔지니어링 조직

설계 팀의 구성원은 가능한 한 빨리 프로젝트에 참여해야 하며, 바람직한 것은 제안서 준비 단계부터 참여해야 한다. 실제로 작업을 수행할 설계 엔지니어는 범위 정의, 잠재적 문제 식별과 작업 수행을 위한 현실적인 예산 및 일정을 준비하는데 매우 유용한 역할을 할 수 있다. 설계자가 제안서 준비에 포함되지 않거나 제안이

프로젝트관리자

- A. 프로젝트 엔지니어
- B. 일정관리 엔지니어
- C. 도면작성 코디네이터
- D. 전문분야:
  1. 건축
     - a. 책임 건축가
     - b. 건축가
     - c. 도면작성자/CADD
  2. 토목
     - a. 책임 토목엔지니어
     - b. 토목엔지니어
     - c. 토목 기능공
     - d. 도면작성자/CADD
  3. 전기
     - a. 책임 전기엔지니어
     - b. 전기엔지니어
     - c. 전기 기능공
     - d. 도면작성자/CADD
  4. 기계
     - a. 책임 기계엔지니어
     - b. 기계엔지니어
     - c. 기계 기능공
     - d. 도면작성자/CADD
  5. 구조
     - a. 책임 구조엔지니어
     - b. 구조엔지니어
     - c. 구조 기능공
     - d. 도면작성자/CADD
- E. 사무 인력
- F. 문서 관리 인력
- G. 재생산 인력
- H. 계약 행정

그림 7-4 설계에 요구되는 전문기술 분야의 실례

발주자에게 제시되고 승인될 때까지 참여하지 않는 경우가 너무 많다. 그때까지 범위, 예산 및 일정은 정해질 수는 있지만 발주자가 기대하는 대로 프로젝트를 완료하는데 요구되는 실제 작업을 반영하지 않을 수도 있다. 성공적인 프로젝트를 위해서는 설계 팀의 참여와 초기 참여가 중요하다.

설계 성과를 효율적으로 관리하려면 각 프로젝트에 대해 조직도를 개발해야 한다. 조직도는 설계 중에 엔지니어링 관리자와 팀 구성원의 역할과 책임을 정의하는데 효과적이다. 엔지니어링 팀 모든 구성원의 보고 관계를 명확하게 이해해야 한다. 만약 외부 컨설턴트가 참여하는 경우 보고 관계뿐만 아니라 그들의 역할과 책임에 대한 명확한 설명이 있어야 한다. 해당되는 경우 컨설턴트, 전화번호, 팩스 번호 및 전자메일 주소와 함께 엔지니어링 팀의 주요 구성원 목록이 있어야 한다.

그림 7-4는 엔지니어링 설계에 요구될 수 있는 전문 기술 목록의 예이다. 각 프로젝트마다 고유한 기술적 전문지식 목록을 보려면 프로젝트관리자가 프로젝트팀에서 각 구성원의 상호 관계, 역할 및 책임을 보여주는 조직도를 개발해야 한다.

예산을 위한 범위 기준

그림 7-5에 제시된 프로젝트 제안서 세부 사항 시트는 예상되는 설계 서비스 예산을 공식화하는데 도움이 된다. 이 양식은 또한 프로젝트의 최종적인 작업분류체계(WBS) 및 조직분류체계(OBS)를 개발하는데 도움이 된다. 따라서 프로젝트 제안서 세부 정보 시트는 프로젝트 설정 및 관리를 위한 기준으로 사용된다.

설계 프로젝트관리자는 프로젝트와 관련된 각 설계 분야에 대하여 이러한 양식 작업 중 하나를 착수한다. 전문분야는 설계 작업을 완료하는데 요구되는 작업 소요시간을 합리적으로 추정할 수 있도록 충분히 상세하게 정의되어야 한다.

그림 7-5의 맨 위에 표시된 프로젝트 데이터가 완료된 후, 각 양식 및 모든 지원 문서는 적절한 분야 관리자 및 책임 전문분야 담당자에게 검토되어야 한다. 이 두 사람은 요구되는 설계 작업 소요시간을 예측해야 한다. 이 견적에는 상세한 범위 개요, 필요한 시방서 목록 및 예비 도면 목록의 준비가 요구된다. 이 장의 뒷부분에서 설명하는 미니 도면의 준비는 도면 목록을 준비하는 효과적인 방법이다. 생성될 도면의 수는 요구되는 설계 작업 소요시간을 산정하는 기준을 제공한다.

프로젝트 제안 상세 시트

분야: ____________________

프로젝트 자료

프로젝트관리자: ____________________ 마케팅 담당자: ____________________

제안 번호: ____________________

고객 이름: ____________________

작업 설명: ____________________

작업 위치: ____________________

견적된 부서 예산: ____________________ 작업시간: ____________________

범위 정의

____

고객 참조 및 첨부내용

____

작업시간과 함께 필요한 인원 카테고리

	행정	시방서	엔지니어링	도면
각 부서 관리자				
책임 엔지니어				
선임 엔지니어				
초급 엔지니어				
CADD/도면작성 코디네이터				
전체				

사무, 재생산 또는 다른 분야에 포함되지 않는다. 승인권자(PM에게 반환): ________

외부 조정, 기타 요구사항

☐ 시방서 목록

☐ 도면 목록 도면의 전체 수: ____________

☐ 다른 사항들: ____________________

승인권자: ____________________ 날짜: ________

그림 7-5 설계 제안 상세 시트

전문분야 관리자는 시트에 견적된 설계 작업시간을 요약하여 프로젝트 제안 상세 시트를 작성해야 한다. 설계 작업시간을 포함하고 있는 인력 카테고리는 설계

관리자가 작성해야 한다. 이것은 행정관리, 시방서, 엔지니어링 및 도면을 포함하여 각 작업 분류에 요구되는 시간을 요약한 것이다. 프로젝트의 고유성에 따라 그림 7-5에 나와 있는 분류 중 일부를 추가하거나 삭제해야 할 수도 있다. 완성된 서식과 모든 지원 문서는 프로젝트관리자에게 반환된다. 완성된 양식의 예가 그림 5-4에 나와 있다.

설계 프로젝트관리자가 설계 분야의 프로젝트 제안서 세부사항을 수집하고 검토한 후 그림 7-6에 표시된 프로젝트 예산 양식을 완료할 수 있다. 이 양식은 전문분야 관리자로부터 받은 모든 정보와 설계 프로젝트관리자가 제공한 정보를 수집한다. 사무, 재생산, 프로젝트 지원 및 프로젝트관리를 위한 리소스 시간이 추가되어 설계 예산을 완료한다. 완성된 양식의 예가 그림 5-3에 나와 있다. 달러 예산은 몇 가지 방법 중 하나를 사용하여 계산할 수 있다.

소규모 프로젝트 또는 잘 정의된 범위가 없는 프로젝트의 경우에는 자원 시간당 평균 단가가 모두 확인된 시간에 대하여 적용할 수 있다. 규모가 큰 프로젝트 또는 범위가 명확한 프로젝트의 경우 각 인력 카테고리별로 시간을 세분화하여 보다 상세한 달러 예산을 얻을 수 있으므로 평균 시간당 요금을 사용하는 대신 시간당 요금을 보다 정확하고 경쟁력 있게 적용할 수 있다. 자원 시간(노동 비용 및 비용)에 대한 총 예산은 설계 중에 프로젝트의 회계 시스템을 수립하기 위한 기준을 형성한다.

예산 편성 과정에서 예산에 있어 주요한 부주의로 인한 실수 가능성을 줄이고 예산 내에서 설계 성과를 완수할 수 있는지 확인해야 한다. 확인의 예로는 건물당 예상 도면 수, 도면당 예상 작업시간 수, 설계 분야에서 예상되는 예상 소요 시간, 프로젝트의 총 비용당 설계비용 비율 및 주요 장비당 설계 시간 수를 들 수 있다. 설계 예산의 중대한 오류를 방지하기 위해 과거 프로젝트의 데이터를 기반으로 이러한 비율을 간단히 검사할 수 있다.

설계 프로젝트관리자는 또한 예산에 표시된 자원을 필요로 할 때 사용할 수 있도록 다양한 분야의 설계 관리자와 의견을 교환해야 한다. 예상되는 설계 기간 동안 요구되는 평균 자원 수를 간단히 확인하면 설계 팀에서 예상되는 미래의 작업 부하를 알 수 있다. 전문분야 관리자는 자원에 대한 이러한 요구를 설계자의 정상적인 가용성과 비교할 수 있다. 예산은 설계 성과에 대하여 수립되어진다. 나중에 설계 성과를 발견하면 예산에 따른 자원을 사용할 수 없으므로 시간 내에 또는 예산 범위 내에서 프로젝트를 완료할 수 없게 된다. 간단한 확인은 엔지니어링 설계에서 이러한 유형의 문제를 줄일 수 있다.

<table>
<tr><td colspan="11">날짜: ____/____/____
프로젝트 제안 예산 양식
프로젝트 이름</td></tr>
<tr><td rowspan="3">부서 번호</td><td rowspan="3">부서</td><td colspan="8">자원시간</td><td rowspan="3">달러</td></tr>
<tr><td colspan="8">비율</td></tr>
<tr><td>ADMIN</td><td>MTGS</td><td>SHED</td><td>SPECS</td><td>ENGR CALCS</td><td>DWGS</td><td>RCD DRWG</td><td>합계</td></tr>
<tr><td></td><td>프로젝트관리</td><td></td><td></td><td></td><td></td><td></td><td></td><td></td><td>0</td><td>$0</td></tr>
<tr><td></td><td>건축</td><td></td><td></td><td></td><td></td><td></td><td></td><td></td><td>0</td><td>$0</td></tr>
<tr><td></td><td>기계</td><td></td><td></td><td></td><td></td><td></td><td></td><td></td><td>0</td><td>$0</td></tr>
<tr><td></td><td>전기</td><td></td><td></td><td></td><td></td><td></td><td></td><td></td><td>0</td><td>$0</td></tr>
<tr><td></td><td>구조</td><td></td><td></td><td></td><td></td><td></td><td></td><td></td><td>0</td><td>$0</td></tr>
<tr><td></td><td>환경</td><td></td><td></td><td></td><td></td><td></td><td></td><td></td><td>0</td><td>$0</td></tr>
<tr><td></td><td>토목</td><td></td><td></td><td></td><td></td><td></td><td></td><td></td><td>0</td><td>$0</td></tr>
<tr><td></td><td>CADDS</td><td></td><td></td><td></td><td></td><td></td><td></td><td></td><td>0</td><td>$0</td></tr>
<tr><td></td><td>사무</td><td></td><td></td><td></td><td></td><td></td><td></td><td></td><td>0</td><td>$0</td></tr>
<tr><td></td><td>문서관리</td><td></td><td></td><td></td><td></td><td></td><td></td><td></td><td>0</td><td>$0</td></tr>
<tr><td></td><td>재생산</td><td></td><td></td><td></td><td></td><td></td><td></td><td></td><td>0</td><td>$0</td></tr>
<tr><td></td><td>프로젝트 통제관리</td><td></td><td></td><td></td><td></td><td></td><td></td><td></td><td>0</td><td>$0</td></tr>
<tr><td></td><td>경영</td><td></td><td></td><td></td><td></td><td></td><td></td><td></td><td>0</td><td>$0</td></tr>
<tr><td colspan="2">자원-시간 소계</td><td>0</td><td>0</td><td>0</td><td>0</td><td>0</td><td>0</td><td>0</td><td>0</td><td>0</td></tr>
<tr><td colspan="2">대가 소계</td><td>$ -</td><td>$ -</td><td>$ -</td><td>$ -</td><td>$ -</td><td>$ -</td><td>$ -</td><td></td><td>0</td></tr>
<tr><td>업무#</td><td>설명</td><td colspan="8"></td><td></td></tr>
<tr><td></td><td>예비비</td><td colspan="8"></td><td></td></tr>
<tr><td></td><td>일반 경비</td><td colspan="8"></td><td></td></tr>
<tr><td></td><td>출장비</td><td colspan="8"></td><td></td></tr>
<tr><td></td><td>사무실 예산</td><td colspan="8"></td><td></td></tr>
<tr><td colspan="10">경비 소계</td><td>$0</td></tr>
<tr><td colspan="10">합 계</td><td>$0</td></tr>
</table>

그림 7-6 설계 제안 예산 양식

설계 작업 패키지

설계 제안서가 스폰서에 의해 승인된 후, 설계 회사의 프로젝트관리자는 설계 작업을 위한 완벽한 작업분류체계(WBS)를 개발할 수 있다. 그림 6-6에서 볼 수 있듯이 작업 패키지는 WBS의 가장 낮은 수준이다. 작업 패키지는 작업분류체계와 설계 팀의 조직분류체계(OBS)를 연결한다.

그림 7-7은 전기 송전 선로 건설 프로젝트에 대한 기초 설계를 위한 예제 작업 패키지이다. 작업 패키지는 세 가지 범주로 구분된다: 범위, 예산 및 일정. 범위는 제공되는 필수 작업과 서비스를 설명한다. 관련 작업을 제공할 다른 팀 구성원이 그에 따라 작업을 인터페이스 할 수 있도록 충분히 상세하게 설명하여야 한다. 이는 프로젝트관리에서 공통적으로 발생하는 문제가 설계 작업과 관련된 조정이기 때문에 중요하다. 두 사람이 동일한 작업을 수행하거나 어떤 작업이 전혀 수행되지 않을 위험이 있다. 그 이유는 두 사람이 각각 다른 사람이 작업을 한다고 생각하기 때문이다. 누가 무엇을 해야 하는지 명확한 것은 그림 7-7의 범위 내에서 보여준다.

그림 7-5 및 7-6에 제시된 설계 제안서의 정보는 작업 패키지 예산을 준비하는 데 유용하다. 예를 들어, 기초 설계에 대한 각 개인의 근무시간은 그림 7-7의 예산에 표시된다. 또한, 작업의 목록, 책임자 그리고 기초 설계에 관련된 각 사람의 시작 날짜와 종료 날짜가 그림 7-7의 일정에 표시된다. 전체 기초 설계의 전체 시작일과 종료일은 일정 하단에 표시된다.

설계 작업 패키지는 이 책의 10장에서 논의되는 설계 조정의 기준을 제공한다. 작업 패키지는 벤치마크를 수립하여 작업 진행 상황을 모니터링하여 제시간에 승인된 예산 내에서 설계 작업을 완료하도록 한다.

작업 패키지

제 목: 기초 설계

WBS 코드: 7-5-42-A10

1. 범위

요구되는 작업 범위: 밸리 뷰에서 스프링 크리크까지의 스틸 전주 송전선로 프로젝트의 31개 기초에 대한 엔지니어링 분석 및 설계 서비스를 제공한다.

제공할 서비스: 프로젝트의 바탕 재료를 검토한다. 과부하 요인 없이 기초 접지선 반응을 얻기 위해 스틸 폴 제조업체의 구조 엔지니어와 협조해야 한다. 토질 조사 시방서를 작성해야 한다. 토질 조사 보고서 및 천공, 기초의 크기, 직경과 깊이, 수직 및 수평 철근의 크기 등을 분석 검토하여야 한다. 시공을 위한 도면을 준비하고 시방서를 작성한다.

본 작업 패키지에 포함되지 않은 서비스이지만 다른 작업 패키지에 포함된 서비스: 현장정리 작업 패키지에서의 통행권 확보. 측량 작업 패키지에서 토질 조사 업체를 위한 기초 위치 마련

이 작업 패키지에 포함되지 않은 서비스는 다음에 의해 수행된다. 철강 제조업자가 구조 세부 사항을 준비한다. XYZ 컨설팅 서비스 회사가 제공하는 건설 감리 서비스

2. 예산

작업에 할당된 인원	직책	작업시간	$비용	CBS 코드 계정	유형	시간	$비용
프레드 존스	지반 엔지니어	35	$1,925	8159	-	-	-
제임스 토마스	기초 엔지니어	180	$12,600	8172	엔지니어	45	$1,125
랄프 스미스	CADD 운영자	68	$3060	7080	CADD	85	$2,125
지원	엔지니어링 인턴	20	$600	1054	전문가	25	$625
		303 hrs	$18,185			155 hrs	$3,850

개인 비용		컴퓨터 비용		여행 비용		재생산비		기타 비용		총 예산
$18,185	+	$3,850	+	$3,200	+	$175	+	$280	=	$25,690

3. 일정

OBS	수행 업무	책임자	착수일	종료일
510	백업 자료 검토	제임스 토마스	5/2/16	5/5/16
510	지반선 반응 획득	제임스 토마스	5/4/16	5/10/16
530	토질 조사 시방서 작성	프레드 존슨	5/10/16	5/12/16
530	토질보고서 평가	프레드 존슨	6/3/16	6/9/16
510	기초 설계	제임슨 토마스	6/9/16	6/17/16
520	도면의 개발	랄프 스미스	6/15/16	6/23/16
520	시공 시방서 작성	제임슨 토마스	6/20/16	6/27/16
510	설계 검토	제임슨 토마스	6/28/16	6/30/16

작업 패키지: 착수일: 5/2/16 종료일: 6/30/16

추가적 의견: 프로젝트 작업에 책임이 있는 프로젝트 엔지니어는 5월 10일까지 기초 공사를 허용하고 프로젝트에 토질 채굴 트럭 접근을 허용하도록 통행 우선권을 보장해야 한다. 측량을 담당하는 프로젝트 엔지니어는 5월 15일까지 기초를 마련해야 할 필요가 있으므로 토질 조사 회사는 토질 채굴을 시작할 수 있다. 설계 도면 작성 및 시방서 작성 전에 구조용 스틸 상세를 시기적절하게 완료할 수 있도록 철강 공급업체에 통보해야 한다.

담당자: ______________________ 날짜: ________________

승인자: ______________________ 날짜: ________________

그림 7-7 기초 설계를 위한 작업 패키지

미니 도면

설계 제안서의 경우, 미니 도면은 설계도면 및 시방서와 같이 설계 결과물을 정의하는 효과적이고 체계적인 방법이다. 실물 크기의 밑그림 또는 스틱 드로잉이라고도 하는 미니 도면은 설계 작업에서 개발될 전체 크기의 도면을 나타내기 위해 8½×11 크기의 종이에 그려지는 스케치이다. 미니 도면은 손으로 그린 것이기 때문에 빨리 준비할 수 있다.

프로젝트 미니 도면의 전체 세트에는 제목 페이지, 평면 뷰, 입면도, 단면, 일정 및 세부 사항이 최종 도면에 표시되는 순서로 포함된다. 그림 7-8은 일련의 미니 도면에서 한 페이지를 보여주는 예이다. 여기에는 페이지의 맨 위 부분에 있는 건물의 각 층에 대한 5개의 평면 뷰와 시트의 하단에 있는 텍스트에 대한 규정이 나와 있다. 미니 도면의 전체 세트에는 설계 작업에서 생산될 전체 크기의 각 도면마다 한 페이지가 있다. 미니 도면의 개발에는 각 도면을 통한 작업과 규모 및 위치에 따라 예상되는 각 시트의 크기를 조정하는 작업이 포함된다.

룸 마감 일정과 같은 설계 일정도 식별되어 도면의 위치에 지정된다. 세부 사항은 전형적인 디테일 시트 그리드 내에서 결정되고, 카운트 및 할당된 위치를 결정할 수 있다. 미니 도면의 사본은 지침과 함께 초안 담당자 또는 CADD 운영자에게 제공될 수 있다. 설계 중에 조건이 변경되면 미니 도면을 쉽게 참조, 변경 및 재구성할 수 있다. 이를 통해 설계 성과를 효과적으로 관리할 수 있다.

미니 도면의 최종 세트는 설계 시작 전에 검토 및 승인을 위해 전문분야 관리자에게 제출할 수 있다. 미니 도면은 설계 팀이 설계를 문서화하고 설계 산출물을 생산하는 방식을 알려준다. 따라서 미니 도면은 설계 프로세스 전반에 걸쳐 참조할 수 있도록 경영진 및 설계 팀과의 의사소통 도구가 되기 때문에 완성되어야 한다.

미니 도면은 변경사항이 발생할 때 설계 프로세스 중에 변경되거나 변경될 수 있는 살아있는 문서이다. 이 서류는 최신으로 보관해야 한다. 미니 도면은 도면 컨텐츠를 조기에 확립하고 도면 완전성을 정의하는데 도움을 준다. 또한 다음과 같은 이점을 제공한다.

- 효율적이고 질서 정연한 도면 배치
- 예상 도면 수의 초기 계산 결정
- 설계 성과에 요구되는 기술 전문지식의 필수 영역 식별
- 설계에 요구되는 작업시간 결정에 도움

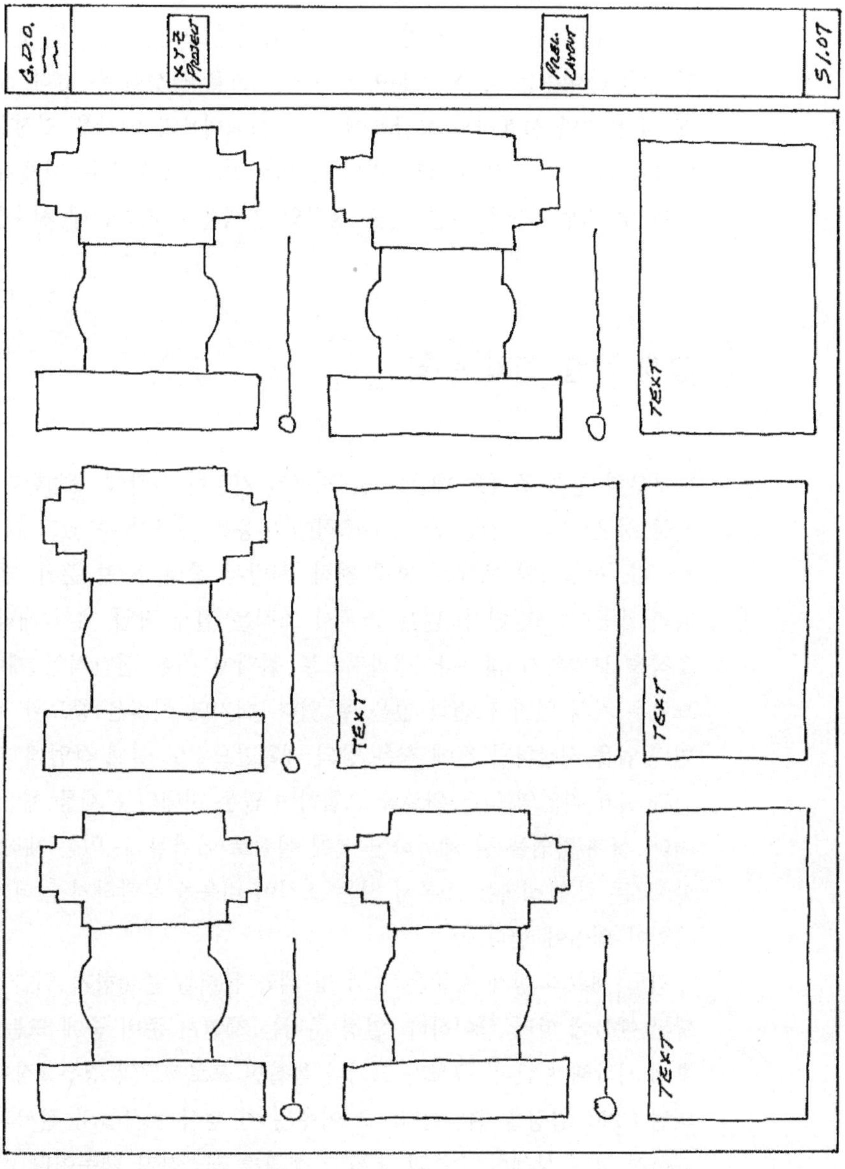

그림 7-8 미니 도면의 예시

- 제도 또는 CADD 작업을 위임하기 위한 시스템 제공
- 부서 및 전문분야 관리자가 인력 배정을 미리 계획할 수 있게 함

미니 도면 세트가 완료되면 예상되는 도면 수를 알 수 있으며, 설계비용을 결정하는 절차가 제공된다. 도면 목록이 완료되면 도면을 제작할 것으로 예상되는 시간 수를 보여주는 각 설계 분야별 요약 시트를 작성할 수 있다. 도면당 필요한 설계 시간 수와 설계자의 요금표에 따라 설계비용과 예산을 결정할 수 있다. 도면 내용을 계획하는 것 외에도 미니 도면은 프로젝트팀 커뮤니케이션을 위한 실제 설계 및 작업시간에 따른 지불 청구의 기록을 유지하는데 사용할 수 있다.

설계 작업 계획 수립

대부분의 설계 조직은 대금 지불 청구가 가능한 시간에 작업한다. 간단히 말해서 지불 청구 가능 시간은 스폰서 조직에 비용을 청구할 수 있고 지불할 수 있는 시간이다. 전형적인 예에는 설계 견적, 시방서 작성, 도면 준비, 테스트 수행 또는 감리 제공이 포함된다. 많은 스폰서 조직은 설계 작업 계획 개발을 위해 설계자 조직을 보완하지 않는다. 결과적으로 설계에 대한 전반적인 계획을 수립하려는 노력은 거의 없거나 전혀 없을 수 있다. 하지만 이것은 중요한 실수이다. 왜냐하면 작업을 시작하기 전에 적은 양의 계획만으로도 설계 작업에 지나치게 많은 시간과 설계 작업의 늦은 완료를 포함하여 많은 미래의 문제를 예방할 수 있기 때문이다. 설계 작업을 잘 계획하면 설계 실수로 이어질 수 있는 재작업을 줄일 수 있다. 모든 설계 성과는 스폰서 하는 조직이 비용을 부담하지 않더라도 작성된 작업 계획이 있어야 한다.

작업 계획의 상세 수준은 설계 및 계약 문서를 준비하기 위한 시간 일정 및 할당된 예산에 따라 상이하다. 일정 준비는 제안서 준비 중에 또는 계약 체결일 직후에 시작해야 한다. 규모가 크거나 복잡한 프로젝트의 경우 8장에서 제시되고 논의된 CPM 일정을 권장한다. 그 이유는 이 형식은 작업의 질서와 상호 의존성에 대하여 보다 상세한 수준과 명확한 정의를 제공하기 때문이다. 일정관리에 CPM 방법을 사용하면 사용자가 다양한 설계 분야 간의 상호 의존성과 상호 관계를 생각하여 명확하게 정의해야 한다. 그 결과 더 상세한 설계 일정이 수립된다.

짧은 시간에 완료해야 하는 소규모 설계 프로젝트의 경우, 각 작업을 시간 순서대로 보여주는 바차트는 간단하고 쉽게 따라할 수 있다. 바차트는 덜 상세하며,

규모가 작고 복잡도가 낮은 설계 프로젝트에 대해서는 유용하다. 전체 설계 작업 일정을 계획하기 위해 모든 개별 설계 바차트를 전체 마스터 CPM 다이어그램으로 옮기는 것이 유리할 수 있다.

8장은 엔지니어링 설계를 위한 CPM 스케줄링에 대한 설명과 예를 제시하고, 9장은 CPM 설계 일정과 구매조달 및 시공의 통합을 제시한다. 부록은 또한 설계 일정, 조달 계획 및 프로젝트 시공 일정을 연결하는 예시를 제시한다.

사용된 방법이 CPM 또는 바차트 어느 것이든지 관계없이, 일정은 제안 준비에 사용된 모든 백업 자료에 대한 철저한 검토부터 시작하여 요구되는 모든 작업을 통합해야 한다. 특히, 스폰서 조직의 특수 요구사항, 적용 코드 및 규제 기관을 포함하여 설계 작업에 영향을 줄 수 있는 조건을 식별하기 위한 백업 자료 검토가 포함되어야 한다. 일정에는 주요 진척 검토, 최종 점검 및 수정, 외부 컨설턴트의 수행 작업 및 설계 완료에 영향을 줄 수 있는 특정 문제가 표시되어야 한다. 시공은 대부분의 프로젝트에서 가장 비용투입이 높은 구성요소이기 때문에 설계 일정은 시공 중심이어야 한다.

설계 일정 개발의 공통적인 실수는 프로젝트 일정에 적절한 예비비를 포함시키지 않는 경우이다. 설계 작업 계획에는 수행되는 것으로 알려진 모든 것이 포함되지만 설계 작업 중에 필연적으로 발생하는 예기치 않은 지연을 보상하기 위한 합당한 여유분을 포함하지 못하는 경우가 너무 많다. 예를 들면 허가 취득 및 규제 기관의 응답 지연, 고객의 설계 검토와 공급업체의 응답 지연 그리고 설계 팀에 정보를 제공하는 외부 조직의 정보 요청(RFI) 등이 포함된다.

설계 예산은 설계 일정과 통합되어야 한다. 설계 작업을 위해서는 시간이 소요되므로 설계비용이 아니라 작업시간에 예산을 정의하는 것이 더 효과적이다. 총 직원 작업시간을 일정에 통합하면 예산과 일정을 동시에 관리할 수 있는 체계적인 방법이 제공된다.

작업 계획이 수립된 후 작업 계획의 정보를 사용하여 진행 일정을 개발할 수 있다. 여기에는 전체 도면을 예측하는 미니 도면이 포함된다. 각 도면 그룹에는 복잡성, 프로덕션 설계의 재사용 가능성 및 유사한 프로젝트의 과거 경험을 기반으로 하는 작업시간 데이터에 의해 결정된 완료시간이 할당되어야 한다. 진행 일정은 정기적인 보고 기간에 검토 및 업데이트 되어야 하며, 대개 시간 기록표 제출과 동시에 이루어져야 한다. 각 도면 또는 도면의 그룹, 작업의 완성도에 대한 분석에 기초하여 실제 진행 상황을 검토하여 할당된 시간 대 완료 예상시간을 기준으로 현재의 성과수준에서 예상되는 결과를 제공한다. 정기적인 검토는 전반적인 진행상황에 대한 일관된 보고를 제공한다. 이를 통해 적시에 요구되는 조정이 확정된 일정표 및 할당된 예산 내에서 완료 되도록 할 수 있다.

작업 계획이 수립되고 미니 도면이 완성된 후 프로젝트관리자는 설계 팀 및 외부 컨설팅 전문가를 위한 기본 규칙을 수립해야 한다. 도면 및 CADD 작업에 대한 표준을 수립하고 문서화하며, 전체 팀과 검토해야 한다. 미국건축가협회(AIA)는 건물 부문의 프로젝트에 일반적으로 사용되는 표준화 기준을 마련했다. 공정 산업 부문의 스폰서 또는 고객은 프로젝트에 설계 작업을 수행하는 엔지니어링 회사에 요구되는 드로잉 표준을 가지고 있다. 많은 스폰서 및 고객들은 프로젝트 설계에 사용해야 하는 특정 CADD 시스템을 지정한다. 프로젝트를 운용하기 위한 관리 시스템을 팀과 함께 검토하여 모든 팀 구성원들이 스폰서 및 고객들이 기대하는 바를 알고 있는지 확인해야 한다. 특히, 설계 견적을 점검하는 시스템과 도면을 확인하는 절차가 최소한의 오류 발생 및 시공성을 보장하는데 요구된다.

설계 예산은 설계 서비스 계약 및 계약 문서를 작성하기 위한 작업 계획과 관련된다. 승인된 예산과 실제 비용을 비교하여 면밀히 모니터링하는 것은 시공을 위한 설계도서의 완성을 보장하기 위해 요구된다.

엔지니어링 프로젝트 통제관리

모든 설계 작업을 위해서는 범위의 변경을 제어하는 프로세스가 있어야 한다. 범위 변경 프로세스는 범위 변경이 발생할 때 프로젝트 비용 및 일정에 대한 변경의 영향이 프로젝트팀의 모든 구성원, 특히 스폰서 조직에게 완전히 이해되도록 해야 한다. 늦은 범위 변경의 불리한 영향은 스폰서에게 전달되어야 한다.

진도 측정 및 일정관리를 위한 시스템이 구축되어야 한다. 시스템에는 진행 관리 및 일정 관리와 관련하여 엔지니어링 관리자와 엔지니어링 팀의 역할 및 책임을 포함하여 엔지니어링을 위한 WBS가 포함되어야 한다. 외부 컨설턴트의 역할과 책임도 시스템에 포함되어야 한다.

비용 통제를 위한 시스템을 구축해야 한다. 시스템은 외부 컨설턴트를 포함하여 엔지니어링 관리자와 팀 구성원의 역할과 책임을 설명해야 한다. 시스템은 엔지니어링을 위한 CBS를 포함해야 한다. 엔지니어링에 대한 예비비 및 관리 방법은 설계 작업의 비용 통제에서 중요한 요소이다. 비용 통제를 위한 시스템은 엔지니어링 예산의 변경 승인을 얻는데 사용할 프로세스를 정의해야 한다. 원가관리 시스템에는 생산성 측정 및 원가 성과 보고 절차도 포함되어야 한다.

엔지니어링 설계의 진도 측정

프로젝트 계획의 목적은 프로젝트를 성공적으로 제어하여 예산 및 일정 안에서 완료를 보장하는 것이다. 프로젝트 진행 상황을 측정하면 프로젝트 실행을 위한 현실적인 계획 수립 시 관리부분을 지원할 수 있으며, 프로젝트관리자와 고객에게 프로젝트 성과에 대한 일관된 분석을 제공한다. 진도 측정은 또한 프로젝트 계획 및 범위 확대로부터의 편차를 식별하는 조기 경보 시스템을 제공한다. 엔지니어링 작업을 제어하기 위해서는, 도면 상태, 시방서 목록, 설비 목록 및 장비 목록을 사용하여 프로젝트 상태와 지속적인 계획을 결정한다.

프로젝트 제안이 완료되면 프로젝트관리자는 엔지니어링 설계의 진행 상황을 측정하는 시스템을 구축해야 한다. 설계의 성과물에는 견적 수행, 도면 생성 및 프로젝트 시방서 작성이 포함된다. 이러한 성과물은 작업 범위에 정의되고 작업 분류체계로 구성되며, 설계 예산을 결정하는데 사용된다. 표 7-1은 엔지니어링 설계를 위한 진도 측정 시스템의 예이다. 이 시스템은 건축, 토목, 구조, 전기, 계측 및 기계 공학을 비롯한 엔지니어링 분야별 업무 패키지로 분류된다. 이 시스템에는 드로잉을 생성하는데 요구되는 시간뿐만 아니라 각 분야의 설계 견적 및 드로잉을 생성하는데 소요되는 시간 비율이 포함되어 있다. 이 표의 정보는 9장에서 논의되는 비용 및 일정 성과를 측정하기 위한 기준을 형성한다.

설계는 창조적인 과정이기 때문에 설계의 진도를 측정하는 것은 어렵다. 때로는 실제 결과를 보지 않고도 상당한 시간을 소비할 수 있다. 예를 들어, 설계 분석 중에 수많은 컴퓨터 시뮬레이션이 필요할 수 있다. 시뮬레이션 작업에는 많은 시간과 노력이 소요될 수 있지만 시뮬레이션이 완료되지 않은 경우 설계 작업의 실제 결과를 보여주는 제작된 도면이 없다. 마찬가지로, 수많은 도면이 거의 완성되었을 수도 있지만 아직 완성되지 않은 도면이 있다. 절반 완성된 도면을 정의하는 것은 어렵다. 따라서 완성된 도면의 수를 계산하여 설계 진행상황을 측정하는 것은 설계 작업의 진행을 완전히 측정하지 못하는 결과를 초래할 수 있다.

대부분의 스폰서는 검토를 위해 설계 일정에 마일스톤을 요청한다. 예를 들어 스폰서가 검토하도록 지정된 60%의 설계 완료 마일스톤이 있을 수 있다. 스폰서와 디자인 팀은 60% 설계 완성을 정의하고 측정하는 방법에 대해 합의해야 한다. 예를 들어 60% 설계 완료는 모든 건축 작업 및 구조 작업 완료, 전기 도면 50% 완성, 기계 도면 25% 및 시방서 작성 시작으로 정의할 수 있다. 9장에서는 설계 작업의 진도를 측정하는 방법을 제시한다.

표 7-1 엔지니어링 설계 작업 패키지를 위한 진도 측정 시스템의 예시

A: 건축 설계 작업 패키지의 작업 분류

건축 설계 = 설계 300시간 및 CADD 180시간
도면: 83시간의 도면 작성

설계 = 설계 작업의 40%	
설계 파라미터의 식별	25%
레이아웃 및 방법 확립	20%
관련 도면 작성 준비	35%
최종 도면	20%
	합계 = 100%

제도 = 설계 작업의 60%	
테두리 및 기본 레이아웃 설정	15%
완성된 정보의 검토	10%
80% 완성도에 대한 관련 설계 작업	25%
품질관리 검토 # 1	3%
엔지니어링 계약	39%
품질관리 검토 #2	3%
기록도면	5%
	합계 = 100%

시방서: 총 8시간, 시방서당 2시간

B: 토목 설계 작업 패키지의 작업 분류

토목 설계 = 171시간의 설계 작업과 100시간의 CADD
도면: 135시간의 도면 작성
사이트 땅고르기 및 배수 = 91시간의 설계와 60시간의 CADD
사이트 작업 상세 = 80시간의 설계와 40시간의 CADD

제도	
현장조사	8%
사이트 기본도면	35%
품질관리 검토#1	3%
계약 엔지니어링	26%
전체 사이트 도면 및 상세	20%
품질관리 검토#2	3%
도면 기록	5%
	합계 = 100%

시방서: 총 7시간, 시방서당 1시간

C: 구조 엔지니어링 설계 작업 패키지의 진도 측정	
구조 엔지니어링 = 설계 480시간, CADD작업 240시간	
도면: 도면당 80시간	
엔지니어링 설계 = 설계 작업의 40%	
설계 파라미터 식별	25%
레이아웃 및 방법 수립	20%
관련 도면 준비	35%
최종 도면 발행	20%
제도 = 설계 작업의 60%	
경계 및 기초 레이아웃 수립	15%
기존 정보 검토	10%
80% 완성에서 관련된 설계 작업	25%
품질관리 검토 #1	3%
도면 완성	39%
품질관리 검토 #2	3%
도면 기록	5%
시방서: 총 4시간, 시방서당 1시간	

D: 전기 엔지니어링 설계 작업 패키지의 작업 분류	
전기 엔지니어링 설계 = 설계 72시간, CADD 42시간	
도면: 도면당 18시간	
엔지니어링 설계 = 설계 작업의 40%	
설계 파라미터 식별	25%
레이아웃 및 방법 수립	20%
관련 도면 준비	35%
최종 도면 발행	20%
	합계 = 100%
제도 = 설계 작업의 60%	
경계 및 기초 레이아웃 수립	15%
기존 정보 검토	10%
80% 완성에서 관련된 설계 작업	25%
품질관리 검토 #1	3%
도면 완성	39%
품질관리 검토 #2	3%
도면 기록	5%
	합계 = 100%
시방서: 총 4시간, 시방서당 1시간	

E: 계측 엔지니어링 설계 작업 패키지의 진도 측정

계측 엔지니어링 = 설계 124시간, CADD 80시간
도면: 도면당 121 시간

엔지니어링 설계 = 설계 작업의 40%

설계 파라미터 식별	25%
레이아웃 및 방법 수립	20%
관련 도면 준비	35%
최종 도면 발행	20%
	합계 = 100%

초안 = 설계 작업의 60%

경계 및 기초 레이아웃 수립	15%
기존 정보 검토	10%
80% 완성에서 관련된 설계 작업	25%
품질관리 검토 #1	3%
도면 완성	39%
품질관리 검토 #2	3%
도면 기록	5%
	합계 = 100%

F: 기계 엔지니어링 설계 작업 패키지의 작업 분류

기계 엔지니어링 설계 = 설계 496시간, CADD 235시간

도면

기존 공장의 공정배관계장(P&I) 도면	설계 56시간, CADD 20시간
기계적인 평면도	설계 60시간, CADD 25시간
상세 - 배관과 급수	설계 120시간, CADD 60시간
보일러 파이핑 개략도#1	설계 60시간, CADD 30시간
보일러 파이핑 개략도#2	설계 60시간, CADD 30시간
보일러 스택 상세	설계 80시간, CADD 40시간
기타 세부정보	설계 20시간, CADD 10시간
장비 목록 개발	설계 40시간, CADD 20시간

공학 엔지니어링 = 설계 작업의 40%

설계 파라미터 식별	25%
레이아웃 및 방법 수립	20%
관련 도면 준비	35%
최종 도면 발행	20%
	합계 = 100%

제도 = 설계 작업의 60%	
경계 및 기초 레이아웃 수립	15%
기존 정보 검토	10%
80% 완성에서 관련된 설계 작업	25%
품질관리 검토 #1	3%
도면 완성	39%
품질관리 검토 #2	3%
도면 기록	5%
	합계 = 100%
시방서	
보일러 시방서 = 설계 132시간	
기준 시방서 추가정보	25%
관련 정보 검토	15%
검토를 위한 입력과 준비	20%
고객 검토를 위한 발행	20%
고객 검토에 대한 수정	10%
최종 발행	10%
	합계 = 100%
다른 시방서: 총 19시간, 시방서당 1시간	

References

1. Anderson, S. D. and Tucker, R. L., *Assessment of Architecture/Engineering Project Management Practices and Performance*, Special Publication No. 7, Construction Industry Institute, Austin, TX, April 1990.
2. *Consulting Engineering: A Guide for the Engagement of Engineering Services*, Manual No. 45, American Society of Civil Engineers, Reston, VA, 1988.
3. Eldin, N. N., "Management of Engineering/Design Phase," *Journal of Construction Engineering and Management*, ASCE, Reston, VA, Vol. 117, No. 1, March 1991.
4. Vorba, L. R. and Oberlender, G. D., "A Methodology for Quality Design," *Project Management Symposium*, Project Management Institute, Newtown Square, PA, October 1991.
5. Bachner, J. P., *Practice Management for Design Professionals-A Practical Guide to Avoiding Liability and Enhancing Profitability*, John Wiley & Sons, New York, NY, 1991.

8 Chapter

프로젝트 일정계획

프로젝트 계획 수립과 일정계획

프로젝트 계획은 프로젝트의 성공적인 완수를 위하여 모든 업무활동에 요구되는 확인 과정이다. 프로젝트 일정은 활동과 배치, 각 활동의 실질적인 작업 기간을 순차적으로 계획 결정하는 과정이고 각각 작업의 시작과 종료 날짜를 결정하는 과정이다. 그러므로 프로젝트 계획은 프로젝트 일정을 전제조건으로 한다. 왜냐하면 활동의 순서 또는 시작과 종료의 날짜가 확인될 때까지 프로젝트 계획을 진행할 방법이 없기 때문이다.

하지만 종종 프로젝트 계획 수립과 프로젝트 일정계획은 동일한 의미로 사용된다. 왜냐하면 계획 수립과 일정계획은 서로 상호적으로 작용하기 때문이다. 예를 들어 작업의 구체적인 목록은 프로젝트를 위해서 계획되고 일정 수립이 되는 것이다. 그런 다음, 일정을 검토한 후에 프로젝트에 대한 최상의 일정을 얻기 위해서는 일부 활동을 추가하거나 재배치해야 한다고 결정할 수 있다.

계획 수립은 일정계획보다 더 어렵다. 프로젝트 플래너/스케줄러의 실제적인 능력은 프로젝트를 완료하는데 필요한 모든 작업을 식별할 수 있는 능력이다. 이 책의 이전 장에서는 작업 활동을 식별하고 해당 활동을 의미 있는 범주로 그룹화하는데 중점을 두었다. 예를 들어, 6장에서 프로젝트 완료를 위해 실행되는 활동 목록으로서 잘 정의된 작업분류체계(WBS)를 개발하는 프로세스를 들 수 있다.

활동을 식별한 후에는 프로젝트 일정을 결정하는 것이 상대적으로 용이하다. 일정계획을 위해 많은 방법과 도구가 개발되었다. 컴퓨터는 보편적으로 프로젝트 일정에 대한 계산을 수행하는 데 사용된다. 하지만 계획과 일정 모두에 충분한 주의를 기울여야 한다. 때때로 프로젝트 일정은 컴퓨터로 생성된 일정이 너무 많이 강조되어서 실현 가능하지 않을 수 있다. 플래너/스케줄러는 일정을 생성하기 위해 컴퓨터를 작동하기 전에 충분한 시간을 들여 계획을 검토해야 한다. 간단히 말하면, 컴퓨터 응용 프로그램에 능숙하기보다는 좋은 계획을 세우는 것이 좋다. 이전 장에서 제시되고 논의된 자료는 훌륭한 프로젝트 일정을 개발하는 단계를 설정해 주었다.

계획의 기대하는 결과

프로젝트 계획 수립은 모든 당사자의 작업을 조정하는 중심적인 의사소통을 제공하기 때문에 프로젝트관리의 핵심이다. 또한 계획은 프로젝트를 성공적으로 완료하는데 요구되는 작업의 양, 비용 및 타이밍을 추적하기 위해 프로젝트 관리 시스템의 기준을 제공한다. 가장 일반적인 계획의 결과는 제시간에 프로젝트를 완료하는 것이지만 좋은 프로젝트 계획에서 추출할 수 있는 다른 이점이 있다(표 8-1 참조).

계획은 프로젝트 일정계획의 첫 번째 단계이다. 계획 수립은 프로세스이며 개별 활동이 아니다. 변경사항이 발생하면, 추가적 계획은 일정에 변경사항을 반영하기 위해 요구된다. 프로젝트 일정에 영향을 줄 수 있는 상황이나 사건이 많이 있다. 예를 들면 인력의 변경, 허가 문제, 주요 설비 변경 또는 설계 문제 등이 있다. 좋은 계획은 변화를 감지하고 가장 효율적인 방식으로 일정변경을 조정한다.

많은 설계 엔지니어가 공통적으로 제기하는 불만 사항 중 하나는 중단 및 지연으로 인해 업무를 효율적으로 수행할 수 없다는 것이다. 이러한 문제의 원인은 일반적으로 계획이 부족하고 경우에 따라 전혀 계획하지 않는 것이다. 계획은 각 개인이 필요로 하는 작업과 개인 간의 작업 인터페이스를 명확하게 식별하여야 한다. 또한 검토 및 승인을 위한 지연 시간을 포함하여 프로젝트 참여자간에 정보교환을 위한 합리적인 시간 배분을 포함해야 한다.

표 8-1 프로젝트 계획과 일정으로부터 기대되는 결과

1. 프로젝트를 정해진 시간에 마치는 것
2. 업무의 지연 없는 방해받지 않는 지속적인 흐름
3. 최소한의 변화량으로 재작업의 양을 줄이는 것
4. 혼동과 오해의 최소화
5. 모든 사람에게 프로젝트의 진행상황에 대해 인지시킬 수 있음
6. 관리에 의미 있고 시기적절한 보고
7. 프로젝트를 직접 실행하여 관리할 수 있음
8. 프로젝트 핵심 부분의 예정완료 시간 인지
9. 프로젝트 비용분배에 대한 인지
10. 사람들의 책임, 정의된 책임/권한
11. 누가 무엇을 언제, 얼마나 많이 하는지에 대한 명확한 이해
12. 발주자에게 양질의 프로젝트를 보장하기 위한 모든 작업의 통합

많은 설계자들의 또 하나의 공통적인 불만사항은 프로젝트의 변경으로 인해 재작업해야 하는 양이다. 이로 인해 혼돈과 오해가 발생되어 생산적인 일을 방해한다. 계획에는 일의 착수 전에 하여야 할 일을 명확하게 포함하고 있어야 한다. 그럼에도 불구하고 프로젝트의 변경이 필요하면 초기 개발 단계에서 나타나야 한다. 만일 작업 도중에 변경이 예상되면 예상변경에 대한 합리적인 시간 및 예산의 여유를 포함하여 계획하여야 한다. 너무 자주 변경사항이 발생하지만 프로젝트 계획에 포함하지 못한다는 사실을 사람들은 알고 있다.

프로젝트 계획 수립 및 일정계획은 문제를 예방하는 효과적인 수단이 될 수 있다. 프로젝트 계획 및 일정 수립은 업무 지연을 예방할 수 있다. 늦은 프로젝트 완료 및 비용 초과와 같은 주요 원인들은 종종 법적 분쟁을 발생시킨다. 또한 이것은 프로젝트 진행방향의 결여로 인한 근로자들의 낮은 사기와 생산성 저하를 예방할 수 있다.

계획의 장점

프로젝트 계획 수립 및 일정계획의 분명한 목적 중 하나는 제시간에 프로젝트를 완료하는 것이다. 프로젝트 계획 수립에는 많은 장점이 있다. 계획은 모든 당사자의 작업을 조정하는 의사소통을 위한 중앙 집중화된 도구이다. 프로젝트 계획은 진행 상황을 측정하는데 사용할 수 있는 작업 활동의 벤치마크를 제공한다. 계획은 모든 사람들이 더 잘 알 수 있도록 지속적으로 작업 흐름을 유지한다. 계획을 수립하는 과정에서 프로젝트 담당자는 수행해야 할 작업을 미리 파악해야 한다. 프로젝트 계획이 완료된 후에는 정의된 책임과 권한을 가진 사람들이 책임성을 제공할 수 있도록 한다. 조직화된 작업으로 프로젝트의 질이 향상된다.

프로젝트 계획은 또한 문제 발생을 예방한다. 잘 개발된 프로젝트 계획은 프로젝트의 변경 횟수와 재작업의 양을 줄인다. 우수한 프로젝트 계획은 업무의 중복이나 업무의 중첩을 방지하는데 도움이 된다. 작업 중단 및 지연을 방지하여 생산성 및 작업 품질을 향상시킬 수 있다. 프로젝트 계획은 프로젝트의 참여자들 사이의 혼란과 오해를 줄여 근로자 사기 저하와 근로자 생산성 저하를 방지한다. 우수한 계획은 또한 프로젝트에서 발생할 수 있는 법적 분쟁을 줄이고 관리하는 데 도움이 된다.

계획 수립 및 일정계획의 원칙

전체 프로젝트를 가이드하기 위한 명시적인 운영 계획이 있어야 한다. 계획에는 프로젝트의 세 가지 구성요소가 포함되고 연결되어야 한다: 범위, 예산 및 일정. 그러나 계획 수립은 업무범위와 예산의 중요한 구성요소와 관계없이 일정에만 집착하는 경향이 있다.

통합된 전체 프로젝트 계획을 개발하려면 프로젝트를 측정 및 관리할 수 있는 잘 정의된 작업단위로 분류해야 한다. 이 프로세스는 WBS에서 시작된다. 이 작업이 완료되면 작업을 수행할 전문지식이 있는 프로젝트팀원을 선정할 수 있다. 팀원은 필요한 세부 작업의 규모를 명확하게 정의할 수 있다. 또한 작업을 완수하는데 필요한 시간과 비용을 정의할 수 있다. 이 정보를 통해 완벽한 프로젝트 계획을 개발할 수 있다.

프로젝트 계획 및 일정은 개별 책임, 일정, 예산 및 예상되는 문제를 명확하게 정의해야 한다. 프로젝트관리자는 프로젝트가 변경될 때마다 적절한 당사자와 공식적 계약을 준비해야 한다. 일정과 예산에 대해 동등한 관심이 있어야 하며, 둘은 연계되어야 한다. 계획, 일정계획 및 통제관리는 프로젝트 초기부터 시작되며 프로젝트가 끝날 때까지 계속된다. 표 8-2는 계획 및 일정 수립의 핵심 원칙을 나열하고 있다.

표 8-2 계획 수립 및 일정계획의 핵심 원칙

1. 일을 시작한 후 보다는 일을 시작하기 전에 계획을 시작해야 한다.
2. 계획 및 일정 수립 과정에서 실제로 업무를 수행할 사람들을 참여시켜야 한다.
3. 프로젝트의 모든 측면을 포함해야 한다: 범위, 예산, 일정 및 품질
4. 계획에 유연성을 높이고 검토 및 승인을 위한 변경 및 시간을 허용해야 한다.
5. 일정은 작업을 수행하기 위한 계획이며, 결코 정확하지 않을 수 있음을 기억해야 한다.
6. 계획을 단순하게 유지하고 계획을 읽을 수 없도록 하는 관련 없는 세부 사항을 제거해야 한다.
7. 계획을 모든 당사자들에게 알린다; 어떤 계획이라도 알려지지 않으면 가치가 없다.

당사자의 책임

발주자, 설계자 및 시공자인 주요 당사자는 모두 프로젝트 계획 및 일정 수립에서 책임 있는 역할을 담당한다. 이 역할이 어느 당사자의 책임이라고 생각하는 것은 잘못된 것이다. 각자는 자신의 필수 작업 일정을 수립해야 하며, 각 작업이 다른 작업에 영향을 미치기 때문에 일정을 다른 두 당사자와 소통하고 조정해야 한다.

발주자는 프로젝트 완료 날짜를 설정한다. 이 날짜는 설계자와 계약자 모두에 대한 작업 일정을 관리하는 것이다. 발주자는 프로젝트를 구성하는 구성요소의 우선순위도 설정해야 한다. 예를 들어 프로젝트가 세 개의 건물로 구성된 경우 건물의 상대적 중요도를 식별해야 한다. 이는 설계자가 자신의 작업에 대한 설계 일정을 개발하여 발주자에게 가장 중요한 도면을 생성하는 과정을 지원한다. 또한 시방서 및 계약 문서의 개발을 지원한다. 시공자에게는 우선순위를 알려준다.

설계 조직은 발주자의 일정에 맞는 설계 일정을 계획해야 한다. 이 일정에는 발주자의 필요에 따라 작업의 우선순위가 포함되어야 하며, 설계 프로세스에서 주요 역할을 담당하는 모든 설계자의 광범위한 의견을 반영하여 개발해야 한다. 설계일정이 실제로 설계 작업을 수행할 담당자도 모르게 발주자측의 설계관리자 또는 설계조직의 프로젝트관리자에 의해 수립되는 일도 빈번하게 발생한다.

시공자는 계약 문서에 따라 모든 시공 활동의 일정을 수립해야 한다. 여기에는 작업에 필요한 자재의 구매조달 및 인도, 업무 및 장비의 조정, 모든 하도급 업체 작업과의 연계가 포함되어야 한다. 시공 일정의 목적은 발주자를 위해 최고 품질의 프로젝트를 생산하기 위한 작업을 효과적으로 관리하는 것이다. 시공 일정계획의 목적은 프로젝트 작업과 관련된 분쟁을 해결하는 것이 아니라 프로젝트를 가장 효율적으로 관리하는 것이다.

일부 프로젝트의 경우 한 당사자가 일정을 유지하고 다른 당사자가 이를 모니터링 하는 것이 바람직할 수 있다. 궁극적으로 각 당사자는 일정에 대한 책임을 진다. 당사자 간의 협업 노력으로 하나의 공통 일정을 유지하면 세 가지 개별 일정을 유지하는 것과 관련된 문제를 줄일 수 있다.

다중 프로젝트를 위한 계획 수립

많은 프로젝트관리자는 짧은 기간 동안 여러 소규모 프로젝트를 동시에 관리해야 할 책임이 있다. 소규모 프로젝트에는 일반적으로 프로젝트를 완료하기 위해 제한된 수의 작업을 수행하는 소수 인력이 배정된다. 이 유형의 프로젝트의 경우, 프로젝트관리자가 공식적 계획 및 일정을 준수하지 않는 경향이 있다. 왜냐하면 각 프로젝트가 간단하고 잘 정의되어 있기 때문이다. 하지만 문제는 프로젝트관리자가 한 번에 하나의 프로젝트를 관리하는 것이 아니라는 것이다. 대신, 문제는 모든 프로젝트를 동시에 관리하는 것이다. 여러 소규모 프로젝트를 동시에 관리하는 작업은 매우 어려울 수 있으며 만족스럽지 못 할 수 있다. 따라서 좋은 계획과 스케줄링의 필요성은 하나의 대형 프로젝트를 관리하는 것과 마찬가지로 여러 개의 소규모 프로젝트를 관리하는 것에도 중요하다.

여러 소규모 프로젝트를 관리하려면 프로젝트관리자가 프로젝트와 관련이 없더라도 할당된 모든 프로젝트를 포함하는 계획 및 일정을 개발해야 한다. 소규모 프로젝트의 인력 배치는 개인을 여러 프로젝트에 동시에 할당하여 풀타임 업무를 수행해야 하기 때문에 필요하다. 따라서 어떤 프로젝트에 대한 그들의 작업은 다른 프로젝트의 작업에 영향을 미친다. 이러한 유형의 작업 환경에서 프로젝트관리자는 프로젝트관리자가 책임지고 있는 모든 프로젝트에서 작업하는 각 개인의 작업을 연계하는 계획과 일정을 개발해야 한다. 특히, 이 계획은 한 프로젝트에서 다른 프로젝트로 각 사람의 작업이 어떻게 진행되는지 명확하게 보여 주어야 한다.

대형 프로젝트는 일반적으로 다른 프로젝트 책임이 없는 한 명의 프로젝트관리자에게 할당된다. 프로젝트를 완료하기 위해 수많은 작업을 수행하는데 필요한 다양한 기술적 전문지식을 가진 인력이 배치된다. 이 유형의 프로젝트의 경우, 프로젝트관리자의 문제는 관련 작업을 식별하고 인터페이싱하여 작업이 지속적인 방식으로 수행되는지 확인하는 것이다. 프로젝트관리자는 프로젝트 계획 및 일정을 개발하기 위해 팀 구성원의 의견에 의존한다. 프로젝트관리자의 많은 작업은 팀 구성원들과의 광범위한 의사소통을 포함하여 작업이 지속적이고 중단 없는 방식으로 진행되도록 한다.

프로젝트 규모에 관계없이 크거나 작은 계획 및 일정을 수립해야 한다. 아마도 프로젝트관리자가 범할 수 있는 가장 큰 실수는 너무 바쁘거나 너무 많은 변경사항이 있거나 프로젝트가 너무 작아서 계획 및 일정이 어떤 이유로든 필요하지 않다고 가정하는 것이다.

계획 수립 및 일정계획을 위한 기법

프로젝트 일정계획에 사용되는 기법은 프로젝트의 규모, 복잡성, 기간, 인원 및 발주자 요구사항에 따라 달라진다. 프로젝트관리자는 사용하기 쉽고 모든 프로젝트 참여자가 쉽게 해석할 수 있는 일정 수립 기법을 선택해야 한다. 두 가지 일반적인 방법이 공통적으로 사용된다: 바차트(Gantt **차트**라고도 함)와 주공정 관리기법(CPM 또는 네트워크 분석 시스템이라고도 함).

제1차 세계대전 중 Henry L. Gantt가 개발한 바차트는 일정을 그래픽으로 표시한 것이다. 바차트는 해석하기가 용이하다; 하지만 업데이트가 어렵고 활동의 상호 의존성을 나타내지 않으며 비용이나 자원을 일정과 통합하지 않는다. 전반적인 프로젝트 스케줄링을 위한 효율적인 기술이지만, 건설 작업에 요구되는 많은 활동의 상호 관계가 정의되지 않기 때문에 상세한 건설 작업에 대한 적용이 제한적이다. 많은 프로젝트관리자는 단순성, 사용 편의성 및 광범위한 활동의 상호 관계가 필요하지 않기 때문에 엔지니어링 설계 작업을 스케줄링을 위해 막대 차트를 선호한다. 하지만 활동의 상호 관계가 정의되지 않았기 때문에 업데이트에 많은 시간이 소요될 수 있다. 바차트에서 하나의 활동이 변경되어도 후속 활동이 자동으로 변경되지 않는다. 또한 바차트는 일정과 비용을 통합하지 않으며 설계 관리에 중요한 노동시간과 같은 자원에 대한 정보를 제공하지 않는다.

일부 설계자는 설계 일정을 구성하는 활동 간의 상호 관계를 정의할 수 없다고 주장한다. 그들은 이 주장을 이용하여 바차트의 사용을 지지한다. 그들은 또한 설계 프로젝트에서 자원이 끊임없이 변하기 때문에 일정을 유지하기가 너무 어렵다고 주장할 것이다. 이러한 상황은 때로는 일부 프로젝트에서 발생할 수 있다. 하지만 이러한 상황이 모든 프로젝트에 존재한다면 프로젝트가 잘 계획되고, 관리되고 또는 통제되지 않게 될 것이다.

주공정 관리기법(CPM)은 1956년 컨설턴트로 Remington Rand와 함께 듀퐁사에서 스케줄링에 대한 결정론적 접근 방식으로 개발되었다. CPM 방법은 일반적으로 엔지니어링 및 건설업계에서 사용된다. 비슷한 방법인 퍼트(PERT: Program Evaluation and Review Technique)는 1957년 Booz, Allen 및 Hamilton 관리 컨설턴트와 함께 미국 해군에서 스케줄링에 대한 확률론적 접근 방식으로 개발되었다. 이 기법은 제조업계에서 보다 일반적으로 사용된다; 하지만 매우 불확실한 프로젝트의 위험평가에 사용될 수 있다. 두 기법 모두 네트워크 분석 시스템이라고도 한다. CPM은 활동의 상호 관계와 비용 및 자원의 스케줄링을 제공한다. 또한 전체 프로젝트 스케줄링 및 세부 계획 수립에 효과적인 기술이다. 하지만 활동의 상호 관계에 대한 광범위한 설명이 요구되기 때문에 프로젝트의 초기 단계에서 상세한 엔지니어링 설계 작업에 적용할 때 몇 가지 제한이 있다.

CPM 기법은 바차트보다 많은 노력이 필요하지만 효과적인 프로젝트관리에 필요한 보다 상세한 정보를 제공한다. 네트워크 일정을 사용하여 프로젝트를 계획하면 프로젝트팀은 프로젝트를 식별 가능한 작업으로 분해하고 바차트보다 작업들을 훨씬 상세하고 논리적 순서로 서로 연관시킬 수 있다. 이러한 사전 계획 및 일정 수립을 통해 프로젝트팀은 자원이 충돌하기 전에 충돌을 식별할 수 있다. 프로젝트관리자는 자신의 판단을 사용하여 수행해야 할 작업을 가장 잘 정의하고 모든 참여자에게 프로젝트 요구사항을 전달하는 일정 수립 방법을 선택해야 한다.

네트워크 분석 시스템

네트워크 분석 시스템(NAS)은 프로젝트 계획, 스케줄링 및 통제관리를 위한 포괄적인 방법을 제공한다. NAS는 작업 활동과 활동의 상호 의존성을 보여주는 그래픽 다이어그램으로 작업을 정의하고 조정하는 기술의 일반적인 명칭이다. 이 기술의 절차와 응용 프로그램을 설명하는 많은 서적과 기사가 작성되었다. 너무 많은 자료가 이미 작성되었기 때문에 이 책의 목적은 네트워크 방법의 세부 사항을 제시하는 것이 아니다. 다음 단락과 그림은 프로젝트 계획 및 일정 수립 시 프로젝트관리자를 안내할 NAS의 기본 원리를 제시하는 것이다. 그림 8-1에 보여주는 기본 정의는 네트워크 분석에서 사용되는 용어가 다양하기 때문에 다음 단락을 명확히 하기 위해 제공하는 것이다.

프로젝트관리를 위해 CPM은 가장 일반적으로 사용되는 NAS 방법이다. 개념은 간단하며, 계산에는 기본 산술만 필요하다: CPM 스케줄링에 필요한 작업을 자동화하기 위해 많은 수의 컴퓨터 프로그램을 사용할 수 있다. CPM 사용에서 가장 어려운 작업은 프로젝트를 완료하는데 필요한 수많은 활동을 식별하고 인터페이싱하는 것이다. 즉, CPM 네트워크 다이어그램을 개발하는 것이다. 잘 정의된 WBS가 먼저 개발되면 CPM 다이어그램을 개발하는 작업이 크게 단순화된다.

활동 - 기초 설계, 설계 검토, 스틸 구매조달 계약체결 또는 콘크리트 기둥 거푸집과 같은 프로젝트 완수에 필요한 작업 실행. 활동에는 시간, 비용 또는 시간과 비용이 모두 요구된다.

네트워크 - 프로젝트를 완료하기 위한 활동의 관계를 나타내는 다이어그램. 네트워크는 "화살표형 다이어그램" 또는 "선행 다이어그램"으로 그려질 수 있다.

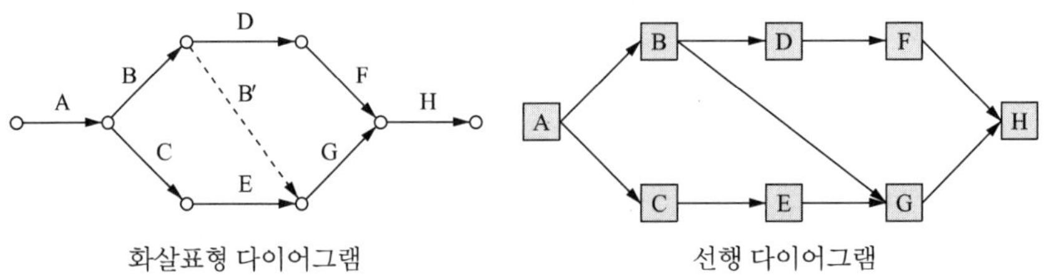

기간 (D) - 활동을 수행하는 데 필요한 예상 시간. 시간은 활동에 지정된 모든 자원을 포함해야 한다.

조기 시작 (ES) - 활동을 시작할 수 있는 가장 빠른 시간.

조기 종료 (EF) - 활동이 완료될 수 있는 가장 빠른 시간이며, 조기 시작 시간과 지속 시간을 더한 것이다.

$$EF = ES + D$$

늦은 종료 (LF) - 활동이 끝날 수 있는 마지막 시간.

늦은 시작 (LS) - 프로젝트 완료 날짜를 지연시키지 않고 활동을 시작할 수 있는 마지막 시간.

$$LS = LF - D$$

총 여유 (TF) - 프로젝트의 완료 날짜를 지연시키지 않고 활동을 지연시킬 수 있는 시간.

$$TF = LF - EF = LS - ES$$

자유 여유 (FF) - 바로 다음 활동의 조기 시작 시간을 지연시키지 않고 활동이 지연될 수 있는 시간. $FF_i = ES_j - EF_i$, 여기서 첨자 i는 선행 활동을 나타내고 첨자 j는 다음 활동을 나타낸다.

주공정선 - 네트워크 다이어그램을 통해 상호 연결된 일련의 활동으로, 각 활동에는 0, 자유 및 총 여유 시간이 있다. 주공정선은 프로젝트를 완료하는데 요구되는 최소 시간을 결정한다.

더미 활동 (Dummy Activity) - 더미에 뒤 이은 모든 활동은 활동 또는 더미 이전의 활동의 완료될 때까지 시작할 수 없음을 나타내는 활동 (화살표 네트워크 다이어그램에서 점선으로 표시). 더미는 시간을 필요로 하지 않는다.

그림 8-1 CPM에 대한 기본 정의

CPM 다이어그램을 그릴 때 기본적으로 두 가지 방법이 있다. 화살표형 다이어그램(화살표에서의 활동이라고도 함)과 선행 다이어그램(노드에서의 활동이라고도 함)이다. 두 방법 모두 동일한 결과를 얻을 수 있지만 대부분의 프로젝트관리자는 더미 작업을 사용하지 않아도 되므로 선행 다이어그램 방법을 선호한다. 선행 다이어그램 방법은 활동의 시작부터 시작까지, 종료에서 종료까지, 시작부터 종료까지, 종료에서 시작까지의 관계를 제공할 수 있으므로 네트워크 다이어그램에 필요한 활동의 수를 크게 줄일 수 있다. 하지만 많은 사람들은 네트워크 스케줄링에 혼동을 줄 수 있으므로 이러한 관계를 사용하지 않는 것을 선호한다.

그림 8-2는 CPM에 의한 프로젝트 일정 분석을 위한 시간 계산을 설명하기 위해 제시된 간단한 선행 다이어그램이다. 각 활동은 한 글자로 표현된다. 활동 상단의 번호는 할당된 활동 번호이며, 각 활동 하단의 번호는 작업일의 기간을 나타낸다. 범례는 왼쪽 하단 모서리에 표시되어 시작일과 종료일을 정의한다. 시작 및 종료에 대한 모든 계산은 일과종료를 기준으로 한다.

CPM 다이어그램이 준비되면 각 활동의 기간을 지정하고 각 활동의 조기 시작 및 조기 완료를 계산하기 위해 전진 패스 계산을 수행할 수 있다. 앞선 모든 활동의 가장 이른 종료는 모든 후속 활동의 조기 시작으로 정의된다. 예를 들어 활동 H는 활동 E와 F가 모두 완료될 때까지 시작될 수 없다. 앞의 두 가지 활동 중 가장 빠른 조기 완료가 12이므로 활동 H의 조기 시작은 12이다. 전진 패스 계산은 첫 번째 활동 A부터 마지막 활동 Q까지의 모든 활동에 대해 수행된다. 마지막 활동의 조기 완료는 프로젝트 완료를 정의한다. 이 특정 프로젝트의 경우 41일이다.

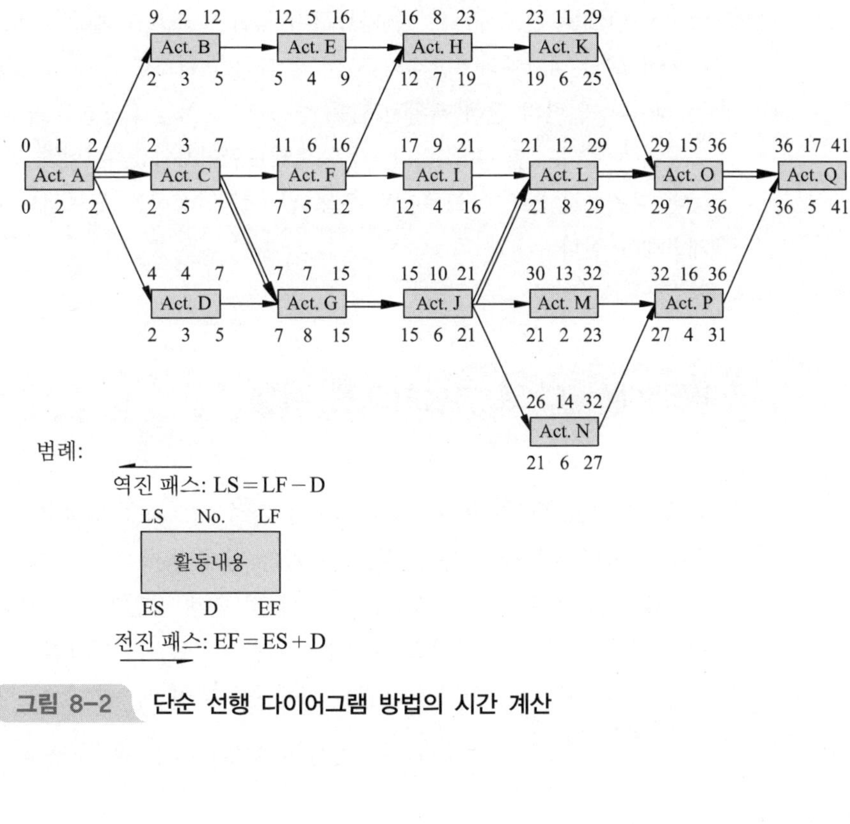

그림 8-2 단순 선행 다이어그램 방법의 시간 계산

이 프로젝트 기간은 프로젝트의 모든 활동의 기간 및 상호 의존성을 기반으로 계산된 값이다.

역진 패스는 각 활동의 늦은 시작과 늦은 종료에 대한 계산을 수행할 수 있다. 모든 후속 활동 중 가장 작은 늦은 시작은 모든 이전 활동의 늦은 종료를 정의한다. 예를 들어 활동 H와 I 둘 다 활동 F가 완료될 때까지 시작할 수 없다. 다음 두 활동의 가장 작은 조기 시작은 16이므로 F의 늦은 종료는 16이다. 역진 패스 계산은 마지막 활동 Q부터 첫 번째 활동 A까지의 모든 활동에 대해 수행된다.

시작과 끝의 차이는 자유 및 총 여유의 양을 결정한다. 예를 들어 활동 M의 총 여유는 9일이며, 이는 늦은 시작(30)과 조기 시작(21)의 차이이다. 활동 M에 대한 자유 여유는 즉시 수행 활동 P의 조기 종료(23)와 조기 시작(27)의 차이인 4일이다.

그림 8-2의 이중선에서 알 수 있듯이 주공정선 경로는 다음과 같다. 총 여유가 0인 일련의 상호 연결된 활동으로 정의된다. 이러한 활동에는 사용 가능한 여유 시간이 없기 때문에 완료가 지연되면 프로젝트 완료 날짜가 지연된다. 따라서 이를 주공정 활동이라고 한다.

표 8-3에는 프로젝트 계획 수립 및 일정계획을 위한 CPM 다이어그램 개발 과정을 안내하는 기본 단계가 나와 있다. CPM 다이어그램 개발은 몇 가지 재조정 없이는 단계를 완료하는 것이 가능하지 않을 수 있다. 예를 들어, 2단계의 CPM 다이어그램은 4단계와 5단계의 시간 및 자원을 평가한 후에 재조정해야 할 수 있는 것이다. 일련의 원래 계획된 활동 중 일부는 시간 요구사항을 충족시키기 위해 동시에 수행해야 할 수도 있다. 각 프로젝트관리자와 팀은 함께 협력하여 사용 가능한 자원으로 필요한 프로젝트 완료 날짜를 달성하는 프로젝트 계획 및 일정을 개발해야 한다.

WBS에서 CPM 다이어그램 개발

표 8-3은 프로젝트 계획 및 일정 수립을 위한 네트워크 분석 시스템 개발 프로세스를 가이드 하는데 사용할 수 있는 기본 단계 목록을 제공하고 있다.

WBS의 개발은 종종 무시되는 중요한 첫 단계 작업이다. WBS 없이 CPM 로직 다이어그램을 개발하려고 시도하면 일반적으로 다이어그램이 여러 번 수정될 수 있다. 각 프로젝트관리자와 팀은 함께 협력하여 사용 가능한 자원으로 요구된 프로젝트 완료 날짜를 달성할 수 있는 프로젝트 계획 및 일정을 개발해야 한다.

그림 8-3은 두 개의 건물, 현장 작업 및 현장 유틸리티로 구성된 서비스 설비 프로젝트 설계를 위한 WBS의 예이다. 6장에서 설명한 것처럼 WBS는 그래픽 또는 개요로 개발할 수 있다. 그림 8-3은 WBS를 그래픽 형식으로 나타내고 그림 8-4는 동일한 프로젝트를 개요 형식으로 보여준다. 이 유형의 프로젝트에 대한 전형적인 발주자의 조사연구에 대한 논의가 3장에서 제시되었다. 이 프로젝트를 처리하기 위한 계약 전략은 사내 직원을 고용하여 현장 유틸리티, 현장 작업 및 산업 유지관리 건물을 설계하는 것이다(건물 A로 표시). 이를 일반적으로 강제 계정 방법에 의한 작업 수행이라고 한다. 계약은 직원의 사무실 건물로 사용되는 상업용 건물(건물 B로 표시)의 설계를 위해 외부 설계 조직에 할당된다.

표 8-3 계획 수립과 일정계획에서의 단계

1. 작업 항목(활동)을 식별하는 작업분류체계(WBS)
   a. 시간이 요구되는 활동을 고려해야 한다.
   b. 비용이 요구되는 활동을 고려해야 한다.
   c. 정리가 요구되는 활동을 고려해야 한다.
   d. 모니터링하려는 활동을 고려해야 한다.
2. 프로젝트를 완료하기 위해 수행해야 하는 순서대로 각 활동을 보여주는 도면(네트워크 다이어그램)을 준비해야 한다.
   a. 각 활동 바로 앞에 어떤 활동이 있는지 생각해 보아야 한다.
   b. 각 활동 바로 뒤에 어떤 활동이 있는지 생각해 보아야 한다.
   c. 활동의 상호 관계는 작업을 어떻게 수행해야 하는지(제약 조건)와 작업이 어떻게 종료되기를 원하는지의 조합이다.
3. 각 활동을 완료하는데 필요한 시간, 비용 및 자원을 결정해야 한다.
   a. WBS의 작업 패키지 검토
   b. 프로젝트팀원으로부터 의견을 수렴한다.
4. 일정을 계산하여 시작, 종료 및 여유 시간을 결정한다.
   a. 전진 패스를 수행하여 조기 시작 및 종료를 결정한다.
   b. 역진 패스를 수행하여 늦은 시작 및 종료를 결정한다.
   c. 여유 시간과 주요 활동을 결정하기 위해 시작 시간과 종료 시간의 차이를 결정한다.
5. 프로젝트 비용 및 자원 분석
   a. 각 활동 및 전체 프로젝트에 대한 일별 비용 계산
   b. 프로젝트를 완료하는데 필요한 일일 노동량, 기타 자원을 계산한다.
6. 계획 및 일정 결과 전달
   a. 활동에 대한 시간 일정 표시
   b. 활동에 대한 비용 일정 표시
   c. 다른 자원에 대한 일정 표시

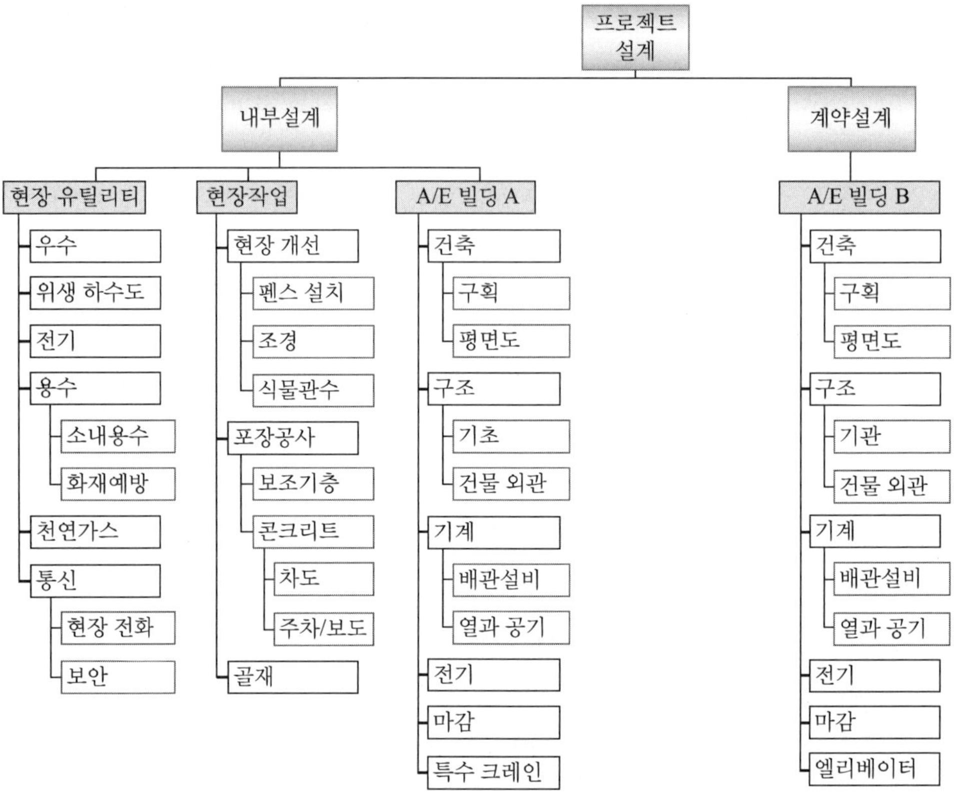

그림 8-3 **서비스 유지관리 시설의 프로젝트 설계를 위한 작업분류체계 (그래픽 형식)**

WBS는 수행해야 하는 작업과 활동을 식별해야 하지만 일어날 수 있는 것들의 순서를 제공하지는 않는다. CPM 네트워크 다이어그램은 WBS의 활동 순서 및 상호 의존성을 보여준다. 다이어그램은 전통적인 제도 기술로 준비하거나 컴퓨터를 사용하여 준비할 수 있다. 컴퓨터 개발은 CADD(computer-aided drafting and design) 프로그램이나 CPM 스케줄링용으로 특별히 작성된 소프트웨어 패키지를 사용할 수 있다.

사용되는 방법에 관계없이 다이어그램의 초기 논리는 다이어그램을 개발하는 사람이 준비해야 한다. 간단히 말하면, 사람은 제도자나 컴퓨터에 다이어그램 그리기 방법을 공지하여야 한다. 이 작업을 수행하는 효율적인 방법은 3×5 색인 카드에 각 활동을 기록하고 게시판이나 사무실 벽에 모든 활동을 게시하는 압정을 사용하는 것이다. 이 활동은 공식 다이어그램을 개발하기 전에 핵심 참가자가 손쉽게 재구성하고 검토할 수 있다.

1.0 서비스 유지관리 프로젝트의 설계
- **1.1 사내 설계**
  - 1.1.1 현장 유틸리티
    - 1.1.1.1 우수
    - 1.1.1.2 위생 하수도
    - 1.1.1.3 전기
    - 1.1.1.4 용수
      - 1.1.1.4.1 소내 용수
      - 1.1.1.4.2 화재 예방
    - 1.1.1.5 천연가스
    - 1.1.1.6 통신
      - 1.1.1.6.1 현장 전화
      - 1.1.1.6.2 보안
  - 1.1.2 현장 작업
    - 1.1.2.1 현장 개선
      - 1.1.2.1.1 펜스 설치
      - 1.1.2.1.2 조경
      - 1.1.2.1.3 식물 관수
    - 1.1.2.2 포장공사
      - 1.1.2.2.1 보조기층
        - 1.1.2.2.1.1 보조기층
        - 1.1.2.2.1.2 콘크리트
  - 1.1.3 A/E 빌딩 A
    - 1.1.3.1 건축
      - 1.1.3.1.1 구획
      - 1.1.3.1.2 평면도
    - 1.1.3.2 구조
      - 1.1.3.2.1 기초
      - 1.1.3.2.2 건물 외관
    - 1.1.3.3 기계
      - 1.1.3.3.1 배관설비
      - 1.1.3.3.2 열과 공기
    - 1.1.3.4 전기
    - 1.1.3.5 마감
    - 1.1.3.6 특수 크레인
- **1.2 계약 설계**
  - 1.2.1 빌딩 B를 위한 A/E
    - 1.2.1.1 구획
    - 1.2.1.2 평면도
  - 1.2.2 구조
    - 1.2.2.1 기초
    - 1.2.2.2 구조 프레임
  - 1.2.3 기계
    - 1.2.3.1 배관설비
    - 1.2.3.2 열과 공기
  - 1.2.4 전기
    - 1.2.4.1 러프인
    - 1.2.4.2 마감
  - 1.2.5 마감
  - 1.2.6 엘리베이터

그림 8-4 **서비스 유지관리 시설의 설계를 위한 작업분류체계 (개요 형식)**

그림 8-5는 그림 8-3에 표시된 WBS에서 개발된 CPM 다이어그램이다. CPM의 각 활동은 WBS에 표시된 작업에서 추출된다. 따라서 프로젝트관리자는 작업을 수행할 사람이 정의한 수행 작업을 중심으로 프로젝트를 계획한다. 관련 있는 활동은 그룹화되어 수행 순서대로 정렬된다. 예를 들어 건축 평면도는 구조, 기계 및 전기 설계보다 먼저 개발된다. 프로젝트를 성공적으로 관리하려면 프로젝트 시작 시 활동 인터페이스를 신중하게 계획해야 한다.

CPM의 목적은 프로젝트 진행 상황을 안내하고 프로젝트 통제관리를 위한 기준을 제공하는 작업을 계획하는 것이다. 9장은 구매조달 및 시공 활동을 포함하도록 그림 8-3과 8-5를 확장하여 프로젝트 통제관리를 위한 WBS와 CPM을 연결하는 방법을 논의한다.

현실적인 시간 배정

CPM 네트워크 다이어그램은 프로젝트를 수행하기 위해 수행할 활동 및 활동의 순서를 정의한다. 하지만 전체 활동을 계획하기 위해서는 각 활동을 완료하는데 요구되는 예상 시간을 결정해야 한다. 주공정 경로, 활동 시간, 비용 분배 및 자원 활용이 모두 활동 지속 시간의 함수이기 때문에 활동에 배정된 기간이 중요하다.

활동을 수행하는데 요구되는 기간 할당은 여러 요소에 따라 달라진다: 활동의 양과 질, 활동에 할당된 인원, 장비 수, 작업자 기술 수준, 설비의 가용성, 작업 환경, 작업의 감리 효용성 및 기타 조건. 이러한 변경이 존재하더라도 CPM 네트워크 다이어그램에서 활동에 할당된 지속 시간이 프로젝트의 일정 및 전반적인 관리에 큰 영향을 미치기 때문에 각 활동에 대한 현실적인 필요 시간을 결정하기 위해 특별한 노력을 기울여야 한다.

프로젝트의 많은 활동은 본질적으로 반복적이며 예상되는 예상 완료시간을 합리적으로 정확하게 결정할 수 있다. 이러한 유형의 활동의 경우 총 작업량을 생산율로 나누어 기간을 결정할 수 있다. 이것은 활동에 할당된 개별인력 수의 함수이다. 많은 사람들이 흔히 저지르는 실수는 끊임없는 작업의 연속적인 흐름을 가정하여 활동을 수행할 시간을 계산하는 것이다. 하지만 모든 작업은 지연, 중단 또는 영향을 줄 수 있는 다른 이벤트 시간의 영향을 받을 수 있다. 따라서 계산된 시간에 합당한 시간(할당량)을 추가하여 각 활동에 대한 현실적인 필요 시간을 결정해야 한다.

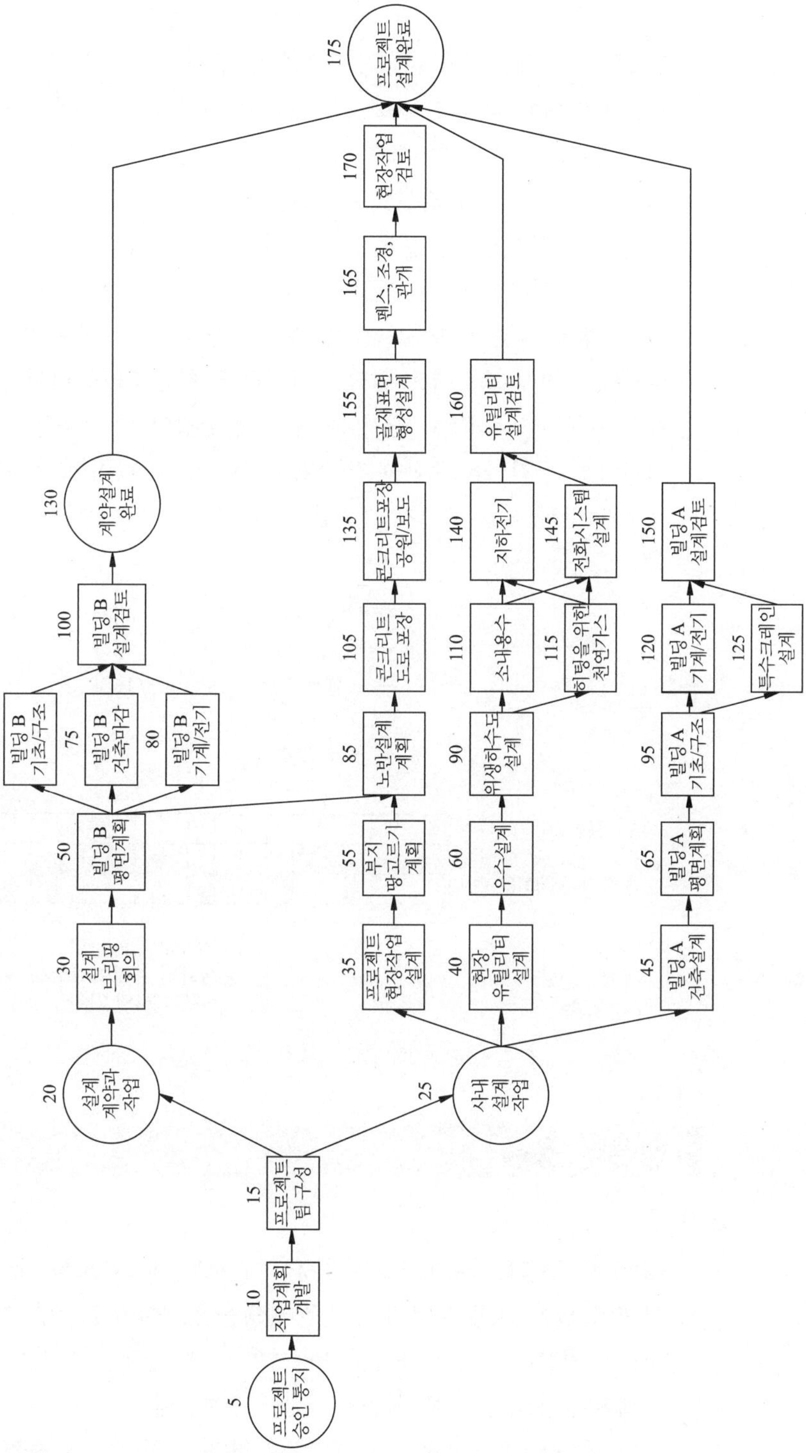

그림 8-5 설계 엔지니어링을 위한 CPM 다이어그램

일반적으로 활동 기간은 세 가지 방법 중 하나로 결정할 수 있다: 이전에 완료된 프로젝트의 기록을 분석하고, 다양한 유형의 작업 또는 작업 수행자의 경험과 판단에서 비용 및 생산 속도를 제공하는 상업적으로 사용 가능한 매뉴얼을 참조해야 한다. 몇 가지 방법으로 가능한 지속 기간을 결정하는 것이 바람직하기 때문에 결과를 비교하여 발생할 수 있는 중요한 변화를 감지하는 것이 요구된다.

설계 작업의 일정은 설계 견적과 설계 초안의 중복을 포함하여 최종 도면을 생성하는 총 시간이다. 앞서 논의한 것처럼 대부분의 엔지니어는 개별 설계 작업을 스케줄링하기 위해 바차트를 선호한다. 하지만 프로젝트 통제관리를 위해 개별 바차트는 전체 프로젝트 일정을 개발하기 위한 CPM 다이어그램에서 활동으로 개발되어야 한다. CPM 엔지니어링 설계 일정의 각 활동의 시작과 끝은 작업 패키지의 모든 작업을 종합한 것이다. 다음은 CPM 다이어그램에서 활동 기간을 결정하기 위해 작업 패키지의 중첩 작업 평가를 보여준다.

작업 패키지의 업무	기간
프로젝트 엔지니어링	5일
구조 설계	16일
CADD 운영자	9일
총 설계 일수	30일

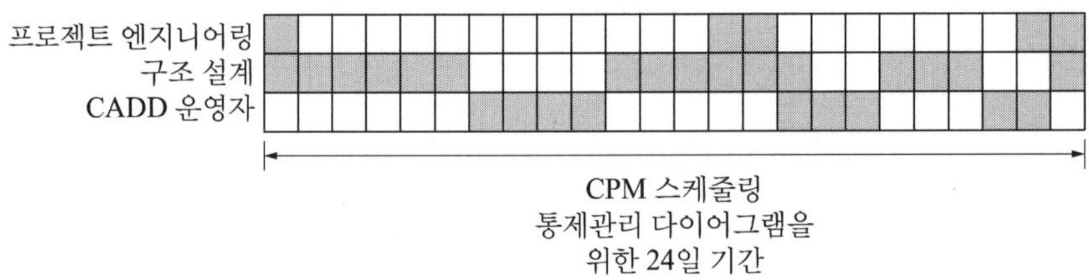

컴퓨터 응용

CPM 네트워크 다이어그램은 활동의 순서를 식별하도록 해주지만 계획된 시작 및 종료 날짜, 비용 분배 또는 자원 할당을 제공하지 않는다. 이 정보는 각 활동에 필요한 기간, 비용 및 자원을 지정하여 쉽게 결정할 수 있다.

계획된 시간, 비용 및 활동 자원을 결정하는데 요구되는 많은 계산을 수행할 수 있는 다양한 CPM 컴퓨터 프로그램이 있다. 컴퓨터 생성 출력 보고서의 수, 유형 및 형식은 소프트웨어에 따라 크게 다르지만 각각에 필요한 기본 입력 데이터는 동일한 정보이다. 입력 데이터에 필요한 정보는 작업 번호, 설명, 기간, 비용 및 노동시간과 같은 자원으로 구성된다. 활동의 순서 또는 상호 관계는 CPM 네트워크 다이어그램에 의해 정의된다. 입력 데이터는 WBS의 설계 작업 패키지를 준비하는 동안 또는 건설 계약자가 프로젝트 견적을 준비하는 동안 수집한 것과 동일한 정보이다. 따라서 CPM의 컴퓨터 응용 프로그램은 프로젝트의 설계 및 시공 단계 모두에 적합하다.

CPM 컴퓨터 분석에 필요한 입력 정보들이 그림 8-6, 그림 8-7에 나타나 있다. 그림 8-6은 상하수도 공사의 간단한 CPM 선행관계도이다. 독자들의 쉬운 이해를 위해 이 예제의 건설 작업을 선택하였다. 그림 8-6의 각 요소 작업이 시간 및 비용 정보와 함께 나타나 있다. 요소 작업에 필요한 자원은 나타내지 않았으며 다음 절에서 다루기로 한다. 손으로 계산하는 시작과 종료 시점을 그림 8-6에 나타내었다. 다음 단락에서 컴퓨터로 분석하는 것과 연관하여 설명한다. 그림에 있는 시간은 모두 하루의 끝을 의미한다. 이 프로젝트에 대한 컴퓨터 분석용 입력 자료가 그림 8-7에 있다.

이 프로젝트의 경우, 두 명의 측량 요원이 있어 활동 130과 140을 동시에 수행할 수 있다. 단 하나의 트렌칭 기계만 사용할 수 있다. 따라서 수위 A, 활동 170에 대한 트렌칭(trenching) 작업은 수위 B, 활동 190의 트렌칭 전에 계획된다. 프로젝트 스케줄링을 수행하기 전에 계획을 완료해야 한다는 것을 설명하기 위해 네트워크에 비슷한 다른 제약 조건이 표시된다.

컴퓨터 스케줄링 분석에 필요한 입력 데이터는 그림 8-7에 나와 있다. 입력 데이터의 첫 번째 부분은 각 활동과 관련된 정보를 정의한다. 두 번째 부분은 활동이 수행되는 순서, 즉 활동의 순서 또는 인터페이스를 정의한다. 프로젝트 제목이 활동 목록 위에 표시되고 프로젝트 시작 날짜가 순서 목록의 끝에 표시된다.

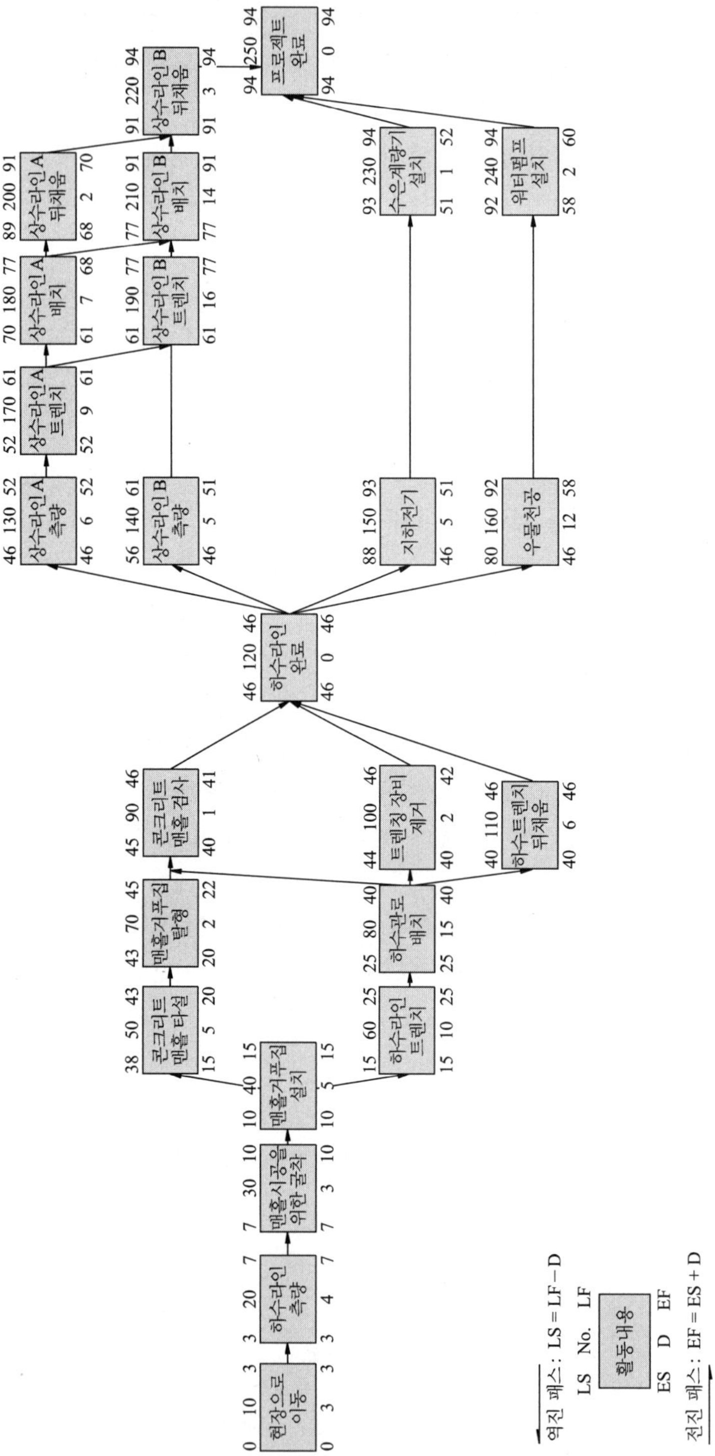

그림 8-6 하수와 상수 관로 프로젝트에 대한 CPM 다이어그램

```
**********************
**    입력 세부 사항    **
**********************
```

프로젝트 : 하수 및 상수 관로
활동 목록

넘버	코드	내용	기간	비용	할당	시작
10	5000	현장으로 이동	3	1400.		
20	1100	하수라인 측량	4	2700.		
30	1200	맨홀 시공을 위한 굴착	3	3500.		
40	1200	맨홀 거푸집 설치	5	6000.		
50	1200	콘크리트 맨홀 배치	5	4700.		
60	1300	하수라인 트렌치	10	12600.		
70	1200	맨홀 거푸집 탈형	2	2100.		
80	1400	하수관로 설치	15	11250.		
90	1200	맨홀 검사	1	800.		
100	1300	트렌칭 장비 제거	2	1400.		
110	1500	하수관로 트렌치 뒤채움	6	3600.		
120	5000	하수관로 완료	0	0.		
130	2110	상수라인 A 측량	6	4000.		
140	2120	상수라인 B 측량	5	3400.		
150	3000	지하 전기	5	2500.		
160	4000	우물 천공	12	7000.		
170	2310	상수라인 A 트렌치	9	8800.		
180	2410	상수라인 A에 대한 관로 배치	7	16800.		
190	2320	상수라인 B 트렌치	16	15600.		
200	2510	상수라인 A 뒤채움	2	900.		
210	2420	상수라인 B에 대한 관로 배치	14	33600.		
220	2520	상수라인 B 뒤채움	3	2850.		
230	3000	수도계량기 설치	1	600.		
240	4000	워터 펌프 설치	2	1400.		
250	5000	프로젝트 완료	0	0.		

활동의 순서 :

부터	까지
10	20
20	30
30	40
40	50
40	60
50	70
60	80
70	90
80	90
80	110
80	100
90	120
100	120
110	120
120	130
120	160
120	150
120	140
130	170
140	190
150	230
160	240
170	180
170	190
180	200
180	210
190	210
200	220
210	220
220	250
230	250
240	250

프로젝트 시작일자 : 2016년 4월 1일
5일 근무일
지정된 휴일 없음

그림 8-7 상수 및 하수 관로 프로젝트에 대한 컴퓨터 입력 데이터

그림 8-8은 일반적으로 CPM 컴퓨터 프로그램에서 사용할 수 있는 프로젝트 활동 일정 보고서를 보여준다. 달력과 근무일 모두 표시된다. 시작 날짜는 하루의 시작을 나타내며 종료 날짜는 하루의 끝을 나타낸다. 각 활동에 대한 자유 여유 및 총 여유가 표시된다. 액티비티의 왼쪽에 있는 문자 "C"는 중요한 활동임을 나타낸다. 즉, 총 여유 및 자유 여유는 0이 된다.

** 활동 스케줄 **

프로젝트 : 하수 및 상수 관로
모든 활동에 대한 스케줄

**1 페이지 **
활동 스케줄

활동 넘버	활동 내용	기간	조기 시작	조기 완료	늦은 시작	늦은 완료	총 여유	자유 여유
C 10	현장으로 이동	3	1APR2016 1	5APR2016 3	1APR2016 1	5APR2016 3	0	0
C 20	하수라인 측량	4	6APR2016 4	11APR2016 7	6APR2016 4	11APR2016 7	0	0
C 30	맨홀 시공을 위한 굴착	3	12APR2016 8	14APR2016 10	12APR2016 8	14APR2016 10	0	0
C 40	맨홀 거푸집 설치	5	15APR2016 11	21APR2016 15	15APR2016 11	21APR2016 15	0	0
50	콘크리트 맨홀 배치	5	22APR2016 16	28APR2016 20	25MAY2016 39	31MAY2016 43	23	0
C 60	하수라인 트렌치	10	22APR2016 16	5MAY2016 25	22APR2016 16	5MAY2016 25	0	0
70	맨홀 거푸집 탈형	2	29APR2016 21	2MAY2016 22	1JUN2016 44	2JUN2016 45	23	18
C 80	하수관로 설치	15	6MAY2016 26	26MAY2016 40	6MAY2016 26	26MAY2016 40	0	0
90	맨홀 검사	1	27MAY2016 41	27MAY2016 41	3JUN2016 46	3JUN2016 46	5	5
100	트렌칭 장비 제거	2	27MAY2016 41	30JUN2016 42	2JUN2016 45	3JUN2016 46	4	4
C 110	하수관로 트렌치 뒤채움	6	27MAY2016 41	3JUN2016 46	27MAY2016 41	3JUN2016 46	0	0
C 120	하수관로 완료	0	6JUN2016 47	6JUN2016 47	6JUN2016 47	6JUN2016 47	0	0
C 130	상수라인 A 측량	6	6JUN2016 47	13JUN2016 52	6JUN2016 47	13JUN2016 52	0	0
140	상수라인 B 측량	5	6JUN2016 47	10JUN2016 51	20JUN2016 57	24JUN2016 61	10	10
150	지하 전기	5	6JUN2016 47	10JUN2016 51	3AUG2016 89	9AUG2016 93	42	0
160	우물 전공	12	6JUN2016 47	21JUN2016 58	22JUL2016 81	8AUG2016 92	34	0
230	수도계량기 설치	1	13JUN2016 52	13JUN2016 52	10AUG2016 94	10AUG2016 94	42	42
C 170	상수라인 A 트렌치	9	14JUN2016 53	24JUN2016 61	14JUN2016 53	24JUN2016 61	0	0
240	워터 펌프 설치	2	22JUN2016 59	23JUN2016 60	9AUG2016 93	10AUG2016 94	34	34
180	상수라인 A에 대한 관로 배치	7	27JUN2016 62	5JUL2016 68	8JUL2016 71	18JUL2016 77	9	9
C 190	상수라인 B 트렌치	16	27JUN2016 62	18JUL2016 77	27JUN2016 62	18JUL2016 77	0	0
200	상수라인 A 뒤채움	2	6JUL2016 69	7JUL2016 70	4AUG2016 90	5AUG2016 91	21	21
C 210	상수라인 B에 대한 관로 배치	14	19JUL2016 78	5AUG2016 91	19JUL2016 78	5AUG2016 91	0	0
C 220	상수라인 B 뒤채움	3	8AUG2016 92	10AUG2016 94	8AUG2016 92	10AUG2016 94	0	0
C 250	프로젝트 완료	0	10AUG2016 94	10AUG2016 94	10AUG2016 94	10AUG2016 94	0	0

********** 스케줄 종료 **********

그림 8-8 하수 및 상수 관로 프로젝트를 위한 컴퓨터 생성 활동 일정

일정계획 코딩 시스템

컴퓨터 방법에 의한 CPM 일정계획의 장점 중 하나는 프로젝트의 전체 활동 목록에서 특정 활동을 정렬할 수 있다는 것이다. 예를 들어, 프로젝트관리자는 하수관로 활동, 트렌칭 장비에 요구되는 시간 또는 측량 작업자에 대한 정보만 원할 수 있다. 이러한 활동의 정렬은 코딩 시스템을 통해 쉽게 수행할 수 있다.

표 8-4는 그림 8-6에 표시된 하수관로 및 상수관로 프로젝트의 정렬 기능을 설명하기 위한 간단한 4자리 코딩 시스템이다. 하수관로와 관련된 모든 활동은 첫 번째 숫자의 숫자 "1"로 표시된다. 상수관로 활동은 숫자 "2"로 표시된다. 두 번째 코드 숫자는 측량, 맨홀 형성, 트렌칭, 관로 설치 및 뒤채움과 같은 작업 유형을 나타낸다. 따라서 프로젝트의 각 활동에 4자리 코드가 지정된다. 예를 들어, 활동 수 180의 코드는 2410이다. 이 코드는 활동이 상수관로, 관로 설치 및 라인 A와 관련되어 있음을 나타낸다. 하수관로 및 상수관로 프로젝트의 각 활동에 대한 4자리 코드 번호가 그림 8-7의 활동 목록에 표시된다.

코딩 시스템은 프로젝트관리자의 활동 선택을 위한 다양한 옵션을 제공한다. 예를 들어, 모든 하수관로 활동은 첫 번째 숫자에 "1"이 있는 활동을 선택하여 프로젝트 활동의 전체 목록에서 정렬할 수 있다. 이러한 활동에 대한 일정 보고서는 그림 8-9에 나와 있다. 프로젝트관리자는 그림 8-10과 같이 이러한 활동에 대한 바차트를 인쇄할 수도 있다. 코딩 시스템은 다른 많은 보고서를 얻는 수단을 제공

표 8-4 하수 및 상수 관로 프로젝트를 위한 코딩 시스템

코드 넘버 X X X X

코드 디지트 1	코드 디지트 2	코드 디지트 3	코드 디지트 4
0 - 할당되지 않음	0 - 할당되지 않음	0 - 할당되지 않음	0 - 할당되지 않음
1 - 하수관로	1 - 측량	1 - 라인 A	1 - 할당되지 않음
2 - 상수관로	2 - 맨홀	2 - 라인 B	2 - 할당되지 않음
3 - 수도 계량기	3 - 트렌칭	3 - 할당되지 않음	3 - 할당되지 않음
4 - 워터 펌프	4 - 관로부설	4 - 할당되지 않음	4 - 할당되지 않음
5 - 마일스톤	5 - 뒤채움	5 - 할당되지 않음	5 - 할당되지 않음
6 - 할당되지 않음	6 - 할당되지 않음	6 - 할당되지 않음	6 - 할당되지 않음
7 - 할당되지 않음	7 - 할당되지 않음	7 - 할당되지 않음	7 - 할당되지 않음
8 - 할당되지 않음	8 - 할당되지 않음	8 - 할당되지 않음	8 - 할당되지 않음
9 - 할당되지 않음	9 - 할당되지 않음	9 - 할당되지 않음	9 - 할당되지 않음

한다. 예를 들어, 트렌칭 및 관로 설치와 관련된 일련의 모든 활동을 다음과 같이 얻을 수 있다. 두 번째 코드 숫자가 "2"보다 크고 "5"보다 작은 활동을 선택한다(참조 표 8-4).

```
                              ****************************
                              **       활동 스케줄      **
                              ****************************

프로젝트 : 하수 및 상수 관로                                        ** 1 페이지 **
모든 활동에 대한 스케줄                                               활동 스케줄
```

활동 넘버	활동 내용	기간	조기 시작	조기 완료	늦은 시작	늦은 완료	총 여유	자유 여유
C 20	하수라인 측량	4	6APR2016 4	11APR2016 7	6APR2016 4	11APR2016 7	0	0
C 30	맨홀 시공을 위한 굴착	3	12APR2016 8	14APR2016 10	12APR2016 8	14APR2016 10	0	0
C 40	맨홀 거푸집 설치	5	15APR2016 11	21APR2016 15	15APR2016 11	21APR2016 15	0	0
50	콘크리트 맨홀 배치	5	22APR2016 16	28APR2016 20	25MAY2016 39	31MAY2016 43	23	0
C 60	하수라인 트렌치	10	22APR2016 16	5MAY2016 25	22APR2016 16	4MAY2016 25	0	0
70	맨홀 거푸집 탈형	2	29APR2016 21	2MAY2016 22	1JUN2016 44	2JUN2016 45	23	18
C 80	하수관로 설치	15	6MAY2016 26	26MAY2016 40	6MAY2016 26	26MAY2016 40	0	0
90	맨홀 검사	1	27MAY2016 41	27MAY2016 41	3JUN2016 46	3JUN2016 46	5	5
100	트렌칭 장비 제거	2	27MAY2016 41	30JUN2016 42	2JUN2016 45	3JUN2016 46	4	4
C 110	하수관로 트렌치 뒤채움	6	27MAY2016 41	3JUN2016 46	27MAY2016 41	3JUN2016 46	0	0

```
******************************************  스케줄 종료  ******************************************
```

그림 8-9 하수관로 라인 활동만에 대한 컴퓨터 출력 (코드 숫자 #1에 따른 일련의 활동 목록)

```
                                 ***********************
                                 **      바차트       **
                                 ***********************

프로젝트 : 하수 및 상수 관로                                            **  1 페이지  **
하수관로 활동만에 대한 스케줄                                                 바차트

                                   1       10        20        30        40        50        60
활동      활동 내용          기간  1APR2016 14APR2016 28APR2016 12MAY2016 26MAY2016 9JUN2016 23JUN2016
                                   +.........+.........*.........*.........*.........+.........+
C   20   하수라인 측량          4      *XXX
                                   .    .    .    .    .    .    .    .    .    .    .    .    .
C   30   맨홀 시공을 위한 굴착  3         *XX
                                   .    .    .    .    .    .    .    .    .    .    .    .    .
C   40   맨홀 설치              5            *XXXX
                                   .    .    .    .    .    .    .    .    .    .    .    .    .
    50   콘크리트 맨홀 배치     5                 XXXXX------------------*----
                                   .    .    .    .    .    .    .    .    .    .    .    .    .
C   60   하수라인 트렌치       10                 *XXXXXXXXX
                                   .    .    .    .    .    .    .    .    .    .    .    .    .
    70   맨홀 거푸집 탈형       2                           XX---------------*-
                                   .    .    .    .    .    .    .    .    .    .    .    .    .
C   80   하수관로 설치         15                                *XXXXXXXXXXXXXX
                                   .    .    .    .    .    .    .    .    .    .    .    .    .
    90   맨홀 검사              1                                               X----*
                                   .    .    .    .    .    .    .    .    .    .    .    .    .
   100   트렌칭 장비 제거       2                                               XX--*-
                                   .    .    .    .    .    .    .    .    .    .    .    .    .
C  110   하수관로 트렌치 뒤채움 6                                               *XXXXX

                                   +.........*.........*.........*.........*.........*.........*
                           근무일  1       10        20        30        40        50        60
                             역일  1APR2016 14APR2016 28APR2016 12MAY2016 26MAY2016 9JUN2016 23JUN2016
```

그림 8-10 하수관로 라인 활동만에 대한 컴퓨터 생성 바차트

비용 배분

프로젝트를 성공적으로 관리하려면 시간에 따른 비용 분배를 알아야 한다. 앞 절에서는 활동 시간 및 순서에 의하여 조기 및 늦은 시작 시간 및 종료 시간을 계산하였다. 각 활동을 완료하는데 예상되는 비용을 할당하여 비용 분석을 수행할 수도 있다; 하지만, 활동은 초기 늦은 시작에서 출발하여 초기 늦은 종료로 완료되는 시간 범위에 걸쳐 수행될 수 있다.

활동은 일정 범위 시간 동안 수행될 수 있으므로 조기 시작, 늦은 시작 및 목표 일정에서 시작하는 활동을 기반으로 비용 분석을 수행해야 한다. 목표 일정은

표 8-5 조기 시작 기준에서 하루 프로젝트 비용에 대한 계산

총 프로젝트 기간 = 94근무일
총 프로젝트 비용 = $147,500.00

일	%-시간	프로세스에서 활동	프로젝트 비용/일	누적 프로젝트 비용	% 비용
1	1.06%	Act. 10 $1,400/3 = $466.67/일	$466.67	$466.67	0.32%
2	2.12%	〃 〃 〃 = 〃	〃	$933.33	0.63%
3	3.19%	〃 〃 〃 = 〃	〃	$1,400.00	0.95%
4	4.25%	Act. 20 $2,700/4 = $675.00/일	$675.00	$2,075.00	1.41%
5	5.32%	〃 〃 〃 = 〃	〃	$2,750.00	1.86%
6	6.38%	〃 〃 〃 = 〃	〃	$3,425.00	2.32%
7	7.45%	〃 〃 〃 = 〃	〃	$4,100.00	2.78%
8	8.51%	Act. 30 $3,500/3 = $1,167.67/일	$1,167.67	$5,267.67	3.57%
9	9.57%	〃 〃 〃 = 〃	〃	$6,433.33	4.36%
10	10.63%	〃 〃 〃 = 〃	〃	$7,600.00	5.15%
11	11.70%	Act. 40 $6,000/5 = $1,200.00/일	$1,200.00	$8,800.00	5.97%
12	12.77%	〃 〃 〃 = 〃	〃	$10,000.00	6.78%
13	13.83%	〃 〃 〃 = 〃	〃	$11,200.00	7.59%
14	14.89%	〃 〃 〃 = 〃	〃	$12,400.00	8.41%
15	15.96%	〃 〃 〃 = 〃	〃	$13,600.00	9.22%
16	17.02%	Act. 50 $4,700/5 = $940.00/일			
		Act. 60 $12,600/10 = $1,260.00/일	$2,200.00	$15,800.00	10.71%
17	18.09%	〃 〃 〃 = 〃	〃	$18,000.00	12.20%
18	19.15%	〃 〃 〃 = 〃	〃	$20,200.00	13.69%
19	20.21%	〃 〃 〃 = 〃	〃	$22,400.00	15.19%
20	21.28%	〃 〃 〃 = 〃	〃	$24,600.00	16.68%
21	22.34%	Act. 60 $12,600/10 = $1,260.00/일			
		Act. 70 $2,100/2 = $1,050.00/일	$2,310.00	$25,910.00	18.24%
⋮	⋮			⋮	⋮
94	100.0%			$147,500.00	100.0%

조기 시작과 늦은 시작 사이의 중간 지점이다. 표 8-5는 그림 8-6에 표시된 하수 및 상수 관로 프로젝트의 조기 시작에 의한 비용 분석 계산을 보여준다. 프로젝트에서는 매일에 대하여, 진행 중인 각 활동의 일일 비용을 합산하여 해당 프로젝트의 총 비용을 산정한다. 누적 프로젝트 비용은 매일의 비용 백분율을 구하기 위해 총 프로젝트 비용 $147,500로 나눈다. 매일의 백분율은 근무일수를 프로젝트 총 기간인 94일로 나눔으로써 계산된다. 늦은 시작 일정과 목표 일정에서 시작하는 활동에 대해서도 유사한 계산을 수행할 수 있다.

비용 분석을 위한 계산은 간단하지만, 25개의 활동 및 94일의 프로젝트 기간을 갖는 소규모 하수 및 상수 관로 프로젝트에서 볼 수 있듯이 많은 것이 요구된다. 소형 마이크로컴퓨터는 2초 이내에 수백 가지 작업을 수행하는 프로젝트의 비용 분석을 위한 모든 계산을 수행할 수 있다.

그림 8-11은 표 8-5에 설명된 계산에 대한 비용의 일일 분포를 컴퓨터로 인쇄한 것이다. 유사한 분석은 노동이나 장비와 같은 다른 자원을 위해 수행할 수 있다.

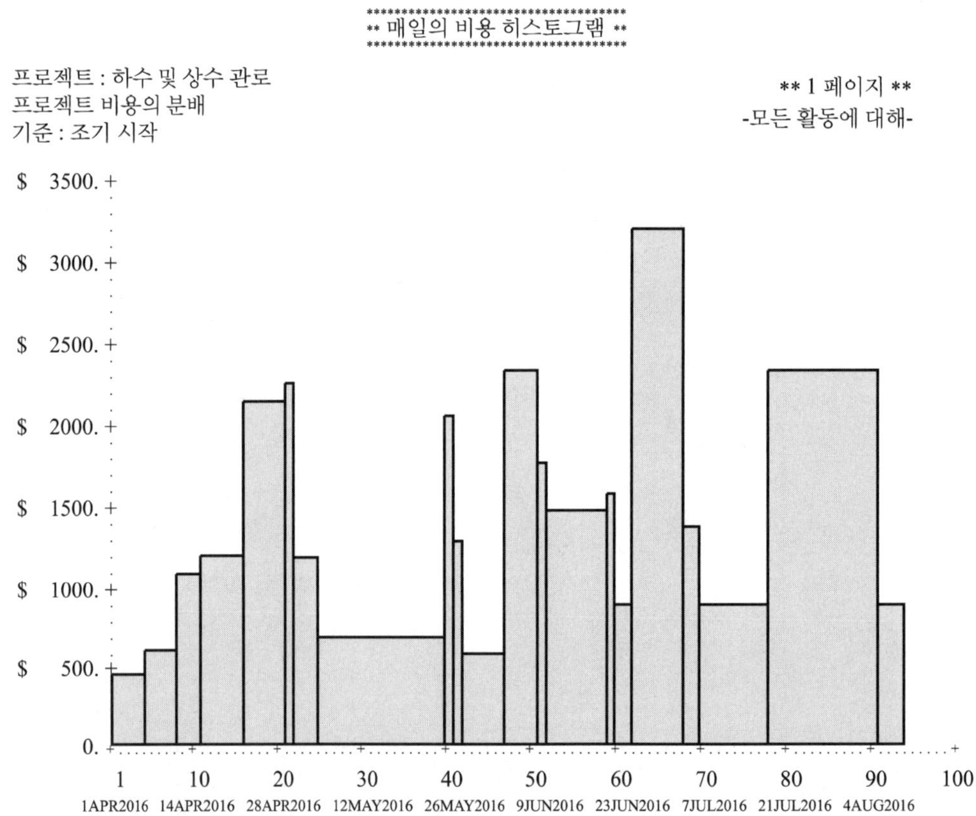

그림 8-11 하수 및 상수 관로 프로젝트 비용의 일일 분포에 대한 컴퓨터 인쇄

예를 들어, 그림 8-11과 비슷한 노동시간의 일일 분포는 노동의 필요성이 높거나 낮은 기간을 감지하는데 사용할 수 있다. 프로젝트관리자와 팀은 이 문제를 조기에 감지하고 필요에 따라 프로젝트 계획을 적절하게 조정하거나 추가 인력을 확보할 수 있다.

** 일일 비용 스케줄 **

프로젝트 : 하수 및 상수 관로
모든 활동에 대한 비용의 일별 분담
시작일 : 2016년 4월 1일, 마감일 : 2016년 8월 10일

** 모든 활동을 위한 일일 비용 스케줄 **
** 조기 시작 – 늦은 시작 – 목표 **

업무일	캘린더 날짜	조기 시작		늦은 시작		목표 스케줄			
		비용/일	누적 비용	비용/일	누적 비용	비용/일	누적 비용	% 비용	% 시간
1	1APR2016	$ 467.	$ 467.	$ 467.	$ 467.	$ 467.	$ 467.	1.1%	0.3%
2	4APR2016	$ 467.	$ 933.	$ 467.	$ 933.	$ 467.	$ 933.	2.1%	0.6%
3	5APR2016	$ 467.	$ 1,400.	$ 467.	$ 1,400.	$ 467.	$ 1,400.	3.2%	0.9%
4	6APR2016	$ 675.	$ 2,075.	$ 675.	$ 2,075.	$ 675.	$ 2,075.	4.3%	1.4%
5	7APR2016	$ 675.	$ 2,750.	$ 675.	$ 2,750.	$ 675.	$ 2,750.	5.3%	1.9%
6	8APR2016	$ 675.	$ 3,425.	$ 675.	$ 3,425.	$ 675.	$ 3,425.	6.4%	2.3%
7	11APR2016	$ 675.	$ 4,100.	$ 675.	$ 4,100.	$ 675.	$ 4,100.	7.4%	2.8%
8	12APR2016	$ 1,167.	$ 5,267.	$ 1,167.	$ 5,267.	$ 1,167.	$ 5,267.	8.5%	3.6%
9	13APR2016	$ 1,167.	$ 6,433.	$ 1,167.	$ 6,433.	$ 1,167.	$ 6,433.	9.6%	4.4%
10	14APR2016	$ 1,167.	$ 7,600.	$ 1,167.	$ 7,600.	$ 1,167.	$ 7,600.	10.6%	5.2%
11	15APR2016	$ 1,200.	$ 8,800.	$ 1,200.	$ 8,800.	$ 1,200.	$ 8,800.	11.7%	6.0%
12	18APR2016	$ 1,200.	$ 10,000.	$ 1,200.	$ 10,000.	$ 1,200.	$ 10,000.	12.8%	6.8%
13	19APR2016	$ 1,200.	$ 11,200.	$ 1,200.	$ 11,200.	$ 1,200.	$ 11,200.	13.8%	7.6%
14	20APR2016	$ 1,200.	$ 12,400.	$ 1,200.	$ 12,400.	$ 1,200.	$ 12,400.	14.9%	8.4%
15	21APR2016	$ 1,200.	$ 13,600.	$ 1,200.	$ 13,600.	$ 1,200.	$ 13,600.	16.0%	9.2%
16	22APR2016	$ 2,200.	$ 15,800.	$ 1,260.	$ 14,860.	$ 1,730.	$ 15,330.	17.0%	10.4%
17	25APR2016	$ 2,200.	$ 18,000.	$ 1,260.	$ 16,120.	$ 1,730.	$ 17,060.	18.1%	11.6%
18	26APR2016	$ 2,200.	$ 20,200.	$ 1,260.	$ 17,380.	$ 1,730.	$ 18,790.	19.1%	12.7%
19	27APR2016	$ 2,200.	$ 22,400.	$ 1,260.	$ 18,640.	$ 1,730.	$ 20,520.	20.2%	13.9%
↓	↓	↓	↓	↓	↓	↓	↓	↓	↓
85	28JUL2016	$ 2,400.	$130,250.	$ 2,983.	$120,767.	$ 2,692.	$125,508.	90.4%	85.1%
86	29JUL2016	$ 2,400.	$132,650.	$ 2,983.	$123,750.	$ 2,692.	$128,200.	91.5%	86.9%
87	1AUG2016	$ 2,400.	$135,050.	$ 2,983.	$126,733.	$ 2,692.	$130,892.	92.6%	88.7%
88	2AUG2016	$ 2,400.	$137,450.	$ 2,983.	$129,717.	$ 2,692.	$133,583.	93.6%	90.6%
89	3AUG2016	$ 2,400.	$139,850.	$ 3,483.	$133,200.	$ 2,942.	$136,525.	94.7%	92.6%
90	4AUG2016	$ 2,400.	$142,450.	$ 3,933.	$137,133.	$ 3,167.	$139,692.	95.7%	94.7%
91	5AUG2016	$ 2,400.	$144,650.	$ 3,933.	$141,067.	$ 3,167.	$142,858.	96.8%	96.9%
92	8AUG2016	$ 950.	$145,600.	$ 2,033.	$143,100.	$ 1,492.	$144,350.	97.9%	97.9%
93	9AUG2016	$ 950.	$146,550.	$ 2,150.	$145,250.	$ 1,550.	$145,900.	98.9%	98.9%
94	10AUG2016	$ 950.	$147,500.	$ 2,250.	$147,500.	$ 1,600.	$147,500.	100.0%	100.0%

일일 비용 스케줄 종료

그림 8-12 하수 및 상수 관로 프로젝트의 모든 활동에 대한 일일 비용 인쇄

조기 시작, 늦은 시작 및 목표 기준에 대한 비용 배분의 표 형식은 그림 8-12에 나와 있다. 목표 스케줄 비용은 조기 및 늦은 시작 일정 사이의 평균값이다. 그림 8-12의 두 오른쪽 열은 목표 일정에 대한 백분율 비용 및 백분율 시간 값을 보여준다. 그림에서와 같이 프로젝트의 시간과 비용 사이에는 비선형 관계가 있다.

프로젝트의 누적 비용 그래프는 일반적으로 문자 "S"의 모양과 유사하기 때문에 S곡선이라고 한다. 조기, 늦은, 목표의 누적 비용 분포는 하나의 그래프에 겹쳐서 프로젝트에 비용이 분배될 수 있는 시간의 범위를 형성할 수 있다(그림 8-13 참조). 이 그래프는 프로젝트의 기본 요소 두 가지인 시간과 비용을 연결한다. 완성된 세 번째 요소인 작업은 시간, 비용과 관련이 있어야 한다. 9장에서는 성취된 일을 S곡선과 연결시키는 것에 대해 논의한다.

이 절에 제시된 보고서 유형은 사용 가능한 많은 컴퓨터 소프트웨어 프로그램에서 얻을 수 있는 보고서의 전형적인 예이다. 프로젝트관리자가 설명되어 있는 분석결과를 얻기 위해 준비해야 하는 유일한 입력 데이터는 그림 8-7에 나와 있다.

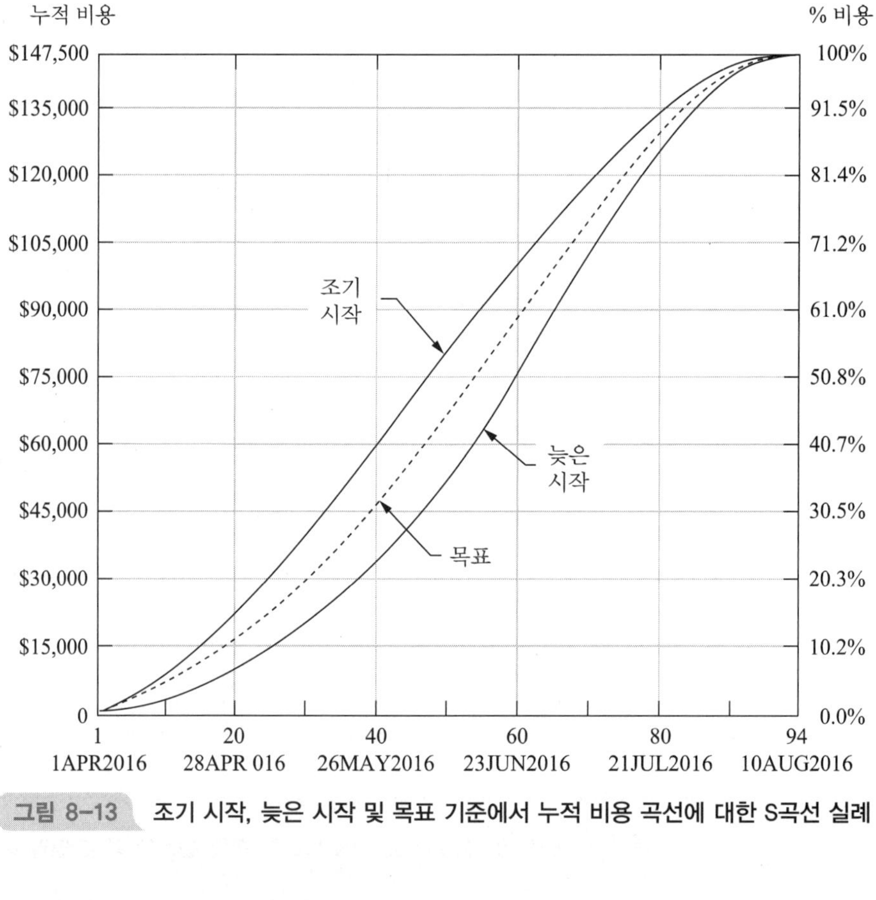

그림 8-13 조기 시작, 늦은 시작 및 목표 기준에서 누적 비용 곡선에 대한 S곡선 실례

설계를 위한 자원 할당

성공적인 관리를 위해서는 자원을 효율적으로 활용하는 것이 중요하다. 설계 중 주요 자원은 설계 팀의 근무시간이다. 프로젝트관리자는 설계 팀에 의존하여 설계 대안을 작성하고 도면을 작성하며 제안된 프로젝트의 시방서를 작성한다. 프로젝트관리자는 설계 업무의 모든 측면을 적절하게 조정하기 위해 필요할 때 올바른 전문지식을 사용할 수 있어야 한다. 일반적으로 설계 팀원은 해당 원 부서에서 프로젝트에 배정된다. 각 설계자는 동시에 여러 프로젝트에 참여하기 때문에 프로젝트관리자는 각 프로젝트에 대한 자원 할당 계획을 개발해야 한다. 계획은 각 설계 팀 구성원의 원 부서에 배포되어 필요할 때 각 자원을 사용할 수 있도록 해야 한다.

프로젝트관리자는 각 설계 분야에 필요한 작업시간을 포함하도록 프로젝트 계획에 탑재할 수 있다. 자원 계획은 이 장의 앞부분에서 설명한 비용 분배 분석과 비슷하지만 근무시간이 비용(달러) 대신 사용된다. 따라서 자원 계획은 각 설계 분야에 대한 작업시간 대 시간의 간단한 히스토그램이다. 프로젝트관리자는 각 프로젝트의 자원 계획을 설계 팀의 관리자에게 제공해야 한다. 그런 다음 설계 관리자는 기술적 전문성을 위해 해당 부서에서 요구하는 모든 활동 중인 프로젝트의 자원 계획을 통합할 수 있다. 이것은 필요할 경우 프로젝트에 적절한 자원을 확보하는데 요구된다.

시공을 위한 자원 할당

시공 단계에서 주요 자원은 인력, 재료 및 장비이다. 인력의 효율성을 보장하기 위해 정확한 양과 질의 재료를 적시에 작업 현장에 주문하여 제공해야 한다. 프로젝트에 설치되는 장비는 종종 조립업자로부터 긴 리드 타임을 필요로 한다. 따라서 프로젝트 계획에는 시공 인력이 요구하는 자재와 장비가 포함되어야 한다.

인력은 시공의 주요 비용을 나타낸다. 작업에서 인력은 시공 장비를 작동하고 재료를 설치한다. 시공 중 높은 효율과 생산성을 보장하려면 자원 배분 계획이 필요하다. 프로젝트관리자는 각 기능 작업에 필요한 작업시간 수를 포함하도록 프로젝트 계획을 탑재할 수 있다. 자원 계획은 작업시간 대 시간의 히스토그램으로 이 장의 앞부분에서 설명한 비용 배분 분석과 유사하다.

시공 계획은 원하는 작업 순서를 보여준다. 하지만 계획을 실행 가능하게 하려면 업무에서 각 기능작업에 필요한 인력과 같은 자원 분배를 보여 주어야 한다. 인력에 대한 수요는 프로젝트의 각 기능 작업에 대해 균등하게 분배되어야 하며, 부정을 방지해야 한다. 자원 계획은 프로젝트에서 인력에 대하여 상대적으로

작업 번호	기간 (1일)	인력수	인력중 작업자	프로젝트 작업일																								
				1	2	3	4	5	6	7	8	9	10	11	12	13	14	15	16	17	18	19	20	21	22	23	24	25
A	4	1	4	4	4	4	4																					
B	7	2	3			6	6	6	6	6	6	6																
C	9	1	2					2	2	2	2	2	2	2	2	2												
D	7	2	4					8	8	8	8	8	8	8														
E	3	1	5							5	5	5																
F	9	3	4									12	12	12	12	12	12	12	12	12								
G	4	1	5										5	5	5	5												
H	8	3	6														18	18	18	18	18	18	18	18				
I	11	2	4														8	8	8	8	8	8	8	8	8	8	8	
J	4	3	2																				6	6	6	6		
K	6	1	3																				3	3	3	3	3	3
	합계			4	4	10	10	16	16	21	21	33	27	27	19	19	35	35	38	38	26	26	35	35	17	17	11	3

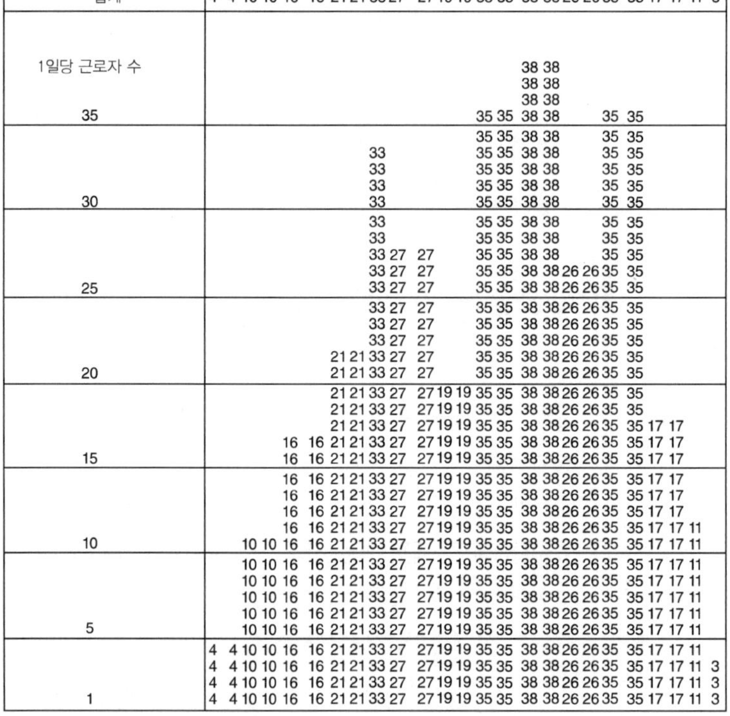

그림 8-14 노동의 불규칙한 분배

균일한 분배를 보장하는 도구로 사용될 수 있다. 그림 8-14는 프로젝트에 대한 간단한 바차트로 프로젝트의 모든 인력에 대한 각 작업 활동, 투입인원 수, 프로젝트에 참여한 모든 인력에 대한 투입인원 수를 보여준다. 그림 8-14의 아래 부분은 프로젝트 중간에 하루당 근로자 분포에 불규칙성을 보여준다.

작업 번호	기간 (1일)	인력수	인력중 작업자	프로젝트 작업일																								
				1	2	3	4	5	6	7	8	9	10	11	12	13	14	15	16	17	18	19	20	21	22	23	24	25
A	4	1	4	4	4	4	4																					
B	7	2	3			6	6	6	6	6	6	6																
C	9	1	2					2	2	2	2	2	2	2	2	2												
D	7	2	4					8	8	8	8	8	8	8														
E	3	1	5							5	5	5																
F	9	3	4										12	12	12	12	12	12	12	12	12							
G	4	1	5										5	5	5	5												
H	8	3	6												18	18	18	18	18	18	18	18						
I	11	2	4														8	8	8	8	8	8	8	8	8	8	8	
J	4	3	2																				6	6	6	6		
K	6	1	3																				3	3	3	3	3	3
	합계			4	4	10	10	16	16	21	21	21	27	27	37	37	38	38	38	38	38	26	17	17	17	17	11	3
	1일당 근로자 수																38	38	38	38	38							
															37	37	38	38	38	38	38							
															37	37	38	38	38	38	38							
	35														37	37	38	38	38	38	38							
															37	37	38	38	38	38	38							
															37	37	38	38	38	38	38							
															37	37	38	38	38	38	38							
															37	37	38	38	38	38	38							
	30														37	37	38	38	38	38	38							
															37	37	38	38	38	38	38							
															37	37	38	38	38	38	38							
													27	27	37	37	38	38	38	38	38							
													27	27	37	37	38	38	38	38	38	26						
	25												27	27	37	37	38	38	38	38	38	26						
													27	27	37	37	38	38	38	38	38	26						
													27	27	37	37	38	38	38	38	38	26						
													27	27	37	37	38	38	38	38	38	26						
										21	21	21	27	27	37	37	38	38	38	38	38	26						
	20									21	21	33	27	27	37	37	38	38	38	38	38	26						
										21	21	33	27	27	37	37	38	38	38	38	38	26						
										21	21	33	27	27	37	37	38	38	38	38	38	26						
										21	21	33	27	27	37	37	38	38	38	38	38	26	17	17	17	17		
								16	16	21	21	33	27	27	37	37	38	38	38	38	38	26	17	17	17	17		
	15							16	16	21	21	33	27	27	37	37	38	38	38	38	38	26	17	17	17	17		
								16	16	21	21	33	27	27	37	37	38	38	38	38	38	26	17	17	17	17		
								16	16	21	21	33	27	27	37	37	38	38	38	38	38	26	17	17	17	17		
								16	16	21	21	33	27	27	37	37	38	38	38	38	38	26	17	17	17	17		
								16	16	21	21	33	27	27	37	37	38	38	38	38	38	26	17	17	17	17	11	
	10					10	10	16	16	21	21	33	27	27	37	37	38	38	38	38	38	26	17	17	17	17	11	
						10	10	16	16	21	21	33	27	27	37	37	38	38	38	38	38	26	17	17	17	17	11	
						10	10	16	16	21	21	33	27	27	37	37	38	38	38	38	38	26	17	17	17	17	11	
						10	10	16	16	21	21	33	27	27	37	37	38	38	38	38	38	26	17	17	17	17	11	
						10	10	16	16	21	21	33	27	27	37	37	38	38	38	38	38	26	17	17	17	17	11	
	5					10	10	16	16	21	21	33	27	27	37	37	38	38	38	38	38	26	17	17	17	17	11	
				4	4	10	10	16	16	21	21	33	27	27	37	37	38	38	38	38	38	26	17	17	17	17	11	
				4	4	10	10	16	16	21	21	33	27	27	37	37	38	38	38	38	38	26	17	17	17	17	11	3
				4	4	10	10	16	16	21	21	33	27	27	37	37	38	38	38	38	38	26	17	17	17	17	11	3
	1			4	4	10	10	16	16	21	21	33	27	27	37	37	38	38	38	38	38	26	17	17	17	17	11	3

그림 8-15 하루 후 활동 F가 시작되고 이틀 전 활동 H가 시작된 후 인력의 배분

그림 8-15는 활동 F가 하루 후 시작되고 활동 H가 2일 전에 시작된다는 점을 제외하고 그림 8-14와 동일한 프로젝트를 보여준다. 그림 8-15의 아래 부분은 프로젝트 계획에서 두 가지 작은 조정을 통한 인력의 상대적 균일 분포를 보여주는 것이다. 프로젝트에서 근로자의 균등한 분배를 보장하기 위해 각 기능작업에 대해 유사한 분석을 할 수 있다. 특정 기능 작업에 대한 자원 할당은 일반적으로 그래프에 평평한 모양을 갖지만 모든 기능 작업에 대한 자원 할당은 일반적으로 그림 8-15와 같이 종 모양의 그래프를 갖는다.

일정과 비용 배분을 검증하기 위한 계산

이 장의 이전 단원에서는 계획 수립의 원칙, 일정계획 기법 및 비용 분배를 위한 CPM 일정표 작성 방법을 제시했다. 계획은 프로젝트를 완료하기 위해 수행해야 하는 활동 및 활동 순서를 식별한다. 스케줄링은 활동의 지속 시간과 상호 의존성에 따라 활동의 시작 및 종료 시간을 설정한다. 프로젝트 수명기간 동안의 비용 배분은 프로젝트의 원가 견적으로부터 작업 활동에 비용을 할당하여 얻어진다.

프로젝트 일정은 프로젝트의 모든 핵심 요소(수행해야 할 작업, 수행시기 및 비용)가 모두 포함되어 있기 때문에 프로젝트를 관리하는 데 중요하다. 따라서 양질의 일정과 비용 견적은 프로젝트관리에 필수적이다. 일정은 프로젝트 작업 계획의 중심이다.

컴퓨터는 CPM 일정에서 많은 계산을 수행하는데 사용된다. 컴퓨터는 활동의 조기/늦은 시작 및 종료 시간, 전체 및 자유 여유 시간 및 조기, 늦은 그리고 목표 기준의 비용 배분에 대한 계산을 수행하는데 적합하다. 하지만 컴퓨터는 활동을 식별할 수 없으며 활동의 논리적 순서를 결정할 수 없다. 사람들만 작업 활동을 식별하고 순서를 지정할 수 있다.

컴퓨터 스케줄링 소프트웨어 패키지에 데이터를 입력하기 전에, 작업 목록을 면밀히 검토하여 프로젝트 완료에 필요한 작업이 충분히 이루어졌는지 확인해야 한다. 논리적 다이어그램을 작성하고 검토하여 현장 작업을 안내하기 위해 활동 순서를 실제 순서대로 정렬해야 한다. 합리적인 시간에 작업을 완수할 수 있도록 각 활동에 할당된 기간을 주의 깊게 점검해야 한다. 이러한 항목은 컴퓨터가 아닌 사람이 수행해야 한다.

컴퓨터는 사람들에게 쉽게 만족스런 결과를 보여주고, 너무 많이 의존하게 만든다. 컴퓨터가 몇 초 안에 계산을 수행할 수는 있지만 컴퓨터에 데이터를 입력하는 과정에서 오류가 발생할 가능성이 크다. 따라서 컴퓨터의 출력을 확인하여 품질 일정을 확인해야 한다. 예제 8-1은 비용이 탑재된 CPM 다이어그램의 컴퓨터 분석 결과를 확인하고, 확인을 쉽게 수행할 수 있는 손 계산 결과를 보여준다. 예를 들어, CPM 다이어그램에서 전진방향 패스를 수행하여 활동의 조기 시작 및 종료를 계산하여 컴퓨터의 올바른 출력을 확인하는 것이 용이하다.

예제 8-1

프로젝트팀은 프로젝트를 완료하는데 필요한 다음 활동을 확인했다. 각 활동의 기간은 작업량, 사용 가능한 자원 및 인력 생산성에 근거한다. 각 활동의 비용은 이전에 완료한 프로젝트의 작업량 및 과거 비용 데이터를 기반으로 한다.

활동	기간	비용	선행작업	후속작업
A	2일	$500	None	B, C, and D
B	3일	$900	A	E
C	4일	$1,600	A	F
D	5일	$500	A	G
E	7일	$1,400	B	H
F	7일	$1,500	C	I and L
G	8일	$2,400	D	J and K
H	4일	$800	E	L
I	2일	$1,000	F	N
J	12일	$3,600	G	M and O
K	5일	$2,000	G	P
L	6일	$1,200	F and H	Q
M	2일	$900	J	N
N	2일	$700	I and M	S
O	6일	$1,800	J	R and T
P	4일	$1,200	K	T
Q	4일	$2,000	L	U
R	4일	$1,600	O	S
S	2일	$1,400	N and R	V
T	9일	$1,800	O and P	V
U	2일	$1,200	Q	V
V	3일	$300	S, T, and U	None

앞의 정보에서 CPM 선후관계 다이어그램을 개발하여 프로젝트 일정을 계산할 수 있다. 주공정경로는 주공정 활동 사이에 이중 화살표로 표시된다.

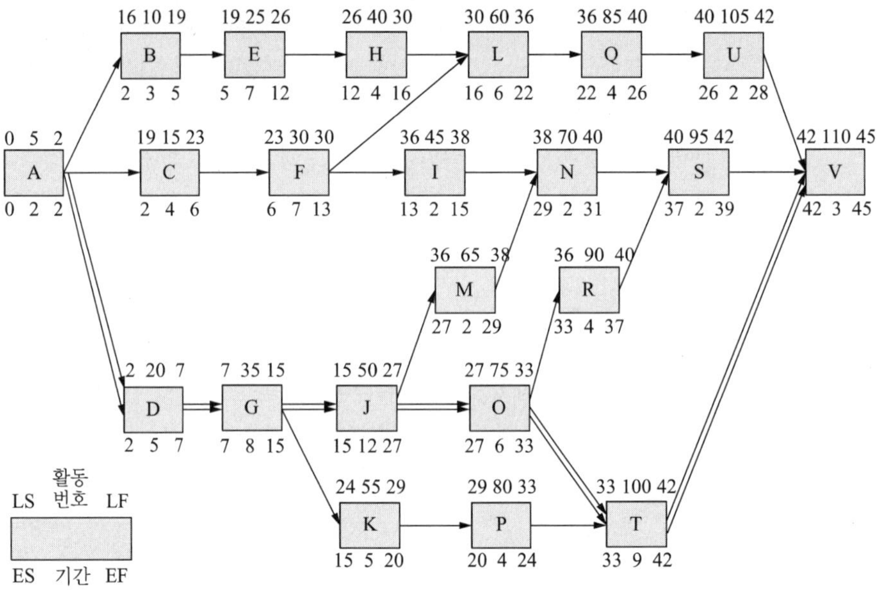

CPM 다이어그램에 표시된 계산 결과를 바탕으로 조기/늦은 시작 및 종료뿐만 아니라 각 활동에 대한 총 및 자유 여유를 보여주는 다음 표가 준비되어 있다. 모든 시간 계산은 근무 종료일 기준이다. 예를 들어, 활동 A는 0일의 끝에서 시작되며 시작일은 1일이다.

조기 시작은 활동을 시작할 수 있는 가장 빠른 시간이다. 직전 활동의 가장 빠른 조기 완료가 적용된다. 조기 종료는 활동이 끝날 수 있는 가장 이른 시간이며, 조기 시작에 활동 기간을 더한 것과 같다. 늦은 시작은 프로젝트의 완료 날짜를 지연시키지 않고 활동을 시작할 수 있는 가장 늦은 시간이다. 늦은 종료에서 활동 기간을 뺀 값으로 계산된다. 늦은 종료는 프로젝트 완료 날짜를 지연시키지 않고 활동을 완료할 수 있는 가장 늦은 시간이다. 그것은 바로 다음 활동의 가장 늦은 시작에 의해 좌우된다.

총 여유는 프로젝트 완료 날짜를 지연시키지 않고 활동이 지연될 수 있는 시간의 양이다. 늦은 종료에서 조기 종료를 뺀 것 또는 늦은 시작에서 활동의 조기 시작을 뺀 것으로 계산된다. 자유 여유란 바로 다음 활동의 조기 시작 시간을 지연시키지 않고 활동이 지연될 수 있는 시간의 양이다. 활동의 자유 여유는 다음 활동의 조기 시작에서 활동의 조기 종료를 뺀 값으로 계산된다. 중요 활동은 전체 여유와 자유 여유가 0인 활동이다. 주공정선 활동은 다음 표의 오른쪽 열에 CP로 표시된다.

번호	활동	선행작업	후속작업	기간	총비용	(노트: 모든 시간 계산은 작업 일의 종료를 기준으로 한다.)						
						ES	EF	LS	LF	TF	FF	
5	A	None	B, C, D	2	$500	0	2	0	2	0	0	CP
10	B	A	E	3	$900	2	5	16	19	14	0	
15	C	A	F	4	$1,600	2	6	19	23	17	0	
20	D	A	G	5	$500	2	7	2	7	0	0	CP
25	E	B	H	7	$1,400	5	12	19	26	14	0	
30	F	C	I, L	7	$1,500	6	13	23	30	17	0	
35	G	D	J, K	8	$2,400	7	15	7	15	0	0	CP
40	H	E	L	4	$800	12	16	26	30	14	0	
45	I	F	N	2	$1,000	13	15	36	38	23	14	
50	J	G	M, O	12	$3,600	15	27	15	27	0	0	CP
55	K	G	P	5	$2,000	15	20	24	29	9	0	
60	L	F, H	Q	6	$1,200	16	22	30	36	14	0	
65	M	J	N	2	$900	27	29	36	38	9	0	
70	N	I, M	S	2	$700	29	31	38	40	9	6	
75	O	J	R, T	6	$1,800	27	33	27	33	0	0	CP
80	P	K	T	4	$1,200	20	24	29	33	9	9	
85	Q	L	U	4	$2,000	22	26	36	40	14	0	
90	R	O	S	4	$1,600	33	37	36	40	3	0	
95	S	N, R	V	2	$1,400	37	39	40	42	3	3	
100	T	O, P	V	9	$1,800	33	42	33	42	0	0	CP
105	U	Q	V	2	$1,200	26	28	40	42	14	14	
110	V	S, T, U	None	3	$300	42	45	42	45	0	0	CP

관리자는 항상 시간과 비용에 관심을 가진다. 각 활동의 비용은 활동 기간 동안 분배된다. 하지만 일부 활동은 조기 시작 날짜에 시작될 수 있지만 다른 활동은 늦은 시작 날짜에 시작될 수 있다. 마찬가지로 일부 활동은 조기 종료 날짜에 완료될 수 있지만 다른 활동은 늦은 완료 날짜에 완료될 수 있다. 따라서 비용은 조기 시작 기준 또는 늦은 시작 기준으로 분석될 수 있다. 다음은 조기 시작 및 늦은 시작을 기준으로 한 프로젝트 비용 분석이다. 프로젝트의 S곡선은 비용 및 시간 비율과 비용/시간 관계를 보여준다.

조기 시작 비용 분석 (노트: 활동 F $214.29의 계산된 일일 비용은 7일에서 13일 사이에 $214로 반올림된다. 반올림은 13일 조기 시작 누적 비용으로 조정된다.)

일	조기 시작 %–시간	진행과정에서 조기 시작 기준 활동	조기 시작 비용/일	조기 시작 누적비용	조기 시작 %–비용
1	2.22%	A@$250	$250	$250	0.83%
2	4.44%	〃	〃	$500	1.65%
3	6.67%	B@$300 + C@$400 + D@$100	$800	$1,300	4.29%
4	8.89%	〃 〃 〃	〃	$2,100	6.93%
5	11.11%	〃 〃 〃	〃	$2,900	9.57%
6	13.33%	C@$400 + D@$100 + F@$200	$700	$3,600	11.88%
7	15.56%	D@$100 + E@$200 + F@$214	$514	$4,114	13.58%
8	17.18%	E@$200 + F@$214 + G@$300	$714	$4,828	15.93%
9	20.00%	〃 〃 〃	〃	$5,542	18.29%
10	22.22%	〃 〃 〃	〃	$6,256	20.65%
11	24.44%	〃 〃 〃	〃	$6,970	23.00%
12	26.67%	〃 〃 〃	〃	$7,684	25.36%
13	28.89%	F@$214 + G@$300 + H@$200	$714	$8,400	27.72%
14	31.11%	G@$300 + H@$200 + I@$500	$1,000	$9,400	31.02%
15	33.33%	〃 〃 〃	〃	$10,400	34.32%
16	35.56%	H@$200 + J@$300 + K@$400	$900	$11,300	37.29%
17	37.38%	J@$300 + K@$400 + L@$200	$900	$12,200	40.26%
18	40.00%	〃 〃 〃	〃	$13,100	43.23%
19	42.22%	〃 〃 〃	〃	$14,000	46.20%
20	44.44%	〃 〃 〃	〃	$14,900	49.18%
21	46.67%	J@$300 + L@$200 + P@$300	$800	$15,700	51.82%
22	48.89%	〃 〃 〃	〃	$16,500	54.46%
23	51.11%	J@$300 + P@$300 + Q@$500	$1,100	$17,600	58.09%
24	53.33%	〃 〃 〃	〃	$18,700	61.72%
25	55.56%	J@$300 + Q@$500	$800	$19,500	64.36%
26	57.78%	〃 〃	〃	$20,300	67.00%
27	60.00%	J@$300 + U@$600	$900	$21,200	69.97%
28	62.22%	M@$450 + O@$300 + U@$600	$1,350	$22,550	74.42%
29	64.44%	M@$450 + O@$300	$750	$23,300	76.90%
30	66.67%	N@$350 + O@$300	$650	$23,900	79.04%
31	68.89%	〃 〃	〃	$24,600	81.19%
32	71.11%	O@$300	$300	$24,900	82.18%
33	73.33%	〃	〃	$25,200	83.17%
34	75.56%	R@$400 + T@$200	$600	$25,800	85.15%
35	77.78%	〃 〃	〃	$24,600	87.13%
36	80.00%	〃 〃	〃	$27,000	89.11%
37	82.22%	〃 〃	〃	$27,600	91.09%
38	84.44%	S@$700 + T@$200	$900	$28,500	94.06%
39	86.67%	〃 〃	〃	$29,400	97.69%
40	88.89%	T@$200	$200	$29,600	98.35%
41	91.11%	〃	〃	$29,800	98.35%
42	93.33%	〃	〃	$30,000	99.01%
43	95.56%	V@$100	$100	$30,100	99.34%
44	97.78%	〃	〃	$30,200	99.67%
45	100.00%	〃	〃	$30,300	100.00%

늦은 시작 비용 분석 (노트: 활동 F $214.29의 계산된 일일 비용은 24일에서 30일 사이에 $214로 반올림된다. 반올림은 30일 늦은 시작 누적 비용에서 조정된다.)

일	늦은 시작 %–시간	진행과정에서 늦은 시작 기준 활동	늦은 시작 비용/일	늦은 시작 누적비용	늦은 시작 %–비용
1	2.22%	A@$250	$250	$250	0.83%
2	4.44%	〃	〃	$500	1.65%
3	6.67%	D@$100	$100	$600	1.98%
4	8.89%	〃	〃	$700	2.31%
5	11.11%	〃	〃	$800	2.64%
6	13.33%	〃	〃	$900	2.97%
7	15.56%	〃	〃	$1,000	3.30%
8	17.18%	G@$300	$300	$1,300	4.29%
9	20.00%	〃	〃	$1,600	5.28%
10	22.22%	〃	〃	$1,900	6.27%
11	24.44%	〃	〃	$2,200	7.26%
12	26.67%	〃	〃	$2,500	8.25%
13	28.89%	〃	〃	$2,800	9.24%
14	31.11%	〃	〃	$3,100	10.23%
15	33.33%	〃	〃	$3,400	11.22%
16	35.56%	J@$300	$300	$3,700	12.21%
17	37.78%	B@$300 + J@$300	$600	$4,300	14.19%
18	40.00%	〃 〃	〃	$4,900	16.17%
19	42.22%	〃 〃	〃	$5,500	18.15%
20	44.44%	C@$400 + E@$200 + J@$300	$900	$6,400	21.12%
21	46.67%	〃 〃 〃	〃	$7,300	24.09%
22	48.89%	〃 〃 〃	〃	$8,200	27.06%
23	51.11%	〃 〃 〃	〃	$9,100	30.03%
24	53.33%	E@$200 + F@$214 + J@$300	$714	$9,814	32.39%
25	55.56%	E@$200 + F@$214 + J@$300 + K@$400	$1,114	$10,928	36.07%
26	57.78%	〃 〃 〃 〃	〃	$12,042	39.74%
27	60.00%	F@$214 + H@$200 + J@$300 + K@$400	$1,114	$13,156	43.42%
28	62.22%	F@$214 + H@$200 + K@$400 + O@$300	$1,114	$14,270	47.10%
29	64.44%	〃 〃 〃 〃	〃	$15,384	50.77%
30	66.67%	F@$214 + H@$200 + O@$300 + P@$300	$1,014	$16,400	54.13%
31	68.89%	L@$200 + O@$300 + P@$300	$800	$17,200	56.77%
32	71.11%	〃 〃 〃	〃	$18,000	59.41%
33	73.33%	〃 〃 〃	〃	$18,800	62.05%
34	75.56%	L@$200 + T@$200	$400	$19,200	63.37%
35	77.78%	〃 〃	〃	$19,600	64.69%
36	80.00%	〃 〃	〃	$20,000	66.01%
37	82.22%	I@$500 + M@$450 + Q@$500 + R@$400 + T@$200	$2,050	$22,050	72.77%
38	84.44%	〃 〃 〃 〃 〃	〃	$24,100	79.54%
39	86.67%	N@$350 + Q@$500 + R@$400 + T@$200	$1,450	$25,550	84.32%
40	88.89%	〃 〃 〃 〃	〃	$27,000	89.11%
41	91.11%	S@$700 + T@$200 + U@$600	$1,500	$28,500	94.06%
42	93.33%	〃 〃 〃	〃	$30,000	99.01%
43	95.56%	V@$100	$100	$30,100	99.34%
44	97.78%	〃	〃	$30,200	99.67%
45	100.00%	〃	〃	$30,300	100.00%

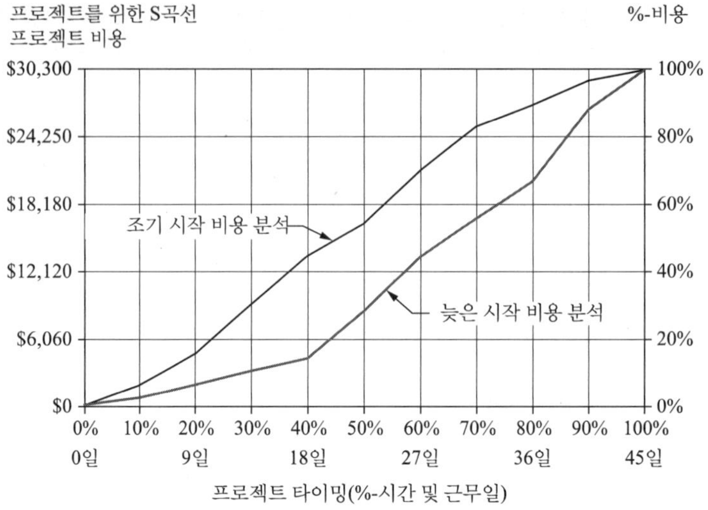

프로그램 평가 및 검토 기법(PERT)

프로젝트 일정계획의 CPM에서, 각 활동의 기간은 일반적으로 합리적인 정도의 확실성으로 정의된다. 대부분의 프로젝트에서 작업의 유형과 양은 알려지므로 프로젝트관리자는 각 작업 활동의 대략적인 기간을 설정할 수 있다. 예를 들어 도면을 제작하는데 걸리는 시간은 4주일 수 있고 토질 샘플을 수집하고 테스트하기 위해 토질 조사를 수행하는 데 걸리는 시간은 2주일 수 있으며, 콘크리트 거푸집을 제작하는데 걸릴 시간은 3일이 될 수 있다. CPM을 사용하여 각 활동에 하나의 기간을 지정하면 각 활동의 시작 및 종료 날짜와 전체 프로젝트의 단일 완료 날짜에 대한 확정치가 제공된다.

일부 프로젝트의 경우 프로젝트 일정 중 하나 이상의 활동에 대해 합리적인 단일 기간을 예측하기 어려울 수 있다. 특정 활동에 적용될 수 있는 기간이 있을 수 있으므로 활동에 할당할 기간을 하나만 선택하기가 어렵다. 일정계획의 프로그램 평가 및 검토 기법(PERT) 방법은 각 활동에 대해 세 가지 기간과 기본 통계를 사용하여 예상보다 일찍 완료되는 프로젝트의 확률을 결정한다. PERT 방법은 엔지니어링 및 건설 프로젝트에서 광범위하게 사용되지는 않지만 프로젝트 일정 차이의 위험을 평가하는데 유용한 정보를 제공한다.

PERT 방법은 화살표 네트워크 다이어그램을 사용하여 프로젝트에서 활동의 논리적 순서를 표시하는 반면 CPM은 이 책의 이전 섹션에서 설명한 선행 다이어그램을 사용한다. PERT 다이어그램에서 활동은 화살표의 각 끝에 원이 있는 화살표로 표시된다. 원은 순간을 나타내는 이벤트라고 한다. 활동 시작 부분의 원은 활동의 시작을 나타내고 화살표 끝의 원은 활동 완료를 나타낸다.

PERT 방법과 CPM의 가장 큰 차이점은 활동 기간의 산정이다. PERT는 주어진 활동을 완료하는데 걸리는 시간에 대해 높은 수준의 불확실성이 있는 프로젝트에 적용할 수 있다. 가장 숙련된 관리자조차도 예상 시간을 예리하게 추측할 수는 있지만, 그 추측에는 넓은 오차 범위가 있을 수 있다. PERT를 사용하면 각 활동에 할당된 세 가지 시간이 있다.

a = 낙관적인 시간(낙관치)
b = 비관적인 시간(비관치)
m = 가장 가능성이 높은 시간(정상치)

낙관적인 시간은 모든 것이 잘된다고 가정할 때 활동이 완료될 수 있는 최단 시간이다. 이 시간보다 작은 시간에 활동을 완료할 수 있는 기회는 매우 적다. 비관적인 시간은 모든 것이 제대로 수행되지 않는다고 가정할 때 활동에 요구될 수 있는 가장 긴 시간이다. 이 시간보다 작은 시간에 활동을 완료할 수 있는 기회는 매우 적다. 가장 가능성 있는 시간은 정확히 동일한 조건에서 여러 번 반복될 수 있는 활동을 수행할 수 있는 시간이다. 다른 시간보다 더 자주 걸리는 시간이다. 가장 가능성이 높은 시간은 관리자가 단일 시간 추정을 요청하면 관리자가 제공하는 시간이다. 낙관적인 시간과 비관적인 시간이 가장 가능성 있는 시간과 동일한 양을 벗어나지 않을 수도 있다는 점에 유의해야 한다. 간단한 수학적 용어로 a와 b는 m에 대해 대칭이 아닐 수 있다.

PERT는 전체 프로젝트 기간을 찾기 위해 3회의 가중 평균을 사용한다. 이 평균을 예상 시간 t_e라 하고 다음과 같은 간단한 방정식으로 산정한다:

$$t_e = \frac{a + 4m + b}{6}$$

여기서 t_e는 활동의 예상 시간이다.

위의 식은 PERT 네트워크 다이어그램에서 각 활동에 대해 단일 기간을 계산하는데 사용된다. 그런 다음 CPM 스케줄링 방법과 유사하게 PERT 네트워크의 각 활동에 대한 조기 시작 및 조기 종료와 전체 프로젝트 기간을 계산하기 위해 전진 방향 패스를 수행할 수 있다. 각 활동에 대해 늦은 시작 및 늦은 종료를 계산하기 위해 역진방향 패스가 수행될 수 있다. 총 여유, 자유 여유 및 주공정 경로를 식별할 수 있다. PERT 분석의 이 단계는 CPM 분석과 동일하다.

PERT의 세 가지 시간 추정치는 활동과 관련된 불확실성 정도를 측정하는데 사용될 수 있다. 분포의 분산을 측정하는 **표준편차**를 그리스 문자 σ로 표시한다. PERT를 사용하여 프로젝트가 예상보다 일찍 완료될 확률을 결정하려면 주공정 경로를 따라 각 활동의 분산을 계산해야 한다. 활동의 분산은 활동의 표준 편차의 제곱이며 다음 방정식을 사용하여 계산할 수 있다:

$$\nu = \sigma^2 = \left[\frac{(b-a)}{6}\right]^2$$

여기서 ν는 활동의 분산이다.

화살표 네트워크 다이어그램에서 각 활동의 기간(t_e)이 불확실하기 때문에 각 이벤트의 발생 시간 또한 불확실하다. 이벤트의 예상 시간은 T_E로 표시된다. 개별 활동의 불확실 분포가 반드시 대칭적이지는 않을지라도, 이벤트 시간에 대한 분포는 이벤트 이전에 체인(사슬)에서 많은 활동이 있기 때문에 대칭이라고 가정한다. 예를 들어, 프로젝트의 마지막 이벤트에 대한 T_E는 프로젝트의 마지막 이벤트까지 이어지는 모든 주공정 경로 활동을 체인(사슬)에 포함한다.

PERT 다이어그램에서 최종 사건의 불확실성 측정은 예상 시간의 표준편차이며, σ_{TE}로 표시된다. σ_{TE}는 이벤트 이전의 활동 합계의 제곱근이다. 따라서 PERT 다이어그램의 마지막 이벤트에 대한 σ_{TE}는 주공정 경로를 따라 모든 활동의 분산을 합한 것의 제곱근이다. σ_{TE}는 다음 방정식을 사용하여 계산된다:

$$\sigma_{\text{TE}} = \sqrt{\nu_{1-2} + \nu_{2-3} + \nu_{3-4} + \cdots + \nu_{i-j}}$$

여기서 σ_{TE}는 예상시간의 표준편차이다.

PERT 계산을 수행하는데 필요한 최종 계산은 다음 방정식에서 기호 z로 표시되는 편차이다.

$$z = \frac{T_S - T_E}{\sigma_{\text{TE}}}$$

여기서 z는 편차이다.

표 8-6은 다양한 확률에 대한 z값을 제공한다. 용어 T_E는 PERT 다이어그램에서 계산된 이벤트의 예상 시간이며 T_S는 예약된 시간이다.

표 8-6 PERT 확률 테이블

편차 z의 값	완료의 확률
−3.0	0.00
−2.5	0.01
−2.0	0.03
−1.5	0.07
−1.4	0.08
−1.3	0.09
−1.2	0.11
−1.1	0.14
−1.0	0.16
−0.9	0.18
−0.8	0.21
−0.7	0.24
−0.6	0.27
−0.5	0.31
−0.4	0.35
−0.3	0.38
−0.2	0.42
−0.1	0.46
0.0	0.50
0.1	0.54
0.2	0.58
0.3	0.62
0.4	0.66
0.5	0.69
0.6	0.73
0.7	0.76
0.8	0.79
0.9	0.82
1.0	0.84
1.1	0.86
1.2	0.88
1.3	0.90
1.4	0.92
1.5	0.93
2.0	0.98
2.5	0.99
3.0	1.00

예제 8-2

다음 PERT 다이어그램은 각 활동의 맨 아래에 있는 낙관적인 시간(a), 가장 가능성이 높은 시간(t_m) 및 비관적인 시간(b)을 보여준다. 각 활동 아래의 괄호 안에 표시된 숫자는 활동의 예상 시간(t_e)이며, 방정식, $t_e = (a + 4m + b)/6$에서 계산된다. 모든 시간은 프로젝트의 근무일을 나타낸다.

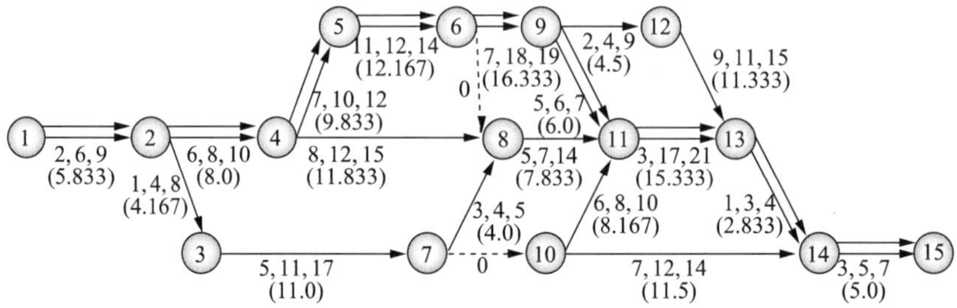

프로젝트의 낙관적인 기간은 각 활동의 낙관적인 기간(최소 기간)을 사용하여 시작 및 종료 시간을 계산하기 위해 전진방향 패스를 수행하여 계산할 수 있다. 이 PERT 다이어그램의 데이터의 경우 낙관적인 프로젝트 기간은 48일이며, 이벤트 1, 2, 4, 5, 6, 9, 12, 13, 14 및 15를 따른다.

프로젝트의 비관적 기간은 각 활동의 비관적인(최대 기간)을 사용하여 시작 및 종료 시간을 계산하기 위해 전진방향 패스를 수행한다. 이 PERT 다이어그램 데이터의 경우 비관적인 프로젝트 기간은 103일이며, 이벤트 1, 2, 4, 5, 6, 9, 11, 13, 14 및 15가 뒤따른다.

이벤트 15에 대한 프로젝트 기간(T_E)은 각 활동의 예상 기간(t_e)를 사용하여 시작 및 종료 시간을 계산하기 위해 전진방향 패스를 수행하여 계산할 수 있다. 이 PERT 다이어그램의 데이터의 경우 마지막 이벤트 번호 15의 예상 시간은 $T_E = 81.3$일이며, 이벤트 1, 2, 4, 5, 6, 9, 11, 13, 14 및 15가 뒤따른다.

요약하면, 이 PERT 다이어그램에서 낙관적인 프로젝트 기간은 48일, 비관적인 프로젝트 기간은 103일, 예상 프로젝트 기간은 81.3일이다. 프로젝트를 81.3일 전후로 완료할 확률은 이벤트 15의 σ_{TE}에 따라 달라진다. σ_{TE}의 값은 주공정 경로를 따라 모든 활동의 분산을 합한 것의 제곱근으로 계산할 수 있다. 각 활동의 예상 시간을 기준으로 이 PERT 네트워크의 주공정 경로는 이벤트 1, 2, 4, 5, 6, 9, 11, 13, 14 및 15를 따른다. 마지막 이벤트인 15번에 대한 σ_{TE}는 다음과 같다. 이러한 이벤트 분산의 제곱근은 다음과 같이 계산할 수 있다:

$$\begin{aligned}
\sigma_{\mathrm{TE}} &= \sqrt{\nu_{1-2}+\nu_{2-4}+\nu_{4-5}+\nu_{5-6}+\nu_{6-9}+\nu_{9-11}+\nu_{11-13}+\nu_{13-14}+\nu_{14-15}} \\
&= \sqrt{\left[\frac{9-2}{6}\right]^2+\left[\frac{10-6}{6}\right]^2+\left[\frac{12-7}{6}\right]^2+\left[\frac{14-11}{6}\right]^2+\left[\frac{19-7}{6}\right]^2+\left[\frac{7-5}{6}\right]^2+\left[\frac{21-3}{6}\right]^2+\left[\frac{4-1}{6}\right]^2+\left[\frac{7-3}{6}\right]^2} \\
&= \sqrt{1.3611+0.4444+0.6944+0.2500+4.0000+0.1111+9.0000+0.2500+0.4444} \\
&= \sqrt{16.5554}
\end{aligned}$$

$= 4.07$

81.3일의 예상 프로젝트 기간을 앞 또는 뒤로 끝내는 프로젝트 분석을 수행하는데 필요한 모든 계산은 편차 방정식으로부터 결정될 수 있다. 예를 들어 프로젝트가 예상보다 늦은 시점, 즉 81.3일 이후에 완료될 확률을 결정하는 것이 바람직할 수 있다. 84일째까지 프로젝트를 완료할 확률은 다음과 같이 계산할 수 있다:

$$z = \frac{T_S - T_E}{\sigma_{\mathrm{TE}}}$$
$$= \frac{84.0 - 81.3}{4.07}$$
$$= 0.663$$

표 8-6에서 0.663의 편차 z를 기준으로 확률은 0.75이다. 따라서 프로젝트가 84일째 완료될 확률은 75%이다.

다른 확률 시나리오를 계산할 수 있다. 예를 들어, 예상보다 일찍 완료되는 프로젝트의 확률(예: 78일)은 다음과 같이 계산할 수 있다.

$$z = \frac{T_S - T_E}{\sigma_{\mathrm{TE}}}$$
$$= \frac{78.0 - 81.3}{4.07}$$
$$= -0.811$$

표 8-6에서 -0.811의 편차 z를 기준으로 확률은 0.21이다. 따라서 78번째 날까지 프로젝트가 완료될 확률은 21%에 불과하다.

70% 확률을 기준으로 프로젝트를 완료하는 일수를 계산하는 것이 바람직할 수 있다. 이 시나리오는 다음과 같이 계산할 수 있다. 70% 확률에 대해 표 8-6의 z값은 0.5333이다.

$$z = \frac{T_S - T_E}{\sigma_{\mathrm{TE}}}$$
$$0.533 = \frac{T_S - 81.3}{4.07}$$
$$T_S = 83.5\text{일}$$

따라서 프로젝트가 83.5일 완료될 확률은 70%이다.

다음은 확률 대 프로젝트 기간의 그래프이다. 이 커브는 예상되는 81.3일 이전 또는 이후의 프로젝트 완료 위험을 평가할 수 있는 모든 범위의 확률을 제공한다.

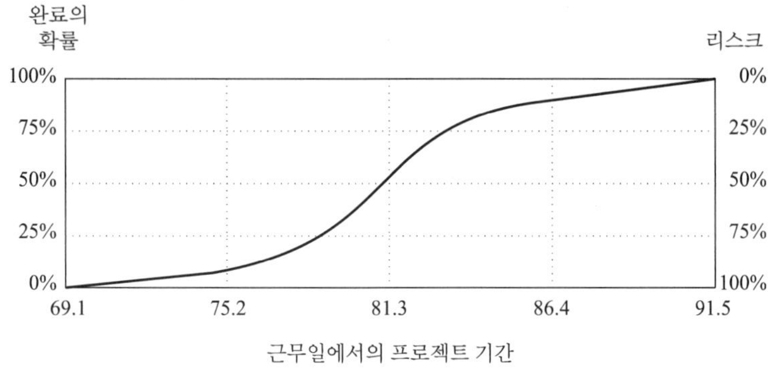

이 분석은 주공정 경로 활동을 기반으로 한 이벤트 15에 대한 σ_{TE}를 기반으로 한다. 거의 모든 주공정 경로가 분석되는 경우 전체 분석이 더 복잡하다. 예를 들어 PERT 다이어그램에서 주공정에 가까운 다른 경로를 가질 수 있다. 이는 이벤트 15에 대해 더 짧은 T_E를 생성하고 중요하지 않은 경로의 활동에서 더 큰 분산으로 인해 σ_{TE}에 대해 더 높은 값을 생성할 수 있다.

후속작업/선행작업 관계

CPM 다이어그램은 프로젝트의 활동 순서를 보여주는 그래픽 표현이다. CPM 다이어그램의 목적은 각 활동과 각 활동을 따르는 하나 이상의 활동을 보여주는 작업에 대한 논리적 흐름을 모델링하는 것이다. 활동 관계에서 선행 활동을 선행작업이라 하고 후속 활동을 후속작업이라 한다. 순수 CPM 네트워크 다이어그램에서 각 활동의 종료부터 시작(F-S) 관계가 가정된다. 즉, 다음 활동을 시작하기 전에 이전 액티비티를 완료해야 한다. 이 책의 앞부분에 제시된 모든 CPM 다이어그램과 계산은 순수 CPM 논리 네트워크 다이어그램을 묘사하는 활동의 F-S 관계에 기반한다.

CPM을 위한 상업적으로 이용 가능한 대부분의 컴퓨터 소프트웨어 프로그램은 F-S 이외의 활동 관계를 제공한다. 이러한 추가 활동 관계에는 시작부터 시작(S-S), 시작부터 종료(S-F) 및 종료부터 종료(F-F)가 포함된다. S-S 관계는 후속작업 활동이 선행작업 활동과 동시에 또는 나중에 시작할 수 있음을 의미한다. F-F 관계는 후속작업 활동이 선행작업 활동과 동시에 또는 나중에 완료될 수 있음을 의미한다. S-F 관계는 후속작업 활동이 완료되기 전에 선행작업 활동이 시작되어야 함을 의미한다. 엔지니어링 및 건설업계에서 S-F 관계의 실제 적용은 없다. 가능한 모든 후속작업/선행작업 관계를 보여주기 위해 여기에 제시된다.

하나의 활동과 다른 활동의 관계에서 진행이 지체되는 것은 지연(lag)으로 정의된다. **지연**이라는 것은 활동이 선행작업의 시작 또는 종료이거나 뒤를 따르는 시간이다. 예를 들어, 2일 후속을 가진 F-S 관계는 선행작업 활동이 끝난 후 2일이 지날 때까지 후속 활동을 시작할 수 없음을 의미한다. 지연은 F-S, F-F, S-S 및 S-F를 포함한 모든 활동 관계에 할당될 수 있다. 또한 지연은 음수일 수 있다. 리드는 지연과 반대되는 것으로, 활동이 후속작업의 시작 또는 종료에 앞서가는 시간이다. 따라서 후속작업/선행작업 관계를 사용하면 네트워크 논리를 모델링하기 위한 여러 옵션이 제공되어 활동과 프로젝트의 순차적인 작업 흐름 간에 제약 조건을 표시할 수 있다.

지연 관계가 있는 F-S의 모델이 그림 8-16a에 나와 있다. 이 모델의 대안은 그림 8-16b에 나와 있으며, F-S를 사용하지 않고 동일한 결과를 보여준다. 따라서 후속작업과 선행작업 활동 간에 하나의 중간 활동을 추가하면 F-S 관계와 동일한 결과가 분명하게 나타난다.

S-S 관계는 활동을 중첩시키는데 사용되며 이전 활동이 완료되기 전에 후속 활동이 시작되도록 한다. 선행작업 활동의 마무리를 후속작업 활동에 연결하기 위해 F-F 관계가 일반적으로 S-S 관계와 함께 사용된다. 그림 8-17a는 S-S와 F-F를 두 활동 사이의 지연 관계와 함께 보여준다. 그림 8-17b는 S-S와 F-F 관계가 없는 활동의 모델이다. 따라서 모든 CPM 다이어그램에서 부가적인 활동을 추가시켜 S-S 및 F-F 활동 관계를 제거할 수 있다. 추가 활동이 단점으로 나타날 수 있지만, 추가 활동은 작업 순서에 대한 명확한 이해를 제공한다.

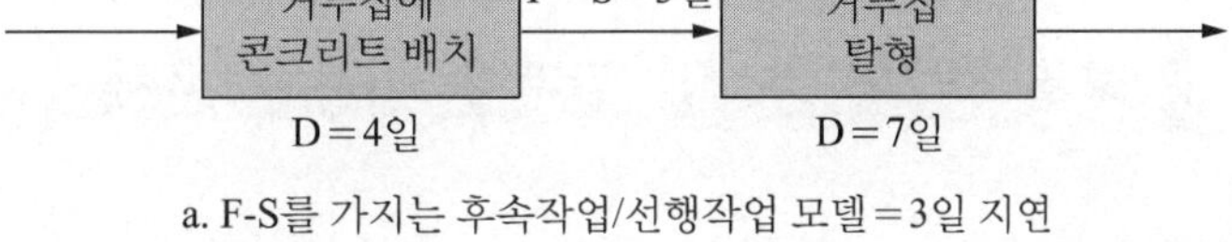

a. F-S를 가지는 후속작업/선행작업 모델＝3일 지연

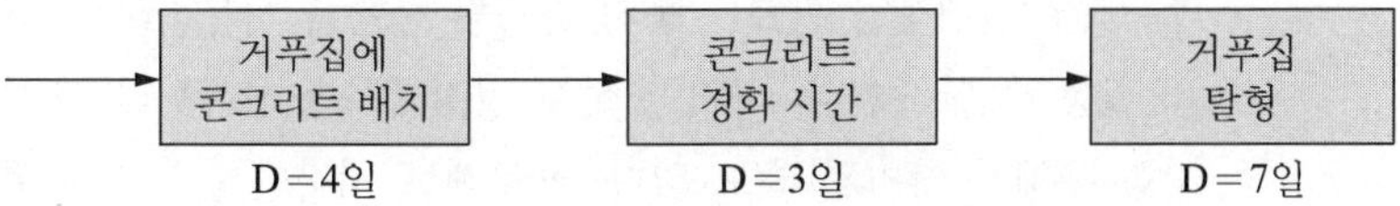

b. 후속작업/선행작업 관계가 없는 모델

그림 8-16 **종료부터 시작(F-S) 후속작업/선행작업 관계가 있는 CPM 다이어그램과 종료부터 시작(F-S) 후속작업/선행작업 관계가 없는 CPM 다이어그램의 비교**

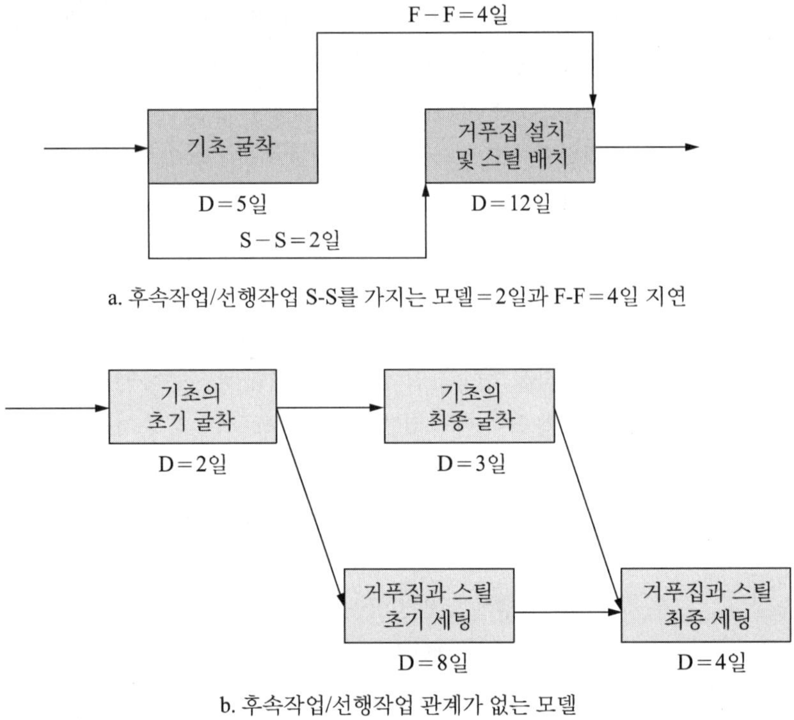

그림 8-17 시작부터 시작(S-S) 후속작업/선행작업 관계가 있는 CPM 다이어그램과 시작부터 시작(S-S) 후속작업/선행작업 관계가 없는 CPM 다이어그램의 비교

앞서 언급했듯이 엔지니어링 및 건설업계에서 S-F 관계의 실제 적용은 없다. 일부 컴퓨터 스케줄링 소프트웨어 패키지는 S-F 관계의 사용을 허용하지 않는다.

후속작업/선행작업 관계를 이용한 문제

후속작업/선행작업 관계는 동시 활동의 중복을 허용하므로 CPM 선행 다이어그램의 활동 수를 줄인다. 하지만 실제 일정계획을 사용하다 보면 오해, 혼란 등의 심각한 문제가 야기될 수도 있다. 프로젝트 시작단계에 잘 구축된 CPM 일정이 일관성이 없고 관리하기 어려운 일정이 된다. 그 이유는 빈번하게 일정이 업데이트 되는 동안 작업에 할당된 후속작업/선행작업의 선후 관계 때문이다.

순수 CPM 다이어그램에서 후속작업/선행작업 활동 관계는 사용되지 않는다. 전진방향 패스 중에 앞선 활동 중 가장 빨리 조기 종료가 되는 경로가 다음 활동의 조기 시작이 된다. 역진방향 패스 중에 다음 활동의 가장 늦은 시작을 산출하는 경로는 이전 활동의 늦은 종료이다. 따라서 순수 CPM 다이어그램에는 활동의 시작 및 종료 시간에 관한 질문이 없다.

후속작업/선행작업 활동 관계가 CPM 다이어그램에 도입되면 시작, 종료 및 여유 시간이 후속작업과 선행작업 관계에 의해 결정될 수 있어 계산이 더욱 복잡해진다. 후속작업/선행작업 활동 관계를 긍정적 또는 부정적 지연과 함께 사용하면 네트워크 논리를 모델링할 수 있는 기회가 많지만 프로젝트 일정에서 오류, 혼란 및 오해를 유발할 수 있는 가능성이 많아진다.

그림 8-18은 다중 후속작업/선행작업 활동 관계를 모델링할 때 시작 날짜와 종료 날짜 계산 시 발생할 수 있는 문제를 보여준다. 시작 및 종료 시간을 결정하기 위해 각 후속작업/선행작업 경로를 평가해야 한다. 그림 8-18의 활동에 대한 전진방향 패스는 선택한 경로에 따라 활동 A가 시작된 후 2일 또는 늦어도 7일 후에 활동 B가 시작될 수 있음을 보여준다. 또한 선택한 후속작업/선행작업 경로에 따라 활동 B의 조기 완료 시간은 9, 12, 14 또는 19일이다. 유사하게, 역진방향 패스는 이러한 활동들에 대해 다수의 늦은 시작 및 늦은 종료를 초래할 것이다. 이러한 다중 계산은 모두의 혼란과 프로젝트 일정에 대한 자신감 부족을 야기할 수 있다.

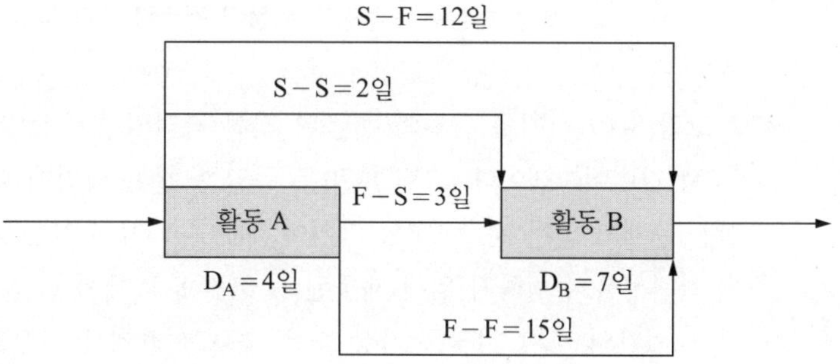

그림 8-18 다중 후속작업/선행작업 활동 관계의 예제

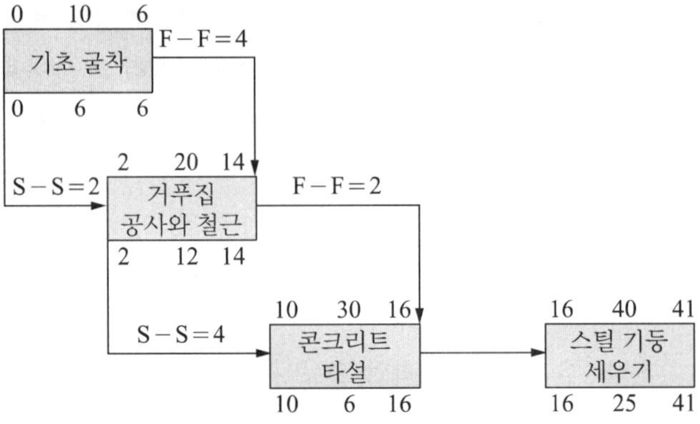

그림 8-19 후속작업/선행작업 활동 관계 (노트: 모든 활동이 주공정으로 나타남)

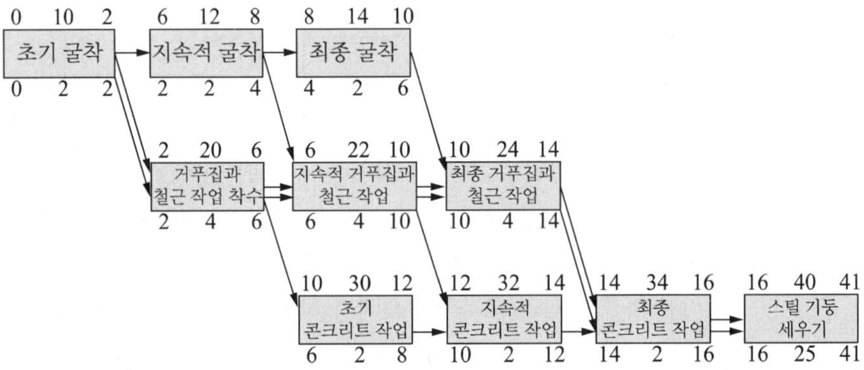

그림 8-20 후속작업/선행작업 활동 관계가 없는 순수 CPM 다이어그램
(이중 화살표는 주공정 활동의 경로를 나타낸다: 10, 20, 22, 24, 34, 40)

그림 8-19는 기초 공사와 관련된 건설 작업의 후속작업/선행작업 관계가 있는 CPM 다이어그램이다. 그림 8-20은 동일한 건설 작업에 대한 후속작업/선행작업 활동 관계가 없는 순수 CPM 다이어그램이다. 이 수치는 후속작업/선행작업 계산의 복잡성을 설명하기 위해 제공된다. 그림 8-19에서 볼 수 있듯이, 활동 30을 위한 10일간의 조기 시작은 가장 늦은 종료 시간에서 기간을 뺀 값으로 계산된다. 활동 30의 가장 빠른 조기 종료는 활동 20과 30 사이의 F-F 관계가 적용되는 16일이다. 활동 30의 가장 빠른 조기 종료는 16일이며, 활동 20과 30 사이의 F-F 관계가 적용된다.

선행 활동을 후속 활동과 연관시키기 위해 다중의 S-S 및 F-F 관계가 사용되는 경우 전체 및 자유 여유의 계산은 매우 복잡하며, 관계를 면밀히 검토해야 한다. 다중 관계를 사용하면 실제로 중요하지 않은 활동을 중요하게 표시할 수 있다.

그림 8-19의 검토는 모든 활동이 중요하다는 것을 나타낸다. 그림 8-20은 그림 8-19와 동일한 작업에 대한 순수 CPM 다이어그램이다. 그림 8-20은 활동을 분할하여 실제 작업 순서를 보여주는 것으로 S-S 및 F-F 관계를 제거한 것이다. 그림 8-20에서 볼 수 있듯이 작업의 대부분은 그림 8-19의 작업과 비교하여 실제로 중요하지 않다. 예를 들어, 그림 8-20의 네트워크는 모든 거푸집 공사를 중요한 활동으로 보여주고 있다. 하지만 굴착 작업과 콘크리트 배치의 대부분은 중요하지 않게 나와 있다. 그림 8-20에 나와 있는 순수 CPM 다이어그램은 시작/완료 시간, 총/자유 여유 또는 주공정 경로 활동에 관한 질문을 제기하지 않고도 작업에 대한 정확한 설명을 제공한다. 따라서 후속작업/선행작업 관계로 모델링하는 것이 아니라 순수 CPM 다이어그램을 사용하는 것이 좋다.

불행하게도, 조기/늦은 시작과 종료를 마무리하는 방법을 정의하는 산업 표준은 없으며, 지연을 가지는 후속작업/선행작업을 사용하여 마무리된다. 각 컴퓨터 소프트웨어 개발자는 후속작업/선행작업 관계를 사용하여 시작 및 종료 날짜를 결정하기 위해 자신의 소프트웨어에서 사용하는 알고리즘을 정의한다. 다른 소프트웨어 패키지가 계산을 다르게 처리하므로 사용된 소프트웨어에 따라 일정에 다른 결과를 얻을 수 있다. 이는 프로젝트 일정을 이해하고 해석하는데 문제를 발생시킬 수 있다. 그러므로 후속작업/선행작업 활동 관계를 사용할 때 심각한 문제가 발생할 수 있으므로 각별한 주의가 요구된다. 이러한 문제를 방지하기 위해서는 단순한 부가적 활동을 추가하여 후속작업/선행작업 관계없이 순수 CPM 다이어그램을 개발할 수 있다. 추가 활동이 단점으로 나타날 수 있지만 부가적 활동을 추가하면 작업 순서를 명확하게 이해할 수 있으므로 프로젝트 일정의 혼란과 오해를 예방할 수 있다.

다음 예제는 후속작업/선행작업 활동 관계 F-S, S-S, F-F 및 S-F를 기반으로 한 계산을 설명하기 위해 제공되는 것이다. 이 예제는 시작, 종료 및 여유 시간을 결정하기 위해 각 경로를 신중하게 조사해야 하는 방법을 보여준다. 계산이 컴퓨터 소프트웨어에 의해 수행될 때, 때로는 논리적으로 이해할 수 없는 프로젝트 일정을 얻게 되는 경우가 가능하다. 따라서 계산을 이해하고 컴퓨터 출력의 결과를 확인하여 일정을 작성한 사람과 일정을 해석하고 사용할 사람이 의도한대로 결과가 나타나는지 확인하는 것이 중요하다.

예제 8-3 종료 - 시작 활동 관계

다음 CPM 선행 네트워크 다이어그램에서 각 활동에 대한 시작, 종료 및 여유를 계산한다. 활동 C와 E는 5일 동안의 네거티브 지연과 F–S 관계를 가지고 있다. 5일간의 네거티브 지연은 5일간의 리드와 동일하다. 즉, 활동 C의 완료는 활동 E 시작 후 5일 이내에 발생해야 하며, $EF_C \leq ES_E+5$이다. 네거티브 지연은 다음 단락에서 논의되는 관계 및 일정의 의미와 관련하여 많은 혼란을 야기하므로 권장하지 않는다. 다음 다이어그램과 함께 제공되는 표는 조기 및 늦은 시작, 조기 및 늦은 종료, 각 활동에 대한 총 및 자유 여유를 보여준다.

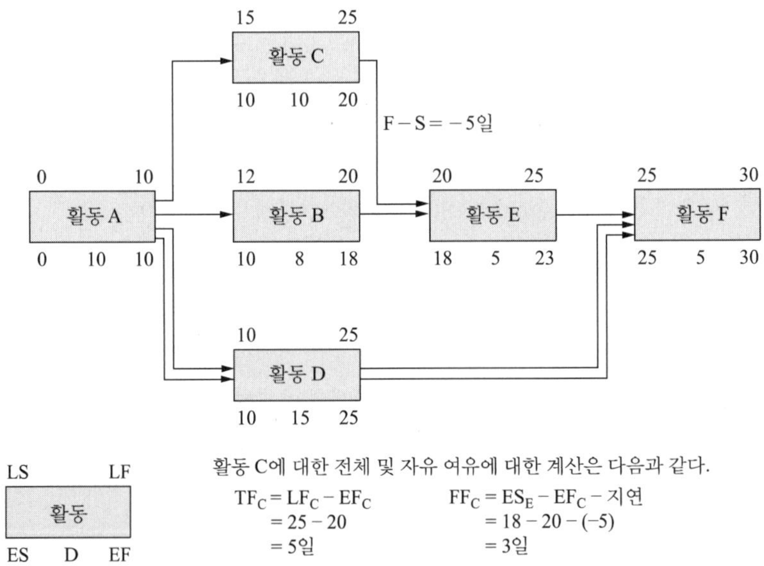

활동 C에 대한 전체 및 자유 여유에 대한 계산은 다음과 같다.

$TF_C = LF_C - EF_C$
$= 25 - 20$
$= 5$일

$FF_C = ES_E - EF_C -$ 지연
$= 18 - 20 - (-5)$
$= 3$일

활동	기간	조기 시작	조기 종료	늦은 시작	늦은 종료	총 여유	자유 여유
A*	10	0	10	0	10	0	0
B	8	10	18	12	20	2	0
C	10	10	20	15	25	5	3
D*	15	10	25	10	25	0	0
E	5	18	23	20	25	2	2
F*	5	25	30	25	30	0	0

* 주공정 활동을 나타낸다.

전진 및 역진 패스 계산을 기반으로 하는 주공정 경로는 활동 A, D 및 F이다. 일정에 미치는 영향과 활동 C와 E 사이의 5일간 네거티브 지연과 F-S 관계로 인한 혼동 가능성에 유의해야 한다. EF_C는 20일(방정식에 따라 $EF_C = ES_C + D = 10 + 10 = 20$)이다. EF_C는 방정식에 따라 $EF_C \leq ES_E + 5 = 18 + 5 = 23$일로 관리되지 않는다. 왜냐하면 ES_C는 EF_B에서 18로 관리받기 때문이다. 또한 다이어그램을 검토하면 이전 활동인 $EF_C = 20$이 표시되며, 다음 활동인 $ES_E = 18$보다 비논리적이다. 이전 활동의 EF 이전인 다음 활동의 ES를 보여주는 컴퓨터 스케줄은 현장의 작업자에게는 이해가되지 않으며, 일정에 대한 자신감을 잃게 만들 수 있다.

활동 C의 자유 여유에 대해 유사한 혼란이 존재한다. FF_C는 방정식 $FF_C = ES_E - EF_C -$ 지연 $= 18 - 20 - (-5) = 3$일에 의해 관리된다. 하지만 다이어그램을 보면 $ES_E = 18$보다 큰 $EF_C = 20$으로 나타난다. 따라서 네거티브 지연과 F-S 관계의 사용은 권장하지 않는다.

예제 8-4 종료 - 종료 활동 관계

다음 CPM 선행 네트워크 다이어그램에서 각 활동에 대한 시작, 종료 및 여유를 계산한다. 활동 C와 E는 7일의 지연과 F–F 관계를 맺는다. 다음 다이어그램과 함께 제공되는 표는 조기 및 늦은 시작, 조기 및 늦은 종료, 각 활동에 대한 총 및 자유 여유를 보여준다.

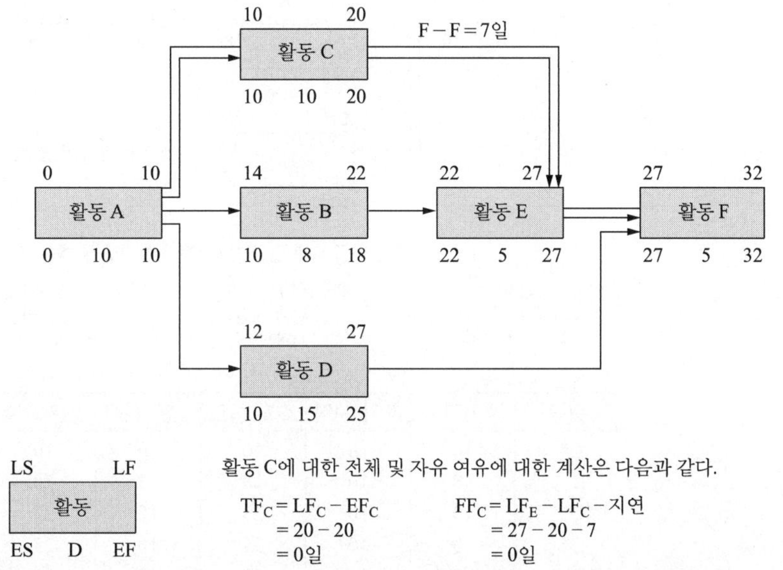

활동 C에 대한 전체 및 자유 여유에 대한 계산은 다음과 같다.

$$TF_C = LF_C - EF_C = 20 - 20 = 0\text{일}$$

$$FF_C = LF_E - LF_C - \text{지연} = 27 - 20 - 7 = 0\text{일}$$

활동	기간	조기 시작	조기 종료	늦은 시작	늦은 종료	총 여유	자유 여유
A*	10	0	10	0	10	0	0
B	8	10	18	14	22	4	4
C*	10	10	20	10	20	0	0
D	15	10	25	12	27	2	2
E*	5	22	27	22	27	0	0
F*	5	27	32	27	32	0	0

* 주공정 활동을 나타낸다.

전진 및 역진 패스 계산에 따라 주공정 경로는 활동 A, C, E 및 F를 통해 이루어진다. 활동 C의 자유 여유는 F-F 관계에 의해 관리된다.

예제 8-5 시작 - 시작 활동 관계

다음 CPM 선행 네트워크 다이어그램에서 각 활동에 대한 시작, 종료 및 여유를 계산한다. 활동 C와 E는 10일의 지연 시간을 갖는 S–S 관계를 갖는다. 다음 다이어그램과 함께 제공되는 표는 조기 및 늦은 시작, 조기 및 늦은 종료, 각 활동에 대한 총 및 자유 여유를 보여준다.

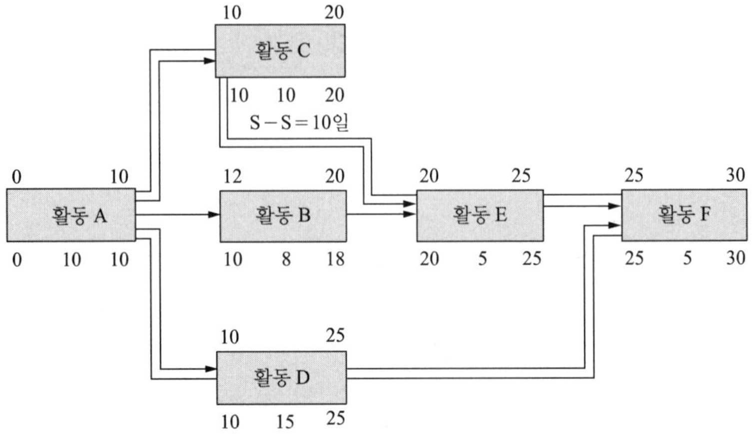

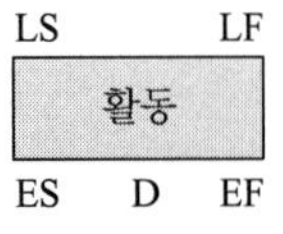

활동 C에 대한 전체 및 자유 여유에 대한 계산은 다음과 같다.

$TF_C = LF_C - EF_C = 20 - 20 = 0$일

$FF_C = ES_E - ES_C -$ 지연 $= 20 - 10 - 10 = 0$일

활동	기간	조기 시작	조기 종료	늦은 시작	늦은 종료	총 여유	자유 여유
A*	10	0	10	0	10	0	0
B	8	10	18	12	20	2	2
C*	10	10	20	10	20	0	0
D*	15	10	25	10	25	0	0
E*	5	20	25	20	25	0	0
F*	5	25	30	25	30	0	0

* 주공정 활동을 나타낸다.

전진방향 및 역진방향 패스와 계산을 기준으로 주공정 경로는 활동 A, C, D, E 및 F를 통과한다. 활동 C의 자유 여유는 활동 C와 E 사이의 S-S 관계로 관리된다.

예제 8-6 시작 - 종료 활동 관계

시작 – 종료 관계가 거의 사용되지는 않지만, 이 예제는 활동 C와 E 사이의 지연 기간이 7일인 S–F 관계에 대한 계산을 설명하기 위한 것이다. 다이어그램 및 첨부된 표는 조기 및 늦은 시작, 조기 및 늦은 종료, 각 활동에 대한 총 및 자유 여유를 보여준다.

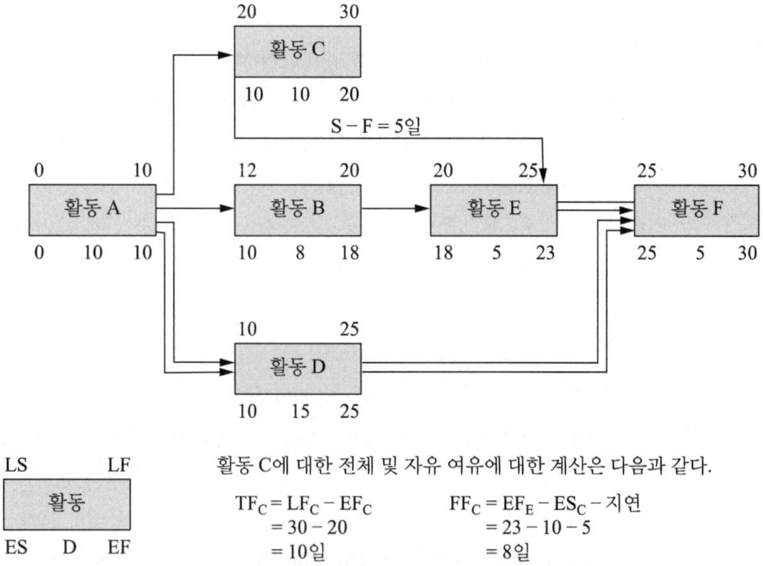

활동 C에 대한 전체 및 자유 여유에 대한 계산은 다음과 같다.

$TF_C = LF_C - EF_C$
$= 30 - 20$
$= 10$일

$FF_C = EF_E - ES_C -$ 지연
$= 23 - 10 - 5$
$= 8$일

활동	기간	조기 시작	조기 종료	늦은 시작	늦은 종료	총 여유	자유 여유
A*	10	0	10	0	10	0	0
B	8	10	18	12	20	2	0
C	10	10	20	20	30	10	8
D*	15	10	25	10	25	0	0
E	5	18	23	20	25	2	2
F*	5	25	30	25	30	0	0

* 주공정 활동을 나타낸다.

전진방향 및 역진방향 패스 계산에 따라 주공정 경로는 활동 A, D 및 F를 통해 이루어진다.

References

1. Antill, J. M. and Woodhead, R. W., *Critical Path Methods in Construction Practice*, 3rd ed., Wiley, New York, NY, 1982.
2. Armstrong-Writhe, A. T., *Critical Path Method*, Longman Group Ltd., London, 1969.
3. Burman, P. J., *Precedence Networks for Project Planning and Control*, McGraw-Hill, Inc., London, 1972.

4. Callahan, M. T., Quackenbush, D. G., and Rowings, J. E., *Construction Project Scheduling*, McGraw-Hill, Inc., New York, NY, 1992.
5. Duffy, G. A., Oberlender, G. D., and Jeong, H. S., "Linear Scheduling Model with Varying Production Rates," *Journal of Construction Engineering and Management*, ASCE, Reston, VA, Vol. 137, No. 8, August 2011.
6. Harris, R. B., *Precedence and Arrow Networking Techniques for Construction*, Wiley, New York, NY, 1978.
7. Hinze, J. W., *Construction Planning and Scheduling*, Prentice-Hall, Inc., 4th ed. Upper Saddle River, NJ, 2011.
8. Moder, J. J., Phillips, C. J., and Davis, E. D., *Project Management with CPM, PERT, and Precedence Diagraming*, 3rd ed., Blitz Publising Company, Middleton, WI, 1995.
9. Paulson, B. C., Jr., "Man-Computer Concepts for Planning and Scheduling," *Journal of Construction Division*, ASCE, Reston, VA, Vol. 100, No. 3, September, 1974.
10. Plotnick, F. L., and O'Brien, J. J., *CPM in Construction Management*, 7th ed., McGraw-Hill, New York, NY, 2010.
11. Popescu, C. M., and Charoenngam, C., *Project Planning, Scheduling, and Control in Construction: An Encyclopedia of Terms and Applications*, John Wiley & Sons, New York, NY, 1995.
12. Priluck, H. M. and Hourihan, P. R., *Practical CPM for Construction*, Robert S. Means, Co., Duxbury, MA, 1968.
13. Spencer, G. R. and Rahbar, F. F., *Automation of the Scheduling Analysis Process*, Transactions of the American Association of Cost Engineers, San Diego, CA, October, 1989.
14. Stevens, J. D., *Techniques for Construction Network Scheduling*, McGraw-Hill, Inc., New York, NY, 1990.
15. Wiest, J. D. and Levy, F. K., *A Management Guide to PERT/CPM*, Prentice-Hall, Englewood Cliffs, NJ, 1969.
16. Willis, E. M., *Scheduling Construction Projects*, Wiley, New York, NY, 1986.

9 Chapter

추적 작업

통제관리 시스템

프로젝트를 효율적으로 관리하려면 계획, 측정, 평가, 예측, 그리고 각 프로젝트의 모든 측면에서 통제가 요구된다: 품질, 수량, 비용, 일정. 모든 포괄적인 프로젝트 계획은 프로젝트를 시작하기 전에 정의하여야 한다: 만약 그렇지 않다면 통제 관리의 기준이 없는 것이다. 이 책의 이전 장에서 설명한대로 잘 정의된 작업 계획, 예산 및 일정이 없으면 프로젝트 추적을 수행할 수 없다.

프로젝트 계획은 작업을 수행할 사람들의 의견을 바탕으로 개발되어야 하며, 모든 참여자에게 전달되어야 한다. 프로젝트 계획의 작업, 비용 및 일정은 정해진 성취목표와 실제 성취된 결과를 비교하는데 필요한 벤치마크 및 체크 포인트를 설정하므로 프로젝트 진행 상황을 측정, 평가 및 통제할 수 있다.

보고 기간(N)이 끝나면, 프로젝트는 예상비용(C)으로 일정 수준의 품질(Q)의 작업량(X)을 달성할 것으로 기대할 수 있다. 프로젝트 통제의 목적은 이러한 변수의 실제 값을 측정하는 것이다. 그리고 프로젝트가 작업 계획의 목표를 충족시키는지 여부를 결정하고 프로젝트 목표를 달성하기 위해 요구되는 조정을 실시하는 것이다. 프로젝트 통제는 지속적인 변화 상태에 있는 프로젝트의 양적 및 질적 평가를 포함하기 때문에 어렵다.

프로젝트 통제관리 시스템이 효율적이기 위해서는 관리하기 쉽고 프로젝트의 모든 참여자가 쉽게 이해할 수 있어야 한다. 통제관리 시스템은 두 가지 범주로 분류되는 경향이 있다: 그것들은 너무 복잡하여 아무도 결과를 해석할 수 없으며, 비용, 일정 및 수행된 작업을 통합하기보다는 비용 또는 일정에만 적용되기 때문에 너무 제한적일 수 있다. 통제관리 시스템은 정보가 일상적으로 수집, 검증, 평가되고 프로젝트의 모든 참여자에게 전달될 수 있도록 개발해야 한다. 따라서 참여자들을 자극시키는 결함을 보고하는 것이 아니라 프로젝트 개선을 위한 도구로 사용되어져야 한다.

1980년대 초반에 소형 개인용 컴퓨터가 출시된 이래로 통합된 프로젝트 통제관리 시스템 개념의 자동화가 널리 논의되었다. 그리고 통합된 프로젝트 통제관리 시스템에 대한 접근 방식을 다르게 설명하는 많은 논문이 작성되었다. 접근법들 가운데 공통점은 잘 정의된 작업분류체계(WBS: Work Breakdown Structure)를 시스템의 출발점으로 개발하는 것이다. WBS의 최소 단위는 작업 패키지로, 작업을 충분히 상세하게 정의하여 측정, 예산 배정, 일정수립 및 통제관리할 수 있다.

CPM(Critical Path Method)은 작업 패키지에 따라 작업을 통합하고 순서를 지정하여 WBS에서 전체 프로젝트 일정을 개발하는데 사용된다. WBS의 각 구성요소를 식별하는 코딩 시스템이 설계되어 WBS의 정보가 프로젝트 통제관리 시스템과 연계될 수 있다. 비용을 통제하기 위해 WBS는 계정 코드에 따라 비용분류체계(CBS: Cost Breakdown Structure)와 연계된다. 마찬가지로 WBS는 프로젝트를 일정에 맞추고 인력을 조정하기 위해 조직분류체계(OBS: Organizational breakdown structure)와 연계되어 있다. 코딩 시스템은 정보 정렬을 통해 전체 프로젝트의 하위집합에 대한 다양한 보고서를 생성한다.

프로젝트 통제관리에 대한 일반적인 개념은 연방 정부와 에너지 프로젝트를 위해 에너지부에서 발표했다. 그 이후 WBS와 OBS를 코딩 시스템에 연결하고 수행된 작업을 측정하는 등 WBS에서 CPM으로 정보를 전송하는 프로세스를 단순화하기 위한 몇 가지 수정사항이 제안되었다.

WBS와 CPM의 연계

WBS의 작업 패키지는 CPM 논리 네트워크 다이어그램을 개발하는데 요구되는 정보를 제공한다. 잘 정의된 상세한 WBS를 사용하면 단일 작업 패키지가 종종 다이어그램에서 하나의 활동이 된다. 하지만 때로는 여러 작업 패키지를 단일 활동으로 결합하거나 단일 작업 패키지를 여러 활동으로 개발해야 할 때가 있다. CPM 다이어그램을 개발하는 프로세스는 프로젝트의 핵심 참여자의 광범위한 참여를 통한 우수한 판단력을 요구한다. 세부사항 수준은 최소한으로 유지해야 하지만 프로젝트 완료 날짜에 영향을 줄 수 있는 모든 활동이 다이어그램에 포함되어야 한다.

프로젝트 일정계획 및 통제관리를 위한 CPM 다이어그램은 설계, 시공 또는 EPC: Engineering Procurement Construction(엔지니어링/구매조달/시공)의 세 가지 유형 중 하나로 분류할 수 있다. 각각에 대해 WBS는 작업 계획, 일정 수립 및 통제관리를 위한 프로젝트 프레임 워크를 정의한다. CPM 다이어그램의 세부 수준은 WBS의 완성도에 따라 다르다.

설계의 결과물은 도면 및 시방서이다. 8장에서 논의했듯이, 개별적인 설계 활동을 계획하는데 바차트가 선호된다. 하지만 프로젝트 전체를 효과적으로 스케줄링하려면 개별 바차트의 조합을 관련 작업의 상호 관계 및 순서로 보여주는

CPM 다이어그램에 통합해야 한다. 따라서 설계를 위한 CPM 다이어그램은 종종 요약 수준 일정이다. CII 간행물 번호 6-1, *Project Control for Engineering*에서는 설계의 일정 관리 및 통제관리에 대한 현행 산업 관행에 대한 좋은 설명을 제공한다.

CPM 로직 다이어그램은 오랜 기간 동안 계획을 세우고 관리하는데 성공적으로 사용되었다. 상세한 WBS는 견적, 프로젝트관리 및 현장 운영관리 인력의 공동 노력으로 개발될 수 있다. 견적은 비용, 기간 및 자원을 WBS의 작업 패키지에 할당할 수 있도록 준비해야 한다. 작업 패키지는 CPM 다이어그램에서 활동이 된다. 조달기간이 긴 재료의 구매 및 조달도 다이어그램에 포함되어야 한다. 또한 작업 중 하도급 업체에 의한 작업은 완전한 통합 CPM 다이어그램을 작성하기 위해 다른 작업과 통합되어야 한다. 대규모 프로젝트의 경우 프로젝트의 개별 영역마다 별도의 CPM 다이어그램을 준비할 수 있다; 마스터 CPM 다이어그램은 개별 영역 다이어그램을 연결하기 위하여 개발할 수 있다.

EPC 프로젝트의 CPM 다이어그램은 설계 작업 패키지와 구매조달 및 시공 활동을 연계시켜야 한다. 설계, 조달 및 시공을 위한 별도의 개별 작업 일정을 개발하는 것이 가장 좋다. 그런 다음 개별 일정을 전체 시스템에 통합시키는 요약 EPC 일정에 연계하는 것이다. 프로젝트 완료 날짜에 영향을 줄 수 있는 모든 관련 활동을 순서대로 지정하는 것이 중요하다.

WBS와 CPM의 연계를 설명하기 위해, 그림 9-1의 WBS를 사용하여 그림 9-2에서 CPM 다이어그램을 작성하였다. 이 EPC 프로젝트는 8장에서 제시된 설계 프로젝트의 확장으로 구매조달 및 시공 활동이 포함된다. 이 프로젝트는 유지보수 작업을 위한 서비스 시설이며 현장 작업, 현장 유틸리티, 직원의 사무실 빌딩 및 유지보수 건물로 구성된다. 이 프로젝트를 처리하기 위한 계약 전략은 사내 직원을 고용하여 현장 유틸리티, 현장 작업 및 유지보수 건물을 설계하는 것이다. 별도의 계약은 직원 건물의 설계를 위하여 지정된다. 유지보수 건물은 빌딩 A로 표시되고 사무실 건물은 WBS 및 CPM에 B 빌딩으로 표시된다.

시공을 위한 계약 전략은 모든 현장 유틸리티 및 현장 작업을 구축하기 위해 한 건의 계약을 중공업 건설 시공자에게 할당하는 것이다. 두 개의 빌딩에 대하여 시공자와 계약하며, 하나는 사무실 빌딩용이고 다른 하나는 산업용 유지보수 빌딩용이다. 시공 활동은 EPC 일정에 따라 제한적이지만 각 시공자에 의해 계약적 요구사항의 일부로서 더 상세하게 확장된다.

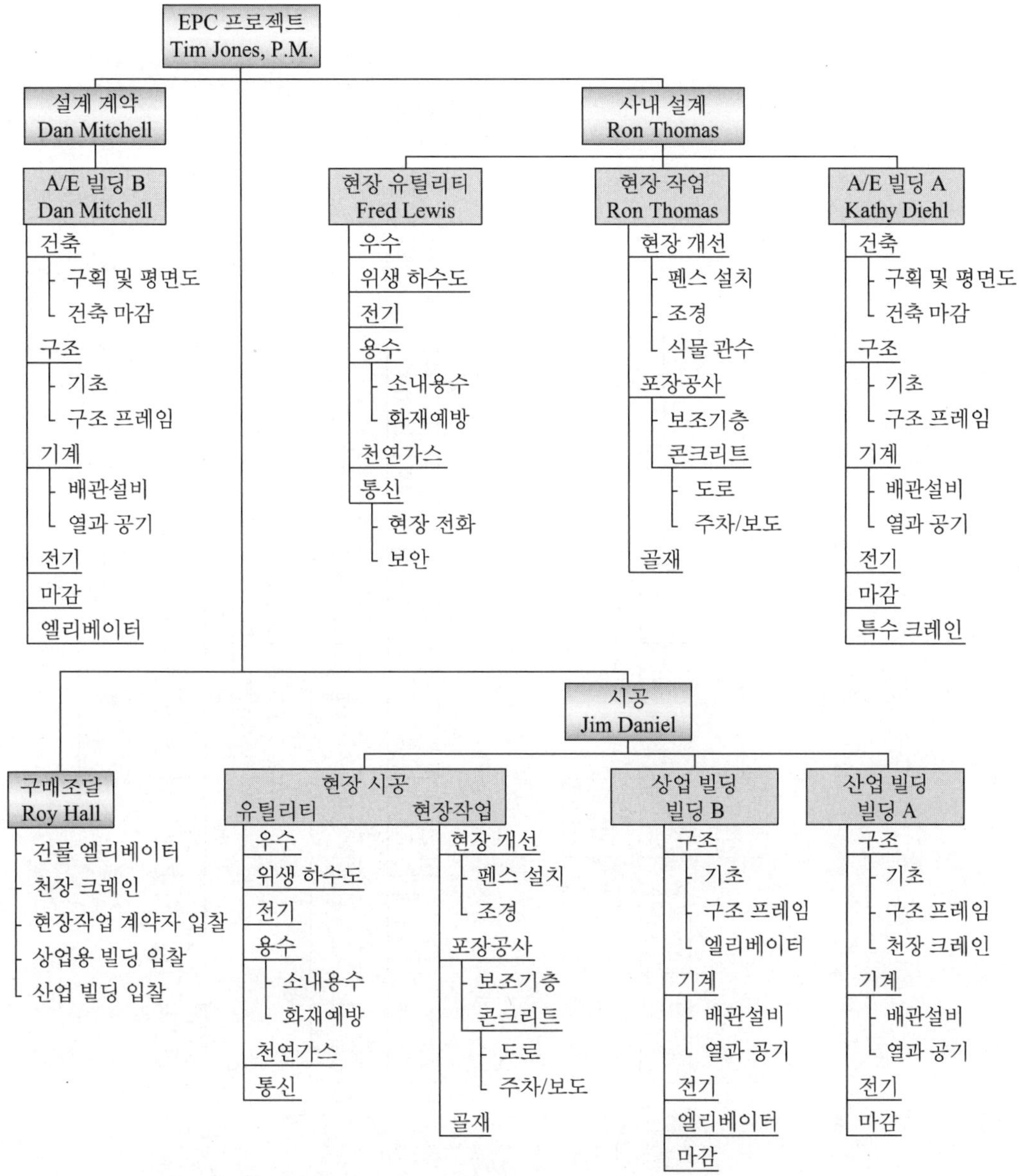

그림 9-1 서비스 시설 프로젝트의 EPC를 위한 WBS

그림 9-2에서 볼 수 있듯이 적절한 설계 활동은 자재 및 설비 조달 활동과 직접적으로 연계되어 있다. 예를 들어, 건물 A용 천장 기중기의 설계에 이어서 구매조달 및 시공이 이어진다. 마찬가지로 빌딩 B용 엘리베이터의 설계는 각각의 구매조달 및 시공 활동과 관련되어 있다.

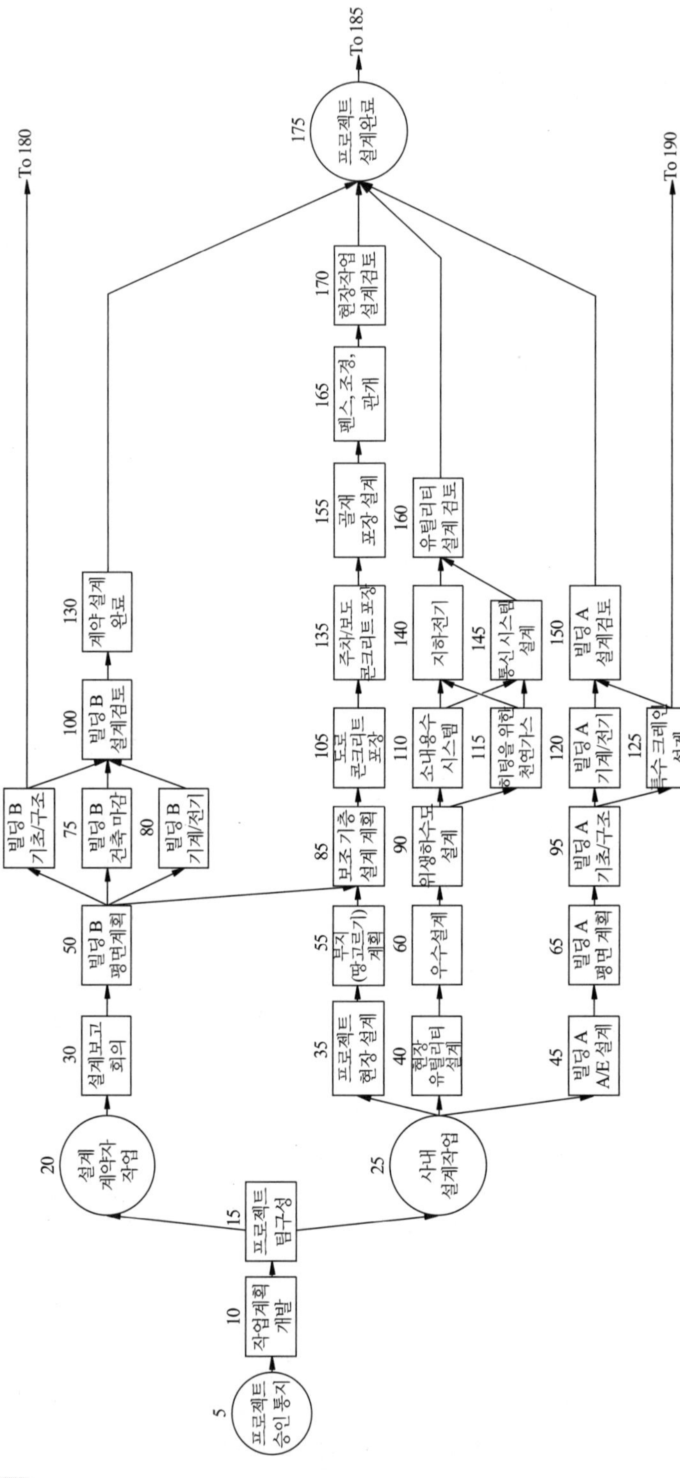

그림 9-2 EPC 프로젝트의 CPM 도표 (다음 페이지에 계속)

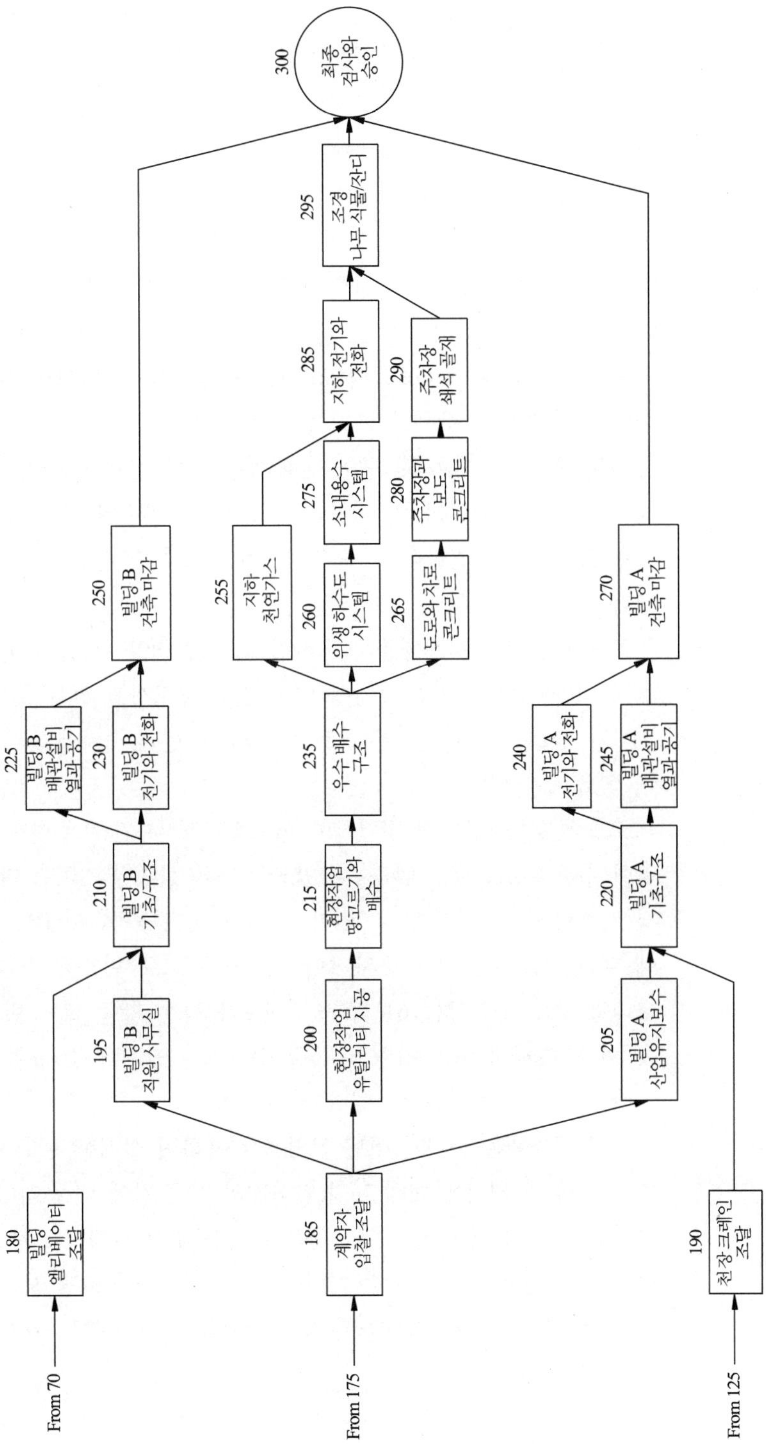

그림 9-2 EPC 프로젝트의 CPM 도표

프로젝트 보고를 위한 코딩 시스템

코딩 시스템은 프로젝트 모니터링 및 통제관리를 위한 다양한 보고서를 생성하기 위해 정보의 정렬을 허용하여 프로젝트의 각 구성요소를 식별하도록 개발할 수 있다. 프로젝트 단계, 작업 유형, 책임자 또는 작업 항목이 속한 시설과 같은 다양한 정보를 식별하는 코드 번호를 각 작업 항목에 지정할 수 있다. 표 9-1은 그림 9-2에 표시된 프로젝트의 간단한 4자리 코딩 시스템의 예이다.

표 9-1은 WBS와 OBS 및 CPM을 연계하기 위해 그림 9-2의 CPM 다이어그램에서 각 활동에 고유한 코드 번호를 할당하는데 사용할 수 있다. 예를 들어 활동 95(건물 A의 기초 및 구조 설계)에는 코드 번호 1735가 할당된다. 이 코드는 팀 구성원 Kathy Diehl의 책임인 구조설계와 관련된 건물 A의 사내 구조 엔지니어링 활동으로 식별한다. 표 9-2는 프로젝트의 각 활동에 할당된 코드 번호 목록이다.

표 9-1의 코딩 시스템을 사용하면 코드 번호의 세 번째 숫자에 3을 갖는 활동을 선택하여 모든 구조 작업에 대한 일정 보고서를 얻을 수 있다. 마찬가지로 B 건물과 관련된 모든 활동은 코드 번호의 두 번째 숫자에 8을 갖는 활동을 선택하여 얻을 수 있다.

코드 번호를 여러 번 정렬하면 프로젝트관리자가 프로젝트 통제관리를 위한 다양한 수준의 보고서를 얻을 수 있다. 이것은 설명된 것처럼 단지 간단한 4자리 코딩 시스템으로도 수행할 수 있다. 예를 들어 건물 A 및 B에 대한 모든 구조작업에 대한 보고서는 코드 숫자 3이 3인 활동 코드 번호를 정렬하여 얻을 수 있다. 그리고 코드 숫자 2는 6보다 크고 9보다 작은 활동 코드 번호를 정렬하여 얻을 수 있다. 따라서 여러 유형의 정렬 숫자보다 크거나 같거나 작은 코드 자릿수의 조합을 선택하여 얻을 수 있다.

코딩 시스템은 숫자가 아닌 문자를 사용하여 설계할 수도 있다. 문자를 사용하면 코드의 각 위치에 대해 26자(알파벳의 각 문자에 대해 하나씩)를 지정할 수 있다. 하지만 컴퓨터 응용 프로그램은 문자를 숫자 코딩 시스템보다 크거나, 같거나 같지 않게 정렬하는 것이 더 어렵다. 조합 문자숫자 코딩 시스템은 정렬이 필요하지 않은 위치에 여러 기능과 문자를 정렬해야 하는 코드 위치에 숫자를 사용하여 설계할 수 있다.

표 9-1 그림 9-2의 프로젝트를 위한 코딩 시스템

코드 넘버 X X X X

디지트 1 - 프로젝트 단계	디지트 2 - 시설	디지트 3 - 전문분야	디지트 4 - 팀 구성원
0 - 할당되지 않음	0 - 할당되지 않음	0 - 할당되지 않음	0 - 할당되지 않음
1 - 사내 엔지니어링	1 - 땅고르기/보조기층	1 - 건축	1 - Tim Jones
2 - 설계 계약	2 - 콘크리트 포장	2 - 토목	2 - Dan Mitchell
3 - 공급업체 구매조달	3 - 주차장 골재 포설	3 - 구조	3 - Ron Thomas
4 - 계약 구매조달	4 - 우수	4 - 기계	4 - Fred Lewis
5 - 현장 시공	5 - 위생 하수도	5 - 전기	5 - Kathy Diehl
6 - 사무소 빌딩	6 - 지하 유틸리티	6 - 조경	6 - Roy Hall
7 - 산업 빌딩	7 - 빌딩 A	7 - 프로젝트 엔지니어링	7 - Jim Daniel
8 - 할당되지 않음	8 - 빌딩 B	8 - 할당되지 않음	8 - 할당되지 않음
9 - 할당되지 않음	9 - 조경	9 - 할당되지 않음	9 - 할당되지 않음
WBS		OBS	

표 9-2 EPC 프로젝트 활동 목록 - 예제 EPC 유지관리 시설 프로젝트

번호	코드	활동 설명	기간	비용	팀 구성원
5	0071	프로젝트 승인 통지	3	500.	Tim Jones
10	0071	작업 계획 개발	7	12000.	Tim Jones
15	0071	프로젝트팀 구성	5	850.	Tim Jones
20	2872	설계 계약자 작업	2	3000.	Dan Mitchell
25	1073	사내 설계 작업	3	1500.	Ron Thomas
30	2872	설계 보고 회의	1	1200.	Dan Mitchell
35	1073	프로젝트 현장 설계	1	1400.	Ron Thomas
40	1624	현장 유틸리티 설계	1	1200.	Fred Lewis
45	1715	빌딩 A A/E 설계	1	1500.	Kathy Diehl
50	2812	빌딩 B 평면계획	10	9900.	Dan Mitchell
55	1123	부지 정지(땅고르기) 계획	12	14000.	Ron Thomas
60	1424	우수 설계	10	2000.	Fred Lewis
65	1715	건물 A 평면 계획	15	26000.	Kathy Diehl
70	2832	빌딩 B 기초/구조	45	31200.	Dan Mitchell
75	2812	빌딩 B 건축 마감	30	49500.	Dan Mitchell
80	2842	빌딩 B 기계/전기	45	37300.	Dan Mitchell
85	1123	보조기층 설계 계획	5	4000.	Ron Thomas
90	1524	위생하수도 설계	10	12000.	Fred Lewis
95	1735	빌딩 A 기초/구조	30	92700.	Kathy Diehl
100	2871	빌딩 B 설계 검토	10	8000.	Tim Jones

번호	코드	활동 설명	기간	비용	팀 구성원
105	1223	도로 콘크리트 포장	20	12000.	Ron Thomas
110	1624	소내용수 시스템	7	9000.	Fred Lewis
115	1624	히팅을 위한 천연가스	8	6000.	Fred Lewis
120	1745	빌딩 A 기계/전기	30	22200.	Kathy Diehl
125	1735	특수 크레인 설계	11	10800.	Kathy Diehl
130	2872	계약 설계 완료	1	1000.	Dan Mitchell
135	1223	주차/보도 콘크리트 포장	10	7000.	Ron Thomas
140	1654	지하 전기	14	12000.	Fred Lewis
145	1654	통신 시스템 설계	4	3000.	Fred Lewis
150	1771	빌딩 A 설계검토	3	5000.	Tim Jones
155	1323	골재 포장 설계	8	6000.	Ron Thomas
160	1677	유틸리티 설계검토	1	1100.	Tim Jones
165	1963	펜스, 조경, 관개	14	28000.	Ron Thomas
170	1071	현장작업 설계검토	5	7000.	Tim Jones
175	0071	프로젝트 설계완료	1	1000.	Tim jones
180	3876	빌딩 엘리베이터 조달	25	95000.	Roy Hall
185	4076	계약자 입찰 조달	20	7000.	Roy Hall
190	3776	천장 크레인 조달	40	55000.	Roy Hall
195	6887	빌딩 B 직원 사무실	3	1000.	Jim Daniel
200	5087	현장작업 유틸리티 시공	4	1500.	Jim Daniel
205	7787	빌딩 A 산업 유지보수	2	1400.	Jim Daniel
210	6882	빌딩 B 기초/구조	45	195000.	Dan Mitchell
215	5083	현장작업 땅고르기와 배수	18	85000.	Ron Thomas
220	7785	빌딩 A 기초/구조	110	390000.	Kathy Diehl
225	6882	빌딩 B 배관설비, 열과 공기	75	285000.	Dan Mitchell
230	6882	빌딩 B 전기와 전화	60	215000.	Dan Mithcell
235	5484	우수 배수 구조	15	22000.	Fred Lewis
240	7785	빌딩 A 전기와 전화	65	167000.	Kathy Diehl
245	7785	빌딩 A의 배관설비, 열과 공기	85	192000.	Kathy Diehl
250	6882	빌딩 B 건축 마감	50	260000.	Dan Mitchell
255	5684	지하 천연가스	5	10500.	Fred Lewis
260	5584	위생하수도 시스템	21	33200.	Fred Lewis
265	5283	도로와 차로 콘크리트	60	185000.	Ron Thomas
270	7785	빌딩 A 건축 마감	30	175000.	Kathy Diehl
275	5684	소내용수 시스템	7	13200.	Fred Lewis
280	5283	주차장과 보도 콘크리트	15	35000.	Ron Thomas
285	5684	지하 전기와 전화	14	47000.	Fred Lewis
290	5383	주차장 쇄석골재	40	76000.	Ron Thomas
295	5983	조경 나무, 식물/잔디	20	62000.	Ron Thomas
300	9977	최종 검사와 승인	3	3500.	Tim jones

시간과 비용에 대한 통제관리 일정

CPM 네트워크 다이어그램은 WBS에 의해 식별된 작업 패키지를 나타내는 활동의 순서를 보여준다. 비용 및 시간 관리를 위한 파라미터를 설정하기 위해 각 활동을 수행하는데 요구되는 예상 시간 및 비용을 WBS의 작업 패키지에서 얻을 수 있다. 그림 9-2에 표시된 EPC 프로젝트의 각 활동에 대해 표 9-2는 활동을 담당하는 팀원과 함께 비용 및 시간을 제공한다. 이러한 비용과 시간은 WBS와 직접 관련이 있으며, 지출은 생산되는 작업과 직접적으로 관련된다. 프로젝트의 진행 상황을 측정하기 위해 실제 비용과 시간을 통제관리 비용 및 시간과 비교한다.

프로젝트의 총 비용에는 직접 비용(이전 단락으로부터)과 간접 비용, 예비비 및 이익이 포함된다. 프로젝트를 위한 CBS에는 이러한 모든 비용이 포함된다. 하지만 WBS에 연계된 직접 비용만이 작업 성취도를 관리하기 위한 프로젝트 통제관리 목적으로 사용된다. 간접 비용에는 지원 인력, 설비 및 프로젝트에 직접 청구할 수 없는 소모품이 포함된다. 보험, 채권, 사무실 간접비 등의 비용은 프로젝트 초기에 고정되어 있고 수행된 작업과 무관하므로 비용 모니터링 및 작업 관리를 위해 프로젝트 통제관리 시스템에서 제외된다. 이러한 비용 관리는 일반적으로 회계 부서의 기능이다. 그 이유는 프로젝트관리자와 팀은 일반적으로 이러한 비용을 관리하지 않기 때문이다. 이러한 비용은 일반적으로 지정된 기간 동안 분배되며 일정에 따라 확장되거나 축소된다.

엔지니어링 CBS와 WBS 간의 관계에 대한 좋은 설명은 CII 간행물 번호 6-1, *Project Control for Engineering*에 나와 있다. 그림 9-3은 엔지니어링 예산 총계를 보여주는 발행물의 예이다. CBS에는 예산금액을 받은 예산 매트릭스의 모든 요소가 포함된다. 모든 요소의 총 달러 가치는 전체 엔지니어링 예산이다. 프로젝트의 WBS는 CBS의 예산 항목으로 구성되며, 설계 산출물, 도면 및 시방서와 관련된 결과물을 생성한다.

그림 9-3의 예에서 작업 통제관리용으로 선택된 기능은 매트릭스에 음영 처리되며, 그 항목은 설계 및 도면, 시방서, 구매조달 지원 및 현장 지원이다. 세부 WBS는 이러한 예산 항목에서 전체 프로젝트를 정의하는 분야, 시스템 및 하위 시스템으로 확장된다. 예를 들어, 전기로 생산되는 성과물은 전기 작업을 위해 모든 도면을 포함하는 도면 목록이 된다. 각 도면의 작업시간(WH) 수와 도면을 산출하는데 요구되는 계산 WH의 수는 예산을 나타낸다.

엔지니어링 예산 매트릭스

활동 또는 비용 구성 / 기능		설계 및 도면	시방서	구매조달 지원	현장 지원	감독 및 통제관리	출장	공급 및 서비스
관리						WH & $		
조달				WH & $	WH & $			
전문분야	토목	WH & $	WH & $	WH & $	WH & $	WH & $		
	전기	WH & $	WH & $	WH & $	WH & $	WH & $	$	$
	기타	WH & $	WH & $	WH & $	WH & $	WH & $		

그림 9-3 엔지니어링 비용분류체계 및 작업분류체계
(출처: 미국건설산업연구원(CII), 간행물 번호 6-1)

작업 일정은 설계 견적과 설계 초안의 중복을 포함하여 최종 도면을 생성하는 총 시간이다. 8장에서 논의된 것처럼 대부분의 엔지니어는 개별 설계 작업을 스케줄링하기 위해 바차트를 선호한다. 하지만 프로젝트 통제관리를 위해 개별 바차트는 전체 프로젝트 일정에 대한 CPM 다이어그램의 활동으로 개발되어야 한다. CPM 엔지니어링 설계 일정에서 각 활동의 시작과 종료는 작업 패키지의 모든 작업을 종합한 것이다. 다음은 CPM 다이어그램에서 활동의 기간을 결정하기 위해 작업 패키지의 중첩 작업 평가를 보여준다.

작업 패키지의 업무	기간
프로젝트 엔지니어링	7일
전기 엔지니어링	19일
CADD 운영자	8일
총 예산일	34일

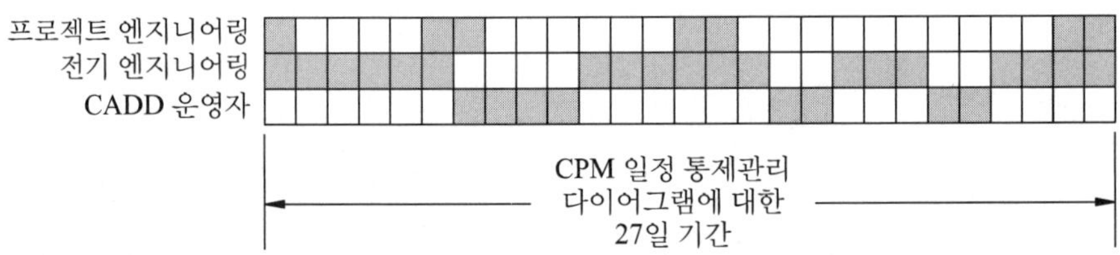

CII 간행물 번호 6-4, **고정 가격 시공을 위한 시공자 계획**은 시공을 위한 CBS와 WBS의 관계에 대한 좋은 설명을 제공한다. 그림 9-4는 WBS가 CBS의 직접비용 부분임을 보여주는 발행물의 예이다. WBS에는 예산 배정, 일정관리 및 통제관리가 포함된다. 견적은 WBS와 동일한 조직 포맷으로 작성되어야 한다. 계획

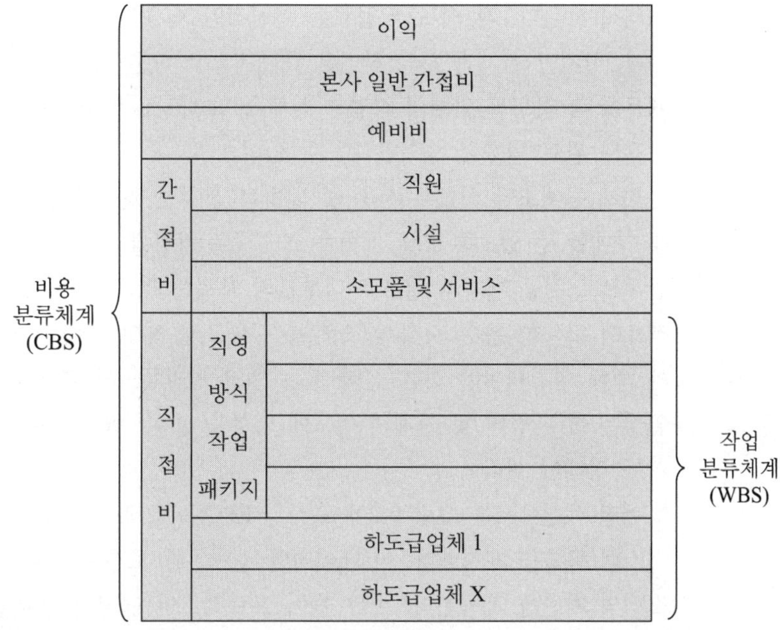

그림 9-4 WBS 대 CBS (출처: 미국건설산업연구원(CII), 간행물 번호 6-4)

및 시방서의 물량산출은 직접 노동, 자재와 설비 비용이 기준으로 사용된다. 비용견적은 또한 시공 일정과 프로젝트 일정 개발을 위한 작업 순서를 고려해야 한다.

시공 작업 현장에서 프로젝트를 책임질 책임 감독자는 반드시 상세한 시공 일정을 수립해야 한다. 하지만 프로젝트 개발 초기 단계에서 시공 계약자가 확인되기 전에 시공 일정을 수립해야 하는 경우가 종종 있다. 이러한 유형의 상황에서는 활동 순서를 과도하게 제한하지 않고 시공을 위한 초기 CPM 다이어그램을 개발해야 한다. CPM 일정은 프로젝트의 주요 분야의 순서를 표시하고 작업의 일반적인 흐름을 식별해야 한다. 그런 다음 시공 전에 실제 작업을 수행할 시공 직원이 상세한 CPM 다이어그램을 개발할 수 있다.

시공자는 일반적으로 직접 고용(직영 방식) 인력과 작업을 수행하고 하나 이상의 하도급업자에게 작업의 일부를 계약한다. 많은 하도급 업체는 정교한 프로젝트관리 시스템을 갖추고 있지 않으므로 하도급 업체에 작업 할당은 하도급 업체의 책임과 임무가 명확하게 이해될 수 있도록 세부사항으로 정의된 작업 범위, 예산 및 일정을 포함하는 작업 패키지이어야 한다. 하도급 작업 패키지는 WBS와 호환 가능해야 한다: 그렇지 않으면 통제관리의 기준이 없는 것이다.

다른 하도급 업체의 작업 일정을 수립하는데 요구되는 작업 지연을 포함하여 각 하도급 업체의 작업을 시작하고 완료하는데 필요한 마일스톤 날짜를 명확하게 정의해야 한다. 각 하도급 업체는 독립적인 회사이며 일반건설업자의 직원이 아니다. 하지만 한 시공자의 작업은 대체적으로 다른 시공자의 작업에 영향을 주기 때문에 각 하도급 업체의 작업은 전체 프로젝트 일정에 포함되어야 하며, 이는 프로젝트 완료 날짜에 영향을 줄 수 있다.

자재 구매조달 실패는 시공 중 일반적인 지연 원인이다. 시공자가 제공한 자재를 구매할 수 있도록 조달 계획을 프로젝트 일정에 포함시켜야 한다. 시공자는 일반적으로 시공 계약의 일부로 대부분의 자재를 취득하지만 많은 프로젝트는 프로젝트에 고유한 특수 자재 및 장비를 구매조달 해야 한다. 또한, 발주자는 시공자에 의해 설치되어야 하는 설비 또는 벌크 자재를 구매조달할 수 있다. 프로젝트 일정은 특수 장비 및 자재의 인도에 영향을 줄 수 있는 모든 활동을 식별하고 순서를 정해야 한다.

이전 섹션에서는 그림 9-2에 표시된 EPC 프로젝트의 활동, 비용, 기간 및 코딩 시스템 목록을 제시했다. 이 데이터의 준비는 프로젝트 모니터링 및 통제관리 시스템의 기반을 제공한다. 예를 들어 프로젝트의 엔지니어링 설계 단계를 평가하기 위해 모든 설계 작업에 대한 비용 분포를 보여주는 S자 곡선(그림 9-5 참조)을 생성할 수 있다. 이 곡선은 코드의 첫 번째 숫자가 0보다 크고 3보다 작은 모든 활동을 선택하여 표 9-1의 코딩 시스템을 사용하여 얻는다.

추가 보고서는 8장에서 설명한대로 컴퓨터로 생성할 수 있다. 예를 들어, 그림 9-6은 모든 사내 엔지니어링 설계의 일일 비용 그래프이다. 해당 코드 번호의 첫 번째 숫자에 1이 있는 모든 활동을 선택하여 얻을 수 있다. 작업을 수행하는데 요구되는 인력 요구사항을 나타내는 근무시간에도 유사한 곡선을 얻을 수 있다.

표 9-3은 프로젝트의 모든 활동에 대한 프로젝트 통제관리 일정의 일부 목록이다. 전체 프로젝트의 60개 활동 모두에 대해 얻을 수 있는 정보의 유형을 설명하기 위해 전체 일정의 첫 번째 부분과 마지막 부분만 표시되어 있다. 주공정 활동은 여유시간이 0이고 활동 번호 왼쪽에 문자 "C"로 표시되는 활동이다. 주요 마일스톤은 일정에 명시되어 있다. 이 일정은 엔지니어링, 구매조달 및 시공을 통합하는 요약 수준 일정 보고서이다.

표 9-4는 전체 프로젝트에 대한 월별 비용 일정이다. 비용 배분은 조기 시작, 늦은 시작 및 목표 기준에 표시된다. 백분율 시간 및 백분율 비용 분포는 두 개의 맨 오른쪽 열에 표시된다. 비용과 시간 사이에는 비선형적 분포가 있다. 예를 들어, 완료 시간의 33.0%를 나타내는 6개월 말에 비용의 17.9%만이 소비될 것으로 예상된다. 하지만 11개월이 끝날 때 64.1%의 시간이 소요되며, 54.3%의 비용이 지출될 것으로 예상할 수 있다.

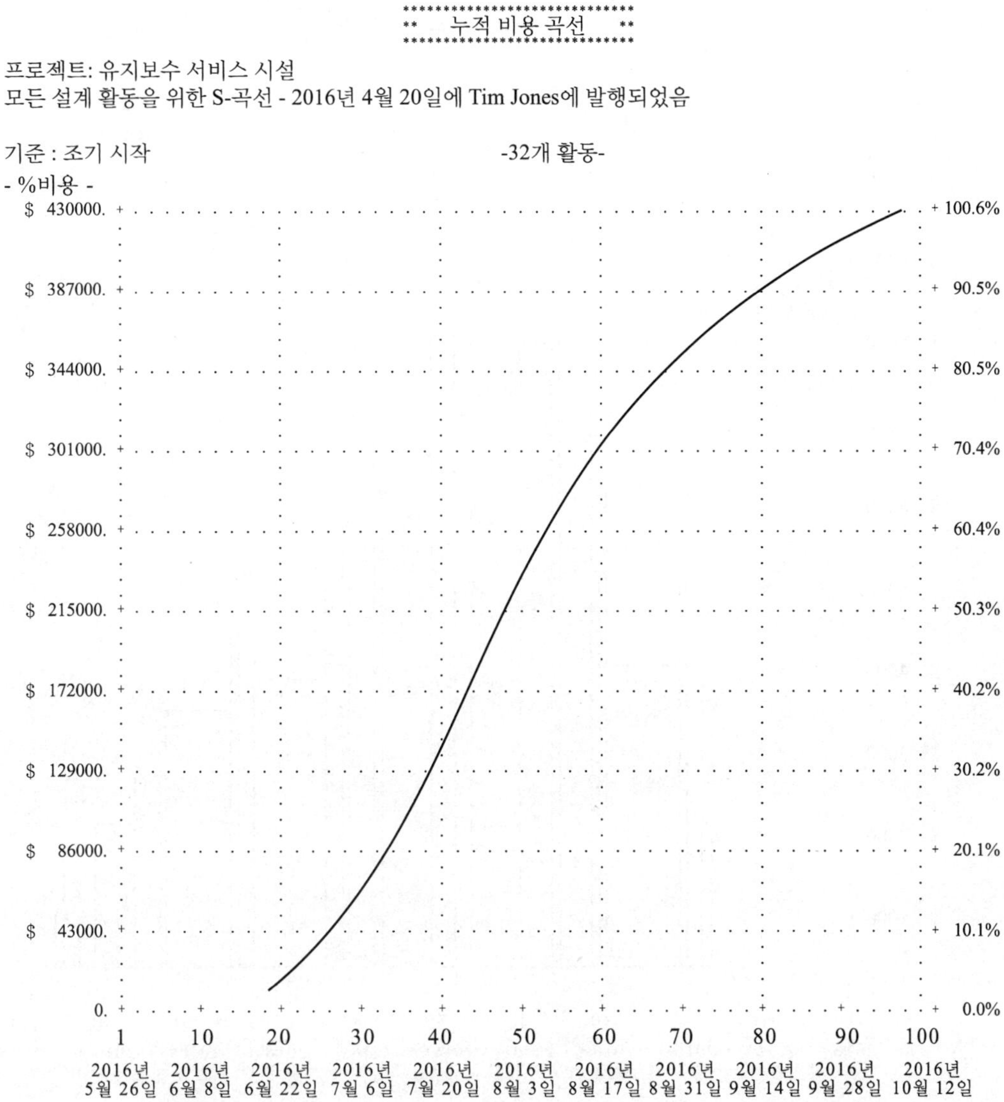

그림 9-5 모든 설계 작업에 대한 S자 곡선 (0보다 크고 3보다 작은 코드 숫자로 정렬)

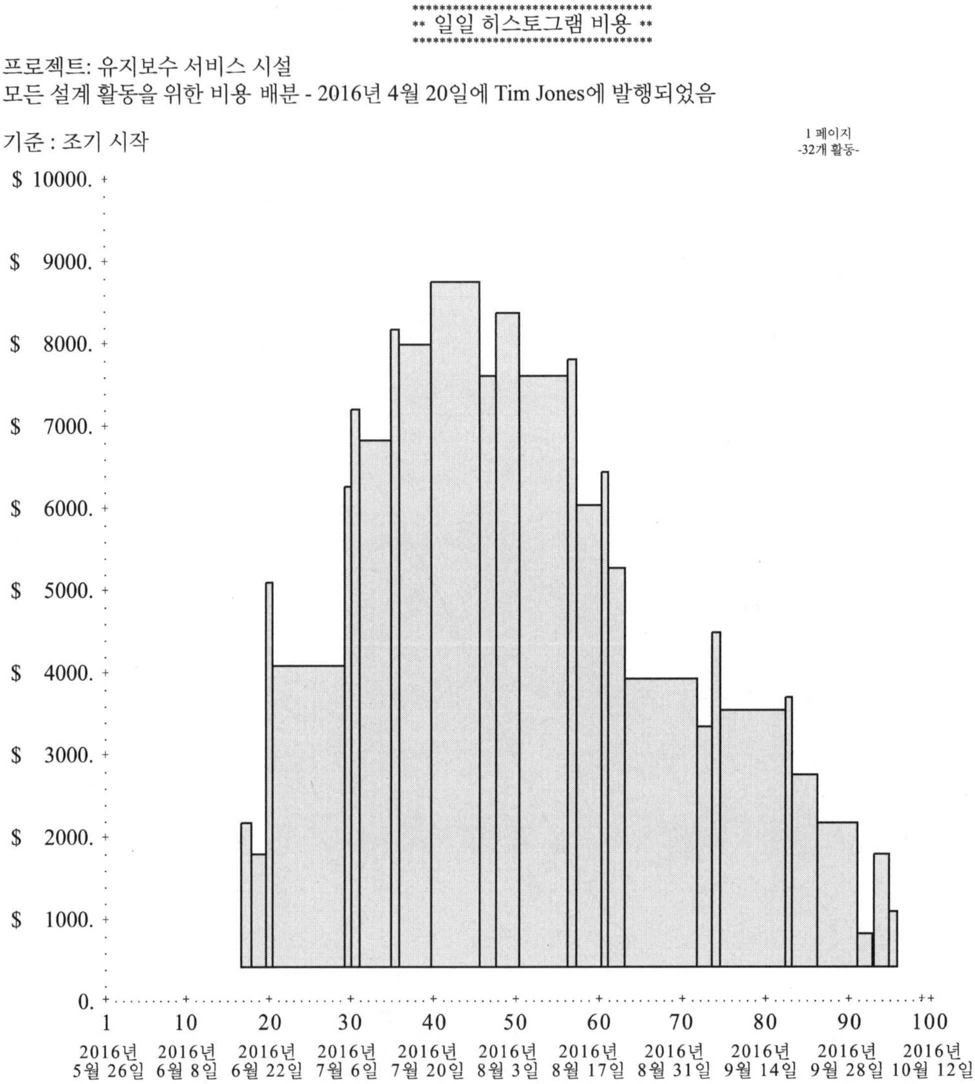

그림 9-6 모든 사내 설계 작업에 대한 일일 비용 분포

표 9-3 모든 활동의 스케줄

** 활동 스케줄 **

프로젝트: 서비스 유지보수 시설 **1페이지**
모든 활동을 위한 비용 배분 - 2013년 4월 20일에 Tim Jones에 발행되었음. 활동스케줄

활동 번호	활동 설명	기간	조기 시작	조기 종료	늦은 시작	늦은 종료	총 여유	자유 여유
C 5	프로젝트 승인 통지	3	2016.5.26. 1	2016.5.30. 3	2016.5.26. 1	2016.5.30. 3	0	0
C 10	작업 계획 개발	7	2016.5.31. 4	2016.6.8. 10	2016.5.31. 4	2016.6.8. 10	0	0
C 15	프로젝트팀 구성	5	2016.6.9. 11	2016.6.15. 15	2016.6.9. 11	2016.6.15. 15	0	0
20	설계 계약자 작업	2	2016.6.16. 16	2016.6.17. 17	2016.6.27. 23	2016.6.28. 24	7	0
C 25	사내 설계 작업	3	2016.6.16. 16	2016.4.20. 18	2016.6.16. 16	2016.6.20. 18	0	0
30	설계 보고 회의	1	2016.6.20. 18	2016.6.20. 18	2016.6.29. 25	2016.6.29. 25	7	0
35	프로젝트 현장 설계	1	2016.6.21. 19	2016.6.21. 19	2016.6.27. 23	2016.6.27. 23	4	0
40	현장 유틸리티 설계	1	2016.6.21. 19	2016.6.21. 19	2016.8.9. 54	2016.8.9. 54	35	0
C 45	빌딩 A A/E 설계	1	2016.6.21. 19	2016.6.21. 19	2016.6.21. 19	2016.6.21. 19	0	0
50	빌딩 B 평면 계획	10	2016.6.21. 19	2016.7.4. 28	2016.6.30. 26	2016.7.13. 35	7	3
55	부지 정지(땅고르기) 계획	12	2016.6.22. 20	2016.7.7. 31	2016.6.28. 24	2016.7.13. 35	4	0
60	우수 설계	10	2016.6.22. 20	2016.7.5. 29	2016.8.10. 55	2016.8.23. 64	35	0
↓	↓	↓	↓	↓	↓	↓	↓	↓
260	위생하수도 시스템	21	2016.12.29. 156	2017.1.26. 176	2017.6.27. 284	2017.7.25. 304	128	0
265	도로와 차로 콘크리트	60	2016.12.29. 156	2017.3.22. 215	2017.3.16. 211	2017.6.7. 270	55	0
225	빌딩 B 배관설비, 열과 공기	75	2017.1.13. 167	2017.4.27. 241	2017.3.30. 221	2017.7.12. 295	54	0
230	빌딩 B 전기와 전화	60	2017.1.13. 167	2017.4.6. 226	2017.4.20.2 236	2017.7.12. 295	69	15
275	소내용수시스템	7	2017.1.27. 177	2017.2.6. 183	2017.7.26. 305	2017.8.3. 311	128	0
285	지하 전기와 전화	14	2017.2.7. 184	2017.2.24. 197	2017.8.4. 312	2017.8.23. 325	128	73
280	주차장과 보도 콘크리트	15	2017.3.23. 216	2017.4.12. 230	2017.6.8. 271	2017.6.28. 285	55	0
240	빌딩 A 전기와 전화	65	2017.4.13. 231	2017.7.12. 295	2017.5.11. 251	2017.8.9. 315	20	20
C 245	빌딩 A의 배관설비, 열과 공기	85	2017.4.13. 231	2017.8.9. 315	2017.4.13. 231	2017.8.9. 315	0	0
290	주차장 쇄석골재	40	2017.4.13. 231	2017.6.7. 270	2017.6.29. 286	2017.8.23. 325	55	0
250	빌딩 B 건축 마감	50	2017.4.28. 242	2017.7.6. 291	2017.7.13. 296	2017.9.20. 345	54	54
295	조경 나무, 식물/잔디	20	2017.6.8. 271	2017.7.5. 290	2017.8.24. 326	2017.9.20. 345	55	55
C 270	빌딩 A 건축 마감	30	2017.8.10. 316	2017.9.20. 345	2017.8.10. 316	2017.9.20. 345	0	0
C 300	최종 검사와 승인	3	2017.9.21. 346	2017.9.25. 348	2017.9.21. 346	2017.9.25. 348	0	0

일정 종료

표 9-4 프로젝트의 모든 활동에 대한 월간 비용 분포

" 월간 비용 일정 "

프로젝트: 서비스 유지보수 시설 월간 비용 일정
모든 활동을 위한 비용 배분 - 2013년 4월 20일에 Tim Jones에 발행되었음. -모든 활동에 대해-
시작일: 2016년 5월 26일 종료일: 2017년 9월 25일

번호	월 연도	조기 시작		늦은 시작		목표 일정			
		비용/월	누적 비용	비용/월	누적 비용	비용/월	누적 비용	%시간	%비용
1	5월 2016	$3929	$3929	$3929	$3929	$3929	$3929	1.4%	0.1%
2	6월 2016	$48841	$52770	$34645	$38573	$41743	$45672	7.5%	1.5%
3	7월 2016	$177261	$230031	$101204	$139778	$139233	$184904	14.1%	6.1%
4	8월 2016	$130583	$360614	$130838	$270616	$130711	$315615	20.1%	10.3%
5	9월 2016	$166931	$527545	$160525	$431141	$163728	$479343	26.4%	15.7%
6	10월 2016	$69255	$596800	$63784	$494925	$66519	$545863	33.0%	17.9%
7	11월 2016	$180187	$776987	$62507	$557432	$121347	$667210	38.8%	21.9%
8	12월 2016	$247116	$1024103	$111945	$669377	$179531	$846740	45.4%	27.7%
9	1월 2017	$324067	$1348170	$180933	$850311	$252500	$1099240	51.7%	36.0%
10	2월 2017	$332900	$1681070	$235742	$1086053	$284321	$1383561	57.5%	45.3%
11	3월 2017	$316279	$1997348	$234362	$1320415	$275320	$1658882	64.1%	54.3%
12	4월 2017	$242022	$2239371	$245967	$1566382	$243995	$1902877	70.4%	62.3%
13	5월 2017	$250489	$2489860	$308343	$1874725	$279416	$2182293	76.4%	71.5%
14	6월 2017	$284017	$2773877	$329589	$2204314	$306803	$2489096	82.8%	81.5%
15	7월 2017	$89479	$2863356	$322710	$2527024	$206094	$2695190	89.1%	88.3%
16	8월 2017	$110461	$2973817	$338893	$2865917	$224677	$2919867	95.4%	95.6%
17	9월 2017	$79333	$3053150	$187233	$3053150	$133283	$3053150	100.0%	100.0%

월간 비용 일정 종료

시간과 작업사이의 관계

설계 작업의 측정은 아이디어, 견적, 대안 평가 및 물리적으로 측정 가능한 양이 아닌 다른 작업을 포함하는 창의적인 프로세스이기 때문에 어렵다. 상당한 시간과 비용은 측정 가능한 작업량인 도면, 시방서, 보고서 등과 같은 최종 결과물이 나오기 전에 이상의 작업을 수행하는데 소비될 수 있다.

설계 작업의 진도 측정은 작업의 다양성 때문에 더욱 복잡하다. 예를 들어, 모든 설계 견적이 완료될 수 있으며, 도면의 절반이 생산될 수 있으며, 시방서의 1/4만 작성될 수 있다. 이러한 상황에서 생산된 작업에는 공통된 측정 단위가 없기 때문에 작업량이 얼마나 많은지를 판단하기가 어렵다. 이 때문에 완료 비율은 일반적으로 설계 작업의 측정 단위로 사용된다. 측정 작업 완료율 결정 기준은 설계를 시작하기 전에 프로젝트팀원과 문서로 개발하고 확인해야 한다. 이는 월별 진

행 상황 평가를 위한 일반적 기준을 제공한다.

가중치는 설계 작업에 할당하여 각 작업을 수행하는데 요구되는 노력의 크기를 정의할 수 있다. 가중치의 합은 1.0으로 전체 설계 노력의 100%를 나타낸다. 각 가중치의 결정은 프로젝트관리자와 작업을 수행할 책임이 있는 설계자 사이의 공동 노력이 있어야 한다. 각 가중치의 결정은 작업을 시작하기 전에 수행해야 한다.

상당량의 중첩 작업은 설계 과정에서 요구된다. 예를 들어 초기 도면작성 작업은 일반적으로 설계 견적이 완료되기 전에 시작된다. 마찬가지로 최종 견적이 최종 생산도면 작업이 시작되기 전에 많은 경우 완료되지 않는다. 프로젝트관리자와 팀원은 프로젝트 기간 동안 작업시간을 표시하기 위해 관련 작업의 중첩을 공동으로 정의할 수 있다. 표 9-5는 작업 항목, 가중치 및 설계 작업에 요구되는 각 작업의 예상 시간을 나열하는 예제이다. 각 카테고리 내에서 가중치를 더 나눌 필요가 있다.

표 9-5의 정보는 설명의 목적으로만 제공된다. 각 프로젝트는 고유하므로 각 개별 프로젝트에 적합한 가중치를 정의해야 한다. 설계 작업의 시기는 인원의 가용성에 달려 있다. 이 정보는 개별 설계 작업 패키지 요약에서 축적할 수 있다.

전반적인 설계 성과를 관리하기 위해 표 9-5의 정보에서 작업/시간 곡선을 개발할 수 있다(그림 9-7 참조). 그림 9-7의 위쪽 부분은 각 설계 작업을 개별적으로 나타내고 발생 순서대로 정렬된 일련의 그래프이다. 각 그래프의 기울기는 수행할 작업에 요구되는 시간에 대한 가중치의 비율이다. 그림 9-7의 아래 부분은 전체 설계 성과에 대한 작업/시간 곡선이며 개별 그래프의 조합, 중첩에 의해 얻어진다. 이 커브는 작업의 계획된 성취를 나타내며 수행된 실제 작업을 비교하기 위한 통제관리의 기준 역할을 한다. 이전 섹션에서 논의된 시간/비용 S곡선에 중첩될 수 있다. 이는 전체 통합 원가/일정/작업 곡선을 형성하는데, 이 장의 후반부에서 논의될 것이다.

표 9-5 설계 작업을 위한 가중치의 예

설계 작업	가중치	프로젝트 타이밍
백업 자료 검토	0.05	0% ~ 10%
설계 견적	0.10	10% ~ 25%
초기 도면작성	0.25	15% ~ 45%
최종 견적	0.20	35% ~ 60%
생산 도면	0.30	50% ~ 90%
도면 승인	0.10	90% ~ 100%
	1.00	

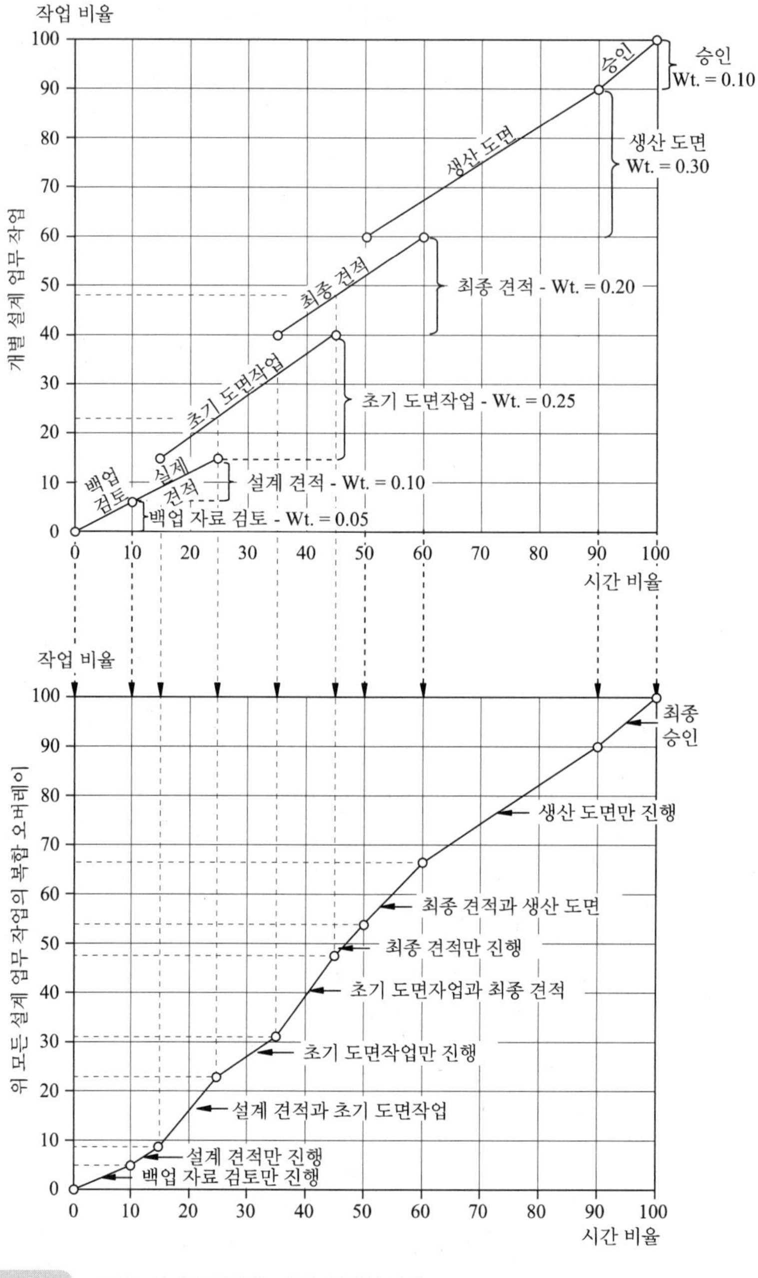

그림 9-7 모든 설계 작업에 대한 작업/시간

시공은 입방야드, 평방피트, 파운드 또는 각각과 같은 다른 측정 단위가 있는 여러 유형의 다양한 작업이 포함된다. 따라서 전반적인 시공의 관리와 통제를 위한 측정 단위로 백분율을 사용하는 것이 편리하다.

표 9-6 시공을 위한 예시적인 가중치

시설	가중치	프로젝트 타이밍
현장 작업	0.25	0% ~ 35%
콘크리트 빌딩	0.40	15% ~ 75%
메탈 빌딩	0.35	65% ~ 100%
	1.00	

설계작업의 진도 측정에 사용된 절차는 시공에도 적용될 수 있다. 예를 들어, 프로젝트는 세 가지 주요 시설로 구성될 수 있다. 현장 사무소, 콘크리트 오피스 빌딩 및 사전 제작된 메탈 빌딩이 포함된다. 가중치는 예정된 계획 순서와 함께 세 가지 주요 시설 각각에 적용될 수 있다(표 9-6 참조).

표 9-6에는 프로젝트의 주요 세 부분만 나와 있다. 각 주요 기능을 더 작은 구성요소로 나누면 계획된 작업을 보다 정확하게 정의할 수 있다. 예를 들어 현장 작업은 땅고르기, 배수, 포장, 조경 등으로 나눌 수 있다. 마찬가지로 두 빌딩 각각을 더 작은 구성요소로 나눌 수 있다. 프로젝트의 세부 수준에 관계없이 모든 가중치의 합은 프로젝트의 100%를 나타내기 위해 1.0과 같다. 각 주요 시설의 가중치와 시기는 시공을 시작하기 전에 프로젝트팀의 주요 참여자가 시공 기간 동안 통제관리의 기준 역할을 하도록 설정한다.

그림 9-8은 계획된 작업 성취도의 조합을 보여준다. 그림 9-8의 상단 부분은 세 가지 주요 기능 각각의 중첩 및 순서를 그래픽으로 표시한 것이다. 하단 부분은 전체 프로젝트에 대한 통합된 작업/시간 곡선이며, 각 주요 설비의 세 가지 개별 그래프를 조합한 중첩에 의하여 얻어질 수 있다.

이 절차는 전체 프로젝트의 모든 설비에 대한 최상위 수준의 요약이다. 이 동일한 절차는 프로젝트의 복잡성과 프로젝트관리자가 원하는 통제관리 수준에 따라 각 시설 또는 시설의 일부에 사용할 수 있다.

가장 낮은 수준에서 백분율을 사용하는 대신 작업 현장에서 물리적으로 측정할 수 있는 작업 단위를 사용할 수 있다. 예를 들어, "와이어 당김"은 선형피트에서 쉽게 측정할 수 있으며, "콘크리트 교각"은 입방야드로 측정할 수 있다. 하지만 물리량을 사용하여 백분율 대신 작업을 나타내는 경우 몇 가지 예방 조치를 사용해야 한다. 예를 들어, 콘크리트 교각의 건설은 시추, 강재 고정 및 콘크리트 배치를 포함한다. 18개의 교각이 있는 프로젝트의 경우 진행 보고서에는 모든 교각이 뚫려 있고 9개의 교각에 강재가 고정되어 있으며, 콘크리트는 3개의 교각에 배치되어 있을 수 있다. 입방야드가 유일한 통제관리 척도라면, 18개의 교각 중 3개만 완료된 것으로 보고될 것이며, 이는 완료된 시추 및 강재 작업을 포함하지 않을 것이다. 이 상황에서 교각을 구성하는데 요구되는 각 작업을 설명하기 위해 가중치 시스템을 개발해야 한다. 앞서 논의한 것처럼 모든 가중치의 합계는 작업의 100%를 나타내기 위해 1.0과 같아야 한다.

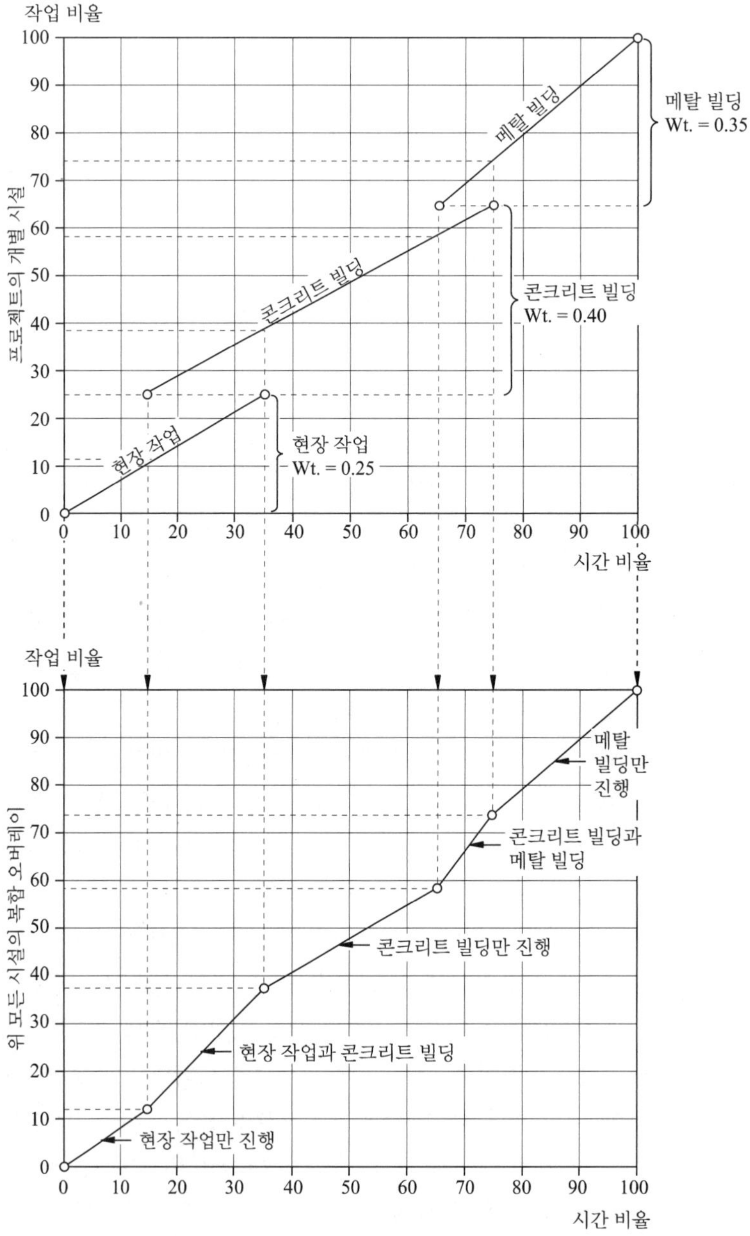

그림 9-8 전체 프로젝트 시공을 위한 작업/시간 관계

비용/일정/작업의 통합

숙련된 프로젝트관리자는 비용이나 시간만으로 프로젝트의 상태를 추적하는 것과 같이 부분적인 정보만을 사용하는 방법의 문제에 익숙하다. 예를 들어, 프로젝트 예산의 절반은 계획된 기간의 중간 시점까지 소비될 수 있지만, 작업의 20%만 수행할 수 있다. 시간과 비용만 모니터링하면 프로젝트가 잘 진행되고 있음을 알 수 있다. 하지만 프로젝트가 완료되면 비용 초과와 일정 지연이 있을 수 있다. 그 이유는 작업 측정이 프로젝트 통제관리 시스템에 포함되지 않았기 때문이다. 따라서 프로젝트관리자는 이후에 프로젝트보다는 의미 있는 피드백을 제공하는 통합된 비용/일정/작업 시스템을 개발해야 한다. 그런 다음 프로젝트의 상태를 결정할 수 있으며, 최소한의 비용으로 수정할 수 있는 경우 시정조치가 취해진다.

앞 절에서는 프로젝트 통제관리를 위한 비용/시간 및 작업/시간의 관계에 대해 설명했다. 하지만 이러한 관계를 개별적으로 평가한다고 해서 프로젝트의 정확한 상태가 제공되는 것이 아니다: 범위(작업), 예산(비용) 및 일정(시간)과 같이 프로젝트의 세 가지 기본 구성요소의 통합 관계를 보여주는 비용/일정/작업 그래프를 준비할 수 있다. 그림 9-9는 왼쪽 세로 좌표의 비용, 가로 좌표의 시간 및 오른쪽 세로 좌표의 작업을 연결하는 그래프이다. 위의 곡선은 이 책의 이전 섹션에서 설명한 비용/시간 S곡선이다. 하위 작업/시간 곡선은 프로젝트 기간 동안 작업과 시간의 관계를 보여준다. 따라서 그래프는 단순히 이전에 제시된 정보를 조합한 오버레이일 뿐이다.

비용 단위는 달러이고 일정 단위는 일(하루)이며, 모든 유형의 프로젝트에 대해 쉽게 적용되는 단위이다. 작업 측정 단위는 프로젝트의 모든 부분에 공통된 기반을 제공하는 백분율로 표시된다. 앞서 논의한 바와 같이, 프로젝트는 세 가지 유형의 빌딩이 있을 수 있다: 콘크리트, 강재 및 목재 프레임. 작업을 위한 적절한 측정 단위는 콘크리트 건물의 경우 입방야드, 강재 빌딩의 경우 강재의 파운드, 목재 프레임 빌딩의 경우 목재의 보드 피트가 된다. 하지만 파운드 또는 보드 피트에 입방야드를 추가하는 것은 불가능하기 때문에 퍼센트는 작업을 나타내는데 편리하게 사용할 수 있는 크기가 없는 측정 단위이다.

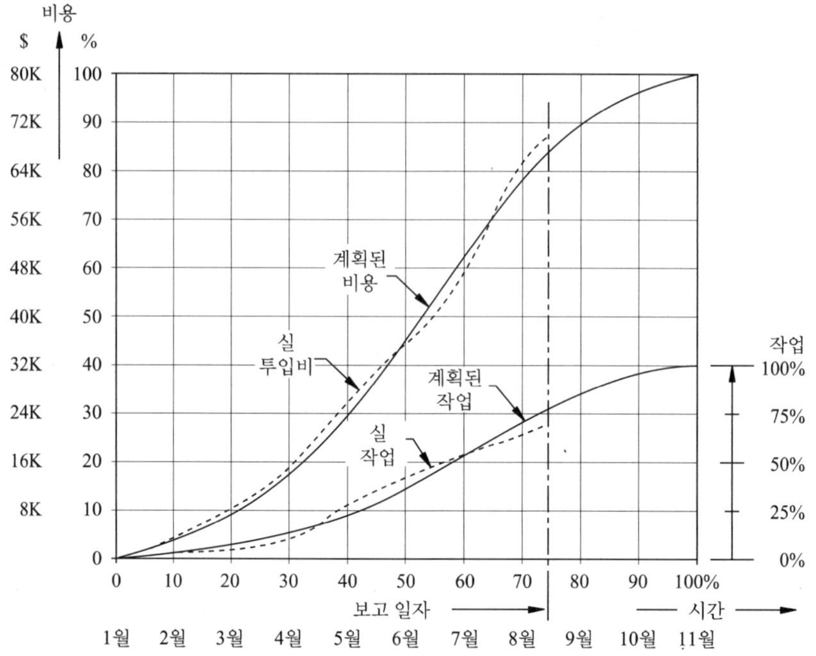

그림 9-9 **비용/일정/작업 통합 그래프**

백분율이 전체 작업에 대한 공통된 단위이긴 하지만 전체 프로젝트의 작업배분을 위해서는 배수가 필요하다. 예를 들어 콘크리트구조가 45%, 강구조가 35%, 목구조가 20%인 3개의 건물을 짓는 공사가 있을 때, 배수는 작업시간, 비용 등에 의해 결정될 수 있다. 선정된 배수는 프로젝트의 정량적, 정성적 평가를 포함하고 있으며, 프로젝트팀의 주요 참여자들의 공동 노력에 의해 결정하여야 한다.

프로젝트의 상태를 알기 위해 실투입 비용과 완료된 작업을 계획된 비용 및 작업량과의 비교를 위해 곡선에 나타낸다(그림 9-10a). 이 예제에서 실제 완료된 작업량은 계획량보다 적으므로 계획보다 일정이 늦다고 할 수 있다. 또한 위 곡선을 보면 같은 기간 동안 비용이 초과되었음을 알 수 있다. 그러므로 같은 기간 동안 공기 지연 및 공사비 초과를 알 수 있다. 가능한 다른 시나리오들이 그림 9-10b~9-10d에 나타나 있다.

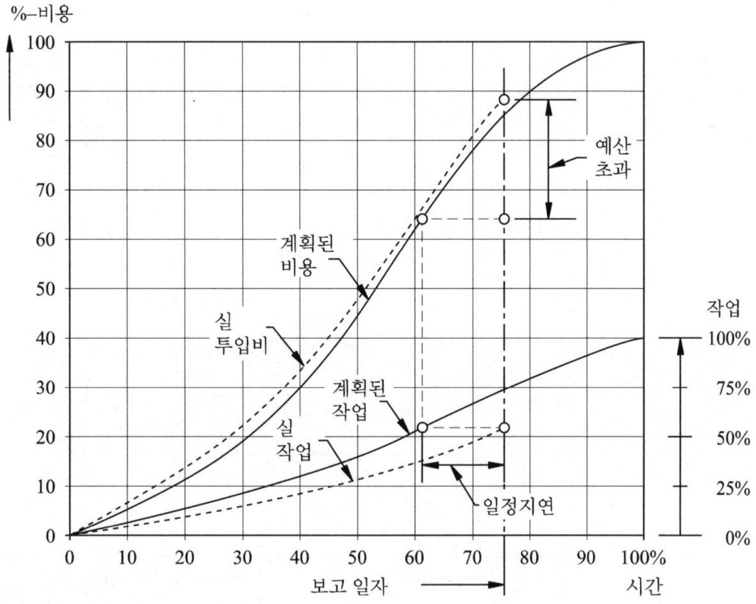

그림 9–10a 예산 초과 및 일정 지연

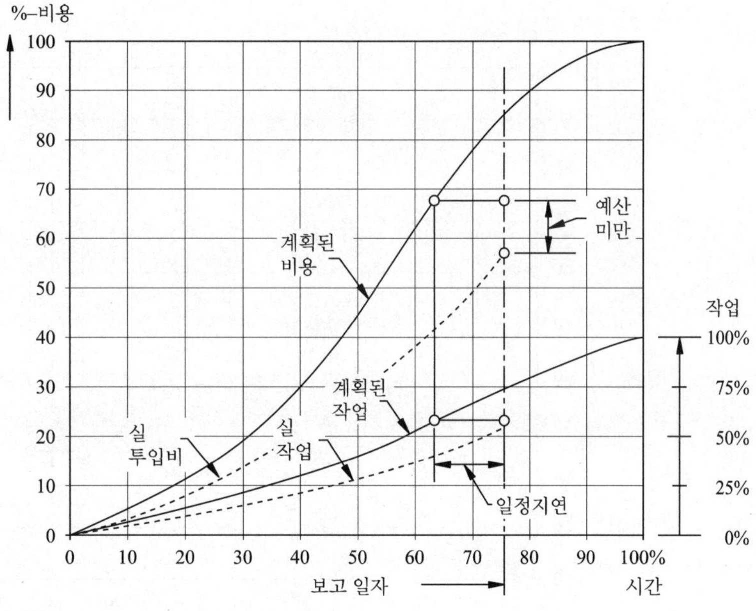

그림 9–10b 예산 미만 및 일정 지연

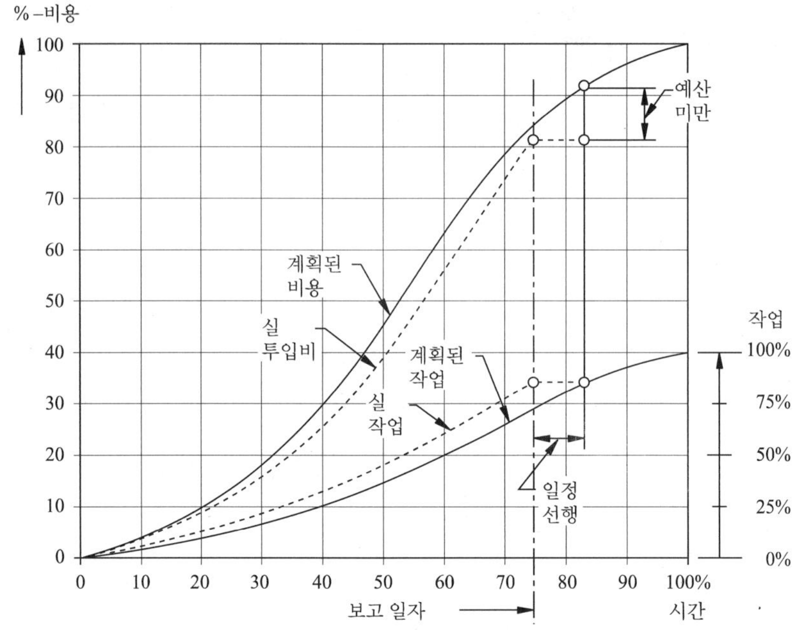

그림 9-10c 예산 미만 및 일정 선행

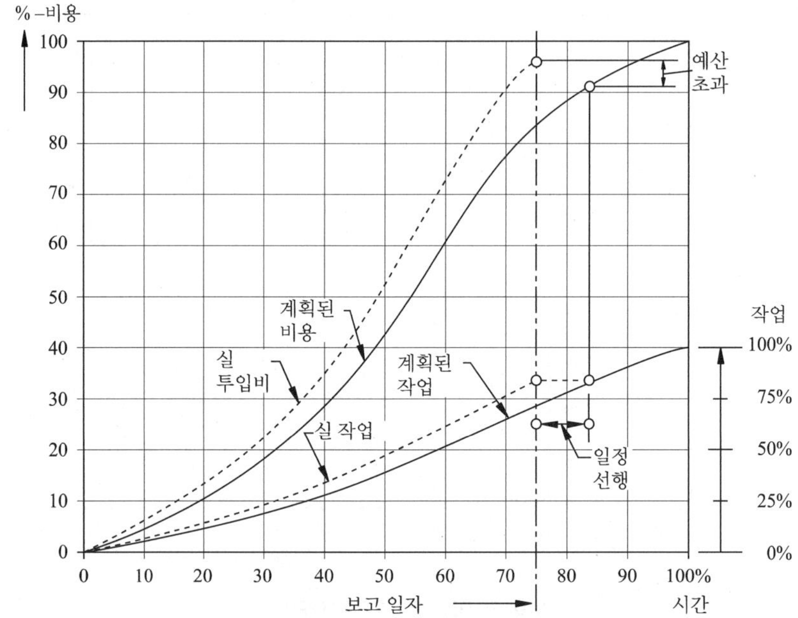

그림 9-10d 예산 초과 및 일정 선행

통합된 비용/일정/작업 그래프는 전체 프로젝트의 현황에 대한 요약 수준 보고서를 제공한다. 하위 레벨 그래프, 즉 콘크리트 건물만이, 전체 프로젝트의 일부분 현황을 평가할 수 있는 준비가 가능하다. 따라서 다중 그래프는 프로젝트의 복잡성과 프로젝트관리자가 원하는 통제관리 수준에 따라 작성할 수 있다.

통합된 비용/일정/작업 방법은 일반적으로 설계 작업이 완료율로 측정되기 때문에 설계 작업을 추적하는데 특히 유용하다. 예를 들어, 25%의 설계가 완료되면 설계 검토가 진행될 수 있다. 건축 설계 작업의 경우 설계가 설계 성과의 40%를 나타내고 작업의 60%가 도면의 개발을 나타낼 수 있다(참조 표 7-1 및 9-5). 또한 설계 원가는 설계 시간 또는 CADD 시간으로 측정되는 경우도 있다.

예제 9-1

다음 데이터는 프로젝트 설계 팀의 여러 분야에서 공동으로 작성한 정보를 나타낸다. 이 데이터는 설계 단계에서 예상되는 계획 원가와 작업을 나타낸다. 프로젝트에 대한 통합된 계획 원가/시간/작업 그래프를 준비해야 한다.

예측 시간	예상 비용	계획 작업
0%	0%	0%
10%	5%	5%
20%	15%	10%
30%	20%	20%
40%	30%	30%
50%	45%	40%
60%	65%	50%
70%	80%	70%
80%	90%	80%
90%	95%	90%
100%	100%	100%

현황 보고서가 프로젝트 기간의 70%에서 발행되었다고 가정하고 다음 시나리오에 대한 프로젝트의 현황 보고서를 평가한다. 각 시나리오에 대하여 프로젝트가 일정보다 늦거나 앞서 있는지 여부를 결정한다. 비용이 초과사용 되거나 미달 사용될 경우, 그렇다면 얼마나 많은 비용이 소요되는가? 네 가지 시나리오에 대한 그래픽 평가가 요약표 다음에 표시되어 있다.

시나리오	프로젝트 기간의 70%에 대한 현황 보고서
A	지금까지 보고된 비용은 55%이며, 완성된 작업은 40%로 보고된다.
B	지금까지 보고된 비용은 75%이며, 완성된 작업은 50%로 보고된다.
C	지금까지 보고된 비용은 95%이며, 완성된 작업은 70%로 보고된다.
D	지금까지 보고된 비용은 85%이며, 완성된 작업은 80%로 보고된다.

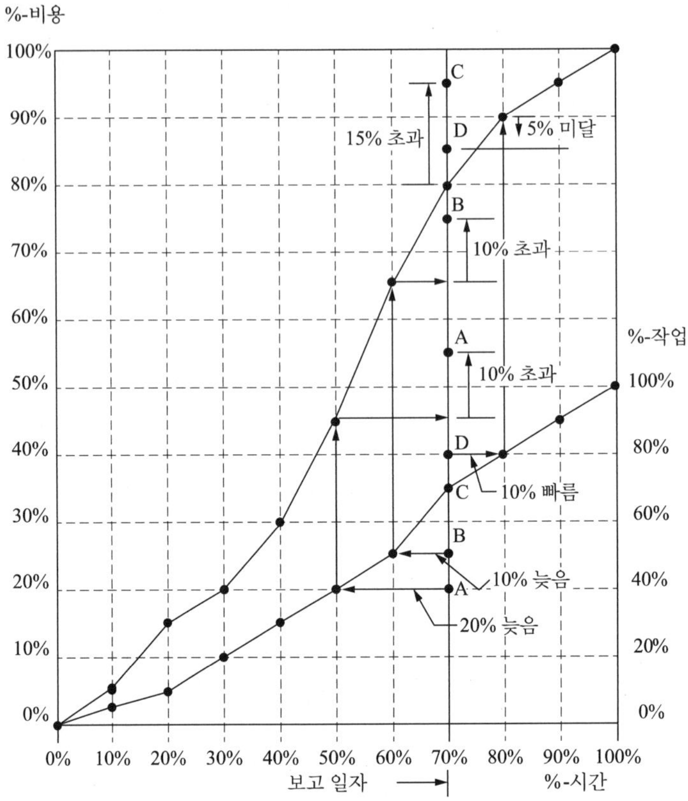

시나리오	일정	비용
A	20% 늦음	10% 초과
B	10% 늦음	10% 초과
C	일정 준수	15% 초과
D	10% 빠름	5% 미달

백분율 완료 매트릭스 방법

프로젝트의 전반적인 상태를 결정하는 아주 간단한 방법은 백분율 완료 매트릭스 방법이다. 모든 규모의 프로젝트에 사용할 수 있으며, 작업 패키지에서 즉시 사용할 수 있는 최소한의 정보만 요구된다. 전체에 걸쳐 있는 상태는 프로젝트의 각 작업 패키지에 대한 예산을 기준으로 백분율 완료 매트릭스로 측정할 수 있다. 예산은 세 가지 변수 중 하나로 측정할 수 있다: 비용, 작업시간 또는 물리적 작업량. 이 방법을 설명하기 위해, 다음 단락에서 비용만 사용된다; 하지만 이 방법은 작업시간이나 물리적 작업량에도 쉽게 적용할 수 있다. 프로젝트관리자가 프로젝트의 상태를 결정하기 위해 세 가지 방법을 모두 사용하고자 하는 경우가 있을 수 있다.

백분율 완료 매트릭스 방법은 각 작업 패키지에 대한 예상 비용과 완료율의 두 가지 입력 변수만 요구된다. 스프레드시트는 주어진 영역에 대한 작업 패키지의 6가지 정보를 포함하는 소형 마이크로컴퓨터에서 개발할 수 있다(그림 9-11 참조). 스프레드시트의 수식은 각 작업 패키지에 대해 입력된 "견적 비용"을 기반으로 "백분율 단위" 및 "백분율 프로젝트"를 계산한다. 마찬가지로 스프레드시트의 수식은 두 번째 입력 변수인 "완료율" 입력을 기반으로 "현재까지 비용" 및 "프로젝트 완료율"을 계산한다.

그림 9-12는 5개 건물로 구성된 프로젝트의 백분율 완료 매트릭스 방법을 보여주는 스프레드시트이다. 각 건물은 4가지 요약 수준 구성요소로 정의된다: 기초/구조, 기계/전기, 마감/가구 및 특수 장비. 각 건물의 "총비용"과 "프로젝트의 비율"은 스프레드시트의 오른쪽 두 열에 표시된다. 프로젝트 모든 빌딩의 총 비용은 총 프로젝트 예산인 $240,000를 나타낸다. 스프레드시트의 수식은 프로젝트의 각 구성요소의 "총비용"을 계산한다. 예를 들어, $81,000는 모든 구조 작업에 대한 예산 비용을 나타낸다.

각 빌딩의 요약 수준 구성요소에는 그림 9-11에서 설명한 작업 패키지의 6가지 정보가 들어 있다. 예를 들어 Building A 구조의 작업 패키지는 A 빌딩의 30%를 차지하는 $15,000이며, 총 프로젝트 예산의 $240,000의 6%를 나타낸다. A 스프레드시트의 70% 입력이 완료되면 수식은 10,500달러의 "현재까지 비용"을 계산하고 4%라는 전체 프로젝트의 완료율을 자동으로 계산한다. 프로젝트 상태를 얻는 데 필요한 유일한 항목은 그림 9-12에서 설명한 스프레드시트의 밑줄로 강조 표시된 항목인 "%-완료"의 셀이다.

매트릭스의 각 작업 패키지에 대한 항목이 만들어지므로 프로젝트의 각 구성요소에 대한 총 값은 스프레드시트의 맨 아래에서 계산된다. 예를 들어, 구조 작업 제목 아래의 수직 열에 있는 모든 "현재까지 비용" 값은 전체 프로젝트의 10%를 나타내는 $24,550이다. 마찬가지로 스프레드시트의 수식은 하단 수평 행에 있는 각 구성요소의 총 비용 값을 합하여 전체 프로젝트 비용을 30,750달러로 계산한다. 이는 전체 프로젝트의 13%를 나타낸다. 이 비율은 이전 섹션에서 논의된 통합된 비용/시간/작업 그래프의 평가에 사용될 수 있다.

작업 패키지	
견적 비용* 완료율* 현재까지 비용	백분율 단위 백분율 프로젝트 %-프로젝트 완료
스프레드시트 수식	
견적으로부터 입력* 사용자별 변수 입력* 완료율 × 견적 비용	견적 비용 / 총 단가 견적 비용 / 총 프로젝트 비용 현재까지 비용 / 총 프로젝트 비용

* 사용자별 필수 입력 데이터

그림 9-11 **% 완료 매트릭스에 대한 작업 패키지 정보 및 스프레드시트 수식**

	기초/구조		기계/전기		마감/가구		특수 장비			
	견적 비용	백분율 단위	견적 비용	백분율 단위	견적 비용	백분율 단위	견적 비용	백분율 단위		
	완료율	백분율 프로젝트	완료율	백분율 프로젝트	완료율	백분율 프로젝트	완료율	백분율 프로젝트		
시설	현재까지 비용	%-완료 전체	현재까지 비용	%-완료 전체	현재까지 비용	%-완료 전체	현재까지 비용	%-완료 전체	총 비용	총 퍼센트
빌딩 A	$15000	30%	$8000	16%	$10000	20%	$17000	34%	$50000	21%
	70%	6%	35%	3%	0%	4%	0%	7%		
	$10500	4%	$2800	1%	$0	0%	$0	0%		
빌딩 B	$25000	28%	$9000	10%	$23000	26%	$33000	37%	$90000	38%
	10%	10%	0%	4%	0%	10%	0%	14%		
	$2500	1%	$0	0%	$0	0%	$0	0%		
빌딩 C	$8000	40%	$3000	15%	$4000	20%	$5000	25%	$20000	8%
	100%	3%	80%	1%	0%	2%	0%	2%		
	$8000	3%	$2400	1%	$0	0%	$0	0%		
빌딩 D	$2000	20%	$1000	1%	$0	0%	$7000	70%	$10000	4%
	100%	1%	100%	0%	0%	0%	0%	3%		
	$2000	1%	$1000	0%	$0	0%	$0	0%		
빌딩 E	$31000	44%	$18000	26%	$21000	30%	$0	0%	$70000	29%
	5%	13%	0%	8%	0%	9%	0%	0%		
	$1550	1%	$0	0%	$0	0%	$0	0%		
합산 견적과 %-프로젝트	$81000	34%	$39000	16%	$58000	24%	$62000	26%	$240000	100%
현재까지 합산비용과 합산 %-완료	$24550	10%	$6200	3%	$0	0%	$0	0%	$30750	13%

그림 9-12 **프로젝트에 대한 백분율 완료 매트릭스**

설계의 진도 측정

설계 진행 중 진도 측정 방법의 주요 목표는 (1) 프로젝트 실행을 위한 현실적인 계획 수립 시 프로젝트관리 지원, (2) 프로젝트관리자 및 고객에게 프로젝트 성과의 일관된 분석 제공, (3) 조기 경보 시스템을 제공하여 프로젝트 계획 및 범위 확장으로부터의 편차를 식별하는 것이다.

도면 목록 및 시방서 목록은 설계 작업의 일반적인 결과물이다. 하지만 일부 프로젝트의 경우 추가 성과물이 있을 수 있다. 예를 들어, 공정 산업의 프로젝트에 대한 성과물에는 일반적으로 설비 목록과 장비 목록이 포함된다. 때때로 긴 리드타임 설비 구매조달 또는 특수 자재 구매조달이 설계 계약에 포함된다. 이러한 상황에서 구매조달 활동 목록은 설계 성과 결과물의 일부가 된다.

단일 활동의 완료율은 대개 네 가지 시스템 중 하나로 결정할 수 있다: 단위 완료, 증분 마일스톤, 시작/종료 백분율 또는 비율. 단위 완료 방법은 시방서의 각 부분이 동일한 노력을 기울인 것으로 간주될 수 있는 경우, 규격 작성에 적합할 수 있다. 작업 측정은 완료된 시방서 수를 생산할 시방서의 총 수로 나누어 계산한 백분율로 결정할 수 있다.

증분 마일스톤 방법은 손쉽게 인식할 수 있는 마일스톤으로 구성된 생산 도면 또는 구매조달 활동을 측정하는데 적합하다. 다음 비율은 생산 도면 및 구매조달 개발을 위한 생산 측정의 전형적인 예이다.

생산 도면	
도면작업 시작	0%
도면 작성되었으며, 확인되지 않음	20%
도면 사무실 확인 완료	30%
승인을 위해 발주자에게	70%
1차 발행	95%
최종 발행	100%
구매조달	
입찰자 목록 개발	5%
조사 문서 완료	10%
입찰가 분석	20%
계약체결	25%
공급업체 도면 제출	45%
공급업체 도면 승인	50%
장비 선적	90%
장비 취득	100%

시작/종료 비율 방법은 중간 단계를 쉽게 정의할 수 없는 활동에 적용할 수 있으며, 요구되는 노력과 시간을 예측하기 어렵다. 이러한 작업의 경우 활동이 시작될 때 20%～50%가 주어지고 완료되면 100%가 주어진다. 백분율은 크레딧이 제공되지 않을 때 시작과 종료 사이의 오랜 시간을 설명하며 시작하기 위하여 할당된다. 이 방법은 계획, 설계, 모델 구축 및 연구와 같은 작업에 적합하다. 또한 시방서 작성에 사용될 수 있다.

비율 방법은 프로젝트 기간 동안 관련된 프로젝트관리 또는 프로젝트 통제관리와 같은 작업에 적용할 수 있다. 이러한 작업에는 특정한 최종 제품이 없으며, 일부 생산 방법보다는 대량 할당을 기준으로 견적되고 예산이 책정된다. 시작/종료 방법에 적합한 작업에도 사용할 수 있다. 어느 시점에서든 완료되는 백분율은 현재까지 소비된 시간(또는 비용)을 완료시 현재 시간(또는 비용)으로 나눈 값으로 확인된다.

백분율 완료는 위에서 설명한 방법들 중 하나에 의해 결정될 수 있다. 실적 진도(Earned-Value: EV) 기법을 사용하여 전체 작업 상태를 요약할 수 있다. 통제 대상 품목의 실적 진도는 다음과 같다.

$$\text{근로시간} = (\text{예산 책정된 근무시간}) \times (\text{완료율})$$

예산 책정된 작업시간은 기존 예산과 승인된 변경 내용을 합친 예산과 동일하다.

프로젝트 또는 작업 패키지의 전체 완료율은 다음과 같이 계산할 수 있다.

$$\text{완료율} = \frac{\text{포함된 작업의 실적 근무시간 합계}}{\text{포함된 작업의 예산 책정된 근무시간 합계}}$$

경향은 CPI(Cost Performance Index) 및 SPI(Schedule Performance Index)와 같은 다양한 지표를 통해 추적할 수 있다. CPI는 업무시간에 소요되는 근무시간 수를 예산 책정된 시간과 비교하여 제공하며, 생산성 지표이다. CPI의 식은 다음과 같다.

$$\text{CPI} = \frac{\text{포함된 작업의 실적 근무시간 합계}}{\text{포함된 작업의 예산 책정된 근무시간 합계}}$$

위의 내용이 생산성의 진정한 지표가 되기 위해서는 예산이 수립된 작업만 합산에 포함되어야 한다. 어떤 이유로든 항목에 대한 예산이 없고 사람들이 해당 항목을 작업하고 있다면 프로젝트관리자는 범위가 다른 작업에 대한 변경 순서를 준비해야 한다. 비슷한 성격의 후속 프로젝트에 대한 정확한 기록을 확립하기 위해 모든 실제 작업시간을 적절히 보고해야 한다.

SPI는 수행된 작업량을 일정 시점까지 예정된 작업량과 연관시킨다. SPI에 대한 식은 다음과 같다.

$$\text{SPI} = \frac{\text{현재까지 실적 근무시간 합계}}{\text{현재까지 예정된 근무시간 합계}}$$

위의 식에서 예정된 근무시간은 작업 일정에서 요약된다.

CPI 및 SPI 식 모두에서 1.0 이상의 지수가 유리하다. 추세는 "이 기간"과 "누적된" CPI 및 SPI 값을 모두 그래프에 그려보면 알 수 있다. 전체 프로젝트 또는 작업 패키지의 SPI는 일정 실행의 지수 중 일부이지만 수행된 작업량과 예정된 작업량을 비교한다. 관리자가 주공정선 활동을 희생하여 비주공정성 활동에 노력을 기울이는 경우 마일스톤 및 최종 완료 날짜를 충족시키지 못할 위험에 처할 수 있는 1.0을 초과하는 SPI가 있을 수 있다. SPI는 작업이 올바른 순서로 완료되고 있음을 보여주지 않는다. 따라서 일정 관리의 일환으로 각 작업 패키지에 포함된 모든 작업의 일정을 정기적으로 검사하여 일정보다 늦은 항목을 식별하고 일정에 맞게 다시 수행할 수 있도록 해야 한다.

시공 작업의 측정

건설 프로젝트는 최종 펀치 목록 및 마무리를 통한 초기 정리 및 현장 작업을 시작으로 수많은 작업을 완료해야 한다. 프로젝트가 진행되는 동안 프로젝트의 각 부분의 작업 진행 상황에 대한 체계적인 보고가 있어야 한다. 다음 단락에서는 시공 중 진행 상황을 측정하는 6가지 방법을 설명한다. 완료 단위, 증분 마일스톤, 시작/종료, 감독자 의견, 비용 비율 및 가중치 단위. 선택되는 시스템은 프로젝트의 성격과 복잡성 및 프로젝트관리자가 원하는 통제관리의 수준에 따라 달라진다. 주어진 프로젝트에서 6가지 방법 각각을 사용할 수 있다.

미국 국방부와 에너지부(Department of Defense and Energy Department)는 선정된 연방 프로젝트를 통제관리하기 위한 비용 및 일정 관리 시스템 기준(C/SCSC)을 수립했다. 주로 고가의 비용 상환이 가능한 연구 개발 프로젝트를 위해 고안되었지만 일부 건설 프로젝트에 적용될 수 있다. 건설 산업에서 일반적으로 사용되는 프로젝트의 상태를 측정하는 다양한 방법은 C/SCSC에 설명되어 있다.

시공 중 진행 상황을 측정하는 단위 완료 방법은 반복적이며 일정한 노력이 필요한 작업에 적용할 수 있다. 일반적으로 작업은 가장 낮은 수준에 해당하는 통제관리이므로 작업을 정의하는데 필요한 작업 단위는 하나뿐이다. 예를 들어, 와이어 설치에 대한 완료율은 설치된 피트 수를 설치해야 하는 총 피트 수로 나누어 백분율로 결정된다.

증분 마일스톤 방법은 순차적으로 처리해야 하는 하위 작업을 포함하는 작업에 적용할 수 있다. 예를 들어, 산업 시설에 주요 선박을 설치하는 경우 아래와 같은 순차적인 작업이 포함될 수 있다. 모든 하위 작업의 완료는 전체 설치의 특정 비율을 나타내는 마일스톤으로 간주된다. 이 비율은 작업을 수행하는데 예상되는 작업시간을 기반으로 설정될 수 있다.

취득 및 검사	15%
설정 완료	35%
정렬 완료	50%
내부 설치	75%
테스트 완료	90%
발주자 승인	100%

시작/종료 방법은 잘 정의된 중간 마일스톤이 없거나 요구되는 시간을 추정하기 어려운 작업에 적용된다. 예를 들어, 장비의 정렬은 상황에 따라 몇 시간에서 며칠 정도 걸릴 수 있다. 작업자는 작업이 언제 시작되고 언제 완료되는지 알 수 있지만 그 사이의 완료 비율을 결코 알 수 없다. 이 방법의 경우 작업 시작 시 완료된 임의의 백분율이 할당되고 완료되면 100% 완료가 할당된다. 장기간이 필요한 작업에는 20%에서 30%의 시작 백분율을 할당할 수 있으며, 짧은 기간 동안의 작업에는 0%를 할당할 수 있다.

감독자 의견 방법은 더 개별적인 방법의 개발을 사용할 수 없는 건설 지원시설과 같은 중대하지 않은 소규모 작업에 사용될 수 있는 주관적인 접근 방식이다.

비용 비율 방법은 프로젝트관리, 품질 보증, 계약 관리 또는 프로젝트 통제와 같은 경영관리 업무에 적용된다. 이러한 작업은 오랜 시간이 소요되거나 프로젝트 기간 동안 계속된다. 일반적으로 이러한 작업은 측정 가능한 양의 생산 작업보다는 총액 달러 및 근무시간으로 견적되고 예산이 책정된다. 이 방법의 경우 완료 백분율은 다음 식으로 계산할 수 있다.

$$\text{백분율 완료} = \frac{\text{현재까지 실제 비용 또는 근무시간}}{\text{완료 시 예측}}$$

가중치	하부작업	단위/측정	총 수량	동등한 강재 톤	현재까지 수량	실적 톤*
0.02	기초 볼트 체결	각각	200	10.4	200	10.4
0.02	심	%	100	10.4	100	10.4
0.05	거푸집 벗겨내기	%	100	26.0	100	26.0
0.06	기둥	각각	84	31.2	74	27.5
0.10	빔	각각	859	52.0	0	0.0
0.11	크로스 버팀대	각각	837	57.2	0	0.0
0.20	깁스와 새그로드	구획	38	104.0	0	0.0
0.09	수직 및 정렬	%	100	46.8	5	2.3
0.30	연결	각각	2977	156.0	74	3.9
0.05	펀치 리스트	%	100	26.0	0	0.0
1.00	계	톤		520.0		80.5

$$* \text{ 현재까지 실적 톤} = \frac{(\text{현재까지 수량})(\text{상대 가중치})}{(\text{총 수량})}$$

$$\text{완료율} = \frac{80.5\text{톤}}{520\text{톤}} = 15.5\%$$

그림 9-13 시공작업 측정을 위한 가중단위법의 예시
(출처: 미국건설산업연구원, 간행물 번호 6-5)

가중치 단위 방법은 장기간 동안 발생하는 주요한 업무와 관련된 작업에 적용된다. 일반적으로 작업에는 서로 다른 작업 단위를 갖는 몇 가지 중복되는 하위 작업이 요구된다. 이 방법은 그림 9-13에 표시된 구조적 강재 예제로 설명된다. 강재에 대한 일반적인 측정 단위는 톤이다. 가중치는 각 하위 작업에 할당되어 견적된 성과 수준을 나타낸다. 근무시간은 일반적으로 요구되는 수준의 성과를 측정하는 좋은 척도이다. 작업량이 각 하위 작업에 대하여 완료되면 이 양을 동등한 톤으로 변환하고 완료 백분율은 그림 9-13에서와 같이 계산된다.

이전 단락에서 설명한 것처럼 프로젝트의 각 작업에 대한 작업 진행 상황을 측정하는 여러 가지 방법이 있다. 다른 업무 작업의 진행 상황을 결정한 후 다음 단계에서는 다른 업무 작업을 결합하여 프로젝트의 전체 완료 비율을 결정하는 방법을 개발하는 것이다. 실적 진도 시스템을 사용하여 전체 프로젝트에 대한 전체 완료율을 정의할 수 있다. 실적 진도는 근무시간 또는 달러로 표시되는 프로젝트 예산과 연계될 수 있다. 단일 계정의 경우 실적 진도는 다음 식으로 계산할 수 있다.

$$\text{실적 진도} = (\text{백분율 완료}) \times (\text{그 계정에 대한 예산})$$

예산 금액은 작업이 완료되면 해당 계정의 총 금액까지 "실적"이 된다. 예를 들어, 계정은 $10,000 및 60작업시간에 예산이 책정될 수 있다. 계정이 이전에 설명한 방법 중 하나에 의해 측정된 바와 같이 25% 완료로 보고되면 실적 진도는 2,500달러 및 15시간으로 정의된다. 따라서 모든 계정의 진행 상황을 작업시간과 달러로 줄일 수 있다. 이 작업시간은 여러 계정을 요약하고 전체 프로젝트의 전반적인 진행 상황을 계산하는 방법을 제공한다. 전체 프로젝트 백분율을 결정하는 식은 다음과 같다.

$$\text{백분율 완료} = \frac{\text{모든 계정의 실적 근무시간/달러}}{\text{모든 계정의 예산 책정된 근무시간/달러}}$$

위에서 논의한 개념은 단일 업무 작업 또는 작업 조합의 완료 비율을 결정하는 시스템을 제공한다. 이것은 계획된 것과 비교하여 작업이 얼마나 잘 진행되고 있는지 결정하기 위한 결과 분석 기준을 제공한다. 실적 진도 시스템은 프로젝트의 성능을 평가하는 방법을 제공한다.

이전의 단락은 예산과 실적 근로시간, 달러를 논의한 것뿐이다. 실제 작업시간과 달러는 프로젝트의 성능 평가를 검토하기 위해서 포함되어야 한다. 다음 정의는 비용 및 일정 성능 평가 절차를 설명하기 위해 제공된다.

- 현재까지 예산이 책정된 업무시간 또는 달러는 계획된 일을 나타낸다. C/SCSC는 이를 집행 예정된 공사비(BCWS)로 정의한다.
- 지금까지의 실적 작업시간이나 달러는 어떤 일을 수행했는지를 나타낸다. C/SCSC는 이를 실집행 물량에 해당하는 공사비(기성)(BCWP)로 정의한다.
- 실제 근무시간 또는 현재까지의 달러는 지출한 금액을 나타낸다. C/SCSC는 이를 실제로 투입된 비용(ACWP)으로 정의한다.

일정에 대한 성과는 계획된 것과 수행된 것을 비교하는 것이다. 즉 예산 및 실적 작업시간의 비교를 위한 것이다. 만약 예산이 초과된 작업시간이 작업시간보다 적으면 계획보다 더 많은 작업이 완료되었으며, 프로젝트가 예정보다 앞서 있음을 의미한다. 그 반대는 프로젝트가 예정보다 늦어지고 있다는 것을 나타낸다.

예산 대비 성과는 수행된 것과 지불된 것을 비교하여 측정된다. 이것은 실적 작업시간과 실제 근무시간 또는 비용을 비교한다. 완료된 것보다 더 많은 돈을 지급하면 프로젝트에 예산이 초과된다. 다음 편차 및 지수 방정식을 사용하여 이러한 값을 계산할 수 있다.

일정 편차(SV: Scheduled Variances)
= (실적 작업시간 또는 달러) − (예산 책정된 작업시간 또는 달러)

$$SV = BCWP - BCWS$$

일정 실행지수(SPI: Schedule Performance Index)

= (현재까지 실적 작업시간 또는 달러)

−(현재까지 예산 책정된 작업시간 또는 달러)

$$SPI = \frac{BCWP}{BCWS}$$

비용 편차(CV: Cost Variances)

= (실적 작업시간 또는 달러)−(실제 작업시간 또는 달러)

$$CV = BCWP - ACWP$$

비용 실행지수(CPI: Cost Performance Index)

= (현재까지 실적 작업시간 또는 달러)

−(현재까지 실제 작업시간 또는 달러)

$$CPI = \frac{BCWP}{ACWP}$$

양의 편차와 1.0 이상의 지수는 우수한 실적이다.

프로젝트 측정 및 통제관리

프로젝트 계획의 목적은 프로젝트를 성공적으로 통제관리하여 예산 및 일정의 제약 내에서 완료를 보장하는 것이다. 시간에 대한 비용(또는 작업시간)을 표시하는 S곡선은 일정 실행을 측정한다. 인력, 자재 및 장비의 프로젝트 요소는 일반적으로 달러 단위로 평가된다. 일정 실행은 이러한 프로젝트 요소가 예산 지출로 발생하는 비율을 나타낸다. 실행 측정은 실적 진도 개념 및 S곡선 분석을 기반으로 한다. 실적 진도 개념은 수행된 작업의 실제 예산 값과 비교되어 예정된 예산 값의 양적 측정 결과를 제공한다.

프로젝트 진행 상황을 측정하면 프로젝트 실행을 위한 현실적인 계획 수립 시 관리업무를 지원하고 프로젝트관리자와 고객에게 프로젝트 성과에 대한 일관된 분석을 제공한다. 진행 측정은 또한 프로젝트 계획 및 범위 확대로부터의 편차를 식별하는 조기 경보 시스템을 제공한다. 엔지니어링 작업을 통제관리하기 위해 도면 목록, 시방서 목록, 설비 목록, 장비 목록, 진행 S곡선 및 작업시간의 히스토그램을 사용하여 프로젝트 상태를 확인하고 지속적인 계획을 수립한다. 프로젝트관리자는 WBS의 여러 수준에 대해 진행 곡선 및 작업시간 히스토그램을 사용할 수 있다.

실적 진도 시스템

실적 진도 시스템은 작업 진행 상황을 모니터하고 계획한 작업과 완료된 작업을 비교하는데 사용된다. BCWS는 프로젝트의 각 기간에 계획되거나 예산 책정된 금액이다. 이는 프로젝트 계획에 따라 비용 분포를 결정하기 위해 CPM 다이어그램에 비용을 로딩하여 결정된다. 프로젝트의 S자 곡선은 BCWS를 나타낸다. ACWP는 프로젝트 기간 중 어느 시점에서든 실제로 사용된 비용이다. 이것은 실제 회계 지출 기록을 유지하는 회계 기록 또는 책임 당사자로부터 결정된다. BCWP는 완료된 작업을 기준으로 한 실적 비용이다. 이것은 완료된 백분율에 작업 예산 금액을 곱하여 결정된다. 다음은 실적 진도 분석에 사용된 용어의 요약이다.

실적 진도 분석 :

BCWS = 작업 일정의 예산 책정된 비용 (계획)
ACWP = 수행된 실제 작업의 비용 (실제)
BCWP = 수행된 실제 작업의 예산 책정된 비용 (실적)

편차 :

CV = BCWP − ACWP (원가 편차 = 실적 − 실제)
SV = BCWP − BCWS (일정 편차 = 실적 − 계획)

지수 :

$$CPI = \frac{BCWP}{ACWP} \quad \left(\text{비용 실행지수} = \frac{\text{실적}}{\text{실제}}\right)$$

$$SPI = \frac{BCWP}{BCWS} \quad \left(\text{일정 실행지수} = \frac{\text{실적}}{\text{계획}}\right)$$

예측 :

$$\text{BAC} = \text{원래 프로젝트 견적 (완료시 예산)}$$

$$\text{ETC} = \frac{\text{BAC} - \text{BCWP}}{\text{CPI}} \text{ (예상 잔여 공사비)}$$

$$\text{EAC} = (\text{ACWP} + \text{ETC}) \text{ (예상 총 공사비)}$$

비율은 프로젝트를 완료하는데 드는 비용을 예측하기 위해 실적 진도 시스템에서 사용된다. CPI는 가능한 비용 초과 또는 미달의 크기를 예측하는데 사용된다. CPI는 과거 실적을 기준으로 예산을 조정한다. SPI는 가능한 일정 진행 또는 지연의 크기를 예측하는데 사용된다. SPI는 과거 실적을 기준으로 일정을 조정한다. 다음 예제는 실적 진도 분석에서 계산과정을 설명한다. 이 예는 프로젝트 성과를 평가하기 위한 실적 진도 시스템을 기반으로 한 결과의 해석과 함께 프로젝트의 점진적 분석을 제공한다.

예제 9-2

부록에 표시된 EPC 프로젝트는 예비비를 제외하고 원래 계획된 일정이 17개월이며, 예산은 3,053,150달러이다(그림 A-3 참조). 부록의 그림 A-10은 프로젝트의 모든 활동에 대한 월간 비용 분배를 보여준다. 비용은 조기 시작, 늦은 시작 및 목표 일정에 따라 표시된다. 목표 일정은 이 실적 진도 분석에서 계획 BCWS 비용으로 사용된다. 아래는 프로젝트의 첫 8개월 동안의 업데이트 보고서이다.

월별 현황보고	계획 (BCWS)	실적 (BCWP)	실제 (ACWP)
1	$3,929	$3,870	$3,968
2	$45,672	$42,932	$44,721
3	$184,904	$162,715	$191,429
4	$315,615	$309,303	$351,481
5	$479,343	$508,103	$523,818
6	$545,863	$556,780	$535,365
7	$667,210	$713,915	$661,032
8	$846,740	$812,870	$719,354

프로젝트에 대한 실적 진도 분석을 수행하십시오. 8개월마다 편차(CV와 SV), 실행지수(CPI와 SPI), 예상 잔여 공사비(ETC)와 예상 총 공사비(EAC)를 계산하여야 한다. 8개월마다 실적 진도 분석을 수행한 후 프로젝트 실행의 추세를 보여주는 그래프를 준비하여야 한다. 수평 방향의 SPI와 수직 방향의 CPI로 그래프를 준비하여야 한다.

1개월차 분석

프로젝트의 첫 번째 달 이후의 현황 보고서에는 다음 내용이 포함된다.
정보:

계획, BCWS = \$3,929
실적, BCWP = \$3,870
실제, ACWP = \$3,968
총 사업예산, BAC = \$3,053,150

비용 및 일정 편차:

$$
\begin{aligned}
\text{비용 편차} &= \text{BCWP} - \text{ACWP} \\
&= \$3,870 - \$3,968 \\
&= -\$98
\end{aligned}
$$

CV의 음수 값은 비용 초과를 나타낸다. 상태 보고서에 따르면 실제 투입 비용은 98달러가 초과 투입된 것이다.

$$
\begin{aligned}
\text{일정 편차} &= \text{BCWP} - \text{BCWS} \\
&= \$3,870 - \$3,929 \\
&= -\$59
\end{aligned}
$$

SV의 음수 값은 일정의 지연을 나타낸다. 프로젝트가 예정된 일정보다 뒤쳐져 있는 것이다.

비용 및 일정 실행:

$$
\begin{aligned}
\text{비용 실행지수, CPI} &= \frac{\text{BCWP}}{\text{ACWP}} \\
&= \frac{\$3,870}{\$3,968} \\
&= 0.97
\end{aligned}
$$

CPI가 1보다 작으면 비용 실적이 좋지 않음을 나타낸다. 실적 진도가 실제 투입비용보다 작게 진행되는 것이다.

$$
\begin{aligned}
\text{일정 실행지수, SPI} &= \frac{\text{BCWP}}{\text{BCWS}} \\
&= \frac{\$3,870}{\$3,929} \\
&= 0.98
\end{aligned}
$$

SPI가 1보다 작으면 일정 실행이 계획보다 좋지 않음을 나타낸다. 프로젝트는 일정이 뒤쳐져 있는 것이다.

완료 시점의 예측 비용:

$$\text{예상 잔여 공사비, ETC} = \frac{(\text{BAC} - \text{BCWP})}{\text{CPI}}$$

$$= \frac{(\$3{,}053{,}150 - \$3{,}870)}{0.97}$$

$$= \$3{,}143{,}588$$

상태 보고서의 분석에 기준하여 프로젝트를 완료하는데 소요되는 나머지 비용은 3,143,588달러이다.

예상 총 공사비, EAC = ACWP + ETC
= $3,968 + $3,143,588
= $3,147,556

상태 보고서의 분석에 기준하여 완료시 프로젝트의 예상 비용은 3,147,556달러이며, 원래 예산인 3,053,150달러에 비해 94,406달러 초과된 것이다.

2개월차 분석

프로젝트의 두 번째 달 이후의 현황 보고서에는 다음 내용이 포함된다.
정보:

계획, BCWS = $45,672
실적, BCWP = $42,932
실제, ACWP = $44,721
총 사업예산, BAC = $3,053,150

비용 및 일정 편차:

비용 편차 = BCWP − ACWP
= $42,932 − $44,721
= −$1,789

CV의 음수 값은 비용 초과를 나타낸다. 상태 보고서에 따르면 실제 투입 비용은 1,789달러가 초과 투입된 것이다.

일정 편차 = BCWP − BCWS
= $42,932 − $45,672
= −$2,740

SV의 음수 값은 일정의 지연을 나타낸다. 프로젝트가 예정된 일정보다 뒤쳐져 있는 것이다.

비용 및 일정 실행:

$$\text{비용 실행지수, CPI} = \frac{\text{BCWP}}{\text{ACWP}} = \frac{\$42{,}932}{\$44{,}721} = 0.96$$

CPI가 1보다 작으면 비용 실적이 좋지 않음을 나타낸다. 실적 진도가 실제 투입비용보다 작게 진행되는 것이다.

$$\text{일정 실행지수, SPI} = \frac{\text{BCWP}}{\text{BCWS}} = \frac{\$42{,}932}{\$45{,}672} = 0.94$$

SPI가 1보다 작으면 일정 실행이 계획보다 좋지 않음을 나타낸다. 프로젝트는 일정이 뒤쳐져 있음을 나타낸다.

완료 시점의 예측 비용:

$$\text{예상 잔여 공사비, ETC} = \frac{(\text{BAC} - \text{BCWP})}{\text{CPI}} = \frac{(\$3{,}053{,}150 - \$42{,}932)}{0.96} = \$3{,}135{,}644$$

상태 보고서의 분석에 기준하여 프로젝트를 완료하는데 소요되는 나머지 비용은 3,135,644달러이다.

$$\text{예상 총 공사비, EAC} = \text{ACWP} + \text{ETC} = \$44{,}721 + \$3{,}135{,}644 = \$3{,}180{,}365$$

상태 보고서의 분석에 기준하여 완료시 프로젝트의 예상 비용은 3,180,365달러이며, 원래 예산인 3,053,150달러에 비해 127,215달러 초과된 것이다.

3개월차 분석

프로젝트의 세 번째 달 이후의 현황 보고서에는 다음 내용이 포함된다.
정보:

계획, BCWS = $184,904
실적, BCWP = $162,715
실제, ACWP = $191,429

총 사업예산, BAC = \$3,053,150

비용 및 일정 편차:

$$\text{비용 편차} = BCWP - ACWP = \$162{,}715 - \$191{,}429 = -\$28{,}714$$

CV의 음수 값은 비용 초과를 나타낸다. 상태 보고서에 따르면 실제 투입 비용은 28,714달러가 초과 투입된 것이다.

$$\text{일정 편차} = BCWP - BCWS = \$162{,}715 - \$184{,}904 = -\$22{,}189$$

SV의 음수 값은 일정의 지연을 나타낸다. 프로젝트가 예정된 일정보다 뒤처져 있는 것이다.

비용 및 일정 실행:

$$\text{비용 실행지수, } CPI = \frac{BCWP}{ACWP} = \frac{\$162{,}715}{\$191{,}429} = 0.85$$

CPI가 1보다 작으면 비용 실적이 좋지 않음을 나타낸다. 실적 진도가 실제 투입비용보다 작게 진행되는 것이다.

$$\text{일정 실행지수, } SPI = \frac{BCWP}{BCWS} = \frac{\$162{,}715}{\$184{,}904} = 0.88$$

SPI가 1보다 작으면 일정 실행이 계획보다 좋지 않음을 나타낸다. 프로젝트는 일정이 뒤처져 있음을 나타낸다.

완료 시점의 예측 비용:

$$\text{예상 잔여 공사비, } ETC = \frac{(BAC - BCWP)}{CPI} = \frac{(\$3{,}053{,}150 - \$162{,}715)}{0.85} = \$3{,}400{,}512$$

상태 보고서의 분석에 기준하여 완료시 프로젝트의 예상 비용은 3,400,512

달러이다.

$$\text{예상 총 공사비, EAC} = \text{ACWP} + \text{ETC} = \$191,429 + \$3,400,512 = \$3,591,941$$

상태 보고서의 분석에 기준하여 완료시 프로젝트의 예상 비용은 3,591,941달러이며, 원래 예산인 3,053,150달러에 비해 538,791달러 초과된 것이다.

4개월차 분석

프로젝트의 네 번째 달 이후의 현황 보고서에는 다음 내용이 포함된다.
정보:

계획, BCWS = \$315,615
실적, BCWP = \$309,303
실제, ACWP = \$351,481
총 사업예산, BAC = \$3,053,150

비용 및 일정 편차:

$$\text{비용 편차} = \text{BCWP} - \text{ACWP} = \$315,615 - \$351,481 = -\$35,866$$

CV의 음수 값은 비용 초과를 나타낸다. 상태 보고서에 따르면 실제 투입 비용은 35,866달러가 초과 투입된 것이다.

$$\text{일정 편차} = \text{BCWP} - \text{BCWS} = \$309,303 - \$315,615 = -\$6,312$$

SV의 음수 값은 일정의 지연을 나타낸다. 프로젝트가 예정된 일정보다 뒤쳐져 있는 것이다.

비용 및 일정 실행:

$$\text{비용 실행지수, CPI} = \frac{\text{BCWP}}{\text{ACWP}} = \frac{\$309,303}{\$351,481} = 0.88$$

CPI가 1보다 작으면 비용 실적이 좋지 않음을 나타낸다. 실적 진도가 실제 투입비용보다 작게 진행되는 것이다.

$$일정\ 실행지수,\ SPI = \frac{BCWP}{BCWS} = \frac{\$309,303}{\$315,615} = 0.98$$

SPI가 1보다 작으면 일정 실행이 계획보다 좋지 않음을 나타낸다. 프로젝트는 일정이 뒤쳐져 있음을 나타낸다.

완료 시점의 예측 비용:

$$예상\ 잔여\ 공사비,\ ETC = \frac{(BAC - BCWP)}{CPI} = \frac{(\$3,053,150 - \$309,303)}{0.88} = \$3,118,008$$

상태 보고서의 분석에 기준하여 완료시 프로젝트의 예상 비용은 3,118,008달러이다.

$$예상\ 총\ 공사비,\ EAC = ACWP + ETC = \$351,181 + \$3,118,008 = \$3,469,489$$

상태 보고서의 분석에 기준하여 완료시 프로젝트의 예상 비용은 3,469,489달러이며, 원래 예산인 3,053,150달러에 비해 416,339달러 초과된 것이다.

5개월차 분석

프로젝트의 다섯 번째 달 이후의 현황 보고서에는 다음 내용이 포함된다.

정보:

계획, BCWS = $479,343
실적, BCWP = $508,103
실제, ACWP = $523,818
총 사업예산, BAC = $3,053,150

비용 및 일정 편차:

$$비용\ 편차 = BCWP - ACWP = \$508,103 - \$523,818 = -\$15,715$$

CV의 음수 값은 비용 초과를 나타낸다. 상태 보고서에 따르면 실제 투입 비용은 15,715달러가 초과 투입된 것이다.

$$\begin{aligned}\text{일정 편차} &= \text{BCWP} - \text{BCWS}\\ &= \$508{,}103 - \$479{,}343\\ &= +\$28{,}760\end{aligned}$$

SV의 양수 값은 좋은 일정 실행을 나타낸다. 프로젝트가 예정된 일정보다 앞서 있는 것이다.

비용 및 일정 실행:

$$\begin{aligned}\text{비용 실행지수, CPI} &= \frac{\text{BCWP}}{\text{ACWP}}\\ &= \frac{\$508{,}103}{\$523{,}818}\\ &= 0.97\end{aligned}$$

CPI가 1보다 작으면 비용 실적이 좋지 않음을 나타낸다. 실적 진도가 실제 투입비용보다 작게 진행되는 것이다.

$$\begin{aligned}\text{일정 실행지수, SPI} &= \frac{\text{BCWP}}{\text{BCWS}}\\ &= \frac{\$508{,}103}{\$479{,}343}\\ &= 1.06\end{aligned}$$

SPI가 1보다 크면 일정 실행이 계획보다 우수함을 나타낸다. 프로젝트는 일정보다 앞서 있는 것이다.

완료 시점의 예측 비용:

$$\begin{aligned}\text{예상 잔여 공사비, ETC} &= \frac{(\text{BAC} - \text{BCWP})}{\text{CPI}}\\ &= \frac{(\$3{,}053{,}150 - \$508{,}103)}{0.97}\\ &= \$2{,}623{,}760\end{aligned}$$

상태 보고서의 분석에 기준하여 완료시 프로젝트의 예상 비용은 2,623,760 달러이다.

$$\begin{aligned}\text{예상 총 공사비, EAC} &= \text{ACWP} + \text{ETC}\\ &= \$523{,}818 + \$2{,}623{,}760\\ &= \$3{,}147{,}578\end{aligned}$$

상태 보고서의 분석에 기준하여 완료시 프로젝트의 예상 비용은 3,147,578 달러이며, 원래 예산인 3,053,150달러에 비해 94,428달러 초과된 것이다.

6개월차 분석

프로젝트의 다섯 번째 달 이후의 현황 보고서에는 다음 내용이 포함된다.
정보:

계획, BCWS = $545,863
실적, BCWP = $556,780
실제, ACWP = $535,365
총 사업예산, BAC = $3,053,150

비용 및 일정 편차:

비용 편차 = BCWP − ACWP
= $556,780 − $535,365
= +$21,415

CV의 양수 값은 좋은 비용 실행을 나타낸다. 상태 보고서에 따르면 실제 투입비용은 21,415달러가 적게 투입된 것이다.

일정 편차 = BCWP − BCWS
= $556,780 − $545,863
= +$10,917

SV의 양수 값은 좋은 일정 실행을 나타낸다. 프로젝트가 예정된 일정보다 앞서 있는 것이다.

비용 및 일정 실행:

$$\text{비용 실행지수, CPI} = \frac{\text{BCWP}}{\text{ACWP}} = \frac{\$556,780}{\$535,365} = 1.04$$

CPI가 1보다 크면 비용 실적이 좋음을 나타낸다. 실적 진도가 실제 투입비용보다 많이 진행되는 것이다.

$$\text{일정 실행지수, SPI} = \frac{\text{BCWP}}{\text{BCWS}} = \frac{\$556,780}{\$545,863} = 1.02$$

SPI가 1보다 크면 일정 실행이 계획보다 우수함을 나타낸다. 프로젝트는 일정보다 앞서 있는 것이다.

완료 시점의 예측 비용:

$$\text{예상 잔여 공사비, ETC} = \frac{(\text{BAC}-\text{BCWP})}{\text{CPI}}$$
$$= \frac{(\$3{,}053{,}150-\$556{,}780)}{1.04}$$
$$= \$2{,}400{,}356$$

상태 보고서의 분석에 기준하여 완료시 프로젝트의 예상 비용은 2,400,356 달러이다.

예상 총 공사비, EAC = ACWP + ETC
= $535,365 + $2,400,356
= $2,935,721

상태 보고서의 분석에 기준하여 완료시 프로젝트의 예상 비용은 2,935,721 달러이며, 원래 예산인 3,053,150달러에 비해 117,429달러 초과된 것이다.

7개월차 분석

프로젝트의 일곱 번째 달 이후의 현황 보고서에는 다음 내용이 포함된다.
정보:

계획, BCWS = $667,210
실적, BCWP = $713,915
실제, ACWP = $661,032
총 사업예산, BAC = $3,053,150

비용 및 일정 편차:

비용 편차 = BCWP − ACWP
= $713,915 − $661,032
= +$52,883

CV의 양수 값은 좋은 비용 실행을 나타낸다. 상태 보고서에 따르면 실제 투입비용은 52,883달러가 적게 투입된 것이다.

일정 편차 = BCWP − BCWS
= $713,915 − $667,210
= +$46,705

SV의 양수 값은 좋은 일정 실행을 나타낸다. 프로젝트가 예정된 일정보다 앞서 있는 것이다.

비용 및 일정 실행:

$$\text{비용 실행지수, CPI} = \frac{\text{BCWP}}{\text{ACWP}} = \frac{\$713{,}915}{\$661{,}032} = 1.08$$

CPI가 1보다 크면 비용 실적이 좋음을 나타낸다. 실적 진도가 실제 투입비용보다 많이 진행되는 것이다.

$$\text{일정 실행지수, SPI} = \frac{\text{BCWP}}{\text{BCWS}} = \frac{\$713{,}915}{\$667{,}210} = 1.07$$

SPI가 1보다 크면 일정 실행이 계획보다 우수함을 나타낸다. 프로젝트는 일정보다 앞서 있는 것이다.

완료 시점의 예측 비용:

$$\text{예상 잔여 공사비, ETC} = \frac{(\text{BAC} - \text{BCWP})}{\text{CPI}} = \frac{(\$3{,}053{,}150 - \$713{,}915)}{1.08} = \$2{,}165{,}958$$

상태 보고서의 분석에 기준하여 완료시 프로젝트의 예상 비용은 2,165,958달러이다.

$$\text{예상 총 공사비, EAC} = \text{ACWP} + \text{ETC} = \$661{,}032 + \$2{,}165{,}958 = \$2{,}826{,}990$$

상태 보고서의 분석에 기준하여 완료시 프로젝트의 예상 비용은 2,826,990달러이며, 원래 예산인 3,053,150달러에 비해 226,160달러 미달된 것이다.

8개월차 분석

프로젝트의 여덟 번째 달 이후의 현황 보고서에는 다음 내용이 포함된다.
정보:

계획, BCWS = $846,740
실적, BCWP = $812,870
실제, ACWP = $719,354

총 사업예산, BAC = $3,053,150

비용 및 일정 편차:

비용 편차 = BCWP − ACWP
= $812,870 − $719,354
= +$93,516

CV의 양수 값은 좋은 비용 실행을 나타낸다. 상태 보고서에 따르면 실제 투입비용은 93,516달러가 적게 투입된 것이다.

일정 편차 = BCWP − BCWS
= $812,870 − $846,740
= −$33,870

SV의 음수 값은 일정의 지연을 나타낸다. 프로젝트가 예정된 일정보다 뒤쳐져 있는 것이다.

비용 및 일정 실행:

$$\text{비용 실행지수, CPI} = \frac{\text{BCWP}}{\text{ACWP}} = \frac{\$812{,}870}{\$719{,}354} = 1.13$$

CPI가 1보다 크면 비용 실적이 좋음을 나타낸다. 실적 진도가 실제 투입비용보다 많이 진행되는 것이다.

$$\text{일정 실행지수, SPI} = \frac{\text{BCWP}}{\text{BCWS}} = \frac{\$812{,}870}{\$846{,}740} = 0.96$$

SPI가 1보다 작으면 일정 실행이 계획보다 좋지 않음을 나타낸다. 프로젝트는 일정보다 뒤쳐져 있는 것이다.

완료 시점의 예측 비용:

$$\text{예상 잔여 공사비, ETC} = \frac{(\text{BAC} - \text{BCWP})}{\text{CPI}} = \frac{(\$3{,}053{,}150 - \$812{,}870)}{1.13} = \$1{,}982{,}549$$

상태 보고서의 분석에 기준하여 완료시 프로젝트의 예상 비용은 1,982,549

달러이다.

$$
\begin{aligned}
\text{예상 총 공사비, EAC} &= \text{ACWP} + \text{ETC} \\
&= \$719{,}354 + \$1{,}982{,}549 \\
&= \$2{,}701{,}903
\end{aligned}
$$

상태 보고서의 분석에 기준하여 완료시 프로젝트의 예상 비용은 2,701,903 달러이며, 원래 예산인 3,053,150달러에 비해 351,247달러 미달된 것이다.

다음은 8개월 동안 얻은 실적 진도에 대한 프로젝트 성과 차트이다.

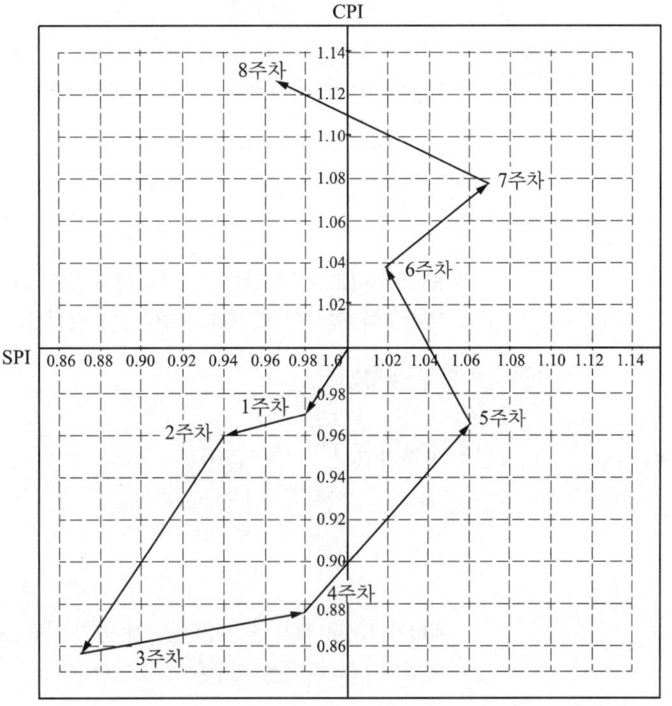

프로젝트 실행 - CPI와 SPI

예제 9-3

그림 8-6에 제시된 하수관로 및 상수관로 프로젝트의 진행 상황을 평가하기 위해 실적 진도 분석을 제공한다. 최초 예산은 147,500달러이며 프로젝트는 94근무일 내에 완료될 예정이다. 프로젝트에 10근무일 이후의 상태 보고서에는 다음 정보가 포함된다.

활동 10, 예정대로 100% 완료, 실제 비용 = 1,500달러
활동 20, 예정대로 100% 완료, 실제 비용 = 2,200달러
활동 30, 예정대로 100% 완료, 실제 비용 = 4,000달러
BCWP = 7,600달러

ACWP = 7,700달러
BCWS = 7,600달러
BAC = 147,500달러

위에 표시된 BCWS 및 BCWP는 원래 계획된 일정에 따라 활동 10, 20 및 30이 모두 완료되었으므로 그림 8-12의 10번째 작업 일에 표시된 값과 같다.

비용 및 일정 편차:

원가 편차, CV = BCWP − ACWP
= 7,600달러 − 7,700달러
= −100달러

CV의 음수 값은 비용 초과를 나타낸다. 상태 보고서에 따르면 실제 투입 비용은 100달러가 초과 투입된 것이다.

일정 편차, SV = BCWP − BCWS
= \$7,600 − \$7,600
= 0

SV가 0이므로 프로젝트는 계획대로 진행되는 것이다. 프로젝트가 예정된 일정보다 앞서지 않거나 늦지 않는 것이다.

비용 및 일정 실행:

$$\text{비용 실행지수, CPI} = \frac{\text{BCWP}}{\text{ACWP}} = \frac{\$7{,}600}{\$7{,}700} = 0.987$$

CPI가 1보다 작으면 비용 실적이 좋지 않음을 나타낸다. 실적 진도가 실제 투입비용보다 작게 진행되는 것이다.

$$\text{일정 실행지수, SPI} = \frac{\text{BCWP}}{\text{BCWS}} = \frac{\$7{,}600}{\$7{,}600} = 1.0$$

SPI는 1.0과 같으며 일정 실행이 계획대로 정확하게 진행 중임을 나타낸다.

완료 시점의 예측 비용:

$$\text{예상 잔여 공사비, ETC} = \frac{(\text{BAC} - \text{BCWP})}{\text{CPI}}$$

$$= \frac{(\$147,500 - \$7,600)}{0.987}$$
$$= \$141,743$$

상태 보고서의 분석에 기준하여 완료시 프로젝트의 예상 비용은 141,743달러이다.

예상 총 공사비, EAC = ACWP + ETC
= $7,700 + $141,743
= $149,443

상태 보고서의 분석에 기준하여 완료시 프로젝트의 예상 비용은 149,443달러이며, 원래 예산인 147,500달러에 비해 1,943달러 초과된 것이다.

예제 9-4

그림 8-6에 표시된 하수관로 및 상수관로 프로젝트의 진행 상황을 평가하기 위해 실적 진도 분석을 제공한다. 최초 예산은 147,500달러이며, 프로젝트는 94근무일 내에 완료될 예정이다. 프로젝트에 20근무일 이후의 상태 보고서에는 다음 정보가 포함된다.

이전 기간 분석:

BCWP = 7,600달러; ACWP = 7,700달러;
BCWS = 7,600달러; BAC = 147,500달러

현재 상태 보고서:

활동 40, 100% 완료, 2일 지연, 실제 비용 = 8,000달러
활동 50, 60% 완료, 2일 지연, 현재까지 비용 = 3,200달러
활동 60, 50% 완료, 순서에 맞지 않게 시작, 현재까지 비용 = 6,300달러
BCWP = 22,720달러
ACWP = 25,200달러
BCWS = 22,400달러
BAC = 147,500달러

활동 40, 50 및 60이 원래 예정된 일정과 다른 시간에 완료되었기 때문에 위에 표시된 BCWS는 그림 8-12의 20일에 표시된 값과 다르다. 위에 표시된 22,400달러의 BCWS는 프로젝트의 업데이트 일정을 기반으로 한다. 또한 BCWP도 업데이트된 일정을 기반으로 한다.

비용 및 일정 편차:

비용 편차, CV = BCWP − ACWP
= 22,720달러 − 25,200달러
= −2,480달러

CV의 음수 값은 비용 초과를 나타낸다. 상태 보고서에 따르면 실제 투입 비용은 2,480달러가 초과 투입된 것이다.

일정 편차, SV = BCWP − BCWS
= 22,720달러 − 22,400달러
= 320달러

실적 진도가 계획보다 빠르기 때문에 SV가 320달러이다. 이는 프로젝트가 일정보다 앞서 있음을 나타낸다.

비용 및 일정 실행:

$$\text{비용 실행지수, CPI} = \frac{\text{BCWP}}{\text{ACWP}} = \frac{\$22{,}720}{\$25{,}200} = 0.90$$

CPI가 1보다 작으면 비용 실적이 좋지 않음을 나타낸다. 실적 진도가 실제 투입비용보다 적게 진행되는 것이다.

$$\text{일정 실행지수, SPI} = \frac{\text{BCWP}}{\text{BCWS}} = \frac{\$22{,}720}{\$22{,}400} = 1.01$$

SPI가 1.0보다 크면 일정 실행이 계획보다 향상되었음을 나타낸다. 프로젝트는 일정보다 앞당겨져 예제 9-3에서 주어진 상태 보고서 보다 약간 더 좋아진 것이다.

완료 시점의 예측 비용:

$$\text{예상 잔여 공사비, ETC} = \frac{(\text{BAC} - \text{BCWP})}{\text{CPI}} = \frac{(\$147{,}500 - \$22{,}720)}{0.90} = \$138{,}644$$

상태 보고서의 분석에 기준하여 완료시 프로젝트의 예상 비용은 138,644 달러이다.

예상 총 공사비, EAC = ACWP + ETC
= \$25,200 + \$138,644
= \$163,844

상태 보고서의 분석에 기준하여 완료시 프로젝트의 예상 비용은 163,844

달러이며, 원래 예산인 147,500달러에 비해 16,344달러 초과된 것이다. 비용 실행은 예제 9-3에 나와 있는 이전 상태 보고서와 비교할 때 현저히 나쁜 것이다.

예제 9-5

그림 8-6에 제시된 하수관로 및 상수관로 프로젝트의 진행 상황을 평가하기 위해 실적 진도 분석을 제공한다. 최초 예산은 147,500달러이며, 프로젝트는 94근무일 내에 완료될 예정이다. 프로젝트에 25근무일 이후의 상태 보고서에는 다음 정보가 포함된다.

이전 기간 분석:

BCWP = 22,720달러; ACWP = 25,200달러;
BCWS = 22,400달러; BAC = 147,500달러

현재 상태 보고서:

활동 50, 100% 완료, 1일 지연, 최종 실제 투입비용 = 6,200달러
활동 60, 100% 완료, 추가적 지연 없음, 최종 실제 투입비용 = 12,600달러
활동 70, 100% 완료, 지연 없음, 실제 투입비용 = 2,100달러
BCWP = 33,000달러
ACWP = 36,600달러(참조: 활동 10-70의 최종 실제 투입비용 포함)
BCWS = 31,740달러
BAC = 147,500달러

비용 및 일정 편차:

비용 편차, CV = BCWP − ACWP
= 33,000달러 − 36,600달러
= −3,600달러

CV의 음수 값은 비용 초과를 나타낸다. 상태 보고서에 따르면 실제 투입비용은 3,600달러가 초과 투입된 것이다.

일정 편차, SV = BCWP − BCWS
= 33,000달러 − 31,740달러
= 1,260달러

SV는 1,260달러이다. 그 이유는 실적 진도가 계획보다 빠르며, 프로젝트가 일정보다 앞당겨졌기 때문이다.

비용 및 일정 실행:

$$\text{비용 실행지수, CPI} = \frac{\text{BCWP}}{\text{ACWP}}$$

$$= \frac{\$33,000}{\$36,600}$$
$$= 0.90$$

CPI가 1보다 작으면 비용 실적이 좋지 않음을 나타낸다. 실적 진도가 이 보고기간의 실제 투입비용보다 적게 진행되는 것이다.

일정 실행지수, $SPI = \frac{BCWP}{BCWS}$
$$= \frac{\$33,000}{\$31,740}$$
$$= 1.04$$

SPI가 1.0보다 크면 일정 실행이 계획보다 향상되었음을 나타낸다. 프로젝트는 일정보다 앞당겨져 예제 9-4에서 주어진 상태 보고서 보다 나아진 것이다.

완료 시점의 예측 비용:

예상 잔여 공사비, $ETC = \frac{(BAC - BCWP)}{CPI}$
$$= \frac{(\$147,500 - \$33,000)}{0.90}$$
$$= \$127,222$$

상태 보고서의 분석에 기준하여 완료시 프로젝트의 예상 비용은 127,222달러이다.

예상 총 공사비, $EAC = ACWP + ETC$
$$= \$36,600 + \$127,222$$
$$= \$163,822$$

상태 보고서의 분석에 기준하여 완료시 프로젝트의 예상 비용은 163,822달러이며, 원래 예산인 147,500달러에 비해 16,322달러 초과된 것이다. 일정 실행은 예제 9-4에 제공된 이전 상태 보고서와 거의 같다.

예제 9-6

그림 8-6에 표시된 하수관로 및 상수관로 프로젝트의 진행 상황을 평가하기 위해 실적 진도 분석을 제공한다. 최초 예산은 147,500달러이며, 프로젝트는 94근무일 내에 완료될 예정이다. 프로젝트에 70근무일 이후의 상태 보고서에는 다음 정보가 포함된다.

이전 기간 분석:

BCWP = 33,000달러; ACWP = 36,600달러;
BCWS = 31,740달러; BAC = 147,500달러

현재 상태 보고서:

활동 80, 100% 완료, 실제 투입비용 = 14,000달러
활동 90, 100% 완료, 실제 투입비용 = 800달러
활동 100, 100% 완료, 실제 투입비용 = 1,400달러
활동 110, 100% 완료, 실제 투입비용 = 5,000달러
활동 130, 100% 완료, 실제 투입비용 = 4,500달러
활동 140, 20% 완료, 실제 투입비용 = 680달러
활동 160, 30% 완료, 실제 투입비용 = 2,100달러
BCWP = 56,830달러
ACWP = 65,080달러
BCWS = 102,800달러
BAC = 147,500달러

비용 및 일정 편차:

비용 편차, CV = BCWP − ACWP
= 56,830달러 − 65,080달러
= −8,250달러

CV의 음수 값은 비용 초과를 나타낸다. 상태 보고서에 따르면 실제 투입 비용은 8,250달러가 초과 투입된 것이다.

일정 편차, SV = BCWP − BCWS
= 56,830달러 − 102,800달러
= −45,970달러

SV는 −45,970달러 값이다. 그 이유는 실적 진도가 계획보다 많았기 때문에 프로젝트가 일정보다 훨씬 늦었다는 의미이다.

비용 및 일정 실행:

$$\text{비용 실행지수, CPI} = \frac{\text{BCWP}}{\text{ACWP}} = \frac{\$56,830}{\$65,080} = 0.87$$

CPI가 1보다 작으면 비용 실적이 좋지 않음을 나타낸다. 실적 진도가 이 보고기간의 실제 투입비용보다 적게 진행되는 것이다.

$$\text{일정 실행지수, SPI} = \frac{\text{BCWP}}{\text{BCWS}} = \frac{\$56,830}{\$102,800}$$

$$= 0.55$$

SPI가 1.0보다 작으면 일정 실행이 계획보다 현저히 저하되었음을 나타낸다. 프로젝트는 일정보다 늦어지면 프로젝트가 계획보다 훨씬 늦게 완료됨을 나타낸다.

완료 시점의 예측 비용:

$$\text{예상 잔여 공사비, ETC} = \frac{(\text{BAC} - \text{BCWP})}{\text{CPI}}$$
$$= \frac{(\$147{,}500 - \$56{,}830)}{0.87}$$
$$= \$104{,}218$$

상태 보고서의 분석에 기준하여 프로젝트를 완료하는데 소요되는 잔여비용은 104,218달러이다.

$$\text{예상 총 공사비, EAC} = \text{ACWP} + \text{ETC}$$
$$= \$65{,}080 + \$104{,}218$$
$$= \$169{,}298$$

상태 보고서의 분석에 기준하여 완료시 프로젝트의 예상 비용은 169,298달러이며, 원래 예산인 147,500달러에 비해 21,798달러 초과된 것이다. 이 프로젝트는 상당한 비용 초과가 예상된다.

프로젝트 실행 모니터링

CPI 및 SPI는 프로젝트의 진행 상황에 대한 양을 측정하여 제공한다. 1.0보다 큰 CPI 또는 SPI 값은 좋은 프로젝트 실행을 나타내는 반면 CPI 또는 SPI 값이 1.0 미만이면 프로젝트 실행이 좋지 않음을 나타낸다. 이러한 지표 값은 그림 9-14와 같이 그래프로 그려져 일상보고 기간 동안 프로젝트 실행을 평가할 수 있다.

그림 9-14와 같이 프로젝트는 CPI와 SPI가 1.0인 것으로 시작한다. 프로젝트는 비용 및 일정에 영향을 줄 수 있는 이벤트로 인해 본질적으로 역동적이다. 따라서 프로젝트가 주 단위로 진행됨에 따라 이러한 실행 지수는 이 초기 시작점 0에서 벗어날 것으로 예상된다. 프로젝트관리자는 CPI 및 SPI의 미세한 변화에 지나치게 반응해서는 안 된다. 예를 들어, 프로젝트의 첫 2주 동안은 프로젝트의 초기 진행 과정에서 예상되는 실행 지수의 작은 변화를 보여주고 있다.

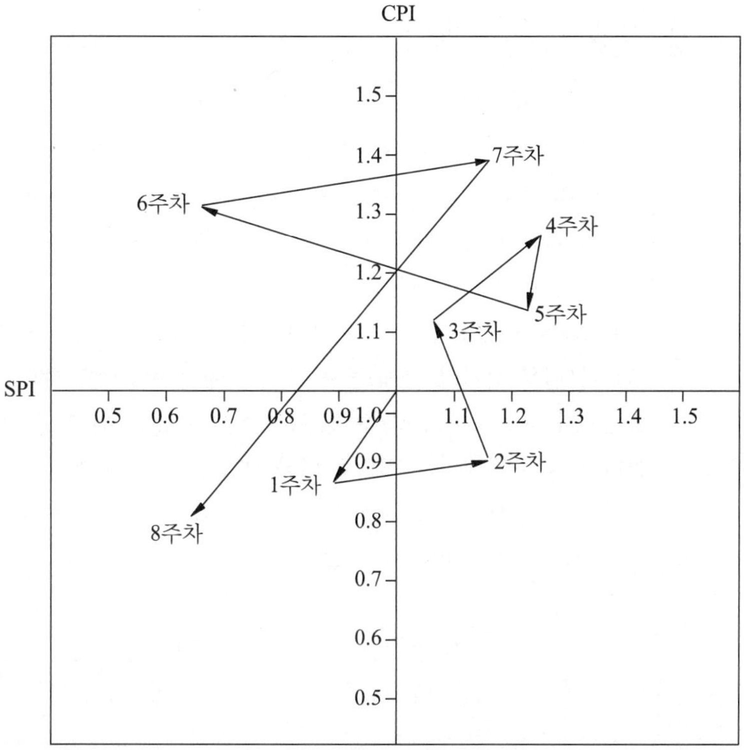

그림 9-14 프로젝트 실행 모니터링 – CPI 및 SPI

사소한 편차가 예상되지만 한 보고 기간에서 다음 보고 기간으로의 주요 편차는 프로젝트관리자에게 프로젝트 실행의 중요한 변경 이유를 조사하도록 경고해준다. 예를 들어, 7주에서 8주 사이의 보고는 프로젝트 실행이 좋지 않은 경우에 대한 극적인 변화를 보여준다. 이 유형의 보고는 프로젝트관리자가 프로젝트에서 발생한 일과 프로젝트 실행이 급격히 변화된 이유를 파악할 수 있게 팀 구성원을 유도하도록 주의를 기울이는데 도움이 된다.

CPI 및 SPI 추세가 부진한 실적으로 나아가고 있다면 우려할 필요가 있다. 예를 들어, 2주에서 4주까지 프로젝트 실행 추세는 좋은 방향으로 나아간다. 하지만 프로젝트의 중요한 변경사항은 6, 7, 8주 동안 나타난다.

따라서 프로젝트관리자는 프로젝트의 변경사항에 지속적으로 주의를 기울여야 한다. CPI와 SPI는 프로젝트관리자가 프로젝트를 성공적으로 완료하기 위해 올바른 방향으로 움직이고 있는지 확인하도록 작업 진행 상황을 모니터링 하는데 요구되는 정보를 제공한다.

실행 지수의 해석

그림 9-14의 그래프는 프로젝트관리자가 진행 보고서를 기반으로 프로젝트 성과를 모니터링 하는데 유용한 도구이다. 이것은 계획된 비용이 실제 지출 및 수행된 작업과 비교하여 얼마나 잘 진행되는지 측정하도록 해준다. 값 사이에 편차가 발생하기 때문에 몇 가지 해석을 할 수 있다.

1.0보다 큰 SPI 값은 프로젝트가 일정보다 앞서 있음을 나타낸다. 원래의 생산속도가 너무 늦거나 실제 근로 조건이 원래 예상했던 것보다 좋다면 프로젝트는 예상보다 빠르게 진행될 수 있다. 예상보다 많은 인력이 투입될 수 있으며, 일정보다 앞당겨 진행되는 것으로 나타난다. 1.0 미만의 SPI 값은 프로젝트가 예정보다 늦는다는 것을 나타낸다. 프로젝트는 기후 및 인력 부족 또는 무질서한 작업으로 인해 일정이 지연될 수 있다.

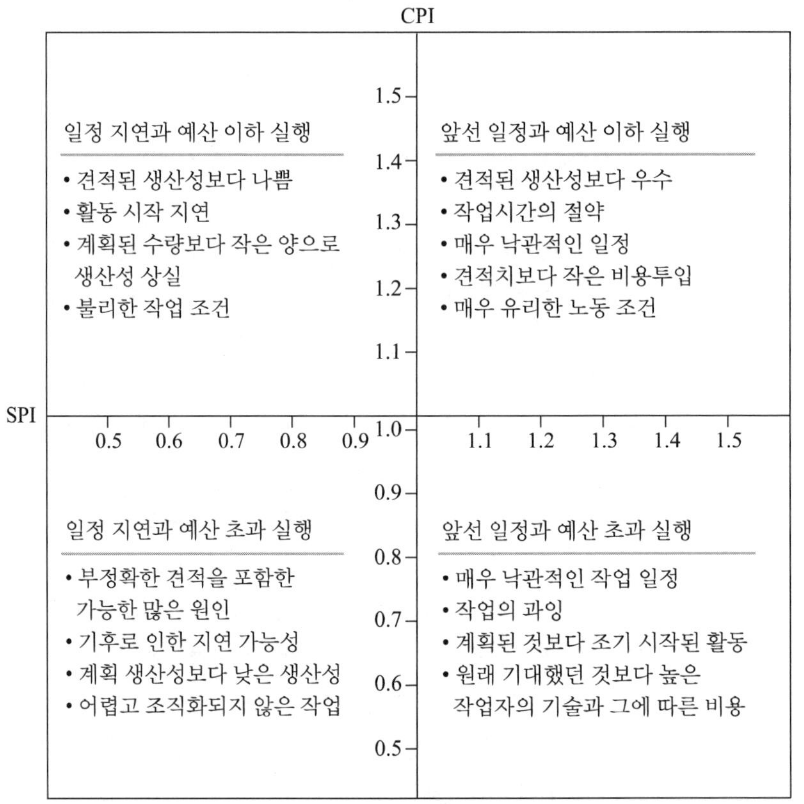

그림 9-15 비용 실행지수(CPI)와 일정 실행지수(SPI)의 해석

CPI가 1.0보다 큰 경우:
- 요구되는 성과의 양이 과대견적 되었음.
- 완료율 측정결과가 너무 낙관적임.
- 계획된 생산성보다 좋음.

CPI가 1.0 미만인 경우:
- 요구되는 성과의 양이 과소견적 되었음.
- 완료율 측정결과가 너무 비관적임.
- 계획된 생산성보다 나쁨.

SPI가 1.0보다 큰 경우:
- 사전에 작업이 시작되었거나 논리적 제약 조건에서 순서를 벗어나 작업이 진행되었음.
- 계획된 생산성보다 뛰어나므로 활동이 조기에 완료됨.
- 주공정 활동의 작업.

SPI가 1.0 미만인 경우:
- 인력부족 또는 설비부족 활동.
- 활동 시작이 지연되었음.
- 작업이 계획된 것보다 어렵게 진행됨.
- 부적절한 활동 순서.
- 작업이 조직화되지 못함.

그림 9-16 CPI 및 SPI의 해석

CPI 값이 1.0을 초과하면 프로젝트 비용 실행이 우수한 것이다. 실제 생산성이 계획보다 좋거나 측정된 작업 완료율이 아주 높으면 양호한 비용 성과가 보고될 수 있다. CPI 값이 1.0 미만이면 비용 성능이 좋지 않음을 나타내며, 이는 계획된 생산성보다 낮거나 완료된 작업의 측정된 비율을 과소평가한 결과일 수 있다.

프로젝트관리자는 프로젝트 실행 지수의 의미에 대한 더 나은 해석을 제공하기 위해 팀원으로부터 정보를 찾아야 한다. 그림 9-15 및 9-16은 CPI 및 SPI 데이터에 대한 추가 해석을 제공한다.

총 여유(TF) 및 일정 실행지수(SPI) 분석 트리

총 여유는 프로젝트의 여유 시간을 나타내는 척도이며 SPI는 일정 실행 측정값이다. 단일 CPM 선행 다이어그램에서 총 여유가 0인 활동은 중요 이벤트로 식별되며 이러한 활동은 프로젝트 일정에서 주공정 경로를 형성한다. 하지만 후속작업/

선행작업 활동 제한 조건을 사용하면 주공정 경로의 활동에 대해 0보다 큰 총 여유가 발생할 수 있다. 또한 0 이외의 총 여유 값은 종종 실제 시작 및 종료가 도입될 때 일정에서 업데이트된 결과이다.

일정에 대한 이해는 활동에 특정 일정표 시작 또는 종료 날짜가 주어질 때 더욱 복잡해질 수 있다. 이로 인해 주공정 경로의 활동에 대해 0보다 크거나 작은 총 여유가 발생할 수 있다. 예를 들어, 스케줄러는 특정 날짜에 시작 또는 종료할 활동을 지정하고 특정 날짜보다 조기 시작하거나 끝내거나 특정 날짜보다 늦게 시작하거나 끝내는 것과 같은 활동에 대해 특정 시간을 지정할 수 있다.

모든 프로젝트에서 SPI는 1.0보다 크거나 작거나 같을 수 있다. 1.0보다 큰 값은 실행이 좋고 1.0보다 작은 값은 실행이 좋지 않음을 나타낸다. 따라서 프로젝트관리자의 프로젝트 성과 분석은 다양한 총 여유 및 일정 실행 지수로 인해 복잡하다. 그림 9-17은 SPI에 대한 총 여유 평가를 위한 분석 트리이다.

TF	SPI	분석
TF > 0	SPI > 1.0	주공정이 일정보다 앞섬; 계획보다 더 많은 작업이 완료되고 있음.
	SPI = 1.0	주공정이 일정보다 앞섬; 비주공정 활동에 대한 작업 부족
	SPI < 1.0	주공정이 일정보다 앞섬; 비주공정 활동에 대한 작업의 중대한 부족
TF = 0	SPI > 1.0	일정에 따른 주공정; 계획보다 비주공정 활동에 대한 더 많은 작업이 수행되고 있음
	SPI = 1.0	일정에 따른 주공정; 더 많은 작업량이 계획대로 수행되고 있음
	SPI < 1.0	일정에 따른 주공정; 비주공정 활동에 대한 작업 부족
TF < 0	SPI > 1.0	일정보다 늦은 주공정 활동; 총 작업량이 계획보다 많으므로 비주공정 활동에 초과적 주의를 기울여야 하는 것을 의미함.
	SPI = 1.0	일정보다 늦은 주공정 활동; 총 작업량이 계획대로 완료되고 있어 비주공정 활동에 더욱 많은 관심을 기울여야 하는 것을 의미함.
	SPI < 1.0	일정보다 늦은 주공정 활동; 총 작업량이 계획보다 적어 전체적인 노력이 요구됨.

그림 9-17 총 여유와 일정 실행지수에 대한 분석 트리

비용/일정 차이의 원인

실적 진도 시스템은 원 프로젝트 계획에 대한 비용 및 일정 편차의 크기를 식별하는 것이다. 하지만 문제의 원인을 확인하지는 않는다. 프로젝트관리자와 팀은 각 상태 보고서를 평가하여 프로젝트가 계획대로 진행되지 않는 이유를 확인해야 한다. 문제는 수많은 상황의 결과일 수 있다.

원래 비용 견적은 실적 진도 분석의 BAC이다. 따라서 프로젝트의 원래 비용 견적이 정확하지 않은 경우 프로젝트 실행 중 모든 진행 측정값이 부정확한 예산에 대해 측정된다. 한 보고 기간과 다른 보고 기간의 현실적인 비교를 제공하기 위해 작업 비용을 기록하는 시스템이 일정해야 한다.

또한 완료된 작업 측정 방법은 한 보고 기간에서 다른 보고 기간에 일관되게 적용되어야 한다. 그렇지 않으면 작업의 예측 상태가 크게 달라진다. 각 프로젝트는 실적 진도 시스템을 사용하여 프로젝트를 관리하기 위해 프로젝트에 적용되는 고유한 상황과 조건에 따라 평가되어야 한다. 다음은 비용 또는 일정이 원래 프로젝트 계획과 다를 수 있는 원인 항목의 목록이다.

- 견적 오류
- 설계 오류
- 시공성
- 관리 문제
- 개인 기술 수준
- 조직 구조
- 자재 납품 지연
- 열악한 생산 속도
- 불가항력 (기후, 화재, 홍수 등)
- 기술적 문제
- 테스트 데이터 문제
- 설비 문제
- 범위 통제관리 (변경 지시)
- 자원 가용성
- 경제/인플레이션
- 설비 납품 지연
- 외주 업체 간섭 및 지연
- 시공 중 사고

추세 분석 및 예측

앞 절에서는 계획 및 실제 비용, 일정 및 작업 성취도를 측정하는 방법을 제시하였다. 프로젝트 제어 시스템이 효율적이기 위해서는 프로젝트의 시작부터 정보를

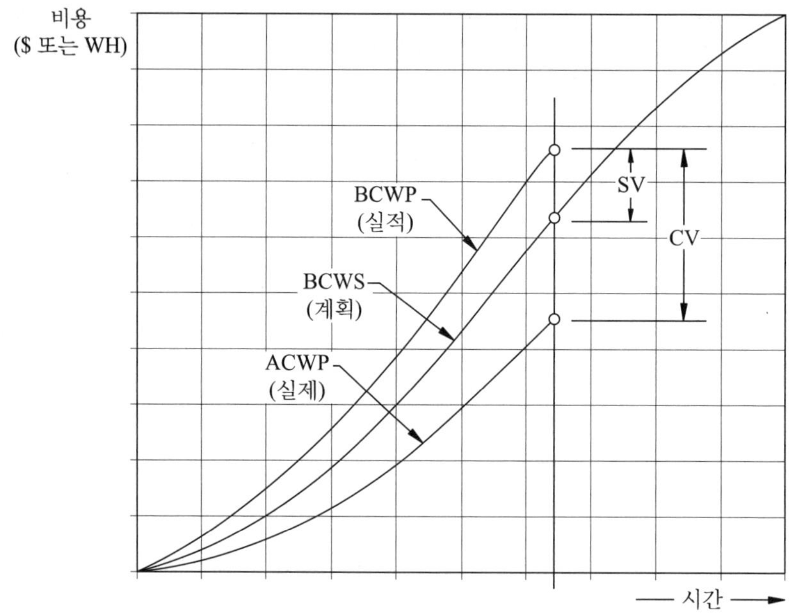

그림 9-18 비용 및 일정 변동 그래프

정기적으로 수집하고 기록해야 한다. 각 보고 기간에 실제 상태를 계획된 상태와 비교하여야만 요구되는 수정 조치를 취할 수 있다. 정보가 누적되면서 추세 분석을 수행하여 생산성 및 비용, 일정의 차이를 평가할 수 있다. 그림 9-18은 특정 진행보고 기간에 일정, 비용 및 시간 차이를 그래픽으로 표시한 것이다.

일정 상태의 시각적 표시는 바차트 표현에 가장 잘 나타난다. 그림 9-19에는 관리 수준에 대한 요약 수준 보고를 위한 우수한 형식의 샘플이 나와 있다.

프로젝트관리자는 실제 생산성이 프로젝트 계획 및 예산 견적에 사용된 생산성과 어떻게 비교되는지 항상 알고자 한다. 생산성 계산에 대한 업계 표준은 없지만 다음 공식은 생산성의 일반적인 표현이다.

$$\text{생산성 지수} = \frac{\text{견적된 단위 요율}}{\text{실제 단위 요율}}$$

이 식은 측정 가능한 작업 단위가 있는 작업의 생산성 계산에 유효하다. 생산성 지수 값이 1.0 이상이면 바람직하지만, 1.0 미만이면 바람직하지 않다. 이 방정식은 각 보고 기간의 작업 생산성을 계산하는데 사용할 수 있다. 그림 9-20과 같이 시간에 따른 생산성을 플로팅하여 주요 기능 작업에 대한 생산성 프로파일을 생성할 수 있다. 그래프의 가로 좌표는 시간 대신에 완료율을 사용할 수 있다.

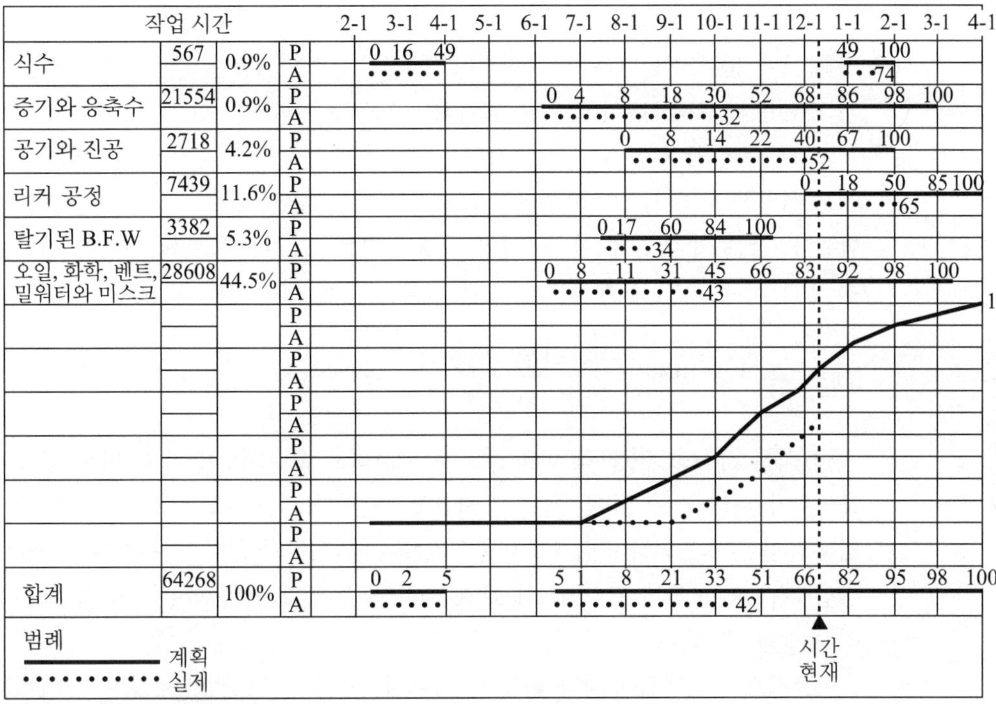

그림 9-19 **관리를 위한 요약 수준 보고서의 예**
(출처: 미국건설산업연구원, 간행물 번호 6-5)

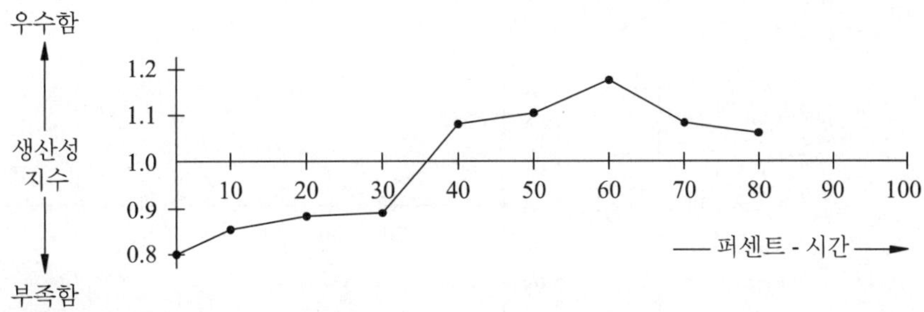

그림 9-20 **작업자 생산성 변화**

그림 9-20에서 볼 수 있듯이 생산성은 프로젝트의 수명에 따라 다르다. 사소한 변화는 일반적이며, 프로젝트 작업의 특성에 인한 것으로 예측된다. 중요한 변화는 문제의 원인을 확인하고 필요한 시정 조치를 지원하기 위한 관리의 집중을 정당화한다는 것이다. 문제는 작업자의 기술이나 사기 저하, 직원 부족, 자재 지연, 사용할 수 없는 도구 또는 설비, 부적절한 교육, 악천후, 기술적 어려움 또는 빈약

한 현장 감독으로 인한 것일 수 있다. 생산성 지수에는 예상 단위 요율이 포함되기 때문에 문제의 원인은 초기 견적치가 좋지 않아 발생할 수 있다. 생산성 지수의 추세는 프로젝트관리를 위한 효과적인 도구를 제공한다.

프로젝트에 참여한 거의 모든 사람들이 비용에 관심을 가지고 있다. 이전 섹션에서 설명한 것처럼 작업 계획에는 프로젝트 기간 동안 예상되는 비용 배분이 포함된다. 각 보고 기간에 현재까지의 실제 원가를 그 기간의 계획 원가와 비교할 수 있다. 비용 비율은 아래에 정의된 실제 비용에 대한 견적 비용의 비율이다.

$$\text{비용 비율} = \frac{\text{견적된 비용}}{\text{실제 비용}}$$

이 식은 각 보고 기간의 비용 비율을 계산하고 프로젝트에 대한 비용 경향을 보여주기 위해 시간 대비 계산 시 사용할 수 있다(그림 9-21 참조). 1.0 이상의 비용 비율은 바람직하지만, 1.0 미만의 값은 바람직하지 않다. 비용 비율은 작업, 작업 그룹 또는 전체 프로젝트에 대해 계산할 수 있다. 비슷한 분석이 일정에 대해 수행될 수 있다.

프로젝트가 진행됨에 따라 비용 비율 추세는 완료시 발생할 수 있는 총 비용을 예측하기 위한 지표로 사용할 수 있다. 마찬가지로 프로젝트의 예상 완료 날짜를 예측하기 위한 지표 변동 경향을 개발할 수 있다. 비용 및 일정 예측은 다양한 곡선 정합 기술 중 하나를 사용하여 수행할 수 있다. 그런 다음 데이터를 외삽하여 최적 곡선을 생성하면 추세가 미래 날짜로 확장될 수 있다.

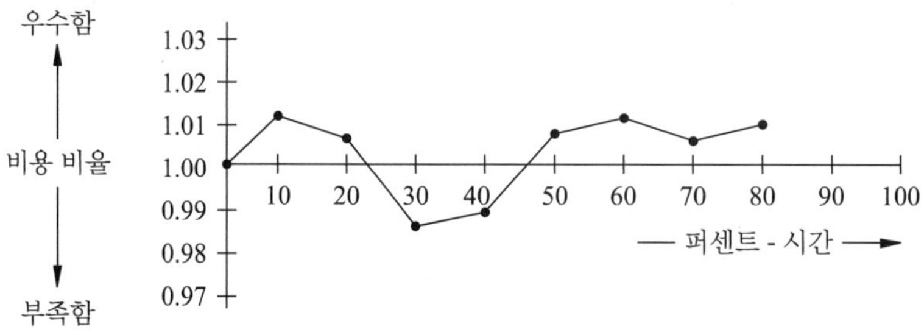

그림 9-21 비용 비율의 변화

작업 상태 시스템

앞에서 설명한 원가 및 일정 관리 시스템 기준(C/SCSC)은 프로젝트의 원가 및 일정 관리에 효과적인 방법이다. 이것은 잘 정의된 WBS와 상세한 프로젝트 일정이 요구된다. 비용 및 일정 데이터가 적시에 보고되는 경우에만 효과적이다. 일부 엔지니어링 설계의 경우 프로젝트를 완료하는데 요구되는 총 시간이 짧다. 따라서 비용 데이터가 보고되기 전에 프로젝트가 실질적으로 완료될 수 있다. 일부 프로젝트관리자에게는 C/SCSC 방법이 복잡하고 사용하기 어려울 수 있다.

일부 프로젝트관리자가 엔지니어링 설계 작업을 추적하기 위해 선호하는 다른 방법은 비용 및 근무시간을 추적하는 작업 상태 시스템이다. 그림 9-22는 비용 상태 보고서이며, 그림 9-23은 프로젝트 추적을 위한 작업 상태 시스템 방법을 보여

예제 클라이언트
예제 보일러 교체
예제 프로젝트 위치
예제 클라이언트 프로젝트 번호
비용 현황 보고서
2016년 7월 20일 기준

설명	A	B	C	D =A+B+C	E	F	G =E+F	H	I =G/D
	원래 예산	변경지시에 의한 승인	그로스 (Growth)	원래 프로젝트 견적	마지막 기간 비용 누적	이 기간 비용	현재까지 비용	예상 총 공사비	완료율
	비용	비용	비용	비용	비용	비용	비용	비용	%
직접 엔지니어링									
건축	$9,799		$2,900	$12,699	$0	$0	$0	$12,699	0.0%
토목	$4,055		$3,674	$7,729	$217	$1,366	$1,583	$7,729	20.5%
전기	$17,203		$2,929	$20,132	$1,327	$529	$1,856	$20,132	9.2%
기계	$44,330		$1,324	$45,654	$7,207	$2,999	$10,206	$45,654	22.4%
구조	$11,278		$14,086	$25,364	$159	$0	$159	$25,364	0.6%
소계	$86,665	$0	$24,913	$111,578	$8,910	$4,894	$13,804	$111,578	12.4%
간접 엔지니어링									
프로젝트관리자	$23,412	$12,606		$36,018	$5,794	$1,921	$7,715	$36,018	21.4%
스케줄러	$0	$18,552		$18,552	$3,667	$1,245	$4,912	$18,552	26.5%
사무	$0	$3,530		$3,530	$529	$462	$991	$3,530	28.1%
소계	$23,412	$34,688	$0	$58,100	$9,990	$3,628	$13,618	$58,100	23.4%
경비									
CADD 경비	$9,100			$9,100		$80	$80	$9,100	0.9%
출장	$1,200			$1,200		$33	$33	$1,200	2.8%
우편요금	$300			$300		$0	$0	$300	0.0%
재생산	$400			$400		$0	$0	$400	0.0%
소계	$11,000	$0	$0	$11,000	$0	$113	$113	$11,000	1.0%
합계	$121,077	$34,688	$24,913	$180,678	$18,900	$8,635	$27,535	$180,678	15.2%

그림 9-22 비용 상태 보고서

주는 작업시간 상태 보고서이다. 이 예에서 프로젝트는 직접 엔지니어링, 간접 엔지니어링 및 경비의 세 가지 일반적인 범주로 나뉜다. 직접 엔지니어링 카테고리는 다음과 같이 세분화 된다; 건축, 토목, 전기, 기계 및 구조와 같은 업무를 수행하는데 요구되는 분야. 마찬가지로 간접 엔지니어링 및 경비에 요구되는 주요 작업은 그림 9-22 및 9-23과 같이 세분화 된다.

비용 및 근무시간 데이터는 컴퓨터 스프레드시트 프로그램에 입력되어 프로젝트 상태를 계산한다. 열 맨 위에 있는 제목은 스프레드시트의 항목을 식별한다. 첫 번째 열(A)은 원래 승인된 프로젝트 예산을 나타내고 두 번째 열(B)은 승인된 변경 주문이며, 세 번째 열(C)은 작업 완료에 요구되는 예산 증가를 나타낸다. 열(D)은 프로젝트 완료시 계산된 총 예산이며, 스프레드시트에서 처음 세 열의 데이터 합계로 계산된다.

열 (E), (F) 및 (G)는 열의 맨 위에 있는 제목에 의해 정의된 예산의 누적, 현재 및 최근 지출을 나타낸다. 프로젝트 완료율은 “현재까지의 비용”을 “완료시 비용”으로 나누어 계산한다.

예제 클라이언트
예제 보일러 교체
예제 프로젝트 위치
예제 클라이언트 프로젝트 번호
비용 현황 보고서
2016년 7월 20일 기준

설명	A	B	C	D =A+B+C	E	F	G =E+F	H	I =G/D
	원래 예산	변경지시에 의한 승인	그로스 (Growth)	원래 프로젝트 견적	마지막 기간 비용 누적	이 기간 비용	현재까지 비용	예상 총 공사비	완료율
	작업시간	작업시간	작업시간	작업시간	작업시간	작업시간	작업시간	작업시간	%
직접 엔지니어링									
건축	240		104	344	0.0	0.0	0.0	344.0	0.0%
토목	100		94	194	4.0	35.0	39.0	194.0	20.1%
전기	324		70	394	25.0	13.0	38.0	394.0	9.6%
기계	828		42	870	135.0	53.0	188.0	870.0	21.6%
구조	200		352	552	3.0	0.0	3.0	552.0	0.5%
소계	1,692	0	662	2,354	167.0	101.0	268.0	2,354.0	11.4%
간접 엔지니어링									
프로젝트관리자	390	210		600	120.0	32.0	152.0	600.0	25.3%
스케줄러	0	400		400	79.0	26.5	105.5	400.0	26.4%
사무	0	150		150	24.0	22.0	46.0	150.0	30.7%
소계	390	760	0	1,150	223.0	81.0	304.0	1,150.0	26.4%
경비									
CADD 기계 시간	961			961			0.0	961.0	0.0%
소계	961	0	0	961	0.0	8.0	0.0	961.0	0.0%
합계	3,043	760	662	4,465	390.0	189.5	571.5	4,465.0	12.8%

그림 9-23 근무시간 현황 보고서

프로젝트 인력의 각 분류마다 임금이 다르기 때문에 비용과 근무시간을 별도로 보고해야 한다. 또한 각 분야마다 다른 임금 수준이 있다. 따라서 프로젝트의 상태는 작업시간 또는 비용만을 보고 정확하게 결정할 수 없다. 둘 다 보고하고 분석해야 한다.

References

1. "Cost and Schedule Control Systems Criteria for Contract Performance," DOE/MA-0087, U.S. Department of Energy, Washington, D.C., 1980.
2. Diekmann, J. E. and Thresh, K. B., *Project Control for Design Engineering*, Source Document No. 12, Construction Industry Institute, Austin, TX, May 1986.
3. Eldin, N. N., "Measurement of Work Progress: Quantitative Technique," *Journal of Construction Engineering and Management*, ASCE, Reston, VA, Vol. 115, No. 3, September 1991.
4. Elmore, R. L. and Sullivan, D. C., "Project Control Through Work Packaging Concepts," *Transactions of the American Association of Cost Engineers*, Morgantown, WV, 1976.
5. Fleming, Q. W. and Koppelman, J. M., *Earned Value Project Management*, Project Management Institute, Newtown Square, PA, 1996.
6. Geigrich, D. B. and Schlunt, R. J., *Progress Schedule Tracking System*, PMI Symposium, Project Management Institute, Newtown Square, PA, 1984.
7. Halpin, D. W., Escalona, A. L., and Szmiurlo, P. M., *Work Packaging for Project Control*, Source Document No. 28, Construction Industry Institute, Austin, TX, August 1987.
8. Harris, F. W., *Advanced Project Management*, Wiley, New York, NY, 1981.
9. Hetland, P. W., "Toward Ultimate Control of Megaprojects in the North Sea," *Global Project Management Handbook*, McGraw-Hill, New York, NY, 1994.
10. Huot, J. C., "Integration of Cost and Time with the Work Breakdown Structure," *Transactions of the American Association of Cost Engineers*, Morgantown, WV, 1979.
11. Mueller, F. W., *Integrated Cost and Schedule Control for Construction Projects*, Van Nostrand Reinhold Company, New York, NY, 1986.
12. Neil, J. N., *Construction Cost Estimating for Project Control*, Prentice-Hall,

Englewood Cliffs, New Jersey, 1982.

13. Neil, J. N., *Project Control for Engineering*, Publication No. 6-1, Construction Industry Institute, Austin, TX, July 1986.
14. Neil, J. N., *Project Control for Construction*, Publication No. 6-5, Construction Industry Institute, Austin, TX, September 1987.
15. Neil, J. N., "A System for Integrated Project Management," *Proceedings Conference on Current Practice of Cost Estimating and Cost Control*, ASCE, Reston, VA, 1983.
16. Oberlender, G. D., "Real-Time Project Tracking, Excellence in the Constructed Project," *Proceedings of Construction Congress I*, ASCE, Reston, VA, 1989.
17. Rasdorf, W. J. and Abudayyeh, O. Y., "Cost and Schedule Control Integration: Issues and Needs," *Journal of Construction Engineering and Management*, ASCE, Reston, VA, Vol. 117 No. 3, September 1991.
18. Riggs, L. S., *Cost and Schedule Control in Industrial Construction*, Source Document No. 24, Construction Industry Institute, Austin, TX, December 1986.
19. Stevens, W. M., "Cost Control: Integrated Cost/Schedule Performance," *Journal of Management in Engineering*, ASCE, Reston, VA, Vol. 2, No. 2, June 1986. 09.

10
Chapter

설계 조정

설계 작업 계획

설계 프로세스를 효과적으로 조정하려면 설계 팀의 리더가 작업 계획을 수립해야 한다. 설계 작업 계획은 7장에서 논의된 설계 제안서 준비 중에 개발되어야 한다. 6장에서 제시된 대로, 모든 작업 계획은 작업 수행을 위한 범위, 예산 및 일정을 포함해야 한다. 설계 작업 계획은 다양한 설계 분야에서 수행할 작업을 통합하고 인터페이싱 하기 위한 기초가 된다. 이 계획은 또한 설계 노력의 범위, 비용 및 일정을 모니터링하기 위한 기준을 형성한다.

설계의 경우, 작업 범위는 설계 작업의 각 분야에 대한 설계 산출물, 도면 및 시방서를 정의한다. 설계비용은 일반적으로 비용(달러)이 아닌 근무시간으로 측정된다. 일반적으로 마일스톤 바차트는 설계 작업 패키지를 일정수립 하는데 사용된다. 하지만 대규모 프로젝트의 경우 CPM 일정을 권장한다.

설계 팀 리더는 모든 근거 자료를 검토한 후 설계 결과물, 도면 및 시방서를 작성하는데 필요한 다양한 작업 패키지를 정의하는 작업분류체계(WBS: Work Breakdown Structure)를 개발한다. 그런 다음 건축, 토목, 구조, 전기 및 기계를 포함한 각 분야별 작업 패키지에 설계 시간 수를 할당한다. 그리고 다음으로 설계 작업 패키지를 위한 마일스톤 바차트가 개발된다. 마일스톤 바차트는 막대형 차트의 각 작업에 작업시간 수를 할당하여 8장에 제시된 대로 비용이 분배된다. 비용 분배된 바차트의 출력은 대개 설계과정에서 프로젝트를 모니터링하고 조정하기 위해 매주 단위로 산출된다. 그런 다음 9장에 제시된 간단한 실적 진도 분석을 설계 프로세스 중에 매주 수행할 수 있다. 각 작업에 대하여 예산 배정된 설계 시간의 백분율을 곱함으로써 실적 진도를 결정할 수 있다. 실적 진도는 설계 프로세스의 성과를 측정하기 위해 작업에 청구된 실제 설계시간 및 계획된 설계시간과 비교될 수 있다.

설계 관리에 있어 공통적 문제들

설계 프로젝트는 제한된 정보로 시작되며 설계 제안서에서 승인된 정보만으로 프로젝트의 설계 단계를 관리하는 것은 어렵다. 범위가 잘 정의되어 있지 않거나, 예산이 범위에 묶여 있지 않을 수 있다. 그리고 일정은 시작일과 종료일만으로 구성되며, 중간 마일스톤 날짜가 몇 개 있을 수 있다. 이러한 모든 쟁점들은 설계 담당 프로젝트관리자에게 문제를 초래하게 한다. 설계 프로젝트관리자의 공통적인 불만사항에는 다음이 포함된다.

- 프로젝트 범위가 잘 정의되어 있지 않음
- 프로젝트의 시작부터 끝까지 너무 많은 확장
- 프로젝트 예산이 범위와 연동되지 않음
- 작업량의 불일치, 너무 바쁘거나 할 일이 없을 수 있음
- 너무 많은 프로젝트를 동시에 처리하려고 시도함
- 한 프로젝트에서 다른 프로젝트로 우선순위 이동
- 부족한 의사소통, 오해, 너무 많은 재작업
- 기업이 프로젝트를 처리할 수 있도록 조직되어 있지 않음
- 프로젝트를 처리할 시스템이 없음
- 전체적이고 이해 가능한 작업 계획이 없음

계약 문서의 작성

여러 가지 설계를 평가하고 계약 문서를 작성하기 위한 컴퓨터의 도입은 과거의 전통적인 수작업으로는 불가능했던 수많은 설계 대안을 평가할 수 있는 기회를 제공한다. 하지만 컴퓨터를 과도하게 사용하면 과잉 설계, 중복 작성 및 과잉 도면작성이 발생할 수 있다. 예를 들어 하나 이상의 시뮬레이션을 실행하려는 프로세스 엔지니어 또는 유압 엔지니어, 다른 부하 검사를 위해 하나 이상의 컴퓨터를 실행하려는 구조 엔지니어가 있을 수 있다. 또 하나의 예는 다른 변경이 있을 경우 도면이 어떻게 보이는지 확인하고자 하는 CADD 운영자 또는 시방서 작성자가 계약 문서에 새 섹션을 잘라내어 붙여넣기를 계속하는 것을 포함한다. 때로는 과도한 시뮬레이션, 과잉 설계 또는 중복 작성 작업으로 인해 계약 문서에 오류가 발생할 수 있다.

리드 설계자는 과도한 청구 시간 없이 작업이 진행되도록 설계 성과를 모니터링하는 시스템을 개발해야 하지만 시공자가 시공 중에 작업을 수행할 수 있도록 적절하게 정의된 계획과 시방서를 작성하여야 한다. 이것은 오류로 가득 차 있고 시공성이 부족한 미적가치 중심의 도면에 대한 시공자의 불만을 줄일 수 있다.

설계중의 범위 증가

일부 설계자는 변경사항이 프로젝트의 비용 및 일정에 미치는 영향과 상관없이 고객을 만족시키기 위해 설계 중에 변경하는 경향이 있다. 변경사항은 프로젝트 개발 또는 범위 확장으로 목록화 할 수 있다. 프로젝트 개발은 현재 정의된 범위를 수용하는데 요구되는 변경사항과 관련된다. 범위 확장은 프로젝트의 원래 범위, 즉 설계 프로세스를 시작하기 전에 승인된 범위를 변경하는 수정과 관련이 있다.

모든 설계 성과를 위해서는 범위 확장을 통제관리하는 프로세스가 있어야 한다. 발주자와 엔지니어는 모두 범위와 변경 통제관리를 위해 최선을 다해야 한다. 발주자는 개념 설계 단계 이후에 프로젝트 범위 고정에 대해 심각하게 생각해야 한다. 제안된 모든 변경사항은 비용 및 일정에 대한 영향과 다른 활동에 대한 결과적인 영향을 고려한 공식 검토 및 승인 프로세스를 거쳐야 한다. 설계 중 변경사항을 승인하는 권한은 제한되어야 한다.

발주자와 설계자는 변경 관리 철학 및 계획에 동의해야 한다. 예를 들어, 어떤 조건에서 변경사항을 고려해야 합니까? 효과가 없다면? 법적으로 영향을 미치는 경우? 환경적 영향이 있는 경우? 변경사항의 제안이 있을 때 다음과 같은 질문에 대한 답변이 있어야 한다. 변화는 가치를 더하는가? 그리고 변화는 필요한가? 고정 범위에 대한 "늦어도 언제까지"라는 날짜는 발주자와 엔지니어가 합의해야 한다.

개념 설계 단계 이후에 프로젝트 범위를 확정하는 것이 성공적인 프로젝트관리를 위한 최선의 방법이지만, 일부 프로젝트에서는 발주자는 매우 경쟁적인 시장에서 목적물을 생산해야 한다는 점을 인식해야 한다. 경쟁이 치열한 시장 환경에서 발주자는 완성된 프로젝트의 기능에 가장 적합하도록 설계 기간 및 시공 과정에서도 프로젝트 범위를 수정할 수 있는 유연성을 원할 수 있다. 이러한 유형의 상황에서 설계 팀의 작업은 더 복잡하며, 범위 변경의 모든 영향을 발주자에게 알리기 위해 특별한 노력을 기울여야 한다. 범위 변경을 위한 엔지니어링 및 공사비는 완료된 시설의 수익, 운영 및 유지보수를 포함하여 발주자의 향후 재정적 이익에 대해 평가해야 한다.

프로젝트 예산에는 범위 변경에 대한 예비비와 범위 확장에 대한 관리 준비금이 포함되어야 한다. 제안된 변경사항은 이에 영향을 받을 수 있는 모든 전문분야 관리자 또는 기타 관련자에게 전달되어야 한다. 그런 다음 관련된 관리자는 변경사항이 실행되는 경우 비용 및 일정의 영향을 결정하고 보고해야 한다. 위의 영향이 발주자의 대표, 엔지니어링 관리자 및 프로젝트관리자에 의해 검토되고 승인될 때까지 작업을 계속해서는 안 된다. 일단 변경이 승인되면 변경의 이유를 변경사항에 영향을 받는 사람들에게 전달하는 것이 중요하다.

소규모 프로젝트관리

소규모 프로젝트의 프로젝트관리자는 여러 프로젝트에 대하여 동시책임을 갖는 것이 일반적이다. 문제는 어느 한 프로젝트의 관리가 아니다. 문제는 프로젝트관리자가 각 프로젝트에 요구되는 주의를 기울일 수 있는 능력인데, 이는 일정과 자원 통제관리를 복잡하게 만든다. 소규모 프로젝트의 경우 최소한의 조직구성원을 사용할 수 있으므로 프로젝트관리자는 다른 프로젝트관리자와 자원을 공유해야 한다. 즉, 프로젝트에 할당된 소수의 설계 팀 구성원들이 여러 기능에 대한 책임을 져야 한다. 시간 관리는 매우 중요하다. 프로젝트관리자는 종종 정보를 기다리거나 동시에 여러 프로젝트의 긴급한 요구사항을 해결하려고 시도한다.

상대적으로 짧은 기간의 소규모 프로젝트는 작업이 수행될 때 문제의 세부 계획 또는 수정에 제공되는 시간이 충분하지 않다. 인력을 위한 학습 곡선은 일반적으로 프로젝트가 완료될 때까지 지속적으로 상승한다.

여러 개의 소규모 프로젝트를 관리하려면 프로젝트관리자가 자신의 책임 하에 모든 프로젝트를 포함하는 단일 마스터 일정을 개발해야 한다. 이는 두 명 이상의 지원 인력이 동시에 요구하는 상황을 줄이는데 도움이 된다. 문제는 프로젝트 중 하나의 작업에서만 일정관리 하는 것이 아니라 프로젝트관리자의 여러 작업을 일정관리 하는 것이다.

대규모 프로젝트보다 소규모 프로젝트를 관리하는 프로젝트관리자가 더 많다. 많은 엔지니어링 회사는 소규모 프로젝트의 프로젝트관리 전용 조직 단위를 만든다. 소규모 프로젝트관리와 관련된 문제점을 인식하기 위해서는 고위 경영진의 특별한 태도와 관심이 요구된다. 표 10-1은 소규모 프로젝트관리에 능숙한 프로젝트팀 직원의 특성을 제공한다.

표 10-1 소규모 프로젝트팀 담당자의 특성

1. "할 수 있다"라는 태도를 취한다.
2. 실용적인 접근 방식을 선호한다.
3. 관료주의를 싫어한다.
4. 의사결정권자이다.
5. 감독이 거의 필요 없거나 전혀 필요 없다.
6. 고객을 만족시키기 위한 가치 체계를 마련하고 있다.
7. 좋은 커뮤니케이터이다.
8. 문제를 말하기 좋아한다.
9. 일이 잘못되었을 때 언제 활동을 중단해야 하는지 알 수 있다.
10. 사람들이 자신의 요구에 부응하도록 강요하는 성격과 기술을 가지고 있다.
11. 일을 완료하기 위해 회사의 여러 부서를 탐색할 수 있는 능력이 있어야 한다.

프로젝트팀 회의

설계는 프로젝트에 중대한 영향을 미치는 다양한 전문분야와 수많은 결정을 포함하는 독창적인 프로세스이다. 각 설계자의 작업은 종종 하나 이상의 다른 설계자의 작업에 영향을 준다. 설계 조정에서 어려운 작업은 전체 프로젝트의 호환성을 보장하기 위해 관련 작업을 인터페이싱 하는 것이다. 일반적으로 이 문제는 작업 수행 방법을 알고 있는 설계 담당자를 찾는 것이 아니다. 이것은 모든 설계자의 작업을 인터페이스 연결하는 것이다. 이는 정기적인 팀 회의에서 효율적인 의사소통을 통해서만 성취될 수 있다.

팀 회의는 프로젝트가 진행되는 동안 매주 개최된다. 이러한 회의는 팀을 단위로 유지하고 정보를 지속적으로 교환하기 위해 요구된다. 일반적인 프로젝트에는 수많은 갈등이 있다. 이러한 갈등을 시기적절하게 해결하는 가장 좋은 방법은 영향을 받는 모든 사람들의 의견을 경청하는 것이다. 이것은 공개 토론과 타협을 통해서만 달성될 수 있다.

프로젝트관리자는 모든 팀 미팅의 리더이다. 하지만 프로젝트관리자는 토론을 지배해서는 안 된다. 종종 팀 구성원은 자신의 특정 전문분야와 관련된 문제를 해결하기 위해 토론을 선도하는 역할을 부여받을 수 있다. 프로젝트관리자는 자신의 판단을 사용하고 언제 이끌어야 하는지, 언제 다른 사람이 이끌 수 있는지를 아는 숙련된 기술을 개발해야 한다.

중요 사항을 다루고 짧은 시간에 회의를 마무리하기 위해 프로젝트팀 회의를 지시할 의제가 준비되어야 한다. 의제에는 완료된 작업, 진행 중인 작업, 예정된 작업 및 특수한 문제를 포함하여 토론할 항목을 시간 순으로 나열해야 한다. 각 참석자는 팀 회의에 참여해야 한다. 프로젝트관리자는 모든 참가자들에게 회의록을 준비하고 배포해야 한다.

프로젝트관리자는 회의가 생산적일 수 있도록 보장해야 한다. 회의는 불가피하고 중요하지만, 적절하게 계획하고 실시하지 않으면 자극의 원천이 될 수 있으며, 시간적 낭비가 될 수 있다. 표 10-2는 팀 미팅을 실시하기 위한 지침을 제공한다.

표 10-2 생산적인 회의를 위한 지침

1. 참석자들의 더 나은 참여가 가능하도록 미리 안건을 개발하고 발표한다.
2. 상태 보고를 담당하는 개인의 이름을 포함하여 이전 회의의 미완성 항목을 의제에 나열한다.
3. 참석할 필요가 있는 사람들에게만 출석을 제한한다.
4. 주제 설정의 목적과 관련이 없는 사건을 토론하여 시간을 낭비하지 않아야 한다.
5. 유익한 환경에서 주제 발표가 진행될 수 있도록 독재자가 아닌 지도자이자 촉진자인 회의 리더를 선정한다.
6. 엄격한 의제 관리 유지; 토론을 위해 시간제한이 정해진 순서대로 수행한다.
7. 가능한 한 전화 통화와 같은 방해를 피한다.

주간/월간 보고서

프로젝트관리에는 끝없는 보고서 준비 과정이 수반된다. 의미 있는 보고서는 정기적으로 발행되어야 하며, 수신자에게 유익한 정보를 포함해야 한다. 보고서는 모든 것을 포함시키는 경향이 있어 중요한 항목을 간과할 수 있는 부피가 큰 보고서가 생성된다.

일반적으로 프로젝트관리자는 주간 보고서인 두 개의 일상 보고서와 각 프로젝트에 대한 월간 보고서를 준비해야 한다. 주간 하이라이트 보고서의 대부분은 주간 팀 회의록에서 얻을 수 있다. 보고서에는 완료된 작업, 진행 중인 작업, 일정 및 특수 문제가 포함된다. 일반적으로 주간 보고서는 프로젝트관리자와 팀이 진행 중인 작업을 조정하는데 사용된다.

프로젝트에 대한 월별 보고서에는 달성된 마일스톤, 예측 비용 대비 현재까지의 비용 집계표, 계획 및 실제 시간 계획의 중첩검토가 포함되어야 한다. 예상 프로젝트 완료 날짜와 완료시 총 비용 예측을 표시하는 추세 보고서도 포함되어야 한다. 일반적으로 월별 보고서는 상위 경영진과 발주자 대표가 사용하며, 프로젝트 파일의 영구 기록이다.

모든 보고서는 일관성을 유지하고, 프로젝트 상태를 비교하고, 작업 진행과 팀 실적을 평가할 수 있도록 주간 보고서와 월간 보고서의 형식을 개발해야 한다. 보고서는 프로젝트의 상태를 전달하는 것 외에도 개인의 책임과 우수한 성과에 대한 인식의 수단으로 사용된다.

도면 색인

설계 작업의 최종 결과물은 프로젝트의 물리적 시공을 가이드하는 일련의 계약문서(도면 및 시방서)이다. 6장과 7장에 제시된 바와 같이, 프로젝트관리자는 설계를 시작하기 전에 프로젝트 작업 계획을 개발해야 한다. 작업 계획의 일부에는 각 설계자의 작업 패키지 준비가 포함된다. 각 작업 패키지에는 예상 도면 및 예상 완료일 목록이 포함된다.

프로젝트관리자는 모든 팀 구성원의 도면 목록을 조합하여 도면 색인을 개발할 수 있다. 이 도면 색인은 얼마나 많은 도면이 생성되는지, 언제 생성되는지와 시공 계획을 지원할 수 있는 체크리스트로 사용될 수 있기 때문에 프로젝트관리자에게 매우 중요하다. 그림 10-1은 도면 색인의 내용을 보여준다. 설계 조정에서 공통적인 문제가 도면의 최신 문제를 추적하는 것이기 때문에 각 도면의 수정 번호와 날짜를 포함하는 것이 도움이 된다.

도면 색인은 설계가 진행됨에 따라 지속적으로 변경된다. 작업이 진행됨에 따라 선정된 최종 설계 구성에 따라 도면 수가 증가하거나 감소할 수 있다. 도면 변경은 작업의 필수 부분이며, 필요에 따라 목록을 수정하고 프로젝트관리자에게 계속 알려주는 것이 각 설계자의 의무이다.

X Y Z 프로젝트에 대한 도면 색인
현재 업데이트 : 2016년 10월 26일

시트 번호	제목	예상 날짜	실제 날짜	개정 번호 1 2 3 4
C0	**현장-작업 도면**			
C1	〃 평면 계획	09/15/2016	09/17/2016	1 - 10/05/2016
C2	〃 땅고르기	10/01/2016	09/27/2016	
C3	〃 포장, Sh 1	10/15/2016	10/12/2016	
C4	〃 포장, Sh 2	10/20/2016	10/18/2016	3 - 10/24/2016
A0	**건축 도면**			
A1	〃 1층 평면도	10/10/2016	10/09/2016	
A2	〃 2층 평면도	10/15/2016	10/16/2016	
A3	〃 실 일정	10/20/2016	10/20/2016	
A4	〃 문/벽 마감재	10/25/2016	10/24/2016	
A5	〃 창호 일정	11/01/2016		
S0	**구조 도면**			
S1	〃 기초	10/15/2016	10/16/2016	
S2	〃 평면 슬래브	10/25/2016	10/28/2016	
S3	〃 기둥&보, Sh 1	11/01/2016		
S4	〃 기둥&보, Sh 2	11/05/2016		
S5	〃 지붕 골조 플랜	11/10/2016		
M0	**기계 도면**			
M1	〃 압축기	11/01/2016		
M2	〃 HVAC 덕트워크	11/05/2016		
E0	**전기 도면**			
E1	〃 컨트롤 박스	11/05/2016		
E2	〃 배선도, Sh 1	11/10/2016		
E3	〃 배선도, Sh 2	11/15/2016		
P0	**배관용 도면**			
P1	〃 파이핑	10/10/2016	10/14/2016	
P2	〃 고정물	10/20/2016	10/18/2016	

그림 10-1 도면 색인의 예

설비 색인

도면 색인과 마찬가지로 프로젝트에 설치할 주요 설비를 나열하는 설비 색인을 개발할 수 있다. 설비 색인은 설비 구매 및 배송을 추적하고 시공 중에 현장 설치를 계획하는 참조 문서로 사용될 수 있기 때문에 프로젝트관리자에게 매우 중요하다. 그림 10-2는 설비 색인의 내용을 보여준다. 각 주요 설비는 도면 번호, 공급업체, 구매 주문 날짜 및 예상 납품 날짜와 함께 나열된다. 프로젝트관리자는 이 색인을 가이드 및 점검목록으로 사용하여 공급 날짜를 앞두고 공급업체에 문의하여 설비가 일정에 맞게 도착할 수 있도록 하는 체크리스트로 사용할 수 있다. 시공 중 지연의 일반적인 원인은 주요 설비 및 재료의 늦은 배송이다.

X Y Z 프로젝트에 대한 설비 색인
현재 업데이트 : 2016년 5월 25일

설명	도면 번호	공급업체	주문 번호	주문 날짜	예상 인도일
변압기	E14	XYZ Company	PO 73925	04/12/2016	07/15/2016
스위치 어셈블리	E19	ABC Company	PO 83401	04/30/2016	08/01/2016
컴프레서	M12	CIB Company	PO 84294	05/17/2016	07/20/2016
펌프 어셈블리	M3	BWA Company	PO 17835	06/14/2016	08/15/2016

그림 10-2 설비 색인의 예

문서 배포

설계 프로세스에서는 문서를 적시에 배포하고 정보를 교환해야 한다. 일반적으로 팀 구성원 간에 가장 빠른 시일 내에 작업을 완료하는 것이 시급한 것이다. 정보가 비효율적으로 배포되면 모든 인력의 작업량이 증가하고 작업 지연, 비효율적인 생산성 및 불만이 발생한다.

프로젝트관리자는 팀 구성원 및 프로젝트의 다른 주요 참여자 간의 문서 전달을 보여주는 문서 핵심 시트(그림 10-3 참조)를 개발하여 배포할 수 있다. 이는 각 인력이 특정 문서를 받는 인력을 알 수 있기 때문에 효율적인 커뮤니케이션 도구이다. 빈번하게, 팀 구성원은 문서를 받고 내용을 검토하며, 다른 팀 구성원도 문서를 인지해야 한다고 결정한다. 문서 핵심 시트 배포는 수령인을 확인하므로 쉽게 사용할 수 없는 다른 사람과 연락을 취할 필요가 없다.

각 프로젝트마다 고유한 문서 핵심 시트 배포가 있어야 한다. 워드 프로세서에서 쉽게 준비할 수 있으며, 복제하여 태블릿 형태로 묶어 모든 팀원이 사용할 수 있다. 팀 구성원의 이름과 함께 시트 상단에 프로젝트 제목이 있으므로 문서가 전달되는 프로젝트와 문서를 받는 인력을 쉽게 식별할 수 있으므로 전통적인 회람 쪽지와 다르다.

X Y Z 프로젝트에 대한
문서 핵심 시트의 배포

전달 받는 자	이름	제목	주소	전화번호	날짜

코멘트:

행동: 면담 ________ 전화 ________ 리뷰 ________

배포자: ____________________ 날짜: ________

그림 10-3 문서 주요 시트의 배포

권한/책임 체크리스트

프로젝트관리자는 종종 한 번에 하나 이상의 프로젝트에 대한 책임이 있다. 일부 프로젝트는 개발 초기 단계에 있는 반면 다른 프로젝트는 완전히 진행 중이며, 일부 프로젝트는 마무리 단계에 있다. 일반적으로 여러 프로젝트를 처리해야 하는 프로젝트관리자가 직면하는 문제는 모든 프로젝트를 관리하는 것이 아니라 모든 프로젝트를 동시에 처리하는 것이 어렵다는 것이다. 이러한 유형의 근로 조건은 수많은 인력들의 작업 상태를 알기 위한 체계적인 수단을 필요로 한다.

프로젝트관리자는 팀원을 촉진하고 추적하기 위해 각 프로젝트에 대한 권한/책임 체크리스트를 작성할 수 있다(그림 10-4 참조). 이 목록은 각 팀 구성원의 완료, 활성 및 보류 중인 작업 상태를 보여주기 위해 지속적으로 개정된다. 권한/책임 체크리스트는 팀 회의를 위한 의제 준비에 특히 유용하다. 또한 프로젝트관리자가 자신의 업무를 조직하고 상부 경영진 및 발주자 대표에게 보고서를 준비하는데 도움을 준다.

권한/책임 체크리스트는 각 프로젝트에 대하여 컴퓨터 워드 프로세싱 파일로 준비할 수 있다. 이를 통해 프로젝트관리자는 정보를 쉽게 추가, 삭제 또는 수정할 수 있다. 파일의 각 업데이트는 날짜와 함께 새 파일 이름으로 디스크에 저장할 수 있으므로 각 업데이트마다 기록을 보관할 수 있다. 이것은 프로젝트 히스토리를 철저하게 문서화하여 나중에 프로젝트에서 중요한 사건을 되돌아보는데 유용하다. 각 프로젝트의 파일을 단일 파일로 병합하여 프로젝트관리자가 담당하는 모든 프로젝트와 관련된 정보의 종합 목록을 제공할 수 있다.

컴퓨터 전자 스프레드시트를 사용하여 권한/책임 체크리스트를 보다 효과적으로 관리할 수 있다. 각 정보는 프로젝트관리자가 여러 종류의 데이터를 생성할 수 있도록 셀에 입력할 수 있다. 예를 들어, 특정 날짜까지 보류중인 모든 작업에 대한 정렬결과를 얻을 수 있거나 특정 사용자의 모든 작업을 나열하는 정렬결과를 얻을 수 있다. 스프레드시트를 사용하면 프로젝트관리자가 원하는 모든 정렬을 수행할 수 있으며, 단일 프로젝트 또는 여러 프로젝트를 관리할 수 있는 도구이다.

권한/책임 체크리스트
X Y Z 프로젝트 : 2016년 2월 26일

업무/작업 항목	권한/책임	상태	날짜
토질 시험 규격	John Smith, Civil	발행	02/26/2016
풍압 확인	Tim Jones, Structural	검토중	04/22/2016
차폐 승인	Dan Banks, Owner's Rep.	승인	03/09/2016
최종 타워 형상	Tim Jones, Structural	대기중	05/26/2016
강재공급자 입찰 현황	Ron Mitchell, Purchasing	예정	04/03/2016
통행권 청취	Joe Thomas, Legal	진행중	06/01/2016

그림 10-4 프로젝트관리자 권한/책임 체크리스트

설계를 위한 책임 체크리스트

표 10-3은 건설관리(CM) 유형의 계약에 의해 처리되는 프로젝트의 설계 단계에 대한 종합적인 체크리스트를 제공한다. CM 유형의 계약 이외의 프로젝트의 경우 CM의 의무는 계약 약정에 따라 발주자와 설계자간에 분배된다. 건축가는 빌딩 유형 프로젝트의 주요 설계 전문가이며, 엔지니어는 중공업 프로젝트의 주요 설계 전문가이다.

표 10-3 설계 단계를 위한 책임 체크리스트

설계 단계	발주자	CM	설계자	계약자
1. 프로젝트팀	헤드	멤버	멤버	×
2. 프로그램 정보	제공	검토	획득/승인	×
3. 설계에 필요한 정보	제공	검토	요구사항 결정 획득, 승인	×
4. 회의 - 프로젝트팀	필요에 따라 참여	조직, 실시, 기록	참여	×
5. 회의 - 필요에 따른 설계 팀	필요에 따라 참여	참여, 문서	조직, 실시	×
6. 예산	제공	평가	평가	×
7. 예산 예비비	제공	권고	권고	×
8. 일정 - 프로그램	참여, 승인, 수락	준비, 모니터, 시행, 수락	참여, 승인, 수락	수락
9. 일정 - 마일스톤	검토	제공	검토, 승인	×
10. 토질 베어링	검토와 지불	검토	정리, 검토, 권고	×
11. 도면 - 예비	검토, 코멘트, 승인	검토, 코멘트, 충고	제공	×
12. 승인 - 설계	승인	권고	문서 발행	×
13. 도면 - 개략도, 설계 개발 및 작업	검토, 코멘트, 승인	검토, 코멘트, 권고	제공	×
14. 시방서 - 개념적	검토, 코멘트, 승인	검토, 코멘트, 권고	제공	×
15. 시방서 - 기술적	검토, 승인	검토, 코멘트, 권고	제공	×
16. 설계 대안	요구에 따라 승인	권고	권고, 준비	×
17. 가치공학과 가치 관리	요구에 따라 승인	제공	지원, 검토	×
18. 견적	요구에 따라 승인	제공	지원, 검토	×
19. 대리인 계획 검토	모니터	모니터	촉진	×
20. 허가 - 입찰 문서가 계약자에게 지정되지 않음	지불	취득을 위한 준비	대리인과 지원 및 컨설팅	×

설계 단계	발주자	CM	설계자	계약자
21. 보험 - 모든 위험 - 건설업자의 위험	제공	지원, 권고	×	×
22. 보험 - 발주자의 보호 의무	제공	지원, 권고	×	×
23. 현금흐름 예측	제공, 활용	제공, 업데이트	지원	×
24. 시방서 - 입찰자에 대한 지침	승인	제공	검토, 권고	×
25. 시방서 - 제안 섹션	승인	제공	검토, 권고	×
26. 입찰 대체	요구에 따라 승인	검토, 권고	권고, 검토	×

출처: NSPE/PEC Reporter, Vol. VII, 2번.

* 언급된 NSPE/PEC 출판물은 "건축가"를 인용했다. 하지만 "설계자"라는 용어는 건축가가 건설 프로젝트의 주요 설계 전문가일 수 있음을 암시하기 위해 여기에 사용되는 반면 엔지니어는 중공업 프로젝트의 주요 설계 전문가일 수 있다.

팀 관리

효율적인 팀워크는 모든 프로젝트를 성공적으로 관리하는 핵심 요소이다. 일반적으로 프로젝트관리자는 3가지 책임 영역에 참여한다: 프로젝트팀 내, 팀과 고객 간, 팀과 프로젝트관리자의 다른 경영진 사이에서 조직. 이러한 각 영역에서 팀의 성과에 영향을 줄 수 있는 혼란, 갈등, 지연 및 오해를 유발할 수 있는 상황이 종종 발생한다. 프로젝트관리자는 이러한 상황의 전개를 최소화하고 즉시 문제를 식별하며, 만족스러운 방식으로 신속하게 대응할 수 있는 체계로 팀을 조정해야 한다. 표 10-4는 팀 관리와 관련하여 발생할 수 있는 일반적인 문제의 목록이다.

표 10-4 팀 관리의 일반적인 문제점

1. 팀 구성원의 관점, 우선순위, 관심사 및 판단에 차이가 있음
2. 프로젝트 목표가 팀원들에게 불명확해짐
3. 의사소통 문제
4. 발주자에 의한 범위 변경
5. 팀원들 사이의 조정 부족
6. 관리 지원의 부족

팀은 일반적으로 둘 이상의 프로젝트에서 작업을 수행할 책임이 있는 개인의 그룹이다. 팀 구성원이 참여하는 프로젝트의 수가 증가하면 우선순위를 잃을 위험이 증가한다. 프로젝트 계획에는 프로젝트 시작 시 우선순위 설정이 포함되어야 한다. 프로젝트관리자는 팀 구성원이 프로젝트 목표를 알고 명확하게 이해하도록 해야 한다. 특히 프로젝트의 설계 단계에서 프로젝트 목표가 팀에게 불명확해질 수 있기 때문이다.

부족한 의사소통은 팀 관리와 관련된 가장 일반적인 문제의 근원이다. 팀원들에게 정보를 교환할 수 있도록 정보를 제공하기 위해 회의가 일상적으로 개최되어야 한다. 팀 회의는 문제를 해결할 수 있는 포럼으로 활용되어야 해결할 수 있다; 단, 프로젝트관리자는 회의 중에 문제점이나 잠재적인 문제를 환기시키는데 불편함을 느끼는 팀 구성원에게도 접근할 수 있어야 한다.

발주자에 의한 범위 변경은 프로젝트 예산 및 일정에 악영향을 미칠 수 있다. 팀원들은 발주자의 의도를 맞추기 위해 프로젝트의 범위를 확장하는 것에 주의해야 한다. 범위는 프로젝트 시작 시 확정되어야 하며, 발주자의 대리인과 프로젝트관리자 사이의 서면 동의 없이 변경할 수 없다. 서면 합의에는 범위의 변화에 부합하는 예산 및 일정의 적절한 변경이 포함되어야 한다.

프로젝트관리자는 전체 프로젝트팀의 전반적인 조정을 담당한다. 하지만 팀 구성원 간의 개별 조정도 필요하다. 프로젝트관리자는 팀 구성원들 간에 정보 교환을 자유롭게 하는 협력 환경을 조성해야 한다.

프로젝트관리자는 자신의 조직에서 경영적 지원을 받아야 한다. 이것은 경영진이 프로젝트팀의 지위와 필요 사항을 지속적으로 알려줌으로써 달성할 수 있다. 필요한 것을 알지 못하면 지원을 제공할 수 없다. 관리는 프로젝트 검토의 필수적인 부분으로 포함되어야 한다.

프로젝트관리자가 팀 관리 책임을 수행하는데 도움이 되도록 프로젝트 작업 계획을 최신 상태로 유지해야 한다. 작업 범위, 프로젝트팀 구성원, 수행할 서비스 및 작업, 개별 책임, 일정 및 예산이 변경되면 공식적으로 수정해야 한다.

팀은 공개적으로 관리되어야 한다. 역할과 관계에 대한 토론과 프로젝트 결정에 대한 근거는 사적인 대화보다는 팀 회의에서 이루어져야 한다. 프로젝트관리자는 팀 내의 역할과 관계를 변경하는 일상적인 결정을 내리는데 있어 일관성을 유지해야 한다.

"팀"의 개념은 모든 개인들의 태도에 스며들어야 한다. 프로젝트관리자는 사소한 충돌을 최소화하기 위해 팀의 약속, 명확성 및 통합을 강조해야 한다. 각각의 사람들은 독특하기 때문에, 다른 관점, 우선순위, 관심, 판단이 있을 수 있다. 개개인의 다양성 때문에, 프로젝트관리자는 프로젝트팀의 리더로서의 역할에 있어서 인간적인 측면을 다루어야 한다. 일부 리더십 자질은 프로젝트관리자가 타고나는 것이고, 다른 자질들은 훈련과 경험을 통한 개발을 요구한다.

설계 효율성의 평가

설계는 프로젝트의 시공을 위한 일련의 구체적인 지침을 만들기 위해 창의적인 아이디어에 기술적 지식을 적용하는 복잡한 과정이다. 이는 프로젝트 정의의 중심점이며, 비용과 일정에 상당한 영향을 미친다. 따라서 가능한 한 가장 효과적인 설계를 하는 것이 필수적이다.

프로젝트의 생산성과 성과의 측정 및 평가와 관련된 대부분의 노력은 시공 단계로 향해 왔다. 미국건설산업연구원이 후원한 프로젝트관리와 관련된 다양한 주제에 관한 많은 논문들이 발표되었다. **설계 효율성 평가**는 설계 프로세스의 산출물 또는 제품에 대한 철저한 설명을 제공하는 CII(미국건설산업연구원) 문서이다.

다음 단락은 CII 보고서의 **설계 효율성 평가**에서 발췌한 내용을 요약한 것이다. 이 보고서는 이 방법이 설계자 또는 설계 프로세스의 평가로 사용되는 것이 아니며, 사용해야 하는 것도 아니라고 하였다. 이것은 대신에 설계 산출물에 대한 효율성과 평가의 측정이라고 하였다.

설계작업의 생산성 측정은 시공 단계의 생산성 측정보다 더 어렵다. 도면당 비용 또는 도면당 근무시간과 같은 단순한 측정에는 도면 크기와 내용이 다양하기 때문에 분명한 한계가 있다. 또한 설계 성과의 효과에 대한 진정한 측정은 프로젝트의 시공과 시공이 완료된 후에 발견된다는 사실이 점점 더 많이 인식되고 있다. 시공이 완료된 후 발주자가 프로젝트 목적물을 사용한다. 따라서 설계 활동 자체에서 생산성보다는 설계 효율성을 평가하는 방법을 개발하는 것이 더 유리할 수 있다.

다음에 제시된 방법을 사용하여 설계 효율성을 측정하는 능력은 전체적인 설계 과정을 개선하기 위한 광범위한 성과에서 중요한 단계를 나타낸다. 이러한 노력은 설계 프로세스와 설계자가 사용하는 시스템 및 기술에 관한 다양한 투입물이 설계 효율성에 미치는 영향을 식별하는 것을 포함한다.

CII 연구원들은 생산성 평가를 위한 **목표 매트릭스**라고 불리는 기술의 사용을 제안해 왔다. 동일한 개념을 사용하여 설계에 대한 효율성 측정 방법을 개발할 수 있다. 목표 매트릭스는 네 가지 주요 구성요소로 이루어진다: 기준, 가중치, 성능 척도 및 성능 지수.

이 기준은 측정할 대상을 정의한다. 가중치는 측정 기준의 상대적인 중요성과 측정의 전반적인 목표를 결정한다. 성능 척도는 표준의 측정된 값을 표준 또는 선택된 벤치마크 값과 비교한다. 이 세 가지 구성요소를 사용하여 성능 지수가 계산되며, 그 결과는 실행을 표시하고 추적하는데 사용된다.

목표 매트릭스의 사용은 그림 10-5에 설명되어 있다. 설계 효율성의 7가지 기준은 열의 머리글로 제공되며, 기준 가중치는 각 열의 맨 아래에 표시되어 있다. 실행 범위는 0부터 10까지이다. 10점은 완벽을 의미하고, 3점은 평균을 나타낸다.

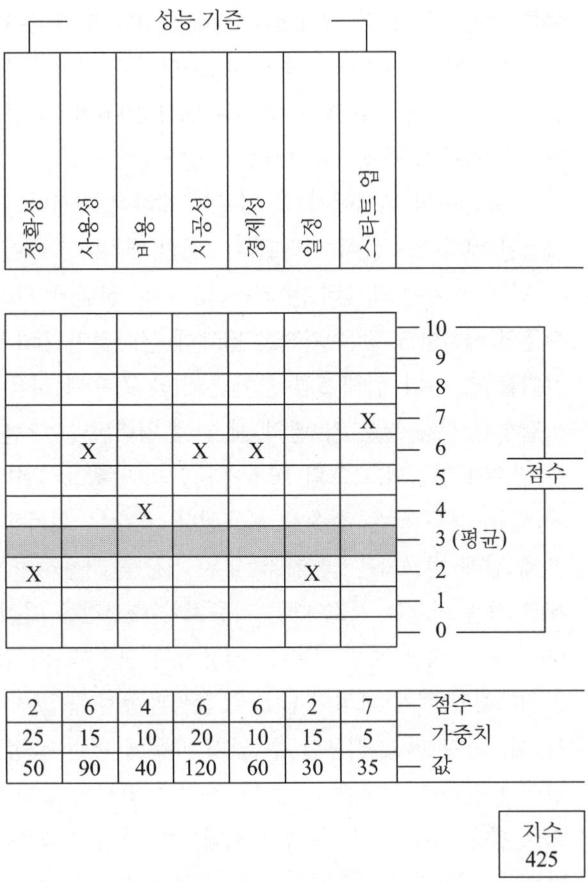

그림 10-5 **설계 평가 매트릭스 (출처: 미국건설산업연구원, 간행물 번호 8-1)**

7가지 기준 각각에 대한 점수는 해당 상자에 "X"로 표시되고 행렬의 맨 아래에 입력된다. 각 기준점에 점수를 곱하여 그 값을 얻는다. 모든 값의 합계가 성능지수가 되며, 매트릭스의 오른쪽 하단에 표시된다.

기준에 대한 점수는 최소한 세 가지 방법으로 구할 수 있다: 판단적, 단일 정량 측정 기반, 행렬로 표현되는 여러 하위 기준의 조합 기반.

판단적 점수 부여는 일부 또는 모든 기준에 사용할 수 있다. 그림 10-5의 점수 매기기는 판단적 점수를 나타낸다. 판정 등급이 주관성의 한계를 가지고 있음에도 불구하고, 목표 매트릭스 접근법은 여전히 다른 가중치의 다중적 기준으로 적절한 적용을 허용하고 있다.

일부 기준의 경우, 판단 대신에 정량적 측정을 사용한 점수로 결정할 수 있다. 예를 들어, 설계도의 정확성은 전체 도면당 도면 수정량을 측정하여 평가할 수 있다. 일정 기준에 대한 성과 점수는 달성된 설계 문서 출시일의 비율을 사용하여 결정할 수 있다. 이 접근 방식은 그림 10-6에 제시되어 있으며, 여기서 두 가지 기준은 정량적 측정으로 나타나 있다.

그림 10-6의 예제에서 각 기준에 대하여 적절한 점수를 나타내는 상자에 미리 결정된 벤치마크 값이 입력된다. 3점의 벤치마크 값은 정상 또는 평균으로 간주되는 반면, 0 수준의 점수는 최근 몇 년간 실현된 최소 성과 수준을 나타낸다. 10 수준의 벤치마크 값은 가까운 장래에 궁극적인 기대치를 나타낸다. 3점은 개선의 기회를 더 주기 위해 5점이 아닌 평균 점수에 사용된다.

달성된 성능 값은 각 열의 맨 위에 입력된다. 그런 다음 성능을 나타내는 적절한 점수가 결정되고 그림 10-6에 동그라미로 표시된다. 성능 수준이 두 점수 사이에 있는 경우 낮은 점수가 사용된다. 점수는 획득될 때까지 주어지지 않는다.

세 번째 접근법은 몇 가지 세부 기준을 사용하여 각 기준을 측정하는 것이다. 세부 기준 자체는 서로 다른 가중치와 측정값을 가질 수 있다. 이러한 점수는 해당 기준에 대한 하위 범주를 사용하여 단일 기준 점수로 결합할 수 있다.

전체적인 설계 과정의 많은 복잡성과 변수를 고려하면, 모든 설계 상황과 환경을 해석하지 않고 적용할 수 있기 때문에 어떤 측정 시스템도 다음과 같은 절대 정량적 결과를 산출할 수 없다. 하지만 명시된 방법은 다음과 같은 세 가지 목적으로 활용될 수 있다; 특정 프로젝트의 설계 효율성을 측정하는 기준과 관련하여 발주자, 설계자 및 계약자 간의 공통된 이해를 개발하는 것. 유사한 프로젝트의 설계 효율성을 체계적이고 합리적인 정량적인 방식으로 비교하여 성과의 트렌드를 강조한다. 모든 참여자의 궁극적인 결과에 대한 기여뿐만 아니라 전체 설계 프로세스의 효과를 향상시킬 수 있는 기회를 파악할 수 있다.

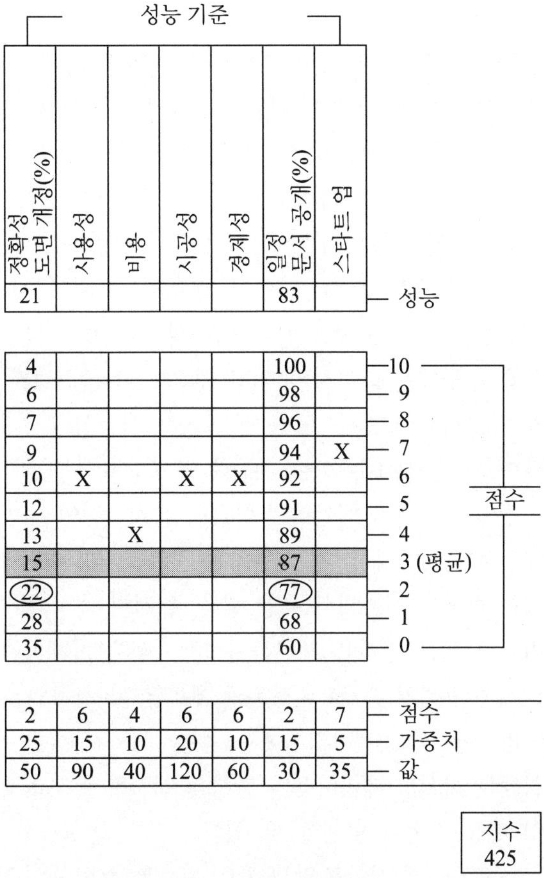

그림 10-6 정량적 평가를 이용한 설계 매트릭스
(출처: 미국건설산업연구원, 간행물 번호 8-1)

시공성

전통적으로 엔지니어링과 건설 프로젝트는 초기에 분리되었다. 3차원 CADD (computer-aided drafting and design), 로봇 공학 및 자동화와 같은 신기술의 채택으로 인해 프로젝트의 시공성에 대한 관심이 높아졌다. 이러한 새로운 혁신을 통해 효율적인 설계가 가능하도록 구성할 수 있으며, 엔지니어링 및 시공의 결합에 보다 중점을 두어 설계 성과에 시공성 입력을 포함시킬 수 있다. 바람직한 결과는 설계 이후가 아닌 설계 전과 도중에 시공과 설계 사이의 아이디어 교환을 촉진하는 것이다.

CII는 시공성과 관련된 연구를 후원해 왔고 보고서를 출판했다. 시공성 개념 파일이라는 제목의 CII 간행물 번호 3-3은 개념 계획, 설계 및 조달, 현장 작업과 관련된 시공성 개념을 잘 설명한다. 다음 단락에는 보고서의 내용을 설명하기 위해 보고서에서 발췌한 내용이 포함되어 있다.

효율적인 시공을 위해 설계 구성과 관련하여 시공성 심사에서 고려해야 할 요소는 최소 5가지이다: 단순성, 유연성, 시퀀싱, 대체 및 노동 기술/유용성.

단순성은 모든 시공이 가능한 설계의 바람직한 요소이다. 보증되지 않은 복잡성은 누구에게도 이익이 되지 않으며, 만족스럽지 못한 완성품의 확률을 현저하게 증가시킨다. 특수 도면 및 교육은 시공성 과정을 개선하기 위해 필요할 수 있으며, 특히 개보수 또는 재건축 프로젝트의 경우 요구될 수 있다.

현장 시공자가 대안적인 방법이나 혁신적인 접근법을 선택할 수 있는 유연성은 매우 바람직하다. 설계는 원하는 결과를 명시해야 하며, 이러한 결과를 얻기 위해 접근 방식을 제한해서는 안 된다. 완전히 개방되고 경쟁적인 시장에서는 시공 방법이나 접근 방식을 제한하지 않는 설계를 제공하는 것이 매우 바람직하다.

시퀀싱(설치 순서) 설정은 구매조달 및 시공의 고려사항과 마찬가지로 설계 시 고려사항이다. 많은 경우에 설계는 시공 시 설치 순서를 불필요하게 제한하였다. 설계는 시설의 레이아웃과 간격을 신중하게 고려해야 하므로 한 번에 두 개 이상의 시공 작업이 발생할 수 있다.

대체물이나 대안들은 관심을 필요로 하지만, 항상 특정 방식으로 수행되어 왔다는 지배적인 태도 때문에 너무 자주 무시된다. 부적절하게 고려된 재료를 사용하면 시공성에 영향을 미치고 결과적으로 비용이 많이 드는 수정을 초래할 수 있다. 이러한 영향은 시공성 프로그램에 의해 설계 단계 동안에 설명될 경우 줄이거나 제거할 수 있다.

노동 기술/가용성은 프로젝트 라이프 사이클에서 조기에 충분히 고려되지 않는 경우가 많다. 노동력의 가용성과 근로자의 기술 수준을 완전히 탐구해야 한다. 기술 수준이 없거나 노동력의 가용성이 낮으면 프로젝트에 막대한 영향을 줄 수 있으며, 이를 설계 단계에서 고려해야 한다.

CII 조사에 따르면 회사 또는 프로젝트 규모가 시공성과 시공성 프로그램의 구현에 장애물이 아니라는 사실이 밝혀졌다. 설계 단계에서 시공이 관여되면 프로젝트가 개선되고 비용이 절감되며, 생산성이 향상되고 조기에 프로젝트가 완료된다. 효율적인 시공성 프로그램의 구현에 가장 큰 걸림돌은 시공하기 쉬운 설계를 선택하기 위해 설계를 단순히 검토한다는 것이다. CII 간행물 번호 3-2는 시공성 프로그램을 구현하기 위한 지침을 제공한다.

사후 설계 검토

평가는 지속적인 프로세스이며 프로젝트관리 개선에 요구된다. 프로젝트관리자의 조직이 작업을 처리하기 위해 사용하는 시스템은 개별 프로젝트의 차이점에 충분히 유연하게 대응해야 한다. 각 프로젝트의 시작 부분에서 프로젝트관리자는 프로젝트에 적합한 시스템에서 수정 및 개선해야 할 사항을 결정해야 한다.

각 프로젝트의 설계가 완료된 후 프로젝트관리자와 팀은 설계 성과와 설계 프로세스 관리에 대한 완전하고 정직한 평가를 수행해야 한다. 이 평가에는 프로젝트팀의 각 구성원뿐만 아니라 설계에 관여한 다른 주요 참여자도 포함되어야 한다.

체크리스트는 범위 확장, 품질 및 범위의 일치, 발주자의 기대 및 만족, 팀 또는 다른 당사자 간의 갈등, 일정의 과도한 변경, 원래 비용과 최종 비용의 비교 등 프로젝트의 모든 측면을 평가하기 위한 체크리스트로 준비해야 한다.

설계 프로세스에 대한 철저한 논의가 끝나면 프로젝트관리자는 향후 프로젝트 시스템을 개선하기 위한 권장사항 목록을 포함하는 간단한 요약 보고서를 준비해야 한다.

References

1. Chalabi, A. F., Beaudin, B. J., and Salazar, G. F., *Input Variables Impacting Design Effectiveness*, Source Document No. 26, Construction Industry Institute, Austin, TX, April 1987.
2. *Constructability Concepts File*, Publication No. 3-3, Construction Industry Institute, Austin, TX, August 1987.
3. *Consulting Engineering: A Guide for the Engagement of Engineering Services*, Manual No. 45, American Society of Civil Engineers, Reston, VA, 1988.
4. "Effective Management of Engineering Design," *Conference Proceedings*, ASCE, Reston, VA, 1981.

5. Eldin, N. N., "Management of Engineering/Design Phase," *Journal of Construction Engineering and Management*, ASCE, Reston, VA, Vol. 117. No. 1, March 1991.
6. *Engineer, Owner, and Construction Related Documents*, Engineers' Joint Contract Documents Committee, ASCE, Reston, VA, 2013.
7. Glavinich, T. E., "Microcomputer-Based Project Management for Small Engineering Firms," *Journal of Management in Engineering*, ASCE, Reston, VA, Vol. 8, No. 1, June 1991.
8. O'Connor, J. T., Rusch, S. E., and Schulz, M. J., *Constructability Improvement During Engineering and Procurement*, Source Document No. 5, Construction Industry Institute, Austin, TX, May 1986.
9. Perkins, C., *Guidelines for Implementing a Constructability Program*, Publication No. 3-2, Construction Industry Institute, Austin, TX, July 1987.
10. "Sampling Responsibility Chart," *PEC Reporter*, Professional Engineers in Construction Practice Division, National Society of Professional Engineers, Alexandria, VA, Vol. VII, No. 2, January 1985.
11. Stull, J. O. and Tucker, R. L., *Objectives Matrix Values for Evaluation of Design Effectiveness*, Source Document No. 22, Construction Industry Institute, Austin, TX, November 1986.
12. Tatum, C. B., Vanegas, J. A., and Williams, J. M., *Constructability Improvement During Conceptual Planning*, Source Document No. 4, Construction Industry Institute, Austin, TX, March 1986.
13. Tucker, R. L. and Scarlett, B. R., *Evaluation of Design Effectiveness*, Publication No. 8-1, and Source Document No. 16, Construction Industry Institute, Austin, TX, November 1986.
14. Tucker, R. L., *Assessment of Architect/Engineer Project Management Practices and Performance*, Construction Industry Institute, Austin, TX, April 1990.
15. Vorba, L. L. and Oberlender, G. D., *A Methodology for Quality Design*, Symposium of the Project Management Institute, Newtown Square, PA, 1991.

11
Chapter

시공 단계

시공의 중요성

시공 단계는 중요하다. 그 이유는 완성된 구조물의 품질이 작업자의 기능과 관리에 크게 의존하기 때문이다. 시공품질은 설계자가 준비한 계약 문서의 완성도와 품질 및 세 가지 다른 요소에 달려 있다: 작업을 실시하는데 요구되는 기술을 가진 인력, 현장에서 프로젝트를 구성하는데 요구되는 수많은 활동을 조정할 수 있는 현장 감독자 및 프로젝트 시공에 사용되는 재료의 품질. 숙련된 인력과 이의 효율적인 관리는 모두 양질의 프로젝트를 달성하는데 요구된다.

전체 프로젝트 예산 및 일정의 대부분이 시공 중에 소비되기 때문에 시공 단계는 중요하다. 이전 장에서 설명한 것처럼 프로젝트의 설계비용은 일반적으로 7%에서 12% 사이이다. 중간 값 10%를 사용하면 프로젝트 비용의 90%가 시공 중에 소비된다. 따라서 설계비용의 15% 변동은 프로젝트에 1.5%만 영향을 미칠 수 있지만 공사비의 15% 변동은 프로젝트에 13.5%까지 영향을 미칠 수 있다.

비용과 마찬가지로 프로젝트를 시공하는데 요구되는 시간은 프로젝트를 설계하는데 요구되는 시간보다 항상 불균형적이다. 대부분의 발주자는 가능한 한 빨리 그들의 프로젝트 완성물을 사용하고자 하는 요구가 있다; 따라서 계획된 완료 날짜로부터의 지연은 발주자와 시공자 모두에게 심각한 문제를 야기시킬 수 있다. 시공은 내재하는 위험 및 수행해야 하는 많은 업무로 인해 시공업자는 프로젝트를 가장 효율적으로 계획 및 스케줄링하고 관리해야 한다.

시공 단계에 대한 가정

시공 단계에서의 목표는 예산 및 일정대로 계획 및 시방서에 따라 프로젝트를 시공하는 것이다. 이 목표를 달성하기 위해 표 11-1에 나와 있는 세 가지 가정이 있다.

가정은 합리적이지만 건설 공사의 성격상 종종 차이가 있다. 프로젝트는 반복되지 않는 단일 사업이다. 각 프로젝트는 고유하기 때문에 그 결과를 결코 절대적인 확신으로 예측할 수 없다. 발주자는 일반적으로 프로젝트를 시공하기 위해 계획과 시방서의 요구사항을 충족시키기는 모든 인력, 설비, 자재 및 시공 서비스를 제공하는 시공자에게 계약을 할당한다. 이를 위해서는 많은 작업과 작업을 동시에 조정하고 도면을 해석하고 악천후와 경합해야 한다.

표 11-1 시공 단계에 대한 가정

범위	설계 계획 및 시방서에는 오류가 없으며 발주자의 요구사항과 적절한 코드 및 표준을 충족한다.
예산	예산은 수용가능하다. 즉, 발주자가 감당할 수 있으며, 시공자가 합리적인 수익을 창출할 수 있는 것이다.
일정	일정은 합리적이다. 즉, 발주자가 필요로 할 때 끝낼 수 있을 만큼 짧으며 시공자가 작업을 수행할 수 있을 만큼 충분히 길어야 한다.

일부 설계 팀 구성원들은 계획과 시방서에 오류가 있음을 인식하기가 어렵다. 설계를 준비하려면 설계 견적을 수행하고 관련 작업을 조정하며 입면도, 단면도, 세부 사항 및 치수가 있는 많은 도면을 작성해야 하는 다수의 팀 구성원들이 요구된다. 모든 설계자가 완벽한 계획과 시방서를 작성하기 위해 노력하지만, 거의 달성되지 않는다.

일반적으로 발주자는 공사 시작 전에 계약 문서를 수락하고 승인한다. 하지만 계획과 시방서가 항상 발주자가 원하는 것을 나타내지는 않는다. 일부 발주자, 특히 비영리 단체 또는 공공기관의 관심은 이사회 멤버, 이사회 또는 커미션 회원인 개인이 대표한다. 이 개인은 일반적으로 프로젝트 작업이나 도면 해석에 대해 거의 또는 전혀 알지 못하는 비즈니스 기업, 전문 직종에 대한 배경 지식을 가지고 있다. 따라서 그들은 시공 중 설치될 때까지 프로젝트의 형상이 어떻게 될지를 완전히 이해하지 못하고 재료 또는 구성을 승인할 수 있다.

시공자가 합리적인 이익으로 프로젝트 시공에 필요한 가격보다 낮은 입찰 가격을 제출하면 발주자와 시공자 모두에 심각한 문제가 발생할 수 있다. 프로젝트 입찰가를 낮춘 시공자는 설계자 조직에 심각한 문제를 야기할 수 있다. 건설회사는 사업을 계속하기 위해 이익을 창출해야 하는 기업이다. 시공 계약을 체결하기 전에 각 시공자의 입찰에 대한 신중한 평가가 요구된다. 왜냐하면 프로젝트가 시공자에 의해 낮게 낙찰되면 프로젝트관리가 관련된 구성원의 능력에 관계없이 어려울 것이기 때문이다.

시공 중 발주자가 요구하는 변경, 설계 수정 또는 다른 현장 조건과 같은 프로젝트 예산 및 일정을 변경하는 조건이 발생할 수 있다. 이러한 조건의 영향을 줄이려면 프로젝트 예산 및 일정에 악영향을 미칠 수 있는 이러한 유형의 변경을 허용할 수 있는 적절한 예비비가 있어야 한다.

시공자가 작업을 수행하는 데 충분한 시간을 허용해야 한다. 합리적인 시간이 허용되지 않으면 작업자의 생산성과 프로젝트의 품질이 악영향을 받을 것이다. 기후, 자재의 구매조달, 설계와 관련된 질문의 명확화 및 검사와 같은 작업의 지속적인 흐름을 방해할 수 있는 시공 중 항상 발생 가능한 조건이 있다. 시공자는 프로젝트의 총 요구사항을 계획하고 예상해야 하며, 시공 공정에 내재된 합리적인 시간 변경을 허용하는 일정을 수립해야 한다.

프로젝트관리자는 위에서 설명한 문제를 해결해야 한다. 프로젝트관리자는 항상 이러한 상황에 주의해야 하며, 발생하는 상황을 처리하기 위해 프로젝트를 지속적으로 계획, 변경 및 조정해야 한다.

계약 가격 책정 방식

시공자를 보상하기 위해 선택되는 방법은 프로젝트의 비용, 일정 및 발주자와 설계자의 개입 수준에 큰 영향을 줄 수 있다. 계약 가격은 고정 가격과 비용 상환의 두 가지 일반적인 범주로 나눌 수 있다. 고정 가격 계약의 경우 시공자는 총액 또는 단가 기준으로 보상을 받을 수 있다. 실비 정산 계약에는 비용과 고정 수수료, 보장 최대 가격 또는 인센티브 중 하나 또는 조합에 의한 지불 방법이 포함될 수 있다.

시공 서비스에 대한 상기 지불 방법의 장·단점 및 조건에 대해 기술한 서적 및 논문은 많이 있다. 다음 단락은 프로젝트관리자가 자신의 역할을 수행할 수 있도록 이미 작성된 내용을 요약하여 제시한다.

총액 계약의 목적은 시공 전에 설계자가 준비한 완전한 계획 및 시방서 세트를 제공하여 프로젝트 비용을 수정하는 것이다. 하지만 시공자는 공사 도중 요구될 수 있는 변경사항에 대한 추가 보상을 받을 자격이 있다. 총액 계약의 경우 공사 중 변경이 비용 초과의 주요 원인이다. 이러한 프로젝트 유형의 경우 가능한 한 오류가 없고 설계자의 변경사항을 최소로 유지하는 완벽한 설계가 요구된다. 존재할 수 있는 불일치를 발견하고 프로젝트의 시공 가능성을 확인하기 위해 입찰 전에 계약서에 대한 적절한 검토가 있어야 한다. 프로젝트관리자는 시공 중 발주자와 협력하여 프로젝트 비용 및 일정에 미치는 영향을 포함한 프로젝트 변경의 전체 영향을 평가해야 한다. 그 이유는 프로젝트 한 영역에서의 변경이 종종 다른 영역에 영향을 미치기 때문이다. 시공 계약서에 서명하기 전에 동의한 프로젝트 변경과 관련된 추가 작업을 위해 인력 및 설비에 대한 요율 일정이 있어야 한다.

단가 계약은 시공자가 총액 입찰을 제출할 수 있는 정도의 정확도로 작업량을 결정할 수 없기 때문에 체결된다. 단가 계약에 대한 비용 초과의 주요 원인은 견적된 지불에 요구되는 수량의 오류이다. 견적된 지불 수량의 오류는 시공자의 불균형한 입찰로 이어질 수 있으며 이로 인해 프로젝트의 예상 비용이 크게 늘어나고 비용이 많이 소요되는 법적 분쟁이 발생할 수 있다. 시공자의 입찰 요청 전에 단가 계약의 모든 견적된 지불 수량을 철저히 검토해야 한다. 모든 입찰가를 수령한 후, 입찰가의 불균형을 발견하기 위해 각 단가 입찰 항목을 면밀하게 검토해야 한다. 특히, 많은 수량의 지불 항목과 비정상적으로 큰 단가 입찰 항목을 검토하여 불규칙성을 발견해야 한다.

일부 프로젝트의 경우 설계가 완료되기 전에 시공을 시작하는 것이 바람직하다. 예를 들어, 복잡한 프로젝트 또는 공사를 시작하기 전에 전체 프로젝트의 전체 세부 설계를 작성하는 것이 현실적이지 않은 비상상황으로 인해 완료해야 하는 프로젝트가 있다. 실비정산식 프로젝트는 자재 조달 및 작업 측정에 대한 광범위한 모니터링이 요구된다. 발주자의 조직은 프로젝트와 관련된 자재, 인력, 설비 및 기타 비용을 검토하고 승인할 수 있는 현장 사무소를 설립해야 한다. 이 계약방식은 시공 중에 필요에 따라 프로젝트를 수정할 수 있는 유연성이 요구되는 발주자 조직에 효율적일 수 있다. 하지만 발주자는 프로젝트 처리에 대한 광범위한 경험이 있어야 한다.

설계/입찰/시공 방법에 의한 프로젝트 조달

설계/입찰/시공(D/B/B)은 종종 전통적인 프로젝트 조달 방법으로 간주된다. 모든 설계 작업은 입찰 및 시공 프로세스를 시작하기 전에 완료된다. 이 조달 방법은 일반적으로 비용이 최우선이고 일정이 다음이며, 범위가 잘 정의되어 있는 프로젝트에 선택된다.

D/B/B 프로젝트 조달 방법은 발주자, 설계자 및 시공자가 참여하는 3자 계약이다. 발주자는 설계 서비스에 대하여 설계자와 한 계약에 서명하고 시공 서비스에 대하여 시공자와 다른 계약을 체결한다. 설계자와 시공자 모두 발주자를 위해 업무를 수행한다. 시공자는 설계자를 위해 일하지 않는다; 하지만, 발주자는 일반적으로 시공기간 도중 대리인으로 설계자를 지정한다. 설계자는 일반적으로 미리 정해진 대가 또는 시공 계약의 일정 비율에 따라 지급을 받는다. 시공자는 정액으로 지급 받는다.

입찰하기 전에 설계가 완료되므로 발주자는 시공을 진행하기 전에 가장 큰 비용이 발생했을 때 프로젝트가 어떻게 보일지 알 수 있는 기회를 가질 수 있다. 시공자는 또한 프로젝트 요구사항을 명확하게 이해하고 있으므로 높은 정확도로 공사비를 견적할 수 있다. 이를 통해 발주자는 시공 계약서에 서명하기 전 프로젝트 비용을 알 수 있다. D/B/B에서는 모든 당사자의 책임, 위험 및 개입이 잘 정의되어 있다. 발주자는 설계 중에 상대적으로 높은 수준의 개입과 통제를 하지만, 계약서에 시공자가 해야 할 일을 명확히 정의하기 때문에 시공 중 개입이 적다.

D/B/B 프로젝트 조달 방법의 가장 큰 단점은 실제 시공을 시작하기 전에 설계 완료와 프로젝트 입찰에 요구되는 연장되는 시간이다. 시공 계약을 맺은 후에 변경된 사항은 발주자에게 많은 비용을 소요하게 한다.

설계/시공 일괄 방식에 의한 프로젝트 조달

설계/시공(D/B) 프로젝트 조달 방법은 종종 프로젝트 완료 시간을 단축하기 위해 선택된다. 모든 설계가 완료되기 전에 시공이 시작될 수 있으므로 완료 시간은 일반적으로 단축된다. 발주자는 프로젝트 전반에 걸쳐 상당한 통제력과 참여 수준을 가지고 있다. 이는 시공 도중 설계 개정을 통해 발주자에게 유연성을 제공한다. D/B 프로젝트 조달 방법은 일정이 최우선이고, 비용이 다음이며, 범위가 잘 정의되지 않은 프로젝트에 대해 보통 선택된다.

프로젝트 조달의 D/B 방법은 발주자와 D/B 회사가 관련된 2자 계약이다. 설계와 시공 서비스를 수행하기 위해 발주자와 D/B 회사 간에 계약이 체결된다. 시공 도면을 포함한 모든 설계는 D/B 시공자가 수행한다. 모든 시공은 D/B 시공자에 의해 수행되지만 D/B 시공자는 하나 또는 여러 개의 하도급 업체를 고용할 수 있다. D/B 회사는 일반적으로 숙련된 시공 직원뿐만 아니라 사내 설계 직원을 보유하고 있다. 이러한 배치는 D/B/B 조달 방법에서 종종 발생하는 설계자와 시공자 간의 충돌을 줄일 수 있다. 때로는 건설 시공자가 설계 회사와 팀을 구성하거나 설계 회사가 건설 시공자와 팀을 구성하여 발주자에게 D/B 업무를 제공하기도 한다.

자격기반 선정 방식(QBS) 절차를 통해 D/B 회사를 선택하는 것이 일반적이다. 발주자는 사전 인증 또는 사전 심사를 거친 기업 목록의 기업을 대상으로 제안서를 요청한다. 평가 프로세스는 품질, 안전 기록, 일정, 과거 직무에 대한 비용 성과 및 예상되는 각 D/B 회사의 기타 요인을 평가하는데 사용된다. 따라서 선택은 가격보다는 자격에 따라 결정된다. D/B 서비스의 비용은 일반적으로 비용에 일정 금액 또는 비용과 일정 비율을 더한 형태의 비용 상환 방식에 따라 결정된다.

합리적으로 정의된 범위를 가진 프로젝트의 경우 D/B 회사는 때때로 가격에 따라 선택된다. 인센티브의 경우, 보증된 최대 금액에 기초하여 계약을 할 수 있으며, 최종 비용이 보증된 금액보다 적을 때 인센티브를, 최종 비용이 보증된 금액보다 많을 경우 패널티를 부과할 수 있다.

총 프로젝트 비용이 주요 고려사항이지만, 설계가 준비되지 않았기 때문에 총 비용은 D/B 프로젝트 초기에 잘 알려지지 않는다. 감리 업무는 설계자가 시공자이기도하기 때문에 프로젝트 초기에 해결해야 하는 문제이다. 자격을 갖춘 개인이 발주자 조직에서 제공되는 경우 발주자는 감리를 수행할 수 있다. 경우에 따라 독립적인 제3자가 감리 서비스에 활용된다.

건설관리 방법에 의한 프로젝트 조달

프로젝트 조달에 대한 건설관리(CM) 방법에는 많은 변형이 있다. CM의 한 가지 변형을 **에이전시(대리인)** CM이라고 하며, 때로는 엔지니어링 및 시공 업계에서 순수 CM이라고도 한다. 이 계약에서 CM은 발주자의 대리인 역할을 하는 발주자 조직 외부의 회사이다. 대리인 CM 회사는 설계 또는 시공을 수행하지 않지만 프로젝트를 수행하기 위해 하나 이상의 설계 회사 및 하나 이상의 건설 시공자를 선임하는데 발주자를 지원한다. 대리인 CM 회사는 모든 계약이 발주자와 설계자, 시공자 사이에서 체결되기 때문에 아무런 위험이 없다고 가정한다. 일반적으로 대리인 CM은 대가로 업무를 수행한다.

기업조직의 CM은 CM 서비스가 발주자 조직 내의 직원이 제공하는 것을 제외하고는 대리인 CM과 유사하다. 설계 및 시공은 발주자 조직 외부의 회사에서 수행하며, 기업조직의 CM 직원은 전반적인 성과를 관리하고 조정한다.

위험부담형 CM(CM@Risk)은 CM의 또 다른 변형이다. CM@Risk라는 용어는 CM 회사가 실제로 일부 프로젝트 작업을 수행하므로 품질, 비용 및 일정과 관련된 위험에 노출될 수 있기 때문에 사용된다. 업무는 설계의 일부 또는 전체뿐만 아니라 시공의 일부 또는 전체를 포함할 수 있다. CM@Risk에는 주로 CM에 관여하게 되는 시공 회사와 주로 CM에 관여하는 설계 회사의 두 가지 하위 변형이 있다. CM@Risk 작업을 수행하는 시공자는 일반적으로 프로젝트의 시공 측면에 중점을 두고 시공 성과를 지원하는데 요구되는 설계 작업은 고용을 통해 진행한다. 때로는 이러한 CM의 변형을 **시공자 CM**이라고 한다. CM@Risk를 수행하는 설계 회사는 시공보다 설계와 밀접하게 관련되어 있다. 일반적으로 그들은 프로젝트의 설계 측면에 초점을 맞추고 시공 작업은 고용을 통해 진행한다. CM의 이러한 변형을 **설계자 CM**이라고도 한다. CM@Risk 회사는 총액, 실비정산 또는 최대공사비 보증가격(GMP) 기준으로 일할 수 있다.

프로젝트 조달에 사용되는 CM 방법의 변형과 관계없이 CM은 발주자가 자신의 참여 수준을 제어할 수 있게 해주는 프로젝트의 단일 공급자 관리이다. 성공하려면 CM이 프로젝트 초기에 참여해야 한다. CM의 개입 없이 일부 설계 작업을 수행하면 CM 서비스를 사용할 수 없다. 프로젝트 초기에 CM을 선택하면 설계자 및 시공자의 계약관리 비용을 없앰으로써 비용 절감 가능성을 높일 수 있다. 프로젝트의 시작부터 끝까지 모든 관계자를 통합하여 잠재적인 시간 절약 효과를 얻을 수도 있다. 이를 통해 발주자는 일상적인 문제보다는 프로젝트의 전반적인 측면에 집중할 수 있다.

CM은 작업에 차이나 중첩이 없도록 여러 건설 계약을 주의 깊게 모니터링 해야 한다. 여러 건설 계약의 비용을 추적하려면 세심한 주의가 요구된다. 또한 작업 현장에서 시공자의 작업 방해로 발생할 수 있는 지연을 방지하기 위해 프로젝트를 신중하게 모니터링 해야 한다.

브리징 프로젝트 조달 방법

브리징은 빌딩 유형 프로젝트를 위한 프로젝트 조달의 복합적인 방법이다. 계약문서는 발주자의 설계자가 준비한다. 이 문서는 프로젝트의 기능적 사용 및 외관 요구사항을 정의한다. 실행 시방서는 시공 기술을 지정하는데 사용된다. 시공의 세부 사항은 건설 시공자에 의해 개발된다. 시공도면으로 구성된 최종 설계를 수행하고 하도급 업체를 활용하여 엔지니어링/건설 시공자가 시공 서비스를 제공한다.

수익형 민자사업(B-O-T: Build-Operate-Transfer)

B-O-T는 민간 부문과 공공 부문 간의 파트너링 관계를 수반한다. 이는 민간 부문의 기업이 프로젝트를 건설하고 특정 기간 동안 이를 운영하며, 궁극적으로 연방 정부 또는 주 정부기관인 공공 부문으로 프로젝트의 소유권을 이전하는 방식이다. 이 협약은 유료 도로 고속도로, 발전소 또는 수처리 시설과 같은 장기 기반 시설 프로젝트에 주로 사용된다.

민간 부문은 프로젝트를 설계 및 시공 한 다음 건설비용과 합리적인 투자 수익을 회수하기 위해 충분한 시간 동안 운영한다. 완료된 프로젝트가 운영되는 동안 민간 부문 회사는 프로젝트 사용료를 통해 수익을 얻는다. 소유권 이전은 민간 부문 회사와 공공 부문 정부기관 간의 B-O-T 계약의 양허 날짜에 명시되어 있다.

패스트 트랙 프로젝트

패스트 트랙은 가능한 가장 빠른 시간 내에 완료되어야 하는 프로젝트에 일반적으로 사용되는 용어이다. 시공 작업은 설계와 중첩하여 진행된다. 설계의 일부가 완료되자마자 시공 작업이 시작된다. 프로젝트 진행시 D/B(설계시공 일괄방식) 또는 CM(건설관리) 방식으로 신속한 프로젝트 수행이 가능하다. 패스트 트랙은 발주자의 요청에 따라 일정이 잡힌 프로젝트에 적용된다. 예를 들어, 발주자는 경쟁사보다 먼저 제품을 생산하고 판매하기 위해 가능한 한 조기에 공정 플랜트를 완료하고자 할 수 있다. 또는 특정 이벤트를 수용하기 위해 특정 날짜까지 건물 건설을 완료하고자 할 수 있다.

턴키 프로젝트

Turn-key는 프로젝트가 발주자에게 넘겨지기 전에 설계, 시공 및 운영되는 프로젝트에 일반적으로 사용되는 용어이다. 턴키 서비스를 제공하는 회사는 프로젝트의 토지를 확보하고, 설계의 모든 측면을 수행 또는 조정하고, 건설 계약을 조정하고 관리하며, 프로젝트 건설을 관리하고, 직원을 교육시키고, 시설 운영 인력을 훈련시킨 다음 프로젝트를 발주자에게 인도한다. 턴키 프로젝트는 일반적으로 원격지에 플랜트 유형의 설비를 제조 또는 처리한다.

설계 개발 및 실행 시방서

일부 설계 기능을 갖추고 있지만 전체 프로젝트를 설계하기에 부족한 발주자 조직은 예비 설계 개발 도면을 기준으로 입찰을 요청한다. 예를 들어, 설계 개발 도면은 최종 도면의 30~50% 수준으로만 개발될 수 있다. 그런 다음 실행 시방서는 시스템이 어떻게 수행되는지 보다는 프로젝트에서 시스템이 수행해야 하는 작업을 설명하기 위해 작성된다. 시공 도면은 프로젝트와 관련된 특별한 전문지식을 가진 D/B 시공자에 의해 완료된다. 공정 산업의 발주자 조직은 때때로 이러한 방식으로 프로젝트를 처리한다.

프로젝트 조달을 위한 주요 결정

다음 문제는 모든 프로젝트의 성공에 중요한 영향을 미칠 수 있으므로 프로젝트 조달 방법을 선택할 때 고려해야 한다.

1. 계약 수
2. 선정 기준
3. 발주자와 시공자의 관계
4. 지불 조건

계약 수

위에서 설명한 것처럼 계약 수는 선택한 프로젝트 조달 방법에 따라 달라질 수 있다. D/B/B(설계시공 분리입찰) 프로젝트의 경우, 발주자는 두 명의 당사자에게 계약을 체결한다: 하나는 설계자에게, 다른 일부는 설계 회사에, 그리고 다른 하

나는 시공자에게 계약을 맺으며, 이들은 특수한 시공 작업을 수행하는 여러 하도급 업체와 계약할 수 있다.

D/B(설계시공 일괄방식) 프로젝트의 경우 발주자는 한 계약 당사자인 D/B 회사와 계약을 체결한다: D/B 회사는 많은 시공자와 하도급 계약을 할 수 있다. CM 프로젝트의 경우 발주자는 건설관리자, 설계자 및 건설 시공자와 같은 세 당사자와 계약한다. 이 시나리오에서, 이 세 주요 당사자 각각에 따라 많은 하도급 계약이 있을 수 있다.

선정 기준

가격 ——————————————— 자격

위에서 설명한 바와 같이 시공자는 가격이나 자격 기준에 따라 선정될 수 있다. 전통적으로 설계자는 자격에 따라 선정되며, 그리고 시공자들은 가격에 따라 결정된다. 하지만 최근 몇 년 동안의 추세는 가격을 기준으로 설계자를 선정하는 것이었다. 선정 기준은 조달중인 서비스에 따라 다르다. 일반적으로 가격은 쉽게 정의할 수 있는 제품이나 쉽게 평가할 수 있는 서비스를 선택하는 데 사용된다. 자격은 특별한 전문지식, 지식 및 판단이 요구되는 독특한 제품, 독점권을 가진 작업 또는 서비스에 사용된다.

계약 관계

대리인 ——————————————— 공급업체

시공자는 대리인 또는 공급업체로 볼 수 있다. 대리인은 발주자의 이익을 대표하며, 대가를 지급받고 작업한다. 그리고 일반적으로 자격을 기준으로 선정된다. 공급업체는 특정 제품 또는 서비스를 제공하고 가격을 기준으로 작업하며 일반적으로 가격에 따라 선정된다. 전통적으로 설계자는 스펙트럼의 대리인 측에 있으며, 시공자는 스펙트럼의 공급업체 측에 있다. 일부 발주자는 시공자에게 시공 조달 및 관리에 대하여 대리인 역할을 하도록 요청하며, 설계자는 계획과 시방서의 공급업체로 취급한다. 발주자는 조언이나 지침을 필요로 할 때 일반적으로 대리인 관계를 선택한다. 반면 발주자는 정확히 무엇이 필요한지 알고 있으면 공급업체 관계를 선택할 수 있다.

지불 조건

총액	실비정산

위에서 설명한 것처럼 지급 조건은 고정가격에서 실비정산까지 다양하다. 고정가격은 작업의 세부 사항을 잘 이해할 때 사용된다. 실비정산은 작업 범위가 알려지지 않았거나 명확하게 정의되지 않은 경우에 사용된다. 실비정산 방식은 고정된 가격부터 변동이 가능한 지불 조건의 범위가 있다.

지불에 대한 총액 계약에 따라 시공자는 계약 서류의 실행에 근거하여 작업에 대한 고정된 금액을 지급 받는다. 단가 지불의 경우, 시공자는 설치된 각 자재 단위당 미리 결정된 금액을 기준으로 지급 받는다.

최대상한비용(GMP)이 있는 실비정산 보수가산 계약의 경우 시공자에게 실제 비용과 수수료를 지불한다. 만약 비용이 GMP를 초과하는 경우 시공자가 추가 비용을 부담한다. 만약 비용이 GMP 미만이면 시공자는 절감액을 공유하게 된다.

목표 비용이 있는 실비정산 보수가산 계약의 경우 시공자에게 실제 비용과 수수료를 지불한다. 목표 비용을 충족시키기 위한 인센티브로서 다양한 보너스를 준비할 수 있다. 그리고 최종 비용이 목표 비용에서 벗어나면 벌금이 부과된다. 예를 들어, 최종 비용이 목표 비용을 넘어설 경우 시공자는 모든 비용의 80%를 부담하고 발주자는 20%를 부담할 수 있다. 또는, 계약업체는 최종 비용이 목표 비용보다 낮을 경우 70%를 받고 발주자는 30%를 절감할 수 있다. 따라서 시공자는 목표 가격으로 절감액을 공유하고 비용이 목표 가격을 초과하면 초과분을 지불한다. 목표 가격은 주문 변경 프로세스를 통해 수정할 수 있다.

실비정산 보수가산 프로젝트의 경우 시공자는 실제 비용과 고정 또는 수수료를 지불한다. 비율 대가는 발주자와 시공자 사이에 합의된 계약에 따라 기존 제반조건 변동에 따르는 차등제가 될 수 있다.

위의 지불 조건은 하나의 계약으로 결합될 수 있다. 예를 들어, 고정 가격, 일반 토질 굴착을 위한 단가 및 암석 굴착을 위한 실비정산 보수가산 요금을 가진 총액 방식이다. 지불 조건은 각 당사자가 가정하는 위험 금액에 비례해야 한다.

예비 입찰자 및 입찰

시공자 선정은 중요하다. 그 이유는 프로젝트의 성공적인 완료가 시공자에 크게 의존하기 때문이다. 발주자, 설계자는 시공자에게 계획, 시방서에 따라 프로젝트를 시공하기 위한 인력, 설비, 재료 및 노하우를 제공해야 한다. 시공자에게 문제가 있으면 모든 사람에게 문제가 있는 것이다.

발주자는 대개 입찰을 수락하기 전에 예비 시공자가 입찰 보증금을 제공하도록 요구한다. 계약을 체결하기 전에 대부분의 발주자들은 계약업체에 자재 및 노무 지급 보증금과 이행 보증금을 제출하도록 요구한다. 모든 보증은 현장에서 시공을 시작하기 전에 시공자로부터 발주자에게 제공된다. 보증은 발주자에게 어느 정도의 보호를 제공하지만 시공이 원활하게 진행될 것이라고 보장하지는 않는다. 보증 요건 외에도, 예비 입찰자들은 업계에서의 경험, 재정 능력, 안전 기록 및 일반적인 성격과 평판을 평가하는 자격 인정 프로세스를 통해 심사를 받아야 한다.

경쟁 입찰 프로젝트의 경우 대표적으로 비용을 비교하기 위해 최소한 3회의 입찰을 받아야 한다. 일반적으로 입찰자 수가 많을수록 경쟁률이 높아져 입찰가가 낮아진다. 하지만 입찰자들의 품질이 입찰자들의 수보다 더 중요하다. 민간 프로젝트의 경우, 어떤 회사가 입찰서를 제출하도록 허용되어 있는지 통제관리하는 것이 가능하다. 이러한 상황에서는 만약 입찰자들의 능력에 문제가 있거나 입찰자들이 단순히 프로젝트 시공을 원하지 않는다면 업체들이 입찰하지 못하게 하는 것이 더 좋다.

시공자가 입찰을 제출할 수 있는 기간은 신중히 고려해야 한다. 제안된 기한은 입찰자가 철저한 입찰을 준비하는데 충분해야 한다. 어느 정도의 시간이 적당할지에 대한 불확실성이 있는 경우 평판 좋은 시공자와 협의하여 입찰 준비에 요구되는 시간을 설정할 수 있다. 시간이 너무 짧으면 일부 입찰자가 제출을 거부하거나 입찰가가 제대로 준비되지 않을 수도 있다. 입찰 시간이 너무 길면 시공에 불필요한 지체가 있을 수 있다.

부록은 입찰과정에서 입찰 패키지에서의 오류 수정이나 프로젝트 요구사항을 명확히 하거나 계약을 시공자에게 승인하기 전에 변경하는 입찰 패키지의 변경사항이다. 수많은 부가조항들은 평판이 좋은 예비 입찰자를 낙담시키거나 입찰자를 계획 및 시방서 품질에 관한 위태로운 "주의" 상태 또는 시공 중에 발주자가 추가 변경할 가능성에 빠뜨릴 수 있다. 이러한 조건들은 비용이 많이 드는 변경 주문으로 이어질 수 있으며, 이는 프로젝트의 최종 비용에 부정적인 영향을 미치게 된다.

입찰 전 회의는 프로젝트의 모든 고유한 측면을 명확히 하고 입찰자들이 좋은 입찰 준비를 할 수 있도록 지원하기 위해 개최되어야 한다. 이 시점은 범위를 명확히 하고, 특별한 작업 조건을 설명하고, 계약업체의 질문에 답하기에 적절한 시기이다. 회의에서 명확히 밝혀진 항목, 즉 입찰서류에 없는 항목은 모든 당사자에게 서면으로 확인해야 한다.

어떤 사업에 대해서는, 계약을 관리하는 당사자는 시공자가 그 사업을 입찰하기 위해 사용 중인 동일한 입찰 문서 세트로부터 세부적 비용 견적을 준비해야 한다. 이것은 견적을 준비하는 과정에서 프로젝트의 모든 측면을 면밀히 검토해야 진행되기 때문에 계약업체의 입찰 평가에 도움이 될 수 있다. 프로젝트와 관련된 많은 문제는 입찰 문서를 철저히 검토하고 세부적 비용 견적을 준비하는 과정을 통해 탐지될 수 있다. 본 계약을 관리할 수 있는 당사자내 조직에 이런 능력이 없다면 이 서비스를 실시할 수 있는 전문적인 견적 회사가 많으므로 활용 가능하다.

자격 기반 선정(QBS)

총액, 고정 가격 프로젝트의 경우 시공자는 일반적으로 가장 낮고 최상의 자격을 갖춘 입찰자를 기준으로 선정한다. 최저가 가격 결정은 각 시공자가 입찰 가격을 제출해야 하기 때문에 상대적으로 간단하다. 자격을 보증하기 위해 시공자는 입찰 전에 사전 인증 양식을 제출해야 한다. 이 양식은 일반적으로 시공자의 평판, 재무 안정성 및 업무 수행 능력에 관한 정보를 요구한다. 또한 대부분의 입찰 서류는 입찰가가 발주자에게 제출될 때 입찰 보증이 요구된다. 입찰 보증에 대한 자격은 일반적으로 시공자가 계약서에 서명한 후 지불 및 이행 보증에 대한 자격이 있음을 발주자에게 보증하는 것이다.

실비정산 프로젝트 또는 협상된 계약의 경우, 시공자를 선정할 때 프로젝트의 가격을 알 수 없기 때문에 시공자는 종종 QBS를 기준으로 선정된다. 발주자는 대개 시공을 위해 선정될 가능성이 있는 시공자들의 선별된 리스트를 활용한다. 회의는 각 계약 당사자에게 제안된 계약의 범위와 발주자가 원하는 프로젝트 결과에 관한 명확한 설명을 듣고 질문을 할 수 있는 기회를 제공하기 위해 개최된다. 이 회의는 본질적으로 유익하며, 프로젝트 현장 방문을 포함할 수도 있다. 그 이후에, 계약업체로부터 제안서에 대한 공식 요청(RFP)을 요청 받는다. 전형적으로,

RFP는 비용 제안서를 포함하여 전체적인 프로젝트관리 및 기술 능력, 관련된 과거 업무 및 성과 기록, 프로젝트 처리 방식에 관한 정보를 요청한다. 발주자가 공통적으로 제안서를 비교할 수 있도록 각 계약업체에게 RFP용 제출 양식이 제공된다.

모든 RFP를 회수하면 발주자는 평가를 수행한다. 각 비용 제안에 대한 평가가 이루어진다. 실제 비용을 알 수 없으므로 발주자는 각 시공자의 비용 제안이 현실적인지 여부를 결정해야 한다. 비용 제안에는 모든 인력, 설비 및 작업에 적용되는 간접비용에 대한 대가 일정이 포함될 수 있다. 일반적으로 발주자는 가장 최소의 비용을 추구하는 것이 아니라 경쟁력 있는 비용 범위를 추구한다. 비용은 고려되지만 최후의 선택은 최상의 최종 제안에 근거한다.

최고 및 최종 제안을 결정하기 위해 가중치 평가 시스템을 사용하여 각 RFP의 정량적 측정을 제공한다. 예를 들어, RFP는 중요도에 따라 각 카테고리에 가중치가 부여된 카테고리로 나뉜다. 어떤 카테고리는 동일한 가중치를 부여 받지만 다른 카테고리는 다른 가중치를 부여할 수 있다. 아래는 평가를 위한 카테고리의 예시이다.

- 경영 정보 시스템
- 프로젝트 일정
- 인사
- 시공자 품질관리
- 외주 업체 관리
- 자원 활용
- 보건 및 안전 접근
- 재무 능력
- 경험과 참고자료

경영 정보 시스템은 CADD, 스케줄링, 비용 산정, 회계, 제출보고 시스템 및 기타 관련 데이터를 위한 소프트웨어를 포함할 수 있다. 효율적인 경영 정보 시스템의 개발 수준은 설계 및 시공 기간 동안 프로젝트 예산을 유지하는 기업의 능력을 측정한 것이다. 프로젝트를 완료하는데 요구되는 주요 일정을 보여주는 적절한 프로젝트 일정(바차트 또는 네트워크)을 제공해야 한다. 가격은 시공자를 선정할 때 고려해야 하기 때문에 비용 견적이 요구된다. 최종 비용은 시공자가 선정될 때 알 수 없지만 비용 견적은 최종 비용을 나타낸다.

인력의 역량은 QBS의 시공자 선정에 있어 매우 중요하다. 핵심 인력의 이력서는 프로젝트에서 요구되는 작업을 수행할 수 있는 팀 구성임을 보여 주어야 한다. 공식적인 교육, 프로젝트 경험 및 주요 팀 인사의 전문적 등록은 업무 수행 능력을 나타내는 지표이다. 각 제안서에는 프로젝트에 활용할 인사, 자원 및 주요 외주업체 목록이 포함되어야 한다.

엔지니어링 및 건설 프로젝트는 여러 하도급 업체를 관리해야 한다. QBS의 시공자 선정을 위한 RFP 요청은 재료, 설비, 서비스 및 하도급 업체 조달 계획을 포함해야 한다. 발주자는 예비 시공자로부터의 RFP를 요청하기 전에 선호하는 공급업체의 목록을 제공해야 한다. 모든 QBS 프로세스는 자원 활용에 관한 정보를 제공해야 하며, 여기에는 근로시간을 포함하여 프로젝트 전체에 걸쳐 경험이 풍부한 인력을 확보하기 위해 변동이 잦은 인력 계획에 대한 상세 설명도 포함된다.

품질 보증 및 품질관리(QA/QC) 프로그램은 QBS 프로세스에 의한 시공자 선정을 위하여 RFP에 완전히 문서화되어야 한다. 시스템은 설계 도면 및 시방서 개발기간 동안, 그리고 시험, 검사 및 안전을 포함한 시공 공정 전체에 걸친 품질관리를 포함해야 한다.

시공자의 QBS에 대한 제안을 평가할 때 고려해야 할 요소는 각 프로젝트에 부합하게 조정되어야 한다. 일반적으로 최종 선정은 품질, 기술적 장점, 일정 및 비용의 조합을 기준으로 한다. 품질은 기술적 탁월성, 관리 능력, 인력 자격, 이전 경험, 과거 실적 및 일정 준수와 관련한 것으로 나타낼 수 있다. 가장 낮은 가격이 시공자를 결정하는데 적절하지만 최종 선정은 성능 측면에서 발주자에게 가장 큰 가치를 제공하는 제안을 기반으로 할 수 있다.

실비정산 계약의 경우 비용의 사전 견적이 최종적인 실제 비용에 대한 유효한 지표가 되지 못할 수 있으므로 비용 제안이 관리 요인이 되어서는 안 된다. 일반적으로 실비정산 계약은 최저 제안 비용이나 가장 낮은 총 제안 비용에 보수를 가산한 것에 기준하여 주어지지 않는다. 원래 견적 비용을 기준으로 하는 실비정산 계약의 체결은 비현실적으로 낮은 견적을 제출하게 하고 비용 초과 가능성을 높일 수 있다. 기본 고려사항은 확립된 평가 기준에 따라 제안서 평가로 결정된 바와 같이, 발주자에게 가장 유리한 방식으로 계약을 수행할 제안을 보유한 회사이어야 한다.

수치 가중치는 발주자가 고려하는 각 요소에 적용된다. 일반적으로 가중치의 값은 제안서를 제출하는 회사에 공개되지 않는다. 하지만 RFP는 특정 평가 요소 또는 하위 요인에 적용되는 최소 요구사항을 예비 시공자에게 공지할 수 있다. 평가 프로세스 중 발주자는 요인의 가중치를 기준으로 각 요인에 점수를 할당한다.

시공자 선정은 RFP가 가장 높은 점수를 부여 받는 기준이다. 그러면 시공자에게 통보되고 사전 합의가 이루어진다. 최종 합의가 이루어지면 계약서에 서명한다.

입찰 체크리스트

표 11-2는 CM유형의 계약으로 처리되는 프로젝트의 입찰 및 보상 단계에 대한 의무 체크리스트를 제공한다. CM계약 유형이 아닌 프로젝트의 경우, CM의 의무는 계약 협정에 따라 발주자와 설계자 사이에 분배된다.

표 11-2 입찰 및 평가 단계에 대한 의무 체크리스트

입찰 및 계약 단계	발주자	건설관리자	설계자*	계약자
1. 절차 - 계약	필요에 따라 승인	문제 공식화	조언, 동의	×
2. 입찰자 목록	승인	준비	지원, 승인	×
3. 입찰 서류 견적	승인	준비	검토, 조언	×
4. 입찰 구분 설명	검토, 승인	준비	검토, 승인	×
5. 제안 양식	승인	준비	검토, 조언	완성
6. 시방서 - 입찰을 위한 광고	승인	준비	검토, 조언	응답
7. 입찰 문서의 준비	인쇄 및 배포 비용 지불	요구 양식 및 입찰자 목록 제공	인쇄 및 배포	수신
8. 회의 - 입찰 전	필요에 따라 참여	조직, 실시	참여	참여
9. 부록	승인	권고, 검토	권고, 초안과 발행	확인
10. 입찰 개시	필요에 따라 참석	조직, 실시	참석	×
11. 회의 - 입찰 후	필요에 따라 참석	조직, 실시	참석	참석
12. 계약 의향서	승인, 서명	준비, 발행	권고, 승인	응답
13. 보증 - 이행, 노무, 자재	검토, 파일	검토와 승인	검토와 조언	제공
14. 보험 - 책임 및 재산 손해	지정과 승인	충고, 모니터와 파일 인증서	입찰서류 요구사항 포함	제공
15. 계속 진행 통지	승인, 서명	준비, 발행	권고, 승인	응답
16. 계약의 체결	수락	권고	권고	수신

출처: NSPE / PEC Reporter, Vol. VII, 2번.

* 언급된 NSPE / PEC 출판물은 "건축가"를 인용했다. 하지만 여기서 "설계자"라는 용어는 건축가가 빌딩 프로젝트의 주요 설계 전문가일 수 있음을 암시하기 위해 사용되었지만 엔지니어는 중공업 프로젝트의 주요 설계 전문가일 수 있다.

성공적인 프로젝트를 위한 핵심

시공 중에 성공적인 프로젝트를 달성하기 위해서는 몇 가지 중요한 요소들이 있다. 우수한 현장 시공 대표자가 참여하여 발주자와 설계자의 이익을 대변해야 한다. 현장 시공 대표자는 프로젝트의 요구사항을 인지하고 있어야 하며 질문에 대답하고 상황이 발생하면 즉시 답변할 수 있어야 한다. 현장 시공 대표의 권한과 책임은 발주자, 설계자 및 시공자를 포함한 모든 당사자에게 명확하게 정의되어야 한다. 현장 시공 대표자는 같은 프로젝트에 관련된 모든 당사자가 이용할 수 있는 자산이라는 점을 인식해야 한다: 발주자, 설계자 및 시공자.

또 다른 중요한 요인은 발주자나 설계자가 아니라 작업을 수행하는 시공자가 개발하고 사용하는 우수하고 상세한 시공 일정이다. 발주자는 프로젝트의 시작, 종료 날짜만 정의해야 한다. 시공자들은 자신들의 능력, 자원, 그리고 현장에서 프로젝트를 시공하는데 요구되는 여러 활동들을 조정하기 위한 계획을 세우는 방법을 알고 있다. 따라서 시공자들은 수많은 시공 작업을 안내하는 일정을 개발할 수 있는 가장 우수한 자격이 있다.

우수한 프로젝트 통제관리 시스템은 비용, 일정, 근무시간 및 작업 품질을 모니터, 측정 및 평가하기 위해 개발되어야 한다. 9장에서는 프로젝트 추적 및 통제관리에 대해 자세히 설명하였다.

성공적인 프로젝트에서 가장 중요한 요소는 우수한 의사소통이다. 대부분의 경험이 풍부한 프로젝트관리자들은 대부분의 문제의 원인이 부족한 의사소통으로 귀결될 수 있다는 점에 동의한다. 사람들은 형편없이 일을 하거나 실수를 할 의도가 없다. 이런 종류의 문제들은 무엇을 해야 할지와 언제 해야 할지에 대한 오해의 결과인데, 의사소통이 잘 되지 않기 때문이다. 의사소통을 원활하게 하기 위해서는 사람들이 필요로 할 때 프로젝트관리자들이 대답할 수 있어야 한다.

프로젝트 조직 차트는 일반적으로 권한을 수직 라인으로 표시한다. 하지만 엄격하게 수직적인 권위를 따르는 것은 때로는 적시에 정보의 보급에 반응하지 못한다. 따라서 실제로 작업에 참여한 사람들 사이에 수평으로 흐르는 의사소통이 요구된다.

그림 11-1은 시공 단계에서 프로젝트에 필요한 수평적 의사소통을 나타내는 점선이 있는 프로젝트 구성 차트를 보여준다. 다양한 조직 간의 수평적 의사소통은 주로 구두이며, 종종 문서화되지 않아 오해와 법률 소송을 초래할 수 있기 때문에 모니터링하고 통제하기가 가장 어렵다. 따라서 수평적 의사소통은 정보공유에만

국한되어야 하며, 의사결정은 하지 않아야 한다. 이러한 수평적 의사소통이 필요하다고 하더라도 직속상관에게 알리는 것은 모든 개인의 책임이다.

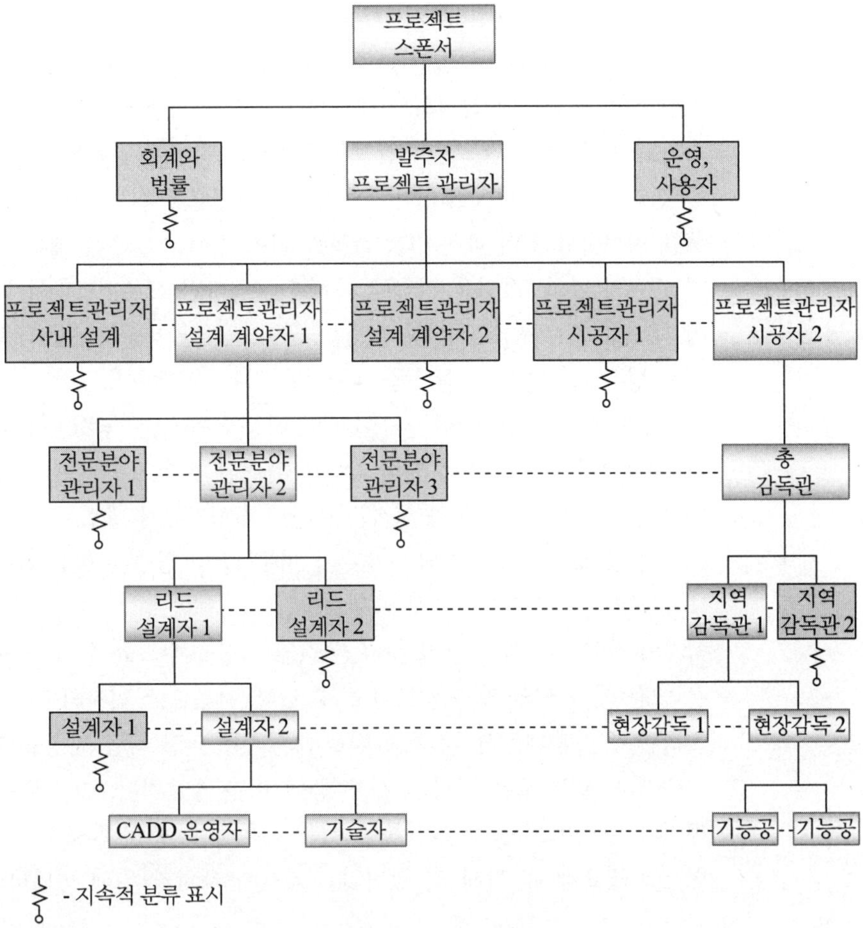

그림 11-1 **시공 중에 요구되는 효율적인 수평 의사소통 채널 (주: 수평 점선은 정보의 교환만 표시하고 수직 실선은 의사결정 권한을 나타낸다.)**

시공 일정관리

건설 프로젝트 일정관리 목적은 효율적이고 효과적으로 관리할 수 있도록 적절한 작업 계획을 세우는 것이다. 일정은 작업을 완료하는데 요구되는 모든 활동을 논리적 순서로 구성하고 일반적으로 쉽게 해석할 수 있는 시간 척도로 표시되어야 한다. 그 목적은 일을 완료하는데 요구되는 모든 활동이 적절하게 계획되고 조정되도록 보장하는 것이다. 변경사항이 발생할 때마다 일정을 조정해야 한다. 건설 시공자는 작업을 계획하고 계획을 수행해야 한다.

업무 현장 감독관은 일정을 준비하는데 반드시 참여해야 한다. 감독관은 일상적인 작업의 감독에 참여하기 때문에 업무 수행방법에 대해 더 나은 아이디어를 가지고 있다. 만일 감독관이 일정을 준비하는 작업에 관여한다면, 그 일정은 작업을 관리하는데 사용될 것이다. 그 이유는 일정표를 획득하는 감독관이 일정의 내용을 이해하고 있기 때문이다. 감독관 없이 준비된 일정은 대부분 성공적이지 못한 경우가 많다. 작업을 견적한 사람과 시공자의 프로젝트관리자는 일정을 준비할 때 정보를 제공하고 현장 감독을 돕는 귀중한 자원이지만 감독관은 프로젝트 진행 방식대로 일련의 활동을 계획해야 하는 사람이다.

우수한 시공 일정은 발주자, 설계자, 시공자 등 모든 당사자들의 최대 관심사이다. 무엇보다 시공 일정은 작업 감독과 관련된 현장 요원이 읽을 수 있고 쉽게 이해할 수 있어야 한다. 시공 일정은 현장의 작업자에게 별로 중요하지 않은 과도한 세부 사항으로 인해 개발되는 경우가 너무 많다. 일정은 현장 감독자가 예상되는 내용을 알 수 있도록 충분한 세부사항만 포함해야 한다. 그런 다음, 현장 감독은 각자의 작업에 대해 일일 또는 주간 작업 일정을 수립할 수 있다. 예를 들어, 일정은 "2층 페인팅"의 활동을 보여줄 수 있다. 페인트 작업자의 감독은 시공 일정에 지정된 주간에 페인팅 할 특정 방을 보여주는 일일 작업 일정을 개발할 수 있다.

자재와 설비 조달 날짜는 시공 중에 매우 중요하다. 그 이유는 늦은 조달이 지연의 원인이 되는 경우가 종종 있기 때문이다. 중요 활동의 조달 날짜는 작업 현장에 필요할 때 자재 및 장비의 도착을 보장하기 위해 면밀히 모니터링 해야 한다.

시공 일정의 문제점

어떤 상황에서 시공자는 일정에 대한 개념이 없는 발주자에게 일정을 주는 것을 피할 수 있다. 발주자는 시공자가 작업을 올바르게 계획하거나 조정하지 못했다는 것을 입증할 수 없다. 또 다른 견해는, 작업에 일정이 없기 때문에 시공자가 분쟁이나 클레임에 대하여 그들의 이익을 위해 작업 종료 시점에 실제 일정 대비 계획 일정을 작성할 수 있다는 것이다.

시공자로 하여금 적절한 시공 일정을 개발하도록 유도하는 한 가지 방법은 시공 일정을 계약 문서에 구체적인 지불 항목으로 포함시키는 것이다. 그러면 시공자는 기본 공정표 제출 후 매월 공정 업데이트 후에만 이 지불 항목에 대한 청구서를 제출할 수 있다. 예를 들어, 시공 일정을 제출하는 것은 시공을 위해 동원(인력, 설비 등)된 지불액과 관련이 있을 수 있다. 따라서 시공 일정을 제출하기 전까지 시공자는 동원 비용을 지불 받지 않을 것이다. 이는 대부분의 계약이 계약업체에게 동원 비용을 제공하기 때문에 시공 계약에 통합하기가 용이하다.

불행하게도 최근 몇 년 동안 발주자에 대하여 추가적인 시간과 비용에 관한 클레임을 청구하는데 도움이 되는 시공 일정을 활용하는 추세가 있었다. 일부 시공자는 계약서에 요구된다는 이유로 일정을 준비한다. 시공 계약에서 비용을 일정과 연계시키는 것이 일반적인 관행이며, 이는 시공자에 대한 월별 지불에 영향을 미친다. 일부 시공자는 변경 주문 및 클레임에서 더 많은 비용, 시간을 복구할 수 있는 기회를 제공한다는 개념에 따라 일정을 준비한다. 따라서 일정은 때로는 프로젝트를 관리하기 위한 계획 도구로만 사용되지 않고 추가적 시간 또는 비용을 얻는 도구로 사용된다.

시공자의 일정 수립, 검토 및 수락과 관련된 위험이 있다. 승인되거나 허용된 일정은 발주자에게 법적 영향을 줄 수 있다. 예를 들어 발주자가 일정을 수락하면 위험에 노출될 수 있는데, 이는 스케줄이 나중에 발주자에 대한 클레임 문서를 작성하는데 사용될 수 있기 때문이다. 하지만 시공 일정이 필요 없게 될 위험도 있다. 일정이 존재하지 않을 경우 시공자는 작업을 적절하게 계획하지 못할 수 있으며, 발주자는 공정을 측정하거나 조정 상태를 점검할 방법이 없다. 대부분의 경험 많은 시공 관리자들은 시공 일정이 요구될 때 위험 부담이 더 적다는데 동의한다.

누가 시공 일정을 검토하거나 승인하는 책임을 맡게 되더라도 주의를 기울여야 하는데, 이는 시공 일정에 관해서 많은 문제가 발생할 수 있기 때문이다. 이러한 주의사항 중 일부는 다음 단락에 제시되어 있다.

시공 사전 제출승인에 대한 주의사항

제출물은 시공자로부터 발주자 또는 설계자에게 검토, 승인을 위해 전송되는 문서이다. 경우에 따라서 계약 문서는 엔지니어가 작업 진행을 지연시키지 않도록 합리적인 기간 내에 시공자 제출물을 검토하도록 명시되어 있다. 시공자는 일반적으로 일정에 제출 검토 시간을 3일 또는 5일로 표시한다. 일정이 받아들여지면 일정에 표시된 시간이 "합리적인 기간"의 정의를 설정하며, 더 많은 시간이 걸리는 검토는 정의상 "합리적이지 않은" 것으로 간주되어 지연 또는 클레임을 초래하는 사례가 된다.

다른 상황에서는 일정에 제출된 제출 날짜가 없을 수 있다. 대신, 제출은 시공 활동의 당일 또는 다음 날에 시작되는 것으로 간주된다. 그런 다음 시공자는 활동의 시작이 지연되는 동안 지연 요청을 제기할 수 있으며, 엔지니어는 해당 시공 활동에 대한 제출을 검토한다.

제출 검토 시간과 관련된 문제를 피하기 위해 제출 문서 검토에 제출할 수 있는 시간을 명시한 조항을 계약서에 작성할 수 있다. 예를 들어, 엔지니어가 제출 서류를 수령한 후 최소 20일(달력일 기준)을 지켜야만 시공자의 제출 자료를 검토하고 이에 응답할 수 있다는 단락이 포함될 수 있다. 또한 계약 문서는 시공자의 제출물에 대한 재제출이 최초 제출물과 동일한 검토 시간을 가져야 한다고 규정할 수 있다. 이는 발주자와 엔지니어가 제출물 자료와 모든 재제출물을 검토할 단일 기간을 가져야 하는지 또는 각 재제출물 검토를 위한 시작 시간을 다시 해야 하는지의 문제를 완전히 명확히 한다. 이것은 수용할 수 없는 제출물을 제공할 위험에 대한 공정한 임무이다.

제출 일정 검토에 시공 일정을 요구하는 계약은 제출 검토 및 검토 시간의 영향과 관련된 많은 문제를 피할 수 있다. 시공자는 프로젝트에 요구되는 모든 제출 자료의 시공 일정 준비를 규정하는 계약내용에 각 제출물의 검토를 위해 제공되는 시기에 대한 조항을 포함할 수 있다. 이것은 시공자가 모든 제출물을 위한 계획을 가지고 있는지 확인하는데 도움이 된다. 또한 발주자와 엔지니어는 인력 배치를 계획하고 검토 프로세스에 맞게 작업할 수 있다. 설계자가 제공하는 모든 필수 제출물의 마스터 목록은 일정에서 제출물 자료를 통합하는데 도움이 될 것이다.

발주자가 공급하는 설비 또는 자재의 조달 날짜

건설업계에서는 발주자가 상당히 긴 리드 타임 설비나 자재를 조달하는 것이 일반적이다. 이것은 발주자를 위한 시간과 비용을 절약하기 위해 행해진다. 발주자가 공급하는 설비 또는 자재의 조달 일자는 일반적으로 시공 일정에 명시되어 있다. 발주자가 공급하는 설비 또는 자재 배송 일자가 일정에 표시되어 있고 발주자가 해당 일정을 수락할 경우, 이는 물품이 일정에 표시된 날짜보다 늦지 않게 배송된다는 비공식적 보증을 설정하는 것이다. 발주자가 이전에 예정되고 합의한 조달 기일을 충족할 수 없는 경우에 시공자는 작업 지연 및 영향 클레임으로 인한 추가 비용을 청구할 수 있다.

또 다른 문제는 시공 일정이 모든 발주자가 공급하는 물품에 대한 조달 일자보다 매우 이른 경우에 발생할 수 있다. 이것은 발주자가 공급하는 물품이 늦게 도착하면 시공자의 발주자에 대한 지연 클레임 제기에 대한 더 많은 기회를 제공한다. 이런 문제를 방지하기 위해, 계약서에는 모든 발주자가 공급하는 물품에 대하여 가능한 한 조기 조달할 수 있는 일자가 명시되어 있다. 발주자가 공급하는 물품과 관련된 클레임 문제를 해결하기 위한 또 다른 접근법은 계약 문서에 발주자가 공급하는 물품이 특정 일자 이전에 조달되지만 다른 일자보다 늦지 않을 것임을 조항으로 규정하는 것이다. 이러한 방식으로, 시공자는 작업 현장의 물품 항목을 언제 조달 받을 수 있는지에 대하여 확신할 수 있다. 예상 조달 일자를 제공하면 발주자가 공급하는 물품과 관련된 위험을 줄일 수 있다.

시공자 조달 일정 및 설치된 설비

설비 설치를 한 가지 활동으로 단순히 일정에 보여 주는 시공 일정은 설비를 조달하고 설치하는데 요구되는 작업에 대한 적절한 설명을 제공하지 않는다. 건설 시공자가 구입하여 설치하는 주요 설비는 제작, 납품 및 설치를 별도의 활동으로 나타내어야 한다. 이를 통해 시공자가 적절한 계획을 수립할 수 있으며, 제작 및 배송 시간에 대한 혼동을 줄일 수 있다. 또한 설비 설치에 대한 지불 요청이 설비 설치에 대한 지급 요청보다 훨씬 더 일찍 발생할 가능성이 있기 때문에 설비와 관련된 계약업체의 지불 요청을 명확하게 설명해야 한다. 설계자는 어떤 장비 품목이 주요 품목으로 간주되는지 입찰 문서에 명시해야 한다.

시공자가 제공한 설비의 적절한 계획 및 일정 수립을 지원하는 또 다른 방법은 시공자가 프로젝트 각 설비의 예상 주문 및 납기 일자를 보여주는 별도의 일정을 제공하도록 하는 조항을 계약에 포함시키는 것이다. 계약서에는 오류를 방지하기 위해 주요 설비로 간주되는 설비를 명시해야 한다.

계약 일정 제약조건

프로젝트의 설계 단계에서 다른 활동을 시작하기 전에 시공 활동을 완료해야 하는 일정 제약조건 또는 다른 활동의 중단을 방지하기 위해 따라야 하는 절차를 포함하도록 계약 문서를 작성할 수 있다. 이러한 유형의 상황은 새로운 시설을 건설하는 것보다 혁신형 프로젝트에서 더 많이 발생한다. 시공자의 최초 일정 제출은 이러한 요구사항을 무시할 수 있다. 발주자가 제약조건 없이 일정을 수락하고 나중에 계약 요건을 적용하려는 경우 시공자는 발주자가 "계약 요구사항을 포기한 것"이라고 주장할 수 있으며, 따라서 이 제약조건을 다시 설정하기 위한 공정한 조정이 필요하다.

발주자와 설계자는 시공자의 운영에 미치는 영향을 평가하기 위해 모든 제약조건을 신중하게 검토해야 한다. 계약 문서에 제약조건의 전체 목록이 작성되었는지 확인하려면 설계 단계에서 수행해야 한다. 시공자는 시공자에 대한 제약조건으로 인해 작업을 완료하는데 추가적 비용과 시간이 발생한다.

플로트 격리

플로트 격리(sequestering float)는 대부분의 활동에 여유가 거의 또는 전혀 없도록 시공 일정을 수립하는 기술이다. 이로 인해 여러 개의 주공정 경로 또는 하나의 주공정 경로와 그 밖의 수많은 다른 주공정 경로가 있는 스케줄이 생성된다. 왜냐하면 비주공정 경로는 5일이나 10일 미만과 같이 매우 작은 여유를 가지고 있기 때문이다. 광범위한 플로트 격리가 있는 시공 일정은 지연에 민감하다. 발주자에 의해 시공자의 운영에 방해가 되면 시공자는 추가 비용을 청구할 권리가 있다.

시공 일정에는 우선순위 서열화가 포함될 수도 있는데, 여기서 동시에 수행될 수 있는 활동은 순차적으로 표시된다. 동시에 활동을 표시하는 대신 순차적으로 활동을 표시하면 네트워크의 변동이 줄어들어 보다 중요한 활동이 발생한다.

인공적인 활동 기간을 평가하기 위해 시공 일정을 면밀히 검토해야 한다. 예를 들어, 20일 기간으로 표시되는 활동은 실제로는 10일만 소요될 수 있으며, 이로 인해 네트워크의 여유가 감소한다.

플로트 격리와 관련된 문제를 줄이기 위해 계약 문서에는 격리되지 않은 플로트 절이 포함될 수 있다. 이러한 조항은 "계약 문서의 플로트 공유 요구사항에 따라 우선 순서배열 또는 로직, 특수한 리드/지연, 로직 제한과 같은 플로트 억제 기술을 사용하며, 연장된 활동 시간은 금지되며 대체 플로트 억제 기술의 사용에 의해 공개되거나 암시된 플로트 시간의 사용은 발주자와 시공자의 비례 이득으로 공유되어야 한다."와 같다.

일정 업데이트

너무 자주 프로젝트의 시작 부분에 잘 구성된 일정이 잘못 준비된 업데이트로 인해 통제관리 하기 어려운 일정이 된다. 시공 중에 변경사항이 발생함에 따라 실제 작업을 모델링하는데 제약 조건을 사용하는 경향이 있다. 시작부터 끝까지 및 마무리 작업과 같은 활동 제약 조건의 사용은 거의 언제나 이해하기 어려운 논리를 야기하며, 종종 일정을 혼동하고 불신하게 만든다.

발주자, 설계자, 시공자 및 모든 주요 하도급 업체가 업데이트 프로세스를 검토하도록 하는 것이 도움이 될 수 있다. 모든 당사자 간의 공동 논의는 일정 업데이트가 제공될 때 의사소통을 강화하고 예기치 않은 일을 줄일 것이다. 이러한 논의를 통해 종종 활동 제약 조건을 제거할 수 있다. 가장 좋은 방법은 원래 일정을 개발하거나 일정 업데이트를 준비할 때 활동 제약조건을 사용하지 않는 것이다.

시공자와의 관계

건설업자가 시공 과정에서 주도적 역할을 맡는다. 하지만, 발주자와 설계자 또한 중요한 역할을 한다. 팀워크의 협력 환경이 조성되어야 모든 당사자들이 그 프로젝트를 달성하기 위한 하나의 단위로 함께 할 수 있다.

건설업은 다른 산업에 비해 독특하다. 시공은 프로젝트마다 서로 다르기 때문에, 시공 인력은 일시적이므로 여러 작업에 포함되며, 프로젝트가 단기간에 계획되고 작업되며, 설치해야 할 다양한 소재와 설비가 있다. 또한, 대부분의 일이 날씨에 노출되어 있으며, 시공 노동자들은 계속해서 일을 그만둔다. 이러한 조건들 때문에 건설관리는 도전이고, 참가자들의 협력은 필수적이다.

모든 상황에서 시공자와의 관계는 공정하고 일관되며, 정중하고 확고하여야 한다. 사람은 다른 사람들의 존경을 받고, 다른 사람에게 해야 할 일을 하도록 전문적인 방법으로 자신의 업무를 수행해야 한다. 어떤 사람은 단호하여야 하지만 불쾌하지 않아야 하는 경우도 있으며, 어떤 사람은 유보적이지만 밀어 붙이지 않아야 하는 경우도 있다. 사람들과 함께 일하고 각 상황에서 대응하는 방법을 아는 능력은 시공 환경에서 일하기 위해 개발되어야 한다.

건설 프로젝트의 이러한 성격 때문에 개인 간의 의견 불일치와 갈등이 발생할 수 있다. 불일치의 결과로 많은 좋은 아이디어가 개발되었기 때문에 불일치와 갈등이 반드시 나쁜 것은 아님을 깨달아야 한다. 우선해야 할 태도는 불일치가 외교적 수완으로 합의로 바뀔 수 있다는 것이다. 중립적 자세를 취하는 것이 바람직할 때가 있다.

시공자는 독립적인 사업체로 계약의 최종 제품만 생산하도록 요구된다. 시공자와 발주자가 동의하지 않는 경우가 있을 수 있지만, 최종 제품의 달성은 항상 우선순위로 두어야 한다. 발주자/시공자의 관계가 좋으면 시공자의 전문지식, 인력 및 설비를 최대한 활용할 수 있다.

의무 체크리스트

표 11-3은 CM방식의 계약 유형으로 수행되는 프로젝트의 시공 단계에 대한 포괄적인 의무 체크리스트를 제공한다. CM계약 유형이 아닌 프로젝트의 경우, CM업무는 계약 협정에 따라 발주자와 설계자 사이에 분배된다.

표 11-3 시공 단계의 의무 체크리스트

시공 단계	발주자	건설관리자	설계자*	계약자
1. 계약 - 시공	승인, 실행, 필요에 따라 시행	준비, 문서, 시행	검토, 승인	검토, 실행, 계약에 따라 실시
2. 회의 - 시공 전	필요에 따라 참여	조직, 실시, 기록	참여	참여
3. 회의 - 월간 프로젝트	참여	조직, 실시, 기록	참여	참여
4. 회의 - 월간 팀	참여	조직, 실시, 기록	참여	×
5. 보험 - 작업자 보상	지정, 승인	조언, 모니터, 파일 인증서	입찰 서류에 요구사항 포함	제공

시공 단계	발주자	건설관리자	설계자*	계약자
6. 제출물 - 시공 도면과 샘플	필요에 따라 승인	조정, 진척 및 검토	필요한 제출물 지정, 검토 및 승인	제공
7. 일정계획 - 단기 시공 활동 계획	필요에 따라 승인, 동의	준비, 모니터, 시행, 동의	참여, 동의	참여, 동의
8. 일정 시행	필요에 따라 참여	제공	지원	동의
9. 시공 지원 항목	필요에 따라 승인과 지불	권고, 준비	조언	협력
10. 보안 - 현장	조언, 검토, 승인, 지불	조언, 준비	촉진	촉진
11. 현장 배치	관찰	조정, 실제 위치 확인	설계, 관찰	제공과 책임
12. 가설 - 동력, 용수, 도로 등	승인, 지불	요구 결정, 준비, 조정	필요에 따라 시방서 제공	사용
13. 회의 - 주간 공사	필요에 따라 참여	조직, 실시, 기록	필요에 따라 참여	참여
14. 시공 방법, 절차	관찰	관찰	관찰	고안
15. 계약자 조정	관찰	제공	조언	촉진
16. 현장 보고	검토	제공, 검토	제공, 검토	협조
17. 작업현장 안전	CM을 통해 시행	관찰, 보고	관찰, 보고	책임
18. 지불 요청	승인, 응답	검토, 승인, 구성	검토, 승인, 보증	제출
19. 선취 특권의 면제	검토, 파일	조정, 검토, 구성	검토	제공
20. 주문 변경	승인, 실행	요청, 검토, 승인, 배포	요청, 준비, 승인	실행, 응답
21. 품질관리	관찰	관찰, 평가, 보고	관찰, 평가	제공, 책임
22. 현장 시험	승인, 지불	준비, 조정	권고, 승인	협조
23. 신속 - 시공	필요에 따라 참여	고안, 모니터, 동기부여	조언, 지원	책임
24. 설비 - 발주자 구매	지정, 구매, 진척	일정 조정, 설치, 시운전	설계 요구사항 통합	설치 조립
25. 신속 - 발주자 설비 구입	제공	일정 조정, 요구사항, 지원	조언	×
26. 설비 반입	검사, 승인	현장 조달 조정, 보관 요구사항	×	지원
27. 도면 - 최종 준공	수신, 파일	조정, 모니터	확인, 초안	최종 준공 제공

출처: NSPE / PEC Reporter, Vol. VII, 2번.

* 언급된 NSPE / PEC 출판물은 "건축가"를 인용했다. 하지만 여기서 "설계자"라는 용어는 건축가가 빌딩 프로젝트의 주요 설계 전문가일 수 있음을 암시하기 위해 사용되었지만 엔지니어는 중공업 프로젝트의 주요 설계 전문가일 수 있다.

품질관리

품질은 자신의 일에 자부심을 가지고 그 일을 하는데 요구되는 기술과 경험을 지니고 있는 사람들에 의해 달성된다. 실제 시공 품질은 주로 시공자의 주요 책임인 시공관리에 의해 좌우된다. 품질 보증 프로그램의 일부인 "품질관리"로 불리는 오늘날 작업은 도면 및 시방서를 충족하는지 확인하기 위하여 재료와 기술에 대한 검사 및 시험으로 오랫동안 인정되어 온 기술이다.

품질은 프로젝트에 참여하는 모든 당사자들의 책임이다. 너무 자주, 태도는 "품질검사를 통과하기 위해 우리가 할 수 있는 일은 무엇인가?" 또는 "검사를 통과하기 위해 우리가 할 수 있는 일은 무엇인가?" 대신에 "시방서에 부합하고 발주자를 만족시켜 우리가 자랑스러워할 수 있는 프로젝트를 완성하기 위해 우리가 할 수 있는 일은 무엇인가?" 올바른 태도가 없으면 최상의 계획된 품질관리 프로그램조차도 성공할 수 없다.

과거에는 발주자 또는 발주자의 대리인이 준공품을 수락한다는 것은 시공 작업을 100% 육안 검사하는 것과 관련이 있었다. 또한, 흔히 단일 표본으로 구성된 대표 샘플이 재료의 실제 품질을 결정하는데 사용된다. 시험 결과가 명시된 허용오차 이내이면 재료가 통과되어 허용되며, 그렇지 않으면 재료 또는 시공이 통과하지 못하고 허용되지 못하게 된다. 후자의 경우, 편차가 성능에 심각한 손상을 일으키지 않기 때문에 재료를 재시험해야 하는지 아니면 실질적으로 준수하는지 여부에 대한 결정을 내리기 위해 엔지니어링 판단이 적용된다. 이로 인해 검사관이 어려운 상황에 처하게 되고 발주자와 시공자 모두에게 지연, 분쟁 및 수많은 문제가 발생할 수 있다.

시공 중 품질관리의 목적은 계약에 명시된 요건에 따라 작업이 이루어지도록 하기 위함이다. 품질관리 프로그램은 발주자, 설계자, 시공자 또는 독립적인 컨설턴트에 의해 관리될 수 있다. 최근 몇 년 동안 많은 발주자의 추세는 주요 시공자가 자체 품질관리 프로그램을 관리함으로써 프로젝트 품질관리에 보다 적극적인 역할을 하도록 요구하는 것이다. 시공자는 자체적으로 작업 감시 시스템을 유지하고 시험을 실시하며, 작업이 계약 요건을 준수하는지 확인하고 기록을 유지하기 위한 품질관리 계획을 수립해야 한다. 그런 다음 발주자는 시공자의 품질관리 계획을 모니터링하고 품질보증 프로그램을 구성하는 시공 과정 중에 현장 검사를 수행한다.

현대적인 품질보증 프로그램에서 전통적 규격은 시공 자재의 가변성과 시공 프로세스의 실제 성능을 모두 반영하는 통계적 기반의 규격으로 대체되고 있다. 품질 요구사항은 시공자가 달성해야 할 목표 값으로 표현되며, 적합성 요건은 플러스 또는 마이너스 한계로 지정된다. 통계 기반의 승인 계획은 무작위 표본을 요구하며, 각 표본은 편향을 제거하기 위해 무작위로 선정한 여러 개의 표본으로 구성된다. 승인 절차는 더 상세하며, 발주자와 시공자 모두에게 위험이 있다는 점이 불확실성을 감소시키는 것으로 알려져 있다.

각 시공자는 발주자의 승인 요구사항을 충족시킬 수 있는 프로세스 통제관리 프로그램이 있어야 한다. 목표 품질 수준의 간단한 선 그래프이자 이 수준에서 허용되는 변화를 나타내는 통제관리 차트는 프로세스 제어의 도구로 사용된다. 통제관리 차트는 거절이 발생하기 전에 조기에 문제를 감지할 수 있으므로 페널티 및 재작업 비용을 줄여 시공자의 비용을 절감할 수 있다. 따라서 통제관리 차트는 관련된 모든 사람이 품질에 영향을 미칠 수 있는 경향이나 패턴을 관찰할 수 있도록 결과를 양식으로 제시한다.

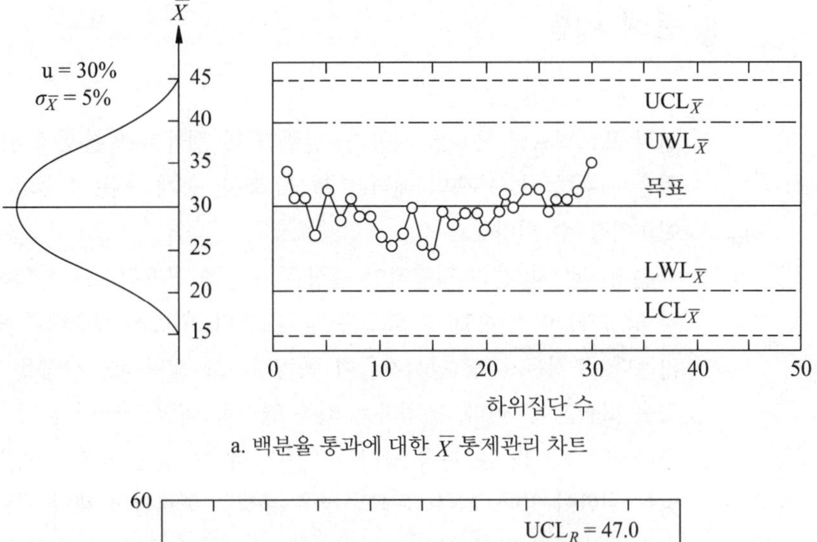

a. 백분율 통과에 대한 $\overline{X}$ 통제관리 차트

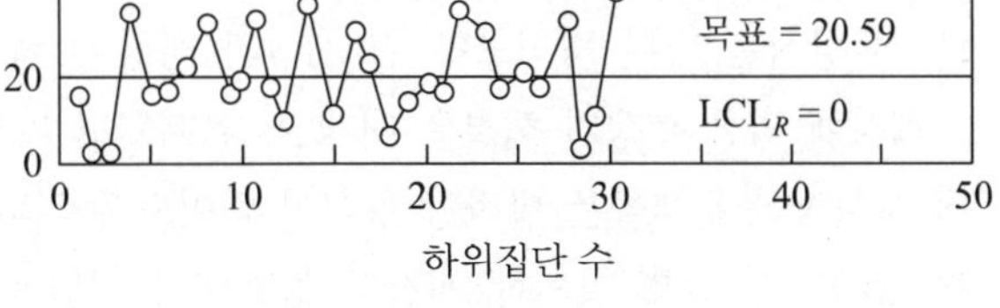

b. 백분율 통과에 대한 R 통제관리 차트

그림 11–2 **(a) $\overline{X}$와 (b) R에 대한 통제관리 차트**

백분율 통과 등급에 대한 관리도의 예는 그림 11-2에 나와 있다. 그림 11-2a는 $\overline{X}$-차트라고 하며, 프로세스 평균이 일정한 수준에 머물러 있는지 또는 이동했는지 여부와 같은 프로세스의 평균값을 모니터링하는데 사용된다. 수평축은 관측치의 수를 나타낸다. 즉, 숫자 1은 첫 번째 검사이고 숫자 30은 마지막 검사이다. 수직 축은 고려중인 품질 특성을 나타내며, 이 경우 주어진 체 크기를 통과하는 퍼센트를 나타낸다. 각 작은 원은 해당 표본 또는 부분군의 평균값을 나타낸다. 두 개의 파선 외부 선은 프로세스 변경의 중요성을 판단하는데 사용되는 상한 관리 한계(UCL: Upper Control Limit) 및 하한 관리 한계(LCL: Lower control limit)이다. 또한, 상한 경고 한계(UWL: Upper Warning Limit) 및 하한 경고 한계(LWL: Lower Warning Limit)를 배치할 수도 있다. 경고 한계는 일반적으로 목표값에서 두 표준편차에 배치된다. 두 번째 관리도인 그림 11-2b는 *R*-차트(범위)라고 하며, 공정 변동성의 변화를 감지하는데 사용된다.

분쟁 해결

건설 프로젝트의 특성상 시공자, 발주자 및 설계자가 분쟁에 휘말리게 되는 가능성은 매우 높다. 분쟁의 해결은 협상, 조정, 중재 또는 소송의 몇 가지 방법으로 이루어질 수 있다.

분쟁 당사자 간의 직접적인 협상은 분쟁을 공개적으로 논의하고 해결함으로써 각 당사자들이 만족할 수 있도록 할 수 있다. 일반적으로 다른 당사자는 관여하지 않는다. 조정은 분쟁 당사자들이 독립적이고 객관적인 사람을 활용하여 분쟁 해결을 지원할 수 있다. 조정자는 최종 결정을 내릴 권한이 없다. 중재는 조정과 유사하지만, 중재인은 분쟁 당사자가 호소할 수 없는 최종 구속력 결정을 내릴 수 있는 권한이 있다. 일부 분쟁의 경우 분쟁을 해결할 중재인 패널이 있을 수 있다. 소송은 법원의 법적 절차에 따라 해결되는 소송에 의한 분쟁 해결이다. 일반적으로 이 방식은 다른 방식보다 긴 시간과 상당한 법적 비용이 요구된다.

협상에 의한 분쟁의 해결은 대개 가장 빠르고 가장 경제적인 방식이다. 왜냐하면 사실적인 문제들은 법적인 형식이 없이도 논의되기 때문이다. 직접 협상은 관련 당사자가 상호 합의한 시간과 장소에서 자발적이고 비공식적으로 진행된다. 각 당사자의 협상가는 그의 회사를 위해 행동할 권한이 있어야 한다. 협상 팀의 규모는 문제의 복잡성에 따라 다양하지만, 관련된 사람이 더 적은 경우에 효율성은 대체적으로 더 높다. 협상의 성공 여부는 양측이 선의로 협상하려는 의지, 계약이 분쟁 중인 사안을 명확하게 다루는 범위, 협상에 앞서 준비하는 정도에 달려 있다. 직접 협상은 당사자들 사이의 좋은 사업 관계를 강화할 수 있다.

직접적인 협상으로 해결할 수 없는 경우에는 조정이 다음으로 가장 적절한 방법이 되는 경우가 많다. 협상과 마찬가지로 조정도 자발적이기 때문에 조정자는 대안적 해결책을 모색하기 위한 촉매 역할을 하고, 사실을 수집하고 차이를 분명히 해야 하며, 당사자들이 최종적으로 유연하게 해결할 수 있도록 설득하는 상호 합의를 이루어내야 한다. 그 과정 동안 조정자는 분쟁 당사자들과 공동 또는 비공개 회의를 가질 수 있다. 중재자는 분쟁 중인 양측에 의해 상호 합의된 것이다. 미국중재협회(AAA: The American Arbitration Association)는 조정을 위한 지침과 규칙을 마련한 공공 서비스 기관이다.

중재는 법적으로 구속력이 있고 집행할 수 있는 상호 합의된 공정한 제3자에게 분쟁을 제출하는 것이다. 이 방법을 사용하기 위해 중재 조항은 일반적으로 계약의 일반 조건에 포함되므로 계약서에 서명할 때 당사자들은 중재를 통해 모든 분쟁을 해결하기 위해 상호 합의하는 것이다. AAA에 의해 수립된 건설 산업 중재 규칙에는 건설 산업에서 가장 널리 인정되는 중재 절차인 57개의 조항이 포함되어 있다. 이 절차는 중재에 대한 합의, 중재인 선출, 청문회 준비, 분쟁 청문 및 판정의 5단계 과정을 거친다. 중재인의 결정은 보통 청문회 종료 후 30일 이내에 이루어진다. 따라서 소송을 통한 결정보다 훨씬 신속하게 의사결정이 이루어진다. 중재인의 결정은 통상 심리 종료일로부터 30일 이내에 내려진다. 그러므로 결정은 소송을 통해서 보다 훨씬 더 빨리 내려진다. 대부분의 당사자는 소송을 진행하기 전에 갈등을 해결하기 위해 노력한다. 그 이유는 소송이 분쟁을 해결하는데 가장 비용과 시간이 많이 소요되는 복잡한 방법이기 때문이다. 법적 사법 제도의 절차를 따르는 법률 상담은 당사자의 이익을 대변하는데 사용된다. 분쟁의 최종 해결은 법원에 의해 결정된다. 종종 분쟁 해결은 법원 절차에 들어가기 직전에 이루어진다.

미국토목학회(ASCE)는 발주자와 시공자 간의 기본적인 위험 공유 철학을 통해 프로젝트에서 문제를 협력적으로 해결하는 태도를 개발하는 방법을 제시하는 "**시공 중 분쟁 회피 및 해결**" 책자를 출판했다. 소송에 의지하지 않고 분쟁을 피하거나 해결하기 위해 수백 가지 프로젝트에서 성공적으로 사용된 특별 계약 조항 및 실무를 설명한다. 중대한 분쟁의 가능성이 있는 모든 프로젝트에 대해 자세히 기술되고 권장되는 분쟁 검토위원회(DRB: Dispute Review Boards), 에스크로(제3자 예탁) 입찰 서류(EBD: Escrow Bid Documents) 및 지반공학 설계 요약 보고서(GDSR: Geotechnical Design Summary Reports)의 세 가지 조항이 있다.

시공 초기에 3명의 구성원으로 이루어진 DRB의 형성은 분쟁을 회피하는데 도움이 되고 필요한 경우 구속력이 없는 결의안에 대해 시기적절하고 공정한 권고안을 제공한다. 시공자의 입찰 서류를 제3자 예탁하면 가격 조정을 협상하고 분쟁을 해결하는데 사용할 수 있는 신뢰할 수 있는 데이터베이스가 제공된다. 계약에 연방정부의 상이한 현장 조건 조항과 지반공학 설계 요약 보고서는 시공자가 물질적으로 다른 현장 조건에 대해 보상할 권리를 인정하고, 다양한 현장 조건을 명확하게 식별하기 위한 간결한 지질학적 기준을 설정한다. 이러한 규정은 이행 지침 시방서와 함께 이 책자에 설명되어 있다.

작업 현장 안전

안전은 계획, 일정, 견적, 비용 관리 및 기타 프로젝트 작업과 마찬가지로 프로젝트관리의 중요한 부분이다. 안전에 대한 관심은 프로젝트의 모든 단계 및 각 단계에서 보여 주어야 한다. 사고는 근로자뿐만 아니라 가족에게도 영향을 준다. 경제적 비용, 책임 결과, 규제 요구사항 및 회사 이미지는 모두 프로젝트와 관련된 안전의 중요성을 보여준다.

이전에 프로젝트를 관리하기 위해 제시된 많은 기본 원리와 접근법을 안전에도 적용할 수 있다. 안전 요소는 프로젝트의 설계 및 시공의 각 단계에서 고려해야 할 요소이다. 안전은 우연히 프로젝트에 포함되지 않는다. 프로젝트에 설계되어야 하며 범위, 예산 및 일정과 마찬가지로 모니터링 되어야 한다.

작업의 특성상, 시공 작업은 열, 소음, 바람, 먼지, 진동 및 유독 화학물질과 같이 작업자와 설비에 대한 많은 잠재적 위험을 수반한다. 산업안전보건관리국(OSHA)은 작업자들의 안전을 보장하기 위한 규제 기관으로 연방 정부에 의해 제정되었다. 이는 설계자, 발주자, 작업자 및 시공자와 같은 프로젝트에 관련된 모든 당사자에게 적용된다. OSHA와 다른 법률들이 안전을 위해 제정되었지만, 책임은 경영진에게 있다.

프로젝트관리자는 프로젝트의 모든 측면, 즉 계획, 설계, 예산 및 시공에 안전이 포함되도록 팀원들과 긴밀하게 협력해야 한다. 안전은 조직의 최고 수준에서 시작해야 하며, 말과 행동을 통해 각 관리 수준에서 현장에 있는 직원과 직원에게 전파되어야 한다.

현재의 관행은 시공자에게 공사안전에 대한 최종 책임을 부여하지만, 공사현장의 안전을 향상시키는 안전 철학을 이해하고 구현하기 위한 팀워크가 통합된 방식이어야 한다.

사고 비용은 의료 비용, 보상 급여에 대한 보험료, 책임, 재산 손실을 포함한다. 이러한 비용은 최근 들어 증가하고 있지만, 사고로 인한 다른 중요한 비용들도 있다. 여기에는 부상당한 근로자의 작업시간 손실 비용, 사고로 인한 다른 근로자의 근무 정지 비용, 그리고 근무 감독 시간의 손실 등이 포함된다. 안전은 모든 사람들의 완전한 관심을 필요로 한다.

연구 결과에 따르면 안전한 작업 현장 관리자가 더 나은 생산자이기도 하다. 그들은 작업비용을 더 잘 낮출 뿐만 아니라 일정대로 작업을 처리한다. 이러한 사실들은 관리자들이 때로 나쁜 안전 기록을 핑계로 제시하는 두 가지 이유와 모순된다. 그것은 시공과 같은 위험한 산업에서 사고는 불가피하고, 우리의 최우선 과제는 일을 완수하는 것이어야 한다는 것이다. 이러한 관리자들은 프로젝트와 기업에 많은 돈을 지불하게 할 수도 있다는 지어낸 이야기에 속아 넘어가고 있다. 작업장 안전관리는 생산성과 안전성을 높은 직무 수행의 두 가지 관련된 부분으로 다루어야 한다. 성공적인 현장 관리자는 "안전을 위해 생산성을 희생할 필요는 없다. 직원들이 안전할수록 더 빨리 일한다. 안전할수록 더 많은 생산성을 갖게 된다."고 말했다.

시공자들의 자격 심사는 대개 결합 능력과 과거의 경험에 기초한다. 건설 시공자의 선정은 대개 사전 심사를 거친 모든 계약업체의 최저 입찰 가격에 근거한다. 어쩌면, 불만족스러운 안전기록이 입찰거절의 한 가지 가능한 근거가 될 수 있도록 시공자의 안전기록이 시공 입찰의 필수적인 부분으로 고려되어야 할 것이다.

변경 관리

모든 프로젝트는 그 프로젝트를 완료하기 위해서는 시공 중에 약간의 변경이 요구된다. 변경의 원인은 발주자, 설계자 또는 시공자일 수 있다. 발주자는 시공이 완료된 후에 프로젝트의 의도한 용도를 더 잘 달성하기 위해 변경을 원할 수 있다. 설계자는 원래 계획이나 시방서를 변경하거나 시공자가 변경을 원할 수 있다. 시공 프로세스 동안에 발생할 모든 사건을 항상 정확하게 예측할 수 있는 것은 아니기 때문이다. 따라서 시공 중의 변경은 거의 불가피하다.

시공 중에 변경을 수행하는 절차는 작업의 수정을 설명하는 문서인 변경 순서이다. 승인된 모든 변경 주문서는 원래 입찰 서류에 통합되어 그 프로젝트에 대한 구속력 있는 계약 문서를 형성한다. 변경 주문이 프로젝트 비용, 일정을 증가시키거나 감소시킬 수 있지만, 대부분의 변경 주문들은 프로젝트에 비용을 추가하고 일정에 영향을 미친다. 따라서 모든 프로젝트관리자는 시공 중에 발생하는 변경사항을 다룰 때 주의해야 한다. 그 이유는 작업 변경이 거의 항상 프로젝트 비용과 일정에 부정적인 영향을 주기 때문이다.

변경사항을 사전에 예측할 수 있으면 변경사항 관리 기능이 크게 향상된다. 시공을 시작하기 전에 결정할 수 있는 몇 가지 요인들이 있는데, 이는 프로젝트의 미래 변경에 대한 조기 경고 신호이다. 연구에 따르면 낮은 입찰가와 다음으로 높은 입찰액 사이에 큰 차이가 있는 일괄 입찰 금액은 프로젝트 비용에서 상당한 증가를 보이는 경향이 있다. 건설업에서 **"입찰가의 상승가격 폭"**이라는 용어는 보통 낮은 가격을 제시한 입찰자와 다음에 높은 가격을 제시한 입찰자 사이의 차이로 언급된다. 그러므로 프로젝트관리자는 "입찰가의 상승가격 폭"이 있는 경우에 프로젝트를 감시하고 관리하는데 더 많은 노력을 기울여야 하는데, 이는 "입찰가의 상승가격 폭"이 잠재적 비용 증가의 지표이기 때문이다.

시공 동안의 변경 관리에 대한 한 가지 접근 방식은 매달 예상되는 변경 주문 목록을 요청하는 것이다. 그 다음, 프로젝트관리자 또는 그의 보조자는 변경을 기대하는 당사자와 협력하여 변경의 필요성과 가치를 평가한다. 때로는 변경의 장점에 대한 솔직한 논의는 변경의 전체적 영향이 변경으로 인한 진정한 가치와 비교될 때 변경이 반드시 필요하지 않다는 결론을 내릴 수 있다.

프로젝트의 모든 부분에서 변경은 종종 프로젝트의 다른 부분에 영향을 미치기 때문에, 변경의 모든 측면에 대한 철저한 평가가 이루어져야 한다. 때로는 프로젝트의 다른 부분에 대한 전체적인 영향을 나중에야 알 수 있기 때문에 프로젝트 후반부 비용에 부정적인 영향을 미칠 수 있다. **비용 파급효과**라는 용어는 보통 프로젝트의 초기에 이루어진 변경의 결과로 프로젝트 후반에 발생하는 변경을 설명하는데 사용된다.

프로젝트관리자는 꼭 필요한 경우가 아니라면 시공 중에 변경을 피해야 한다. 변경이 필요한 경우, 모든 당사자가 이를 철저하게 평가하고, 명확하게 정의하고, 합의하고, 가장 효율적이고 경제적인 방식으로 이행해야 한다.

자원 관리

프로젝트의 시공 단계를 달성하기 위해서는 많은 자원이 소요된다. 자원에는 인력, 설비(장비), 자재 및 하도급 업체가 포함된다. 각 자원은 가장 효율적인 방식으로 관리해야 하며, 이를 통해 시공 중 비용을 최소화할 수 있다.

재료와 설비를 설치하는 기능인력은 이 프로젝트에서 가장 중요한 자원이다. 이러한 인력들은 훈련과 경험을 통해 그들의 기술을 습득한다. 그들은 적절한 지시 사항, 도구 및 자료가 필요할 때 사용할 수 있다면 작업을 수행할 수 있는 능력을 가지고 있는 것이다. 너무 자주, 숙련된 작업자들은 프로젝트에서 요구되는 우수한 작업을 수행하지 못해서 비난을 받는다. 하지만 의도적으로 부족한 작업을 하는 것은 작업자들의 특성이 아니다. 부족한 작업의 원인은 보통 잘못된 지시, 재료의 늦은 조달, 이용할 수 없는 도구 또는 지도력과 감독 부족 때문이다. 이러한 문제의 원인은 프로젝트의 관리 책임이다. 따라서 오늘 완료되어야 하는 작업과 앞으로 계획되는 작업을 명확하게 정의하는 잘 정의된 작업 계획이 있어야 한다. 이 계획은 프로젝트에서 기능 팀에게 전달되어야 한다.

프로젝트에 사용되는 장비의 유형과 수는 프로젝트의 특성에 따라 다르다. 예를 들어, 큰 흙댐을 시공하려면 스크레이퍼, 도저, 살수차, 콤팩터 및 모터 패트롤 그레이더가 많이 요구될 수 있다. 하지만 번화가 쇼핑센터의 시공에는 작은 프런트 엔드 로더, 트럭 및 소형 휴대용 크레인만 필요할 수 있다. 프로젝트에 대한 장비의 선택과 활용은 프로젝트에 대한 작업자를 위한 계획이 있어야 하는 것처럼 전체 시공계획과 일정의 필수적인 부분이어야 한다. 건설사업관리자와 현장감독관의 책임은 프로젝트용 장비계획 수립이다. 장비의 사용 불가능성이 프로젝트 일정에 중요한 영향을 줄 수 있으므로 장비의 운전 정지 및 유지보수에 적절한 고려사항을 제공해야 한다.

많은 건설 프로젝트의 주요 비용은 자재 취득 및 설치에 관련되는 비용이다. 자재 관리 시스템은 건설 프로젝트에 요구되는 자재를 식별, 획득, 저장, 배포 및 폐기하는 주요 기능을 포함한다. 필요한 때와 장소에서 양질의 재료를 이용할 수 있도록 함으로써 작업 효율이 크게 향상될 수 있다. 자재 계획은 프로젝트 규모, 위치, 현금 흐름 요구사항, 구매 및 검사 절차에 따라 달라질 수 있다. 작업 현장에 자재를 조달하는 시기는 매우 중요하다. 시공 중 지연 원인은 종종 늦은 자재 조달, 불완전한 자재 조달 또는 잘못된 유형의 자재 조달 때문이다. 리드 타임이 긴 자재는 건설 프로젝트 일정에 포함되어야 한다. 프로젝트를 위해 잘 정의된 자재

관리 시스템 및 재료 관리 계획을 개발하는 것은 시공자의 책임이다.

대부분의 프로젝트에서 발주자는 프로젝트의 시공 단계를 수행하기 위해 일반적으로 일반건설업자라고하는 주시공자에게 하나의 계약을 지정한다. 또한 일반건설업자는 특수 기술 또는 장비가 필요한 시공작업을 수행하기 위해 일반적으로 전문건설업자라고 하는 수많은 하도급 업체에 계약을 지정한다. 따라서 많은 건설 프로젝트에서 요구되는 수많은 작업이 일반 시공자를 위해 일하는 수많은 하도급 업체에 의해 수행된다. 이 다중 계약 방식은 작업에 대한 모든 하도급 업체의 작업을 통합하기 위해 일반 시공자의 세심한 계획, 일정 수립 및 조정이 요구된다. 이것은 하도급 업체의 업무가 일반적으로 프로젝트의 하나 이상의 다른 하도급 업체에 영향을 미치기 때문에 요구된다. 발주자는 장기간에 걸친 대형 프로젝트에 복수의 주 시공자를 사용할 수 있다.

외주 업체의 관리는 이 책 전체에서 제시된 것과 동일한 관리 원칙을 사용하여 수행되어야 한다. 프로젝트의 각 하도급 업체에 대해 잘 정의된 범위의 작업, 비용 및 일정이 있어야 한다. 또한 프로젝트의 모든 하도급 업체의 작업에 대한 명확한 인터페이스가 있어야 한다. 하도급 업체를 효율적으로 관리하는 것은 일반건설업자의 책임이다.

References

1. *Avoiding and Resolving Disputes During Construction*, ASCE, New York, NY, 1991.
2. Ahmed, S. A., *Statistical Methods for QA-QC for Highway Construction*, Oklahoma State University Press, Stillwater, OK, 1990.
3. Barrie, D. S. and Paulson, B. C., *Professional Construction Management*, 3rd ed., McGraw-Hill, Inc., New York, NY, 1992.
4. Bartholomew, S. H., *Construction Contracting: Business and Legal Principles*, 2nd ed., Prentice Hall, Upper Saddle River, NJ, 2001.
5. Brockrath, J. T. and Plotnick, F. L., *Contracts and the Legal Environment for Engineers and Architects*, 7th ed., McGraw-Hill, New York, NY, 2011.
6. Collier, K., Managing Construction-The Contractual Viewpoint, Delmar Publishing, Inc., Albany, NY, 1994.
7. *Construction Industry Arbitration Rules*, American Arbitration Association, New

York, NY, 1991.

8. Fisk, E. R. and Reynolds, W. D., *Construction Project Administration*, 10th ed., Pearson Prentice Hall, Upper Saddle River, NY, 2013.
9. Grant, E. I. and Leavenworth, R. S., *Statistical Quality Control*, 7th ed., McGraw-Hill, New York, NY, 1996.
10. Halpin, D. W. and Senior, B. A., *Construction Management*, 4th ed., Wiley, New York, NY, 2011.
11. Hester, W. T., Kuprenas, J. A., and Thomas, H. R., "Arbitration: A Look at Its Form and Performance," *Journal of Construction Engineering and Management*, ASCE, New York, NY, Vol. 113, No. 3, September 1987.
12. Hinze, J., *Construction Contracts*, 3rd ed., McGraw-Hill, New York, NY, 2011.
13. Jervis, B. M. and Levin, P., *Construction Law: Principles and Practice*, McGraw-Hill, Inc., New York, NY, 1987.
14. Knutson, K., Schexnayder, C. J., Fiori, C. M., and Mayo, R., *Construction Management Fundamentals*, McGraw-Hill, New York, NY, 2009.
15. Levitt, R. E. and Samelson, N. M., *Construction Safety Management*, 2nd ed., John Wiley & Sons, New York, NY, 1993.
16. Levy, M. L., *Project Management in Construction*, 6th ed., McGraw-Hill, New York, NY, 2012.
17. Muller, F., "Mediation: An Alternative to Litigation," *Journal of American Water Works Association*, February 1984.
18. Oglesby, C. H., Parker, H. W., and Howell, G. A., *Productivity Improvement in Construction*, McGraw-Hill, Inc., New York, NY, 1989.
19. Peurifoy, R. L. and Oberlender, G. D., *Estimating Construction Costs*, 6th ed., McGraw-Hill, Inc., New York, NY, 2014.
20. *Quality in the Constructed Project: A Guide for Owners, Designers, and Constructors*, ASCE, Reston, VA, vol. 1, Manual No. 73, 1990.
21. Ritz, G. J. and Levy, S. M., *Total Construction Project Management*, 2nd ed., McGraw- Hill, New York, NY, 2013.
22. Ryan, T. P., *Statistical Methods for Quality Improvement*, 3rd ed., Wiley, New York, NY, 2011.
23. "Sampling Responsibility Chart," *PEC Reporter*, Professional Engineers in Construction Practice Division, National Society of Professional Engineers, Alexandria, VA, Vol. VII, No. 2, January 1985. 24. Sears, S. K., Sears, R. H., and Clough, R. H., Construction Project Management, 5th ed., Wiley, New York, NY, 2008.

24. Sears, S. K., Sears, R. H., and Clough, R. H., *Construction Project Management*, 5th ed., Wiley, New York, NY, 2008.
25. Stukhart, G., *Construction QA/QC Systems that Work: Case Studies*, ASCE, Reston, VA, 1985.
26. Sutliff, C. D. and Zack, J. G., Jr., "Contract Provisions that Ensure Complete Cost Disclosure," *Cost Engineering*, Vol. 28, No. 10, Morgantown, WV, October 1987.
27. Tucker, R. L., *Assessment of Construction Industry Project Management Practices and Performance*, Construction Industry Institute, Austin, TX, April 1990.
28. White, N. J., *Construction Law for Managers, Architects, and Engineers*, Cengage Learning, Scottsdale, AZ, 2007.
29. Zack, J. G. Jr., "Check Your Scheduling Practices," *Civil Engineering*, ASCE, Reston, VA, 1986.

12
Chapter

프로젝트 종료

시스템 시험 및 시운전

중공업 플랜트 프로젝트의 경우 프로젝트 전반에 걸쳐 시공 검사가 수행된다; 하지만 발주자의 대리인은 일반적으로 준공 전 탱크에 대한 검사와 설치 시 주요 설비에 대한 시험을 요구한다. 기계적 준공이라는 용어는 종종 이러한 절차가 수행되는 프로젝트 개발의 단계를 정의하는데 사용된다.

때로는 기계적 준공을 정의하기가 어렵다. 따라서 프로젝트관리자는 준공품을 구성하는 것이 무엇인지 명확하게 하기 위해 발주자 대리인과 플랜트 준공 기준을 개발해야 한다. 이것은 프로젝트에 관련된 모든 당사자들이 각 단계별로 누가 무엇을 해야 하는지를 알도록 하기 위해 시공 계약에 포함되어야 한다.

시스템 시험의 경우, 발주자측의 프로젝트관리자는 발주자의 대리인, 주요 설계자, 시공자 및 설비 제조업체 간의 간섭을 조정해야 한다. 각각의 역할과 책임을 명확하게 정의해야 한다. 시험 대상 시스템, 필요한 시험 유형 및 시험 참관인에 관한 합의가 이루어져야 한다. 시스템 시험을 시기적절하게 지원하기 위해서는 시공 계획 및 일정을 수립하는 것이 중요하다. 시운전 활동 계획은 발주자의 운영 직원이 “요구하는 날짜”로 시작해야 한다. 작업 패키지는 시스템 시험을 준비하고 수행할 수 있도록 개발해야 한다. 필요한 시험은 시공 기간의 30%까지 식별되어야 하며, 시운전 계획은 시공 기간의 70%까지 완료되어야 한다.

탱크를 폐쇄할 수 있는 시기, 검사에 필요한 리드 타임 통지, 모니터링 대상 및 발주자 대표자를 위한 시험 종료 후 서명 시트를 정의하기 위한 공식 계획을 준비해야 한다. 이것은 불필요한 탱크의 개폐를 방지하기 위해 요구된다. 상당한 프로젝트 시간이 필요할 수 있다.

프로젝트관리자는 발주자의 대리인으로부터 설비를 발주자에게 인계하는 절차를 서면으로 받아야 한다. 상당한 비용이 소요되기 때문에 관리와 보관이 중요하다. 관련된 각 당사자들은 누가 책임을 져야 하고 언제 책임져야 하는지를 아는 것이 중요하다. 프로젝트관리자는 특정 설비가 완료되고 시험을 거친 후 발주자에게 인계할 준비가 되면 공장에 이를 알려야 한다. 추가적인 변경을 허용하면 발주자의 작업 승인이 요구된다. 이 절차는 공식적으로 처리해야 하며, 이를 위해 담당자의 서명이 필요하다.

프로젝트관리자는 시공자 및 설계자와 협력하여 시운전 절차를 정의해야 한다. 절차는 공식적이어야 하며, 유연해야 한다. 프로젝트관리자는 시운전 시 지원을 받기 위해 프로젝트팀의 다양한 구성원들이 요구되는 사항이 작성된 문서를 발주자의 대리인으로부터 받아야 한다. 프로젝트관리자는 발주자의 의견을 입력 변수로 사용하여야 하며, 자기 필요에 따라 가정을 해서는 안 된다.

최종 검사

시공 작업 검사는 프로젝트 기간 동안 수행된다. 전체 프로젝트를 완료하기 전에 다양한 설비, 전기 시스템 및 기계 시스템을 완료하고 계약 문서에 따라 시험 및 승인할 수 있다. 프로젝트관리자는 검사, 시험 및 최종 승인을 담당하는 설계 담당자 및 발주자 대표자와 긴밀히 협력해야 한다.

기계적 준공에 대한 정의가 개발되어야 하며, 공정에 충분한 리드 타임을 허용하는 공식적 통보를 시공자에게 제공해야 한다. 이는 시간이 낭비되지 않도록 하기 위해 필요하며, 이는 프로젝트 완료 일자에 부정적인 영향을 미칠 수 있다. 발주자가 시험기간 동안 검증하고자 하는 내용이 무엇인지, 관찰하고자 하는 시험 내용이 무엇인지와 요구되는 시험 유형을 명확히 이해하고 있어야 한다. 3개 주요 계약 당사자(발주자, 설계자 및 시공자)의 책임이 명확하게 정의되어야 한다. 이러한 노력을 효과적으로 조정하는 것은 프로젝트관리자의 의무이다.

프로젝트 종료 단계 시작은 시공자가 작업의 최종 검사를 요청할 때인 프로젝트가 끝날 시점에 시작된다. 요청하기 전에, 완료 또는 수정이 필요한 모든 항목을 나열한 펀치리스트가 준비된다. 이 펀치리스트를 개발하기 위해 현장 검사 요원은 시정 조치가 필요한 모든 작업 항목을 기록하기 위해 매일 검사관의 기록을 주의 깊게 검토해야 한다. 때로는 작업이 승인을 위해 펀치리스트 프로세스를 여러 번 반복적으로 거치는 것이 요구된다. 최종 점검에는 프로젝트를 수행한 발주자, 계약업체 및 주요 설계 전문가(건축가, 토목, 전기 및 기계 엔지니어 등)의 대표가 포함되어야 한다. 프로젝트관리자는 최종 방문 점검 일정을 수립한 후 수행해야 한다.

작업 승인 및 시공자에 대한 최종 대금 지불은 계약서에 따라 수행되어야 한다. 프로젝트의 실질적인 준공은 계약 문서에 따라 시공이 충분히 완료되어 구조물을 의도한 목적에 맞게 이용할 수 있는 일자이다. 이는 사소한 항목들만 남아 있고 프로젝트가 사용될 수 있을 만큼 충분히 완성되었다는 것을 의미한다. 시공자는 프로젝트를 완료하기 위해 수행해야 하는 모든 작업의 첨부 목록과 함께 실질적인 완료 인증서를 발급할 수 있다. 첨부된 결함 사항 목록과 함께, 실질적인 완료

증명서의 승인은 완료된 작업에 대한 수락을 증명한다. 따라서 시공자는 발주자가 인증서에 서명한 후 계약상 더 이상 의무가 없기 때문에 목록이 완전함을 보장하는 것이 중요하다. 일반적으로 모든 계약의 보류 해제를 포함한 최종 지급은 모든 결함 사항이 완료된 후 30일에서 40일 동안 보류된다. 최종 지불 전에 시공자는 계약서에 요구되는 보증, 담보권 및 기타 서류를 제출해야 한다.

보증 및 담보

일반적으로 시공자는 시공이 완료된 후 1년 동안 계약 문서에 따라 모든 자재, 설비 및 작업이 양질이고 결함이 없음을 보증해야 한다. 전반적인 프로젝트의 보증은 일반적인 1년 기간을 초과하여 연장될 수 있다. 하지만, 이것은 일반적이지 않다.

개별 설비는 종종 설치 후 1년에서 5년까지 보증 기간이 연장된다. 운영 지침, 사용 설명서, 예비 부품 및 보증서가 발주자에게 제공되어야 한다. 프로젝트관리자는 시공자에게 최종 지불을 하기 전에 모든 보증이 취합되고 발주자에게 제공되도록 해야 한다.

선취 특권

자재 공급업체, 하도급 업체 또는 지불이 이루어지지 않은 프로젝트에서 자재, 설비를 제공하거나 작업을 수행한 작업자는 해당 부동산에 대해 선취 특권을 보유할 수 있다. 미지급 당사자는 발주자가 전체 계약금을 지불했더라도 선취권을 행사할 권리가 있다. 결과적으로 일반 계약자가 하도급 업체, 자재 공급업체 또는 직원에게 비용을 지불하지 않으면 발주자는 계약의 일부에 대해 두 번 지불해야 할 수 있다.

시공하는 동안, 발주자는 일반 계약자로부터 오픈 계정, 선취 특권을 충당하기 위해 지불을 보류할 수 있다. 대부분 계약의 일반 조건은 일반 계약자와 하도급 계약자의 모든 계층이 선취 특권을 부여하거나 발주자가 면책할 수 있는 만족스러운 채권을 발주자에게 제공하도록 하는 조항이 있다. 프로젝트관리자는 계약자에게 최종 지불 승인을 받기 전에 모든 선취 특권 또는 채권을 수령해야 한다.

기록 및 준공 도면

원 도면의 수정 및 변경은 모든 프로젝트에서 거의 확실히 발생한다. 입찰 목적으로 발급된 계약서 원본 중 적어도 한 세트는 복사 가능한 형태로 보관되어야 한다. 이는 클레임 및 분쟁 해결에 필요한데, 이는 불가피하게 "계약업체가 입찰한 내용은 무엇인가?"라는 문제가 발생할 수 있기 때문이며, 시공 중에 모든 변경 주문을 철저히 기록해야 한다.

계약 요건의 공통점은 계약업체가 모든 시방서, 도면, 부록, 변경 주문 및 작업 도면의 준공 사본을 개발해야 한다는 것이다. 준공 도면에는 원래 표시된 대로 정확히 수행되지 않은 작업의 치수와 세부 사항이 표시된다. 예: 문 위치 변경, 전선 또는 공조 덕트의 경로 또는 지하 배관, 유틸리티 및 기타 숨겨진 작업의 위치 변경. 이 문서는 원래 계약 입찰 문서의 모든 변경사항을 보여 주며, 프로젝트가 완료되면 발주자에게 제공된다.

의무 체크리스트

표 12-1은 건설관리(CM) 계약방식을 위해 프로젝트를 마무리하기 위한 간단한 업무 체크리스트를 제공한다. 프로젝트가 CM 방법으로 처리되지 않으면 건설사업관리자의 의무는 발주자 또는 설계자가 수행한다.

표 12-1 프로젝트 종료를 위한 의무 체크리스트

프로젝트 종료	발주자	건설사업관리자	설계자*	시공자
실질적인 완료 인증서	승인	검토, 승인, 파일	검토, 승인	작성
정화 작업	관찰과 코멘트	조정, 집행	관찰	책임
펀치리스트	요구에 따라 승인	촉진 및 조정 작업	준비, 평가 작업	응답
콜 백(시공 후)	의뢰	배치, 조정	보고 및 승인 작업	응답

출처: NSPE / PEC Reporter, Vol. VII, 2번

* 언급된 NSPE / PEC 출판물은 "건축가"를 인용했다. 그러나 여기서 "설계자"라는 용어는 건축가가 빌딩 프로젝트의 주요 설계 전문가일 수 있음을 암시하기 위해 사용되었지만 엔지니어는 중공업 프로젝트의 주요 설계 전문가일 수 있다.

프로젝트 파일의 처리

프로젝트 중에 프로젝트관리자는 일반적으로 레코드 파일과 작업 파일의 두 파일을 유지 관리한다. 레코드 파일에는 계약, 계약 및 기타 법적 문제와 관련된 중요한 정보의 원본 사본이 들어 있다. 작업 파일은 프로젝트의 일상적인 관리에 사용되는 프로젝트관리자의 파일이며, 일반적으로 레코드 파일의 문서 사본과 서신, 회의록, 전화 로그, 보고서 등을 포함한다. 프로젝트가 완료되면 레코드 및 파일을 포함하여 프로젝트와 관련된 많은 양의 정보가 축적된다.

대부분의 조직에는 파일 처분을 위한 정의된 절차가 있다. 레코드 파일의 정보는 나중에 쉽게 액세스하고 검색할 수 있도록 구성하고 색인화 해야 한다. 작업 파일에는 종종 레코드 파일의 중복 정보가 있으며, 그 중 일부는 파기해서는 안 되는 필기 노트가 있을 수 있다. 파일의 많은 내용을 폐기할 수 있지만 프로젝트 관리자가 프로젝트에서의 작업을 추적할 수 있도록 충분한 정보를 유지해야 한다.

사후 프로젝트 논평

프로젝트의 성공을 향상시키는데 사용할 수 있고 모든 프로젝트에서 배울 수 있는 교훈이 있기 때문에 모든 프로젝트가 끝날 때 사후 프로젝트 논평을 해야 한다. 참석자에는 수석 설계자 및 시공 담당자를 포함하여 프로젝트의 발주자 및 주요 참가자가 포함되어야 한다. 프로젝트 중에 발생하는 문제와 해결책에 대한 무비난적인 토론을 통해 얻은 피드백은 향후 프로젝트의 계획 및 실행에 있어 모든 팀 구성원에게 유익하다.

회의가 원하는 결과를 얻기 위해서는 전체 토론을 긍정적이고 전문적인 방식으로 제시하는 것이 중요하다. 프로젝트의 좋은 측면과 나쁜 측면에 대해 논의해야 한다. 강조점은 이 일에 직면한 문제를 기반으로 미래의 직무에 대한 문제를 피하거나 줄이는 방법이 있어야 한다. 누가 잘못되었거나 이 프로젝트에서 문제를 일으킨 것이 아니다. 회의록은 사후 프로젝트 비평에 참석하지 않은 다른 사람들에게 배포되어야 하며, 이를 통해 그들은 교훈을 얻을 수 있다.

특정 프로젝트의 설계 개념 또는 관리 절차를 독립적으로 평가하는 프로젝트 피어 리뷰(전문가에 의한 평가)를 수행하는 것이 바람직할 수 있다. 프로젝트 피어 리뷰는 발주자, 설계자 또는 다른 이해 당사자의 요구를 처리할 수 있다. 미국 컨설팅엔지니어위원회(ACEC)와 미국토목학회(ASCE)는 프로젝트 피어 리뷰의 프로세스를 설명하는 *Project Peer Review: Guidelines(프로젝트 전문가 평가: 지침)*이라는 제목의 문서를 작성했다.

발주자의 피드백

프로젝트가 완료되고 발주자가 사용하는 경우 프로젝트의 성과에 관한 피드백을 얻기 위해 발주자 조직의 대표자와 공식 회의를 개최해야 한다. 프로젝트의 성공에 대한 진정한 척도는 목적물이 발주자 조직에 의해 얼마나 잘 활용되는지에 의해서만 결정될 수 있기 때문에 완료된 프로젝트의 품질 및 발주자의 만족을 평가하는 것은 중요한 활동이다.

References

1. Corrie, R. K., *Project Evaluation*, ASCE, Reston, VA, 1991.
2. Fisk, E. R. and Reynolds, W. D., *Construction Project Administration*, 10th ed., Pearson/Prentice Hall, Upper Saddle River, NJ, 2006.
3. *Inspection of Building Structure During Construction*, Institution of Structural Engineers, New York, NY, 1983.
4. Levy, S. M., *Project Management in Construction*, 10th ed. McGraw-Hill, New York, NY, 2012.
5. *Project Peer Review: Guidelines*, American Consulting Engineers Council, and the American Society of Civil Engineers, Washington, DC, 1990.
6. "Sampling Responsibility Chart," *PEC Reporter*, Professional Engineers in Construction Practice Division, National Society of Professional Engineers, Alexandria, VA, Vol. VII, No. 2, January 1985.

13
Chapter

인력 관리 기법

도전과 기회

프로젝트가 완성되어 가동되고 있는 것을 보는 것은 매우 자랑스럽고 만족스러운 일이다. 프로젝트의 동적인 특성으로 인해 엔지니어링 및 시공 관리에 많은 어려움이 있다. 문제가 발생할 경우 문제를 해결하면 프로젝트관리자와 프로젝트팀 구성원에 대한 만족감이 조성된다. 대부분의 프로젝트관리자들은 평생의 친구는 함께 프로젝트를 수행하면서 만들어진다는데 동의한다. 프로젝트가 완료된 지 몇 년 후, 과거 프로젝트에서 함께 일한 사람들 간의 대화는 종종 프로젝트 수행 중에 발생한 문제에 대하여 재미있게 기억하고 문제를 해결하기 위해 사용되는 방법이다. 일반적으로 프로젝트가 완료된 후에는 프로젝트 실행 중보다 문제가 훨씬 덜 심각해 보인다.

성공적인 사람들은 도전을 기회로 전환한다. 문제가 얼마나 어려울 수 있는지를 생각하면 문제를 해결할 방법이 항상 존재한다. 프로젝트를 완료한 후 대부분의 프로젝트관리자는 새로운 프로젝트를 시작할 준비가 되어 있다. 그들은 다음 프로젝트를 기대하고 있다. 그들은 다음 프로젝트와 이전 프로젝트에서 배운 교훈을 적용할 수 있는 기회를 기대한다. 대부분의 프로젝트관리자들은 자신이 하는 일에 재미를 느낀다는데 동의한다.

새로운 혁신의 이용

이 책의 앞 장에서는 엔지니어링 및 건설 프로젝트를 성공적으로 관리하는데 사용된 개념, 방법, 도구 및 기술을 제시했다. 이 방법은 프로젝트관리의 현행 실무에 적극적으로 참여하는 엔지니어가 개발하고 사용했다. 하지만 효율적인 프로젝트관리자는 이 책에 제시된 개념을 발전시킬 수 있는 새로운 기술을 인식해야 한다.

신기술은 입증될 때까지 사람들에 의해 때때로 도입에 저항을 받는다. 사용가능한 기술은 흔하지만 가끔은 사람들이 변화에 저항하기 때문에 사용되지 않고 있다. 성공적인 프로젝트관리자는 새로운 기술을 평가하고 프로젝트관리 프로세스를 향상시키기 위해 기술을 통합하는 혁신적인 방법을 고안해야 한다.

컴퓨터의 사용은 새로운 기술 적응에 대한 좋은 예이다. 컴퓨터가 처음 소개되었을 때 일부 사람들은 컴퓨터를 공학적 또는 과학적 응용에 사용되는 도구로 인식했다. 하지만 진보적인 프로젝트관리자는 프로젝트관리 측면에서 컴퓨터의 잠재적인 이점을 인식했다. 오늘날 컴퓨터는 프로젝트 실행의 거의 모든 측면에서 사용된다. 컴퓨터는 어떤 다른 기술보다 오늘날 우리가 일하는 방식에 영향을 주었다.

인터넷은 프로젝트관리자가 작업을 수행하는데 광범위하게 사용되는 기술이다. 인터넷을 통한 프로젝트관리의 장점은 주로 시간을 절약하고 효율성을 높이는데 많은 도움이 된다는 것이다. 정보는 지리적으로 분산된 발주자, 설계자, 시공자 및 자재 공급업체에 보다 신속하게 전달할 수 있다. 유사하게, 도면 및 사진을 프로젝트별 인터넷 사이트에 게시하고 쉽게 액세스 할 수 있도록 목록화 할 수 있다. 핵심 팀 구성원이 데이터를 모니터링 할 수 있다. 교환을 통해 의사결정을 위한 처리 시간을 크게 단축할 수 있다. 예를 들어, 전통적인 방법을 사용하면 정보 요청(RFI)을 처리한 다음 RFI에 대한 답변을 얻는데 며칠 또는 몇 주가 걸릴 수 있다. 이제 전자 RFI를 거의 즉시 제출하고 기록할 수 있으며, 응답은 종종 같은 날 또는 며칠 이내에 이루어진다. 설계자, 공급업체 및 계약업체는 웹 지원 프로젝트 관리에 대한 책임이 있음을 알고 있다.

오늘날 많은 기업들이 인터넷의 전자 매체를 이용하여 종이 없는 환경에서 운영되고 있다. 효율성이 높아지는 것은 더 적은 시간 내에 더 많은 일을 달성해야 하는 프로젝트관리자들에게 가치가 있다. 프로젝트는 점점 복잡해지고 프로젝트 담당자는 결과를 더 빨리 제공해야 한다. 또한 팀 구성원은 과거의 프로젝트에 비해 더 넓은 지리적 위치에 퍼져 있다. 오늘날 모든 위치에서 수행되는 설계 작업은 인터넷을 통해 거의 즉시 세계의 어느 다른 위치로도 전송될 수 있다. 설계 작업은 한 나라의 설계 사무소에서 다른 나라의 설계 사무소로 문서를 전송함으로써 24시간 내내 작업이 진행될 수 있다.

웹 사이트는 내부 및 외부 의사소통을 향상시킨다. 이것은 중요한 공개적 정보 도구가 될 수 있다. 회사는 프로젝트를 위한 공공 및 비공개 웹 사이트를 만들 수 있다. 일반 대중은 하나의 웹 사이트를 방문하여 교통 상황 및 시공 일정에 대해 최신 정보를 구할 수 있으며, 팀 구성원은 다른 사이트를 사용하여 자세한 설계 및 시공 정보를 교환할 수 있다. 비공개 사이트는 프로젝트에 종사하는 수많은 사무소 및 하위 컨설턴트 간에 신속한 데이터 교환을 제공함으로써 많은 시간을 절약할 수 있다.

전자 메일은 인터넷에서 가장 흔하고 자주 사용된다. 그것은 사용자가 옵션 첨부 파일을 작성한 메시지를 컴퓨터가 있는 세계의 모든 사람에게 보낼 수 있도록 한다. 첨부 파일에는 그림 파일, 워드 프로세서 문서, 스프레드시트, 사진, 멀티미디어 클립 및 웹 페이지가 포함될 수 있다. 일반 음성 회선 대신 팩스를 인터넷으로 전송할 수도 있다.

웹 기반 관리 시스템은 프로젝트 정보 처리 속도와 효율성을 높인다. 또한 시스템은 발주자, 설계자 및 시공자가 가능한 한 신속하고 효율적으로 작업을 수행할 수 있도록 혼란과 중복을 줄여준다. 이러한 시스템은 기존의 파일 폴더 시스템을 모방하는 탭을 식별할 수 있도록 구성할 수 있다. 예를 들어 인터넷을 사용하면 조달 기록, 진행 상황 업데이트 및 기타 데이터를 현장에 기록하고 회사의 웹 시스템에 통합된 데이터베이스로 전송할 수 있다.

또 다른 예는 팀 구성원이 웹 브라우저를 사용하여 여러 프로젝트에서 배정된 내용을 볼 수 있도록 인터넷 기반 도구를 사용하여 프로젝트 일정을 관리하는 것이다. 프로젝트 일정을 개발, 유지 및 전달하는 것이 프로젝트관리 프로세스에 중요하다. CPM 스케줄링이나 간단한 일정표 스케줄을 통해 웹 사이트를 사용함으로써 현재 및 단기간의 활동을 게시할 수 있다.

로컬 영역 네트워크 대신 웹 서버를 프로젝트 문서의 중앙 저장소로 사용할 수 있다. 문서에는 워드 프로세싱 파일, 스프레드시트, 사진 및 그림이 포함될 수 있다. 사용자는 기존 문서를 추가, 체크인 및 체크아웃 할 수 있다. 문서 및 파일 시스템은 설계 또는 시공 단계에서 사용할 수 있다.

프로젝트관리는 웹을 통해 크게 향상될 수 있다. 웹 기반 시스템은 작업 흐름을 관리할 수 있다. 문서 관리 외에도 소프트웨어는 프로젝트 문서를 작성, 기록, 추적 및 색인할 수 있다. 다른 기능으로는 할 일 목록, 프로젝트 구성원 이벤트 알림 또는 필수 후속 조치가 있다. 디지털 기술로 사진과 비디오를 찍고 웹 사이트에 문서를 포함시키는 것이 매우 용이하다. 완벽한 사진 기록은 데이터베이스에 저장되어 온라인 검색이 가능하다. 이는 프로젝트 실행 중에 분쟁의 해결뿐만 아니라 문서화를 제공할 수 있다.

작업 원가 보고서는 검토를 위해 게시할 수도 있다. 보안을 위해 회계 시스템에 대한 액세스를 허용하지 않고 비용 정보에 대한 제한된 액세스를 제공할 수 있다. 상태 보고서는 일정, 비용 보고서, RFI 또는 사고 보고서와 같은 다른 정보에 대한 링크로 온라인에 게시될 수 있다. 이를 통해 유지보수 및 제어가 쉬운 문서 기반 데이터베이스를 사용자에게 제공할 수 있다.

음성 및 멀티미디어는 인터넷을 통한 프로젝트관리의 또 다른 응용 프로그램이다. 인터넷은 음성 의사소통 촉진자로 사용될 수 있다. 전자 메일은 디지털, 스틸 또는 비디오카메라로 만든 오디오/비디오 클립의 첨부 파일을 전송할 수 있다. 저렴한 하드웨어 및 소프트웨어를 사용하면 두 명 이상의 사용자가 원격 화상회의를 하거나 사용자가 온라인 카메라에서 실시간 영상자료를 얻을 수 있다. 이것은 전문가 팀이 현장에 파견되지 않아도 본사에 근무하면서 문제를 해결할 수 있는 효과적인 도구이다.

정보 보안은 인트라넷 및 엑스트라넷을 사용하여 해결할 수 있다. 인트라넷은 특정 기업의 재무 데이터, 일정, 게시판, 인적 자원 정보 또는 기타 기밀 정보를 포함할 수 있는 회사의 개인 용도로 설정된 인터넷 사이트이다. 인트라넷은 수동으로 또는 우편으로 인쇄 및 배포될 수 있는 하드 카피 통지 및 양식의 양을 줄임으로써 회사의 비용을 절감할 수 있다. 엑스트라넷은 다른 회사와 공유하기 위해 회사가 설정한 인터넷 사이트이다. 이것은 직원에게 제한적이거나 완전한 액세스 권한이 있는 다양한 정보가 포함될 수 있다; 하도급 업체와 공급업체 또는 일반 대중과 같은 거래 파트너. 프로젝트별 웹 사이트는 이 카테고리에 포함된다.

웹을 통한 프로젝트관리는 시간을 절약하고 생산성을 높일 수 있다. 하지만 예방 조치를 취해야 한다. 정보가 인터넷을 통해 전송되기 때문에 정보가 수신되었음을 보장하지 않는다. 정보가 수신되었는지 확인하기 위해 확정된 인수증서가 요구된다.

컴퓨터와 인터넷과 마찬가지로 휴대전화 기술의 진보는 사람들이 통신하고 정보를 공유하는 방식에 엄청난 영향을 미친다. 어떤 면에서는 컴퓨터와 인터넷만큼이나 휴대 전화가 일상생활에 영향을 미쳤다. 컴퓨터, 휴대 전화 및 인터넷은 작업을 수행하고 결과를 전 세계 어디에나 전송할 수 있는 거의 무한한 능력을 제공하는 도구이다. 하지만 이러한 도구를 사용하면 프로젝트관리자와 팀 구성원의 시간 관리에 어려움이 있다. 정보를 “잘 아는 것”에서 “알아야 할 것”으로 분리하여 프로젝트팀의 시간과 노력을 줄이는 것이 중요하다. 불필요한 정보를 신속히 전송하면 정보의 과부하가 발생하여 생산성이 저하되고 의사소통이 원활하지 못하게 된다. 새로운 기술이 개발됨에 따라 프로젝트관리자는 잠재적인 애플리케이션에 반응해야 하고 프로젝트관리의 효율성을 높이기 위해 기술을 통합할 수 있는 방법을 고안해야 한다.

인간적 측면

앞 장에서는 프로젝트를 성공적으로 완료하기 위해 수집하고 관리해야 하는 정보를 정의했다. 비록 프로젝트의 관리와 통제를 위한 시스템이 개발되어야 하지만,

일을 가능하게 하는 것은 사람들이다.

프로젝트관리 시스템은 전체 프로젝트의 전반적인 조정을 위한 지침 역할을 한다. 하지만 특정 프로젝트에는 시스템의 일부 개선 및 수정이 요구될 수도 있다. 사람들은 문제를 탐지하고 프로젝트를 성공적으로 관리하는데 요구되는 조정 기능을 갖춘 유일한 자원이다. 따라서 프로젝트관리자는 프로젝트관리 시스템에만 의존하고 프로젝트와 관련된 사람들의 중요성을 무시해서는 안 된다.

요약하면 성공적인 **프로젝트관리**는 프로젝트를 완료하는데 요구되는 작업을 수행하는 사람들 간의 **효율적인 의사소통**으로 가장 잘 설명될 수 있다. 모든 프로젝트를 관리하려면 전문분야를 제공하는 개인의 작업을 조정해야 한다. 성공적인 프로젝트관리자는 훌륭한 계획가, 대리인 및 의사소통자가 되어야 한다.

일부 프로젝트관리자는 자신이 통제할 수 없는 요인으로 인해 작업이 완료되지 않고 있다고 불평하는 경향이 있다. 예를 들어, 프로젝트관리자는 팀 구성원이 너무 경험이 없다고 느끼거나 자신이 수행하는데 걸리는 시간보다 수행해야 할 작업을 설명하는데 더 많은 시간이 걸린다고 생각할 수 있다. 또한 팀 구성원의 실수가 너무 많은 비용을 소모시킬 것이라고 두려워할 수 있다. 다른 전형적인 예로는 다른 사람들이 너무 바빠서 추가 과제를 수행할 시간이 없거나 책임을 받아들이지 않는 경우가 있다. 이러한 요소는 우려되는 요소이지만 사람들과 함께 일하는 일상적인 요소이며, 훌륭한 관리 기술로 극복할 수 있다.

일반적으로 프로젝트관리자는 수년간의 작업 경험이 있다. 그들은 필요한 것을 잘 알고 있기 때문에 다른 사람들에게 위임하기보다는 스스로 일을 하는 것을 선호할 수 있다. 그 결과 작업을 수행하고 관리하는데 지나치게 많은 노력을 기울이고 일에 헌신하는 밤과 주말을 보낸 다음 다른 사람들이 너무 경험이 없기 때문에 작업이 완료되지 않는다고 불평한다. 프로젝트관리자는 다른 사람들이 작업을 통해서만 경험을 얻을 수 있다는 것을 인식해야 한다. 또한 다른 사람들도 관리자보다 잘 할 수 있는 경우가 많다. 문제는 다른 사람들이 관리자가하는 것과 똑같은 방식으로 작업을 수행하지 않을 수 있다는 사실을 받아들이는 것이다. 기준은 누가 그 일을 가장 잘할 수 있는지가 아니라 만족스럽게 그 일을 할 수 있는지 이다. 프로젝트관리자는 전체 프로젝트 작업의 정확도와 품질을 균형 있게 조정해야 한다. 사람이 너무 경험이 없다는 느낌은 친밀한 의사소통과 훈련을 통해 극복할 수 있다.

프로젝트관리자가 자신의 업무보다는 업무에 대해 설명하는데 시간이 더 많이 걸린다는 느낌을 받으면 밤이나 주말에 일을 하는 경우가 종종 발생한다. 인간은 다른 사람이 필요로 하는 것을 설명하는 것보다 일을 더 빨리 할 수 있는 경우가 많다. 하지만 특정 프로젝트 또는 향후 프로젝트에서 작업을 반복해야 하는 경우 일반적으로 한번 설명하여 미래에 경험할 수 있도록 하는 것이 더 효율적이다. 프로젝트관리자는 누군가에게 무엇을 해야 하는지 말하기 전에 자신이 해야 할 일을 알아야 한다는 것을 깨달아야 한다. 앞 장에서 설명한 것처럼, 잘 정의된 작업 계획은 업무 할당을 팀원에게 효과적으로 전달하는 행동 계획을 제공한다.

프로젝트의 성취는 대개 많은 위험을 안으며 장기간에 걸쳐 높은 비용을 수반한다. 한 사람의 실수가 너무 많은 비용을 투입해야 한다는 두려움은 모든 프로젝트관리자의 관심사항이다. 이러한 두려움 때문에 프로젝트관리자는 다른 구성원들에게 작업을 할당하거나 자신을 작업을 완료하는 것을 부담스러워할 수 있다. 문제는 다른 구성원들에 대한 확신 부족과 문제가 발생할 경우 상황을 처리할 충분한 판단력이 없을 거라는 두려움이다. 종종 주어지는 변명은 "당신이 그것을 올바르게 하고 싶다면, 스스로 해야 한다."이다. 하지만, 우수한 통제관리 시스템은 일이 제대로 이루어지도록 도와주는 것이다. 기회를 얻는 것에 대한 두려움은 숨겨진 능력을 찾는 것을 막을 수 있다.

모든 구성원이 바쁘게 보이기 때문에, 관리자는 다른 구성원이 추가 과제를 맡을 시간이 없다는 생각 때문에 업무를 할당하기를 부담스러워할 수 있다. 이러한 상황은 종종 수행해야 할 작업이 소수의 개인에 의해서만 수행될 수 있는 전문적 지식을 필요로 할 때 발생한다. 프로젝트에 참여한 사람들이 시간을 효율적으로 사용할 수 있도록 시스템을 개발해야 한다. 이는 수행할 각 구성원들의 의견을 반영하여 프로젝트 시작 시 잘 정의하는 일정 개발을 통하여 가장 잘 수행된다. 필요한 일을 할 수 있는 시간은 항상 있다.

일부 프로젝트관리자의 또 다른 불만은 사람들이 책임을 받아들이지 않는다는 것이다. 구성원들이 실수나 그들의 일에 대한 부적절한 인식을 받게 될 거라는 생각 또는 부당한 비난을 두려워한다면 책임을 받아들이지 않을 것이다. 관리자는 치명적인 실수로부터 프로젝트를 보호하는 프로젝트 통제관리 시스템을 개발해야 하지만 필연적인 사소한 실수는 용인해야 한다. 어떤 사람들은 관리자가 모든 결정을 내리기를 원하기 때문에 자신을 결정하는 것보다 관리자에게 묻는 경우가 많다. 프로젝트관리자는 사람들이 기대하는 것을 달성하려는 경향이 있기 때문에 요구되는 작업을 명확하게 정의해야 한다.

작업의 할당

프로젝트관리는 작업을 수행하기보다는 작업을 조정하는 것을 포함한다. 따라서 프로젝트관리자는 프로젝트팀 구성원에게 작업을 위임한다. 다른 구성원에게 일을 할당하면 그 일을 달성하고 필요한 결정을 내릴 수 있도록 그 사람에게 권한과 책임을 위임하는 것이다. 하지만 이러한 권한, 책임 및 의사결정을 위임한다고 해서 프로젝트관리자가 통제권을 포기할 필요는 없다. 프로젝트관리자는 작업을 완료하고 결과를 제공하는 것과 같은 여러 수준의 위임을 정의하거나 진행하기 전에 수행할 작업을 제안할 수 있다. 그리고 작업의 일부를 수행하고 검토 및 승인을 위해 제출할 수 있다.

관리에는 예상되는 사항과 완료해야 하는 시기에 대한 명확한 설명과 함께 적절한 사람에게 작업을 할당하는 것이 포함된다. 잘못된 의사소통은 프로젝트관리에서 흔히 발생하는 문제이기 때문에 다른 구성원들이 할당된 내용을 이해해야 한다. 프로젝트관리자는 팀원 한 명에게 자신이 원하는 대로 일을 할 수 있는 기회를 제공해야 한다. “그들의 방식은 종종 내가 맡은 일만큼 훌륭하다.” 프로젝트관리자는 팀의 각 구성원들에게 자신이 원하는 방식으로 그 일을 할 수 있는 기회를 제공해야 한다. 간단히 말해서, “그들의 방식은 종종 내가 일을 하는 방식만큼 훌륭하다.”라는 것이다.

프로젝트관리자는 자신의 기대에 부합하게 합리적이어야 한다. 만약 과제가 합리적으로 달성될 수 없다면, 그 일을 하도록 배정된 구성원은 대개 이 사실을 인식하고 압박감과 책임에 저항할 것이다. 할당된 작업을 현실적으로 평가하는 가장 좋은 방법은 최종 결과를 달성하는데 요구되는 작업을 정의하는데 있어 구성원들의 도움을 얻을 수 있도록 그들과 협력하는 것이다.

일을 완수하는 과정에서 많은 장애물들이 생겨난다. 프로젝트관리자는 명확하게 이해되지 않은 사항을 설명하고 요구되는 조정을 수행할 수 있어야 한다. 간단히 말해서, 프로젝트관리자는 필요할 때 구성원들을 이용할 수 있어야 한다. 정기적인 팀 회의에서는 모든 관련자가 하나의 단위로 작동할 수 있도록 작업을 잘 식별된 방식으로 유지해야 한다.

효율적인 프로젝트관리자는 프로젝트팀을 이끌어야 하며 개인의 자신감을 강화해야 한다. 신뢰는 능력, 지성, 판단력에서 보여 져야 한다. 어떤 그룹의 리더도 때때로 구성원들과 함께 무슨 일이 일어나고 있고 그들이 어떻게 지내고 있는지를 확인해야 한다. 이는 팀 구성원들 사이에서 자신감과 존경심을 심어 주고, 팀원들은 양질의 업무를 달성하기 위해 노력할 것이다.

프로젝트관리자는 성공적이고 뛰어난 성과를 인정하고 이에 대한 보상을 이해해야 한다. 팀 구성원들은 이러한 인정을 좋아하고 그것을 받을 자격이 있다. 마찬가지로 관리자는 직원에게 허용할 수 없는 작업에 대한 책임을 지우고, 작업이 허용되지 않는 이유를 보여 주고, 실수가 발생한 위치를 알려 주고, 작업을 개선하는 방법을 결정하고, 향후 그러한 문제를 예방하는 방법을 식별하도록 해주어야 한다.

많은 프로젝트관리자들은 서둘러서 인수하려는 경향을 가지고 있다. 각자 자신만의 관리 방식을 개발해야 하지만, 상황에 과민 반응하는 데는 신중해야 한다. 올바른 태도와 업무 관계로 문제를 적절한 시간에 해결책으로 바꿀 수 있다.

동기부여

경험이 풍부한 관리자들은 모든 유형의 사람들이 존재한다는데 쉽게 동의한다: 일을 만드는 사람들, 일어나는 일을 보는 사람들, 무슨 일이 일어나는지 모르는 사람들, 그리고 어떤 경우에는 무슨 일이 일어나는지 알고 싶어 하지 않는 사람들 말이다. 프로젝트관리자는 이러한 유형의 각 사람들에게 동기를 부여하는 방법을 고안해야 한다.

프로젝트팀의 각 구성원은 프로젝트를 수행하는데 요구되는 전문지식을 제공한다. 일반적으로 개별 팀 구성원은 각 감독자가 다양한 전문분야 부서의 프로젝트에 배정한다. 모든 사람이 프로젝트를 위해 일하지만, 각 구성원들은 다른 감독자에게 보고할 수 있다. 따라서 프로젝트팀의 리더인 프로젝트관리자는 프로젝트관리자 이외의 다른 관리자에게 실제로 보고하는 구성원에게 동기를 부여해야 하는 상황에 놓인다. 따라서 프로젝트관리자는 직함이나 급여를 통한 전통적인 승진 방법 이외의 팀원에게 효율적인 동기를 부여하는 방법을 개발해야 한다.

많은 관리자들은 돈이 개인의 가장 좋은 동기부여 요인이라고 믿는다. 분명히 돈을 받지 않는다면 일을 할 사람이 거의 없을 것이다. 돈이 어느 정도는 동기를 부여하는 요인이 될 수 있지만, 팀 구성원들의 동기에 영향을 미치는 다른 요인들도 있다. 급여가 예외적으로 다르지 않은 한, 고려해야 할 다른 요인들이 있다. 만약 돈이 유일한 동기라면, 프로젝트관리자는 대개 개별 팀원들의 급여를 직접 설정하는 사람이 아니기 때문에 동기부여에 문제가 생길 것이다. 대부분의 프로젝트관리자들은 급여율에 대한 통제권이 없기 때문에, 그들은 개별적인 인정을 제공하고 무엇보다도, 각 팀원들에게 책임감을 갖게 하고 성장할 수 있는 기회를 줌으로써 동기부여를 해야 한다.

사람들에게 동기를 부여하는 것과 관련된 많은 책들이 쓰여 졌고, 수많은 이론들이 제안되었다. 대부분의 사람들은 욕구에 의해 동기부여가 된다고 생각한다. 2장에서 제시된 것처럼, 매슬로우의 욕구 이론은 사람들이 성취하기 위해 노력하는 다섯 가지 수준의 욕구를 말해 준다. 그 이론은 한 개인이 음식, 의복, 주거지의 기본 생존 욕구를 충족시키기 위해 노력한다고 제안한다. 이러한 욕구를 만족시키면, 사람은 다음 수준의 욕구를 위해 노력한다: 지속적인 고용, 재정적인 안정성 등을 포함할 수 있는 안전. 각각의 욕구 수준이 충족될 때, 다음으로 높은 수준의 욕구가 추구된다. 프로젝트관리자는 프로젝트에 참여하는 사람들의 필요성을 효과적으로 파악하여 그들에게 동기를 부여하기 위해 노력해야 한다. 이는 일상적인 활동 중에는 하기 어려운 일이기 때문에 때로는 근무 환경 외부에서 팀 구성원과 어울리는 것이 바람직하다. 많은 경우에 사람들의 관심과 인정에 대한 인식은 그들이 상황에 반응하는 이유를 이해하는 긍정적인 단계이며, 생산적인 동기부여로 이어질 수 있다. 우수한 관리진은 팀 각 구성원들의 동기가 되는 요구사항을 인식하고 구성원들의 성과를 향상시키는 방법을 개발한다.

전문직 종사자들은 직업에 대한 관심, 인정, 업적을 추구한다. 모든 사람들은 일을 중요하다고 느끼고 성취하기를 원한다. 자신에 대해 만족하는 사람들은 좋은 결과를 낳는다; 따라서 프로젝트관리자는 구성원들이 그들의 모든 잠재력에 도달해서 모든 사람이 잠재적인 승자라는 것을 인식하도록 도와야 한다. 팀원들 사이에서의 이런 태도는 모두에게 동기부여를 할 수 있다.

의사결정

프로젝트관리자는 상당한 시간과 노력이 요구되는 프로젝트를 관리하는 동안 수많은 결정을 내려야 한다. 많은 결정들이 일상적이고 신속하게 이루어질 수 있는 반면에, 다른 결정들은 중요하며 아마도 프로젝트의 품질, 비용 또는 일정에 중대한 영향을 미칠 수 있다.

올바른 의사결정은 달성해야 할 기본적인 목표 및 목적을 알고 이해하지 않는 한 내릴 수 없다. 의사결정은 다양한 대안으로부터 일련의 행동을 선택하는 것을 포함한다. 프로젝트관리자는 프로젝트 목표를 인지하고 모든 참여자들에게 명확히 전달하여 그들의 노력이 원하는 최종 결과에 적용될 수 있는 대안에 집중될 수 있도록 하는 것이 중요하다. 이것은 문제를 해결할 수 있는 대안을 평가하는데 상당한 시간과 비용을 소비할 수는 있지만 달성해야 할 핵심 목표에는 관련되지 않기 때문에 중요하다. 프로젝트관리자는 집중적인 노력을 기울일 수 있도록 프로젝트팀의 활동을 조정해야 한다.

의사결정은 작업 지연을 방지하기 위해서 시기적절해야 한다. 의사결정은 프로젝트의 비용, 프로젝트 일정에 영향을 미칠 수 있다. 대부분의 프로젝트 의사결정은 내부적으로(프로젝트관리자 조직 내에서) 이루어지며, 상대적으로 쉽게 관리할 수 있다. 단, 발주자 또는 규제 기관, 특히 검토 및 승인 과정에서 외부적으로(사업 관리자의 조직 외부에서) 의사결정을 내리는 경우도 있다. 프로젝트 초기에, 프로젝트관리자는 적절한 정보가 제공되고 결정을 내릴 사람을 식별할 수 있도록 외부 결정이 필요한 활동을 식별해야 한다. 이를 프로젝트 일정에 포함시켜 책임자에게 알림으로써 작업이 중단되지 않도록 해야 하며, 적절한 시기에 의사결정이 부족하여 프로젝트가 지연되지 않도록 해야 한다.

많은 조직에서는 프로젝트관리 중에 프로젝트관리자가 참조할 수 있는 의사결정 권한에 관한 정책을 수립했다. 하지만 비슷한 상황에 처한 다른 사람들과 상담할 수 있고 귀중한 의견과 도움을 제공할 수 있는 사람들이 많이 있다. 상황에 관계없이 비슷한 문제가 있는 사람은 거의 항상 존재한다.

비록 많은 의사결정들이 압력을 받고 이루어지지만, 프로젝트관리자는 위기의 결정을 피해야 한다. 사람들은 모든 관련된 정보를 수집하고, 잠재적 결과를 예측하고, 생각한 후 최선의 판단을 사용해 결정을 내려야 한다. 모든 최종 결과를 예상할 수는 없지만 신중한 사고와 검토를 통해 희박한 사건을 제거할 수 있다. 모든 것에는 위험이 있다. 하지만 때때로 우수한 관리자에 의해 잘못된 결정이 내려질 수 있다. 하지만, 새로운 정보가 이용 가능해지거나 이전의 결정을 변경해야 하는 상황이 발생할 수 있다.

팀원들의 존경을 받기 위해서는 프로젝트관리자의 결단이 필요하다. 프로젝트관리자는 미루기와 우유부단을 피해야 하며, 팀 구성원의 의사결정을 장려해야 한다. 우유부단함은 대부분의 사람들에게 긴장감을 불러일으킨다. 결정적이지 않으면 많은 일이 잘못될 수 있다. 아무도 무엇을 해야 할지 모르고, 방향이 없기 때문에 일을 하지 않으며, 이 모든 것이 재능, 자원 및 시간에 낭비를 초래한다.

적절한 의사결정이 적절한 사람들에 의해 적절한 시기에 그리고 올바른 정보에 근거하여 이루어지도록 하는 것은 프로젝트관리자의 책임이다. 일단 결정이 내려지면, 이는 프로젝트에 관련된 모든 참여자들에게 전달되어야 하며, 이를 통해 관련된 모든 참여자들이 무엇을 해야 하는지 알게 될 것이다. 이는 의사결정이 이루어진 곳의 회의록(또는 대화 기록)을 해당 결정을 나타내는 하이라이트 또는 특별한 표시와 함께 배포하여 쉽게 이루어질 수 있다.

시간 관리

시간은 모든 사람의 개인 생활과 비즈니스 생활에 없어서는 안 될 중요한 요소이다. 프로젝트관리자는 프로젝트 참여자들과 의사소통하고 상호 작용하는데 많은 시간을 소비한다. 따라서 생산적이고 효율적인 방식으로 시간을 소비하는 것이 중요하다. 프로젝트관리자는 신중해야 한다. 왜냐하면 시간이 허락하는 것보다 더 흥미롭고 가치 있는 일들이 항상 있기 때문이다.

시간이 얼마나 효율적으로 사용되는지를 결정하기 위해서는 시간이 어떻게 사용되는지에 대한 분석이 요구된다. 때때로 자신의 시간 중 주요한 부분이 어떻게 소비하여야 하는지에 대한 기록이 유지되어야 한다. 일일 기록은 2주에서 3주에 걸쳐 편집해야 하는데, 이는 각각의 활동을 하는데 얼마나 많은 시간이 걸리고 누가 참여했는지 그리고 무엇을 성취했는지를 보여 준다. 활동은 전화, 회의, 예정에 없던 방문객 및 특별한 요청과 같은 범주로 분류할 수 있다. 분야별 시간 분포를 분석하면 프로젝트관리자가 시간을 가장 많이 쓰는 곳을 판단할 수 있기 때문에 개선이 가능하다. 대개 시간은 낮은 소비의 범주를 줄이는 것보다 적은 양의 시간에 큰 지출 범주를 줄이는 것이 더 용이하다.

프로젝트관리자들의 흔한 시간 낭비는 비생산적인 전화와 회의이다. 관리자가 업무를 수행하는 데는 전화가 필요하지만, 상당한 지장을 줄 수 있다. 다른 작업을 수행할 수 있도록 통화를 수신하지 않아야 하는 경우가 있다. 비서나 보조, 혹은 자동 응답기는 전화사용의 관리를 돕기 위해 걸려오는 전화를 중간에 수신할 수 있다. 회의는 프로젝트관리를 위해 필수적이다. 생산적인 회의를 진행하는 가장 효율적인 방법은 회의에 앞서 모든 참석자들에게 배포될 의제를 준비하는 것이다. 의제는 논의에 초점을 맞추고 전파되어야 할 정보의 조직적인 범위를 따르는 수단 역할을 한다. 표 13-1은 일반적인 시간 낭비요인들의 일부를 보여준다.

표 13-1 공통적인 시간 낭비요인들

1. 비생산적인 전화
2. 비생산적인 회의
3. 예정되지 않은 방문객
4. 특수한 요청
5. 한 번에 너무 많이 시도함
6. 목표와 목적의 부족
7. 의사결정 지연
8. 다른 사람들이 처리할 수 있는 일상적인 아이템에 대한 개입
9. 우선순위를 설정하고 유지할 능력이 없음
10. 아니라고 말할 수 없음

프로젝트관리자는 우선순위를 설정하고 자신의 시간을 관리하는 시스템을 개발해야 한다. 가장 관심이 적은 과제는 에너지가 최고조에 달했을 때 계획할 수 있다. 다른 사람들에게 배정될 수 있는 작업 활동을 평가하기 위한 철저한 검토와 어떻게 결합될 수 있는지, 그리고 제거될 수 있는 것을 결정하기 위한 작업 분석이 있어야 한다. 주안점은 종종 다른 사람들에게 위임될 수 있는 단기적 항목보다는 장기적인 항목에 두어야 한다. 대부분의 사람들은 현재 "바로 지금" 일어나는 일보다 계획된 일에 더 많은 동기부여를 받는다. 시간을 효율적으로 관리하기 위해 우선순위를 설정하고 유지해야 한다.

의사소통

프로젝트를 관리하고 사람들과 함께 일하는데 있어서 가장 빈번한 오류와 오해의 원인 중 하나는 의사소통의 착오이다. 듣는 사람들은 말한 사람이 의도한 대로 정보를 듣거나 해석하지 않는다. 의사소통은 구두(말하기와 듣기 모두) 또는 서면(쓰기와 읽기 둘 다)일 수 있다. 각각의 경우에, 프로젝트의 모든 참여자들에 의한 성공적인 작업을 보장하기 위해서 명확하고 일관성 있고 효율적인 의사소통 능력이 존재하는 것이 중요하다. 프로젝트관리자는 모든 사람들이 동일한 방식으로 동일한 것을 해석하지 않으며, 의사소통은 수신되고 이해되지 않는 한 아무런 가치가 없다는 것을 깨달아야 한다.

프로젝트관리자의 역할은 시스템의 로컬 영역 네트워크에 있는 중앙 서버와 유사하다. 프로젝트관리자는 팀 구성원에게 지속적이고 포괄적으로 정보를 전달할

책임이 있으며, 프로젝트팀의 작업에 영향을 미칠 수 있는 정보와 결정을 전달하는데 특별히 주의를 기울인다. 이러한 의사소통에는 대화와 회의, 회의록, 서신, 보고서 및 프레젠테이션이 포함된다.

일상적인 프로젝트 작업의 대부분은 비공식적으로 이루어진다. 팀원 간의 정보 교환 그 예로는 두 명 이상의 개인 간의 전화 통화와 비공식 회의가 있다. 이러한 교환의 대부분이 일상적인 것이지만, 일부 교환은 다른 작업에 영향을 미치거나 범위, 예산 또는 일정과 관련된 프로젝트 결정에 영향을 미칠 수 있다. 범위, 예산 또는 일정에 영향을 미치는 정보의 비공식 교환은 다음에 정기적으로 예정된 팀 회의에서 서면 기록으로 기록해야 한다.

프로젝트 제목: ____________________

이름: ____________________ 날짜: ____________________

제목: ____________________ 시간: ____________________

회사: ____________________ 착수: ____________________

논의된 항목: ____________________

결론: ____________________

향후 조치: ____________________

그림 13-1 **개별 전화 기록**

프로젝트관리자는 대화의 당사자 이름, 날짜, 시간, 장소, 논의된 항목 및 교환으로 인한 관련 정보를 포함한 전화 대화 기록을 유지해야 한다(그림 13-1 참조). 전화 기록의 사본은 관리되고 각 프로젝트에 제출되어야 한다. 경우에 따라 관리자가 담당하는 모든 프로젝트의 각 호출을 기록하는 마스터 전화 기록을 유지하는 것이 유용할 수 있다. 각 통화는 대화의 개요를 제공하는 날짜, 시간, 숫자, 사람의 이름 및 간단한 언급을 포함하는 한 줄에 녹음할 수 있다(그림 13-2 참조). 이 마스터 기록은 각 대화에 대한 세부 정보를 포함하는 개별 전화 기록과 상호 참조할 수 있다. 마스터 기록은 프로젝트관리자의 전체 작업을 추적하는데 유용하다.

날짜	시간	번호	이름	회사	프로젝트	의견들

그림 13-2 프로젝트관리자의 마스터 전화 기록

프로젝트관리자는 좋은 말하기 기술을 개발하고 연습해야 한다. 대화는 분명하고 일관성이 있어야 하며, 횡설수설하지 않아야 한다. 사고와 아이디어는 의사소통을 하기 전에 체계적인 방식으로 조직화되어야 한다. 이것은 정보를 주고, 정보를 얻고, 의사결정을 하고, 혹은 누군가를 설득하는 것과 같은, 의사소통의 목적을 알게 함으로써 달성될 수 있다. 듣는 것이 의사소통의 중요한 부분이기 때문에, 다른 사람이 여러분의 주의를 기울이게 하기 위해서는 타이밍과 위치도 고려해야 한다. 대화를 계속적으로 따라가서 의사소통이 이루어지고 이해되고 있는지 확인하는 것이 종종 요구된다. 이는 피드백을 통해 이루어질 수 있다.

발표

프로젝트의 주요 담당자로서, 프로젝트관리자는 발주자, 기관, 이사회 및 기타 이해관계자에게 발표를 자주 하는 대변인이다. 효과적인 발표를 위해서는 청중을 알고 청중에게 가치 있고 흥미 있는 정보를 전달하는 것이 중요하다. 발표는 청중을 위해 제공되는 것이지, 개인이 발표하는 것이 아니다. 발표는 청중의 관점에서 준비되어야 하고 발표의 각 부분이 다른 부분과 연계되도록 논리적인 패턴으로 구성되어야 한다. 예를 들면 해결해야 할 문제이며, 알려진 것이 없고, 효과적인 원인을 알지 못하며, 시간 순서대로 나열할 수 있다.

많은 발표의 결점은 잠재 고객에게 너무 많이 말하고 주제에 대한 모든 것을 단계별로 설명하려는 시도이다. 발표는 일반적으로 제한된 시간을 가지며, 청중은 빈번히 바쁜 그룹이다. 따라서 발표는 직접적으로 중요한 요소에 대한 요약이 되어야 하며, 나중에 읽을 수 있는 보고서에 자세한 정보를 남겨 두어야 한다. 제한된 수의 그래프, 표 또는 컴퓨터 출력물만 제공할 수 있으므로 신중하게 선택해야 한다.

발표는 주제에 대한 간단한 설명인 제목으로 시작해야 하며, 제시할 자료에 대한 간략한 개요가 이어진다. 발표하는 동안, 자료를 제시하는 발표자는 청중이 말하는 모든 단어를 기억할 수 없다는 것을 알아야 한다. 명확성을 높이고 요점을 강조하기 위해 주요 단어는 반복되는 단어와 구를 선택하여 동일한 주요 아이디어를 나타낼 수 있다. 이것은 효과적인 말하기에 필요하지만, 자료 내용을 분명히 하거나 이해하기 위해 독자가 자료를 다시 읽을 수 있기 때문에 서면으로 하지 않아도 되며, 그렇게 해서는 안 된다.

발표자는 청중이 몰랐거나 이해하지 못하는 단어 및 약어를 정의해야 한다. 이것은 발표의 시작이나 끝이 아니라 단어가 사용될 때 이루어져야 한다. 단어를 정의하거나 명확히 함으로써 청중이 발표하고 있는 내용을 듣고 이해할 수 있다. 또한 청중이 발표를 생각하고 발표자의 핵심 사항에 집중할 수 있도록 해야 한다.

시각 자료는 모든 발표, 특히 숫자, 방정식 및 기술 데이터 테이블을 향상시킨다. 시청각 자료의 가치는 청중이 듣고 보고하는 것인데, 이는 발표에서 이해하는 정보의 양을 크게 증가시킨다. 시각 보조 장치는 또한 발표자가 지속적으로 진행되는 발표진행을 유지하는데 도움이 된다. 업계 전반에 걸쳐 사용되는 컴퓨터는 그래픽 형식으로 생성된 데이터로부터 발표 목적으로 슬라이드를 생성할 수 있다. 확대 및 축소 기능이 있는 현재 복사기를 사용하여 레이저 프린터의 컴퓨터 생성 보고서를 비롯하여 인쇄물의 투시 필름을 개발할 수도 있다.

복잡한 문장이나 연사가 청중에게 깊은 인상을 심어주는 시도에 대해 감탄하는 사람은 거의 없다. 제시해야 할 세부 수준은 잠재 고객이 주제에 대해 얼마나 많이 알고 있는지에 달려 있다. 그러므로 청중을 아는 것이 가장 좋다. 쉽게 이해할 수 있도록 자료를 제시하는 단순하고 직접적인 언어가 사용되어야 한다. 청중의 주의를 끌기 위해 발표자는 청중을 불안하게 하지 않아야 한다. 사과와 부정적인 의견은 피해야 한다. 논쟁의 여지가 있는 주제가 논의되는 경우에도 긍정적인 태도가 우선되어야 한다.

발표는 청중이 처음에 발표의 목적을 들었던 것처럼 마지막에 요약되어야 한다. 또한 발표가 끝나면 질문과 답변에 적절한 시간을 허용해야 한다.

회의

프로젝트 기간 동안 정보교환 및 의사결정을 위해 수많은 회의가 열린다. 정기적인 팀 회의 일정은 프로젝트 초기에 프로젝트 작업 계획의 일부로 정의되어야 한다. 프로젝트관리자가 팀 회의를 주재하여야 하며, 매주 열리는 것이 바람직하며 같은 날짜와 시간이 바람직하다. 회의록에는 논의된 사항, 결정 사항 및 취할 조치(책임자 및 기한 포함)를 기록해야 한다. 때로는 특별한 문제나 예기치 않은 상황을 논의하기 위해 특별 회의가 개최될 수 있다. 이 회의록도 프로젝트 파일에 보관해야 한다.

다른 회의는 진행 상황을 보고하거나 승인을 얻기 위해 발주자와 함께 개최한다. 특별 회의는 규제 기관이나 일반 대중과 같은 다른 이해 당사자와 함께 개최될 수 있다. 프로젝트관리자는 이러한 회의의 의장을 맡지 않을 수 있으며, 프로젝트와 관련된 문제를 논의하는데 도움을 주기 위해 책임 프로젝트팀원을 수시로 동반한다.

회의에 참석하는 사람들은 대개 다른 일을 해야만 하는 바쁜 사람들이기 때문에 회의는 효율적인 방식으로 진행되어야 한다. 의제는 논의될 항목을 정의하고 순서를 정하여 회의가 논점을 이탈하지 않도록 회의를 조직하는 효과적인 수단을 제공한다. 회의 진행에 필요한 시간은 의제를 사용하여 토론을 진행할 때 크게 줄어든다. 의제는 개인이 토론을 지배하지 못하게 하여 각 사람에게 참여 기회를 제공한다.

회의는 제시간에 시작되고 완료되어야 한다. 늦게 시작하는 것은 제시간에 도착하는 사람들에게 불이익을 주고, 늦게 도착하는 사람들에게 보상을 주는 것이다. 의제에서 시작 및 종료 시간을 정의하는 것이 바람직하다. 제한된 시간을 가진 회의는 제한이 없는 회의보다 더 많은 자료를 다루기도 한다.

모든 공식적인 회의에서는 회의록을 작성해야 한다. 앞에서 언급했듯이 회의록에는 논의된 사항, 결정 사항 및 취할 조치(책임자 및 기한 포함)를 기록해야 한다. 회의록은 모든 참석자들에게 배포하고 프로젝트 파일에 기록 사본을 배치하여야 한다. 회의록은 각 참석자에게 토론된 항목과 결정을 확인하는 기회를 제공한다. 회의록은 또한 프로젝트관리자가 다음 회의 의제를 준비하는 데 도움이 된다.

보고서 및 서신

서면 의사소통은 프로젝트 대부분의 활동을 문서화하며 의사결정, 비용, 일정 및 법적 문제와 관련하여 주요한 영향을 미친다. 이 때문에 모든 서면 자료는 명확하고 간결하며 일관성 있고 읽기 쉬운 방식으로 날짜가 기입되고 작성되어야 한다.

효율적이기 위해서는 정보를 얻거나, 정보를 제공하거나, 항목을 명확히 하거나, 승인을 위해 제안서를 제출하는 것과 같이, 누가 자료의 목적과 내용을 읽을 것인지를 고려해야 한다. 프로젝트팀장은 프로젝트 진행 상황을 설명하는 상태 보고서를 준비해야 한다. 이 보고서 중 상당수는 서면 서술이 짧고 컴퓨터 생성 그래프와 표를 많이 포함하고 있다. 다른 일반적인 서신은 서신 또는 사무실 간

각서 및 회의록의 형태로 제공된다.

그래픽 기능, 워드 프로세싱 소프트웨어 및 레이저 프린터가 있는 컴퓨터는 자동 및 향상된 서면 의사소통기능을 갖추고 있지만 일관되게 작성된 문서를 작성하려면 자신의 작문 기술에 의존해야 한다. 절단, 붙여넣기, 병합 및 맞춤법 검사기가 반드시 일관된 문서를 보장하지는 않는다. 예를 들어, 문서의 철자 검사는 to, too 또는 two의 단어 사용의 정확성을 확인하지 않는다. 마찬가지로 문서의 한 부분에서 줄 또는 단락을 삭제하거나 추가하면 문서의 다른 부분에 큰 영향을 줄 수 있다. 작은 오류라도 큰 문제와 오해가 발생할 수 있다. 따라서 프로젝트관리자는 일관된 문서를 보장하기 위해 특별한 주의를 기울여야 한다.

보고서의 배열 및 형식은 생산할 재료에 따라 다르다. 표 13-2는 보고서의 권장 형식이다. 서신은 세 단락으로 작성해야 한다: 소개 단락, 본문(하나 이상의 단락) 및 마지막 단락(표 13-3 참조).

표 13-2 보고서 형식

1. 제목 페이지
   A. 보고서 제목, 저자, 위치, 날짜
2. 목차
   A. 페이지 번호가 있는 주제의 목록
3. 전문
   A. 그림 목록
   B. 테이블 목록
   C. 약어 목록
4. 소개
   A. 보고서의 목적
   B. 보고서에 포함된 내용 및 보고서에 포함되지 않은 내용을 포함한 보고서 범위
5. 보고서 본문
   A. 사용된 시험 장비
   B. 사용된 절차
   C. 데이터 획득
   D. 데이터 분석
6. 요약/결론/권고
7. 부록, 대용량 데이터용
8. 참고 문헌 목록

표 13-3 서신 형식

1. 입문 단락 A. 서신의 목적에 대한 진술 목적 B. 서신이 어떻게 나오는지 진술
2. 서신 본문 A. 주제를 다루는 하나 이상의 단락 B. 대용량 데이터는 별도의 첨부 파일 또는 동봉물에 배치
3. 마지막 단락 A. 요약 및 결론 B. 독자로부터의 후속조치를 위해 공개 초청을 남김 C. 이 문제에 대한 귀하의 고려에 감사합니다와 같이 마지막은 좋은 문장으로 끝냄

References

1. Blanchard, K. and Johnson, S., *The One Minute Manager*, William Morrow and Company, Inc., New York, NY, 1982.
2. Culp, G. and Smith, A., *Managing People (Including Yourself) for Project Success*, Van Nostrand Reinhold, NY, 1999.
3. Dinsmore, P. C., Martin, M. D., and Huettel, G. T., *The Project Manager's Work Environment: Coping with Stress*, The Project Management Institute, Newtown Square, PA, 1981.
4. Herzberg, F., "One More Time: How Do You Motivate Employees?," *Harvard Business Review*, 46, No. 1, January-February 1968.
5. Hopper, J. R., *Human Factors of Project Organization*, Source Document No. 58, Construction Industry Institute, Austin, TX, September 1990.
6. Kirchof, N. and Adams, J. R., *Conflict Management for Project Managers*, Project Management Institute, Newtown Square, PA, 1982.
7. Luthens, F., *Organizational Behavior*, 2nd ed., McGraw-Hill, Inc., New York, NY, 1977.
8. Maslow, A. H., *Motivation and Personality*, Harper & Row Publishing Co., New York, NY, 1954.
9. McGregor, D., *The Human Side of Enterprise*, McGraw-Hill, Inc., New York, NY, 1960.

10. Mitchell, T., R., *People in Organizations*, McGraw-Hill, Inc., New York, NY, 1982.
11. Peters, T. J., *In Search of Excellence*, Harper & Row Publishing Co., New York, NY, 1982.
12. Stuckenbruck, L. C. and Marchall, D., *Team Building for Project Managers*, Project Management Institute, Newtown Square, PA, 1985.

14 Chapter 위험관리

서론

프로젝트관리에는 프로젝트를 완료 단계로 이동시키기 위한 의사결정 및 조치가 포함되어있다. 하지만 때로는 의사결정과 행동으로 인해 프로젝트 완료를 위한 추진력에 부정적인 영향을 줄 수도 있다. 따라서 위험은 프로젝트관리 프로세스에 필연적으로 내재되어 있다고 할 수 있다.

위험은 무시해서는 안 되며, 모든 부작용을 예측, 감소 또는 완전히 피할 수 있도록 인식하고 관리해야 한다. 위험은 특히 엔지니어링 및 건설 분야의 사업의 일부라고 인식하는 것이 중요하다. 위험은 비용, 일정 및 품질관리와 같이 프로젝트의 다른 부분과 마찬가지로 인식, 분석 및 관리되어야 한다.

프로젝트의 크기, 유형, 복잡도에 관계없이 모든 프로젝트의 설계 및 시공에는 많은 위험이 포함되어 있다. 설계, 구매조달 및 시공을 포함하여 프로젝트의 모든 단계에서는 많은 일이 잘못될 수 있다. 위험이란 프로젝트 수행계획과 달라지는 일체의 내부적 외부적 사건을 의미한다. 표 14-1은 프로젝트의 설계, 구매조달 및 시공 기간 동안 발생할 수 있는 위험의 예를 보여준다.

건설업은 일이 시작되기 전에 가격을 제시하고, 일정을 약속하고, 위험 부담이 높은 일을 하겠다고 약속하는 몇 안 되는 산업 중 하나이다. 공사 도중에 계약금액을 조정하는 계약은 거의 없다. 설계자와 시공자는 계약시점에 합의한 가격, 범위 및 일정에 따라 작업을 수행해야 한다. 비용, 공기, 업무 범위 등 계약조건의 변경은 설계변경에 의해서만 가능하다.

표 14-1 설계, 구매조달, 그리고 시공 단계에서의 위험

설계	구매조달	시공
고객의 설계 기준에 대한 오해	자재와 설비의 구매를 위한 적절한 시기의 구매 요구	받아들일 수 없는 품질 수준으로 인한 재작업
설계 팀 내에서의 설계 기준에 대한 오해	판매자/공급자의 자재/장비의 납기 지연	도면과 시방서에 대한 오해, 분쟁 또는 실수
작업의 범위에 대한 불완전한 기술	구매조달 계약 용어와 환경에 대한 오해	시공계약 용어 또는 환경에 대한 오해
설계 도중 도면과 시방서에 대한 누락 및 실수	자재와 설비를 다루는데 있어서 부적절함	일정 충돌, 일정 뒤처짐 또는 비용 초과
고객과 허가기관 또는 감독기관과의 이해관계 상충	주문 이행을 위한 적절한 재고 확보	안전한 작업 실시에 대한 부적절한 주의
인력 자원 또는 기술 접근에 대한 효용성	납품된 자재 또는 설비에 대한 저장과 취급	설비와 프로세스의 시운전 및 시험 문제

위험관리 프로세스

발주자, 설계자 및 시공자는 모두 프로젝트가 시작될 때부터 완료될 때까지 위험에 노출되어 있으며, 때로는 완료 이후까지도 위험에 노출되어 있다. 위험에는 비용, 일정, 품질, 환경, 건강, 안전 또는 고객 만족이 포함될 수 있다. 각 당사자는 위험을 식별하고 발생 확률을 평가하고 심각성과 영향을 분석한 다음 위험을 방지하고 만약 위험이 발생하였다면 위험 관리계획을 수립해야 한다. 즉 프로젝트에 내재된 위험을 인식하고 관리해야 한다. 위험관리는 다음 세 단계로 구성된다.

단계1 – 위험평가

프로젝트 위험(비용, 일정, 범위, 품질) 식별

인간의 위험 요소(환경, 건강, 안전) 식별

단계2 – 위험분석

위험의 발생 확률(가능성) 결정

위험의 심각도(영향) 평가

단계3 – 위험완화

위험 예방 또는 감소 계획 수립

위험 요소가 발생하면 이를 바로잡기 위한 전략 개발

위험평가에는 건강, 안전, 환경, 품질, 비용 또는 일정과 같은 범주로 위험(무엇이 잘못될 수 있는지)을 식별하는 것이 포함된다. 일부 위험은 여러 범주에 속할 수도 있다. 각 위험이 식별된 후 위험이 발생할 경우 발생할 확률(발생 가능성)과 심각도(위험의 영향)를 결정하기 위한 분석을 수행한다. 위험 발생확률 및 심각성이 결정되면 위험을 예방(위험 예방), 위험을 수정하기 위한 계획을 수립(문제를 수정하거나 줄이는 방법)할 수 있는 완화 전략을 수립한다. 따라서 위험관리에는 위험평가, 분석 및 완화가 포함된다.

프로젝트 초기단계에서 위험을 파악하고 관리하는 것이 중요하다. 프로젝트의 후반부에 위험을 다루려고 시도하면 관련자들에게 압박감을 안겨주고 좌절감과 잘못된 결정을 내릴 수 있다.

표 14-2는 위험관리 프로세스에서의 활동 및 그 결과물을 보여준다. 위험을 식별, 분석 및 완화하는 방법은 위험관리 프로세스의 명백한 부분이다. 하지만 위험관리 프로세스 실행에서 얻은 교훈을 포착하고 문서화하는 것도 중요하다. 특히,

문서화하는 것이 중요하다. 위험완화 전략과 관련된 문제는 효과적이기 때문에 향후 프로젝트에서 사용해야 한다. 또한 효과적이지 않은 방법은 수정하거나 폐기하기 위한 권장 사항을 문서화해야 한다. 이전 프로젝트에서 얻은 교훈은 향후 프로젝트를 효율적으로 관리하는데 매우 유용하다.

표 14-2 위험관리 프로세스의 활동 및 산출물

프로세스	활동	산출물
위험평가	위험 확인 및 문서화 원인 및 결과 문서화	위험 등록부
위험분석	정량적 분석 실시 정성적 분석 실시	위험평가 보고서
위험완화	위험 대응 전략 선택 위험완화 계획 개발	위험완화 계획
교훈	프로젝트 사후 평가 실시 교훈 문서화	교훈 기록

위험관리 프로세스 지침

위험관리 프로세스에 참여하는 모든 사람들이 따라야 하는 7가지 지침이 있다.

1. 결정이 내려지면, 사실상 새로운 사실이 공개되지 않는 이상 재검토되어서는 안 된다.
2. 위험을 완화하기 위해 여러 사람이 일하고 있어도 한 사람에게는 각 위험에 대한 책임이 부여되어야 한다.
3. 가장 심각한 위험은 높은 우선순위를 가지며, 면밀하게 추적되어야 한다.
4. 현실적인 만기일을 정하고 팀은 그 날을 지키기 위해 노력해야 한다.
5. 위험은 발주자, 프로젝트팀, 하도급 업체 및 공급업체와 같이 적절한 수준에서 완화되어야 한다.
6. 프로젝트팀은 각 위험에 대한 심각도 수준을 결정하고 합의해야 한다.
7. 향후 프로젝트를 위해 학습된 교훈에 대한 입력 역할을 하기 위한 각 위험의 계획 및 실제 완화에 대한 문서화된 자료가 있어야 한다.

발주자, 설계자 및 시공자의 위험

프로젝트의 주요 당사자는 발주자, 설계자 및 시공자이다. 각 당사자는 성공적인 사업에서 중요한 역할을 한다. 프로젝트에서 문제가 발생하면 그 잘못은 종종 발주자, 설계자 및 시공자 중 하나 또는 둘 이상의 조합의 책임이라 할 수 있다. 대개 한 당사자에게 문제가 생기면 그 프로젝트의 다른 당사자들에게도 영향을 미친다. 따라서 다른 당사자에게 위험을 전가시키기 보다는 각 당사자가 함께 협력하여 위험을 공유하는 것이 중요하다. 또한 의사소통은 위험관리에서 중요한 역할을 한다는 점에 유의해야 한다. 오해되거나 부적절하거나 너무 늦게 정보를 전달하면 프로젝트에서 많은 일이 잘못될 수 있다.

위험관리의 첫 번째 고려사항은 계약 유형, 계약 조건이다. 당사자 간의 협상에는 잠재적인 위험을 파악하는 것이 포함되어야 한다. 유형에 관계없이 계약의 주요 목적 중 하나는 당사자들을 묶어서 알려진 위험을 할당하는 것이다. 위험을 가장 잘 제어할 수 있는 당사자에게 위험을 배분하고 할당하여 위험을 공평하게 공유하는 것이 가장 좋다. 프로젝트가 하나의 계약 또는 여러 계약으로 정의되든지 간에 발주자, 설계자 및 시공자는 위험관리에 팀워크가 필수적이라는 것을 인식해야 한다.

프로젝트의 주요 구성요소는 비용, 일정 및 품질이다. 공동 및 개별적으로 발주자, 설계자, 시공자는 그들을 비용, 일정, 품질과 관련된 위험에 노출시키는 중요한 역할을 한다. 발주자는 완료된 작업의 성능 기대치를 설정하는 것과 관련된 위험을 담당하며, 이후 프로젝트의 비용, 일정 및 품질을 수립한다. 설계자와 시공자는 발주자의 기대를 충족시키는데 위험을 안고 있다. 설계자는 품질과 관련된 위험을 관리하기에 가장 좋은 위치에 있지만, 발주자와 시공자는 품질과 관련된 위험이 있다. 일반적으로, 발주자와 설계자 역시 비용 및 일정과 관련된 위험에 노출되어 있지만 시공자는 프로젝트 일정과 관련된 위험을 통제하기에 가장 좋은 위치에 있다.

모든 당사자들은 비용과 관련된 위험에 노출된다. 민간 부문의 발주자들은 프로젝트의 경제적 실현 가능성과 이용 가능한 자금이나 재원의 고려에 기초하여 비용예산을 편성한다. 공공 부문의 발주자들은 공공에 대한 편익/비용 비율과 가용 자금의 고려에 근거하여 프로젝트에 요구되는 비용 예산을 편성한다. 설계나 공사비가 발주자의 예산에서 이탈할 경우 발주자에게 위험이 될 수 있다. 시공자는 입찰을 위해 비용 견적을 준비한다. 비용을 과소평가하면 시공자에 위험이 생길 수 있다. 설계자는 발주자의 기대를 충족하고 공공의 건강과 안전을 보호해야 할 책임이 있다. 설계 예산의 초과 실행은 대개 공사비의 초과보다 덜 심각한 위험을 내포하고 있다. 하지만, 설계 예산이 초과하면 프로젝트를 시공하는데 사용할 수 있는 자금에 영향을 미친다.

발주자, 설계자 및 시공자는 일정과 관련된 위험에 노출되어 있다. 프로젝트를 완성할 시기는 모든 당사자들의 주요 관심사이다. 프로젝트를 완료하는 시간은 설계자와 시공자가 계약 문서에 따라 각자의 작업을 수행할 수 있을 만큼 충분히 길어야 하며, 발주자가 목적물을 의도한대로 사용할 수 있도록 충분히 짧아야 한다. 설계와 시공에 허용된 시간은 완성된 작업의 비용과 품질에 크게 영향을 미칠 수 있다. 민간 부문 발주자의 경우 대개 의도한 효과는 프로젝트 사용 시 이익을 남기는 것이지만, 공공 부문 발주자의 경우에는 일반 대중이 프로젝트를 사용할 수 있도록 하는 것이다. 예상되는 투자 수익이나 이익은 위험 계획에 대한 중요한 추진력이다.

발주자는 프로젝트에서 기대되는 품질 수준을 정의한다. 설계자는 적절한 표준, 법규 및 규정에 따라 도면과 시방서를 준비해야 할 책임이 있다. 설계자의 최종 제품은 발주자의 성능 요건을 달성하는 설계 문서이다. 시공자는 시공 중에 계약 문서에 따라 품질을 이행할 책임이 있다. 품질을 보장하기 위해서는 시공 중에 검사가 요구된다. 검사는 발주자에 의해 이루어질 수도 있지만, 더 빈번하게 설계자의 조직에 의해 수행된다. 따라서 모든 당사자는 책임이 있으며, 완료된 프로젝트의 품질을 보장하기 위해 위험에 노출된다.

발주자 주의사항

발주자는 모든 프로젝트 성공에 중요한 역할을 한다. 발주자는 프로젝트의 처음부터 끝까지 참여하는 유일한 참여자이다. 발주자가 주의를 기울여야 할 최소 4가지 사항이 있다.

1. 프로젝트 변경사항
2. 프로젝트 자금 조달
3. 발주자 공급 재료 및 설비
4. 공공 및 규제 환경

발주자는 궁극적으로 프로젝트의 범위와 품질 수준을 정의할 책임이 있다. 개념 단계 및 초기 설계단계 동안에 프로젝트 범위는 여러 번 변경될 수 있다. 변경사항은 사용 가능한 자금이나 시간 제약에 따라 프로젝트를 변경하고자 하는 발주자의 바람, 설계 검토 결과, 안전 및 시공성 문제, 또는 준공 후 사용자 및 유지관리 담당자의 생각에 따라 변경될 수 있다. 유지보수를 위한 프로젝트의 우려 때문일 수 있다. 프로젝트의 초기 설계 동안 빈번한 변경은 대개 비용과 일정에 부정적인 영향을 최소화한다. 하지만 상세 설계 후, 특히 시공 중에 발생하는 변경사항이 프로젝트의 비용과 일정에 큰 영향을 미칠 수 있다. 이는 그림 3-3이 보여준다. 따라서 발주자는 변경을 관리하는데 있어 중요한 역할을 한다.

기본적으로 발주자는 프로젝트의 모든 비용을 지불한다. 그러므로 발주자는 자신의 프로젝트를 위한 자금을 확보해야 하는 부담이 있다. 프로젝트 전체에 걸쳐 적절한 자금을 확보하지 못하면, 특히 시공자의 비용이 대개 설계자의 비용보다 훨씬 크기 때문에 모든 당사자가 위험에 처하게 된다. 시공회사 도산의 흔한 원인은 자재 공급 업자, 작업자, 임대 장비 등에 대한 지급 등과 같은 단기적인 의무를 이행하지 못하기 때문이다. 이에 발주자는 시공을 완수하기 위한 충분한 자금을 조달해야 한다. 따라서, 발주자가 시기적절하게 진행 비용을 지불하지 못하면 시공자는 위험에 빠질 뿐만 아니라 프로젝트를 시기적절하게 완료하지 못하게 된다.

일부 프로젝트의 경우, 발주자는 작업 현장에서 시공자에 의해 설치되는 대량 자재 또는 특수 장비를 조달하고 공급한다. 예를 들어 전력 회사는 송전선 건설 프로젝트를 위해 강관 전주와 도체 와이어를 조달할 수 있다. 또는 석유 및 가스 회사는 시공자의 시공을 위해 현장에 공급할 펌프, 압축기 또는 열 교환기와 같은 특수 장비를 조달할 수 있다. 발주자가 공급한 재료와 설비는 시공자에게 중요한 위험 요인이 될 수 있다. 광범위한 조정은 조달된 물품이 적시에 작업 현장에 공급되도록 하기 위해서 발주자, 설계자 및 시공자간에 요구된다. 발주자가 제공한 재료와 장비는 시공자가 필요로 할 때 작업장에 있어야 한다. 대다수 시공자는 작업장에 설비를 보관하고 설치하기 위한 설치 일정이 수립되어 있다. 발주자가 공급하는 설비의 늦은 조달은 시공작업의 지연과 프로젝트의 늦은 완료 일자의 흔한 원인이다.

프로젝트에 대한 대중의 인식 또는 광범위한 규제 요구사항은 프로젝트의 불리하고 복잡한 환경을 조성하여 발주자에게 위험을 초래할 수 있다. 때로는 프로젝트의 유형, 위치로 인해 프로젝트의 시공에 저항이 발생할 수 있다. 예를 들어, 원자력 발전소를 건설하려면 환경 단체의 저항이 있을 수 있고, 주택가에 사는 사람들은 주택과 인접한 상업 시설의 건설에 저항할 수 있다. 발주자에게 위험을 줄 수 있는 다른 요인으로는 현장 보안, 안전을 위한 교통 통제 및 현장의 분진 억제가 있다. 이러한 이해관계는 프로젝트에 참여하는 최고의 설계자와 시공자를 유치하는 발주자의 능력에 영향을 미칠 수 있으며, 발주자가 이러한 위험을 관리하기 위한 예방 조치를 요구한다.

설계자 주의사항

설계자는 프로젝트를 필요로 하는 발주자와 프로젝트를 시공할 책임이 있는 시공자 사이에서 중요한 역할을 한다. 설계자는 발주자가 수용할 수 있는 비용 및 공기 내에서 발주자의 요구를 시공 가능한 계획 및 시방서 세트와 준공일자로 변환하여야 한다.

설계 작업에는 현장 정보 수집, 많은 계산 수행, 컴퓨터 응용 프로그램 사용, 세부 사항이 포함된 설계 도면의 개발과 수많은 페이지의 시방서를 작성하는 작업이 포함된다. 중요한 정보를 누락하고 오류를 발생시킬 가능성이 매우 크다. 설계자가 주의를 기울여야 할 최소 6가지 사항이 있다.

1. 업무범위 확대 통제관리
2. 계획 및 시방서의 품질과 완전성
3. 시공 도면 및 자재에 대한 승인
4. 설계변경 요구에 대한 응답
5. 시공 중 검사
6. 설계 예산 및 일정 관리

설계자는 지속적으로 범위 확장을 모니터링하고 통제 관리해야 한다. 설계 과정 중에 설계자는 발주자의 필요와 요건에 관련된 도면과 시방서만 생산해야 한다. 설계자는 발주자가 확인한 외관, 기능 및 성능 요건을 정의하는 모든 기준을 신중하게 문서화해야 한다. 특히 프로젝트 성능을 벗어나거나 향상시키는 항목을 문서화하는 것이 중요하다. 프로젝트의 성능 기준 및 기능의 변화는 흔히 범위 확장으로 이어지기 때문에 "요구하는 것"과 "원하는 것" 사이에 분리가 필요하다. 또한 과도한 설계, 초과 작성 및 중복 작성 시방서는 범위 확장으로 이어지므로 비용과 일정이 증가한다. 이러한 위험은 설계자의 예산과 일정에 영향을 미칠 뿐만 아니라 공사비와 일정에도 영향을 미칠 수 있다.

계획 및 시방서의 품질과 완전성은 프로젝트의 비용, 일정 및 품질에 큰 영향을 미친다. 시공을 위해 배포하기 전에 계획 및 시방서를 철저히 검토하고 오류 및 누락이 있는지 확인해야 한다. 설계 문서의 결함은 인지되었는지 여부와 상관없이 시공 클레임과 분쟁의 일반적인 원인이 된다. 시공 경험이 풍부한 사람들에게 도면을 점검하여 시공 가능성을 확인하고 명확성을 위해 시방서를 검토하는 것이 합리적 방법이다.

시공자는 프로젝트 초기에 시공 도면 검토 및 자재 승인을 위한 제출서류를 발행한다. 시공 도면은 설계 문서로부터 만들어진다. 설계자는 시공자가 작업을 시작하기 전에 시공 도면을 검토하고 승인할 책임이 있다. 시공 도면을 검토하고 승인하도록 허용된 시간의 지연은 시공자의 작업을 지연시킬 수 있으며, 이는 시공자로부터 지연 클레임을 발생시킬 수 있다. 설계자 또는 발주자에 의해 야기된 시공자의 일정 지연은 대체적으로 추가 시간 및 관련 비용에 대한 시공자의 클레임으로 이어진다. 따라서 설계자는 적시에 도면 검토에 응답하는 것이 중요하다.

시공 중 설계변경 요구는 발주자, 설계자 또는 시공자에 의해 행해질 수 있다. 발주자는 프로젝트에 원하는 사항을 추가하려고 할 수도 있으며, 설계자가 도면의 오류를 수정하거나 시방서를 명확히 하고자 할 수도 있다. 시공자는 악천후 이후에 다른 현장 조건이나 정리를 위해 시간과 비용을 추가로 요구할 수 있다. 주문을 변경하면 일반적으로 시공 시간과 비용이 증가한다. 발주자는 대체적으로 발주자의 승인 또는 거부에 앞서 설계자에게 변경 주문의 범위, 비용 및 일정을 검토하고 평가하도록 요청한다. 변경 주문에 적시에 대응하지 못하는 것은 시공자의 추가 시간 및 비용 청구에 대한 일반적인 원인이다.

건설공사에서는 자재 및 시공 상의 품질 확보를 위하여 검사가 요구된다. 일반적으로 설계자는 발주자의 요청에 따라 검사를 수행할 책임이 있다. 시공자는 계약문서에 따라서만 그 일을 수행할 의무가 있다. 그 이상도 이하도 아니다. 검사 수행과 관련된 위험은 있다. 검사관은 또한 시공자의 작업 검사 요청에 응해야 한다. 검사에 시의 적절한 대응 능력 부족으로 시공자의 클레임 청구가 발생할 수 있다.

설계 작업 비용은 종종 작업시간을 기준으로 측정되며, 바차트는 설계 일정에 흔히 사용된다. 설계 예산을 관리하기 위해서는 대체적으로 실제 작업시간을 프로젝트에 요구되는 예산과 비교해야 한다. 소규모 프로젝트의 경우, 많은 설계자가 동시에 여러 프로젝트에서 작업하기 때문에 설계 예산을 관리하는 프로세스가 더욱 어려워진다. 각 프로젝트에 정확하게 설계 시간을 청구하는 비용 관리 시스템이 필요하며, 그렇지 않은 경우에는 비용 초과의 위험이 있다. 대부분의 설계자들은 비용이나 일정에 대한 정보를 계속 추적하기보다는 설계 작업에 더 관심이 있다. 일정 뒤처짐을 방지하기 위해 정기적인 설계 회의를 수행하여 설계 작업에서 예정된 작업과 수행된 작업을 비교하여 주요 작업 일정을 관리해야 한다.

시공자 주의사항

시공 중에 시공자는 프로젝트를 관리하게 되며, 이로 인해 시공자가 위험에 노출된다. 관리 수준은 계약 문서에 정의되어 있다. 시공자는 비용을 견적하고, 일정을 준비하며, 자재를 구매하고, 인력 및 장비를 관리한다. 시공자가 주의해야 할 사항은 최소 4가지이다.

1. 과소평가된 비용
2. 비현실적인 일정
3. 비효율적인 통제관리 시스템
4. 현장 인력의 관리

대부분의 시공자는 비용 견적을 비교적 잘 작성하고 있다. 하지만 비용 견적 업무를 과소평가할 가능성은 언제나 있다. 견적이 낮거나 부정확하면 입찰가가 낮아지게 되고, 이로 인해 시공자는 비즈니스를 유지하지 못하는 계약을 체결하게 된다. 자금 부족으로 인해 변경 주문, 클레임 또는 의심스러운 사업 관행을 고려하여 유인을 통해 지속적으로 자금을 회수할 방법을 찾아야 하는 위험한 상황에 처하게 한다.

시공에 앞서 시공자에 일반적으로 제공되는 일정 정보는 승인된 시작 날짜와 프로젝트에 요구되는 종료 날짜뿐이다. 일부 프로젝트의 경우 시공자에게 중요한 중간 마일스톤 일자가 제공될 수 있다. 시공자는 프로젝트의 모든 측면을 지시하고 관리하기 위하여 종합적인 예정 공정표를 작성할 책임이 있다. 작업 현장에서 작업자를 안내하고 자재를 적시에 공급할 수 있도록 일정을 상세히 작성해야 한다. 시공자의 일정은 작업에 발생한 사건을 기반으로 정기적으로 업데이트되어야 하며, 계획된 공정과 비교하여 실제 작업 진행상황을 보여 주어야 한다.

프로젝트 통제관리 시스템은 시공에 있어서 매우 중요하다. 통제관리 시스템에는 비용, 일정, 품질, 안전 및 자재 관리가 포함된다. 효율적으로 되기 위해서, 프로젝트관리 시스템은 관리하기 쉬워야 하며, 프로젝트의 모든 참여자들이 쉽게 이해할 수 있어야 한다. 효율적인 통제관리 시스템을 개발하여 정보를 정기적으로 수집, 검증, 평가하고 작업 관리를 담당하는 담당자에게 알려야 한다. 프로젝트 관리 시스템은 업무에 대한 우수한 계획과 일정이 있을 때 가장 가치 있다는 것을 인식해야 한다. 우수한 통제관리 시스템은 위험을 식별하고 예방하는 메커니즘을 제공한다.

공사 현장의 작업자들이 시공자의 가장 중요한 자원이다. 작업자들은 발생할 수도 있는 많은 장애 가능성에도 불구하고 장비를 작동하고, 재료를 설치하고, 문제를 감지하고, 문제를 해결하고, 일을 완성한다. 시공자는 작업에 대한 적절한 지침을 제공하고, 적절한 훈련을 제공하고, 안전한 작업 환경을 보장하고, 팀워크 의

식을 만들기 위해 특별한 노력을 기울여야 한다. 시공자가 작업자들을 돌보면 작업자들이 시공자를 돌보게 될 것이다. 관리가 잘 된 작업자들은 더 생산적이고 더 나은 안전 기록을 갖게 되어 시공자의 다른 위험을 줄일 수 있다.

위험평가

위험평가에는 잠재적인 위험성을 파악하는 것이 포함된다. 간단히 말해서, 위험 목록은 "무엇이 잘못될 수 있습니까?"라는 질문에 대한 해답이다. 프로젝트팀의 모든 분야의 전문가들은 책임을 맡은 업무를 평가하고 위험 목록을 작성해야 한다. 특히, 발생할 가능성이 가장 높은 중요한 위험과 프로젝트에 가장 큰 영향을 미칠 수 있는 위험을 확인한 다음 해당 위험을 문서화하는 것이 특히 중요하다.

프로젝트팀의 모든 구성원은 프로젝트에서 발생할 수 있는 위험을 식별해야 한다. 프로젝트의 초기 단계에서 이전 프로젝트의 교훈과 경험을 토대로 위험을 식별하기 위해 리스크 워크숍을 실시해야 한다. 일반적으로 참여자에는 프로젝트관리자, 위험 전문가와 프로젝트관리, 일정 관리, 계약 및 기타 프로젝트 관련분야 전문가들이 포함된다. 워크숍 참가자는 또한 외부의 위험관리 전문가도 포함된다. 브레인스토밍, 인터뷰, 체크리스트 및 이전 프로젝트의 프로젝트 위험 등록부 검토를 포함하여 다양한 기술을 위험 식별에 사용할 수 있다.

표 14-3은 프로젝트의 설계, 구매조달 및 시공 단계에서 발생할 수 있는 일반적인 위험목록 예이다. 표 14-4는 전력 송전선로 프로젝트 시공 위험의 체크리스트 예이다. 이 체크리스트의 항목에 대한 위험분석은 다음 절에 나와 있다.

대부분의 회사는 정책을 수립하고 위험관리 팀이 위험평가에 사용되는 표준을 개발한다. 일반적으로 위험평가는 회사의 위험 기준에 따라 정성적인 방법을 사용하여 수행된다. 위험이 정의된 후, 위험관리 팀의 판단과 집단적 사고를 기반으로 위험에 대한 주관적인 평가가 이루어진다. 예를 들어, 위험의 발생 수준을 평가하는 회사 표준은 매우 낮음, 낮음, 보통, 높음 또는 매우 높음과 같은 척도로 분류될 수 있다. 발생 빈도가 낮으면 위험이 발생할 확률이 적으며, 발생률이 높으면 확인된 위험이 발생할 확률이 높다. 위험의 영향이나 심각성에 대한 유사한 초기 평가는 흔히 매우 낮은 수준에서 매우 높은 수준까지의 정성적 척도로 이루어진다. 전형적으로, 회사 위험관리 표준은 표 14-5에 나타난 대로 정성적 평가를 정량적 수치로 변환하기 위한 지침을 정의한다.

표 14-3 설계, 구매조달 및 시공 도중 위험 요인

설계
- 변경사항 (발주자 설계 변경, 범위 증가, 비용 증가, 일정 뒤쳐짐)
- 설계 오류 또는 누락 (계산, 스프레드시트, 소프트웨어)
- 규정 준수 (발주자 표준, 규제 요구사항)
- 도면 오류 (치수, 평면도, 입면도, 단면, 세부 사항의 충돌)
- 시방서 (관련 규격, 누락에 대한 서면 상의 갈등)
- 문서의 충돌 (도면과 시방서 간)
- 설계 대안의 공사비 과소평가
- 발주자 및 시공자와의 협력 관계

구매조달
- 공급업체 및 하도급 업체의 사전 자격 심사
- 긴 리드 타임 설비에 대한 요청 지연 문제
- 작업 현장에 자재, 설비의 부분 배송
- 특수 자재/설비의 손상된 배송

시공
- 물리적 위험 (현장 접근/저장, 지하 조건, 기후)
- 계약 (승인 프로세스, 하도급 업체 실패, 공급업체 불이행)
- 비용 (과소평가된 비용, 현금 흐름, 비용 초과, 손실 손해)
- 일정 (비현실적인 일정, 업무 지연, 기후, 하도급 업체 일정 충돌)
- 노동 (가용성, 생산성, 파업, 안전, 사고, 결함 있는 작업, 분쟁)
- 자재/설비 납품 (작업현장에 늦은/부분/손상된 조달)
- 도면 및 시방서 (도면의 오류, 시방서의 충돌)
- 발주자, 설계자, 공급업체 및 기타 시공자와의 협력 관계
- 프로젝트를 진행하는 다른 시공자의 직원 및 발주자 직원과의 협력
- 시공현장 교통현황, 공공 도로와의 근접성
- 시공 장비 가용성 및 유지보수

표 14-4 전력 송전선로 프로젝트 시공을 위한 위험의 체크리스트

자재 납품 지연
- 강관 전주
- 도체 전선
- 실드 전선

지반의 문제들
- 시추용 토양에서 점토 대신 암석이 발견됨
- 지하 유틸리티 이동

현장접근권
- 통행권 확보 지연
- 통행권 확보를 위한 비난 의견청취

송전선로
- 기상 악화로 인한 일정 지연
- 연도 말까지 선로에 에너지가 공급되지 않으면 세제 혜택이 상실됨

표 14-5 질적 평가의 정량 평가로의 환산

척도	일정에 미치는 영향	비용에 미치는 영향
매우 높음	>40%	>20%
높음	20%~40%	10%~20%
중간	10%~20%	5%~10%
낮음	1%~10%	1%~5%
매우 낮음	>1%	>1%

위험분석

위험분석에는 발생 확률과 각 위험의 심각도를 분석해야 한다. 위험분석에는 통계 모델, 시뮬레이션 및 기타 수치 방법을 사용할 수 있지만 프로젝트 작업에 광범위한 경험을 가진 유능한 사람들의 판단과 지혜가 포함되어야 한다. 위험에 대한 수치해석은 경험 많은 사람들의 상식과 판단을 위한 독립적 대안이 아니다.

표 14-6은 표 14-4에 나타난 전력 송전선로 프로젝트 항목 체크리스트에 대한 위험분석을 보여준다. 발생 확률 및 심각도 수준은 체크리스트의 각 항목에 제공된다. 위험 점수는 확률과 심각도 계수를 곱한 값으로 계산한다. 심각도 분석 기준에 대한 범례는 표 아래쪽에 표시되어 있다. 프로젝트의 위험 점수는 체크리스트의 각 항목에 대한 위험 점수의 합계로 계산된다. 분석 결과에 따르면 특히 도체 전선을 작업 현장에 전달할 경우 가장 위험이 큰 것으로 나타났다. 그러므로 도체 전선이 확실히 전달되도록 각별히 주의해야 한다. 전선의 시기적절한 공급을 보장하기 위해 취할 수 있는 조치에는 공급업체의 확인 가능성 확보, 조기 구매 주문서 발행, 구매 주문서의 확인 배송 날짜 확보 및 배송 날짜에 대해 공급업체에 연락하는 것을 포함한다.

표 14-6 전력 송전선로 프로젝트의 위험분석

위험 항목	확률 (가능성)	심각도 (영향)	위험점수
재료의 조달			
강관 전주	70%	낮음(3)	2.1
도체 전선	50%	높음(9)	4.5
실드 전선	25%	중간(6)	1.5
			소계 = 8.1 재료 조달
기초의 문제들			
암석 발견	40%	높음(8)	3.2
지하 유틸리티	10%	낮음(2)	0.2
			소계 = 3.4 지반 문제들
현장접근권			
확보지연	50%	중간(7)	3.5
비난	15%	중간(6)	4.4
			소계 = 7.9 현장접근권
송전선			
일정 지연	30%	낮음(3)	0.9
세제혜택 손실	30%	높음(9)	2.7
			소계 = 3.6 송전선
		총 위험 점수 = 프로젝트에서	**23**

심각도에 대한 회사의 설정 기준

심각도	비용	일정
낮음(1~4)	이익 감소	벌칙 없음
중간(5~7)	이익 손실	최소한의 처벌
높음(8~10)	치명적인 손실	심한 처벌

비용에 대한 위험분석

프로젝트 비용을 견적할 때는 많은 위험이 있다. 자재 가격 및 양의 변동, 하도급자 및 자재, 장비 공급업체 견적의 변동 위험 등이 있다. 또한 작업자 및 장비의 생산성 변동 위험이 있다.

일반적으로 비용 견적의 기본은 견적 비용과 각 입찰 품목에 적용되는 예비비 금액으로 구성된다. 견적이 준비된 후 잠재적 위험을 파악하기 위해 견적의 입찰 항목을 철저히 검토해야 한다. 그런 다음 목록의 각 입찰 항목은 범위, 예산, 품질 또는 기타 발생할 수 있는 잠재적 위험의 차이 또는 중복 여부를 평가할 수 있다. 위험분석의 첫 번째 단계는 모든 입찰 항목에 위험이 발생하지 않을 수 있다는 점을 고려하여 각 입찰 항목별 가능한 최대 위험을 결정하는 것이다. 다음 단계는 각 위험의 발생 확률을 결정하는 것이다. 가능한 최대 위험에 발생 확률을 곱한 값은 각 입찰 항목에 대하여 예상되는 순 위험을 제공한다(표 14-7 참조).

표 14-7의 위험분석 데이터는 최대 예상 비용이 2,582,000달러이고 차이가 474,000달러인 2,108,000달러의 기본 견적을 보여준다. 하지만, 모든 위험이 견적의 각 항목에 대해 발생하지는 않는다. 따라서, 각 입찰 항목에 대한 예상 순 위험 이익은 최대 위험에 각 항목의 확률 퍼센트를 곱해서 산정한다. 프로젝트의 총 예상 순 위험은 206,500달러이며, 이는 견적의 각 항목에 대한 순 위험의 합계로 계산된다. 206,500달러는 기준 비용 2,108,000달러에 대해 9.8%의 예비비를 나타내며 이는 ($206,500/$2,108,000) × 100 = 9.8%로 계산된다. 이 프로젝트의 최종 견적은 기본 견적과 총 예상 순 위험을 더한 값인 ($2,108,000 + $206,500 = $2,314,500)으로 산정할 수 있다.

표 14-7 비용의 위험분석

평가 항목	기본 견적	최대 비용	최대 위험	확률적 비율	예상된 순 위험
1	$40,000	$50,000	$10,000	20%	$2,000
2	100,000	150,000	50,000	30%	15,000
3	250,000	320,000	70,000	50%	35,000
4	237,000	320,000	83,000	60%	49,800
5	94,000	135,000	41,000	30%	12,300
6	730,000	870,000	140,000	40%	56,000
7	572,000	640,000	68,000	50%	34,000
8	85,000	97,000	12,000	20%	2,400
총	$2,108,000	$2,582,000	$474,000		$206,500

PERT를 이용한 일정 위험분석

대부분의 계약 입찰서류는 시공자가 활동의 순서를 보여주는 시공 활동 일정 및 프로젝트를 완료하는데 소요되는 총 시간을 제출하도록 요구하고 있다. 프로젝트 완료에 소요되는 시간은 대개 바차트 또는 CPM(Critical Path Method) 분석을 통해 작성된 일정에 따라 정해진다. 제8장에 나타난 바와 같이, 바차트와 CPM 공정표 작성 방법은 각 활동에 대한 구체적인 기간을 할당하는 것에 기준 한다. 하지만 일부 프로젝트의 경우 일정에 포함된 하나 이상의 활동에 대해 단일 기간을 추정하기는 어렵다. 일반적으로 특정 활동에 적용될 수 있는 시간 범위가 있다. 예를 들어, 프로젝트에서 파일을 관입하는데 소요되는 시간은 14일에서 27일까지 다양할 수 있으며, 대부분의 예상 시간은 19일이다. CPM 공정표의 경우 공정표 작성에 필요한 기간을 19일로 한다.

제8장에 일정관리 방법이 제시되어 있고 논의되어 있다. PERT(Program Evaluation and Review Technique) 방법은 시공자가 발주자에게 제출할 프로젝트 일정을 개발하는데 거의 사용되지 않는다. 사용이 부족한 이유는 일반적으로 활동에 여러 기간을 사용하고 통계 방법을 적용해야 하기 때문이다. 하지만 프로젝트 개발의 초기 단계에서 PERT 방법은 프로젝트 일정상 위험을 분석하는데 유용한 도구이다.

CPM과 PERT 방식의 네트워크 분석 시스템은 활동의 상호 관계를 보여주는 순차적인 방식으로 활동을 배열하는 것에 기초하고 있다. CPM 방법을 사용하면 각 활동에 단일 기간이 지정되는 반면 PERT 방법을 사용하여 각 활동에 세 가지 기간이 지정된다. 네트워크 다이어그램의 시작부터 끝까지 다양한 활동 경로가 있다. 네트워크에서 가장 긴 경로는 주공정 경로와 주공정 활동을 식별하는 총 프로젝트 기간을 설정한다. 일반적으로 주공정 활동은 프로젝트 일정에 포함된 총 활동 수의 10~20%로 구성되어 있다. 예제 14-1은 프로젝트 일정에 대한 위험분석을 위한 PERT의 사용을 설명한다.

예제 14-1

프로젝트팀이 프로젝트를 위한 PERT 일정을 개발했다. 다음은 PERT 다이어그램의 주공정 경로에 대한 활동이다. 이러한 6개의 활동은 계획된 프로젝트 기간이 중요한 경로 활동의 지배를 받기 때문에 프로젝트 일정의 위험분석에 사용된다. 각 활동의 하단에는 낙관적인 시간(a), 정상적인 시간(m)및 비관적인 시간(b)이 표시되어 있다. 모든 시간은 월 단위로 측정된다. 프로젝트 일정에 대한 위험분석을 실시한다.

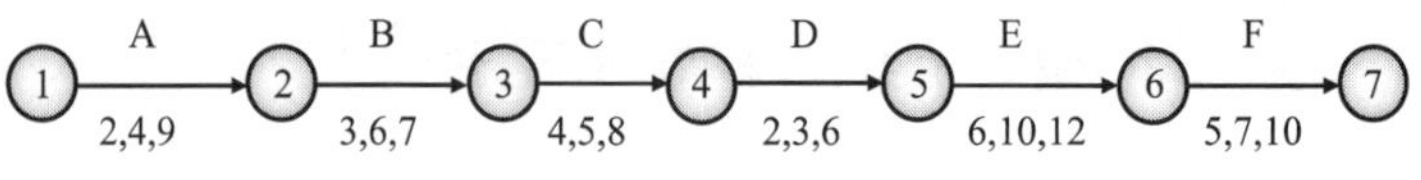

A. **주공정 경로에서 각각의 활동에 가장 가능성이 높은 시간(t_e)을 계산한다.**

각 활동의 예상 시간은 다음 공식으로 계산할 수 있다.

활동	$t_e = (a+4m+b)/6$	예상 소요 시간(t_e)
A	[2+4(4)+9]/6	4.500개월
B	[3+4(6)+7]/6	5.667개월
C	[4+4(5)+8]/6	5.333개월
D	[2+4(3)+6]/6	3.333개월
E	[6+4(10)+12]/6	9.666개월
F	[5+4(7)+10]/6	7.167개월

B. 이 프로젝트를 완성하기 위한 낙관적, 비관적, 정상적 시간은 얼마인가?

낙관적 기간 = 2+3+4+2+6+5 = 22개월

비관적 기간 = 9+7+8+6+12+10 = 52개월

정상적 기간, T_E = 각 활동의 예상시간의 합계

= 4.50+5.667+5.333+3.333+9.666+7.167 = 35.7개월

C. 이 프로젝트가 37개월 내에 완료될 확률이 얼마나 되는가?

최종 이벤트 번호 7에 대한 σ_{TE}는 이벤트의 분산 제곱근이며, 다음과 같이 계산할 수 있다.

$$\begin{aligned}\sigma_{TE} &= \sqrt{\nu_{1-2}+\nu_{2-3}+\nu_{3-4}+\nu_{4-5}+\nu_{5-6}+\nu_{6-7}} \\ &= \sqrt{[(9-2)/6]^2+[(7-3)/6]^2+[(8-4)/6]^2+[(6-2)/6]^2+[(12-6)/6]^2+[(10-5)/6]^2} \\ &= \sqrt{1.3611+0.4444+0.4444+0.4444+1+0.6944} \\ &= \sqrt{4.3887} \\ &= 2.095\end{aligned}$$

이전 페이지에서 계산된 바와 같이, T_E=35.7이다. 따라서, 37개월까지 프로젝트를 완료할 확률은 다음과 같이 산출할 수 있다.

$$\begin{aligned}z &= (T_S - T_E)/\sigma_{TE} \\ &= (37-35.7)/2.095 \\ &= 0.621\end{aligned}$$

표 8-6에서 편차 z가 0.621인 경우 확률은 0.74이다. 따라서, 프로젝트가 37개월까지 완료될 확률은 74%이다.

D. 이 프로젝트가 32개월째 완료될 확률은 얼마인가?

위에서 계산된 바와 같이, σ_{TE}=2.095, T_E=35.7이다.

$$\begin{aligned}z &= (T_S - T_E)/\sigma_{TE} \\ &= (32-35.7)/2.095 \\ &= -1.77\end{aligned}$$

표 8-6에서 −1.77의 편차 z를 기준으로 확률은 0.04이다. 따라서 프로젝트가 32개월까지 완료될 확률은 4.0%이다.

E. 99%의 확률로 예상되는 완료 개월 수는 얼마인가?

C에서 계산된 바와 같이, $\sigma_{\mathrm{TE}}=2.095$, $T_E=35.7$이다.

99% 확률의 경우, $z=+2.5$

$$z=(T_S-T_E)/\sigma_{\mathrm{TE}}$$
$$+2.5=(T_S-35.7)/2.095$$
$$T_S=40.9\text{개월}$$

F. 1%의 확률로 예상되는 완료 개월 수는 얼마인가?

위의 C에서 계산된 바와 같이, $\sigma_{\mathrm{TE}}=2.095$, $T_E=35.7$이다.

1% 확률의 경우. $z=-2.5$

$$z=(T_S-T_E)/\sigma_{\mathrm{TE}}$$
$$-2.5=(T_S-35.7)/2.095$$
$$T_S=30.5\text{개월}$$

G. 예상되는 계획기간 35.667개월 전이나 뒤에 프로젝트를 마칠 위험을 평가할 확률 범위 전체에 대한 확률 대 프로젝트 기간의 그래프를 작성하시오.

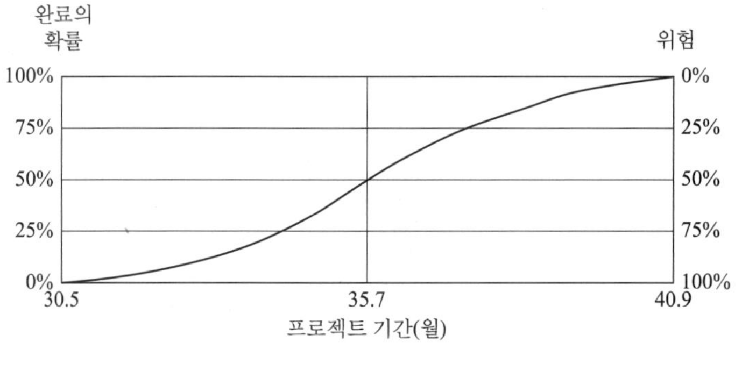

이 위험 대 프로젝트 지속 기간 그래프는 위험관리 프로세스에서 상위 관리진이 사용할 수 있다. 분석 결과에 따르면 30개월만에 프로젝트가 완료되는 것은 아니지만 41개월만에 프로젝트가 완료될 가능성이 높다. 프로젝트가 35.7개월만에 완료될 확률은 50/50이다. 이 정보를 제공하는 것은 완료 확률에 관계없이 특정 프로젝트 기간을 제공하는 것보다 유익한 정보이다. 프로젝트 일정에 대한 PERT 분석은 활동에 할당된 기간에 많은 불확실성이 있는 고위험 프로젝트에 가장 적합하다.

시뮬레이션을 이용한 위험분석

몬테카를로 시뮬레이션은 무작위 숫자 집합(랜덤값)을 입력하여 대화식으로 결정론적 모델을 평가하기 위한 통계적 방법이다. 이는 일정, 비용 견적의 위험분석을 위한 도구로 사용할 수 있다. 몬테카를로 분석은 기준 일정이나 비용 견적과 같은 결정론적 모델로 시작된다.

컴퓨터 소프트웨어 프로그램은 수학적으로 가능성 있는 다양한 위험 시나리오와 각 위험과 관련된 발생 확률을 산정하고 추적할 수 있다. 위험분석은 비용 견적, 프로젝트 일정, 노동 생산성 또는 자원 할당에 대해 이루어질 수 있다. 소프트웨어 패키지는 현실적인 범위의 가능한 평가와 가능한 결과의 관점에서 가변적 입력에 기초하여 스프레드시트를 분석할 수 있다. 이 분석은 어떤 위험을 감수하고 어떤 위험을 피해야 하는지에 대한 의사결정을 내리는데 도움이 된다.

몬테카를로 시뮬레이션은 일반적으로 적용되며, 실제 작업 전 고위험 프로젝트에 대한 발주자의 사전 계획 과정에서 가장 유용하게 쓰인다. 일반적으로 시공자는 진행 중인 프로젝트에서 제한된 시간과 예산 제약으로 인해 몬테카를로 시뮬레이션을 제한적으로 사용한다. 프로젝트의 규모가 커질수록, 다양한 위험 확률을 분석하기 위한 몬테카를로 시뮬레이션과 같은 정교한 위험분석 도구가 더 많이 요구된다.

몬테카를로 시뮬레이션의 신뢰도는 시뮬레이션에 사용된 변수를 개발한 누적 경험만큼 효과적이라는 점에 유의해야 한다. 프로젝트 일정 시뮬레이션의 신뢰성은 프로젝트 기준 일정의 품질에 크게 좌우된다. 예를 들어, 프로젝트 일정은 시뮬레이션 분석을 실행하기 전에 활동 및 실제 지속 시간을 적절한 순서로 지정해야 한다. 마찬가지로, 비용 산정에 대한 시뮬레이션 분석은 기준 견적의 품질에 따라 크게 좌우된다. 오류로 가득한 기본비용 견적에 대해 시뮬레이션 분석을 실행하면 신뢰할 수 없는 결과가 발생한다.

시뮬레이션을 이용한 일정 위험분석

시뮬레이션은 일정의 위험분석에서 PERT보다 훨씬 뛰어난 유연성을 제공한다. CPM 일정은 활동과 기간의 관계로 구성된 결정적 모델이다. 시뮬레이션은 컴퓨터를 사용하여 모델을 수치로 평가하는 기술이다. 몬테카를로는 컴퓨터가 CPM

네트워크에서 활동을 평가하기 위해 수천 회의 계산을 수행해야 하는 시뮬레이션 기술이다. 많은 컴퓨터 스케줄링 소프트웨어 패키지는 몬테카를로 시뮬레이션을 수행할 수 있는 능력을 갖추고 있다.

프로젝트 일정에 대한 몬테카를로 시뮬레이션은 각 활동에 대해 무작위로 선택된 기간을 기반으로 여러 일정을 개발하는 것과 관련이 있다. 첫째, 기간의 범위가 정의되고 기간 분포가 각 활동에 대해 설정된다. 분포는 균일, 삼각형 또는 지수와 같은 선형 또는 비선형일 수 있다. 그림 14-1은 엔지니어링 및 건설 프로젝트의 비용 및 일정 시뮬레이션에 일반적으로 사용되는 기간 분포의 예를 보여준다. 최소 지속 시간은 a이고 최대 지속 시간은 b이며, 가장 가능성이 높은 것은 m이다.

범위 및 기간 분포가 각 활동에 대해 정의된 후에는 각 활동의 기간 분포에서 무작위로 선택된 각 활동의 기간을 할당하여 프로젝트 일정을 수립한다. 예를 들어 첫 번째 일정은 380일의 프로젝트 기간을 계산할 수 있다. 그런 다음 두 번째 일정은 각 활동의 기간 분포에서 무작위로 선택된 각 활동의 기간을 할당하여 개발된다. 두 번째 일정은 420일의 프로젝트 기간을 계산할 수 있다. 이 과정은 프로젝트 기간의 분석 테이블을 개발하기 위해 컴퓨터에 의해 수천 번 반복된다. 최종 결과는 360일에서 450일까지의 기간이 될 수 있다. 그런 다음 프로젝트 기간의 평균 및 표준 편차를 계산하고 확률 곡선을 개발할 수 있다.

그림 14-2는 프로젝트 일정의 위험분석을 위해 시뮬레이션을 사용하는 예이다. 왼쪽 세로좌표는 시뮬레이션 프로세스에서 계산의 수를 표시하고 오른쪽 세로 좌표는 누적 빈도와 작업 일 범위를 표시한다. 가로축은 최소 162일에서 최대 237일까지 근무일의 범위를 보여준다. 시뮬레이션 분석에 따르면 182일 동안 프로젝트가 완료될 확률은 10%이고 221일 후에 완료될 확률은 90%이다. 206일 이내에 프로젝트가 완료될 확률은 50%이다. 190일 동안 프로젝트를 완료할 확률은 17%이다. 시뮬레이션을 활용한 위험분석을 통해 프로젝트팀과 고위 경영진이 프로젝트 단일 기간의 정보 대신 다양한 기간을 얻는 확률을 사용하여 의사결정을 내릴 수 있다.

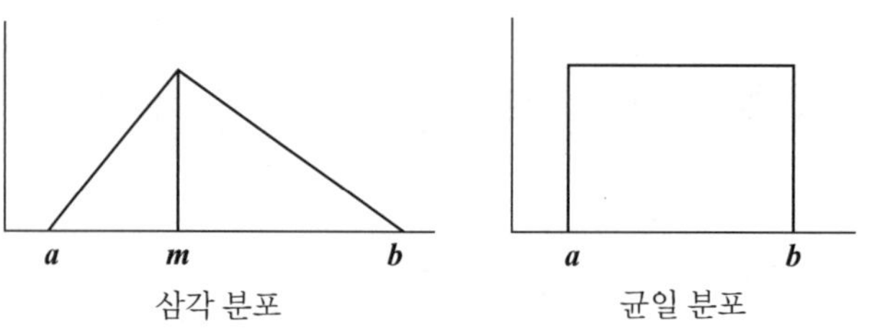

그림 14-1 기간 분포의 예제

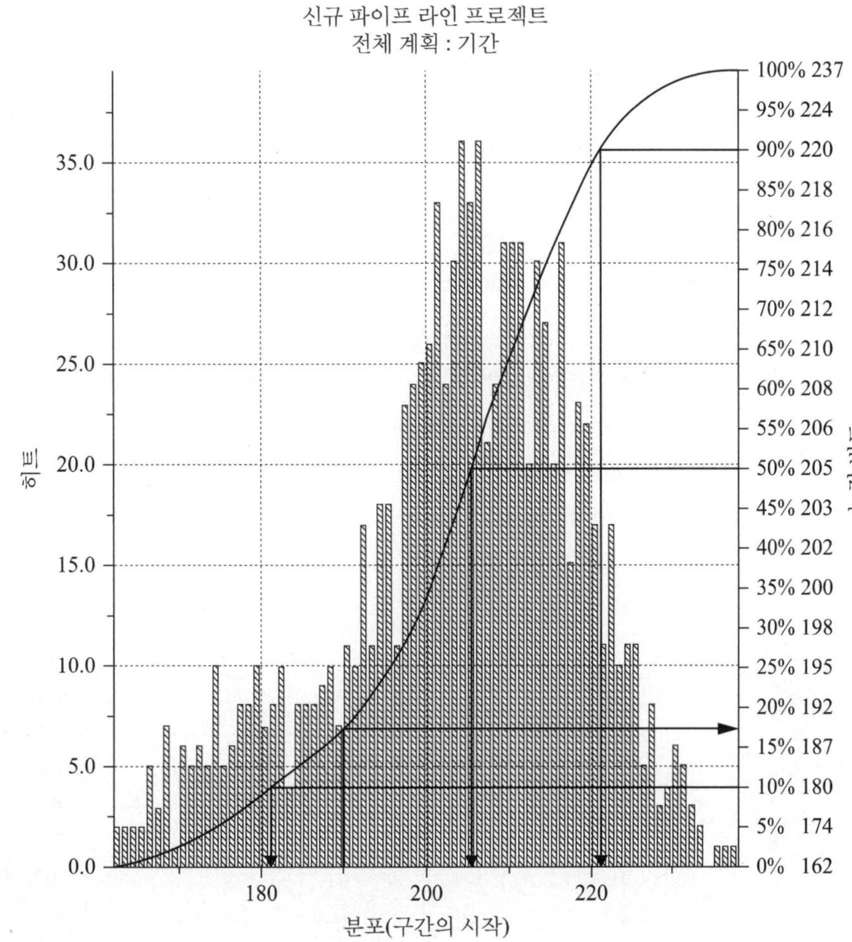

그림 14-2 시뮬레이션을 이용한 프로젝트 일정의 위험분석

시뮬레이션을 통한 비용 위험분석

비용의 몬테카를로 시뮬레이션에서는 일반적으로 기준 비용 견적이라고 하는 결정론적 비용 견적으로 시작한다. 기준 비용 견적은 견적에 포함된 항목 중 가장 가능성이 높은 비용을 사용해 계산된다. 견적의 각 항목에 대한 비용 범위는 낙관적인 최소값(a)에서 비관적 최대값(b)까지 다양하다. 비용 항목별 비용 항목이 견적에 설정된다. 몬테카를로 시뮬레이션 프로그램은 계산 알고리즘을 사용하여 비용 분포에서 무작위로 선택된 여러 값 집합을 사용할 때마다 수천 회의 시뮬레이션을 실행한다. 컴퓨터에 의해 반복된 수천 번의 시뮬레이션을 사용하여 프로젝트의 원가 추정 분석 테이블을 개발한다. 최종 결과는 확률 백분율로 견적 범위이다. 그런 다음 프로젝트 원가 견적의 평균 및 표준편차를 계산하고 확률 곡선을 개발할 수 있다.

그림 14-3은 비용 견적의 위험분석을 위해 시뮬레이션을 사용하는 예이다. 왼쪽 세로 좌표는 시뮬레이션 프로세스에서의 계산 수를 표시하고 오른쪽 세로 좌표는 누적 빈도 및 비용 범위를 보여준다. 가로 좌표는 최소 11,595,500달러에서 최대 16,103,607달러까지의 비용 산정 범위를 보여준다. 시뮬레이션 분석에 따르면 12,656,786달러의 비용 견적에 대해 10%의 확률과 14,329,143달러의 비용 견적에 대해 90%의 확률이 있음을 보여준다. 13,413,536달러의 비용 견적을 받을 확률은 50%이다. 시뮬레이션을 통해 비용 견적의 위험분석을 하면 고위 경영진이

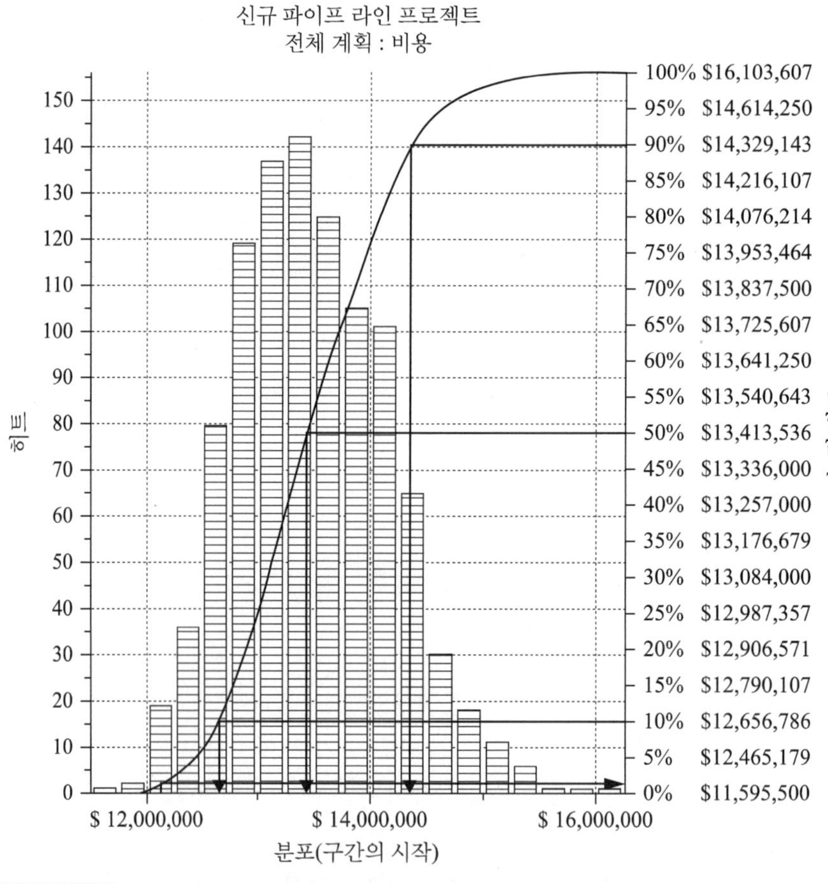

그림 14-3 시뮬레이션을 이용한 비용 견적의 위험분석

비용 견적에 대한 단일 수치의 정보 대신 연관된 확률 비용 범위를 기반으로 의사결정을 내릴 수 있다.

위험완화

경험 있고 성공적인 프로젝트관리자의 주요 특성은 위험을 식별하고 관리하는 능력이다. 성공적인 프로젝트관리자는 항상 잘못될 수 있는 것을 찾고 있으며, 문제를 바로 잡을 계획을 가지고 있다. 프로젝트관리자는 위험이 발생한 후에 대응하기보다는 사전 예방적으로 위험을 관리해야 한다.

위험이 발생된 이후에 문제를 해결하는 것보다 위험이 발생하는 것을 방지하는 것이 항상 훨씬 용이하다. 간단히 유사한 용어로, 1온스의 예방은 1파운드의 치료 가치가 있다. 많은 위험들이 효과적인 의사소통과 지시로 쉽게 예방될 수 있다. 예를 들어, 납품 업체에 간단한 전화를 걸어 납품 날짜를 확인하거나, 작업장의 현장 용접 대신 공인 용접을 수행하는 등의 작업을 수행할 수 있다. 위험 발생 시 문제를 해결하는 것은 시간, 자금, 품질과 관련하여 어려울 뿐만 아니라 비용이 많이 소요될 수 있다.

경험이 풍부한 프로젝트관리자들은 일반적으로 프로젝트에서 잘못될 수 있는 것에 대해 좋은 아이디어를 가지고 있다. 그들의 지식과 지혜는 이전 프로젝트에서 일하는 동안 "교훈"에서 얻어진 것이다. 이전 프로젝트에서 위험 문제를 처리하는 과정에서 얻은 경험을 포착하고 이러한 "교훈"을 새로운 프로젝트의 위험관리에 도입하는 것은 미래의 위험을 줄이는데 있어 엄청난 이점이다.

프로젝트 계약은 위험관리에 중요한 역할을 한다. 계약은 설계 및 시공 과정을 관리한다. 계약서는 당사자의 역할 및 책임과 업무 수행을 위한 요구사항을 정의하는 법률적 문서이다. 따라서 계약은 프로젝트 참여자에게 위험을 위임한다. 계약에 상세한 내용이 기재되어 있으나 계약서를 읽지 않는 경우가 많다. 양 당사자가 서명한 계약 조건을 이해하는 것은 위험을 식별, 평가 및 완화하는 데 중요하다.

프로젝트에는 여러 가지 위험이 있다. 따라서 프로젝트의 위험은 개별적으로 고려해야 하는 것이 아니라 전체적으로 고려해야 한다. 위험을 효율적으로 관리하고 완화하려면 프로젝트 시작 전에 프로젝트 위험 등록부를 개발해야 한다. 프로젝트 위험 등록부는 각 위험에 대한 정보를 수집하고 프로젝트의 수명주기 동안 위험관리 프로세스를 추적하는 도구이다. 프로젝트 위험 요인은 팀 회의에서 정기적으로 평가되어야 하며, 프로젝트가 설계, 시공 실행 및 프로젝트의 최종 완료에 이르기까지 진행되는 과정에서 새로운 위험이 식별되면 업데이트하여야 한다.

프로젝트 위험 등록부

프로젝트 위험 등록부는 각 위험에 대한 정보가 들어있는 문서이다(그림 14-4 참조). 정보에는 위험에 대한 설명, 위험평가 수준, 발생 확률, 위험의 영향(일정 및 비용) 및 위험관리 실행 계획이 포함되어야 한다. 다음은 프로젝트 위험 등록부에 포함되어야 하는 정보의 유형이다:

- 식별된 위험에 대한 설명 - 위험과 그 근원을 고유하게 기술하는 설명
- 위험관리자(위험 조정자 또는 위험 소유자라고도 함) - 위험완화 계획을 유지 및 구현하는 책임자
- 위험 영역 - 위험이 관련된 프로젝트의 기본 영역. 위험은 일반적으로 범위, 예산, 일정 및 품질의 범주로 구성된다.
- 상태 - 위험관리 프로세스에 위험이 서 있음을 나타낸다. 상태는 신규, 개방, 취소, 완화 및 완료로 정의될 수 있다.
- 위험 확률 - 백분율 기준으로 위험이 발생할 확률을 나타낸다.
- 위험의 견적 가격 - 견적되거나 알려진 프로젝트 비용 영향 및 개선 조치를 기반으로 현실화된 위험을 개선하기 위한 견적된 가격
- 잠재적인 위험 영향 - 위험 확률을 곱한 값으로 견적된 위험 가격
- 할당 - 위험완화를 가장 효과적으로 제어할 수 있는 프로젝트팀 요소를 식별한다.
- 위험완화 계획 - 위험을 완화하는데 요구되는 조치, 일정 및 할당된 자원에 대한 요약 서술

프로젝트팀의 모든 구성원은 프로젝트의 잠재적 위험을 식별할 수 있어야 하며, 각 위험을 프로젝트 위험 등록부에 입력해야 한다. 각 위험은 범위, 예산, 일정, 보건, 안전 또는 품질과 같은 위험 영역에서 식별된다. 위험을 식별하는 사람은 자신의 판단이나 프로젝트팀의 공동 의견에 따라 위험의 초기평가를 책임진다. 발생 가능성, 심각도 수준 및 위험 영향을 포함하는 각 위험 요인에 대한 후속 분석이 수행된다. 위험을 정의하는 사람을 때때로 위험 고안자라고 부른다.

식별된 위험의 설명	위험 분야	발생 확률	위험의 추정된 가치	위험의 잠재적 영향	위험 상태	위험완화 조치 항목
설계 완성 일정 (변경된 프로세스에 의해 4주 뒤처짐)	일정	60%	$250,000	$150,000	개방 (Open)	고객의 의견 범위에 따라 다름
수정된 프로세스에 의해 새로운 설비가 해외 제조됨	품질	33%	$48,000	$16,000	개방 (Open)	전문가 참관에 의해 원산지 공장 승인 테스트 준비
보험금을 감소시키기 위해 일정 단축 (25개월 대 24개월)	일정	55%	$20,000	$11,000	개방 (Open)	가능한 한 빨리 시공을 시작 (<착공 통보일로부터 5개월 이내)
견적된 노동 비용이 현지보다 1달러/시간 높음 (현지 노동력 사용을 고려할 것인가?)	비용	40%	$170,000	$68,000	폐쇄 (Closed)	견적에 대한 설명
제출 서류의 승인까지 주어지는 발주자의 기간은 얼마인가?	계약	40%	$39,000	$15,600	신규 (New)	시공 도면 승인에 28일이 아닌 8일 요구 (제출자 및 검토자와 협업)
긴 리드 타임 자재/설비 조달 (파이프 및 압축기)	비용과 일정	10%	$750,000	$75,000	개방 (Open)	발주자로부터 약정서를 얻고 취소 비용을 확인
강 정렬을 따라 배관을 설치하기 위한 중요한 탈수 요구사항들	비용과 일정	60%	$500,000	$300,000	개방 (Open)	하천 평면선형에 따라 배관 설치를 위한 중요한 배수 요건
크레인이 작동할 작업 구역을 가로 지르는 전력선	안전	100%	$58,000	$58,000	폐쇄 (Closed)	전력 회사와 협력하여 전선 재배치 (전선/구성품 구매 및 설치)
기후 - 동절기에 시공이 불리한 조건이 있음	일정	25%	$120,000	$30,000	완화 (Mitigating)	해당지역의 과거 기후를 체크하여 전형적인 악천후를 확인하고 그에 따라 대비
지역의 통행권 확보가 기대했던 것보다 더 오래 소요됨	일정	40%	$90,000	$36,000	개방 (Open)	추가적인 토지 대리인을 고용하거나 대체 경로를 고려함
원래의 토지 취득 계획은 알려진 45.3마일 경로를 기준으로 하였지만 이제 주 정부가 토지수용권을 허용하지 않는다는 사실을 알게 되었음	범위	90%	$1,894,000	$1,704,600	신규 (New)	파이프라인의 재배치가 예상되며, 이는 계획한 45.3마일이 아닌 48.8마일의 파이프라인이 될 수 있음
발주자가 계약체결 후 180일 이내에 최초 시스템을 기대함	일정	80%	$350,000	$280,000	개방 (Open)	여러 교대 또는 연장 근무시간을 위한 충분한 자원 조정

그림 14-4 프로젝트 위험 등록부의 실례

그런 다음 위험을 최소화할 수 있도록 권한을 부여 받은 위험관리자(대부분 프로젝트관리자로 권한이 두 배로 증가됨)에게 위험을 할당한다. 이 임무는 위험의 유형과 위험을 완화시키는 책임이 있는 위험관리자의 전문지식에 기준 한다. 위험관리자는 위험을 목표(더 낮은) 위험 심각도 수준으로 성공적으로 완화시킬 책임이 있다. 위험 심각도 수준은 위험관리자에 의해 결정되며, 이는 위험을 완화하기 위한 계획을 구현할 때 예상되는 결과를 나타낸다. 위험관리자는 프로젝트팀에 완화 진행 상황을 제공할 책임이 있다.

종종 위험을 완화시키는 효과는 위험이 발생할 가능성을 제거하는 것이 아니라 위험의 허용 가능성, 영향을 허용 가능한 수준으로 줄이는데 있음을 유의해야 한다.

프로젝트에서 위험을 식별하는 과정에서 "만약에"라는 질문을 하는 것이 도움이 된다. 예를 들어, 그림 14-4에서 마지막 위험은 **"발주자가 계약체결 후 180일 이내에 최초 시스템을 기대할 경우 어떻게 되는가?"**라는 질문에 의해 확인된다. 이 위험에 대해 80% 확률 발생은 현재의 늦은 종료 날짜와 위험 등록부에 포함된 예상되는 일정 지연을 기준으로 한다. 위험의 추정 가액은 (손해배상 비용) × (서비스일자 이후의 잠재적 일수)로 계산된다. 위험의 잠재적 영향은 (발생 확률) × (위험의 예상 가격), (80% × $350,000 = $280,000)로 계산된다. 프로젝트 위험 등록부의 각 항목에 대해 고유한 분석을 수행한다.

프로젝트 초기 위험 등록부의 개발

일반적으로 프로젝트 위험 등록부의 초기 개발은 브레인스토밍 워크숍에서 수행된다. 프로젝트 위험 식별에 참여하는 사람은 프로젝트에 참여하는 모든 당사자의 직원을 포함한다. 예를 들어 설계/시공 프로젝트의 경우 참가자는 각 조직의 프로젝트관리, 책임 설계 엔지니어, 시공 관리자, 책임 비용 견적기술자 및 스케줄러, 구매조달 관리자, 시동 및 시운전 담당자를 포함해야 한다. 이러한 핵심 직원들은 위험관리 팀의 구성원으로서 프로젝트에서 더 광범위한 역할을 수행한다.

위험 식별 프로세스에 참여하도록 선정된 팀 구성원은 제안 문서, 설계자의 작업 범위, 설계이전 조사, 설계 개발 결과물, 지질 보고서 및 비용 견적의 형식으로 배경 정보를 제공 받는다. 이 정보는 각 참여자가 프로젝트 및 프로젝트 요구사항과 발주자의 목적 및 목표에 대해 숙지하는데 사용된다.

브레인스토밍 세션 후에, 확인된 위험이 프로젝트 위험 등록부에 등록된다. 따라서, 프로젝트 위험 등록부는 프로젝트팀 회의 시 정기적으로 평가되어야 하는 프로젝트관리 도구가 된다. 또한, 프로젝트 납품 주기가 진행됨에 따라, 그리고 프로젝트가 설계 마일스톤을 거쳐 프로젝트의 시공 실행 및 시운전 단계에 진입함에 따라 새로 확인된 위험 요인으로 프로젝트 위험 등록부가 갱신된다.

위험완화 전략

위험완화 계획을 개발하기 위한 첫 번째 단계는 위험을 완화하기 위한 전략의 선택이다. 선택한 전략은 위험의 영향 수준과 위험을 완화하기 위해 전략을 성공적으로 적용할 수 있는 잠재력에 따라 달라진다. 위험완화 전략에는 다음이 포함된다.

- 위험 수용
- 위험 회피
- 위험 통제관리
- 위험 조사
- 위험 감소
- 위험 이전

위험의 수용은 일반적으로 발생 확률이 낮고 영향이 적은 위험에 사용된다. 이 기법은 통제하기 어려운 위험에도 적용될 수 있다. 이는 위험을 예방하려 하지 않고 위험의 결과가 발생하도록 하는데 중점을 두는 수동적 기술이다.

회피는 위험의 발생을 방지하는 기법이다. 위험은 발주자와 시공자간에 설정된 계약 파라미터를 변경하면 회피된다. 예를 들면, 작업 범위 축소, 시방서 요구사항 변경, 작업 내용 변경, 면책 및 편차 제출 등이 있다.

위험을 통제관리하는 것은 위험의 발생 또는 영향의 가능성을 줄이기 위한 조치를 취하는 것과 관련된다. 통제관리 기반 활동은 프로젝트 수명주기의 모든 단계에서 발생할 수 있다. 위험을 통제하기 위해 선택된 조치는 프로젝트의 정기적인 성능 분석의 일부로 모니터링 되고 보고된다.

조사는 더 많은 작업이 수행되거나 더 많은 사실이 알려질 때까지 모든 활동을 연기하는 기술이다. 이 기법은 개별 위험을 줄이기 위한 어떠한 완화도 규정하지 않으며, 명확한 해결책이 확인되지 않고 추가 조사가 필요한 위험에 적용한다.

감소는 계획된 일련의 활동에 의한 위험을 능동적으로 줄이기 위한 기법이다. 감소 방법은 각 위험에 대해 고유하다.

위험을 이전하는 것은 위험을 프로젝트의 다른 당사자에게 이전하는 프로세스이다. 일반적으로 위험은 전체 위험 노출을 줄일 수 있는 하도급 업체 또는 공급업체로 이전된다. 이 기법은 주로 프로젝트의 제안 과정에서 사용된다. 위험 이전에는 보험이나 이행 보증금과 같은 제3자 보증의 사용도 포함될 수 있다.

위험 예방 및 완화 방법

위험 예방 또는 완화 방법은 프로젝트 유형 및 위험 유형에 따라 달라진다. 엔지니어링 및 건설 프로젝트는 일반적으로 빌딩, 인프라 또는 공정 산업의 세 가지 부문으로 분류된다. 건축 분야는 주거용, 상업용 또는 산업용 건물과 같은 세 분류로 나눌 수 있다. 인프라 산업 프로젝트의 예로는 고속도로와 교량, 상수도 및 하수도, 전기 송전 및 배전 시스템 등이 있다. 공정 산업의 프로젝트 유형에는 석유 및 가스, 화학 플랜트, 제조, 제약 등이 포함된다. 그림 14-5는 인프라 부문의 프로젝트 위험을 예방하거나 완화하는 방법의 예를 보여준다.

위험완화 계획의 개발

위험완화 전략을 선택한 후, 위험완화 계획은 위험관리자에 의해 개발될 수 있다. 위험완화 계획은 기본적으로 위험에 대한 대응이다. 이 목록에는 위험을 목표 심각도 수준까지 성공적으로 완화하는 일련의 조치 항목과 위험완화에 대한 기한까지 순차적으로 포함된다. 각 작업 항목에는 시작 및 종료 날짜가 정의되어 있어야 한다.

각 작업 항목에는 목표 심각도 수준도 있어야 하며, 이 수준은 작업 항목이 완료될 때 얻을 수 있는 심각도 수준이다. 또한 조치 항목 수행을 담당할 사람을 식별해야 한다. 위험관리자는 조치 계획의 개발 및 이행에 관한 도움을 받기 위해 프로젝트관리자 또는 프로젝트관리 팀의 구성원에게 연락할 수 있다. 위험관리자가 위험을 완화할 수 없는 경우 프로젝트팀에 즉시 연락해야 한다. 위험을 해결할 수 있는 다른 위험관리자에게 위험을 재할당해야 할 상황이 있을 수 있다.

위험 설명	예방/완화의 방법
지하의 흡입구 축을 구성할 때의 잠재적인 안전 위험	프로젝트 안전 계획을 면밀히 관리하고, 모든 직원이 잘 훈련되고 규정을 준수하고 있는지 확인한다.
프로젝트에 대한 공익 단체 반대	공공 관계 계획을 개발하고 문제 해결을 위한 효과적인 커뮤니케이션 구축
핵심 프로젝트 역할의 고객 대리인의 간섭	대안의 투명한 분석; 관심사항을 듣고 해결하기 위한 노력
일정 지연	주간 짧은 간격의 일정; 설계 및 시공 이정표; 초기 전체 설계 완료 전에 시공 시작; 공종 밀집; 다중 교대; 시간외
우발적인 환경 피해	환경 적합성 교육 실시; 상시 환경 모니터링 시스템 구축
펌프장 구조물에 근접한 수직통로 접근과 현장을 가로지르는 트럭들	지정위치 입구에 인접한 일반적인 적재 지점에 폐기물을 운반하는 컨베이어 시스템을 채택
지반조건의 평가 및 분류	작업자를 대체 위치로 이동시키기 위해 개발된 예비비 계획
평면선형은 터널링 작업의 성능 및 일정에 영향을 미침	흡기 샤프트에 먼저 구멍을 뚫은 다음 터널을 확보
수중 흡입구 조립 및 설치 시 수심 및 가시성 조건으로 인한 다이빙 인력의 위험	다이빙을 할 때마다 허용되는 최저 시간과 감압 시간을 유지한다. 가능한 한 많은 구성요소를 미리 조립한다. 수중 드론(ROV: Remotely Operated Vehicles)을 사용하여 검사 작업을 수행하면(가시성이 확보될 경우) 다이빙 요건을 줄일 수 있음. 다이빙 요건을 최소화하기 위해 수단과 방법을 설정(템플릿, 스태빙 가이드, 원격 작동 장비 등).
터널 파이프라인 시험에 대한 용수 공급원	플러싱 및 테스트 계획 개발; 플러시 할 수 있는 잠재적 저장소로서 대형 유역 시공과 파이프라인의 연결을 조정
지속적인 플랜트 운영에 대한 위험	시공 중 플랜트 운영을 유지하기 위한 계획 개발; 우회 시스템 구축; 임시 시스템 설치
연간 평균 60인치의 강설량; 평균 겨울 온도는 40°F 이하	현장별 안전 절차; 교육 요구사항, 행정 통제관리, 엔지니어링 통제관리, 개인 보호 장비; 극한 날씨로부터 진행 중이며, 완료된 작업을 보호함

그림 14-5 위험 예방/완화 방법

위험완화 계획이 개발된 후에는 검토 및 최종 승인을 위해 프로젝트팀에 제출해야 한다. 위험관리 계획을 승인하면 프로젝트 위험 등록부가 업데이트되고 위험관리자가 위험완화를 시작할 수 있다.

위험완화 계획을 실행하는 동안 위험관리자는 위험 등록부 및 각 프로젝트팀 회의 전에 발생하는 상태의 업데이트를 제공한다. 위험을 완화하면 위험관리자는 작업 항목을 업데이트하고 프로젝트 위험 등록부의 최종 상태를 설명하는 적절한 세부 정보를 제공한다. 프로젝트팀이 완화가 완료되었다는데 동의하면 위험 상태는 위험 등록부에 "완료" 또는 "폐쇄"로 표시된다.

References

1. Cooper, D., Stephen G., Raymond, G., and Walker, P., *Project Risk Management Guideline-Managing Risk in Large Projects and Complex Procurement*, John Wiley & Sons, The Atrium, Southern Gate, Chichester, West Sussex, England, 2005.
2. Crouhy, M. C., Galai, D., and Mark, R., *The Essentials of Risk Management*, McGraw-Hill Inc., New York, NY, 2006.
3. Fenton, N. and Neil, M., *Risk Assessment and Decision Analysis with Bayesian Networks*, CRC Press, Taylor and Francis Group, Boca Raton, FL, 2013.
4. Gupta, A., *Risk Management and Simulation*, CRC Press, Taylor and Francis Group, New York, NY, 2014.
5. Hassett, M. J. and Steward, D. G., *Probability for Risks Management*, 2nd ed., ACTEX Publications, Inc., Winsted, CT, 2009.
6. *Practical Standard for Project Risk Management*, Project Management Institute, Newton Square, PA, 2009.
7. Raydugin, Y., *Project Risk Management-Essential Methods for Project Teams and Decision Makers*, John Wiley & Sons, Hoboken, NJ, 2013.

Appendix A Example Project

Statement of Work

This example project is an actual project that has been reduced in size and simplified for illustrative purposes. The management of this type of project is discussed in the previous chapters of this book. Chapter 3 presented a discussion of the owner's study, including the needs assessment and project objectives. A discussion of project budgeting based on square foot estimating is presented in Chapter 5. The work breakdown structure and development of the project work plan (Chapter 6), a discussion of project scheduling (Chapter 8), and project tracking (Chapter 9) presented pertinent information for this project.

The project is a service facility that consists of an industrial building (Building A) for servicing equipment and vehicles and an employee's administrative office building (Building B) for management of the operation of the service facility. A warehouse building (Building C) is proposed as a future addition to the project, but is not initially included in the project scope due to constraints in the owner's budget. Site-work consists of grading, drainage, and all on-site utilities that are required for operation of the service facility. The project is located on 100 acres of land. Figure A-1 is a site plan that shows the layout of buildings, driveways, and parking areas.

The scope of work includes engineering, procurement, and construction for the site-work and two buildings. A soil investigation, legal boundary survey, and contour map is provided by the owner. Figure A-2 shows the contour map. Special procurement includes the overhead crane for Building A and the elevator conveying system for Building B. The maintenance building has a 40-foot clear ceiling height, with a 20-ton overhead crane. The owner anticipates 45 employees will be using the building during a day shift and plans expansion of work to include a night shift at a future date. A small office area and a shop with machining equipment is to be located in the maintenance building. A wash-down area is to be provided for washing and servicing of truck vehicles.

The employee's office building is a two-story structure that will be used by 70 employees who will be involved in clerical work. A conference room, training facilities, computer work stations, and small cafeteria are to be included in the building.

All sealed surface paving and parking areas are to be constructed with portland cement concrete. The layout for the crushed aggregate paving area, for storage of major equipment and materials, is shown on the site plan.

The owner's feasibility study involved a needs assessment to produce the project budget that is shown in Figure A-3. Acquisition of land and permits are completed by the owner. Anticipated design fees are included in the total project budget. The owner's required time of completion of the project is 17 months, including engineering, procurement, and construction.

Development of Project Work Plan

The responsibility of the project manager is to develop a comprehensive work plan to guide all aspects of the project. The first step in the process is a detailed review of the two sets of project data: the owner's study that developed the statement of work, budget, and schedule for the project; and the proposal that was approved to issue the contract to the project manager's organization. Ideally, the project manager and key members of his or her project team would have been involved in the development of both of these sets of project data; however, many project managers are assigned the responsibility of managing a project in which they have had no prior involvement.

Chapter 6 presents a discussion of the items to be reviewed by the project manager at the start of a project. A thorough review must be performed so the project manager has a clear understanding of the work that must be accomplished. In particular, the project budget must be evaluated to ensure it is realistic, and the project schedule must be evaluated to ensure it is reasonably attainable.

After the project manager's initial review, he or she develops a work breakdown structure (WBS) in sufficient detail to identify major areas of work to be performed. The purpose of this initial development of the WBS is to define the required disciplines for selection of project team members. The project manager must work with the managers of the different disciplines to staff the project based upon available resources from the organizational breakdown structure (OBS). For this example project, the design work for Building B is to be assigned to an outside design organization because the building requires architectural expertise that is not available in the project manager's organization. Sometimes work is assigned to an outside design organization due to time constraints that would be placed on in-house personnel to accomplish the work.

Figure A-4 shows the WBS for the project, which indicates the tasks to be performed, the grouping of the tasks, and the person responsible for each part of the project. Each project team member is responsible for development of a work package for the work that he or she is to perform. The format for the contents of a work package is shown in Figure A-5. The total cost of the project is derived from the sum of the costs of the work packages from all team members. The coding system for the example project is shown in Figure A-6.

As discussed in Chapter 8, a project schedule (CPM) is developed by the project manager in cooperation with the team members based upon an integration of the schedule of the work packages (reference Figure A-7). The project manager works with the team members to develop a coding system for the project to sort and report project reports.

A complete listing of all computer input data for the project is shown in Figure A-8. The information that is contained in Figure A-8 is the only project data that is used to generate all the reports (Figures A-9 through A-14) that are shown in the remainder of this Appendix. These reports are illustrative examples of typical project reports. The title at the top of each report identifies the contents of the report.

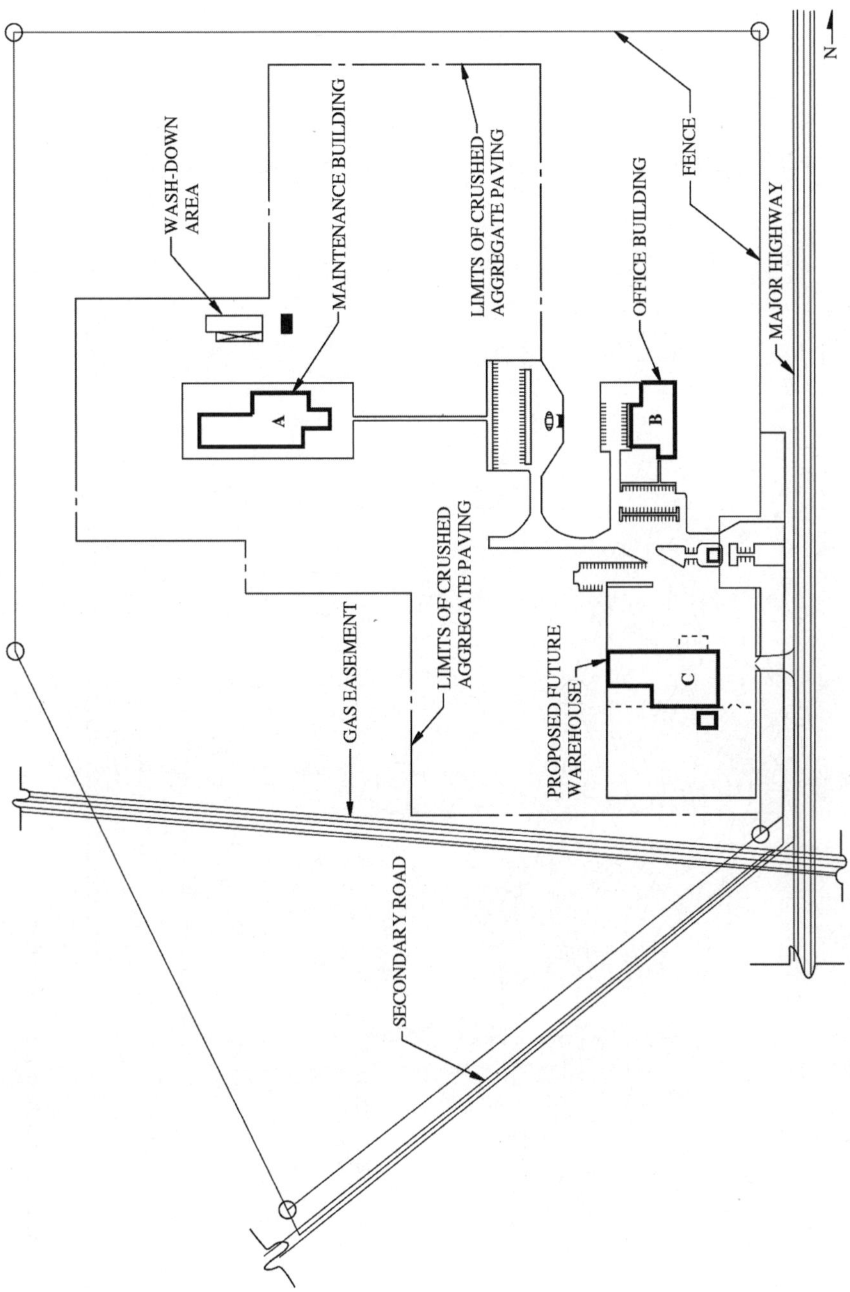

Figure A-1 Site plan for EPC project.

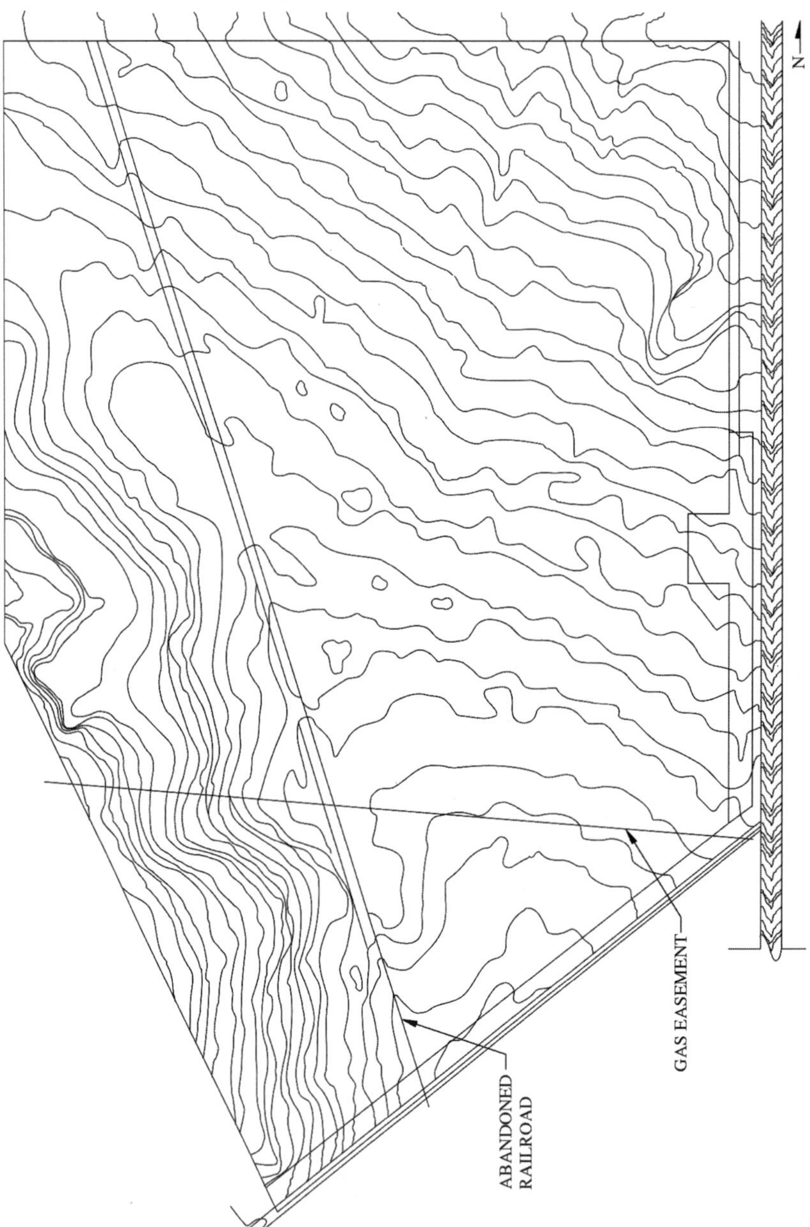

Figure A-2 Contour map for project.

Facility	Budget
Site-Work	$522,400
Grading	
Paving	
Landscape	
On-Site Utilities	$173,700
Stormwater	
Sanitary Sewer	
Domestic Water	
Underground Electrical	
Natural Gas	
Maintenance Building A	$1,083,600
Architectural	
Structural	
Electrical	
Plumbing	
Heat & Air	
Maintenance Building B	$1,097,100
Architectural	
Structural	
Electrical	
Plumbing	
Heat & Air	
Project Management	$19,350
Clerical	
Procurement	$157,000
Crane	
Elevators	
Construction Bids	
	Total Directs = $3,053,150
Contingency	$150,000
	Total Approved Budget = $3,203,150

Figure A-3 Approved EPC project budget.

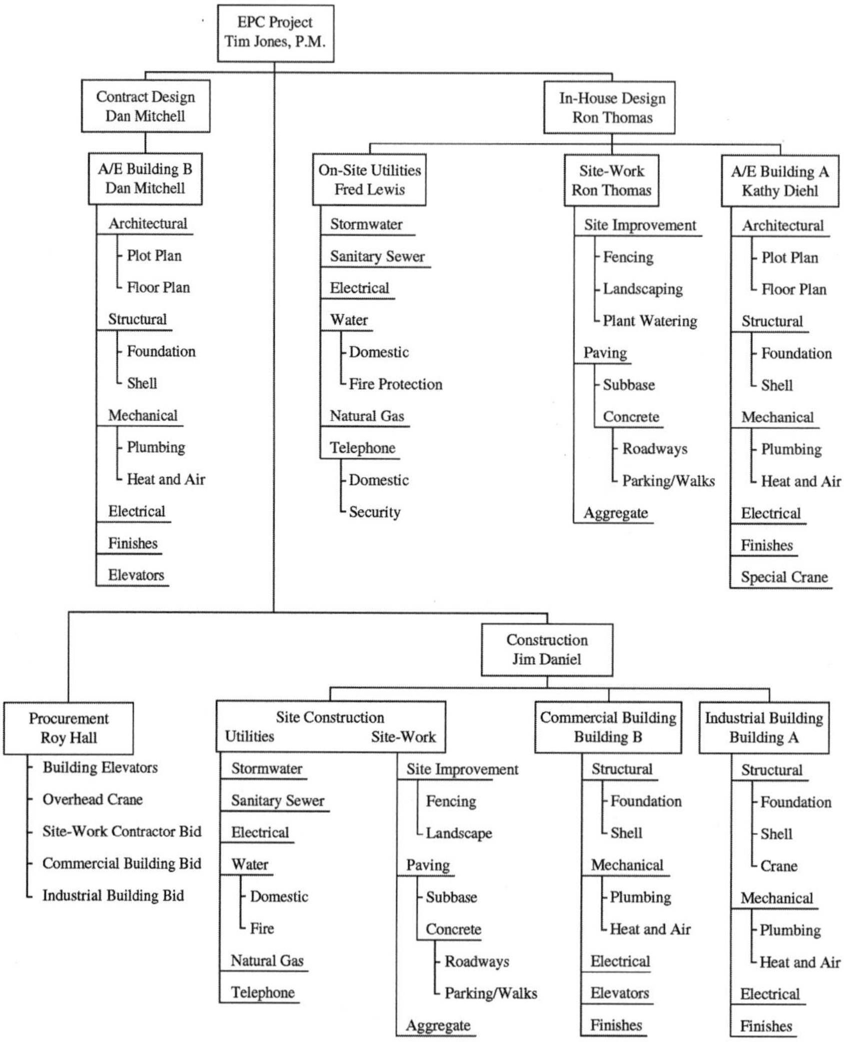

Figure A-4 Work breakdown structure for service facility project.

WORK PACKAGE

Title: ______________________

WBS Code: ______________________

1. Scope

Required Scope of Work: ______________________

Services to Be Provided: ______________________

Services not included in this Work Package, but included in another work package: ______________________

Services not included in this Work Package, but will be performed by: ______________________

2. Budget

Personnel Assigned to Job	Work-Hours	$-Cost	CBS Code Acct	Computer Services Type	Hours	$-Cost

Total Work-Hours = ________ Personnel Costs = $ ________

Computer Hours = ________ Computer Costs = $ ________

Travel Expenses ______ + Reproduction Expenses ______ + Other Expenses ______ = $ ______

Total Budget = $-Labor + $-Computer + $-Travel + $-Other = $ ______

3. Schedule

OBS Code	Work Task	Responsible Person	Start Date	End Date

Work Package: Start Date: ______ End Date: ______

Additional Comments: ______________________

Prepared by: ______________________ Date: ________

Approved by: ______________________ Date: ________

Figure A-5 Team member's work package.

Code Number X X X X

Digit 1 – Project Phases	Digit 2 – Facilities	Digit 3 – Disciplines	Digit 4 – Team Members
0 Unassigned	0 Unassigned	0 Unassigned	0 Unassigned
1 In-House Engineering	1 Grading/Subbase	1 Architectural	1 Tim Jones
2 Contract Design	2 Concrete Paving	2 Civil	2 Dan Mitchell
3 Vendor Procurement	3 Aggregate Parking	3 Structural	3 Ron Thomas
4 Contract Procurement	4 Stormwater Sewer	4 Mechanical	4 Fred Lewis
5 Site-Work Construction	5 Sanitary Sewer	5 Electrical	5 Kathy Diehl
6 Office Building	6 Underground Utilities	6 Landscape	6 Roy Hall
7 Industrial Building	7 Building A	7 Project Engineering	7 Jim Daniel
8 Unassigned	8 Building B	8 Unassigned	8 Unassigned
9 Unassigned	9 Landscape	9 Unassigned	9 Unassigned
WBS		OBS	

Figure A-6 Coding system for EPC service facility project.

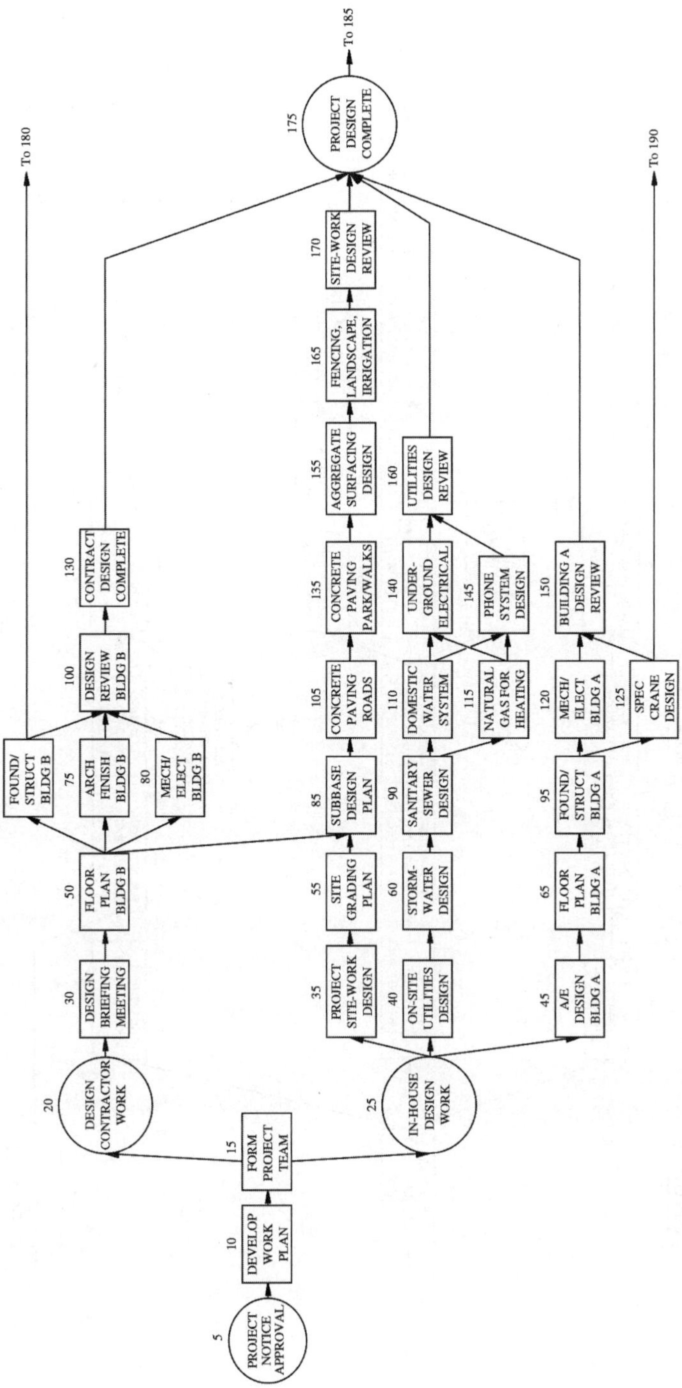

Figure A-7a CPM diagram for EPC service facility project.

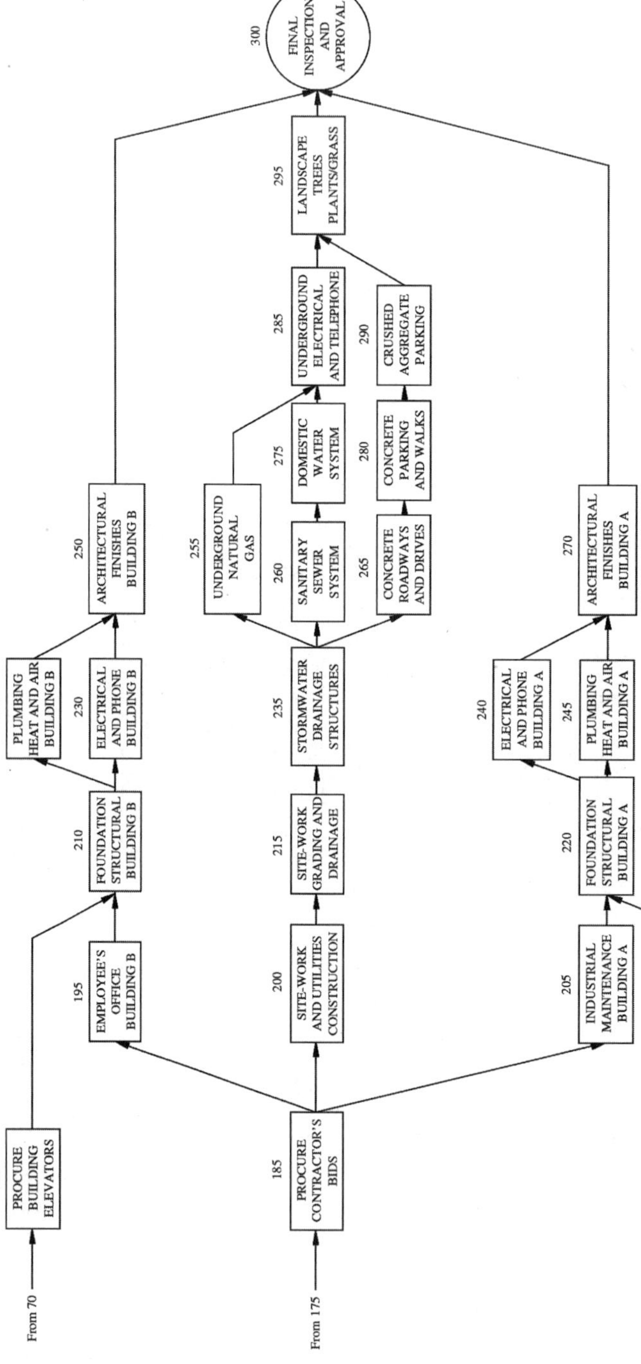

Figure A-7b *(Continued)*

```
***********************
**   Input Details   **
***********************
```

PROJECT NAME: SERVICE MAINTENANCE FACILITY

ACTIVITY NUMBER	CODE	DESCRIPTION	DURATION	COST	ASSIGNED START
5	71	PROJECT NOTICE APPROVAL	3	$ 500.	
10	71	DEVELOP WORK PLAN	7	$ 12000.	
15	71	FORM PROJECT TEAM	5	$ 850.	
20	2872	DESIGN CONTRACTOR'S WORK	2	$ 3000.	
25	1073	IN-HOUSE DESIGN WORK	3	$ 1500.	
30	2872	DESIGN BRIEFING MEETING	1	$ 1200.	
35	1073	PROJECT SITE-WORK DESIGN	1	$ 1400.	
40	1624	ON-SITE UTILITIES DESIGN	1	$ 1200.	
45	1715	A/E DESIGN BUILDING A	1	$ 1500.	
50	2812	FLOOR PLAN BUILDING B	10	$ 9900.	
55	1123	SITE GRADING PLAN	12	$ 14000.	
60	1424	STORM-WATER DESIGN	10	$ 2000.	
65	1715	FLOOR PLAN BUILDING A	15	$ 26000.	
70	2832	FOUND/STRUCT BUILDING B	45	$ 31200.	
75	2812	ARCH FINISHES BUILDING B	30	$ 49500.	
80	2842	MECH/ELECT BUILDING B	45	$ 37300.	
85	1123	SUBBASE DESIGN PLAN	5	$ 4000.	
90	1524	SANITARY SEWER DESIGN	10	$ 12000.	
95	1735	FOUND/STRUCT BUILDING A	30	$ 92700.	
100	2871	DESIGN REVIEW BUILDING B	10	$ 8000.	
105	1223	CONCRETE PAVING ROADS	20	$ 12000.	
110	1624	DOMESTIC WATER SYSTEM	7	$ 9000.	
115	1624	NATURAL GAS SYSTEM	8	$ 6000.	
120	1745	MECH/ELECT BUILDING A	30	$ 22200.	
125	1735	SPECIAL OVERHEAD CRANE	11	$ 10800.	
130	2872	CONTRACT DESIGN COMPLETE	1	$ 1000.	
135	1223	CONTRACT PAVING PARKING/WALKS	10	$ 7000.	
140	1654	UNDERGROUND ELECTRICAL	14	$ 12000.	
145	1654	UNDERGROUND TELEPHONE SYSTEM	4	$ 3000.	
150	1771	BUILDING A DESIGN REVIEW	3	$ 5000.	
155	1323	AGGREGATE SURFACING DESIGN	8	$ 6000.	
160	1677	UTILITIES DESIGN REVIEW	1	$ 1100.	
165	1963	FENCING/LANDSCAPE/IRRIGATION	14	$ 28000.	
170	1071	SITE-WORK DESIGN REVIEW	5	$ 7000.	
175	71	PROJECT DESIGN COMPLETE	1	$ 1000.	
180	3876	PROCURE BUILDING ELEVATORS	25	$ 95000.	
185	4076	PROCURE CONTRACTOR'S BIDS	20	$ 7000.	
190	3776	PROCURE OVERHEAD CRANE	40	$ 55000.	
195	6887	EMPLOYEES' OFFICE BUILDING B	3	$ 1000.	
200	5087	SITE-WORK/UTILITIES CONSTRUCTION	4	$ 1500.	
205	7787	INDUSTRIAL/MAINTENANCE BLDG A	2	$ 1400.	
210	6882	FOUND/STRUCT BUILDING B	45	$ 195000.	
215	5083	SITE-WORK/GRADING/DRAINAGE	18	$ 85000.	
220	7785	FOUND/STRUCT BUILDING A	110	$ 390000.	
225	6882	PLUMBING, HEAT, & AIR BLDG B	75	$ 285000.	
230	6882	ELECTRICAL/PHONE BUILDING B	60	$ 215000.	
235	5484	STORMWATER/DRAINAGE STRUCTURES	15	$ 22000.	
240	7785	ELECTRICAL/PHONE BUILDING A	65	$ 167000.	
245	7785	PLUMBING, HEAT & AIR BLDG A	85	$ 192000.	
250	6882	ARCH FINISHES BUILDING B	50	$ 260000.	
255	5684	UNDERGROUND NATURAL GAS	5	$ 10500.	
260	5584	SANITARY SEWER SYSTEM	21	$ 33200.	
265	5283	CONCRETE PAVING ROADS & DRIVES	60	$ 185000.	
270	7785	ARCH FINISHES BUILDING A	30	$ 175000.	
275	5684	DOMESTIC WATER SYSTEM	7	$ 13200.	
280	5683	CONCRETE PARKING & WALKWAYS	15	$ 35000.	
285	5684	UNDERGROUND ELECT & PHONE	14	$ 47000.	
290	5383	CRUSHED AGGREGATE PARKING	40	$ 76000.	
295	5983	LANDSCAPE TREES/PLANTS/GRASS	20	$ 62000.	
300	9977	FINAL INSPECTION & APPROVAL	3	$ 3500.	

Figure A-8a Computer input data for generation of project reports that are shown on the following pages in this Appendix.

SEQUENCE ORDER
****

I NODE	JNODE
5	10
10	15
15	20
15	25
20	30
25	35
25	40
25	45
30	50
35	55
40	60
45	65
50	70
50	75
50	80
50	85
55	85
60	90
65	95
70	100
70	180
75	100
80	100
85	105
90	110
90	115
95	120
95	125
100	130
105	135
110	140
110	145
115	140
115	145
120	150
125	150
125	190
130	175
135	155
140	160
145	160
150	175
155	165
160	175
165	170
170	175
175	185
180	210
185	195
185	200
185	205
190	220
195	210
200	215
205	220
210	225
210	230
215	235
220	240
220	245
225	250
230	250
235	255
235	260
235	265
240	270
245	270
250	300
255	285
260	275
265	280
270	300
275	285
280	290
285	295
290	295
295	300

PROJECT START DATE : 5/26/2016
** NO HOLIDAYS REPORTED FOR THE PROJECT **

Figure A-8*b* *(Continued)*

```
****************************
**   ACTIVITY  SCHEDULE   **
****************************
```

PROJECT: SERVICE MAINTENANCE FACILITY
SCHEDULE FOR ALL ACTIVITIES - ISSUED TO TIM JONES ON 4/20/2016

** PAGE 1 **
ACTIVITY SCHEDULE

	ACTIVITY NUMBER	ACTIVITY DESCRIPTION	DURA-TION	EARLY START	EARLY FINISH	LATE START	LATE FINISH	TOTAL FLOAT	FREE FLOAT
C	5	PROJECT NOTICE APPROVAL	3	26MAY2016 1	30MAY2016 3	26MAY2016 1	30MAY2016 3	0	0
C	10	DEVELOP WORK PLAN	7	31MAY2016 4	8JUN2016 10	31MAY2016 4	8JUN2016 10	0	0
C	15	FORM PROJECT TEAM	5	9JUN2016 11	15JUN2016 15	9JUN2016 11	15JUN2016 15	0	0
	20	DESIGN CONTRACTOR'S WORK	2	16JUN2016 16	17JUN2016 17	27JUN2016 23	28JUN2016 24	7	0
C	25	IN-HOUSE DESIGN WORK	3	16JUN2016 16	20APR2016 18	16JUN2016 16	20JUN2016 18	0	0
	30	DESIGN BRIEFING MEETING	1	20JUN2016 18	20JUN2016 18	29JUN2016 25	29JUN2016 25	7	0
	35	PROJECT SITE-WORK DESIGN	1	21JUN2016 19	21JUN2016 19	27JUN2016 23	27JUN2016 23	4	0
	40	ON-SITE UTILITIES DESIGN	1	21JUN2016 19	21JUN2016 19	9AUG2016 54	9AUG2016 54	35	0
C	45	A/E DESIGN BUILDING A	1	21JUN2016 19	21JUN2016 19	21JUN2016 19	21JUN2016 19	0	0
	50	FLOOR PLAN BUILDING B	10	21JUN2016 19	4JUL2016 28	30JUN2016 26	13JUL2016 35	7	3
	55	SITE GRADING PLAN	12	22JUN2016 20	7JUL2016 31	28JUN2016 24	13JUL2016 35	4	0
	60	STORM-WATER DESIGN	10	22JUN2016 20	5JUL2016 29	10AUG2016 55	23AUG2016 64	35	0
C	65	FLOOR PLAN BUILDING A	15	22JUN2016 20	12JUL2016 34	22JUN2016 20	12JUL2016 34	0	0
	70	FOUND/STRUCT BUILDING B	45	5JUL2016 29	5SEP2016 73	22JUL2016 42	22SEP2016 86	13	0
	75	ARCH FINISHES BUILDING B	30	5JUL2016 29	15AUG2016 58	12AUG2016 57	22SEP2016 86	28	15
	80	MECH/ELECT BUILDING B	45	5JUL2016 29	5SEP2016 73	22JUL2016 42	22SEP2016 86	13	0
	90	SANITARY SEWER DESIGN	10	6JUL2016 30	19JUL2016 39	24AUG2016 65	6SEP2016 74	35	0
	85	SUBBASE DESIGN PLAN	5	8JUL2016 32	14JUL2016 36	14JUL2016 36	20JUL2016 40	4	0
C	95	FOUND/STRUCT BUILDING A	30	13JUL2016 35	23AUG2016 64	13JUL2016 35	23AUG2016 64	0	0
	105	CONCRETE PAVING ROADS	20	15JUL2016 37	11JUL2016 56	21JUL2016 41	17AUG2016 60	4	0
	115	NATURAL GAS SYSTEM	8	20JUL2016 40	29JUL2016 47	7SEP2016 75	16SEP2016 82	35	0
	110	DOMESTIC WATER SYSTEM	7	20JUL2016 40	28JUL2016 46	8SEP2016 76	16SEP2016 82	36	1
	145	UNDERGROUND TELEPHONE SYSTEM	4	1AUG2016 48	4AUG2016 51	3OCT2016 93	6OCT2016 96	45	10
	140	UNDERGROUND ELECTRICAL	14	1AUG2016 48	18AUG2016 61	19SEP2016 83	6OCT2016 96	35	0
	135	CONCRETE PAVING PARKING/WALKS	10	12AUG2016 57	25AUG2016 66	18AUG2016 61	31AUG2016 70	4	0
	160	UTILITIES DESIGN REVIEW	1	19AUG2016 62	19AUG2016 62	7OCT2016 97	7OCT2016 97	35	35
C	120	MECH/ELECT BUILDING A	30	24AUG2016 65	4OCT2016 94	24AUG2016 65	4OCT2016 94	0	0
	125	SPECIAL OVERHEAD CRANE	11	24AUG2016 65	7SEP2016 75	31AUG2016 70	14SEP2016 80	5	19
	155	AGGREGATE SURFACING DESIGN	8	26AUG2016 67	6SEP2016 74	1SEP2016 71	12SEP2016 78	4	0
	100	DESIGN REVIEW BUILDING B	10	6SEP2016 74	19SEP2016 83	23SEP2016 87	6OCT2016 96	13	0

Figure A-9 Schedule of all activities for EPC of service facility project.

****
** ACTIVITY SCHEDULE **
****

PROJECT: SERVICE MAINTENANCE FACILITY
SCHEDULE FOR ALL ACTIVITIES - ISSUED TO TIM JONES ON 4/20/2016

** PAGE 2 **
ACTIVITY SCHEDULE

	ACTIVITY NUMBER	ACTIVITY DESCRIPTION	DURA-TION	EARLY START	EARLY FINISH	LATE START	LATE FINISH	TOTAL FLOAT	FREE FLOAT
	180	PROCURE BUILDING ELEVATORS	25	6SEP2016 74	10SEP2016 98	22DEC2016 151	25JAN2017 175	77	23
	165	FENCING/LANDSCAPE/IRRIGATION	14	7SEP2016 75	26SEP2016 88	13SEP2016 79	30SEP2016 92	4	0
	190	PROCURE OVERHEAD CRANE	40	8SEP2016 76	2NOV2016 115	15SEP2016 81	9NOV2016 120	5	5
	130	CONTRACT DESIGN COMPLETE	1	20SEP2016 84	20SEP2016 84	7OCT2016 97	7OCT2016 97	13	13
	170	SITE-WORK DESIGN REVIEW	5	27SEP2016 89	3OCT2016 93	3OCT2016 93	7OCT2016 97	4	4
C	150	BUILDING A DESIGN REVIEW	3	5OCT2016 95	7OCT2016 97	5OCT2016 95	7OCT2016 97	0	0
C	175	PROJECT DESIGN COMPLETE	1	10OCT2016 98	10OCT2016 98	10OCT2016 98	10OCT2016 98	0	0
C	185	PROCURE CONTRACTORS' BIDS	20	11OCT2016 99	7NOV2016 118	11OCT2016 99	7NOV2016 118	0	0
	195	EMPLOYEE'S OFFICE BUILDING B	3	8NOV2016 119	10NOV2016 121	23JAN2017 173	25JAN2017 175	54	0
	200	SITE-WORK/UTILITIES CONSTRUCTION	4	8NOV2016 119	11NOV2016 122	24JAN2017 174	27JAN2017 177	55	0
C	205	INDUSTRIAL/MAINTENANCE BLDG A	2	8NOV2016 119	9NOV2016 120	8NOV2016 119	9NOV2016 120	0	0
C	220	FOUND/STRUCT BUILDING A	100	10NOV2016 121	12APR2017 230	10NOV2016 121	12APR2017 230	0	0
	210	FOUND/STRUCT BUILDING B	45	11NOV2016 122	12JAN2017 166	26JAN2017 176	29MAR2017 220	54	0
	215	SITE-WORK/GRADING/DRAINAGE	18	14NOV2016 123	7DEC2016 140	30JAN2017 178	22FEB2017 195	55	0
	235	STORMWATER/DRAINAGE STRUCTURES	15	8DEC2016 141	28DEC2016 155	23FEB2017 196	15MAR2017 210	55	0
	255	UNDERGROUND NATURAL GAS	5	29DEC2016 156	4JAN2017 160	28JUL2017 307	3AUG2017 311	151	23
	260	SANITARY SEWER SYSTEM	21	29DEC2016 156	26JAN2017 176	27JUN2017 284	25JUL2017 304	128	0
	265	CONCRETE PAVING ROADS & DRIVES	60	29DEC2016 156	22MAR2017 215	16MAR2017 211	7JUN2017 270	55	0
	225	PLUMBING, HEAT, & AIR BLDG B	75	13JAN2017 167	27APR2017 241	30MAR2017 221	12JUL2017 295	54	0
	230	ELECTRICAL/PHONE BUILDING B	60	13JAN2017 167	6APR2017 226	20APR2017 236	12JUL2017 295	69	15
	275	DOMESTIC WATER SYSTEM	7	27JAN2017 177	6FEB2017 183	26JUL2017 305	3AUG2017 311	128	0
	285	UNDERGROUND ELECT & PHONE	14	7FEB2017 184	24FEB2017 197	4AUG2017 312	23AUG2017 325	128	73
	280	CONCRETE PARKING AND WALKWAYS	15	23MAR2017 216	12APR2017 230	8JUN2017 271	28JUN2017 285	55	0
	240	ELECTRICAL/PHONE BUILDING A	65	13APR2017 231	12JUL2017 295	11MAY2017 251	9AUG2017 315	20	20
C	245	PLUMBING, HEAT, & AIR BLDG A	85	13APR2017 231	9AUG2017 315	13APR2017 231	9AUG2017 315	0	0
	290	CRUSHED AGGREGATE PARKING	40	13APR2017 231	7JUN2017 270	29JUN2017 286	23AUG2017 325	55	0
	250	ARCH FINISHES BUILDING B	50	28APR2017 242	6JUL2017 291	13JUL2017 296	20SEP2017 345	54	54
	295	LANDSCAPE TREES/PLANTS/GRASS	20	8JUN2017 271	2JUL2017 290	24AUG2017 326	20SEP2017 345	55	55
C	270	ARCH FINISHES BUILDING A	30	10AUG2017 316	20SEP2017 345	10AUG2017 316	20SEP2017 345	0	0
C	300	FINAL INSPECTION & APPROVAL	3	21SEP2017 346	25SEP2017 348	21SEP2017 346	25SEP2017 348	0	0

*** END OF SCHEDULE ***

Figure A-9 *(Continued)*

**** MONTHLY COST SCHEDULE ****

PROJECT: SERVICE MAINTENANCE FACILITY
SCHEDULE FOR ALL ACTIVITIES - ISSUED TO TIM JONES ON 4/15/2016
START DATE: 26 MAY 2003 FINISH DATE: 22 SEP 2004

MONTHLY COST SCHEDULE
- For all activities -

NO.	MONTH YEAR	EARLY START COST/MON	EARLY START CUMULATIVE COST	LATE START COST/MON	LATE START CUMULATIVE COST	TARGET SCHEDULE COST/MON	TARGET SCHEDULE CUMULATIVE COST	%TIME	%COST
1	MAY 2016	$ 3929.	$ 3929.	$ 3929.	$ 3929.	$ 3929.	$ 3929.	1.4%	.1%
2	JUN 2016	$ 48841.	$ 52770.	$ 34645.	$ 38573.	$ 41743.	$ 45672.	7.5%	1.5%
3	JUL 2016	$ 177261.	$ 230031.	$ 101204.	$ 139778.	$ 139233.	$ 184904.	14.1%	6.1%
4	AUG 2016	$ 130583.	$ 360614.	$ 130838.	$ 270616.	$ 130711.	$ 315615.	20.1%	10.3%
5	SEP 2016	$ 166931.	$ 527545.	$ 160525.	$ 431141.	$ 163728.	$ 479343.	26.4%	15.7%
6	OCT 2016	$ 69255.	$ 596800.	$ 63784.	$ 494925.	$ 66519.	$ 545863.	33.0%	17.9%
7	NOV 2016	$ 180187.	$ 776987.	$ 62507.	$ 557432.	$ 121347.	$ 667210.	38.8%	21.9%
8	DEC 2016	$ 247116.	$ 1024103.	$ 111945.	$ 669377.	$ 179531.	$ 846740.	45.4%	27.7%
9	JAN 2017	$ 324067.	$ 1348170.	$ 180933.	$ 850311.	$ 252500.	$ 1099240.	51.7%	36.0%
10	FEB 2017	$ 332900.	$ 1681070.	$ 235742.	$ 1086053.	$ 284321.	$ 1383561.	57.5%	45.3%
11	MAR 2017	$ 316279.	$ 1997348.	$ 234362.	$ 1320415.	$ 275320.	$ 1658882.	64.1%	54.3%
12	APR 2017	$ 242022.	$ 2239371.	$ 245967.	$ 1566382.	$ 243995.	$ 1902877.	70.4%	62.3%
13	MAY 2017	$ 250489.	$ 2489860.	$ 308343.	$ 1874725.	$ 279416.	$ 2182293.	76.4%	71.5%
14	JUN 2017	$ 284017.	$ 2773877.	$ 329589.	$ 2204314.	$ 306803.	$ 2489096.	82.8%	81.5%
15	JUL 2017	$ 89479.	$ 2863356.	$ 322710.	$ 2527024.	$ 206094.	$ 2695190.	89.1%	88.3%
16	AUG 2017	$ 110461.	$ 2973817.	$ 338893.	$ 2865917.	$ 224677.	$ 2919867.	95.4%	95.6%
17	SEP 2017	$ 79333.	$ 3053150.	$ 187233.	$ 3053150.	$ 133283.	$ 3053150.	100.0%	100.0%

END OF MONTHLY COST SCHEDULE

Figure A-10 Monthly distribution of costs for all activities of EPC service facility project.

```
********************************
** CUMULATIVE COST CURVE **
********************************
```

PROJECT: MAINTENANCE SERVICE FACILITY
S-CURVE FOR ALL DESIGN ACTIVITIES - ISSUED TO TIM JONES ON 4/15/2016

BASIS : EARLY START - For 32 activities - PAGE 1

-COST-

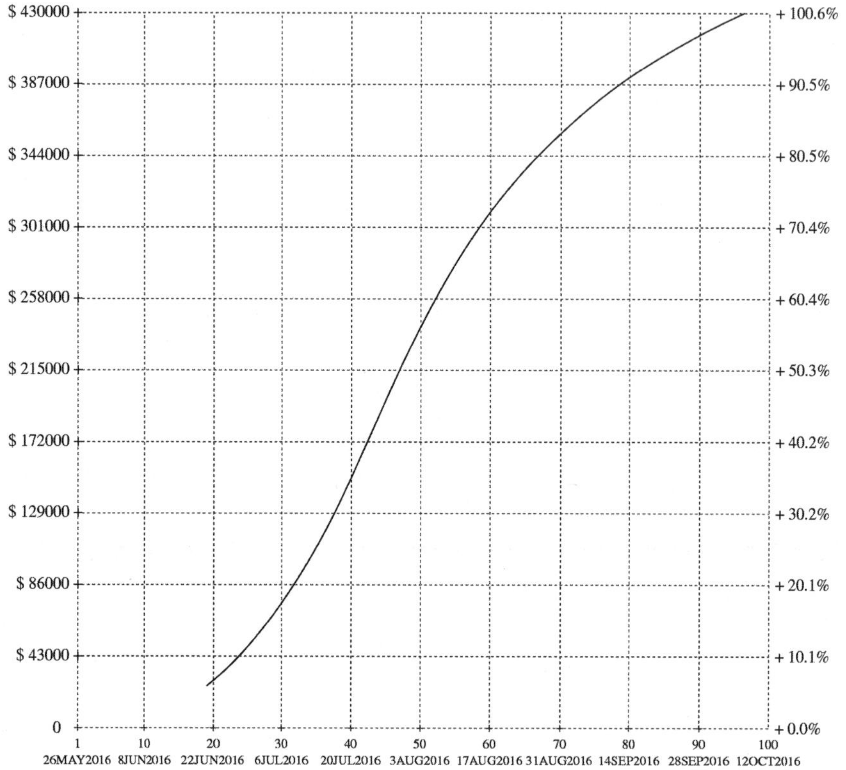

Figure A-11 S-curve for design activities only (sort by code digit 1 greater than 0 and less than 3).

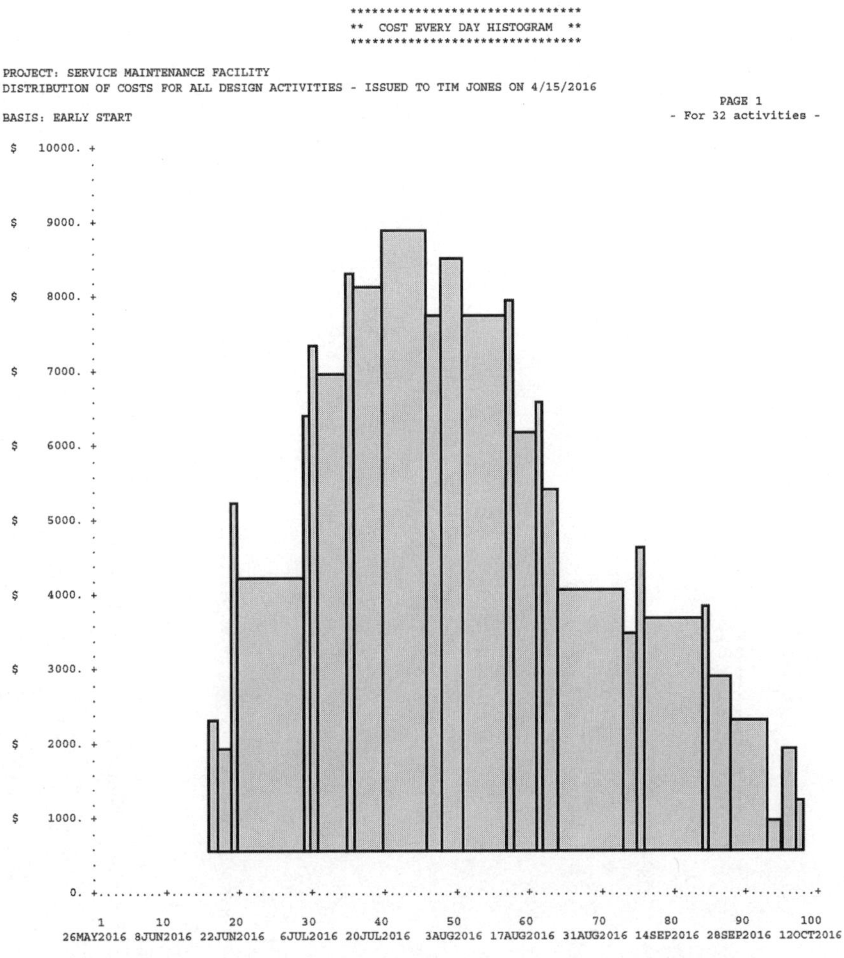

Figure A-12 Daily distribution of costs for design work only (sort by code digit 1 greater than 0 and less than 3).

```
                                                            ********************
                                                            **   BAR  CHART   **
                                                            ********************

PROJECT: SERVICE MAINTENANCE FACILITY                                                                                             ** PAGE 1 **
SCHEDULE FOR ALL WORK OF TEAM MEMBER RON THOMAS - ISSUED 4/20/2016                                                                   BAR CHART

                                                   1       10        20        30        40        50        60        70        80        90
ACTIVITY  DESCRIPTION               DURATION   26MAY2016 8JUN2016 22JUN2016  6JUL2016 20JUL2016  3AUG2016 17AUG2016 31Aug2016 14SEP2016 28SEP2016
                                                  +.........+.........+.........+.........+.........+.........+.........+.........+.........+
C 25   IN-HOUSE DESIGN WORK            3                          XXX
                                                  .    .    .    .    .    .    .    .    .    .    .    .    .    .    .    .    .    .    .
  35   PROJECT SITE-WORK DESIGN        1                             X
                                                  .    .    .    .    .    .    .    .    .    .    .    .    .    .    .    .    .    .    .
  55   SITE GRADING PLAN              12                              XXXXXXXXXXXX
                                                  .    .    .    .    .    .    .    .    .    .    .    .    .    .    .    .    .    .    .
  85   SUBBASE DESIGN PLAN             5                                          XXXXX
                                                  .    .    .    .    .    .    .    .    .    .    .    .    .    .    .    .    .    .    .
 105   CONCRETE PAVING ROADS          20                                               XXXXXXXXXXXXXXXXXXXX
                                                  .    .    .    .    .    .    .    .    .    .    .    .    .    .    .    .    .    .    .
 135   CONCRETE PAVING PARKING/WALKS  10                                                                   XXXXXXXXXX
                                                  .    .    .    .    .    .    .    .    .    .    .    .    .    .    .    .    .    .    .
 155   AGGREGATE SURFACING DESIGN      8                                                                             XXXXXXXX
                                                  .    .    .    .    .    .    .    .    .    .    .    .    .    .    .    .    .    .    .
 165   FENCING/LANDSCAPE/IRRIGATION   14                                                                                     XXXXXXXXXXXXXX
                                                  .    .    .    .    .    .    .    .    .    .    .    .    .    .    .    .    .    .    .
                                                  +.........+.........+.........+.........+.........+.........+.........+.........+.........+
                                  WORK DAYS        1       10        20        30        40        50        60        70        80        90
                               CALENDAR DATES  26MAY2016 8JUN2016 22JUN2016  6JUL2016 20JUL2016  3AUG2016 17AUG2016 31AUG2016 14SEP2016 28SEP2016
```

Figure A-13 Bar chart for all work of team member Ron Thomas (sort by code digit 4 equal to 3).

****
** ACTIVITY SCHEDULE **
****

PROJECT: SERVICE MAINTENANCE FACILITY
SCHEDULE FOR ALL ACTIVITIES RELATED TO BUILDING A - ISSUED TO KATHY DIEHL ON 4/20/2016 ** PAGE 1 **
ACTIVITY SCHEDULE

	ACTIVITY NUMBER	ACTIVITY DESCRIPTION	DURA-TION	EARLY START	EARLY FINISH	LATE START	LATE FINISH	TOTAL FLOAT	FREE FLOAT
C	45	A/E DESIGN BUILDING A	1	21JUN2016 19	21JUN2016 19	21JUN2016 19	21JUN2016 19	0	0
C	65	FLOOR PLAN BUILDING A	15	22JUN2016 20	12JUL2016 34	22JUN2016 20	12JUL2016 34	0	0
C	95	FOUND/STRUCT BUILDING A	30	13JUL2016 35	23AUG2016 64	13JUL2016 35	23AUG2016 64	0	0
C	120	MECH/ELECT BUILDING A	30	24AUG2016 65	4OCT2016 94	24AUG2016 65	4OCT2016 94	0	0
	125	SPECIAL OVERHEAD CRANE	11	24AUG2016 65	7SEP2016 75	31AUG2016 70	14SEP2016 80	5	19
	190	PROCURE OVERHEAD CRANE	40	8SEP2016 76	2NOV2016 115	15SEP2016 81	9NOV2016 120	5	5
C	150	BUILDING A DESIGN REVIEW	3	5OCT2016 95	7OCT2016 97	5OCT2016 95	7OCT2016 97	0	0
C	205	INDUSTRIAL/MAINTENANCE BLDG A	2	8NOV2016 119	9NOV2016 120	8NOV2016 119	9NOV2016 120	0	0
C	220	FOUN/STRUCT BUILDING A	100	10NOV2016 121	12APR2017 230	10NOV2016 121	12APR2017 230	0	0
	240	ELECTRICAL/PHONE BUILDING A	65	13APR2017 231	12JUL2017 295	11MAY2017 251	9AUG2017 315	20	20
C	245	PLUMBING, HEAT & AIR BLDG A	85	13APR2017 231	9AUG2017 315	13APR2017 231	9AUG2017 315	0	0
	270	ARCH FINISHES BUILDING A	30	10AUG2017 316	20SEP2017 345	10AUG2017 316	20SEP2017 345	0	0

END OF SCHEDULE

Figure A-14 Schedule for all activities related to Building A (sort by code digit 2 equal to 7).

찾아보기

ㅁ

ㅂ

ㅅ

ㅍ

ㅎ

영문

김 수 용 (공학박사)

- 서울대학교 산업공학과 졸업
- KAIST 산업공학과 석사 졸업
- KAIST 산업공학과 박사 졸업
- 대림산업 해외공사부 대리
- 한국건설관리학회 감사
- 현) 부경대학교 토목공학과 교수
- 현) 한국VE연구원 감사

양 진 국 (공학박사/국제공인VE전문가(CVS))

- 부경대학교 건설관리공학 박사 졸업
- 부산대학교 박사후연구원/계약교수
- University of Maryland(PM Center for Excellence), Visiting Scholar
- 현) ㈜중앙엔지니어링 건축사사무소 부설 건설기술연구소장
- 현) 부경대학교 대학원(건설관리공학) 겸임교수
- 현) 한국건설관리학회 위원(건설IT/자동화위원회, VE/LCC위원회)
- 현) 한국VE연구원 부위원장(교육출판 연구개발분과)

건설관리학 정가 25,000원

Project Management for Engineering and Construction

발 행 2019년 9월 10일 초판 1쇄
저 자 Garold D. Oberlender
역 자 김수용 · 양진국
발행인 정우용
발행처 도서출판 동화기술
경기도 파주시 광인사길 201(문발동, 파주출판도시)
Tel (031)955-4211~6 donghwapub@nate.com
Fax (031)955-4217 www.donghwapub.co.kr
(등록) 1977년 12월 19일/9-16호

ISBN 978-89-425-9197-8